化学工业标准汇编

有机化工产品卷

上册

中国石油和化学工业联合会
全国化学标委会有机化工分会
全国化学标委会石油化学分会　编
中国质检出版社第二编辑室

中国质检出版社
中国标准出版社

北京

图书在版编目(CIP)数据

化学工业标准汇编.有机化工产品卷.上册/中国石油和化学工业联合会,全国化学标委会有机化工分会,全国化学标委会石油化学分会、中国质检出版社第二编辑室编.—北京:中国质检出版社、中国标准出版社,2011
ISBN 978-7-5066-6280-2

Ⅰ.①化… Ⅱ.①中…②全…③全… Ⅲ.①化学工业-标准-汇编-中国②有机化工-化工产品-标准-汇编-中国 Ⅳ.①TQ-65②TQ207-65

中国版本图书馆CIP数据核字(2011)第087584号

中国质检出版社
中国标准出版社 出版发行
北京市朝阳区和平里西街甲2号(100013)
北京市西城区三里河北街16号(100045)

网址:www.spc.net.cn
总编室:(010)64275323 发行中心:(010)51780235
读者服务部:(010)68523946
中国标准出版社秦皇岛印刷厂印刷
各地新华书店经销

*

开本 880×1230 1/16 印张 43.25 字数 1 309 千字
2011年11月第一版 2011年11月第一次印刷

*

定价 220.00 元

出版说明

《化学工业标准汇编　有机化工产品卷》分为上、下两册，包括基本有机化工原料标准、一般有机化工原料标准和有机化工产品包装标准，收集了截至2011年2月底发布的有关国家标准80项和化工行业标准58项。

本册为上册，收录国家标准78项和化工行业标准5项。

本汇编收集的标准的属性已在目录上标明，年代号用四位数字表示。鉴于部分国家标准或行业标准是在国家标准清理整顿前出版的，现尚未修订，故正文部分仍保留原样；读者在使用这些标准时，其属性以目录上标明的为准（标准正文“引用标准”中标准的属性请读者注意查对）。

标准号中括号内的年代号表示在该年度确认了该标准，但没有重新出版。

由于版权问题，与有机化工产品相关的石油化工的行业标准没有收录到本汇编，仅在下册的附录中给出了相关的石化行业标准目录。

本汇编中的标准，由于出版年代的不同，其格式、计量单位以及技术术语存在不尽相同的地方。在本次汇编时，没有对其作出修改，而只对原标准中技术内容上的错误以及其他明显不妥之处作了更正。

由于编者的时间和水平有限，书中不当之处，请读者批评指正。

编　者

2011年9月

出版说明

目　录

上　册

1　基本有机化工原料

2　一般有机化工原料

1 基本有机化工原料

ICS 71.080.60
G 16

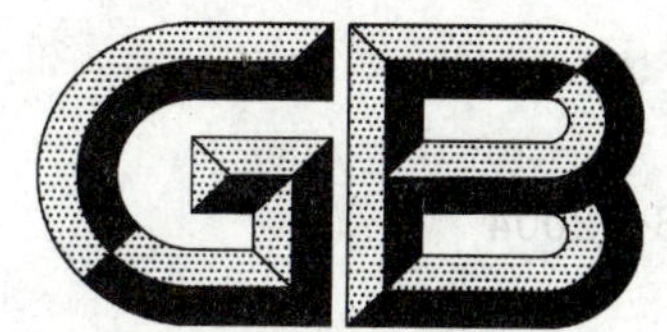

中华人民共和国国家标准

GB 338—2004
代替 GB 338—1992

工业用甲醇

Methanol for industrial use

2004-11-29 发布　　　　2005-05-01 实施

中华人民共和国国家质量监督检验检疫总局
中国国家标准化管理委员会　发布

前　言

本标准的第6.1条为强制性的，其余为推荐性的。

本标准修改采用美国试验与材料协会标准 ASTM D 1152:1997《甲醇》(英文版)。

本标准根据 ASTM D 1152:1997 重新起草。在附录 A 中列出了本标准章条编号与 ASTM D 1152:1997 章条编号的对照一览表。

本标准与 ASTM D 1152:1997 的主要差异如下：

——指标分为优等品、一等品和合格品(本标准的 3.2)。这是依据我国有关工业产品的分等导则确定的；

——增设了乙醇含量项目(本标准的 3.2)。这是为了严格对产品质量的控制；

——优等品色度、沸程、酸度或碱度等指标优于 ASTM D 1152:1997(本标准的 3.2)；

——除硫酸洗涤试验方法采用 ASTM D 1152:1997 所规定的方法外，其他各项试验方法均采用方法原理及基本操作与 ASTM D 1152:1997 规定的方法相同的我国产品试验方法国家标准(本标准的第 4 章)；

——将一些表述改为适用于我国标准的表述。

本标准代替 GB 338—1992《工业甲醇》。

本标准与 GB 338—1992 相比主要变化如下：

——增设了硫酸洗涤试验和乙醇含量项目及试验方法(见 3.2、4.10 和 4.11)；

——高锰酸钾试验、羰基化合物含量的试验方法均引用产品试验方法国家标准(1992 版的 4.4、4.8,本版的 4.4、4.8)；.

——修改了检验规则、标志、包装、运输和贮存的内容(1992 年版的第 5 章、第 6 章，本版的第 5 章、第 6 章)；

本标准的附录 A 为资料性附录。

本标准由中国石油和化学工业协会提出。

本标准由全国化学标准化技术委员会有机分会(CSBTS/TC63/SC2)归口。

本标准由中国石化集团四川维尼纶厂负责起草；上海焦化有限公司、四川江油川西北气矿甲醇厂、大庆油田甲醇厂等参加起草。

本标准主要起草人：郭鑫铭、周兵、王文君、曾燕、蒲利均。

本标准于 1964 年首次发布，1979 年第一次修订，1985 年 12 月第二次修订，1992 年 9 月第三次修订。

工 业 用 甲 醇

1 范围

本标准规定了工业用甲醇的要求、试验方法、检验规则及标志、包装、运输、贮存和安全等。

本标准适用于以煤、焦油、天然气、轻油、重油为原料合成的工业用甲醇。该产品主要用于化学工业、医药工业、农药行业,也可作为燃料使用。

分子式:CH_3OH

相对分子质量:32.042(按 2001 年国际相对原子质量)

2 规范性引用文件

下列文件中的条款通过本标准的引用而成为本标准的条款。凡是注日期的引用文件,其随后所有的修改单(不包括勘误的内容)或修订版均不适用于本标准,然而,鼓励根据本标准达成协议的各方研究是否可使用这些文件的最新版本。凡是不注日期的引用文件,其最新版本适用于本标准。

GB 190 危险货物包装标志

GB/T 601 化学试剂 标准滴定溶液的制备

GB/T 603 化学试剂 试验方法中所用制剂及制品的制备

GB/T 1250 极限数值的表示方法和判定方法

GB/T 3143 液体化学产品颜色测定法(Hazen 单位—铂-钴色号)

GB/T 4472—1984 化工产品中密度、相对密度测定通则

GB/T 6283 化工产品中水分含量的测定 卡尔·费休法(通用方法)[GB/T 6283—1986,eqv ISO 760:1978]

GB/T 6324.1 有机化工产品试验方法 第 1 部分:有机化工产品水混溶性试验

GB/T 6324.2 有机化工产品试验方法 第 2 部分:挥发性有机液体水浴上蒸发后干残渣测定[GB/T 6324.2—2004,ISO 759:1981,Volatile organic liquids for industrial use—Determination of dry residue after evaporation on a water bath—General method,MOD]

GB/T 6324.3—1993 有机化工产品还原高锰酸钾物质的测定方法

GB/T 6324.6 有机化工产品中微量羰基化合物含量的测定光度法[GB/T 6324.6—1986,idt ISO 1388-3:1981]

GB/T 6678 化工产品采样总则

GB/T 6680 液体化工产品采样通则

GB/T 6682 分析实验室用水规格和试验方法[GB/T 6682—1992, neq ISO 3696:1987]

GB/T 7534 工业用挥发性有机液体 沸程的测定[GB/T 7534—2004,ISO 4626:1980,Volatile organic liquids—Determination of boiling range of organic solvents used as raw materials,MOD]

GB/T 9722—1988 化学试剂 气相色谱法通则

3 要求

3.1 工业用甲醇为无异臭味、无色透明液体,无可见杂质。

3.2 工业用甲醇应符合表 1 所示的技术要求。

表 1 技术要求

项目	指标		
	优等品	一等品	合格品
色度/Hazen 单位(铂-钴色号) ≤	5		10
密度(ρ_{20})/(g/cm³)	0.791～0.792	0.791～0.793	
沸程(0℃,101.3 kPa,在 64.0℃～65.5℃范围内,包括 64.6℃±0.1℃)/℃ ≤	0.8	1.0	1.5
高锰酸钾试验/min ≥	50	30	20
水混溶性试验	通过试验(1+3)	通过试验(1+9)	—
水的质量分数/% ≤	0.10	0.15	—
酸的质量分数(以 HCOOH 计)/% ≤ 或碱的质量分数(以 NH_3 计)/% ≤	0.0015 0.0002	0.0030 0.0008	0.0050 0.0015
羰基化合物的质量分数(以 HCHO 计)/% ≤	0.002	0.005	0.010
蒸发残渣的质量分数/% ≤	0.001	0.003	0.005
硫酸洗涤试验/Hazen 单位(铂-钴色号) ≤	50		—
乙醇的质量分数/% ≤	供需双方协商	—	

4 试验方法

除非另有说明,在分析中仅使用确认为分析纯的试剂和符合 GB/T 6682 的三级水。

分析中所用标准溶液、制剂和制品,在没有注明其他要求时,均按 GB/T 601、GB/T 603 制备。

4.1 色度的测定

按 GB/T 3143 的规定进行。

4.2 密度的测定

按 GB/T 4472—1984 中 2.3.1 比重瓶法的规定进行。也可采用其他能满足分析要求的试验方法。在 15℃～35℃的范围内,试样密度的温度校正系数为 0.000 93 g/(cm³·℃)。比重瓶法为仲裁法。

取两次平行测定结果的算术平均值为测定结果。两次平行测定结果之差值不大于 0.000 5 g/cm³。

4.3 沸程的测定

按 GB/T 7534 的规定进行。蒸馏烧瓶:100 mL;温度计的示值范围为 50℃～70℃,分度值为 0.1℃。

4.4 高锰酸钾试验

按 GB/T 6324.3—1993 中 3.1 目视比色法的规定进行。其中试样量为 50 mL,温度控制在 15℃±0.5℃。标准比色液有效期限为 3 个月。

4.5 水混溶性试验

按 GB/T 6324.1 的规定进行。选择试样与水混溶的比例分别为:1+3(优等品),1+9(一等品)。

4.6 水分的测定

按 GB/T 6283 的规定进行。

取两次平行测定结果的算术平均值为测定结果。两次平行测定结果之差值不大于 0.01%。

4.7 酸度或碱度的测定

4.7.1 方法提要

试样用不含二氧化碳的水稀释,以溴百里香酚蓝为指示剂,试样呈酸性则用氢氧化钠标准滴定溶液滴定游离酸,试样呈碱性则用硫酸标准滴定溶液滴定游离碱。

4.7.2 试剂

4.7.2.1 氢氧化钠标准滴定溶液:c(NaOH)=0.01 mol/L;

4.7.2.2 硫酸标准滴定溶液：$c(1/2H_2SO_4)=0.01$ mol/L；

4.7.2.3 溴百里香酚蓝指示液：1 g/L；

4.7.2.4 不含二氧化碳水。

4.7.3 仪器

滴定管：10 mL，分刻度为 0.05 mL。

4.7.4 分析步骤

4.7.4.1 试样用等体积的不含二氧化碳水稀释，加 4～5 滴溴百里香酚蓝指示液鉴别，呈黄色为酸性反应，测定酸度，呈蓝色则为碱性反应，测定碱度。

4.7.4.2 取 50 mL 不含二氧化碳水，注入 250 mL 三角瓶中，加 4～5 滴溴百里香酚蓝指示液。测定游离酸时，用氢氧化钠标准滴定溶液滴定至溶液呈浅蓝色，加入 50 mL 试样，再用氢氧化钠标准滴定溶液滴定至溶液由黄色变为浅蓝色，保持 30 s 不褪色即为终点。测定游离碱时，用硫酸标准滴定溶液滴定，溶液由蓝色变为黄色，保持 30 s 不褪色即为终点。

4.7.5 结果计算

酸度以甲酸(HCOOH)的质量分数 w_1 计，数值以％表示；碱度以氨(NH_3)的质量分数 w_2 计，数值以％表示；分别按式(1)和式(2)计算：

$$w_1=\frac{(V_1/1\,000)\cdot c_1\cdot M_1}{V\cdot \rho_t}\times 100 \qquad (1)$$

$$w_2=\frac{(V_2/1\,000)\cdot c_2\cdot M_2}{V\cdot \rho_t}\times 100 \qquad (2)$$

式中：

V_1——氢氧化钠标准滴定溶液(4.7.2.1)的体积的数值，单位为毫升(mL)；

c_1——氢氧化钠标准滴定溶液浓度的准确数值，单位为摩尔每升(mol/L)；

M_1——甲酸的摩尔质量的数值，单位为克每摩尔(g/mol)($M_1=46.02$)；

ρ_t——测定温度 t 时的甲醇试样的密度，单位为克每立方厘米(g/cm^3)；

V_2——硫酸标准滴定溶液(4.7.2.2)的体积的数值，单位为毫升(mL)；

c_2——硫酸标准滴定溶液浓度的准确数值，单位为摩尔每升(mol/L)；

M_2——氨的摩尔质量的数值，单位为克每摩尔(g/mol)($M_2=17.03$)；

V——试样的体积的数值，单位为毫升(mL)($V=50$)。

取两次平行测定的算术平均值为测定结果。两次平行测定结果的相对偏差不大于 30％。

4.8 羰基化合物含量的测定

按 GB/T 6324.6 的规定执行。其中用无羰基甲醇代替无羰基乙醇；波长为 430 nm；羰基化合物标准溶液浓度为 30μg/ mL[以甲醛(HCHO)计]；测定温度不得低于 8℃；测定结果以甲醛(HCHO)计。

取两次平行测定结果的算术平均值为测定结果。两次平行测定结果的相对偏差不大于 20％。

4.9 蒸发残渣含量的测定

按 GB/T 6324.2 规定进行。

取两次平行测定结果的算术平均值为测定结果。两次平行测定结果的绝对差值不大于 0.0003％。

4.10 硫酸洗涤试验

4.10.1 方法提要

在一定条件下，试样与硫酸混合，混合液与铂-钴标准比色溶液对比，进行目视比色法测定。

4.10.2 试剂

4.10.2.1 硫酸；

4.10.2.2 铂-钴标准比色溶液：按 GB/T 3143 配制。

4.10.3 仪器

4.10.3.1 比色管：50 mL；

4.10.3.2 滴定管(带聚四氟乙烯旋塞):25 mL。

4.10.4 分析步骤

4.10.4.1 试验中所用的玻璃仪器不能含有与硫酸显色的物质。用重铬酸钾-硫酸洗液洗涤玻璃仪器,然后用水清洗,用清洁空气干燥或用与硫酸不显色的甲醇清洗。

4.10.4.2 取 30 mL 试样于 125 mL 三角瓶中,置于电磁搅拌器上,搅拌,匀速加入 25 mL 硫酸,硫酸加入时间为 5 min±0.5 min,室温下放置 15 min±0.5 min,移入比色管中。取另一支比色管,加入 50 mL 铂-钴标准比色溶液。在白色或镜面背景以上 50 mm~150 mm 轴向比色。

取两次平行测定结果的算术平均值为测定结果。两次平行测定结果的绝对差值不大于 5 个铂-钴色号。

4.11 乙醇含量的测定

4.11.1 方法提要

用气相色谱法,在选定的工作条件下,使甲醇中的乙醇等杂质得到分离,用火焰离子化检测器检测。测定定量校正因子,根据内标法计算出乙醇的质量分数。

4.11.2 试剂和材料

4.11.2.1 无水乙醇;

4.11.2.2 异丙醇:色谱纯,内标物;

4.11.2.3 山梨醇:色谱固定液;

4.11.2.4 酸洗 6201 型担体:0.18 mm~0.25 mm;

4.11.2.5 甲醇:乙醇的质量分数不超过 0.001%,如果乙醇含量大于此量,应扣除本底;

4.11.2.6 氢气:体积分数不低于 99%,经硅胶与分子筛干燥、净化;

4.11.2.7 氮气:体积分数不低于 99.95%,经硅胶与分子筛干燥、净化;

4.11.2.8 空气:经硅胶与分子筛干燥、净化。

4.11.3 仪器

4.11.3.1 气相色谱仪:配有火焰离子化检测器,灵敏度及稳定性符合 GB/T 9722—1988 中有关规定的任何型号的气相色谱仪。

4.11.3.2 色谱柱:固定相制备:称取 30 g 山梨醇,置于 600 mL 烧杯中,加入 300 mL 甲醇溶解。将烧杯放在水浴上微热,山梨醇溶解后,加入 70 g 酸洗 6201 型担体,轻微搅拌,待甲醇溶剂蒸发后,放入烘箱中干燥后筛分备用。色谱柱的装填和老化按 GB/T 9722—1988 中 7.1.3 和 7.1.4 的规定进行。

4.11.3.3 记录器:色谱数据处理机或记录仪;

4.11.3.4 微量注射器:10 μL、100 μL。

4.11.3.5 典型工作条件:本标准中推荐的色谱柱及典型工作条件见表 2,能达到同等分离程度的其他色谱柱及工作条件也可采用。典型色谱图见图 1 和典型保留时间见表 3。

表 2 色谱柱及典型工作条件

色谱柱长/柱内径	5 m~6 m/3 mm~4 mm
柱箱温度	100℃
汽化室温度	150℃
载气(氮气)流量	30 mL/min~40 mL/min
氢气流量	40 mL/min
空气流量	500 mL/min~600 mL/min
固定相	山梨醇:酸洗 6201=30:70
进样量	2 μL~10 μL

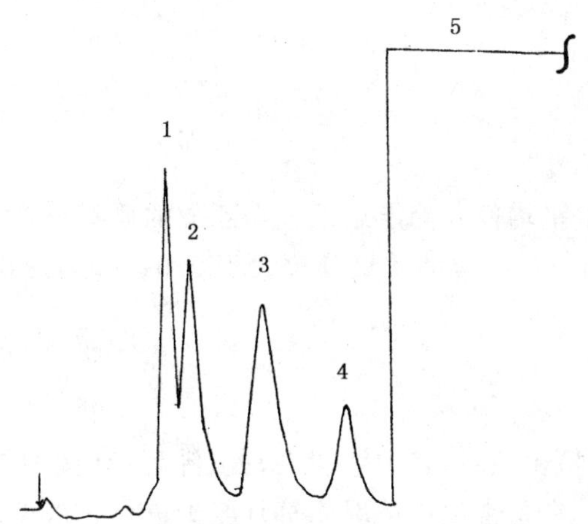

1——甲酸甲酯；
2——丙酮；
3——异丙醇；
4——乙醇；
5——甲醇。

图 1 典型色谱图

表 3 典型保留时间

组分	二甲醚	甲酸甲酯	丙酮	异丙醇	乙醇
保留时间/min	2.3	3.0	3.5	4.9	6.8

4.11.4 分析步骤

4.11.4.1 异丙醇内标溶液制备：取 0.5 mL 异丙醇于 100 mL 容量瓶中，用甲醇稀释至刻度，混匀。

4.11.4.2 校正因子的测定：将 0.5 mL 乙醇注入干燥已知质量的 100 mL 容量瓶中，称量，乙醇质量为 m_1，用甲醇稀释至刻度后再称量，溶液质量为 m_2，此液为乙醇标准溶液。取 6 只干燥的 25 mL 容量瓶，各加入约 20 mL 甲醇，用微量注射器（或微量移液吸管）分别注入 100 μL 异丙醇内标溶液和 0 mL、0.05 mL、0.10 mL、0.20 mL、0.50 mL、1.00 mL 的乙醇标准溶液，用甲醇稀释至刻度、混匀，此溶液为校准用标准溶液（其中含有 0 mL 乙醇标准溶液的为空白溶液）。分别测定乙醇和异丙醇的色谱峰面积，再减去空白的乙醇峰面积，得到校正峰面积，然后，按式(3)计算定量校正因子（f'）：

$$f' = \frac{m_1 V A_s \times 100}{m_2 A_i V_1} \qquad \cdots\cdots(3)$$

式中：

m_1——乙醇标准溶液中乙醇的质量的数值，单位为克(g)；

m_2——乙醇标准溶液的质量的数值，单位为克(g)；

V——乙醇标准溶液的体积的数值，单位为毫升(mL)；

A_i——乙醇的校正峰面积；

A_s——异丙醇峰面积；

V_1——校准用标准溶液的体积的数值，单位为毫升(mL)($V_1=25$)。

由各定量校正因子求出平均定量校正因子（$\overline{f}'$）。

4.11.4.3 试样的测定：取 1 只干燥的 25 mL 容量瓶，用微量注射器注入 100 μL 异丙醇内标溶液，用试样稀释至刻度、摇匀。测定乙醇和异丙醇的峰面积。

4.11.5 结果计算

乙醇的质量分数 w_3，数值以%表示，按式(4)计算：

$$w_3 = \overline{f}' \times A_i / A_s \qquad \cdots\cdots(4)$$

式中：

$\bar{f}'$——平均定量校正因子；

A_i——乙醇峰面积；

A_s——异丙醇峰面积。

取两次平行测定结果的算术平均值为测定结果。当乙醇的质量分数小于等于0.01%时，两次平行测定结果的相对偏差不大于30%；当乙醇的质量分数大于0.01%时，两次平行测定结果的相对偏差不大于10%。

5 检验规则

5.1 本标准所列项目均为型式检验项目，其中色度、密度、沸程、高锰酸钾试验、水分、酸度或碱度和羰基化合物含量为出厂检验项目。在正常生产情况下每月至少进行一次型式检验。

5.2 工业用甲醇应由质量检验部门进行检验，生产厂保证出厂的工业用甲醇符合本标准的要求。每一批出厂的工业用甲醇都应附有质量证明书，内容包括：生产厂名称、产品名称、生产日期或批号、产品质量等级和本标准编号。

5.3 在原材料、工艺不变的条件下，产品连续生产的实际批为一个组批；但若干个生产批构成一个检验批的时间通常不超过一周。

5.4 采样按GB/T 6678和GB/T 6680常温下为流动态液体的规定进行。所采样品总量不得少于2 L，将样品充分混匀后，分装于两个干燥清洁带有磨口塞的玻璃瓶中。一瓶作为检验分析用，一瓶保留1个月，以备查验。

5.5 检验结果的判定按GB/T 1250中修约值比较法进行，检验结果如有一项不符合本标准要求时，桶装产品应重新自两倍数量的包装单元采样进行检验，罐装产品应重新多点采样进行检验，重新检验的结果即使只有一项指标不符合本标准要求，则整批产品为不合格。

6 标志、包装、运输和贮存

6.1 工业用甲醇产品包装容器上应涂有牢固的标志，其内容包括：生产厂名称、产品名称、本标准编号以及符合GB 190规定的“易燃液体”和“有毒品”标志等。

6.2 工业用甲醇应用清洁干燥容器包装，包装容器应严加密封。

6.3 运输应遵守运输部门的有关规定。

6.4 甲醇应贮存在干燥、通风、低温、不受日光直接照射并隔绝热源和火种的地方。

7 安全

7.1 危险警告：甲醇是无色易燃液体，闪点为8℃，自燃温度为436℃，甲醇蒸气在空气中爆炸范围的体积分数为6%～36.5%。甲醇蒸气对神经系统有刺激作用，吸入人体内，可引起失明和中毒。

7.2 安全措施：甲醇溢出时应立刻用水冲洗。着火时用砂子、泡沫灭火器、石棉布等进行扑救。应避免甲醇与皮肤接触，如果溅到皮肤上和眼睛里，应迅速用大量的清水冲洗，急速医疗。

附 录 A
（资料性附录）
本标准章条编号与 ASTM D 1152:1997 章条编号对照

表 A.1 结出了本标准章条编号与 ASTM D 1152:1997 章条编号对照一览表

表 A.1 本标准章条编号与 ASTM D 1152:1997 章条编号对照

本标准章条编号	对应 ASTM D 1152 章条编号
1	1
2	2
3	3
4	5
5	—
5.4	4
6	6
7	—

ICS 71.080.15
G 16

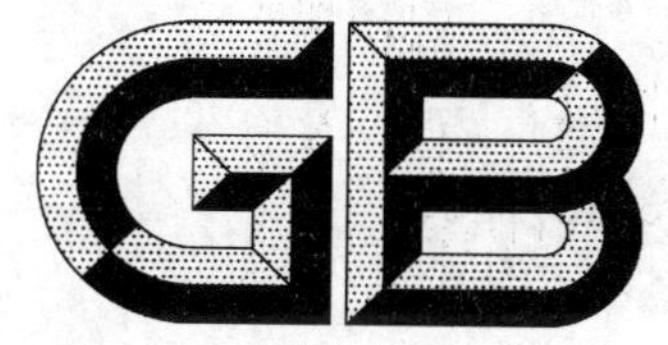

中华人民共和国国家标准

GB/T 3915—2011
代替 GB 3915—1998

工业用苯乙烯

Styrene for industrial use

2011-05-12 发布　　2011-11-01 实施

中华人民共和国国家质量监督检验检疫总局
中国国家标准化管理委员会　发布

前　言

本标准修改采用 ASTM D2827-08《苯乙烯单体标准规格》(英文版),本标准与 ASTM D2827-08 的结构性差异见附录 A。

本标准与 ASTM D2827-08 相比,主要技术内容变化如下:

——增加了国家标准的前言;

——规范性引用文件中引用我国标准;

——总醛项目的计量单位由“%(m/m)”改为“mg/kg”;

——将工业用苯乙烯产品分为三个等级,而 ASTM D2827 未分等级;

——技术要求中未设置苯和水项目;

——技术要求中乙苯项目优等品指标为“≤0.08%(质量分数)”。

本标准代替 GB 3915—1998《工业用苯乙烯》,本标准与 GB 3915—1998 相比主要有以下变化:

——纯度项目,优等品指标由“≥99.7%”改为“≥99.8%”,一等品指标由“≥99.5%”改为“≥99.6%”;

——过氧化物项目,优等品指标由“≤100 mg/kg”改为“≤50 mg/kg”;

——增加了乙苯项目,优等品指标为“≤0.08%(质量分数)”,一等品为“报告”,合格品不要求;

——总醛项目的计量单位由“%(m/m)”改为“mg/kg”,一等品指标由“≤0.02%”改为“≤100 mg/kg”;

——阻聚剂项目,由“10～15”改为“10～15(或按需)”;

——增加了表 1 的脚注 b);

——增加了 4.1 检验项目分类内容和型式检验条件;

——增加了 4.2;

——取消了纯度项目的 GB/T 12688.2(结晶点法)试验方法,同时删除了原标准 4.5 部分内容;

——删除了原标准的 4.2。

——增加了附录 A。

本标准的附录 A 是资料性附录。

本标准由中国石油化工集团公司提出。

本标准由全国化学标准化技术委员会石油化学分技术委员会(SAC/TC 63/SC 4)归口。

本标准起草单位:中国石油化工股份有限公司北京燕山分公司。

本标准主要起草人:崔广洪、苏晓燕。

本标准所代替标准的历次版本发布情况为:

——GB 3915—1983、GB 3915—1990、GB 3915—1998。

工业用苯乙烯

1 范围

本标准规定了工业用苯乙烯的技术要求、试验方法、检验规则以及包装、标志、贮存、运输和安全。

本标准适用于乙苯经脱氢、精馏等工艺过程而制得的工业用苯乙烯。

苯乙烯的分子式为 C_8H_8，相对分子质量为104.15(按2007年国际相对原子质量)。

本标准并不是旨在说明与其使用有关的安全问题，使用者有责任采取适当的安全和健康措施，并保证符合国家有关法规的规定。

2 规范性引用文件

下列文件中的条款通过本标准的引用而成为本标准的条款。凡是注日期的引用文件，其随后所有的修改单(不包括勘误的内容)或修订版均不适用于本标准，然而，鼓励根据本标准达成协议的各方研究是否可使用这些文件的最新版本。凡是不注日期的引用文件，其最新版本适用于本标准。

GB/T 605　化学试剂　色度测定通用方法(GB/T 605—2006,ISO 6353-1:1982,NEQ)

GB/T 3723　工业用化学产品采样安全通则(GB/T 3723—1999,ISO 3165:1976,idt)

GB/T 6283　化工产品中水分含量的测定　卡尔·费休法(通用方法)

GB/T 6678　化工产品采样总则

GB/T 6680　液体化工产品采样通则

GB/T 8170　数值修约规则与极限数值的表示和判定

GB/T 12688.1　工业用苯乙烯试验方法　第1部分：纯度和烃类杂质的测定　气相色谱法

GB/T 12688.3　工业用苯乙烯试验方法　第3部分：聚合物含量的测定

GB/T 12688.4　工业用苯乙烯试验方法　第4部分：过氧化物含量的测定　滴定法

GB/T 12688.5　工业用苯乙烯试验方法　第5部分：总醛含量的测定　滴定法

GB/T 12688.8　工业用苯乙烯试验方法　第8部分：阻聚剂(对-叔丁基邻苯二酚)含量的测定　分光光度法

GB/T 12688.9　工业用苯乙烯试验方法　第9部分：微量苯的测定　气相色谱法

GB 13690　常用危险化学品的分类及标志

3 技术要求和试验方法

工业用苯乙烯的技术要求和试验方法应符合表1的规定。

表1 工业用苯乙烯技术要求和试验方法

序号	项目	指标			试验方法
		优等品	一等品	合格品	
1	外观	清晰透明,无机械杂质和游离水			目测[a]
2	纯度(质量分数)/%	≥99.8	≥99.6	≥99.3	GB/T 12688.1[b]
3	聚合物/(mg/kg)	≤10	≤10	≤50	GB/T 12688.3
4	过氧化物(以过氧化氢计)/(mg/kg)	≤50	≤100	≤100	GB/T 12688.4
5	总醛(以苯甲醛计)/(mg/kg)	≤100	≤100	≤200	GB/T 12688.5
6	色度(铂-钴色号)/号	≤10	≤15	≤30	GB/T 605
7	乙苯(质量分数)/%	≤0.08	报告	—	GB/T 12688.1[b]
8	阻聚剂(TBC)/(mg/kg)	10~15(或按需)[c]			GB/T 12688.8

[a] 将试样置于100 mL比色管中,其液层高为(50~60)mm,在日光或日光灯透射下目测。

[b] 在有争议时,以内标法测定结果为准。

[c] 如遇特殊情况,可按供需双方协议执行。

4 检验规则

4.1 本标准表1中外观、纯度、聚合物、色度、乙苯、阻聚剂为出厂检验项目,每批产品均应按表1规定的试验方法对这些项目进行检验。

4.2 本标准表1中的所有项目均为型式检验项目,在下列情况下,应进行型式检验:

a) 在正常情况下,每月至少进行一次型式检验;

b) 关键生产工艺发生变化或主要设备更新时;

c) 主要原料有变化时;

d) 产品长期停产后,恢复生产时;

e) 出厂检验结果与上次型式检验结果有较大差异时。

4.3 如果需要,可按GB/T 6283测定水分含量,可按GB/T 12688.9测定苯含量。

4.4 同等质量的、均匀的产品为一批,可按生产周期、生产班次或产品储罐进行组批。

4.5 采样按GB/T 6680规定执行。样品数和样品量按GB/T 6678的相应规定执行。采样者还应熟悉和遵守GB/T 3723有关采样的安全要求。

4.6 工业用苯乙烯应由生产厂的质量检验部门进行检验,生产厂应保证所有出厂的苯乙烯都符合本标准的要求,每批出厂的苯乙烯都应附有质量证明书。质量证明书上应注明:生产企业名称、详细地址、产品名称、产品等级、批号或生产日期、净含量、阻聚剂名称、本标准的编号等。

4.7 检验结果的判定采用GB/T 8170中规定的修约值比较法。

4.8 如检验结果不符合本标准相应等级要求时,需重新加倍取样,复验。复验结果只要有一项指标不符合本标准相应等级要求时,则整批产品应作降级或不合格处理。

5 标志、包装、运输与贮存

5.1 标志

5.1.1 容器上应标明:

a) 生产企业名称;

b) 产品名称;

c) 商标;

d) 生产日期或批号；

e) 净含量；

f) 产品执行标准编号。

5.1.2 按 GB 13690 的要求标有明显“易燃”、“危险品”标志。罐车及贮存容器等同样要有明显标志。

5.2 包装

5.2.1 苯乙烯应装入干燥、清洁的专用罐车或镀锌钢桶内，并加适量的阻聚剂(对-叔丁基邻苯二酚)。

5.2.2 桶装苯乙烯每桶净含量 160 kg。

5.2.3 桶口应予密闭，防止苯乙烯渗出及水分渗入。

5.3 运输与贮存

5.3.1 运输过程中，应执行交通运输部门有关规定，并应防止雨淋和日光曝晒。

5.3.2 苯乙烯应贮藏在 25 ℃以下或冷藏仓库内，以防止聚合变质。

6 安全

6.1 苯乙烯单体为易燃物，在与过氧化物、无机酸和三氯化铝等接触时会发生放热聚合反应。苯乙烯闪点 30 ℃，凝固点－30.6 ℃，沸点 145.2 ℃，空气中自燃温度 490 ℃，空气中爆炸极限范围(体积分数)1.1%～6.1%。

6.2 工作区空气中苯乙烯蒸气的最高允许浓度为 5 mg/m^3，生活用水中的最高允许浓度为0.1 mg/L。

6.3 苯乙烯的作业区应装有通风设备。在取样或操作时应穿戴专用的衣服、鞋子、手套和保护眼镜。在高浓度苯乙烯蒸气的区域操作时，应配用合适的防毒面具或氧气呼吸器。

6.4 流出的苯乙烯应用砂子撒盖，然后用防爆工具进行处置。苯乙烯燃烧时，可使用泡沫灭火机、干粉灭火机、二氧化碳灭火机、砂、喷雾水、水蒸气、惰性气体和石棉被等灭火工具。

6.5 输送苯乙烯的设备及管道应接地，以免产生静电。

附　录　A
（资料性附录）
本标准章条编号与 ASTM D2827-08 章条编号对照表

表 A.1 中给出了本标准章条编号与 ASTM D2827-08 章条编号对照一览表。

表 A.1　本标准章条编号与 ASTM D2827-08 章条编号对照表

本标准章条编号	对应的 ASTM 标准章条编号
1	1
2	2
3	3
4	4
4.1	—
4.2	—
4.3	4.1
4.4	—
4.5	1.2
4.6	—
4.7	—
4.8	—
5	—
6	—
—	5

ICS 71.080.60
G 16

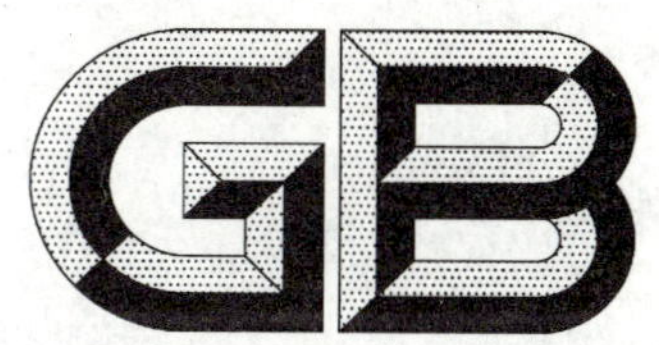

中华人民共和国国家标准

GB/T 4649—2008
代替 GB/T 4649—1993

工业用乙二醇

Ethylene glycol for industrial use—Specification

2008-02-26 发布　　　　2008-08-01 实施

中华人民共和国国家质量监督检验检疫总局
中国国家标准化管理委员会　发布

前　言

本标准参考国外先进标准对 GB 4649—1993《工业用乙二醇》进行了修订。

本标准代替 GB/T 4649—1993。本标准与 GB/T 4649—1993 相比主要有以下变化：

a) 增加了“乙二醇含量”项目，指标值为“优等品≥99.8%，一等品≥99.0%”。

b) 色度项目中一等品的指标由“加热前≤15 号”，改为“加热前≤10 号”。

c) 酸度指标由“优级≤0.002%，一级≤0.005%”改为“优等品≤0.001%，一等品≤0.003%”。

d) “二乙二醇和三乙二醇”指标名称改为“二乙二醇”，指标为“优等品≤0.10%，一等品≤0.80%”。

e) 优等品的醛含量(以甲醛计)(质量分数)指标由≤0.001%改为≤0.000 8%。

f) 优等品的紫外透光率的指标由“220 nm 时≥70%，275 nm 时≥90%，350 nm 时≥98%”改为“220 nm 时≥75%，275 nm 时≥92%，350 nm 时≥99%”。并删除表注“紫外透光率仅对供出口的优级品测定”。

g) 删除 4.11 紫外透光率测定的内容，改按 GB/T 14571.4—2008《工业用乙二醇紫外透光率的测定　紫外分光光度法》测定。

本标准由中国石油化工集团公司提出。

本标准由全国化学标准化技术委员会石油化学分技术委员会(SAC/TC 63/SC 4)归口。

本标准由中国石化北京燕化石油化工股份有限公司化工一厂、中国石化扬子石油化工股份有限公司负责起草。

本标准主要起草人：崔广洪、苏晓燕、吴晨光。

本标准所代替标准的历次版本发布情况为：

——GB 4649—1993。

工业用乙二醇

1 范围

本标准规定了工业用乙二醇的技术要求、试验方法、检验规则、标志、包装、运输、贮存和安全要求。

本标准适用于乙烯直接氧化得到环氧乙烷再经水合制成的工业用乙二醇。

本产品主要作为生产聚酯、醇酸树脂的单体及电解电容器的电解液。此外还可用作抗冻剂、增塑剂、溶剂等。

分子式：$C_2H_6O_2$

相对分子质量：62.069（按2001年国际相对原子质量）

2 规范性引用文件

下列文件中的条款通过本标准的引用而成为本标准的条款。凡是注日期的引用文件，其随后所有的修改单（不包括勘误的内容）或修订版均不适用于本标准，然而，鼓励根据本标准达成协议的各方研究是否可使用这些文件的最新版本。凡是不注日期的引用文件，其最新版本适用于本标准。

GB/T 3049—2006 工业用化工产品 铁含量测定的通用方法 1,10-菲啰啉分光光度法

GB/T 3143—1982 液体化学产品颜色测定法（Hazen单位——铂-钴色号）

GB/T 3723—1999 工业用化学产品采样安全通则（idt ISO 3165:1976）

GB/T 4472—1984 化工产品密度、相对密度测定通则

GB/T 6283—1986 化工产品中水分含量的测定 卡尔·费休法（通用方法）（eqv ISO 760:1978）

GB/T 6678—2003 化工产品采样总则

GB/T 6680—2003 液体化工产品采样通则

GB/T 7531—1987 有机化工产品灰分的测定（neq ISO 6353-1:1982）

GB/T 7534—2004 工业用挥发性有机液体 沸程的测定（ISO 4626:1980,MOD）

GB 10479—1989 铝制铁道罐车技术条件

GB/T 14571.1—1993 工业用乙二醇酸度的测定 滴定法（neq ISO 2887:1973）

GB/T 14571.2—1993 工业用乙二醇中二乙二醇和三乙二醇含量测定 气相色谱法

GB/T 14571.3—2008 工业用乙二醇中醛含量的测定 分光光度法

GB/T 14571.4—2008 工业用乙二醇紫外透光率的测定 紫外分光光度法

SH/T 1053—1991(2000) 工业用二乙二醇沸程的测定

3 技术要求

工业用乙二醇的技术要求见表1。

表1 工业用乙二醇的技术要求

序号	项目	指标		
		优等品	一等品	合格品
1	外观	无色透明无机械杂质	无色透明无机械杂质	无色或微黄色无机械杂质
2	乙二醇质量分数/% ≥	99.8	99.0	
3	色度（铂-钴）/号 加热前 ≤ 加盐酸加热后 ≤	 5 20	 10 —	 40 —

表 1(续)

序号	项 目		指 标		
			优等品	一等品	合格品
4	密度(20℃)/(g/cm³)		1.112 8～1.113 8	1.112 5～1.114 0	1.112 0～1.115 0
5	沸程(在 0℃,0.101 33 MPa) 初馏点/℃ 终馏点/℃	 ≥ ≤	 196 199	 195 200	 193 204
6	水分(质量分数)/%	≤	0.10	0.20	—
7	酸度(以乙酸计)/%	≤	0.001	0.003	0.01
8	铁(质量分数)/%	≤	0.000 01	0.000 5	—
9	灰分(质量分数)/%	≤	0.001	0.002	—
10	二乙二醇(质量分数)/%	≤	0.10	0.80	—
11	醛质量分数(以甲醛计)/%	≤	0.000 8	—	—
12	紫外透光率/% 220 nm 时 275 nm 时 350 nm 时	 ≥ ≥ ≥	 75 92 99	—	—

4 试验方法

4.1 外观的测定

取 50 mL～60 mL 工业用乙二醇试样,置于清洁、干燥的 100 mL 比色管中,在日光或日光灯透射下,直接目测。

如有争议时,取 100 g 试样,用已恒重的 4 号玻璃滤埚抽滤,抽滤速度应控制在使滤液呈滴状,再用蒸馏水洗涤 4～5 次,每次用量约 20 mL。然后,移入烘箱中,在 105℃～110℃ 下烘至恒重。其增量不大于 1 mg 时,认为无机械杂质。

4.2 乙二醇含量的测定

乙二醇质量分数按式(1)计算:

$$c_E = 100.00 - \sum c_i \qquad (1)$$

式中:c_E——乙二醇质量分数,%;

$\sum c_i$——杂质质量分数,%,(包括水分、二乙二醇、酸度和灰分及其他杂质);

报告乙二醇质量分数应精确至 0.01%。

4.3 色度的测定

4.3.1 加热前色度

按 GB/T 3143—1982 的规定执行,采用 100 mL 比色管。

4.3.2 加盐酸加热后色度测定

4.3.2.1 仪器、器皿与试剂

a) 可调电炉。

b) 移液管:1 mL。

c) 标准磨口锥形瓶:250 mL。

d) 玻璃毛细管:直径约 1 mm,长约 10 mm,用盐酸煮沸,然后用蒸馏水洗净,烘干。

e) 标准磨口空气冷却管,见图 1。

f) 盐酸:优级纯。

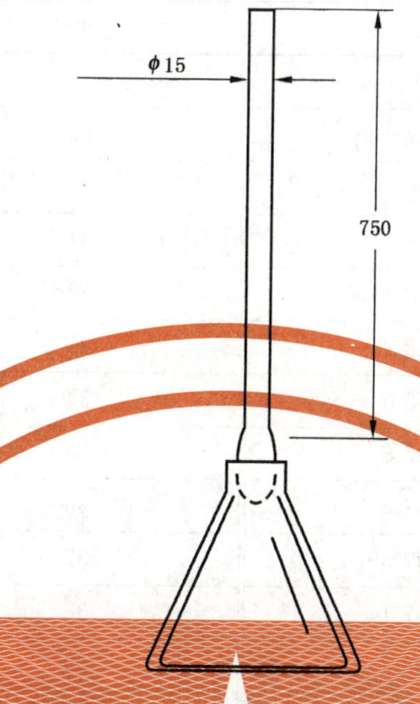

图1 标准磨口空气冷却管

4.3.2.2 测定步骤

取100 mL试样置于锥形瓶中，用移液管加入盐酸1 mL，放入2～3根玻璃毛细管，将锥形瓶与空气冷却管连接。预热电炉5 min，然后把带有冷却管的锥形瓶置于电炉上，调整电压使试液在5 min达到沸腾，煮沸30 s。取下锥形瓶(仍带空气冷却管)，冷却1 h。

色度测定同4.3.1。

4.3.3 重复性

本方法测定下限为5个铂-钴色号，重复测定结果的差值应不大于2个铂-钴色号。

4.4 密度的测定

按GB/T 4472—1984中2.3.1规定进行，采用50 cm^3 密度瓶。测定密度时可在室温15℃～40℃范围内进行，并按式(2)校正到20℃时的试样密度 ρ_{20} (g/cm^3)。

$$\rho_t = \frac{(m_2 - m_1) + A}{(m_3 - m_1) + A} \cdot \rho_{H_2O}$$

$$A = 0.0012(m_3 - m_1)$$

$$\rho_{20} = \rho_t + 0.00070(t - 20) \qquad \cdots\cdots (2)$$

式中：m_1——密度瓶质量，单位为克(g)；

m_2——密度瓶加试样质量，单位为克(g)；

m_3——密度瓶加水质量，单位为克(g)；

A——浮力校正值；

0.001 2——20℃时空气密度，单位为克每立方米(g/cm^3)；

ρ_t——室温为 t 时测定的试样密度值，单位为克每立方米(g/cm^3)；

ρ_{H_2O}——温度 t 时水的密度(见表2)，单位为克每立方米(g/cm^3)；

t——测定试样时的温度，℃；

0.000 70——15℃～40℃范围内每增减1℃时乙二醇密度校正值。

分析结果取两次重复测定结果的算术平均值。重复性为：两次重复测定结果的差值应不大于

0.000 2 g/cm³(95%置信水平)。

表 2　不同温度下水的密度值

温度/℃	密度/(g/cm³)	温度/℃	密度/(g/cm³)
15	0.999 1	28	0.996 3
16	0.999 0	29	0.996 0
17	0.998 8	30	0.995 7
18	0.998 6	31	0.995 4
19	0.998 4	32	0.995 1
20	0.998 2	33	0.994 7
21	0.998 0	34	0.994 4
22	0.997 8	35	0.994 1
23	0.997 6	36	0.993 7
24	0.997 3	37	0.993 4
25	0.997 1	38	0.993 0
26	0.996 8	39	0.992 6
27	0.996 5	40	0.992 2

4.5　沸程的测定

按 GB/T 7534—2004 的规定进行。热源采用 500 W 电炉或煤气灯,主温度计采用标有 150℃～220℃刻度值,分度值为 0.1℃的棒状玻璃温度计,感温泡顶端距第一条刻度线的距离至少 100 mm。

重复性为:两次重复测定结果的差值,初馏点应不大于 0.5℃,终馏点应不大于 0.4℃(95%置信水平)。

也允许采用 SH/T 1053—1991(2000)所规定的装置进行测定。结果有争议时,以 GB/T 7534—2004 为仲裁方法。

4.6　水分的测定

按 GB/T 6283—1986 的规定进行。

分析结果取两次重复测定结果的算术平均值。重复性为:当水分质量分数在 0.02%～0.1%范围时,两次重复测定结果的差值应不大于其平均值的 15%;当水分质量分数大于 0.1%时,两次重复测定结果的差值应不大于其平均值的 10%(95%置信水平)。

4.7　酸度的测定

按 GB/T 14571.1—1993 的规定执行。

4.8　铁含量的测定

按 GB/T 3049—2006 的规定进行。但绘制标准曲线和样品测定时,均需采用 100 mL 容量瓶或 100 mL 比色管,并采用 3 cm(或 5 cm)比色皿。取样量为 80 g 左右。

分析结果取两次重复测定结果的算术平均值。重复性为:当铁质量分数≤0.000 05%时,两次重复测定结果的差值应不大于其平均值的 15%;当铁质量分数＞0.000 05%时,两次重复测定结果的差值应不大于其平均值的 10%(95%置信水平)。

4.9　灰分的测定

按 GB/T 7531—1987 的规定进行。采用 100 mL 瓷坩埚,取样量 80 g 左右,灼烧温度为 800℃。

分析结果取两次重复测定结果的算术平均值。重复性为:两次重复测定结果的差值应不大于 0.000 5%(95%置信水平)。

4.10 二乙二醇含量的测定

按 GB/T 14571.2—1993 的规定进行测定。

4.11 醛含量的测定

按 GB/T 14571.3—2008 的规定进行测定。

4.12 紫外透光率的测定

按 GB/T 14571.4—2008 的规定进行测定。

5 检验规则

5.1 本标准表1中的所有指标项目均为型式检验项目，除密度、铁含量、灰分外均为出厂检验项目。在正常情况下，每月至少进行一次型式检验。

5.2 组批：同等质量的、均匀的产品为一批，可按生产周期、生产班次或产品储罐进行组批。

5.3 采样时应遵循 **GB/T** 3723—1999 的安全通则。

采样按 GB/T 6678—2003 和 GB/T 6680—2003 进行，所采试样总量不得少于 0.5 kg，将所采样品充分混匀后，分装于两个清洁、干燥的磨口玻璃瓶中，贴上标签，注明生产厂名称、产品名称、批号、取样日期和取样地点，一瓶作检验分析，另一瓶作留样备查。

5.4 工业用乙二醇应由生产厂的质量检验部门进行检验，生产厂应保证每批出厂产品都符合本标准的要求。每批出厂产品都应附有质量证明书，内容包括：生产厂名称、产品名称、等级、批号和本标准编号等。

5.5 接收部门有权按本标准的规定，对所收到的工业用乙二醇进行验收。验收期限由供需双方协商确定。

5.6 检验结果如有任何一项指标不符合本标准的要求，则应重新加倍采样进行检验。重新检验的结果即使只有一项指标不符合本标准规定的相应等级品要求，则该批产品作降等或不合格品处理。

5.7 当用户要求测定氯化物含量时，测试方法见附录 A，氯化物含量(以 Cl 计)应不大于 0.5 mg/kg。

6 包装、标志、运输、贮存

6.1 工业用乙二醇应装入铝制或不锈钢容器的铁路槽车(符合 GB 10479—1989 铝制铁道槽车技术条件)或船舱中，槽车或船舱应标明“乙二醇专用”。

6.2 在有残余液的铁路槽车或船舱中装入工业用乙二醇之前，必须按本标准要求对残余液进行检验。若残余液符合本标准，可往槽车或船舱中装入工业用乙二醇产品；若不符合本标准，则应将残余液排出，清洗槽车或船舱，再用蒸汽处理，并使其干燥后方可装入工业用乙二醇产品。

6.3 每批出厂产品应附有质量证明书，内容包括：产品名称、生产厂名、产品等级、批号、商标、检验日期、符合本标准要求的质量指标及本标准编号。

6.4 工业用乙二醇为吸水性物质，在贮存、运输过程中应保持包装容器的密闭性。

7 安全要求

7.1 工业用乙二醇具有一定毒性，在操作区域内，空气中最大允许质量浓度不超过 5 mg/m^3。采样现场要求具有良好的通风条件，洒在地上或设备上的工业用乙二醇应用大量水冲洗。

7.2 消防器具：生产装置应按有关规程配备各种灭火设备。灭火时应采用细雾化水、泡沫或惰性气体。

附 录 A
（规范性附录）
氯化物含量的测定

A.1 方法原理

试样中氯离子与硝酸银反应，生成白色氯化银沉淀，然后与标准溶液进行比浊。

A.2 仪器与试剂

A.2.1 恒温水浴。

A.2.2 磨口比色管：25 mL。

A.2.3 氯化钠：基准试剂。

A.2.4 氨水。

A.2.5 硝酸。

A.2.6 硝酸银，质量分数5%的水溶液：称取5 g硝酸银，溶于水，稀释至100 mL。储存于棕色瓶中。

A.2.7 氯标准溶液：

A.2.7.1 氯标准溶液A：称取在500℃～600℃灼烧至恒重的氯化钠（A.2.3）0.164 9 g，溶于水中，移入1 000 mL容量瓶中，稀释至刻度，摇匀。此溶液每毫升含氯0.1 mg。

A.2.7.2 氯标准溶液B：用移液管吸取5 mL氯标准溶液A置于100 mL容量瓶中，加水稀释至刻度，摇匀。此溶液每毫升含氯0.005 mg。

A.3 测定步骤

A.3.1 取2支磨口比色管（A.2.2），其中一支加入4.5 mL乙二醇试样，另一支加入0.5 mL氯标准溶液B。

A.3.2 在上述比色管中分别加入氨水（A.2.4）1.5 mL。摇匀，在70℃～80℃恒温水浴中加热15 min，冷却后加硝酸（A.2.5）3 mL，硝酸银溶液（A.2.6）1 mL，用水稀释至刻度，摇匀后静置2 min，在黑色底板上观察，试样的浑浊度应不大于含氯标准溶液的浑浊度。

GB/T 4649—2008《工业用乙二醇》
国家标准第1号修改单

本修改单经国家标准化管理委员会于2009年3月24日批准，自2009年7月1日起实施。

GB/T 4649—2008《工业用乙二醇》国家标准中修改内容如下：

表1第5项中的“终馏点”修改为“干点”；

第4.5条款第三行中的“终馏点”修改为“干点”。

ICS 71.080.10
G 16

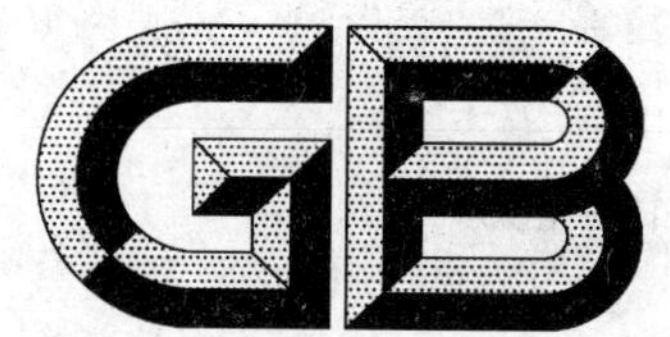

中华人民共和国国家标准

GB 6819—2004
代替 GB 6819—1996

溶 解 乙 炔

Dissolved acetylene

2004-11-29 发布　　　　2005-05-01 实施

中华人民共和国国家质量监督检验检疫总局
中国国家标准化管理委员会 发布

前　言

本标准的第3章、第6章和第7章为强制性的，其余为推荐性的。

本标准修改采用日本工业标准 JIS K 1902：1980(1992确认)《溶解乙炔》(日文版)。

本标准根据日本工业标准 JIS K 1902：1980(1992确认)重新起草。

鉴于我国国情和法律法规要求，本标准在采用 JIS K 1902：1980(1992确认)时，作了某些修改，这些技术性差异用垂直单线标识在它们所涉及的条款的页边空白处。在附录A中列出了本标准章条编号与 JIS K 1902：1980(1992确认)章条编号的对照一览表；附录B中给出了技术性差异及其原因的一览表以供参考。

本标准自实施之日起代替 GB 6819—1996《溶解乙炔》。

本标准与 GB 6819—1996 相比主要变化如下：

——明确了溴法为仲裁方法(见4.2)；

——增加了对出厂产品的合格证要求(见5.3)；

——增加了最低采样数量的要求(见5.4)；

——修改了对产品包装容器(气瓶)和安全方面的规定：增加了除40 L以外其他规格的包装容器(气瓶)的充装规定；增加了乙炔气最大充装量的规定及乙炔气充装后静止压力的要求(1996年版的5.5；本版的6.2、7.2和7.3)；

——修改了对溶解乙炔气瓶使用后的剩余压力的要求(1996年版的7.2；本版的7.4)。

本标准附录A和附录B为资料性附录。

本标准由中国石油和化学工业协会提出。

本标准由全国化学标准化技术委员会有机分会(CSBTS/TC63/SC2)归口。

本标准负责起草单位：上海中远化工有限公司。

本标准参加起草单位：山东蓬莱市乙炔工业公司、上海申港乙炔气厂。

本标准主要起草人：杨崇惠、王邵泓、沈企中、周佳荣、姜济民。

本标准于1986年9月首次发布，1996年10月第一次修订。

溶 解 乙 炔

警告——本标准未指出所有可能的安全问题。使用者有责任采取适当的安全和健康措施，并保证符合国家有关法规规定的条件。

1 范围

本标准规定了溶解乙炔的要求、试验方法、检验规则、标志、标签、包装(充装)、运输、贮存及安全等。

本标准适用于碳化钙与水作用或天然气裂解制得粗乙炔气，经净化、压缩、干燥、溶解于丙酮中，贮存在充满多孔填料气瓶内的乙炔气。该产品主要作为金属焊接、金属切割、加热的燃料气。

分子式：C_2H_2

相对分子质量：26.04(按 2001 年国际相对原子质量)

2 规范性引用文件

下列文件中的条款，通过本标准的引用成为本标准的条款。凡是注日期的引用文件，其随后所有的修改单(不包括勘误的内容)或修订版均不适用于本标准，然而，鼓励根据本标准达成协议的各方研究是否可使用这些文件的最新版本。凡是不注日期的引用文件，其最新版本适用于本标准。

GB/T 1250 极限数值的表示方法和判定方法

GB/T 6682 分析实验室用水规格和试验方法[GB/T 6682—1992，neq ISO 3696：1987]

GB 7144 气瓶颜色标志

GB 11638 溶解乙炔气瓶

GB 13591—1992 溶解乙炔充装规定

GB 16804 气瓶警示标签

原中华人民共和国劳动部劳锅字(1993)4 号《溶解乙炔气瓶安全监察规程》

3 要求

3.1 溶解乙炔的质量应符合表 1 所示的技术要求。

表 1 技术要求

项 目		指 标
乙炔的体积分数/%	≥	98.0
磷化氢、硫化氢试验		硝酸银试纸不变色

4 试验方法

除非另有说明，在分析中仅使用确认为分析纯的试剂和符合 GB/T 6682 的三级水。

4.1 试样的准备

取充气后静止 8 h 以上的气瓶，在采样前放出乙炔气充装量的质量分数的 5%，在气温高于 28℃ 的地区，采样前可适当增加乙炔气释放量，但最多不应超出乙炔气充装量的质量分数的 15%。

4.2 乙炔纯度的测定

溴法或发烟硫酸法可任选其中一种方法，以溴法为仲裁法。

4.2.1 溴法

4.2.1.1 方法提要

乙炔被溴化钾的溴饱和溶液吸收，发生化学反应生成四溴乙烷，根据溴饱和溶液吸收后的体积测定乙炔纯度。

4.2.1.2 试剂

4.2.1.2.1 溴；

4.2.1.2.2 溴化钾溶液：300 g/L。

4.2.1.2.3 溴化钾的溴饱和溶液(吸收液)：取适量溴化钾溶液，置于具塞磨口玻璃瓶中，缓缓加入溴，并充分振摇，使之成饱和状态，静止一天后备用。当吸收液的吸收能力差时，须重新配制。

4.2.1.3 仪器

乙炔气体吸收管：玻璃制，带刻度，容量为 50 mL，刻度为 100。其中 a～b 分刻度为 0.1；b～d 分刻度为 1。仪器结构尺寸如图 1 所示。

单位为毫米

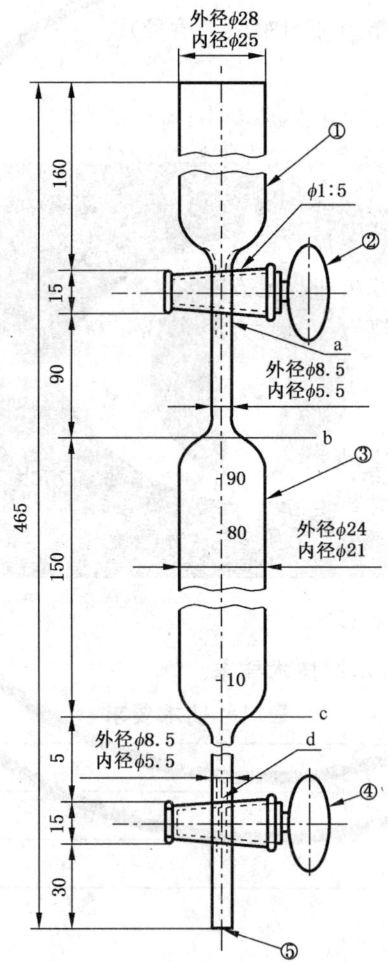

1——吸收液储存处；

2——旋塞；

3——吸收管(容量为 50 mL)；a——刻度 100 处；d——刻度 0 处；

4——旋塞；

5——试样入口。

图 1 乙炔气体吸收管

4.2.1.4 分析步骤

将待测乙炔气瓶的气门与试样入口 5 连接，打开旋塞 2 及旋塞 4 后，慢慢打开气门，用气瓶的试样气置换吸收管3内的空气,然后采样,先关闭2,顺次关闭4,断开气源,迅速转动4,使吸收管内部压力与外界气压相平衡。将溴化钾的溴饱和溶液充满吸收液贮存处1,吸收液液面距管口约15 mm,慢慢转动2,使吸收液缓缓流入3,待1内的液体不再进入3内时,吸收完毕,读取3内液面刻度,此数值即作为乙炔纯度。

4.2.1.5 **结果表示**

乙炔纯度的体积分数,数值以%表示,以吸收管3内液面刻度读数为准。

取每瓶气的两次平行测定结果的算术平均值为测定结果,两次平行测定结果的体积分数之差不大于0.2%。

4.2.2 **发烟硫酸法**

4.2.2.1 **方法提要**

乙炔与发烟硫酸发生化学反应,根据试样乙炔气被发烟硫酸吸收后体积的减少,直接从伦格 奥萨特仪器的量气管上读取乙炔的纯度。

4.2.2.2 **试剂**

4.2.2.2.1 发烟硫酸(吸收液)。吸收液应在(15～30)℃的温度范围内使用,其吸收能力下降时应重新更换。

4.2.2.2.2 经乙炔气饱和过的有色饱和食盐水。

4.2.2.3 **仪器**

伦格 奥萨特吸收仪(简称奥氏吸收仪),仪器结构尺寸如图2所示。

4.2.2.4 **分析步骤**

4.2.2.4.1 采样前按4.1要求释放乙炔气后,用球胆采样。采样球胆用乙炔气置换数次后采样备用。

4.2.2.4.2 水位瓶中注入200 mL经饱和过的有色饱和食盐水。

4.2.2.4.3 气体吸收管内注入吸收液。

4.2.2.4.4 检查仪器气密性:三通阀4与大气相通,关闭旋塞5。升高水位瓶2,将气体排出,饱和食盐水在气体量管1内上升至刻度100,转动4,使系统与大气隔绝,打开5,慢慢放下水位瓶,使1内的液面慢慢下降同时气体吸收管6中的液面慢慢升高,在液面淹没玻璃细管处做标记。等候大约5 min液面没有变化,表示气密性良好。

4.2.2.4.5 试验操作:球胆与试样入口3连接,用2内的饱和食盐水充满1,打开4,使3与排气管9相通,慢慢打开球胆,不久即从9排出试样,逐出3与4之间的空气后,将4复原,降下2,试样被导入1至稍微超过刻度0的位置,关闭球胆,然后,在使2和1的液面对准的同时,转动4使试样慢慢地从9排出,使2的液面准确地与1的刻度0重合,关闭4,打开5,提升2使1中的试样完全流入充满吸收液的6中,试样在6与1之间往返吸收数次后,降下2,使残余试样返回1中,对准1与2的液面,读1的刻度,重复该操作多次,直至读取的刻度为定值,此数值即为乙炔纯度。

4.2.2.5 **结果表示**

乙炔纯度的体积分数,数值以%表示,以吸收后气体量管液面的刻度值为准。

取每瓶气的两次平行测定结果之算术平均值为测定结果,两次平行测定结果的体积分数之差不大于0.2%。

4.3 **磷化氢、硫化氢试验**

4.3.1 **方法提要**

乙炔中的磷化氢、硫化氢杂质,与硝酸银溶液发生化学反应,生成的磷化银、硫化银分别显黄色、棕黑色,以此显色定性检出磷化氢、硫化氢。

4.3.2 **试剂和材料**

4.3.2.1 硝酸银溶液:100 g/L;

4.3.2.2 实验室用定性滤纸。

单位为毫米

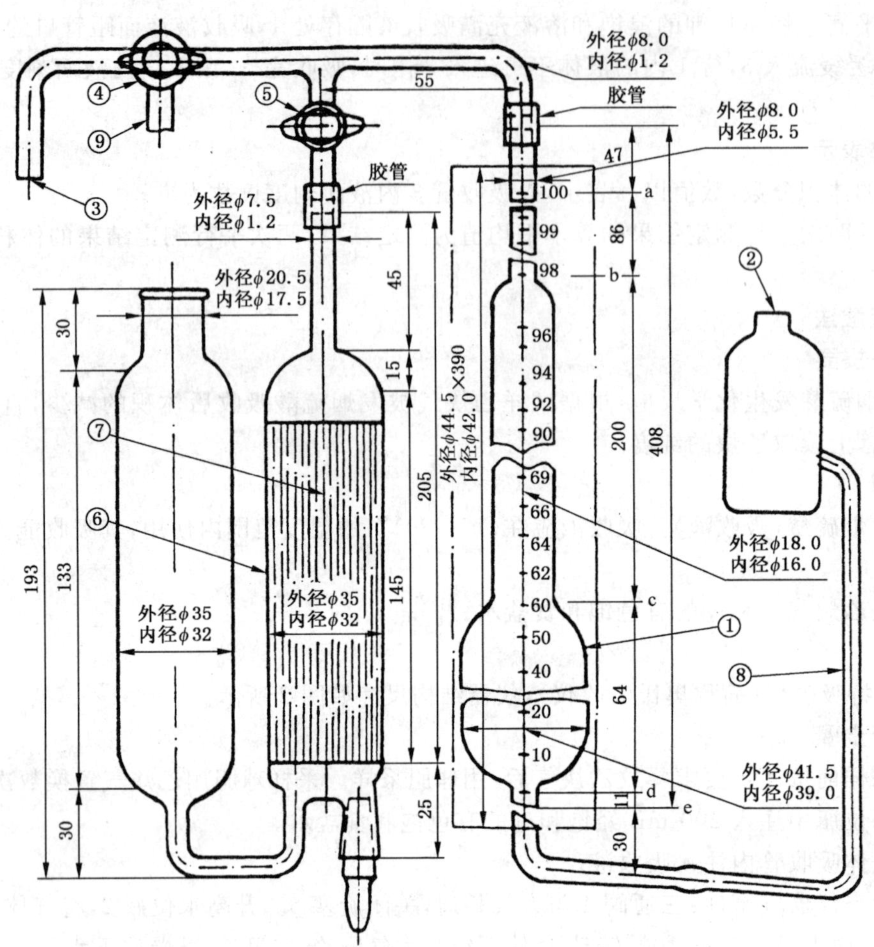

1——气体量管(容量 100 mL),a:刻度 100;a～b:分刻度 0.1;b～c:分刻度 0.2;c～d:分刻度 1.0;d～e:分刻度 0.1;e:刻度 0;

2——水位瓶;

3——试样入口;

4——三通;

5——旋塞;

6——气体吸收管(容量 250 mL);

7——玻璃细管(135 只,外径 5.5 mm,内径 4.5 mm);

8——胶管等;

9——排气管。

图 2 奥氏吸收仪

4.3.3 分析步骤

将硝酸银溶液 2～3 滴滴于 30 mm×40 mm 的实验室用定性滤纸上,湿润面积为 φ25 mm 左右,在滤纸湿润的情况下,迅速置于试样钢瓶的气流中,滤纸垂直于气流,并距气门 60 mm 左右,单手持滤纸一侧,气门流出的气量大小以滤纸不被吹偏斜,但滤纸在气流吹动下略有抖动为准,用秒表计时,吹扫 10 s,观察滤纸是否变色。

4.3.4 结果表示

以硝酸银试纸不变色表示硫化氢、磷化氢试验合格。

5 检验规则

5.1 本标准规定的所有项目均为出厂检验项目。

5.2 溶解乙炔由生产厂的质量检验部门按本标准规定进行检验,生产厂应保证所有出厂的溶解乙炔均符合本标准的要求。使用单位有权按照本标准的规定对所收到的溶解乙炔进行验收。

5.3 每瓶出厂的溶解乙炔均应附有产品合格证,并注明:产品名称、本标准编号、主要技术指标、生产许可证号、商标、充装量(净含量)、生产厂名称、厂址、生产日期或批号等内容。

5.4 溶解乙炔应以同时下排的气瓶为一批,静止 8 h 后,以瓶为单位分段按比例采样(若遇小数则进为整数)。每批产品 100 瓶以下(含 100 瓶)部分,按 5%的比例采样;大于 100 瓶至 500 瓶(含 500 瓶)部分,按 2%的比例采样;500 瓶以上部分,按 5%的比例采样;每批产品采样的数量为各段采样数量的和。最低采样数量不少于 3 瓶。

5.5 检验结果的判定按 GB/T 1250 中修约值比较法进行。如检验结果有一项指标不符合本标准的要求时,应重新自该批产品中取双倍数量的试样气瓶进行复验。复验结果即使只有一项指标不符合本标准的要求,则整批产品为不合格。

5.6 供需双方对产品质量发生异议时,由双方协商解决,或由双方协商选择仲裁机构。仲裁时,应完全按照本标准规定的试验方法和检验规则进行检验。

6 包装(充装)、标志、标签、运输与贮存

6.1 用于充装溶解乙炔的气瓶应符合 GB 11638 中规定的技术要求;气瓶外表面的标志应符合 GB 7144的规定。

6.2 溶解乙炔的充装应符合 GB 13591 的规定,每瓶溶解乙炔的乙炔气充装量(净含量)不应低于 5.0 kg(指 40 L 型气瓶),并应符合 7.2 和 7.3 的规定。若采用其他规格的溶解乙炔气瓶,其乙炔气的单位容积充装量应符合 GB 13591 的规定,并应符合 7.2 和 7.3 的规定。

6.3 每瓶出厂的溶解乙炔产品,在气瓶上均应粘贴符合 GB 16804 规定的警示标签。

6.4 溶解乙炔气瓶的贮存与运输,应符合原中华人民共和国劳动部劳锅字(1993)4 号文《溶解乙炔气瓶安全监察规程》第七章的规定。

7 安全

7.1 乙炔属易燃易爆气体,溶解乙炔气瓶上的阀门、易熔塞等处用肥皂水检漏,各处均不得有漏气现象。否则不应出厂。

7.2 乙炔瓶充装后,静止 8 h 以上,其瓶内压力应符合 GB 13591—1992 中 6.3.7 的规定。

7.3 乙炔气的充装量大于 7.0 kg 时(指 40 L 型气瓶)应按 GB 13591 中关于超过最大充装量时应采取的措施执行(其他规格的溶解乙炔气瓶最大充装量也应符合 GB 13591 的规定)。

7.4 溶解乙炔气瓶内气体严禁用完,使用后应留有不低于 0.05 MPa 的剩余压力。

7.5 溶解乙炔在使用时,应遵守原中华人民共和国劳动部劳锅字(1993)4 号《溶解乙炔气瓶安全监察规程》第七章第六十四条的规定。

7.6 溶解乙炔气瓶的安全管理,应遵守原中华人民共和国劳动部劳锅字(1993)4 号《溶解乙炔气瓶安全监察规程》的规定。

附 录 A
（资料性附录）
本标准章条编号与 JIS K 1902:1980（1992 确认）章条编号对照

表 A.1 给出了本标准章条编号与 JIS K 1902:1980（1992 确认）章条编号对照一览表。

表 A.1 本标准章条编号与 JIS K 1902:1980（1992 确认）章条编号对照

本标准章条编号	对应 JIS K:1902 章条编号
1	1
2	—
3	2
4	3
4.1	3.1
4.2	3.2
4.2.1	3.2(2)
4.2.1.2	3.2(2)(b)
4.2.1.3	3.2(2)(a)
4.2.1.4	3.2(2)(c)
4.2.2	3.2(1)
4.2.2.2	3.2(1)(b)
4.2.2.3	3.2(1)(a)
4.2.2.4	3.2(1)(c)
4.3	3.3
5	—
6	4
7	—

附 录 B
(资料性附录)
本标准与JIS K 1902:1980(1992确认)技术性差异及其原因

表B.1给出了本标准与JIS K 1902:1980(1992确认)技术性差异及其原因一览表。

表B.1 本标准与JIS K 1902:1980(1992确认)技术性差异及其原因

本标准章条编号	技术性差异	原 因
4.1	JIS K 1902:1980(1992确认)规定:"应在供试容器放出乙炔充装量的5%之后取样"。 本标准增加了高于28℃的地区,最多可释放乙炔充装量的15%的规定。	适合我国地域广阔、气温变化大的国情。
4.2	本标准增加了以溴法为仲裁法的规定。	明确解决争议的唯一方法。
4.3.3	JIS K 1902:1980(1992确认)规定:"将湿润状况下的10%硝酸银试纸搁置在样品气流中,检查在10秒内是否着色"。 本标准增加了测定时的乙炔气量大小和滤纸的角度及距气门的距离的规定。	统一操作,提高检测结果的可比性。
5	本标准增加了检验规则。	适合我国产品标准的编写规则。
6	本标准增加了包装容器的标志、标签和运输贮存的要求。	适合我国产品标准的编写规则。
7	本标准增加了安全条款。	适合我国产品标准的编写规则。

GB 6819—2004《溶解乙炔》国家标准第1号修改单

本修改单业经国家标准化管理委员会于2005年6月23日以国标委农轻函[2005]34号文批准,自批准之日起实施。

GB 6819—2004《溶解乙炔》修改以下内容:

将标准5.4中的"500瓶以上部分,按5%的比例采样"修改为:"500瓶以上部分,按1%的比例采样"。

中华人民共和国国家标准

GB 6820—92

工业合成乙醇

代替 GB 6820—86

Synthetic ethanol for industrial use

本标准中酸度的试验方法等同采用 ISO 1388/2—1981《工业用乙醇——试验方法——第 2 部分：碱度检定或以酚酞为指示剂的酸度测定》。

本标准中甲醇含量的试验方法等同采用 ISO 1388/7—1981《工业用乙醇——试验方法——第 7 部分：甲醇含量的测定〔甲醇含量为 0.01%～0.20%（V/V）〕——光度法》。

本标准中醛含量的试验方法参照采用 ISO 1388/5—1981《工业用乙醇——试验方法——第 5 部分：醛含量的测定——目视比色法》。

1 主题内容与适用范围

本标准规定了工业合成乙醇的技术要求、试验方法、检验规则、标志、包装、运输和贮存等。

本标准适用于乙烯在磷酸触媒作用下，直接水合制得的工业合成乙醇。

分子式：C_2H_5OH

相对分子质量：46.07（按 1987 年国际相对原子质量）

2 引用标准

GB 601 化学试剂 滴定分析（容量分析）用标准溶液的制备

GB 602 化学试剂 杂质测定用标准溶液的制备

GB 603 化学试剂 试验方法中所用制剂及制品的制备

GB 1250 极限数值的表示方法和判定方法

GB 3143 液体化学产品颜色测定法（Hazen 单位——铂-钴色号）

GB 6324.1 有机化工产品水溶性试验方法

GB 6324.2 挥发性有机液体 水浴上蒸发后干残渣测定的通用方法

GB 6324.3 有机化工产品高锰酸钾氧化时间试验方法 钴铀色标法

GB 6680 液体化工产品采样通则

GB 6682 实验室用水规格

3 技术要求

3.1 外观：无机械杂质的透明液体。

3.2 工业合成乙醇质量应符合下表要求：

国家技术监督局 1992-01-14 批准　　　　1992-12-01 实施

项目		质量指标	
		优等品	一等品
色度(铂-钴),号	≤	5	10
乙醇含量,%(V/V)	≥	96.0	96.0
酸含量(以乙酸计),%	≤	0.002 0	0.002 5
醛含量(以乙醛计),%	≤	0.002 0	0.004 0
甲醇含量,%(V/V)	≤	0.02	0.03
蒸发残渣,%	≤	0.002 5	0.003 0
高锰酸钾氧化时间,min	≥	20	15
杂醇油含量,%	≤	0.008 0	0.015 0
水溶性试验		无乳色	无乳色

4 试验方法

本标准所用试剂和水,在没有注明其他要求时,均指分析纯试剂和蒸馏水或同等纯度的水。

试验中所需标准溶液、杂质标准溶液、制剂及制品按 GB 601、GB 602、GB 603 之规定制备。

4.1 色度的测定

按 GB 3143 中规定的方法执行。

4.2 乙醇含量的测定

4.2.1 原理

在一定温度下,用乙醇含量与其密度呈一定的函数关系而制成的酒精计进行测定(见附录 A、附录 B)。

4.2.2 仪器、设备

4.2.2.1 酒精计:94.0%~98.0%(V/V),分度值为 0.1%。

4.2.2.2 温度计:0~50℃水银温度计,分度值为 0.1℃。

4.2.2.3 夹套式量筒:500 mL。

4.2.2.4 超级恒温水浴:温度控制在 20±0.1℃。

4.2.3 分析步骤

将试样置于清洁、干燥的夹套式量筒中,夹套内通入 20℃的水,把酒精计缓缓地放入试样中,其下端应离筒底 2 cm 以上;待试样温度达到 20±0.1℃时,将酒精计压下 2 个刻度,轻轻旋转并放开手,不能与筒壁接触。待静止后,读出酒精计弯月面下缘的刻度,即为 20℃时乙醇含量。

4.2.4 结果的表示

从酒精计上直接读取乙醇含量。

取两次平行测定结果的算术平均值为测定结果。

4.2.5 允许差

两次平行测定结果的差值不大于 0.1%(V/V)。

4.3 酸含量的测定

4.3.1 原理

以酚酞为指示剂,用氢氧化钠标准滴定溶液滴定试样中的酸。

4.3.2 试剂和溶液

4.3.2.1 不含二氧化碳的水。

4.3.2.2 氢氧化钠标准滴定溶液:c(NaOH)=0.1 mol/L。

4.3.2.3 酚酞乙醇溶液:5 g/L。

4.3.3 仪器

4.3.3.1 滴定管:1 mL,分度值 0.02 mL。

4.3.3.2 移液管:100 mL。

4.3.4 分析步骤

4.3.4.1 量取 100 mL 水置于三角瓶中,滴加 2～3 滴酚酞溶液,用氢氧化钠标准滴定溶液调至淡粉红色,保持 15 s 不退色。

4.3.4.2 用移液管吸取 100 mL 试样注入上述溶液中,用氢氧化钠标准滴定溶液滴定至淡粉红色,保持 15 s 不退色为终点。

4.3.5 结果的计算

酸的百分含量 x_1 按式(1)计算:

$$x_1 = \frac{0.060\,05 \times V \cdot c}{\rho \times 100} \times 100 \qquad (1)$$

式中: c ——氢氧化钠标准滴定溶液的浓度,mol/L;

V ——消耗氢氧化钠标准滴定溶液的体积,mL;

0.060 05——与 1.00 mL 氢氧化钠标准溶液〔c (NaOH)=1.000 mol/L〕相当的以克表示的乙酸的质量;

ρ ——20℃时试样的密度,g/cm³。

取两次平行测定结果的算术平均值为测定结果。

4.3.6 允许差

两次平行测定结果的差值不大于 0.000 1%。

4.4 醛含量的测定

4.4.1 原理

品红-亚硫酸溶液与试样中醛反应生成红紫色醌型染料,用分光光度计在波长 560 nm 处进行测量。

4.4.2 试剂和溶液

4.4.2.1 无醛乙醇。

4.4.2.2 品红-亚硫酸溶液;

取 1 500 mL 水置于 3 000 mL 烧瓶中,加入 4.5±0.001 g 碱性品红($C_{19}H_{18}N_3Cl \cdot 4\ H_2O$)搅拌溶解,加入 96.00±0.05 g 偏重亚硫酸钠($Na_2S_2O_5$),混匀,放置 5～10 min,再加入 40 mL16%(m/m)的硫酸溶液混匀,加盖静置 12 h(如带色时用活性碳脱色),放在阴凉处保存。

4.4.2.3 乙醛标准溶液的配制:

溶液 A

称取 0.693 0 g 乙醛氨,称准至 0.001 g。将其置于 500 mL 容量瓶中,用无醛乙醇溶解并稀释至刻度,混匀,得到 0.001 g/mL 乙醛标准溶液。

注:乙醛氨带色,可按下法纯化:

将 5 g 乙醛氨溶于少量无水乙醇中,加约 2 倍体积量的干燥乙醚使之沉淀。通过布氏漏斗过滤,沉淀物用乙醚充分洗涤后,移至浓硫酸真空干燥器中,干燥 3～4 h。

溶液 B

吸取 100 mL 溶液 A 于 250 mL 容量瓶中,用无醛乙醇稀释至刻度,混匀,得到 0.000 4 g/mL 乙醛标准溶液。

溶液 C

吸取 1.0,2.0,3.0,4.0,5.0,6.0,7.0,8.0 mL 溶液 B 分别于 8 个 100 mL 容量瓶中,用无醛乙醇稀

释至刻度，混匀，得到 0.000 5 %，0.001 0%，0.001 5%，0.002 0%，0.002 5%，0.003 0%，0.003 5%，0.004 0%（m/m）乙醛标准溶液。

4.4.3 仪器

4.4.3.1 移液管：5、10 mL，分刻度 0.1 mL。

4.4.3.2 比色管：25 mL。

4.4.3.3 容量瓶：100 mL。

4.4.3.4 分光光度计。

4.4.4 分析步骤

吸取试样和标准溶液 C 各 3 mL 分别置于比色管中，用水稀释至 10 mL，加 4 mL 品红-亚硫酸溶液，盖塞，混匀。放置 25 min 后，用 2 cm 比色皿，在波长 560 nm 处，以水为参比，用分光光度计分别测定试样和乙醛标准溶液的吸光度 A。

4.4.5 结果的计算

醛的百分含量 x_2 按式(2)计算：

$$x_2 = \frac{A_1}{A_2} \cdot x' \qquad \cdots\cdots(2)$$

式中：A_1 —— 被测试样的吸光度；

A_2 —— 乙醛标准溶液的吸光度；

x' —— 乙醛标准溶液的百分含量。

取两次平行测定结果的算术平均值为测定结果。

4.4.6 允许差

两次平行测定结果的差值不大于 0.000 3%。

4.5 甲醇含量的测定

4.5.1 原理

试样中甲醇在磷酸存在下，被高锰酸钾氧化成甲醛，甲醛与变色酸反应生成紫色溶液，在波长 570 nm处用分光光度计进行测量。

4.5.2 试剂和溶液

4.5.2.1 高锰酸钾溶液：30 g/L。

用适量水溶解 3.0 g 高锰酸钾于 100 mL 容量瓶中，加入 15.5 mL 磷酸，用水稀释至刻度，混匀。

4.5.2.2 偏重亚硫酸钠溶液：100 g/L。

用适量水溶解 10.0 g 偏重亚硫酸钠于 100 mL 容量瓶中，用水稀释至刻度，混匀。

4.5.2.3 变色酸溶液：1 g/L。

称取 0.1±0.001 g 变色酸二钠盐($C_{10}H_6O_8S_2Na_2$)于 200 mL 烧杯中，加 10 mL 水，边冷却边慢慢加入 90 mL90%（m/m）的硫酸溶液，混匀。现用现配。

4.5.2.4 甲醇标准溶液：0.05%（V/V）。

用移液管吸取 1 mL 无水甲醇于 250 mL 容量瓶中，加入 99 mL 不含甲醇的无水乙醇，用水稀释至刻度，混匀。

吸取上述溶液 25 mL 置于 200 mL 容量瓶中，用水稀释至刻度，混匀。

4.5.3 仪器、设备

4.5.3.1 恒温水浴：温度控制在 70±2℃。

4.5.3.2 分光光度计。

4.5.3.3 比色管：25 mL。

4.5.3.4 移液管：1、2、5 mL。

4.5.4 分析步骤

4.5.4.1 标准曲线的绘制

a. 吸取 0,1.0,2.0,4.0,6.0 mL 甲醇标准溶液分别置于 5 个 100 mL 容量瓶中,用不含甲醇的 5%(V/V)乙醇溶液稀释至刻度,混匀,得到 0,0.000 5,0.001 0,0.002 0,0.003 0 mL/100 mL 标准甲醇比色液。

b. 分别吸取 2 mL 标准甲醇比色液置于 5 只比色管中,各加入 1.0 mL 高锰酸钾溶液,15 min 后各加入 0.6 mL 偏重亚硫酸钠溶液,此时溶液呈无色,边用水冷却边慢慢加入 10 mL 变色酸,在 70±2℃水浴上加热 20 min 后冷却。

c. 用 1 cm 比色皿,在波长 570 nm 处,以不含甲醇的 5%的乙醇溶液做参比,用分光光度计测定标准比色液的吸光度值,同时做空白试验。

d. 将标准甲醇比色液的吸光度值减去空白溶液的吸光度值,以标准甲醇比色液的体积为横坐标,相应的吸光度值为纵坐标,绘制标准曲线。

4.5.4.2 试样的测定

用移液管吸取 5 mL 试样,置于 100 mL 容量瓶中,用水稀释至刻度,混匀。

吸取上述试样溶液 2 mL 置于比色管中,按标准曲线的绘制步骤(b 和 c)进行测定,同时做空白试验。

4.5.5 结果的计算

根据试样的吸光度在标准曲线上查出甲醇的体积。

甲醇的百分含量 x_3 按式(3)计算:

$$x_3 = \frac{V_1 - V_0}{V_2} \times 100 \quad \cdots\cdots(3)$$

式中:V_0 ——从标准曲线上查得空白试验中甲醇体积,mL;

V_1 ——从标准曲线上查得试样中甲醇体积,mL;

V_2 ——试样体积,mL。

取两次平行测定结果的算术平均值为测定结果。

4.5.6 允许差

两次平行测定结果的差值不大于 0.003%。

4.6 蒸发残渣的测定

按 GB 6324.2 规定执行。

取两次平行测定结果的算术平均值为测定结果。

允许差:两次平行测定结果的差值不大于 0.000 3%。

4.7 高锰酸钾氧化时间的测定

按 GB 6324.3 规定执行。

4.8 杂醇油含量的测定

4.8.1 原理

对二甲氨基苯甲醛与试样中杂醇油反应所生成的颜色和已知杂醇油含量标准溶液的颜色进行目视比较。

4.8.2 试剂和溶液

4.8.2.1 异丁醇。

4.8.2.2 异戊醇。

4.8.2.3 硫酸(优级纯)。

4.8.2.4 对二甲氨基苯甲醛显色剂:

称取 0.100 0 g 称准至 0.001 g，对二甲氨基苯甲醛〔$(CH_3)_2NC_6H_4CHO$〕，置于 200 mL 容量瓶中，用硫酸溶解并稀释至刻度，混匀。移入棕色瓶中。

4.8.2.5 杂醇油标准溶液：0.008 0%、0.015 0%。

取 1.0 mL 异丁醇及 1.0 mL 异戊醇，分别置于 2 个已有部分无杂醇油乙醇的 1 000 mL 容量瓶中，以无杂醇油乙醇稀释至刻度。得到 0.1%异丁醇溶液(甲液)及 0.1%异戊醇溶液(乙液)。

按甲液：乙液＝3：1 比例混合，得到 0.1%杂醇油标准溶液 A。

用移液管吸取 8.0，15.0 mL 杂醇油标准溶液 A，分别置于 100 mL 容量瓶中，用无杂醇油乙醇稀释至刻度。

注：无杂醇油的乙醇的制备：取杂醇油含量低的乙醇进行蒸馏，去初馏和终馏各 50 mL，截取中间馏分，反复两次蒸馏。

4.8.3 仪器

4.8.3.1 容量瓶：100、200 mL。

4.8.3.2 比色管：25 mL。

4.8.4 分析步骤

用移液管吸取试样和 0.008 0%、0.015 0%杂醇油标准溶液各 0.5 mL，分别置于 25 mL 比色管中，加显色剂 10 mL，混匀。置沸水浴中，20 min 后取出，用水冷却至室温，在散射光下，轴向比较试样溶液和杂醇油标准溶液的颜色。

4.8.5 结果的表示

试样中杂醇油的含量，为最接近试样的杂醇油标准溶液中杂醇油的含量。

4.9 水溶性试验

按 GB 6324.1 规定执行，但试样与水混溶的体积比为 1：19。

5 检验规则

5.1 本产品应由生产厂的质量检验部门进行检验，生产厂应保证出厂产品各项指标符合标准要求，并应附有一定格式的质量证明书。

5.2 用户有权按照本标准规定的技术条件、试验方法、检验规则对所收到的工业合成乙醇进行验收，自到货之日起，有效期为一个月。

5.3 例行检验项目：甲醇含量、杂醇油含量。

5.4 取样：

5.4.1 产品由检验部门进行检验，检验结果如有一项指标不符合本标准要求时，则应重新自两倍批量中取样进行复检。所得结果若仍有一项不合格则此批产品判为不合格。

5.4.2 取样方法按 GB 6680 规定执行。取样量不少于 2 L，分装入 2 个清洁干燥的磨口瓶中。粘贴标签注明：产品名称、取样日期、批号。一瓶进行检验，另一瓶保留 2 个月备查。

5.5 当供需双方对产品质量发生议异需要仲裁时，可由双方协商选定仲裁单位，按本标准规定进行仲裁检验。

5.6 技术指标值按 GB 1250 中修约值比较法判定。

6 包装、标志、贮存、运输

6.1 工业合成乙醇应装于清洁、干燥的钢制槽车或保证质量的其他容器内。

6.2 出厂的工业合成乙醇应附有一定格式的质量证明书。证明书包括下列内容：生产厂名、产品名称、槽车号、批号、出厂日期、净重、件数、产品质量符合本标准要求的证明和标准编号。

6.3 包装容器上应涂刷牢固的标志，其内容包括：生产厂名称、产品名称、生产日期、批号、净重、商标及标准编号，并有明显“易燃”标志。

6.4 工业合成乙醇应贮藏在通风、阴凉、干燥的仓库内，远离热源和火种。

6.5 工业合成乙醇属易燃危险品，在运输中不得在日光下曝晒，不得与易燃物、氧化物一起堆放，应严格遵守交通运输部门的运输规定。

附 录 A
合成乙醇在20℃下密度和含量对照表
（参考件）

表 A1

密度 ρ_{20} ,g/mL	乙醇含量,%（V/V）	密度 ρ_{20} ,g/mL	乙醇含量,%（V/V）
0.807 5	95.99	0.806 0	96.36
0.807 4	96.02	0.805 9	96.39
0.807 3	96.04	0.805 8	96.40
0.807 2	96.07	0.805 7	96.43
0.807 1	96.09	0.805 6	96.45
0.807 0	96.12	0.805 5	96.48
0.806 9	96.14	0.805 4	96.51
0.806 8	96.17	0.805 3	96.53
0.806 7	96.18	0.805 2	96.56
0.806 6	96.21	0.805 1	96.58
0.806 5	96.24	0.805 0	96.60
0.806 4	96.26	0.804 9	96.62
0.806 3	96.29	0.804 8	96.65
0.806 2	96.31	0.804 7	96.67
0.806 1	96.34	0.804 6	96.70

附 录 B
工业合成乙醇用酒精计
（参考件）

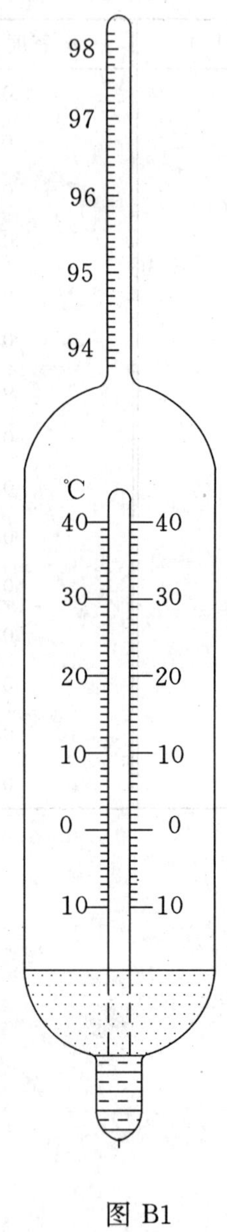

图 B1

附加说明：

本标准由中华人民共和国化学工业部提出。

本标准由化学工业部北京化工研究院技术归口。

本标准由吉林化学工业公司有机合成厂负责起草。

本标准主要起草人闫秀文、钱定澜、王璟琦。

ICS 71.080
G 16

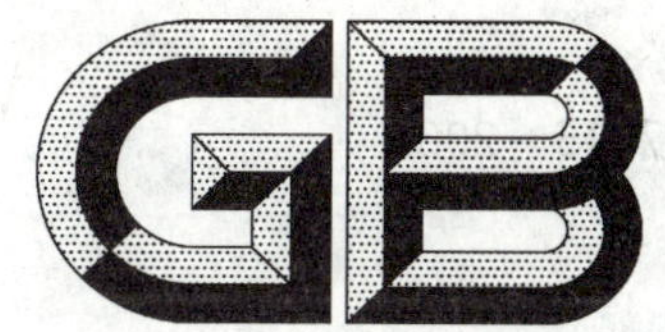

中华人民共和国国家标准

GB/T 7715—2003
代替 GB 7715—1987

工业用乙烯

Ethylene for industrial use—Specification

2003-06-09 发布 2003-12-01 实施

中华人民共和国国家质量监督检验检疫总局 发布

前　言

本标准参考国外先进标准，对GB 7715—1987《工业用乙烯》进行了修订。

本标准在采用国外先进标准时进行了修改，主要差异是对技术要求中部分杂质的指标值进行了调整。

本标准代替GB 7715—1987《工业用乙烯》。

本标准与GB 7715—1987相比主要变化如下：

a）将本标准的属性由强制性调整为推荐性，并取消合格品等级，只设优等品和一等品两个等级；

b）优等品的乙烯含量指标由≥99.9%（体积分数）改为≥99.95%（体积分数）；

c）优等品的甲烷和乙烷指标由≤0.1%（体积分数）改为≤500 mL/m^3；

d）优等品的 C_3 和 C_3 以上指标由≤50×10^{-6}（体积）改为≤20 mL/m^3；

e）优等品的一氧化碳指标由≤5×10^{-6}（体积）改为≤2 mL/m^3；

f）优等品的二氧化碳指标由≤10×10^{-6}（体积）改为≤5 mL/m^3；一等品指标由≤20×10^{-6}（体积）改为≤10 mL/m^3；

g）水含量指标项目中取消"(1)在生产厂和用户的管道中：(2)在用户的储罐中："的采样条件；并将优等品的指标由≤10×10^{-6}（体积）改为≤5 mL/m^3；一等品的指标由≤20×10^{-6}（体积）改为≤10 mL/m^3；

h）优等品的氢指标由≤10×10^{-6}（体积）改为≤5 mL/m^3；一等品由"不规定"改为≤10 mL/m^3；

i）甲醇指标项目由"必要时测定"改为优等品≤10 mg/kg、一等品≤10 mg/kg；

j）取消"2.2 采样方法"，改为引用GB/T 13289—1991《工业用乙烯液态和气态采样法》；

k）取消附录A"工业用乙烯中微量水的测定"，改为引用GB/T 3727—2003《工业用乙烯、丙烯中微量水的测定》；

l）取消附录B"工业用乙烯中甲醇含量的测定　气相色谱法"，改为引用GB/T 12701—1990《工业用乙烯、丙烯中微量甲醇的测定　气相色谱法》。

本标准由中国石油化工股份有限公司提出。

本标准由全国化学标准化技术委员会石油化学分技术委员会（SAC/TC63/SC4）归口。

本标准由中国石化茂名石化乙烯工业公司负责起草。

本标准主要起草人：薛小英、邓世强、李富德、王小珍、李立新。

本标准所代替标准的历次版本发布情况为：

——GB/T 7715—1987。

工 业 用 乙 烯

1 范围

本标准规定了工业用乙烯的要求、试验方法、检验规则以及包装、标志、储存、运输和安全要求。

本标准适用于生产聚乙烯、乙烯氧化物等有机产品的乙烯。

分子式：C_2H_4

相对分子质量：28.054(按1999年国际相对原子质量)。

2 规范性引用标准

下列文件中的条款通过本标准的引用而成为本标准的条款。凡是注日期的引用文件，其随后所有的修改单(不包括勘误的内容)或修订版均不适用于本标准，然而，鼓励根据本标准达成协议的各方研究是否可使用这些文件的最新版本。凡是不注日期的引用文件，其最新版本适用于本标准。

GB/T 3391—2002 工业用乙烯中烃类杂质的测定 气相色谱法

GB/T 3393—1993 工业用乙烯、丙烯中微量氢的测定 气相色谱法

GB/T 3394—1993 工业用乙烯、丙烯中微量一氧化碳和二氧化碳的测定 气相色谱法(ISO 6381:1981,NEQ)

GB/T 3395—1995 工业用乙烯、丙烯中微量乙炔的测定 气相色谱法

GB/T 3396—2002 工业用乙烯、丙烯中微量氧的测定 电化学法

GB/T 3723—1999 工业用化学产品采样安全通则(ISO 3165:1976,IDT)

GB/T 3727—2003 工业用乙烯、丙烯中微量水的测定

GB/T 11141—1989 轻质烯烃中微量硫的测定 氧化微库仑法

GB/T 12701—1990 工业用乙烯-丙烯中微量甲醇的测定 气相色谱法(ISO 8174:1986,NEQ)

GB/T 13289—1991 工业用乙烯液态和气态采样法(ISO 7382:1986,NEQ)

3 技术要求和试验方法

工业用乙烯的技术要求和试验方法见表1：

表1 工业用乙烯的技术要求和试验方法

序号	指 标 名 称		指 标		试验方法
			优等品	一等品	
1	乙烯含量/%(体积分数)	≥	99.95	99.90	GB/T 3391—2002
2	甲烷和乙烷含量/(mL/m³)	≤	500	1 000	GB/T 3391—2002
3	C_3 和 C_3 以上含量/(mL/m³)	≤	20	50	GB/T 3391—2002
4	一氧化碳含量/(mL/m³)	≤	2	5	GB/T 3394—1993
5	二氧化碳含量/(mL/m³)	≤	5	10	GB/T 3394—1993
6	氢[a] 含量/(mL/m³)	≤	5	10	GB/T 3393—1993
7	氧含量/(mL/m³)	≤	2	5	GB/T 3396—2002
8	乙炔含量/(mL/m³)	≤	5	10	GB/T 3395—1995 GB/T 3391—2002

表 1(续)

序号	指 标 名 称		指 标		试验方法
			优等品	一等品	
9	硫含量/(mg/kg)	≤	1	2	GB/T 11141—1989
10	水含量/(mL/m^3)	≤	5	10	GB/T 3727—2003
11	甲醇[a] 含量/(mg/kg)	≤	10	10	GB/T 12701—1990

[a] 该项目按用户要求,需要时测定。

4 采样

按 GB/T 3723—1999 和 GB/T 13289—1991 规定的安全和技术要求采取样品。

5 检验规则

5.1 本标准表 1 所规定的所有项目均为型式检验项目。除甲醇和氢的含量项目外,其他项目均为出厂检验项目。

5.2 工业用乙烯应由生产厂的质量检验部门进行检验。生产厂应保证所有出厂的产品都符合本标准的要求。每批出厂的工业用乙烯都应附有一定格式的质量证明书。质量证明书应注明:生产企业名称、详细地址、产品名称、产品等级、批号、生产日期、净重、本标准代号等。

5.3 工业用乙烯产品可在成品储罐或在产品输送的管道上取样。当在成品储罐取样时,以该罐的产品为一批;当在管道上取样时,可以根据一定时间(8 h 或 24 h)或同时发往某地去的同等质量的,均匀的产品为一批。

5.4 如果检验结果不符合本标准相应技术要求时,则必须重新加倍取样复查。复查结果仍不符合本标准相应技术要求时,则该批产品应作降等或不合格品处理。

5.5 用户收到产品后有权按本标准进行验收,验收期限由供需双方协商确定。

6 包装、标志、储存和运输

6.1 工业用乙烯的包装、标志、储存和运输应执行国家劳动部颁发的《压力容器安全技术监察规程》以及由原国家质量技术监督局颁发的《特种设备质量监督和安全监察规定》。

6.2 气态乙烯可采用管道、钢瓶和储槽输送。液态乙烯可采用管道和低温储槽运输。

6.3 乙烯气瓶的铁路运输应符合铁道部颁发的《铁路危险货物运输管理规则》的规定,公路和船运应符合交通部颁发的《危险货物运输规则》的规定。

7 安全要求

7.1 乙烯属低毒类物质。在生产装置的区域内最大允许浓度为 300 mg/m^3,当浓度超过此范围时,吸入会引起头晕、呼吸减弱和血液循环发生故障,并产生麻醉作用。

液化乙烯溅到皮肤上,会引起皮肤冻伤。因此在整个采样过程中操作者应戴护目镜和良好绝热的塑料或者有橡胶涂层的手套。

中毒时的紧急救护办法:给予新鲜空气,进行人工呼吸和输送氧气。

7.2 乙烯为易燃介质,在压力过大和明火的场合下易导致爆炸性分解。在空气中爆炸极限为 2.7%~36%(体积分数);自燃点为 450℃。因此一切预防措施应考虑如何避免形成爆炸气氛。采样现场要求具有良好的通风条件,尤其在冲洗操作时更应注意。

7.3 灭火方法:切断气源。若不能立即切断气源,则不允许熄灭正在燃烧的气体,应喷水冷却容器,可能的话将容器从火场移至空旷处。在火源不大的情况下,可使用雾状水、二氧化碳和泡沫灭火器等灭火器材。

7.4 电器装置和照明应有防爆结构,其他设备和管线应接地。

7.5 采样时除了执行 GB/T 3723—1999 外,还应执行国家关于《压力容器安全技术监察规程》中的有关规定。

前　言

本标准参考国外先进标准对 GB 7716—1987《工业用丙烯》进行了修订。

本标准对原标准的主要修订内容为：

1. 技术要求中，除丙烯含量、烷烃和硫指标未作修订外，其余各项杂质指标均进行了修订，提高了要求；

2. 取消了氢指标项目；

3. 甲醇指标"由必要时测定"修订为"不大于 10 mg/kg"，并注明为型式检验项目；

4. 试验方法中引用了 GB/T 12701—1990《工业用乙烯、丙烯中微量甲醇的测定　气相色谱法》和 SH/T 1549—1993《工业用轻质烯烃中水分的测定　在线分析仪使用导则》，故修订了附录 A，取消了附录 B。

本标准的附录 A 是标准的附录。

本标准自实施之日起，同时代替 GB 7716—1987。

本标准由中国石油化工股份有限公司提出。

本标准由全国化学标准化技术委员会石油化学分技术委员会归口。

本标准由中国石化北京燕化石油化工股份有限公司化工一厂负责起草。

本标准主要起草人：崔广洪、赵春德。

本标准于 1987 年 5 月首次发布。

中华人民共和国国家标准

GB/T 7716—2002

代替 GB 7716—1987

工业用丙烯

Propylene for industrial use—Specification

1 范围

本标准规定了工业用丙烯的要求、试验方法、检验规则以及包装、标志、运输、贮存及安全要求。

本标准适用于聚合用丙烯。

分子式：C_3H_6

相对分子质量：42.081（按 1999 年国际相对原子质量）

2 引用标准

下列标准所包含的条文，通过在本标准中引用而构成为本标准的条文。本标准出版时，所示版本均为有效。所有标准都会被修订，使用本标准的各方应探讨使用下列标准最新版本的可能性。

GB/T 3392—1991 工业用丙烯中烃类杂质的测定 气相色谱法（neq ISO 6380:1981）

GB/T 3394—1993 工业用乙烯、丙烯中微量一氧化碳、二氧化碳的测定 气相色谱法（neq ISO 6381:1981）

GB/T 3395—1995 工业用乙烯中微量乙炔的测定 气相色谱法

GB/T 3396—2002 工业用乙烯、丙烯中微量氧的测定 电化学法

GB 3723—1999 工业用化学产品采样的安全通则（idt ISO 3165:1976）

GB/T 3727—1983 聚合级乙烯、丙烯中微量水的测定 卡尔·费休法（eqv ISO 6191:1981）

GB/T 11141—1989 轻质烯烃微量硫的测定 氧化微库仑法

GB/T 12701—1990 工业用乙烯、丙烯中微量甲醇含量的测定 气相色谱法（neq ISO 8174:1986）

GB/T 13290—1991 工业用丙烯和丁二烯液态采样法（neq ISO 8563:1987）

SH/T 1549—1993 工业用轻质烯烃中水分的测定 在线分析仪使用导则

3 技术要求和试验方法

工业用丙烯的技术要求见表 1。

表 1 工业用丙烯的技术要求

序号	指标名称		指标		试验方法
			优等品	一等品	
1	丙烯的体积分数/%	≥	99.6	99.2	GB/T 3392
2	烷烃的体积分数/%		余量	余量	GB/T 3392
3	乙烯的含量/(mL/m^3)	≤	50	100	GB/T 3392
4	乙炔的含量/(mL/m^3)	≤	2	5	GB/T 3395

中华人民共和国国家质量监督检验检疫总局 2002-10-15 批准　　2003-04-01 实施

表 1 （完）

序号	指标名称	指标		试验方法
		优等品	一等品	
5	甲基乙炔和丙二烯的含量/(mL/m³) ≤	5	20	GB/T 3392
6	氧的含量/(mL/m³) ≤	5	10	GB/T 3396
7	一氧化碳的含量/(mL/m³) ≤	2	5	GB/T 3394
8	二氧化碳的含量/(mL/m³) ≤	5	10	GB/T 3394
9	丁烯和丁二烯的含量/(mL/m³) ≤	5	20	GB/T 3392
10	硫的含量/(mg/kg) ≤	1	5	GB/T 11141
11	水的含量/(mg/kg) ≤	10	10[1)]	附录 A[2)]
12	甲醇的含量/(mg/kg) ≤	10		GB/T 12701
1）该指标也可以由供需双方协调确定。 2）本标准修订时，GB/T 3727—1983 正在修订中，待该国家标准新版本实施之日起本标准的附录 A 即停止执行。				

4 采样

按 GB/T 13290 技术要求采取样品。

5 检验规则

5.1 本标准中表 1 所规定的所有项目均为型式检验项目，除甲醇项目外，其他项目均为出厂检验项目。

5.2 工业用丙烯可在成品贮罐或产品输送的管道上取样。当在成品贮罐取样时，以该罐的产品为一批；当在管道上取样时，可以根据一定时间（8 h 或 24 h）或同时发往某地去的同等质量的、均匀的产品为一批。

5.3 工业用丙烯应由生产厂的质量检验部门进行检验。生产厂应保证所有出厂的产品都符合本标准的要求，每批出厂的工业用丙烯都应附有质量证明书。质量证明书注明：生产企业名称、详细地址、产品名称、产品等级、批号、生产日期、净重及本标准编号等。

5.4 如果检验结果不符合本标准相应等级要求时，则必须重新加倍取样，复验。复验结果即使只有一项指标不符合本标准相应等级要求时，则该批产品应作降等或不合格品处理。

5.5 用户收到产品后有权按本标准进行验收，验收期限由供需双方协商确定。

6 包装、标志、运输和贮存

6.1 工业用丙烯的包装、标志、运输和贮存应执行《压力容器安全技术监察规程》和使用压力容器的安全规则。

6.2 工业用丙烯可采用铁路、汽车槽车以及管道输送。用铁路、汽车槽车运输工业用丙烯产品时，除了执行《压力容器安全技术监察规程》外，必须遵守《液化气体铁路罐车安全监察规程》和《液化气体汽车罐车安全监察规程》。

7 安全要求

7.1 根据对人体损害程度，丙烯属于低毒物质。在生产装置的区域内最大允许浓度为 300 mg/m³。当浓度超过此范围时，吸入丙烯气体会引起头昏、头痛和产生麻醉作用。

液态丙烯溅到皮肤上，会引起皮肤冻伤。因此在整个采样过程中操作者应戴用护目镜和良好绝热的塑料或者有橡胶涂层的手套。

中毒时的紧急救护办法：给予新鲜空气或输给氧气，进行人工呼吸。

7.2 丙烯为易燃介质，在大气中爆炸极限的体积分数为2.0%～11.1%。自燃点为455℃。因此，一切预防措施应考虑如何避免形成爆炸气氛。采样现场要求具有良好的通风条件，尤其在冲洗操作时更应注意。

7.3 消防器材：在火源不大的情况下，可使用二氧化碳和泡沫灭火器、氮气等灭火器材。

7.4 电气装置和照明应有防爆结构，其他设备和管线应良好接地。

7.5 采样时除了执行GB 3723外，还应执行国家关于《压力容器安全技术监察规程》中有关规定。

附 录 A
（标准的附录）
工业用丙烯中微量水的测定

A1 适用范围

本附录规定了采用卡尔·费休法或湿度计法测定工业用丙烯中微量水分。

A2 卡尔·费休法

按 GB/T 3727 所规定的技术要求进行测定。

A3 湿度计法

按 SH/T 1549 所指导的为原则，选用灵敏度不低于 0.000 1%（质量分数）适用于丙烯的湿度计，按仪器说明书规定的操作步骤进行测定。

A3.1 注意事项

A3.1.1 将液态试样转变为气态时，必须先经减压后，再进入用热水或蒸汽加热的蒸发器，以便使试样完全蒸发，并保证气态试样的温度不低于 15℃。

A3.1.2 进入测量室的气态试样不得含有尘埃颗粒或水滴，可用不锈钢烧结砂芯（孔径约为 5 μm～7 μm）过滤，以除去尘埃颗粒。

A3.1.3 应该使用清洁、干燥的不锈钢管输送气态试样，其长度应尽可能短。切勿使用橡胶或聚氯乙烯制成的管子。

ICS 71.080.30
G 17

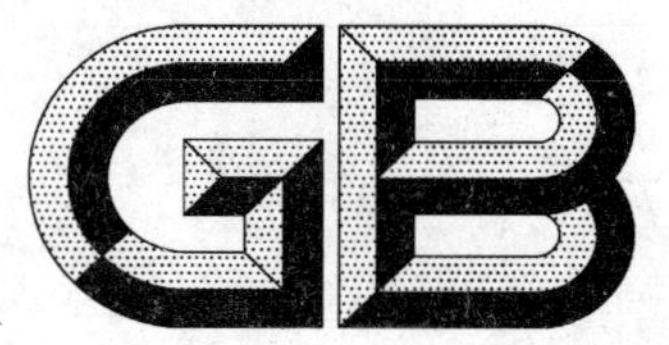

中华人民共和国国家标准

GB/T 7717.1—2008
代替 GB 7717.1—1994、GB/T 7717.2—1994

工业用丙烯腈
第1部分：规格

Acrylonitrile for industrial use—
Part 1：Specification

2008-06-19 发布　　2009-02-01 实施

中华人民共和国国家质量监督检验检疫总局
中国国家标准化管理委员会　发布

前　言

GB/T 7717《工业用丙烯腈》预计分为如下几部分：

——第1部分：规格；

——第5部分：酸度、pH值和滴定值的测定；

——第8部分：总醛含量的测定　分光光度法；

——第9部分：总氰含量的测定　滴定法；

——第10部分：过氧化物含量的测定　分光光度法；

——第11部分：铁、铜含量的测定　分光光度法；

——第12部分：纯度及杂质含量的测定　气相色谱法；

——第15部分：对羟基苯甲醚含量的测定　分光光度法。

本部分为GB/T 7717的第1部分。

本部分代替GB 7717.1—1994《工业用丙烯腈》和GB/T 7717.2—1994《工业用丙烯腈外观的测定》。

本部分与GB 7717.1—1994的主要差异如下：

——增加丙烯腈含量、丙腈、噁唑、甲基丙烯腈四个指标项目，丙烯腈优等品的这四个项目指标分别设为丙烯腈含量≥99.5%(质量分数)，丙腈含量≤100 mg/kg、噁唑含量≤200 mg/kg、甲基丙烯腈含量≤300 mg/kg；

——删除了阻聚剂氨含量指标及试验方法；

——提高了酸度、pH值、总醛、丙酮和水分质量分数五个项目的指标水平，修改如下：

- 一等品中酸度指标由≤35 mg/kg改为≤30 mg/kg；
- pH值上限值由9.0改为8.0；
- 总醛优等品指标由≤50 mg/kg改为≤30 mg/kg；
- 丙酮优等品指标由≤100 mg/kg改为≤80 mg/kg、一等品指标由≤200 mg/kg改为≤150 mg/kg、合格品指标由≤300 mg/kg改为≤200 mg/kg；
- 水分增加下限值的控制，优等品、一等品和合格品的水分含量的下限为不小于0.2%(质量分数)。

本部分由中国石油化工集团公司提出。

本部分由全国化学标准化技术委员会石油化学分技术委员会(SAC/TC 63/SC 4)归口。

本部分起草单位：中国石化上海石油化工股份有限公司。

本部分主要起草人：陈慧丽、陈洪德、屈玲娣、唐建忠、卫咏梅。

本部分所代替标准的历次版本发布情况为：

——GB 7717.1—1987、GB 7717.1—1994；

——GB 7717.2—1987、GB/T 7717.2—1994。

工业用丙烯腈 第1部分：规格

警告——本部分未指出所有可能的安全问题。生产者必须向用户说明产品的危险性，使用中的安全和防护措施，本部分的使用者有责任采取适当的安全和健康措施，并保证符合国家有关法规规定的条件。

1 范围

本部分规定了工业用丙烯腈的要求、试验方法、检验规则、包装、标志、贮存、运输及安全要求。

本部分适用于丙烯氨氧化法生产的丙烯腈。该产品主要用作合成纤维、塑料、含氰橡胶、丙烯酸树脂、涂料、粘合剂及制药等原料。

分子式：C_3H_3N

结构式：$CH_2=CH\text{-}CN$

相对分子质量：53.063(按2005年国际相对原子质量)

2 规范性引用文件

下列文件中的条款通过GB/T 7717本部分的引用而成为本部分的条款。凡是注日期的引用文件，其随后所有的修改单(不包括勘误的内容)或修订版均不适用于本部分，然而，鼓励根据本部分达成协议的各方研究是否可使用这些文件的最新版本。凡是不注日期的引用文件，其最新版本适用于本部分。

GB 190—1990 危险货物包装标志

GB/T 1250 极限数值的表示方法和判定方法

GB/T 3143 液体化学产品颜色测定法(Hazen单位——铂-钴色号)

GB/T 3723 工业用化学产品采样安全通则

GB/T 4472 化工产品密度、相对密度测定通则

GB/T 6283 化工产品中水分含量的测定 卡尔·费休法(通用方法)

GB/T 6678 化工产品采样总则

GB/T 6680 液体化工产品采样通则

GB/T 7534 工业用挥发性有机液体 沸程的测定

GB/T 7717.5 工业用丙烯腈 第5部分：酸度、pH值和滴定值的测定

GB/T 7717.8 工业用丙烯腈中总醛含量的测定 分光光度法

GB/T 7717.9 工业用丙烯腈中总氰含量的测定 滴定法

GB/T 7717.10 工业用丙烯腈 第10部分：过氧化物含量的测定 分光光度法

GB/T 7717.11 工业用丙烯腈 第11部分：铁、铜含量的测定 分光光度法

GB/T 7717.12 工业用丙烯腈 第12部分：纯度及杂质含量的测定 气相色谱法

GB/T 7717.15 工业用丙烯腈中对羟基苯甲醚含量的测定 分光光度法

GB 15603 常用危险化学品贮存通则

3 要求和试验方法

工业用丙烯腈应符合表1的要求，并按表1中规定的试验方法进行检验。

表 1 工业用丙烯腈质量指标和试验方法

项目		质量指标			试验方法
		优等品	一等品	合格品	
外观[a]		透明液体,无悬浮物			
色度(Pt-Co)/号	≤	5	5	10	GB/T 3143
密度(20 ℃)/(g/cm^3)		0.800～0.807			GB/T 4472
酸度(以乙酸计)/(mg/kg)	≤	20	30	—	GB/T 7717.5
pH 值(5%的水溶液)		6.0～9.0			
滴定值(5%的水溶液)/mL	≤	2.0	2.0	3.0	
水分的质量分数/%		0.20～0.45	0.20～0.45	0.20～0.60	GB/T 6283
总醛(以乙醛计)的质量分数/(mg/kg)	≤	30	50	100	GB/T 7717.8
总氰(以氢氰酸计)的质量分数/(mg/kg)	≤	5	10	20	GB/T 7717.9
过氧化物(以过氧化氢计)的质量分数/(mg/kg)	≤	0.20	0.20	0.40	GB/T 7717.10
铁的质量分数/(mg/kg)	≤	0.10	0.10	0.20	GB/T 7717.11
铜的质量分数/(mg/kg)	≤	0.10	0.10	—	
丙烯醛的质量分数/(mg/kg)	≤	10	20	40	GB/T 7717.12
丙酮的质量分数/(mg/kg)	≤	80	150	200	
乙腈的质量分数/(mg/kg)	≤	150	200	300	
丙腈的质量分数/(mg/kg)	≤	100	—	—	
噁唑的质量分数/(mg/kg)	≤	200	—	—	
甲基丙烯腈的质量分数/(mg/kg)	≤	300	—	—	
丙烯腈的质量分数/%	≥	99.5	—	—	
沸程(在 0.101 33 MPa 下)/℃		74.5～79.0			GB/T 7534
阻聚剂,对羟基苯甲醚的质量分数/(mg/kg)		35～45			GB/T 7717.15

[a] 取 50 mL～60 mL 试样,置于清洁、干燥的 100 mL 具塞比色管中,在日光或日光灯透射下,用目视法观察。

4 检验规则

4.1 检验分类

检验分为型式检验和出厂检验,型式检验项目为表 1 技术要求中规定的所有项目,正常情况下每月至少进行一次型式检验。出厂检验项目为表 1 中的外观、色度、pH 值、滴定值、水分、总氰、丙烯醛、丙酮、乙腈、阻聚剂 10 个项目。

4.2 组批

本产品若装在贮罐内,以每一贮罐为一批,若为桶装产品,以每一包装批为一批,若为槽车装运产品,以每一槽车为一批。

4.3 取样

取样按 GB/T 3723、GB/T 6678 和 GB/T 6680 的规定进行。

采样单元数按照 GB/T 6678 的规定确定,采样总量不少于 1 000 mL,样品装于干燥、洁净的塑料采样瓶中,贴上标签,注明:生产厂名称、产品名称、批号、采样日期和采样者姓名等内容。

4.4 判定和复验

检验结果有一项指标不符合本部分规定的要求时，则应重新加倍采样进行检验，检验结果即使只有一项指标不符合本部分要求，则整批产品为不合格。极限数值的判定按 GB/T 1250 中全数值比较法进行。

4.5 交货验收

工业用丙烯腈出厂检验由生产厂负责，生产厂应保证所有出厂的产品符合本部分的要求。每批出厂的产品应附有质量检验合格证或一定格式的质量证明书。用户在收到产品后，应及时按照本部分的规定进行验收。

5 标志、包装、运输和贮存

5.1 标志

5.1.1 包装容器上应用牢固清晰的标志注明：生产厂名称、生产地址、产品名称、商标、生产日期或批号、等级、净质量和本部分编号等内容。

5.1.2 包装容器、贮槽上应有符合 GB 190—1990 规定的“易燃物品”、“剧毒品”、“怕受热”的明显标志。

5.1.3 每批出厂的产品都应有质量检验合格证，其内容包括：产品名称、生产厂名称、厂址、批号或生产日期、等级、本部分编号等。每批出厂的产品都应附有安全技术说明书，容器上应贴有安全标签。

5.2 包装

5.2.1 工业用丙烯腈桶装产品的包装应采用干净、清洁的专用铁桶，铁桶经气密性试验合格后才能进行包装。包装后桶口密封，防止渗漏。每桶净含量为 150 kg。

5.2.2 工业用丙烯腈产品也可以用专用槽车或专用管道输送，注意防止泄漏。

5.3 运输

工业用丙烯腈为易燃、剧毒危险品，运输时应遵守国家有关规定。

5.4 贮存

5.4.1 工业用丙烯腈应符合 GB 15603 的规定，贮存于专用贮槽内，桶装丙烯腈则应贮存于符合有毒、易燃液体存放安全、防火规定的专用有顶仓库。

5.4.2 工业用丙烯腈贮存时应注意通风，隔绝火种，温度不应超过 30 ℃，并应配备相应的安全防护、消防设施。

5.4.3 不得与氧化剂、酸类、碱类、胺类、溴等接触或一起存放，不得与防护、灭火方法相互抵触的危险品一起存放。

5.4.4 在遵守运输和贮存条件下，含阻聚剂的工业用丙烯腈贮存保证期为自生产之日起 3 个月。

6 安全要求

6.1 工业用丙烯腈属高度危险品，具有易燃、爆炸性质，闪点 −5 ℃，自燃点 481 ℃，蒸气密度 1.83(相对于空气)，与空气混合物的爆炸极限为 3.05 %～17.5 %(体积分数)，遇明火、高热能引起燃烧爆炸，因此，一切预防措施应考虑如何避免形成燃烧、爆炸气氛。

6.2 工业用丙烯腈剧毒而且易挥发，能通过皮肤及呼吸道为人体吸收，应为接触工业用丙烯腈的人员提供保护皮肤和呼吸器官的劳保措施。工业用丙烯腈的分析应在通风橱中进行。

6.3 工作区域空气中工业用丙烯腈最大允许浓度不超过 2 mg/m^3。

6.4 工业用丙烯腈遇水能分解产生有毒气体，与强酸、强碱、胺类、溴能发生激烈反应，因此，应避免与上述物质接触。

6.5 消防器材应用泡沫、二氧化碳、干粉灭火器、砂土等。

6.6 溢出的工业用丙烯腈可在碱性介质中(pH>8.5)(用 pH 试纸检验),加入适量漂白粉(次氯酸盐)覆盖、收集,放置 12 h 后清除,所有处理和清除步骤应在通风条件下戴上防毒面具进行。

ICS 71.080.20
G 16

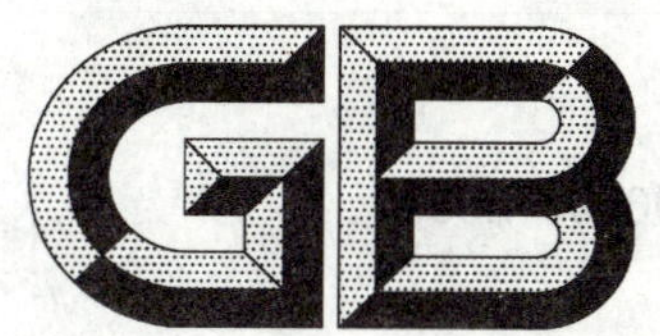

中华人民共和国国家标准

GB 10665—2004
代替 GB 10665—1997

碳化钙（电石）

Calcium carbide

2004-11-29 发布　　2005-05-01 实施

中华人民共和国国家质量监督检验检疫总局
中国国家标准化管理委员会　发布

前　言

本标准的3.1中乙炔中磷化氢、乙炔中硫化氢指标为强制性的，其余为推荐性的。

本标准修改采用日本工业标准JIS K 1901:1983(1989确认)《碳化钙》(日文版)

本标准根据JIS K 1901:1983(1989确认)重新起草。在附录A中列出了本标准章条编号与JIS K 1901:1983(1989确认)章条编号的对照一览表。

考虑到我国国情和实验室设备情况，本标准在采用JIS K 1901:1983(1989确认)时主要做了如下修改：

——指标中优等品高于日本标准一类品指标，一等品高于日本标准二类品指标，合格品高于日本标准三类品指标(本标准的3.1)。这样有利于产品质量的提高。

——乙炔中硫化氢的测定方法中增加乙酸镉吸收容量法，删除硫酸钡重量法。选择了简便准确的分析方法。

——将发气量测定装置中气体计量器的大头式钟罩改为直桶式钟罩(本标准的4.1.2.2)。

本标准代替GB 10665—1997《碳化钙(电石)》。

本标准与GB 10665—1997相比较主要变化如下：

——发气量的指标由按粒度分为四类各有三个等级修改为只保留粒度为(5～80) mm一类的三个等级的指标，合格品的指标由≥250修改为≥260(1997年版的3.1;本版的3.1);

——采样桶数按GB/T 6678《化工产品采样总则》的规定确定(1997年版的5.3.1,本版的5.4.1);

——制样粒度由(3～7) mm修改为(5～12) mm(1997年版的5.3.4,本版的5.4.4);

——明确了大气压力计精度要求(见4.1.2.3);

——删除了平行采样的规定(1997年版的5.3.5)。

本标准的附录A为资料性附录。

本标准由中国石油和化学工业协会提出。

本标准由全国化学标准化技术委员会有机分会(CSBTS/TC63/SC2)归口。

本标准由福建石化集团三明化工有限责任公司负责起草，浙江巨化电石有限公司、张家口下花园电石厂、包头明天科技股份有限公司、宁夏宁河化工股份有限公司等参加起草。

本标准主要起草人：蔡杰、潘福得、沈碧蔚、陈美耀、陈启彬。

本标准于1989年3月首次发布，1997年9月第一次修订。

碳化钙(电石)

1 范围

本标准规定了碳化钙(电石)的要求、试验方法、检验规则及标志、包装、运输、贮存和安全。

本标准适用于由碳素材料和生石灰在电炉中化合而制得的碳化钙。本产品主要用于发生乙炔、生产石灰氮、钢铁脱硫剂等。

分子式:CaC_2

结构式:C≡C(两个C原子均与Ca相连)

$$\begin{array}{c} C \equiv C \\ \diagdown \ \diagup \\ Ca \end{array}$$

相对分子质量:64.10(按2001年国际相对原子质量)

2 引用标准

下列文件中的条款,通过本标准的引用而构成为本标准的条款。凡是注日期的引用文件,其随后所有的修改单(不包括勘误的内容)或修订版均不适用于本部分,然而,鼓励根据本部分达成协议的各方研究是否可使用这些文件的最新版本。凡是不注日期的引用文件,其最新版本适用于本部分。

GB 190 危险货物包装标志

GB/T 601 化学试剂 标准滴定溶液的制备

GB/T 603 化学试剂 试验方法中所用制剂及制品的制备

GB/T 6682 分析实验室用水规格和试验方法[GB/T 6682—1992,neq ISO 3696:1987]

GB/T 6003.1 金属丝编织网试验筛(GB/T 6003.1—1997,eqv ISO 3310-1:1990)

GB/T 6678 化工产品采样总则

GB/T 15956 内销电石包装钢桶

3 要求

3.1 碳化钙应符合表1所示的技术要求。

表1 技术要求

项目		指标		
		优等品	一等品	合格品
发气量(20℃、101.3 kPa)/(L/kg)	≥	300	280	260
乙炔中磷化氢的体积分数/%	≤	0.06	0.08	
乙炔中硫化氢的体积分数/%	≤	0.10		
粒度(5 mm~80 mm)[a] 的质量分数/%	≥	85		
筛下物(2.5 mm以下)的质量分数/%	≤	5		
[a] 圆括号中的粒度范围可由供需双方协商确定。				

4 试验方法

除非另有说明,在分析中仅使用分析纯的试剂和符合GB/T 6682的三级水。

分析中所用标准滴定溶液、制剂及制品,在没有注明其他要求时,均按GB/T 601、GB/T 603制备。

4.1 发气量的测定

4.1.1 方法提要

碳化钙与水反应生成乙炔气体，根据气体计量器测得生成气体的体积，计算碳化钙的发气量。

$$CaC_2 + 2H_2O \rightarrow C_2H_2\uparrow + Ca(OH)_2 + 127\ \text{kJ}$$

4.1.2 仪器

4.1.2.1 发气量测定装置，如图1所示。

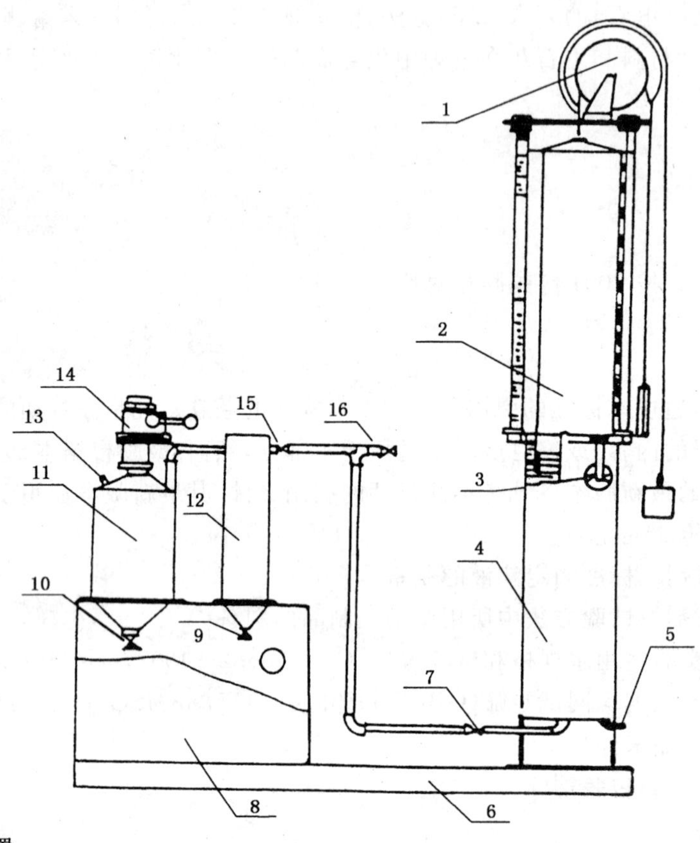

1——配重补偿装置；
2——钟罩；
3——液面刻线；
4——外桶；
5——排液阀；
6——底座；
7——气路放水阀；
8——箱体；
9——放液阀；
10——排渣阀；
11——发生器；
12——分离器；
13——进水管；
14——样品室；
15——连通阀；
16——排气阀。

图1 发气量测定装置示意图

4.1.2.2　气体计量器(包括外桶、钟罩、标尺及配重补偿装置):实际容积 19 L,精密度 0.5 级。

4.1.2.3　大气压力计:精度 0.1 kPa。

4.1.2.4　标准器:不锈钢材质,容积 4.75 L,精度 0.1 级,有零点。

4.1.2.5　U 型压力计:测量范围(0～1.96) kPa[(0～200) mm 水柱]。

4.1.2.6　温度计:(0～50)℃,分刻度 0.1℃。

4.1.3　气体计量器标尺的校验

4.1.3.1　气体计量器校验设备示意图如图 2 所示。

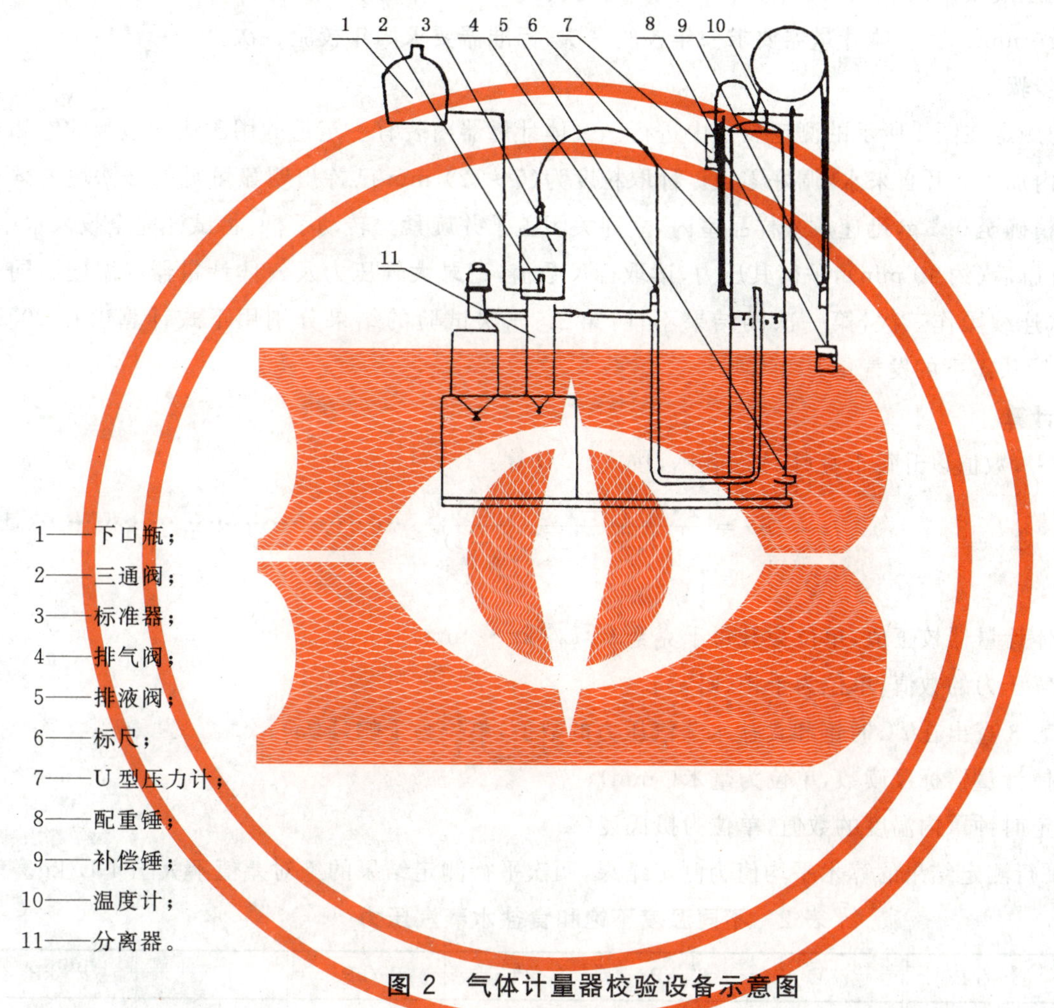

1——下口瓶;
2——三通阀;
3——标准器;
4——排气阀;
5——排液阀;
6——标尺;
7——U 型压力计;
8——配重锤;
9——补偿锤;
10——温度计;
11——分离器。

图 2　气体计量器校验设备示意图

4.1.3.2　校验步骤

4.1.3.2.1　准备

校验所需要的水和辅助器具如温度计、下口瓶、玻璃管、橡胶管及胶塞等,提前两天放在同一个校验室内,按图 2 连接好。校验操作应在(20±2)℃的温度下进行,校验过程中环境温度变化不超过 1℃。调整气体计量器和标准器至水平状态。增减气体计量器内饱和食盐水量,使液面保持在液面刻度线上。

4.1.3.2.2　气密性的检查

开启排气阀,使气体计量器与大气相通,拉下配重锤,使指针上升到标尺的三分之二处,关闭排气阀,使气体计量器与标准器相通,调节配重锤使气体计量器内产生约 0.98 kPa(100 mm 水柱)正压差,10 min 后,若指针及压差基本无变化则认为气密性合格。

4.1.3.2.3　校验

气体计量器内温度和标准器的水温与校验室温度相差不大于 1℃时方可进行校验。开启排气阀,使气体计量器与大气相通，气体计量器的指针应对准标尺的零点。将标准器放于分离器上面，使标准器的液面对准零点。关闭排气阀，打开下口瓶的阀门，使下口瓶内的水流入标准器内，控制水流速为750 mL/min。当标准器水面达到4.75 L刻度时，关闭下口瓶的阀门，待压力计平衡后，读出并记录标尺上指针位置数值。放低下口瓶，使标准器内的水返回下口瓶内，以相同的操作进行三次。三次平行测定结果之差不大于1.5 mm时，则三次平行测定结果的算术平均值就作为第一次95 L/kg的校验刻度。以第一次95 L/kg的刻度为起点，继续标定第二个95 L/kg(190 L/kg)刻度线、第三个95 L/kg(285 L/kg)刻度线及第四个95 L/kg(380 L/kg)刻度线，380 L/kg与标尺上读出的毫米数之比即为校正值α[L/(kg·mm)]。气体计量器要求一年校验一次，标准器要求两年校验一次。

4.1.4 分析步骤

发气量的测定在图1所示的测定装置中进行。气体计量器内装有一定量的用乙炔气饱和的饱和食盐水，发生器内加入2 L自来水，调好零点。称取粒度为(5～12) mm已拣出明显可见的硅铁块的碳化钙试样50 g，精确至0.1 g，迅速放入样品室内，立即关闭盖子并旋紧。转动手柄，将试样完全投入水中，待试样完全分解后(约10 min)，平衡其压力，读取标尺数值，记录大气压力及气体计量器内温度。同一试样加一次水连续操作三次，第一次的结果不计，第二、三次试验的结果分别用下式计算出在20℃、101.3 kPa干燥状态下的发气量。

4.1.5 结果计算

发气量(G)，数值以升每千克(L/kg)表示，按式(1)计算：

$$G=\frac{\alpha \cdot h(P-P')\times 293.2}{101.3\times(273.2+t)} \qquad (1)$$

式中：

α——气体计量器校正值，单位为升每千克毫米[L/(kg· mm)]；

P——大气压力的数值，单位为千帕(kPa)；

P'——按表3查出在t℃时饱和食盐水蒸汽压力的数值，单位为千帕(kPa)；

h——气体计量器标尺读数，单位为毫米(mm)；

t——测定时钟罩内温度的数值，单位为摄氏度(℃)。

取两次平行测定结果的算术平均值为测定结果，两次平行测定结果的绝对差值不大于4 L/kg。

表2 不同温度下饱和食盐水蒸汽压力

t/℃	P'/kPa	t/℃	P'/kPa	t/℃	P'/kPa	t/℃	P'/kPa
0	0.453	10	0.920	20	1.760	30	3.200
1	0.480	11	0.987	21	1.880	31	3.370
2	0.520	12	1.050	22	2.000	32	3.560
3	0.560	13	1.130	23	2.120	33	3.760
4	0.600	14	1.210	24	2.253	34	3.973
5	0.653	15	1.290	25	2.386	35	4.200
6	0.707	16	1.373	26	2.533	36	4.453
7	0.760	17	1.466	27	2.693	37	4.706
8	0.813	18	1.560	28	2.853	38	4.973
9	0.867	19	1.653	29	3.026	39	5.253

4.2 乙炔中磷化氢的测定

4.2.1 比色法(仲裁法)

4.2.1.1 方法提要

碳化钙样品发生的乙炔中的磷化氢经溴水氧化为磷酸根离子,加入过量的钼酸铵,反应生成杂聚化合物,用氯化亚锡溶液还原,使之产生磷钼蓝,用分光光度计进行比色,计算乙炔中磷化氢含量。

4.2.1.2 试剂

4.2.1.2.1 亚硫酸钠溶液:100 g/L。

4.2.1.2.2 溴水:质量分数为0.3%的溶液。取1体积饱和溴水,加入6体积水稀释而成。

4.2.1.2.3 氯化亚锡盐酸溶液:20 g/L。称取2 g氯化亚锡($SnCl_2 \cdot 2H_2O$),精确至0.1 g,置于100 mL棕色容量瓶中,以10 mL盐酸溶解后加水稀释至刻度,再加入1~2粒锡粒,贮于暗处。此溶液使用期不应超过两周。

4.2.1.2.4 钼酸铵硫酸溶液:15 g/L。称取15 g钼酸铵[$(NH_4)_6Mo_7O_{24} \cdot 4H_2O$],精确至0.1 g,溶于约200 mL水中,另取182 mL硫酸加入到500 mL水中配成硫酸溶液,将钼酸铵溶液在不断搅拌下加到硫酸溶液中,用水稀释至1 L,装入有色瓶中,贮于暗处,该溶液混浊或变色后不能使用。

4.2.1.2.5 磷酸二氢钾标准溶液:称取于110℃烘干的磷酸二氢钾(KH_2PO_4)0.286 6 g,精确至0.000 2 g,加水溶于1 000 mL容量瓶中,稀释至刻度,此溶液每毫升相当磷化氢0.05 mL。

4.2.1.3 仪器

4.2.1.3.1 分光光度计;

4.2.1.3.2 比色池:光径10 mm;

4.2.1.3.3 注射器:100 mL(附8号针头),内壁应涂以液体石蜡;

4.2.1.3.4 扎氏吸收瓶:50 mL,高度约230 mm,内径约17 mm。

4.2.1.4 分析步骤

取溴水(4.2.1.2.2)20 mL,置于扎氏吸收瓶中,瓶口套有夹死的透明胶管(内壁应涂以液体石蜡)以备进样。用注射器吸取试样,先置换2~3次后,再以20 mL/min的速度取50 mL试样,将试样以20 mL/min的速度注入吸收瓶,再取清洁空气约50 mL,以同样速度注入吸收瓶。将吸收液移入100 mL容量瓶中,用少量水洗涤吸收瓶2~3次,洗涤液并入容量瓶,使容量瓶内体积达约50 mL。滴加亚硫酸钠溶液至溴水褪色,再过量1~2滴,用移液管加5.0 mL钼酸铵硫酸溶液,摇匀。于(25~40)℃某一温度的恒温水浴中放置5 min,取出后加0.25 mL(约5滴)氯化亚锡溶液,用水稀释至刻度,摇匀,再于恒温水浴中放置10 min。

将上述溶液用10 mm比色池,在约660 nm的波长下测定吸光度[在加了氯化亚锡溶液后(15±5) min进行测定较为适宜]。根据预先做好的工作曲线求出磷化氢含量。同时做空白试验。

磷化氢工作曲线的制作:

分别取0.2 mL、0.4 mL、0.6 mL、0.8 mL、1.0 mL磷酸二氢钾标准溶液于5个100 mL容量瓶中,各加50 mL水,以下操作与试样操作手续相同。根据磷酸二氢钾不同的毫升数及对应的吸光度,绘制出磷化氢的工作曲线。

4.2.1.5 结果计算

乙炔中磷化氢的体积分数φ_1,数值以%表示,按式(2)计算:

$$\varphi_1 = \frac{V_1 \times 0.05 \times 100}{V} \qquad (2)$$

式中：

V_1——从工作曲线上查得的磷酸二氢钾标准溶液的体积的数值，单位为毫升(mL)；

V——试样的体积(20℃、101.3 kPa)的数值，单位为毫升(mL)；

0.05——1.00 mL 磷酸二氢钾标准溶液相当于磷化氢的体积数。

取两次平行测定结果的算术平均值为测定结果，两次平行测定结果之相对偏差不大于 40%。

4.2.2 检测管法

4.2.2.1 方法提要

检测管中填充涂有化学试剂的活性硅胶，当含有磷化氢的乙炔气体通过检测管时，与硅胶所载的化学试剂反应，生成色柱，色柱的高度与磷化氢含量成正比。

4.2.2.2 分析步骤

用 100 mL 注射器取乙炔样品 100 mL，切开检测管两端，将检测管的进气端用胶管与注射器连接，使乙炔的样按检测管要求的速度均匀地注入检测管，根据色柱高度，直接读取磷化氢含量的体积分数。

4.3 乙炔中硫化氢的测定

4.3.1 容量法(仲裁法)

4.3.1.1 方法提要

乙炔中的硫化氢以乙酸镉溶液吸收生成硫化镉，在酸性介质中加入碘标准滴定溶液氧化硫化镉，剩余的碘用硫代硫酸钠标准滴定溶液反滴定。计算硫化氢含量。

4.3.1.2 试剂

4.3.1.2.1 盐酸溶液：1+1；

4.3.1.2.2 乙酸镉溶液：27 g/L。称取 27 g 乙酸镉，精确至 0.1 g，于 1 L 容量瓶中，用少量水溶解，加入 10 g 无水乙酸钠和 10 mL 冰乙酸，用水稀释至刻度，混匀；

4.3.1.2.3 碘标准滴定溶液：$c(\frac{1}{2}I_2)=0.1$ mol/L；

4.3.1.2.4 硫代硫酸钠标准滴定溶液：$c(Na_2S_2O_3)=0.1$ mol/L；

4.3.1.2.5 淀粉指示液：5 g/L。

4.3.1.3 仪器

4.3.1.3.1 聚乙烯气袋：约 400 mm×800 mm；

4.3.1.3.2 扎氏吸收瓶：100 mL，高度约 230 mm，内径约 28 mm；

4.3.1.3.3 下口瓶：10 L，分刻度 0.1 L。

4.3.1.4 分析步骤

硫化氢吸收装置如图 3 所示。在两个扎氏吸收瓶 3 中各加入 40 mL 乙酸镉溶液。在下口瓶 7 中，装满经乙炔饱和的饱和食盐水，瓶口塞以带有温度计、压力平衡管及气体导管的胶塞，其下口与下口瓶 9 的下口用胶管连接，调整下口瓶 7 的水位至零点。

将测定发气量结束后的气体在排气阀出口取出部分装于聚乙烯气袋中。按图 3 连接各部分，并使之严密不漏气，打开弹簧夹，用螺旋夹控制气体流速为(300～400) mL/min，待试样气体通过(8～10) L 时，将弹簧夹夹住，停止吸收，平衡下口瓶 7 的压力，记录气体体积、温度及大气压。

将扎氏吸收瓶 3 内吸收液移入 500 mL 碘量瓶中，由滴定管加入碘标准滴定溶液 10.0 mL，另用 5.0 mL 碘标准滴定溶液及 5 mL 盐酸溶液溶解吸收瓶中残留物并移入碘量瓶中，用水洗至无碘溶液为止，洗涤液均并入碘量瓶中，再加 10 mL 盐酸溶液，盖好瓶塞摇匀，放置暗处约 10 min，用硫代硫酸钠标准滴定溶液滴定至近终点，加入约 1 mL 淀粉指示液，继续滴定至蓝色刚刚消失。

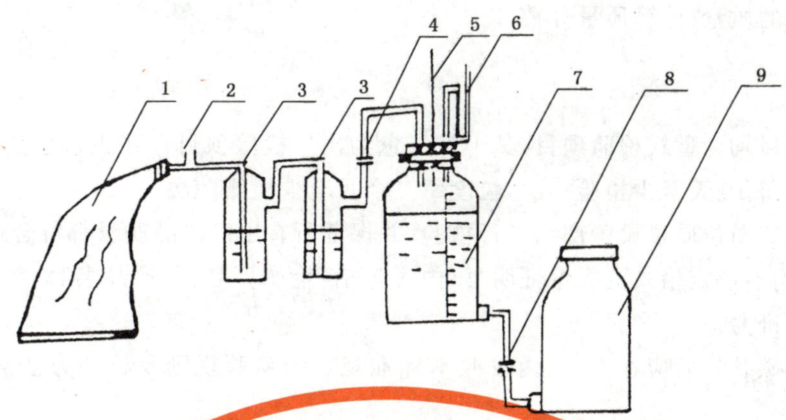

1——聚乙烯气袋；

2——硫化氢取样口；

3——扎氏吸收瓶；

4——弹簧夹；

5——温度计；

6——压力平衡管；

7、9——下口瓶；

8——螺旋夹。

图 3　硫化氢吸收装置

4.3.1.5　分析结果的计算

乙炔中硫化氢的体积分数 φ_2，数值以%表示，按式(3)计算：

$$\varphi_2 = \frac{(V_1 \cdot c_1 - V_2 \cdot c_2) \times M \times 100}{V} \quad \cdots\cdots(3)$$

式中：

V_1——加入碘标准滴定溶液(4.3.1.2.3)体积的数值，单位为毫升(mL)；

c_1——碘标准滴定溶液浓度的准确数值，单位为摩尔每升(mol/L)；

V_2——硫代硫酸钠标准滴定溶液(4.3.1.2.4)体积的数值，单位为毫升(mL)；

c_2——硫代硫酸钠标准滴定溶液的实际浓度，单位为摩尔每升(mol/L)；

V——试样的体积(20℃、101.3 kPa)的数值，单位为升(L)。

M——与 1.00 mL 碘标准滴定溶液 $\left[c\left(\frac{1}{2}I_2\right)=1.000\ mol/L\right]$ 相当的以升表示的硫化氢的体积(20℃、101.3 kPa)，数值为 0.011 88。

取两次平行测定结果的算术平均值为测定结果，两次平行测定结果之相对偏差不大于 40%。

4.3.2　检测管法

4.3.2.1　方法提要

检测管中填充吸附有乙酸铅指示剂的活性硅胶，当含有硫化氢的气体以一定速度通过检测管时，硫化氢与指示剂作用生成黑褐色色柱，气体中硫化氢的浓度与色柱高度成正比。

4.3.2.2　分析步骤

用 100 mL 注射器定量吸取测定发气量结束后的试样气体 100 mL。切开检测管的两端，将检测管的进气端用胶管与注射器连接，使被测的乙炔气样按检测管要求的速度均匀地全部注入检测管，根据色柱高度，直接读取硫化氢含量的体积分数。

4.4　粒度和筛下物的测定

4.4.1　试验筛应符合 GB/T 6003.1 的要求。

4.4.2　将按 5.4 规定的采样桶数取出的整桶碳化钙分别倒于清洁干燥处，立即用试验筛迅速进行筛分,分别称量各筛分的质量,计算质量分数,以%表示。

5 检验规则

5.1 本标准所列项目均为型式检验项目,其中发气量为出厂检验项目。在正常生产情况下,乙炔中硫化氢、乙炔中磷化氢每10天至少检验一次,粒度每三个月至少检测一次。

5.2 碳化钙应由生产单位质量检验部门进行检验,并保证所有出厂产品质量都符合本标准要求。每一批出厂的产品都应附有一定格式的质量证明书,内容包括:生产厂名称、产品名称、等级、粒度、净重、批号、生产日期和本标准号。

5.3 使用单位收到碳化钙后应在10天内按照本标准规定的检验规则及检验方法对碳化钙质量进行验收。

5.4 碳化钙采样桶数按GB/T 6678的规定。测定粒度时采样桶数可减半。

生产厂一般按不大于10 t为一批进行采样。接收单位对相同质量的碳化钙可扩大至60 t为一批,并允许划分为四个试样,分别测定发气量后取其平均值。当小于1 t时,采样桶数不少于3桶。

开启采样桶的盖,每桶应随机取上层以下具有代表性的大、中、小粒度的碳化钙试样约1 kg(200 kg桶取约2 kg),采样总量不少于10 kg,置于带盖干燥的容器内。

将所采试样在颚式破碎机上破碎成15 mm以下的粒度,以四分法缩分后筛取(5~12) mm试样,试样量不少于0.5 kg,装入清洁干燥带盖的磨口瓶中,粘贴标签,注明生产厂名、产品名称、批次、采样日期、采样人。

5.5 检验结果如有一项指标不符合本标准要求时,应重新自两倍数的包装桶中采样进行检验。重新检验的结果,即使只有一项指标不符合本标准要求,则整批碳化钙为不合格。

5.6 供需双方对产品质量发生争议时,经协商共同在未启封的桶中采样分析。如仍有争议,由双方协商选定仲裁机构。仲裁机构应按照本标准规定的检验规则和试验方法进行仲裁。

6 标志、包装、运输和贮存

6.1 包装容器上应有牢固的标志,其内容包括:生产厂名、厂址、产品名称。

6.2 包装桶盖上应贴合格证,其内容包括:生产厂名称、厂址、产品名称、商标、发气量、净含量、批号或生产日期、本标准编号,以及按GB 190规定的遇湿易燃物品的标志。

6.3 碳化钙包装在干燥密闭的包装桶内,包装桶采用GB/T 15956中规定的技术条件。重复使用的包装桶在使用前,应当进行检查,并作出记录,检查记录应当至少保存2年。每桶包装净含量为(100±1) kg或(200±2) kg。在批量商品中,净含量的平均偏差应大于或等于零。

6.4 包装碳化钙前,要严格检查碳化钙包装桶是否完好,桶内应干燥和无碳化钙粉末及其他杂物。

6.5 碳化钙在运输与装卸中应轻搬轻放。运输工具必须有防雨防水设备。

6.6 打开的或已损坏的桶装碳化钙,不允许存放到仓库中。碳化钙包装后,存放在专用的仓库或防雨棚内,仓库内应保持干燥,通风良好,不受水淹淋,仓库内禁止安装上下水管或采暖设备,禁止积存碳化钙粉尘。

7 安全

7.1 碳化钙与水接触,能迅速生成乙炔,并放出热量。乙炔是易燃易爆的气体。

7.2 乙炔易与银盐、铜盐、汞盐反应形成不稳定的、有爆炸性的乙炔化合物。

7.3 乙炔与空气的混合物有爆炸危险。在大气压力101.3 kPa、25℃下与空气混合的爆炸下限为2.5%(体积分数)。

7.4 乙炔具有麻醉作用。乙炔中的磷化氢(PH_3)、硫化氢(H_2S)可以引起中毒,磷化氢在空气中的最高允许浓度为0.3 mg/m³,硫化氢在空气中的最高允许浓度为10 mg/m³。

7.5 碳化钙的粉尘对皮肤、呼吸道及眼睛有刺激作用。碳化钙粉尘在空气中的允许极限浓度为10 mg/m³。

7.6 从事碳化钙生产者,必须遵守碳化钙生产的有关安全规定。

附 录 A
（资料性附录）
本标准章条编号与 JIS K 1901：1983（1989 确认）章条编号对照

表 A.1 给出了本标准章条编号与 JIS K 1901：1983（1989 确认）章条编号对照一览表。

表 A.1 本标准章条编号与 JIS K 1901：1983（1989 确认）章条编号对照

本标准章条编号	对应 JIS K：1901 章条编号
1	1
2	—
3	2，3
4	4
4.1	4.3
4.2	4.4
4.3	4.4
4.4	4.2
5	—
6	5，6

ICS 71.080.10
G 17

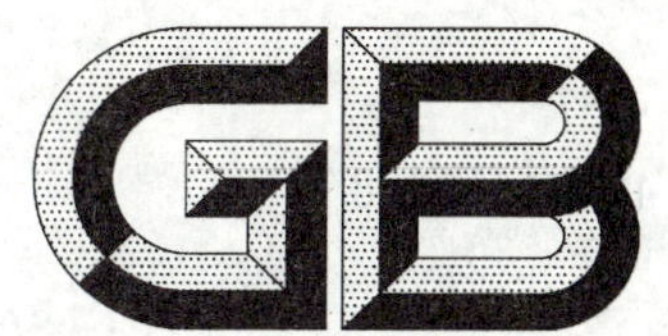

中华人民共和国国家标准

GB/T 13291—2008
代替 GB 13291—1991

工业用丁二烯

Butadiene for industrial use—Specification

2008-06-19 发布　　2009-02-01 实施

中华人民共和国国家质量监督检验检疫总局
中国国家标准化管理委员会　发布

前　　言

本标准代替 GB 13291—1991《工业用丁二烯》。

本标准与 GB 13291—1991 主要差异如下：

——由强制性标准改为推荐性标准；

——优级品的 1,3-丁二烯指标由“≥99.3%”改为“≥99.5%”；一级品的 1,3-丁二烯指标由“≥98.0%”改为“≥99.3%”；

——优级品的总炔烃指标由“≤50 mg/kg”改为“≤20 mg/kg”；一级品的总炔烃指标由“≤100 mg/kg”改为“≤50 mg/kg”；

——一级品的水的指标由“≤500 mg/kg”改为“≤20 mg/kg”；

——优级品的丁二烯过氧化物指标由“≤10 mg/kg”改为“≤5 mg/kg”；

——阻聚剂 TBC 指标由“(50～150)mg/kg”改为“供需双方商定”；

——优级品的气相含氧量指标由“≤0.3%”改为“≤0.2%”；

——增加了合格品的质量指标；

——增加了表述外观测定方法、1,3-丁二烯含量和气相氧含量仲裁方法的表注；

——修改了规范性引用文件的相关内容；

——修订了检验规则，增加了检验分类和极限数值判定等有关内容；

——修订了储存及安全要求。

本标准由中国石油化工集团公司提出。

本标准由全国化学标准化技术委员会石油化学分会(SAC/TC 63/SC 4)归口。

本标准由中国石油化工股份有限公司北京燕山分公司合成橡胶事业部负责起草。

本标准主要起草人：郑国军、王治春、于洪洸、骆献辉。

本标准所代替标准的历次版本发布情况为：GB 13291—1991。

工 业 用 丁 二 烯

1 范围

本标准规定了工业用丁二烯的要求、试验方法、检验规则,包装、标志、运输、贮存和安全要求等。

本标准适用于以二甲基甲酰胺、乙腈或 *N*-甲基吡咯烷酮为溶剂萃取精馏生产的丁二烯。

结构式:$CH_2=CH-CH=CH_2$

相对分子质量:54.0(按 2005 年国际相对原子质量)

2 规范性引用文件

下列文件中的条款通过本标准的引用而成为本标准的条款。凡是注日期的引用文件,其随后所有的修改单(不包括勘误的内容)或修订版均不适用于本标准,然而,鼓励根据本标准达成协议的各方研究是否可使用这些文件的最新版本。凡是不注日期的引用文件,其最新版本适用于本标准。

GB/T 1250 极限数值的表示方法和判定方法

GB/T 3723 工业用化学产品采样安全通则(GB/T 3723—1999,idt ISO 3165:1976)

GB/T 6015 工业用丁二烯中微量二聚物的测定 气相色谱法

GB/T 6017 工业用丁二烯纯度及烃类杂质的测定 气相色谱法

GB/T 6020 工业用丁二烯中特丁基邻苯二酚(TBC)的测定

GB/T 6022 工业用丁二烯液上气相中氧的测定

GB/T 6023 工业用丁二烯中微量水的测定 卡尔-费休法

GB/T 13290 工业用丙烯和丁二烯液态采样法

GB/T 17828 工业用丁二烯中过氧化物含量的测定 滴定法

SH/T 1494 碳四烃类中微量羰基化合物含量的测定 容量法

压力容器安全技术监察规程

特种设备质量监督和安全监察规定

液化气体铁路罐车安全监察规程

液化气体汽车罐车安全监察规程

3 技术要求和试验方法

工业用丁二烯的技术要求和试验方法见表 1。

表 1 工业用丁二烯的技术要求和试验方法

序号	指标名称		指标			试验方法
			优级品	一级品	合格品	
1	外观		无色透明无悬浮物			目测[a]
2	1,3-丁二烯,w/%	≥	99.5	99.3	99.0	GB/T 6017[b]
3	二聚物(以 4-乙烯基环己烯计),w/(mg/kg)	≤	1 000			GB/T 6015
4	总炔,w/(mg/kg)	≤	20	50	100	GB/T 6017[b]
5	乙烯基乙炔,w/(mg/kg)	≤	5	5	—	GB/T 6017[b]
6	水,w/(mg/kg)	≤	20	20	300	GB/T 6023

表 1（续）

序号	指标名称		指标			试验方法
			优级品	一级品	合格品	
7	羰基化合物(以乙醛计)，w/(mg/kg)	≤	10	10	20	SH/T 1494
8	过氧化物(以过氧化氢计)，w/(mg/kg)	≤	5	10	10	GB/T 17828
9	阻聚剂 TBC，w/%		供需双方商定			GB/T 6020
10	气相氧含量，φ/%	≤	0.2	0.3	0.3	GB/T 6022[c]

[a] 在透明耐压容器内，对液态试样直接观察测定。

[b] 以毛细管柱法为仲裁法。

[c] 以电化学法为仲裁法。

4 检验规则

4.1 检验分类

检验分为型式检验和出厂检验，型式检验为表 1 技术要求中规定的所有项目，正常情况下每月至少进行一次型式检验。出厂检验为表 1 中的外观、1,3-丁二烯、总炔烃、乙烯基乙炔、水分、阻聚剂 TBC 等。

4.2 组批规则

工业用丁二烯可在成品贮罐或产品输送管道上取样。当在成品贮罐取样时，以该罐的产品为一批；当在管道上取样时，可以根据一定时间(8 h 或 24 h)或同时发往某地去的同等质量的、均匀的产品为一批。

4.3 采样

按 GB/T 3723 和 GB/T 13290 规定的安全与技术要求采取样品。

4.4 判定规则与复检规则

如果检验结果不符合本标准相应等级要求时，则应加倍重新取样，复检。复检结果即使只有一项指标不符合本标准相应要求时，则该批产品应作降等或作不合格处理。极限数值的判定按 GB/T 1250 中修约值比较法进行。

4.5 交货验收

工业用丁二烯应由生产厂的质量检验部门进行检验。生产厂应保证所有出厂的产品都符合本标准的要求，每批出厂的工业用丁二烯都应附有质量证明书，质量证明书应注明：生产企业名称、产品名称、产品等级、批号、生产日期及本标准代号等。用户收到产品后有权按本标准进行验收，验收期限由供需双方协商确定。

5 包装、运输和贮存

5.1 工业用丁二烯的包装、标志、运输和贮存应执行《压力容器安全技术监察规程》和《特种设备质量监督和安全监察规定》。

5.2 工业用丁二烯可采用铁路、汽车罐车以及管道输送。用铁路、汽车罐车运输工业用丁二烯产品时，除了执行《压力容器安全技术监察规程》外，应遵守《液化气体铁路罐车安全监察规程》和《液化气体汽车罐车安全监察规程》。

5.3 工业用丁二烯在贮运的过程中，应根据距离、季节不同，加入足够的阻聚剂，防止自聚。同时要采取氮气(纯氮)密封，避免与空气接触，以防自聚和生成爆炸性的过氧化物。贮运丁二烯的容器，由于受氮气纯度、气候条件等因素的影响，可能产生“丁二烯过氧化物”，因此要定期进行处理。处理的方法是：

用质量分数为5%的硫酸亚铁溶液在80 ℃下浸泡24 h。

5.4　工业用丁二烯的储存采用压力窗口容器，容器设计压力0.8 MPa，试验压力1.18 MPa，液体充装系数不大于0.51 kg/L，储存温度不宜超过27 ℃，长时间贮存应在10 ℃以下。标明丁二烯字样，并应有防火、防爆标志。

5.5　工业用丁二烯应储存于阴凉、通风仓间内。远离火种、热源。防止阳光直射。应与氧气、压缩空气、氧化剂等分开存放。储存间内的照明、通风等设施应采用防爆型。配备相应品种和数量的消防器材。罐储时要有防火防爆技术措施。露天贮罐夏季要有降温措施。禁止用易产生火花的机械设备和工具。

6　安全要求

6.1　根据对人体损害程度，丁二烯属于低毒物质。最大允许接触浓度为100 mg/m^3。当浓度超过此范围时，吸入会引起麻醉、刺激及窒息。

液态丁二烯溅到皮肤上，会引起皮肤冻伤。因此在整个采样过程中操作者应戴用护目镜和良好绝热的塑料或有橡胶涂层的手套。

中毒时的紧急救护办法：给予新鲜空气或输给氧气，进行人工呼吸。

6.2　丁二烯为易燃介质，在大气中的爆炸极限为(1.4～16.3)%(体积分数)，自燃点为415 ℃，闪点−78 ℃。因此，一切预防措施应考虑如何避免形成爆炸气氛。采样现场要求具有良好的通风条件，尤其在冲洗操作时更应注意。

6.3　消防器材：在火源不大的情况下，可使用二氧化碳和泡沫灭火器、氮气等灭火器材。

6.4　电气装置和照明应有防爆结构，其他设备和管线应接地。

6.5　采样时除了执行GB/T 3723外，还应执行国家关于《压力容器安全技术监察规程》中有关规定。

ICS 71.080.10
G 16

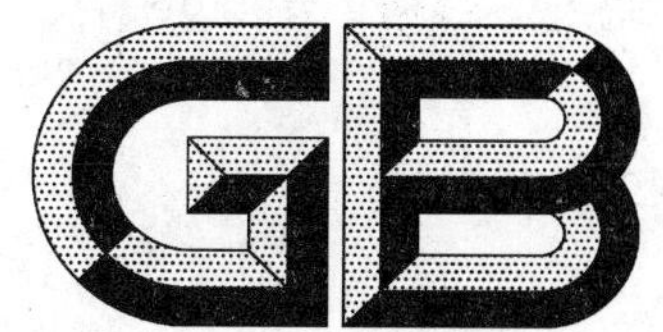

中华人民共和国国家标准

GB/T 19465—2004

工业用异丁烷(HC-600a)

Isobutane for industrial use (HC-600a)

2004-03-15 发布　　2004-12-01 实施

中华人民共和国国家质量监督检验检疫总局
中国国家标准化管理委员会　发布

前　言

本标准的附录 A、附录 B 和附录 C 为规范性附录，附录 D 为资料性附录。

本标准由中国石油和化学工业协会提出。

本标准由全国化学标准化技术委员会有机分会(CSBTS/TC63/SC2)归口。

本标准起草单位：浙江蓝天环保高科技股份有限公司。

本标准参加起草单位：浙江海圳荣液化石油气工业有限公司、上海西西艾尔气雾推进剂制造与罐装有限公司。

本标准主要起草人：史婉君、王俊卿、褚人财、赵璇、方小青、焦栋苗。

本标准为首次制定。

工业用异丁烷（HC-600a）

1　范围

本标准规定了工业用异丁烷的要求、试验方法、检验规则及标志、包装、运输、贮存和安全。

本标准适用于以含异丁烷的原料经分馏精制而得的异丁烷。该产品主要替代二氟二氯甲烷（F_{12}），Ⅰ型产品主要用作致冷剂，Ⅱ型产品主要用作气雾剂推进剂。

分子式：$CH_3(CH_3)CHCH_3$

相对分子质量：58.12（按1999年国际相对原子质量）。

2　规范性引用文件

下列文件中的条款，通过在本标准的引用而构成为本标准的条款。凡是注日期的引用文件，其随后所有的修改单（不包括勘误的内容）或修订版均不适合于本标准，然而，鼓励根据本标准达成协议的各方研究是否可使用这些文件的最新版本。凡是不注日期的引用文件，其最新版本适用于本标准。

GB 190　危险货物包装标志

GB/T 601—2002　化学试剂　标准滴定溶液的制备

GB/T 603　化学试剂　试验方法中所用制剂及制品的制备

GB/T 1250　极限数值的表示方法和判定方法

GB/T 6602　液化石油气蒸气压测定法（LPG法）

GB/T 6680—2003　液体化工产品采样通则

GB/T 6682　分析实验室用水规格和试验方法（GB/T 6682—1992，neq ISO 3696:1987）

GB/T 7373—1987　工业用二氟一氯甲烷（F_{22}）

GB/T 7375—1987　工业用氟代甲烷类纯度的测定　气相色谱法

GB/T 9722　化学试剂　气相色谱法通则

GB/T 10627　气体分析　标准混合气的制备　静态容积法（GB/T 10627—1989，idt ISO 6144:1981）

GB/T 10670　工业用氟代甲烷类中微量水分的测定　电解法

GB/T 11141　轻质烯烃中微量硫的测定　氧化微库仑法

GB 14193　液化气体气瓶充装规定

SY/T 7509　液化石油气残留物测定法

3　要求

3.1　性状：无色透明液体，无混浊，无异臭。

3.2　工业用异丁烷的质量应符合表1所示的技术要求。

表1　技术要求

项　　目		指　　标	
		Ⅰ型	Ⅱ型
异丁烷的质量分数/%	≥	99.5	95.0
总不饱和烃的质量分数/%		—	由供需双方协商确定

表 1（续）

项目		指标	
		Ⅰ型	Ⅱ型
水的质量分数/%	≤	0.002	0.005
酸(以 HCl 计)的质量分数/%	≤	0.000 1	—
蒸发残留物的质量分数/%	≤	0.01	—
高沸点残留物(38℃)/(mL/100 mL)	≤	—	0.05
硫含量/(μg/mL)	≤	1	3
气相中不凝性气体的体积分数(25℃)/%	≤	1.5	—
蒸气压(21.1℃)/MPa		—	0.21～0.23

4 试验方法

除非另有说明，在分析中仅使用确认为分析纯的试剂和符合 GB/T 6682 的三级水。

分析中所用标准溶液、制剂及制品，在没有注明其他要求时，均按 GB/T 601、GB/T 603 的规定制备。

4.1 性状

取不沸腾的冷却试样 10 mL 于内径 15 mm 的试管内，用干燥的布擦干试管外壁附着的霜或湿气，横向透视观察试样颜色及有无混浊。然后将试样稍稍加温，使其稍有沸腾，检查蒸汽有无异臭。

4.2 异丁烷含量和总不饱和烃含量的测定

4.2.1 方法提要

用气相色谱法，在选定的色谱条件下，试样经气化通过色谱柱，使其中的各组分分离，用火焰离子化检测器检测，面积归一化法计算异丁烷的含量和总不饱和烃的含量。

4.2.2 试剂

4.2.2.1 氮气：体积分数大于 99.995%；

4.2.2.2 氢气：体积分数大于 99.995%；

4.2.2.3 空气：经硅胶或分子筛干燥、净化；

4.2.2.4 丙酮；

4.2.2.5 β,β'-氧二丙腈，色谱纯；

4.2.2.6 白色硅胶担体，粒径(180～250) μm。

4.2.3 仪器

4.2.3.1 气相色谱仪：配有火焰离子化检测器(FID)。以苯为试样，整机灵敏度检出限 $D \leqslant 1\times10^{-11}$ g/s；

4.2.3.2 色谱柱：

a) 填充柱：3 m×3 mm(内径)不锈钢或其他适宜材料的柱，固定液为 β,β'-氧二丙腈，载体为白色硅胶担体。固定相制备按 GB/T 7375—1987 中 5.1 的规定进行，色谱柱的装填按 GB/T 7375—1987 中 5.2 的规定进行；

b) 毛细管柱：100%二甲基聚硅氧烷，50 m×0.25 mm(内径)×0.25 μm 或 PLOT-Al_2O_3，50 m×0.53 mm(内径)×1.5 μm；

4.2.3.3 记录仪：色谱工作站或色谱数据处理机；

4.2.3.4 取样钢瓶：双阀型小钢瓶，工作压力大于 3.0 MPa；

4.2.3.5 采样导管：干燥的铜管，长约 50 cm，内径约 4 mm；

4.2.3.6 进样器：1.0 mL 气密型注射器、自动进样阀或微量液体进样阀。

4.2.4 **色谱分析条件**

推荐的色谱操作条件见表2。典型色谱图和相对保留值见附录A。其他能达到同等分离程度(填充柱难分离物质对异丁烷和正丁烷 $R \geqslant 1.2$)的色谱柱和色谱操作条件均可使用。

表2 推荐的色谱操作条件

项 目	填充柱 β,β'-氧二丙腈	毛细管柱	
		100%二甲基聚硅氧烷	PLOT-Al_2O_3
柱温/℃	25~40	25~40	初始温度80℃保持2 min,以5℃/min升温到150℃保持5min
汽化室温度/℃	120	120	250
检测器温度/℃	150	150	250
进样量/mL	0.5	0.2	0.2~0.6
载气(N_2)平均线速/(cm/s)	—	15	39
载气(N_2)流量/(mL/min)	17	—	—
氢气流量/(mL/min)	28	47	30
空气流量/(mL/min)	400	400	300
分流比	—	1∶100	1∶40
色谱柱老化	氮气流量15 mL/min柱温95℃下老化8 h	—	—

4.2.5 **分析步骤**

启动气相色谱仪,按表2所列色谱操作条件调试仪器,稳定后准备进样分析。

倒置取样钢瓶,打开液相口阀门,调节合适的流量,用进样器从取样钢瓶液相口中抽取试样数次或连续吹扫进样器并排空,取液相汽化样进样分析;或用微量液体进样阀进样分析。以面积归一化法定量。

4.2.6 **结果计算**

4.2.6.1 异丁烷含量的质量分数 w_1,数值以%表示,按公式(1)计算:

$$w_1 = \frac{A}{\sum A_i} \times 100 \qquad \cdots\cdots(1)$$

式中:

A——异丁烷的峰面积;

$\sum A_i$——各组分的峰面积之和。

取两次平行测定结果的算术平均值为测定结果。

4.2.6.2 总不饱和烃含量的质量分数 w_2,数值以%表示,按公式(2)计算:

$$w_2 = \frac{\sum A_b}{\sum A_i} \times 100 \qquad \cdots\cdots(2)$$

式中:

$\sum A_b$——不饱和烃的峰面积之和;

$\sum A_i$——各组分的峰面积之和。

取两次平行测定结果的算术平均值为测定结果。

当总不饱和烃的质量分数≤0.01%时,两次平行测定结果的相对偏差不大于15%。

当总不饱和烃的质量分数>0.01%~≤0.1%时,两次平行测定结果的相对偏差不大于10%。

当总不饱和烃的质量分数＞0.1％时，两次平行测定结果的相对偏差不大于5％。

4.2.7 异丁烷含量的重复性

在同一实验室，由同一操作者使用相同设备，按相同的测试方法，并在短时间内对同一被测试样相互独立进行测试获得的两次独立测试结果的绝对差值不大于0.10％，以大于0.10％的情况不超过5％为前提。

4.2.8 以毛细管柱色谱法作为仲裁法

4.3 水分的测定

4.3.1 卡尔·费休库仑电量法（仲裁法）

4.3.1.1 方法提要

试样中的水分与电解液中的碘和二氧化硫发生如下定量反应：

$$H_2O + I_2 + SO_2 \longrightarrow SO_3 + 2HI$$

$$2I^- \longrightarrow I_2 + 2e$$

参加反应的碘分子数等于水的分子数，而电解生成的碘与所消耗的电量成正比，根据法拉第定律，用测量消耗的电量得出水的量。

4.3.1.2 仪器

4.3.1.2.1 库仑电量水分测定仪：配有阳极室、阴极室、电解电极、双铂检测电极等，其他能满足分析要求的微量水分测定仪也可使用；

4.3.1.2.2 取样钢瓶：同4.2.3.4；

4.3.1.2.3 进样器：干燥的不锈钢管，长约50 cm，内径约0.5 mm；或进样针头，针长（150～200）mm，内径（0.5～0.7）mm。

4.3.1.2.4 电子天平：最大称样量不小于3 000 g，感量为0.01 g。

4.3.1.3 试剂

与库仑电量水分测定仪配套的电解液（市售试剂）。

4.3.1.4 分析步骤

加入电解液，调节库仑电量水分测定仪，进行预滴定，使电解池内达到无水状态准备进样分析。

称量盛有试样的带进样器的取样钢瓶，精确至0.01 g，并将进样器插到库仑电量水分测定仪电解池的底部，打开取样钢瓶液相出口阀，进样速率以进样器附近不结露水为宜[保持速率在（2～3）g/min]，进样量约10 g或根据试样含水量适当调整进样量。进样完毕后，关闭阀门拔出进样器，再次称量带进样器的取样钢瓶质量，精确至0.01 g。进样结束后，立即进行电量滴定，在库仑电量水分测定仪显示屏上直接读取水的质量或水分。

4.3.1.5 结果计算

水分的质量分数w_3，数值以％表示，按公式（3）计算：

$$w_3 = \frac{m_0}{m_1 - m_2} \times 100 \qquad \cdots\cdots(3)$$

式中：

m_0——试样中水的质量的数值，单位为克（g）；

m_1——进样前取样钢瓶和试样的质量的数值，单位为克（g）；

m_2——进样后取样钢瓶和试样的质量的数值，单位为克（g）。

取两次平行测定结果的算术平均值为测定结果，两次平行测定结果的绝对差值不大于0.000 3％。

4.3.2 电解法

按GB/T 10670的规定进行。

4.4 酸度测定

按GB/T 7373—1987中2.3的规定进行。

取两次平行测定结果的算术平均值为测定结果，两次平行测定结果相对偏差不大于40%。

4.5 蒸发残留物的测定

警告——异丁烷是易燃物质，进行该试验时要求在通风柜内操作，附近禁止有明火源；为防止可能产生的静电，应适当控制进样速度。

按 GB/T 7373—1987 中 2.4 的规定进行。称取试样 250 g，精确至 0.1 g。

取两次平行测定结果的算术平均值为测定结果，两次平行测定结果的绝对差值不大于 0.002%。

4.6 硫含量的测定

4.6.1 分析步骤

按 GB/T 11141 规定的方法进行。

以丁基硫为标准物质配制有机硫标准溶液，硫含量约为 0.25 mg/mL。

4.6.2 结果计算

硫含量 c 数值以微克每毫升(μg/mL)表示，按公式(4)计算：

$$c = \frac{X}{VF} \quad \cdots\cdots(4)$$

式中：

X——微库仑计滴定出的硫含量的数值，单位为微克(μg)；

F——硫回收率的数值，以%表示；

V——试样的体积的数值，单位为毫升(mL)。

取两次平行测定结果的算术平均值为测定结果，两次平行测定结果相对偏差不大于40%。

4.7 气相中不凝性气体含量的测定

4.7.1 方法提要

用气相色谱法，在选定的工作条件下，使样品气相中的气体通过填充色谱柱，分离不凝性气体(简称NCG)与其他组分，用热导检测器(TCD)检测，外标法计算不凝性气体的含量。

在典型的致冷剂样品中，空气是唯一有确切量的 NCG，其他气体不做日常分析。致冷剂液相和气相之间的不凝性气体平衡与温度相关，需进行适当温度校正，报告 25℃温度下的结果。

4.7.2 试剂

4.7.2.1 载气：氢气或氦气，体积分数大于 99.5%；

4.7.2.2 氮气：体积分数大于 99.5%；

4.7.2.3 标准气：5 MPa 或 3 MPa 压力的 2 L 氦气钢瓶，内含空气(或氮气)体积分数 1.5%。标准气制备应符合 GB/T 10627 的规定。

4.7.3 仪器

4.7.3.1 气相色谱仪：配有进样阀和热导检测器(TCD)，整机灵敏度(以苯为试样)应大于 1 000 mV·mL/mg；能满足表 3 所示条件进行操作的气相色谱仪均可使用；

4.7.3.2 色谱柱：填充柱，2 m×3 mm(内径)不锈钢柱或其他适宜材料；固定相为 Porapack Q，粒径(0.15～0.18) mm，按 GB/T 9722 的规定进行制备；

4.7.3.3 进样器：进样阀(带有 0.5 mL 定量管)；

4.7.3.4 色谱数据处理机或色谱工作站；

4.7.3.5 取样钢瓶：同 4.2.3.4；

4.7.3.6 温度计：(－20～50)℃，分刻度 1℃。

4.7.4 色谱分析条件

推荐的色谱操作条件见表 3。典型色谱图和相对保留值见附录 B。其他能达到同等分离程度的色谱柱和色谱操作条件均可使用。

表 3 推荐的色谱操作条件

项　　目	色谱柱老化	样品分析
载气	氮气	氢气或氦气
汽化室温度/℃	—	150
检测室温度/℃	—	150
柱箱温度/℃	起始温度 60℃，以（5～10）℃/min 速率从 60℃ 升温到 150℃，保持 180min。	150
桥流/mA	—	120
进样量/mL(气体)	—	0.5
气体流量/(mL/min)	30	30

4.7.5 分析步骤

4.7.5.1 校正

4.7.5.1.1 用导管(聚乙烯软管或金属管)将标准气钢瓶和气相色谱仪上的进样阀连接，并将进样阀的尾气通入装有少量水的烧杯中。缓慢开启标准气钢瓶气相出口阀，使进样阀处于开启状态，保持气体流量约 1 mL/s，吹扫气体管路约 10 s，以排出系统的多余空气。

关闭标准气钢瓶出口阀，当出口装有少量水的烧杯中的气泡刚刚停止冒出时，立即转动进样阀至进样状态进样分析，出峰完全后即可进行下一次进样分析，重复进样三次。

4.7.5.1.2 空气的绝对校正因子 f_{air} 按公式(5)计算：

$$f_{air}=\frac{A_{air}}{\varphi_{air}} \qquad \cdots\cdots(5)$$

式中：

A_{air}——空气峰面积；

φ_{air}——标准气中空气浓度的体积分数，数值以%表示。

取三次平行测定结果的算术平均值为测定结果，三次测定结果相对偏差不大于 1.6%。

4.7.5.1.3 每次分析前进行校正。

4.7.5.2 试样分析

测定试样前记录试样所在环境的温度，精确至 1℃，即为试样液相的温度。

使样品钢瓶气相出口阀与气相色谱仪进样阀进口连接，对于大包装异丁烷用注射器取样进样分析，以下操作同 4.7.5.1.1。进样量与做校正时相同。

连续重复进样，直到所测空气峰面积重复，取平行测定的算术平均值为峰面积测定结果。

4.7.6 结果计算

4.7.6.1 室温下气相中不凝性气体含量的体积分数 φ_1，数值以%表示，按公式(6)计算：

$$\varphi_1=\frac{A_i}{f_{air}}\times 100 \qquad \cdots\cdots(6)$$

式中：

A_i——空气的峰面积；

f_{air}——空气的绝对校正因子。

4.7.6.2 校正为 25℃的气相中不凝性气体含量的体积分数 φ_2，数值以%表示，按公式(7)计算：

$$\varphi_2=\frac{\varphi_1\times P\times 298.15}{(T+273.15)\times P_{25}}\times 100 \qquad \cdots\cdots(7)$$

式中：

φ_1——室温下气相中不凝性气体含量的体积分数，数值以%表示；

P——试样在取样环境温度 T(℃)时的饱和蒸气压的数值，单位为千帕(kPa)，该数值由附录C查得；

T——试样在取样时的环境温度的数值，单位为摄氏度(℃)；

P_{25}——试样在25℃时的饱和蒸气压的数值，单位为千帕(kPa)，该值由附录C查得。

取连续测定结果的算术平均值为测定结果，连续测定结果的相对偏差不大于10%。

4.8 高沸点残留物的测定

按SY/T 7509的规定进行。量取试样100 mL，在38℃的水浴温度下试验。

4.9 蒸气压的测定

按GB/T 6602的规定进行。

5 检验规则

5.1 本标准规定的所有项目均为型式检验项目。Ⅰ型产品异丁烷含量、水分和气相中不凝性气体含量作为出厂检验项目，Ⅱ型产品异丁烷含量、水分、总不饱和烃含量、蒸气压(21.1℃)作为出厂检验项目。在正常生产情况下，每月至少进行一次型式检验。

5.2 工业用异丁烷应由生产厂的质量检验部门进行检验，生产厂应保证每批出厂的产品符合本标准要求。每批出厂的产品都应附有一定格式的质量证明书，内容包括：产品名称、产品型号、生产厂名和厂址、生产日期或批号、本标准编号。

5.3 使用单位可按本标准的规定对收到的工业用异丁烷在一个月内完成质量验收。

5.4 工业用异丁烷贮槽装产品以一贮槽产品量为一批，钢瓶装产品以不大于45 t为一批。

5.5 工业用异丁烷的采样按GB/T 6680—1986中6.1的规定进行。

5.5.1 取样钢瓶为双阀型，符合GB/T 6680—1986中6.1.1的要求，取样钢瓶工作压力大于3.0 MPa。

5.5.2 取样钢瓶和取样导管应经真空干燥，样品应以液相进入取样钢瓶。采样总量不少于800 g。取样钢瓶贴上标签，注明产品名称、产品型号、批号、采样日期及采样人姓名，供检验用。

5.5.3 钢瓶包装的产品的采样单元数见表4。

5.5.4 允许生产厂在使用非重复性或一次性包装出厂产品时，在产品包装前采样。

表4 钢瓶包装工业用异丁烷的采样单元数

产品包装单元数(瓶)				采样数量(瓶)
400 kg以上包装规格	(400～100) kg包装规格	(100～1) kg包装规格	1 kg以下包装规格	
3以下	5以下			1
4～10	6～20	100以下	500以下	2
11～20	21～50	101～500	501～1 000	3
20以上	51～100	501～1 000	1 001～5 000	5
	100以上	1 001～5 000	5 001～10 000	10
		5 000以上	10 001以上	20

5.6 检验结果的判定按GB/T 1250中修约值比较法进行。检验结果如有一项指标不符合本标准要求时，钢瓶装产品应重新自两倍的包装单元中采样进行检验，贮槽装产品应重新多点采样或双倍量采样进行检验。重新检验的结果即使只有一项指标不符合本标准要求，则整批产品为不合格。

6 标志、包装、运输和贮存

6.1 工业用异丁烷包装容器上应有牢固清晰的标志，内容包括产品名称、商标、产品型号、生产厂名、厂址、净含量、批号、本标准编号和 GB 190 规定的“易燃液体”标志。

6.2 工业用异丁烷应用专用的异丁烷包装钢瓶包装，重复使用的钢瓶外涂棕色油漆，字体为白色，打上钢印号、钢瓶皮重；非重复使用的钢瓶外涂橙色油漆。

6.3 钢瓶充装时应符合 GB 14193 的规定，异丁烷充装系数不大于 0.49 kg/L。

6.4 首次使用的钢瓶必须确保钢瓶内干燥与清洁；对重复使用的钢瓶，在产品使用后钢瓶内应保持正压。

6.5 装有工业用异丁烷的钢瓶为带压容器，在装卸运输过程中要保持通风，必须扣好安全帽，严禁撞击、拖拉、摔落和直接曝晒，远离明火。钢瓶运输应符合中华人民共和国铁路、公路对危险货物运输的有关规定。

6.6 工业用异丁烷应贮存在通风、阴凉、干燥的地方，仓贮温度不宜超过30℃；应与氧气、压缩空气、氧化剂等分开存放；不得靠近热源，严禁日晒雨淋。

贮存间内的照明、通风等设施应采用防爆型，开关设在仓外；贮存间必须有严禁烟、火的警示牌；有防火防爆技术措施，禁止使用易产生火花的机械设备和工具，配备相应品种和数量的消防器材。

7 安全

7.1 工业用异丁烷属易燃气体。与空气混合能形成爆炸性混合物，遇明火、高热能引起燃烧爆炸。

7.2 工业用异丁烷属低毒类化学品。健康危害主要表现为麻醉和弱刺激。急性中毒主要表现为头痛、头晕、嗜睡、恶心和酒醉状态，严重者可出现昏迷；慢性影响出现头痛、头晕、睡眠不佳和易疲倦等症状；当出现上述症状时，应及时从现场撤离。

7.3 当环境中工业用异丁烷浓度较高时，现场人员应采取必要的防护措施，佩带防护器具。

附 录 A
（规范性附录）
异丁烷含量测定和总不饱和烃含量测定的典型色谱图及相对保留值

A.1 典型色谱图见图A.1～图A.3。

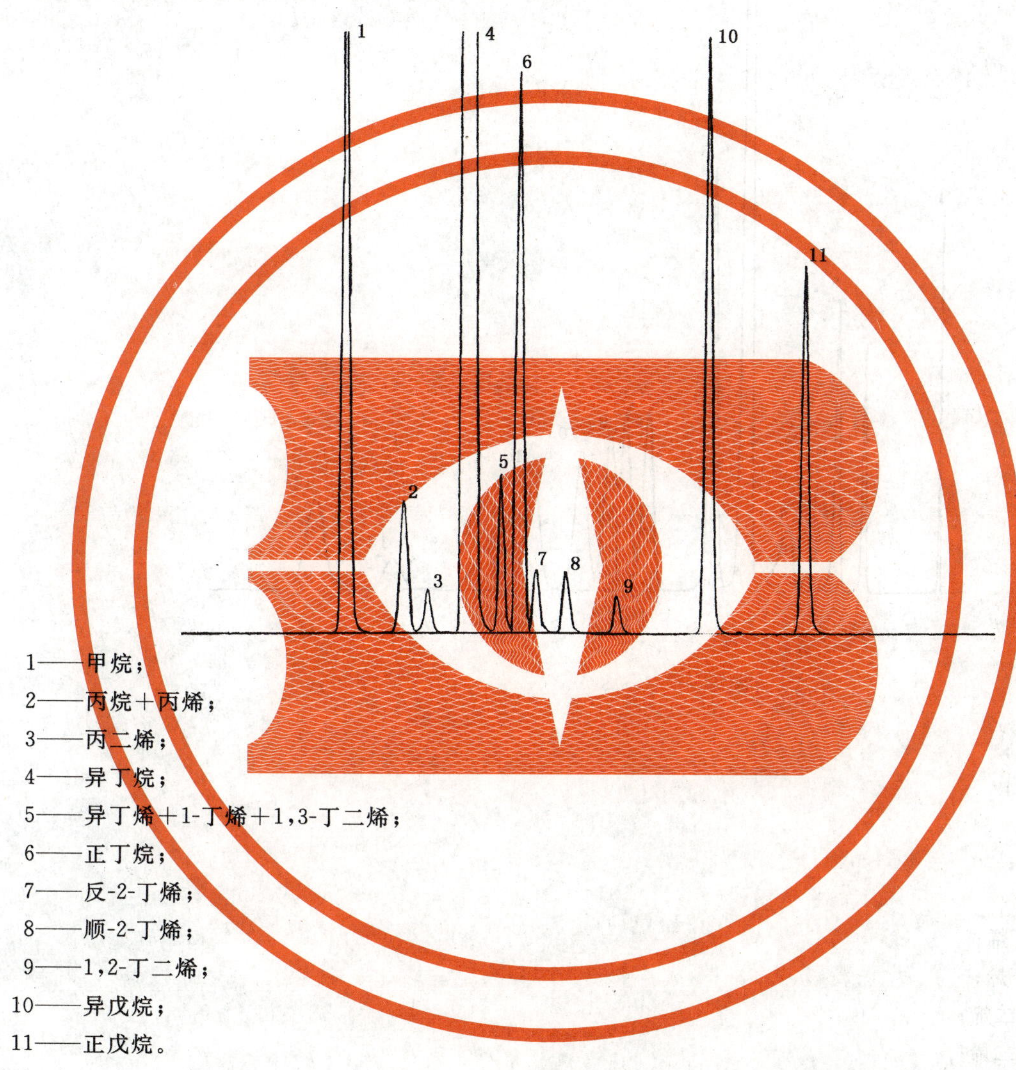

1——甲烷；
2——丙烷+丙烯；
3——丙二烯；
4——异丁烷；
5——异丁烯+1-丁烯+1,3-丁二烯；
6——正丁烷；
7——反-2-丁烯；
8——顺-2-丁烯；
9——1,2-丁二烯；
10——异戊烷；
11——正戊烷。

图A.1 工业用异丁烷含量和总不饱和烃含量测定毛细管柱（100%二甲基聚硅氧烷）气相色谱法典型色谱图

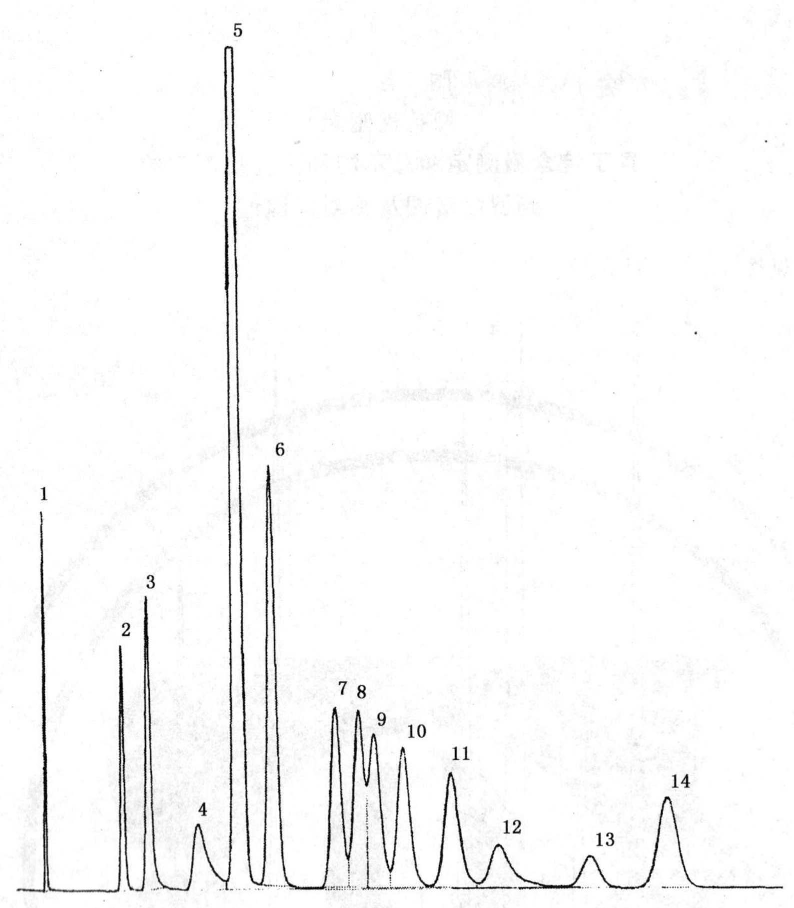

1——甲烷；
2——丙烷；
3——丙烯；
4——丙二烯；
5——异丁烷；
6——正丁烷；
7——1-丁烯；
8——异丁烯；
9——反-2-丁烯；
10——顺-2-丁烯；
11——1,3-丁二烯；
12——1,2-丁二烯；
13——异戊烷；
14——正戊烷。

图 A.2　工业用异丁烷含量和总不饱和烃含量测定填充柱气相色谱法典型色谱图

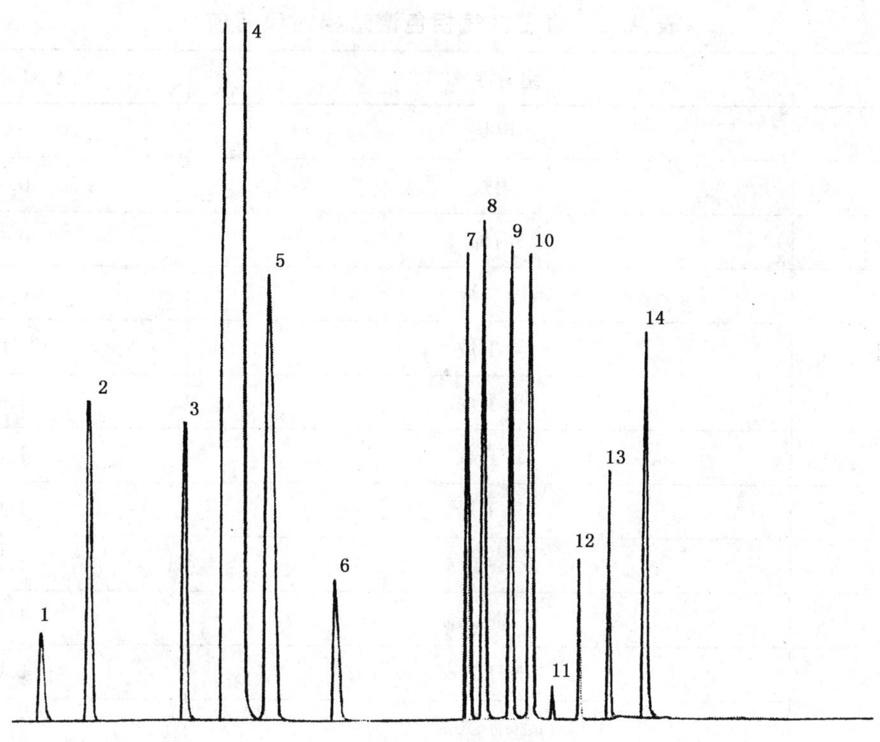

1——甲烷；
2——丙烷；
3——丙烯；
4——异丁烷；
5——正丁烷；
6——丙二烯；
7——反-2-丁烯；
8——1-丁烯；
9——异丁烯；
10——顺-2-丁烯；
11——异戊烷；
12——正戊烷；
13——1,2-丁二烯；
14——1,3-丁二烯。

图 A.3　工业用异丁烷含量和总不饱和烃含量测定毛细管柱(PLOT-Al_2O_3)气相色谱法典型色谱图

A.2　相对保留值见表 A.1～表 A.3。

表 A.1　毛细管柱(100%二甲基聚硅氧烷)气相色谱法相对保留值

序号	组分名称	相对保留值
1	甲烷	0
2	丙烷＋丙烯	0.48
3	丙二烯	0.68
4	异丁烷	1
5	异丁烯＋1-丁烯＋1,3-丁二烯	1.30
6	正丁烷	1.44
7	反-2-丁烯	1.58
8	顺-2-丁烯	1.84
9	1,2-丁二烯	2.26
10	异戊烷	3.03
11	正戊烷	3.87

表 A.2 填充柱气相色谱法相对保留值

序号	组分名称	相对保留值
1	甲烷	0
2	丙烷	0.40
3	丙烯	0.53
4	丙二烯	0.78
5	异丁烷	1
6	正丁烷	1.17
7	1-丁烯	1.50
8	异丁烯	1.62
9	反-2-丁烯	1.70
10	顺-2-丁烯	1.85
11	1,3-丁二烯	2.09
12	1,2-丁二烯	2.34
13	异戊烷	2.81
14	正戊烷	3.20

表 A.3 毛细管柱(PLOT-Al_2O_3)气相色谱法相对保留值

序号	组分名称	相对保留值
1	甲烷	0
2	丙烷	0.26
3	丙烯	0.79
4	异丁烷	1
5	正丁烷	1.25
6	丙二烯	1.63
7	反-2-丁烯	2.36
8	1-丁烯	2.46
9	异丁烯	2.61
10	顺-2-丁烯	2.72
11	异戊烷	2.86
12	正戊烷	3.01
13	1,2-丁二烯	3.17
14	1,3-丁二烯	3.38

附　录　B
（规范性附录）
工业用异丁烷气相中不凝性气体含量测定的
典型色谱图及相对保留值

B.1　典型色谱图见图 B.1。

1——空气；
2——未知峰；
3——异丁烷。

图 B.1　工业用异丁烷气相中不冷凝性气体含量测定典型色谱图

B.2　相对保留值见表 B.1。

表 B.1　相对保留值

序　号	组分名称	相对保留值
1	空气	1
2	未知峰	3.22
3	异丁烷	5.09

附　录　C
（规范性附录）
异丁烷不同温度下的饱和蒸气压

C.1　异丁烷在不同温度下的饱和蒸气压见表 C.1。

表 C.1

温度/℃	蒸气压/kPa	温度/℃	蒸气压/kPa	温度/℃	蒸气压/kPa
−50	16.853	6	192.869	26	360.809
−40	28.774	7	199.479	27	371.389
−30	46.687	8	206.249	28	382.199
−20	72.489	9	213.209	29	393.239
−10	108.131	10	220.339	30	404.519
−9	112.371	11	227.649	31	416.039
−8	116.741	12	237.039	32	427.799
−7	121.251	13	242.819	33	439.809
−6	125.881	14	250.679	34	452.059
−5	130.651	15	258.739	35	464.569
−4	135.561	16	266.989	36	477.329
−3	140.611	17	275.439	37	490.349
−2	145.811	18	284.079	38	503.629
−1	151.151	19	292.929	39	517.179
0	156.649	20	301.989	40	530.999
1	162.289	21	311.249	50	686.477
2	168.089	22	320.729	60	871.395
3	174.039	23	330.419	70	1 090.26
4	180.149	24	340.329		
5	186.429	25	350.459		

附　录　D
（资料性附录）
异丁烷和各组分的相对质量校正因子

D.1　ISO 7941:1988 中 FID 上峰面积相对质量校正因子见表 D.1。

表 D.1

组分名称	峰面积相对质量校正因子
甲烷	1.11
乙烷	1.03
乙烯	0.97
丙烷	1.01
丙烯	0.97
异丁烷	1.00
丁烷	1.00
1-丁烯	0.97
异丁烯	0.97
反-2-丁烯	0.97
顺-2-丁烯	0.97
异戊烷	0.99
戊烷	0.99
新戊烷	0.99

ICS 71.080.60
G 16

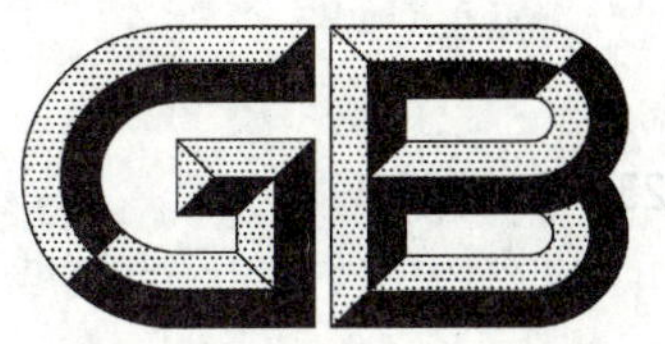

中华人民共和国国家标准

GB/T 23510—2009

车用燃料甲醇

Fuel methanol for motor vehicles

2009-04-08 发布　　2009-11-01 实施

中华人民共和国国家质量监督检验检疫总局
中国国家标准化管理委员会　发布

前　言

本标准与美国材料与试验协会标准 ASTM D 1152:2006《甲醇》(英文版)的一致性程度为非等效。

本标准的附录 A 为资料性附录。

本标准由中国石油和化学工业协会提出。

本标准由全国化学标准化技术委员会有机分技术委员会(SAC/TC 63/SC 2)归口。

本标准起草单位:长安大学、中国石油化工股份有限公司北京化工研究院、新奥集团股份有限公司、西南化工研究设计院、山西华顿实业有限公司、陕西长征新能源有限公司、兖矿集团有限公司、江苏南大高科技产业责任有限公司、平煤蓝天化工股份有限公司和陕西神木化学工业有限公司。

本标准参加起草单位:全国醇醚燃料及醇醚清洁汽车专业委员会、山西省醇醚燃料汽车办公室、陕西省环境保护局、陕西延长中立新能源有限公司。

本标准主要起草人:刘生全、张玉宝、孟令龙、郭燕玲、刘学渊、吴跃曲、张幼敏、郭宝贵、王菊林、耿景堂、胡公林、降连葆、严秉勤、贺永德。

车用燃料甲醇

1 范围

本标准规定了车用燃料甲醇的要求、试验方法、检验规则及标志、包装、运输、贮存和安全等。

本标准适用车用燃料甲醇的生产、检验和销售。该产品用作车用甲醇燃料的原料。

分子式：CH_4O

结构式：$CH_3—OH$

相对分子质量：32.042（按2007年国际相对原子质量）

2 规范性引用文件

下列文件中的条款通过本标准的引用而成为本标准的条款。凡是注日期的引用文件，其随后所有的修改单（不包括勘误的内容）或修订版均不适用于本标准，然而，鼓励根据本标准达成协议的各方研究是否可使用这些文件的最新版本。凡是不注日期的引用，其最新版本适用于本标准。

GB 190 危险货物包装标志

GB/T 601—2002 化学试剂 标准滴定溶液的制备

GB/T 602—2002 化学试剂 杂质测定用标准溶液的制备（ISO 6353-1：1982，NEQ）

GB/T 603—2002 化学试剂 试验方法中所用制剂及制品的制备（ISO 6353-1：1982，NEQ）

GB/T 8170 数值修约规则与极限数值的表示和判定

GB/T 3723 工业用化学产品采样安全通则（GB/T 3723—1999，idt ISO 3165：1976）

GB/T 4472—1984 化工产品密度、相对密度测定通则

GB/T 6283—2008 化工产品中水分含量的测定 卡尔·费休法（通用方法）（ISO 760：1978，NEQ）

GB/T 6324.2—2004 有机化工产品试验方法 第2部分：挥发性有机液体水浴上蒸发后干残渣的测定（ISO 759：1981，MOD）

GB/T 6678—2003 化工产品采样总则

GB/T 6680—2003 液体化工产品采样通则

GB/T 6682—2008 分析实验室用水规格和试验方法（ISO 3696：1987，MOD）

GB/T 7534—2004 工业用挥发性有机液体 沸程的测定（ISO 4626：1980，MOD）

GB/T 9722—2006 化学试剂 气相色谱法通则

GB/T 17476—1998 使用过的润滑油中添加剂元素、磨损金属和污染物以及基础油中某些元素测定法（电感耦合等离子体发射光谱法）

GB 18350—2001 变性燃料乙醇

3 要求

车用燃料甲醇应符合表1所示的技术要求。

表 1 技术要求

项目		指标
外观		无色透明液体，无可见杂质
密度(ρ_{20})/(g/cm³)		0.791～0.793
沸程(0 ℃，101.3 kPa，在 64.0 ℃～65.5 ℃范围内，包括 64.6 ℃±0.1 ℃)/℃	≤	1.0
水，w/%	≤	0.15
酸(以 HCOOH 计)，w/% 或碱(以 NH_3 计)，w/%	≤ ≤	0.003 0.000 8
无机氯含量/(mg/L)	≤	1
钠含量/(mg/kg)	≤	2
蒸发残渣，w/%	≤	0.003
注：当需要测定甲醇的质量分数时，其试验方法参见附录 A。		

4 试验方法

4.1 警示

试验方法规定的一些试验过程可能导致危险情况，操作者应采取适当的安全和防护措施。

4.2 一般规定

除非另有说明，在分析中仅使用确认为分析纯的试剂和 GB/T 6682—2008 规定的三级水。

分析中所用标准滴定溶液、制剂及制品，在没有注明其他要求时，均按 GB/T 601—2002 和 GB/T 603—2002的规定制备。

4.3 外观的测定

在具塞比色管中加入实验样品，在日光或日光灯下目测。

4.4 密度的测定

按 GB/T 4472—1984 中密度计法的规定进行。

在 15 ℃～35 ℃的范围内，试样密度的温度校正系数为 0.000 93 g/(cm³·℃)。

取两次平行测定结果的算术平均值为报告结果。两次平行测定结果之差值不大于 0.000 5 g/cm³。

4.5 沸程的测定

按 GB/T 7534—2004 的规定进行测定。蒸馏烧瓶：100 mL，温度计的示值范围 50 ℃～70 ℃，分度值为 0.1 ℃。

注：对于气压计读数除进行温度校正外，必要时，还需进行纬度校正。

4.6 水分的测定

按 GB/T 6283—2008 的规定进行。

取两次平行测定结果的算术平均值为报告结果。两次平行测定结果之差不大于 0.01%。

4.7 酸度或碱度的测定

4.7.1 方法概要

样品用不含二氧化碳的水稀释，以溴百里香酚蓝为指示剂，试样呈酸性则用氢氧化钠标准滴定溶液滴定游离酸，试样呈碱性则用硫酸标准滴定溶液滴定游离碱。

4.7.2 试剂

4.7.2.1 氢氧化钠标准滴定溶液：$c(NaOH)=0.01$ mol/L。

4.7.2.2 硫酸标准滴定溶液：$c(1/2H_2SO_4)=0.01$ mol/L。

4.7.2.3 溴百里香酚蓝指示液:1 g/L。

4.7.2.4 无二氧化碳的水。

4.7.3 仪器

滴定管:10 mL,分刻度为 0.05 mL。

4.7.4 分析步骤

4.7.4.1 实验室样品用等体积的无二氧化碳的水稀释,加(4～5)滴溴百里香酚蓝指示液鉴别,若呈黄色,为酸性反应,测定酸度;若呈蓝色,为碱性反应,则测定碱度。

4.7.4.2 取 50 mL 无二氧化碳的水于 250 mL 锥形瓶中,加(4～5)滴溴百里香酚蓝指示液。测定游离酸时,用氢氧化钠标准滴定溶液滴定至溶液呈浅蓝色,加入 50 mL 试样,再用氢氧化钠标准滴定溶液滴定至溶液由黄色变为浅蓝色,保持 30 s 不褪色即为终点。测定游离碱时,用硫酸标准滴定溶液滴定,溶液由蓝色变为黄色,保持 30 s 不褪色即为终点。

4.7.5 结果计算

酸度以甲酸(HCOOH)的质量分数 w_1 计,数值以%表示;碱度以氨(NH_3)的质量分数 w_2 计,数值以%表示;分别按式(1)和式(2)计算:

$$w_1 = \frac{(V_1/1\,000)c_1M_1}{V\rho_t} \times 100 \qquad \cdots\cdots(1)$$

$$w_2 = \frac{(V_2/1\,000)c_2M_2}{V\rho_t} \times 100 \qquad \cdots\cdots(2)$$

式中:

V_1——试料消耗氢氧化钠标准滴定溶液(4.7.2.1)的体积的数值,单位为毫升(mL);

c_1——氢氧化钠标准滴定溶液浓度的准确数值,单位为摩尔每升(mol/L);

M_1——甲酸的摩尔质量的数值,单位为克每摩尔(g/mol)(M_1=46.02);

ρ_t——测定温度 t 时的试样的密度,单位为克每立方厘米(g/cm³);

V_2——硫酸标准滴定溶液(4.7.2.2)的体积的数值,单位为毫升(mL);

c_2——硫酸标准滴定溶液浓度的准确数值,单位为摩尔每升(mol/L);

M_2——氨的摩尔质量的数值,单位为克每摩尔(g/mol)(M_2=17.03);

V——试样的体积的数值,单位为毫升(mL)(V=50)。

取两次平行测定结果的算术平均值为测定结果。两次平行测定结果的相对偏差不大于 30%。

4.8 无机氯含量的测定

4.8.1 沉淀滴定法

4.8.1.1 方法提要

在中性至弱碱性范围内(pH 值为 6.5～10.5),以铬酸钾为指示剂,用硝酸银滴定氯化物时,由于氯化银的溶解度小于铬酸银的溶解度,氯离子首先被沉淀出来,铬酸盐与过量的硝酸银反应以铬酸银的形式被沉淀,产生砖红色指示滴定终点,该沉淀滴定的反应如下:

$$Ag^+ + Cl^- \longrightarrow AgCl\downarrow$$

$$2Ag^+ + CrO_4^{2-} \longrightarrow Ag_2CrO_4\downarrow \text{(砖红色)}$$

4.8.1.2 试剂

4.8.1.2.1 硫酸溶液:1+99。

4.8.1.2.2 氢氧化钠溶液:2 g/L。

4.8.1.2.3 铬酸钾(K_2CrO_4)溶液:50 g/L:称取 5 g 铬酸钾(K_2CrO_4)溶于少量水中,滴加硝酸银溶液至有红色沉淀生成。摇匀,静置 12 h,过滤并用水稀释至 100 mL 。

4.8.1.2.4 硝酸银标准滴定溶液:$c(AgNO_3)$=0.01 mol/L。

4.8.1.2.5 酚酞指示液:称取 0.5 g 酚酞溶于 50 mL 乙醇(95%),加 50 mL 水,再滴加氢氧化钠溶液使呈微粉红色。

4.8.1.3 分析步骤

4.8.1.3.1 样品处理

取 300 mL 样品于瓷蒸发皿中，用氢氧化钠溶液调节 pH 值为 8～9，置于水浴上蒸干，放入马弗炉中，在 600 ℃下灼烧 1 h，冷却，用 70 mL 水浸泡 20 min 左右，再用 30 mL 水分 3 次冲洗蒸发皿，定量转移至 250 mL 锥形瓶中。

4.8.1.3.2 测定

在样品溶液中加一滴酚酞指示剂，用硫酸溶液或氢氧化钠溶液调节样品溶液至粉红色刚刚褪去。加入 2 mL 铬酸钾溶液，用硝酸银标准滴定溶液滴定至砖红色刚刚出现即为终点。

4.8.1.3.3 空白试验

在测定的同时，按与测定相同的步骤，用 100 mL 水代替试料，使用相同数量的试剂溶液做空白试验。

4.8.1.4 结果计算

氯化物含量 w_3，数值以 mg/L 表示，按式(3)计算：

$$w_3=\frac{(V_2-V_1)\times c\times M\times 1\,000}{V} \quad \cdots\cdots(3)$$

式中：

V_1——空白消耗硝酸银标准滴定溶液(4.8.1.2.4)的体积的数值，单位为毫升(mL)；

V_2——试样消耗硝酸银标准滴定溶液的体积的数值，单位为毫升(mL)；

c——硝酸银标准滴定溶液浓度的准确数值，单位为摩尔每升(mol/L)；

V——试样的体积的数值，单位为毫升(mL)；

M——氯的摩尔质量的数值，单位为克每摩尔(g/mol)(M=35.45)。

取两次平行测定结果的算术平均值为测定结果。两次平行测定结果的绝对差值不大于 0.1 mg/L。

4.8.2 电位滴定法(仲裁法)

4.8.2.1 方法提要

以玻璃电极为参比电极，银电极为指示电极，用硝酸银标准滴定溶液滴定试样中的氯离子，按照电位的突跃点(二级微商法)判定其滴定终点。根据硝酸银标准滴定溶液的消耗量，计算出试样中氯离子的含量。

4.8.2.2 分析步骤

仪器和设备、试剂和溶液、操作步骤及结果计算按照 GB 18350—2001 附录 C 第一法进行。

取两次平行测定结果的算术平均值为报告结果。两次平行测定结果之差不大于 0.1 mg/L。

4.9 钠含量的测定

按照 GB/T 17476—1998 的规定进行测定。其中试样的制备为：分别称取两份试样，各加入适量的内标元素，充分摇匀。推荐使用的波长为 589.59 nm。

取两次平行测定结果的算术平均值为报告结果。两次平行测定结果之差不大于 0.1 mg/kg。

4.10 蒸发残渣含量的测定

按 GB/T 6324.2—2004 的规定进行。

取两次平行测定结果的算术平均值为测定结果。两次平行测定结果的绝对差值不大于 0.000 5%。

5 检验规则

5.1 检验分为出厂检验和型式检验。

5.1.1 出厂检验项目为表 1 中的外观、密度、沸程、水分、酸度或碱度，应逐批进行检验。

5.1.2 型式检验项目为表1中的所有项目，在正常生产的情况下，每三个月应至少进行一次型式检验。有下列情况之一时，也应进行型式检验：

a) 更新关键生产工艺；

b) 主要原料有变化；

c) 停产又恢复生产；

d) 出厂检验结果与上次型式检验结果有较大差异；

e) 合同规定。

5.2 车用燃料甲醇由生产厂的质量检验部门进行检验。生产厂应保证每批出厂产品都符合本标准的要求，并附有一定格式的质量证明书，内容包括：生产厂名称和厂址、产品名称、生产日期或批号、净含量和本标准编号等。

5.3 在原材料、工艺不变的条件下，产品连续生产的实际批为一个组批，但若干个生产批构成一个检验批的时间通常不超过一天。

5.4 采样按GB/T 3723、GB/T 6678—2003和GB/T 6680—2003的规定进行。所采样品总量不得少于1 L。将样品充分混匀后，分装于两个清洁、干燥、带磨口塞的玻璃瓶中，贴上标签，注明生产厂名称、产品名称、批号、采样日期和采样者姓名，一瓶供分析检验用，另一瓶保存备查。

5.5 检验结果的判定按GB/T 1250中规定的修约值比较法进行。检验结果中如有一项指标不符合本标准的要求时，桶装产品应重新自两倍量的包装单元中采样进行检验，罐装产品应重新多点采样进行检验。重新检验的结果即使只有一项指标不符合本标准要求，整批产品为不合格。

6 标志、包装、运输、贮存

6.1 标志

车用燃料甲醇产品包装容器上应涂有牢固的标志，其内容包括：生产厂名称、产品名称、本标准编号、商标、批号、净重及GB 190中规定的“易燃液体”和“有毒品”标志。

6.2 包装

应使用专用的清洁干燥的容器包装，包装容器应严加密封。

6.3 运输

6.3.1 运输过程中不得与易燃、易爆、有腐蚀性的物品混装混运。

6.3.2 运输过程中应防止外界水分的吸入。

6.3.3 装卸时应轻装轻卸，防止剧烈震荡、撞击；远离热源和火种。运输、装卸工作中应按照危险货物运输规定进行。

6.4 贮存

6.4.1 产品应贮存在干燥、通风、低温、不受日光直接照射并隔绝热源和火种的地方。库区应符合国家有关防火设计规范要求。露天贮罐应有喷淋水或其他冷却设施。

6.4.2 产品不得与易燃、易爆、有腐蚀性的物品混合存放。

7 安全

7.1 危险警告

车用燃料甲醇是易燃液体，闪点为8 ℃，自燃温度为436 ℃。空气中爆炸极限6%～36.5%（体积分数）。遇热、明火易引起激烈燃烧或爆炸。车用燃料甲醇有毒，甲醇蒸汽对神经系统有刺激作用，吸入人体内，可引起失明和中毒。

7.2 安全措施

车用燃料甲醇溢出时应立刻用水冲洗。着火时，用砂子、干粉或抗溶性泡沫灭火器、石棉布等进行扑救。应避免车用燃料甲醇与皮肤接触，如果溅到皮肤上或眼睛里时，应迅速用大量清水冲洗，急速医治。

附 录 A
（资料性附录）
车用燃料甲醇中甲醇含量的测定方法

A.1 范围

本试验方法规定了车用燃料甲醇中甲醇含量及杂质含量测定的气相色谱法。本方法适用于测定车用燃料甲醇中杂质的质量分数为0.000 5%～3%的样品。气相色谱法不能保证测定出车用燃料甲醇中的所有杂质组分，特别是不挥发性组分和火焰离子化检测器检测信号弱的或无检测信号的组分。

A.2 方法概要

用气相色谱法，在选定的工作条件下，样品经汽化通过毛细管色谱柱，使其中各组分得到分离，用氢火焰离子化检测器检测。测定定量校正因子，根据内标法或外标法计算出杂质组分的质量分数。用100减去杂质和水的质量分数即为甲醇的质量分数。

A.3 试剂

A.3.1 异丙醇：色谱纯，内标物。

A.3.2 乙酸乙酯：色谱纯，内标物。

A.3.3 甲醇：质量分数不小于99.98%，乙醇的质量分数不超过0.001%，如果乙醇含量大于此量，应扣除本底。

A.3.4 氢气：体积分数不低于99.9%，经硅胶与分子筛干燥、净化。

A.3.5 氮气：体积分数不低于99.95%，经硅胶与分子筛干燥、净化。

A.3.6 空气：经硅胶与分子筛干燥、净化。

A.4 仪器

A.4.1 气相色谱仪：配有火焰离子化检测器，整机灵敏度和稳定性符合GB/T 9722—2006中的有关规定。

A.4.2 记录仪：色谱数据处理机或色谱工作站。

A.4.3 进样器：微量进样器，0.5 μL或1 μL。

A.4.4 色谱柱及典型色谱操作条件

推荐的毛细管色谱柱和典型色谱操作条件见表A.1。典型的毛细管柱色谱图和燃料用甲醇样品色谱见图A.1。其他能达到同等分离程度的色谱柱和色谱操作条件也可使用。

表 A.1 推荐的毛细管色谱柱和典型色谱操作条件

色谱柱	固定相为PEG-20M的熔融石英毛细管柱
柱长/柱内径/液膜厚度	30 m×0.32 mm×0.5 μm
柱温	40 ℃(4 min)，10 ℃/min，100 ℃(6 min)
汽化室温度/℃	150
检测器温度/℃	200
载气(N_2)流速/(mL/min)	0.7
空气流量/(mL/min)	300

表 A.1（续）

色谱柱	固定相为 PEG-20M 的熔融石英毛细管柱
氢气流量/(mL/min)	30
分流比	20∶1
进样量/μL	0.8

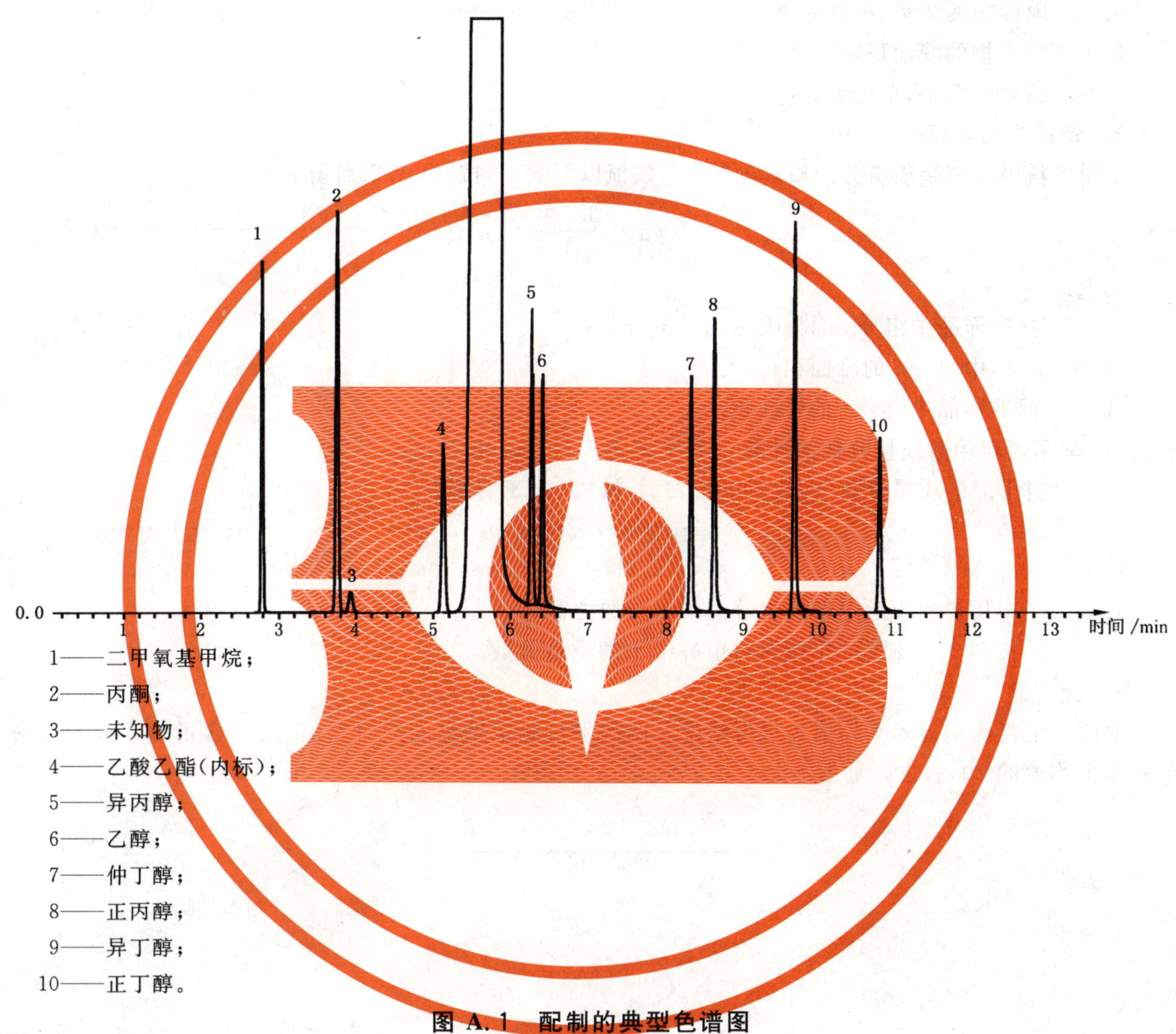

图 A.1 配制的典型色谱图

A.5 分析步骤

启动气相色谱仪，按表 A.1 所列色谱操作条件调试仪器，稳定后准备进样分析。

用进样器进样分析，用色谱数据处理机或积分仪处理计算结果。

A.6 定量方法

内标法。在样品的杂质组分种类单一并已知的情况下，可采用外标法。

A.7 结果计算

A.7.1 内标法的计算

车用燃料甲醇杂质组分的质量分数 w_i，数值以%表示，按式(A.1)计算：

$$w_i = \frac{A_i \times f_i \times m_s}{A_s \times m} \times 100 \qquad \cdots\cdots(A.1)$$

式中：

A_i——被测杂质组分的峰面积；

f_i——被测杂质组分的相对校正因子；

m_s——内标物的质量，单位为克(g)；

A_s——内标物的峰面积；

m——试料的质量，单位为克(g)。

A.7.2 外标法的计算

车用燃料甲醇中杂质组分的质量分数 w_i，数值以%表示，按式(A.2)计算：

$$w_i = \frac{w_{is} A_i}{A_s} \qquad \cdots\cdots(A.2)$$

式中：

w_{is}——标准样品中组分 i 以%表示的质量分数；

A_i——试样中组分 i 的峰面积；

A_s——标准样品中组分 i 的峰面积。

A.7.3 车用燃料甲醇质量分数的计算

车用燃料甲醇的质量分数 w，数值以%表示，按式(A.3)计算：

$$w = 100 - \sum w_i - w_{水} \qquad \cdots\cdots(A.3)$$

式中：

$\sum w_i$——车用燃料甲醇中杂质组分的质量分数之和；

$w_{水}$——按照4.6测得的车用燃料甲醇中水的质量分数。

A.7.4 允许差

取两次平行测定算术平均值为报告结果。两次平行测定结果的绝对差值，杂质含量为不大于这两个算术平均值的20%；主含量为不大于0.2%。

ICS 71.080.60
G 17

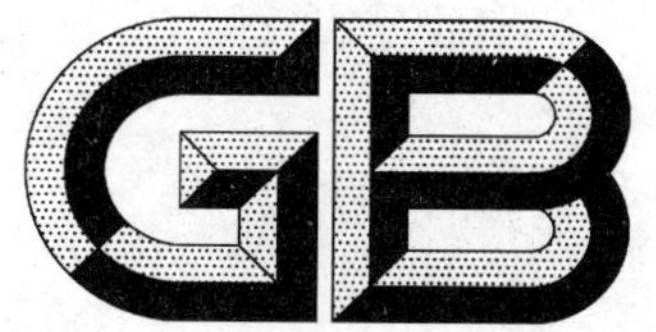

中华人民共和国国家标准

GB/T 26605—2011

车用燃料用二甲醚

Dimethyl ether for motor vehicle fuel

2011-06-16 发布

2011-11-01 实施

中华人民共和国国家质量监督检验检疫总局
中国国家标准化管理委员会 发布

前　言

本标准按照 GB/T 1.1—2009 给出的规则起草。

本标准由中国石油和化学工业联合会提出。

本标准由全国化学标准化技术委员会有机化工分技术委员会(SAC/TC 63/SC 2)归口。

本标准起草单位:山东久泰化工科技有限责任公司、上海交通大学、四川泸天化绿源醇业公司、新奥集团股份有限公司、云南解化清洁能源开发有限公司、河北凯跃化工集团有限公司。

本标准参加起草单位:河南金鼎化工有限公司、四川天一科技股份有限公司、山西省燃料甲醇与甲醇汽车办公室、河南贞元(集团)有限责任公司。

本标准主要起草人:李奇、张晓龙、胡延风、张武高、李全发、郭朝光、王铁红、黄安鑫、景玉国、马永祥。

车用燃料用二甲醚

1 范围

本标准规定了车用燃料用二甲醚的要求、试验方法、检验规则及标志、包装、运输、贮存和安全。

本标准适用于甲醇气相法或液相法脱水生成的车用燃料用二甲醚，或由合成气直接合成的车用燃料用二甲醚。该产品用于车用燃料的原料。

化学式：CH_3OCH_3

相对分子质量：46.07(按2007年国际相对原子质量)

2 规范性引用文件

下列文件对于本文件的应用是必不可少的。凡是注日期的引用文件，仅注日期的版本适用于本文件。凡是不注日期的引用文件，其最新版本(包括所有的修改单)适用于本文件。

GB 190 危险货物包装标志

GB 5842 液化石油气钢瓶

GB/T 6678 化工产品采样总则

GB/T 6680 液体化工产品采样通则

GB/T 6682 分析实验室用水规格和试验方法

GB/T 7373—2006 工业用二氟一氯甲烷(HCFC-22)

GB/T 7376—2008 工业氟代烷烃中微量水分的测定

GB/T 8170 数值修约规则与极限数值的表示和判定

GB/T 9722 化学试剂 气相色谱法通则

GB 14193 液化气体气瓶充装规定

SH/T 0222 液化石油气总硫含量测定法(电量法)

SH/T 0232 液化石油气铜片腐蚀试验法

SH 0233 液化石油气采样法

SY/T 7509—1996 液化石油气残留物测定法

3 性状

无色、有醚味的气体或压缩液化气体。二甲醚饱和蒸气压表参见附录A。

4 要求

车用燃料用二甲醚指标应符合表1的规定。

表 1 技术指标

项　目	指　标
二甲醚,w/%	≥99.5
甲醇,w/%	≤0.30
水,w/%	≤0.03
铜片腐蚀试验	≤1a 级
酸度(以乙酸计),w/%	≤0.000 2
总硫,w/%	≤0.000 5
蒸发残渣,w/%	≤0.003

5 试验方法

5.1 警示

试验方法规定的一些试验过程可能导致危险情况,操作者应采取适当的安全和防护措施。

5.2 一般规定

除非另有说明,在分析中仅使用确认为分析纯的试剂和 GB/T 6682 中规定的三级水。

5.3 二甲醚含量、甲醇含量的测定

5.3.1 方法提要

采用气相色谱法。在选定的色谱操作条件下,试样经气化通过色谱柱,使其中的各组分得到分离,用热导检测器检测。以校正面积归一化法计算二甲醚含量、甲醇的含量。

5.3.2 试剂

5.3.2.1 氢气,体积分数≥99.8%。

5.3.2.2 氮气,体积分数≥99.8%。

5.3.2.3 空气,经活性炭和分子筛净化。

5.3.2.4 校准用标准样品:市售,本底样品为二甲醚,内含相应杂质组分(一氧化碳、二氧化碳、甲烷、乙烯、丙烯、丙烷、甲醇等),各组分含量应与实际样品情况接近。

5.3.3 仪器

5.3.3.1 气相色谱仪:配有热导检测器(TCD),整机灵敏度和稳定性符合 GB/T 9722 的规定,线性范围满足分析要求。

5.3.3.2 记录仪:色谱工作站或色谱数据处理机。

5.3.3.3 进样器:1 mL 玻璃注射器(如卡介苗注射器,有良好的密封性),或具有加热装置的自动六通阀,配有 1 mL 定量环。

5.3.3.4 采样器:不锈钢材质,双阀型液化石油气采样器,符合 SH 0233 规定,工作压力大于 3.1 MPa。

5.3.3.5 恒温水浴。

5.3.4 色谱分析条件

推荐的色谱柱和色谱操作条件见表 2。典型色谱图及相对保留值见附录 B。其他能达到同等分离程度的色谱柱及色谱操作条件也可采用。

表 2 推荐的色谱柱和色谱操作条件

项 目	参 数
固定相	聚苯乙烯-二乙烯基苯(PLOT-Q 柱)
毛细管色谱柱	30 m×0.53 mm×40.0 μm(柱长×柱内径×液膜厚度)
柱管材质	熔融石英
柱箱温度	初始温度 50 ℃,保持 2 min,以 10 ℃/min 的速度升温到 150 ℃。
气化室温度/℃	250
检测器温度/℃	250
六通阀阀箱温度/℃	100
载气平均线速/(cm/s)	64(H_2 或 He)
分流比	5∶1
进样量(气体)/mL	0.1

5.3.5 分析步骤

5.3.5.1 校正因子的测定

5.3.5.1.1 按表 2 色谱操作条件调试仪器。打开校准用标准样品钢瓶阀门,调节合适的流量,用校准用标准样品数次或连续吹扫自动六通阀并排空,取校准用标准样品进样分析;或用玻璃注射器从校准用标准样品钢瓶中抽取标准试样进样分析。重复测定三次,取三次峰面积平均值为测定结果。

5.3.5.1.2 结果计算

以校准用标准样品的本底样品二甲醚为参照物 R,杂质组分 i 的相对质量校正因子 f_i 按式(1)计算:

$$f_i = \frac{w_i A_R}{A_i w_R} \qquad \cdots\cdots(1)$$

式中:

w_i ——校准用标准样中杂质组分 i 的质量分数,以%表示;

A_i ——杂质组分 i 的峰面积;

w_R ——参照物 R 的质量分数,以%表示;

A_R ——参照物 R 的峰面积。

5.3.5.1.3 未知物组分的相对质量校正因子以 1.00 计算。

5.3.5.2 试样的测定

5.3.5.2.1 **取样**

将干燥、洁净的采样器用金属接头与样品钢瓶密封连接,采样器的放空阀向上,打开样品钢瓶截止阀,再依次打开采样器的进样阀和放空阀,用样品充分置换采样器,然后关闭采样器的放空阀,使液相样品进入采样器,当样品体积占采样器容积 80%左右时,依次关闭采样器进样阀和样品钢瓶截止阀,取下采样器。

5.3.5.2.2 **测定**

启动气相色谱仪，按表2所列色谱操作条件调试仪器，稳定后准备进样分析。

将采样器倒置，按照图1所示连接，控制恒温水浴温度(40～60)℃。打开阀门A、C，缓慢打开流量调节阀B，使液体样品流出并控制气化速度，置换管路中的空气。排出的冲洗管路的气体应引出室外。冲洗、置换完全后，关闭阀门C，立即转动六通阀至进样位置，将采集的试样引入色谱柱进行分析。以校正面积归一法进行定量。

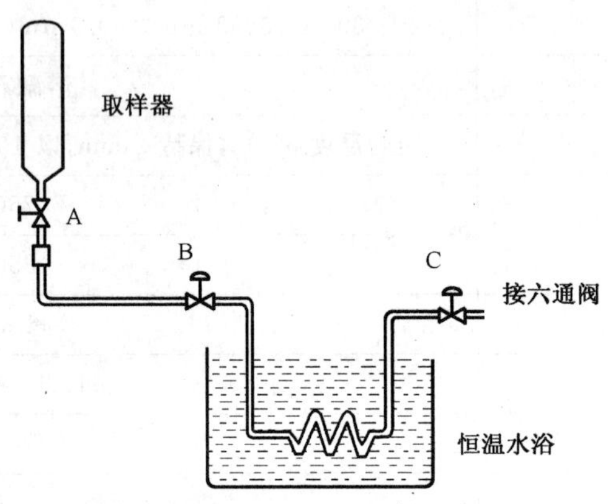

图1 气化试样系统连接图

5.3.6 **结果计算**

二甲醚或甲醇的质量分数 w_1，数值以%表示，按式(2)计算：

$$w_1=\frac{f_iA_i}{\sum f_iA_i}\times(100-w_2) \qquad \cdots\cdots(2)$$

式中：

f_i——组分 i 的相对质量校正因子；

A_i——组分 i 的峰面积；

w_2——按5.4测得的以质量分数表示的水分的数值。

取两次平行测定结果的算术平均值为测定结果。两次平行测定结果的绝对差值二甲醚不大于0.1%，甲醇不大于0.015%。

5.4 **水分的测定**

5.4.1 **卡尔·费休库仑电量法(仲裁法)**

5.4.1.1 **仪器**

5.4.1.1.1 双阀型液化石油气采样器：要求同5.3.3.4。

5.4.1.1.2 玻璃液化石油气采样器，耐压1.0 MPa以上，容积10 mL，并配有附件不锈钢细管，长150 mm～300 mm，内径0.5 mm。

5.4.1.1.3 进样器：液态烃闪蒸气化取样进样器(LG-5)；或采用玻璃液化石油气采样器的附件不锈钢细管。

5.4.1.1.4 取样管：长150 mm～300 mm，内径0.5 mm的不锈钢细管。

5.4.1.2 分析步骤

5.4.1.2.1 直接进样

用取样管连接玻璃液化石油气采样器和已装有试样的双阀型液化石油气采样器，将各自阀门打开，用试样冲洗玻璃液化石油气采样器，同时慢慢关小其阀门，待有液体进入玻璃液化石油气采样器后即可完全关闭阀门，试样进入适量后，关闭双阀型液化石油气采样器的阀门，拨出插入玻璃液化石油气采样器的取样管，称量其质量，精确至 0.01 g。

将干燥的进样器不锈钢细管插到库仑电量水分测定仪电解池底部，另一端与玻璃液化石油气采样器连接，进样速率以进样器外壁不结露水为宜，进样量根据试样含水量调整。进样完毕后，再次称量进样后的玻璃液化石油气采样器质量，精确至 0.01 g。以下按 GB/T 7376—2008 中 5.3 的规定进行。

5.4.1.2.2 闪蒸进样

将已装有试样的双阀型液化石油气采样器与液态烃闪蒸气化取样进样器相连接，进样量设为 2 L，充分置换后按下“自动进样”键，进样量达到 2 L 后，仪器自动停止进样，进行分析，读取库仑电量水分测定仪显示屏上水的质量数或水的质量分数。

5.4.1.3 结果计算

取两次平行测定结果的算术平均值为测定结果。两次平行测定结果的绝对差值不大于这两个测定值的算术平均值的 10%。

5.4.2 卡尔·费休容量法

按 GB/T 7376—2008 中 5.2 规定的方法进行。

取两次平行测定结果的算术平均值为报告结果。两次平行测定结果的绝对差值不大于这两个测定值的算术平均值的 10%。

5.5 酸度的测定

5.5.1 分析步骤

按 GB/T 7373—2006 中 4.6 的规定进行。

5.5.2 结果计算

酸度以乙酸(CH_3COOH)计的质量分数 w_3，数值以%表示，按式(3)计算：

$$w_3=\frac{[(V-V_0)/1\,000]cM}{m}\times 100 \qquad (3)$$

式中：

V ——试料消耗氢氧化钠标准滴定溶液体积的数值，单位为毫升(mL)；

V_0——空白试验消耗氢氧化钠标准滴定溶液体积的数值，单位为毫升(mL)；

c ——氢氧化钠标准滴定溶液浓度的准确数值，单位为摩尔每升(mol/L)；

m ——试料的质量的数值，单位为克(g)；

M——乙酸的摩尔质量的数值，单位为克每摩尔(g/mol)(M=60.05)。

取两次平行测定结果的算术平均值为测定结果。两次平行测定结果的绝对差值不大于这两个测定值的算术平均值的 40%。

5.6 铜片腐蚀试验

按 SH/T 0232 的规定进行。

5.7 硫含量的测定

按 SH/T 0222 的规定进行。

5.8 蒸发残渣的测定

5.8.1 方法提要

将 100 mL 液体试样置于离心管中，在空气中蒸发完毕，将离心管置于 75 ℃水浴中继续蒸发，取出于干燥器中冷却至室温，称量残渣质量，计算得到蒸发残渣的含量。

5.8.2 试剂

丙酮。

5.8.3 仪器

5.8.3.1 离心管：符合 SY/T 7509—1996 中 4.1 的规定。

5.8.3.2 冷却器：由冷却槽和冷却盘管组成，符合 SY/T 7509—1996 中 4.2 的规定。

5.8.3.3 采样器：同 5.3.3.4。

5.8.3.4 连接管：不锈钢或铝合金管，内径约 5 mm，可抗压力大于 8 MPa。

5.8.3.5 恒温水浴：可浸没到离心管的 25 mL 刻度线，并可控温在(75±1)℃。

5.8.4 分析步骤

试验中所用仪器应预先用丙酮冲洗、擦净，去除水及其他杂质。

将洗净的离心管放入干燥器中 30 min，取出称量，精确到 0.1 mg。

用连接管将冷却盘管与采样器出口阀连接，冷却器温度降至－55 ℃以下，用试样冲洗冷却盘管及连接管。以下步骤按 SY/T 7509—1996 中 7.1.1 和 7.1.2 的规定进行。试样在空气中蒸发完毕后，待离心管温度回到室温，将其浸入 75 ℃水浴 20 min(精确计时)，从水浴中取出离心管，拭去管外壁上的水滴，放入干燥器中冷却 30 min，称量离心管质量，精确到 0.1 mg。

5.8.5 结果计算

蒸发残渣的质量分数 w_4，数值以%表示，按式(4)计算：

$$w_4 = \frac{m_2 - m_1}{m} \times 100 \qquad (4)$$

式中：

m_2——蒸发残渣和离心管的质量，单位为克(g)；

m_1——离心管的质量，单位为克(g)；

m ——试料的质量的数值，单位为克(g)。

取两次平行测定结果的算术平均值为报告结果。两次平行测定结果的绝对差值不大于这两个测定值的算术平均值的10%。

6 检验规则

6.1 本标准采用型式检验和出厂检验。

6.1.1 表1技术指标中的全部项目均为型式检验项目。在正常情况下，每两周至少进行一次型式检验。有下列情况之一时，也应进行型式检验。

a) 更新关键生产工艺；
b) 主要原料有变化；
c) 停产又恢复生产；
d) 出厂检验结果与上次型式检验有较大差异；
e) 合同规定。

6.1.2 表1技术指标中的二甲醚含量、甲醇含量、水分、酸度为出厂检验项目。出厂检验每批进行一次。

6.2 车用燃料用二甲醚应由生产厂的质量检验部门按照本标准的规定对产品质量进行检验。生产厂应保证每批出厂的产品符合本标准的要求。每批出厂的产品都应附有质量证明，内容包括：

a) 生产厂名称；
b) 产品名称；
c) 生产日期或者批号；
d) 检验结论；
e) 本标准编号。

6.3 车用燃料用二甲醚以同等质量的均匀产品为一批，一般以一贮罐、一槽车的产品量为一批。

6.4 车用燃料用二甲醚钢瓶包装的采样单元数按 GB/T 6678 的规定确定。

6.5 车用燃料用二甲醚采样方法按 GB/T 6680 和 SH 0233 的规定进行。采样总量应保证检验的需要。

6.6 检验结果的判定按 GB/T 8170 中的修约值比较法进行。检验结果如果有一项指标不符合本标准要求时，钢瓶装产品应重新自两倍数量的包装单元中进行采样检验，贮罐装产品及槽车装产品应重新采样进行检验。重新检验的结果即使只有一项指标不符合本标准要求，则整批产品为不合格。

7 标志、包装、运输和贮存

7.1 车用燃料用二甲醚包装容器上应有牢固清晰的标志，内容包括：

a) 产品名称；
b) 生产厂名称、厂址；
c) 商标；
d) 批号或生产日期；
e) 净含量；
f) 本标准编号；
g) 按 GB 190 规定的“易燃气体”标志。

7.2 车用燃料用二甲醚小批量产品用钢瓶包装运输，钢瓶质量应符合 GB 5842 的规定，充装应符合 GB 14193 的规定。大批量产品采用液化罐车运输。

7.3 车用燃料用二甲醚应贮存于符合压力容器相关规定的二甲醚液化气贮罐中，贮罐应设置在阴凉干燥的地方，不得靠近火源及热源，严禁烈日暴晒，夏季贮罐应装有降温装置。

7.4 装有车用燃料用二甲醚的钢瓶和液化罐车为压力容器，在运输及装卸过程中严禁烟火、撞击、摔落和暴晒。包装和贮存容器内应保持正压，防止空气进入。

8 安全

8.1 二甲醚属易燃气体，与空气混合能形成爆炸性混合物，遇明火、高热能引起燃烧爆炸，爆炸极限为3.45％～26.7％(体积分数)。

8.2 二甲醚属无毒、无腐蚀性类化学品。对呼吸道有轻微的刺激性。

8.3 当环境中二甲醚的浓度较高时，现场人员应采取防护措施，佩带防护工具。

8.4 二甲醚对常规橡胶具有一定的溶胀性。

附 录 A
（资料性附录）
二甲醚饱和蒸气压表

A.1 二甲醚饱和蒸气压表见表A.1。

表A.1 二甲醚饱和蒸气压表

t/℃	p_{sat}/MPa	t/℃	p_{sat}/MPa	t/℃	p_{sat}/MPa	t/℃	p_{sat}/MPa	t/℃	p_{sat}/MPa
−20	0.124 72	10	0.382 85	40	0.927 3	70	1.896 68	100	3.424 24
−19	0.130 1	11	0.395 63	41	0.951 99	71	1.937 91	101	3.486 16
−18	0.135 65	12	0.408 74	42	0.977 16	72	1.979 77	102	3.548 84
−17	0.141 4	13	0.422 17	43	1.002 81	73	2.022 26	103	3.612 28
−16	0.147 33	14	0.435 93	44	1.028 95	74	2.065 38	104	3.676 47
−15	0.153 46	15	0.450 03	45	1.055 59	75	2.109 15	105	3.741 43
−14	0.159 78	16	0.464 47	46	1.082 72	76	2.153 56	106	3.807 15
−13	0.166 31	17	0.479 26	47	1.110 36	77	2.198 62	107	3.873 64
−12	0.173 04	18	0.494 41	48	1.138 51	78	2.244 33	108	3.940 91
−11	0.179 98	19	0.509 91	49	1.167 17	79	2.290 7	109	4.008 95
−10	0.187 15	20	0.525 77	50	1.196 35	80	2.337 74	110	4.077 78
−9	0.194 53	21	0.542	51	1.226 05	81	2.385 44	111	4.147 39
−8	0.202 13	22	0.558 61	52	1.256 28	82	2.433 82	112	4.217 78
−7	0.209 97	23	0.575 59	53	1.287 05	83	2.482 87	113	4.288 97
−6	0.218 04	24	0.592 96	54	1.318 36	84	2.532 6	114	4.360 95
−5	0.226 34	25	0.610 71	55	1.350 21	85	2.583 02	115	4.433 73
−4	0.234 9	26	0.628 86	56	1.382 61	86	2.634 12	116	4.507 30
−3	0.243 69	27	0.647 41	57	1.415 57	87	2.685 92	117	4.581 68
−2	0.252 75	28	0.666 37	58	1.449 08	88	2.738 42	118	4.656 87
−1	0.262 06	29	0.685 73	59	1.483 16	89	2.791 62	119	4.732 86
0	0.271 63	30	0.705 51	60	1.517 81	90	2.845 52	120	4.809 67
1	0.281 47	31	0.725 71	61	1.553 03	91	2.900 13	121	4.887 29
2	0.291 58	32	0.746 34	62	1.588 83	92	2.955 46	122	4.965 74
3	0.301 97	33	0.767 39	63	1.625 22	93	3.011 5	123	5.045 00
4	0.312 64	34	0.788 89	64	1.662 19	94	3.068 27	124	5.125 09
5	0.323 59	35	0.810 82	65	1.699 76	95	3.125 76	125	5.206 00
6	0.334 84	36	0.833 2	66	1.737 93	96	3.183 98	126	5.287 74
7	0.346 39	37	0.856 03	67	1.776 7	97	3.242 94	127	5.370 32
8	0.358 23	38	0.879 32	68	1.816 08	98	3.302 63		
9	0.370 39	39	0.903 08	69	1.856 07	99	3.363 06		

注：引自TENG H,MCCANDLESS J C,SCHNEYER J B. Thermo chemical characteristics of dimethylether-an alternative fuel for compression ignition engines [J]. SAE,2001(01):01-54。

附 录 B
（规范性附录）
二甲醚含量测定的典型色谱图及相对保留值、相对校正因子

B.1 毛细管柱气相色谱法典型色谱图见图B.1。

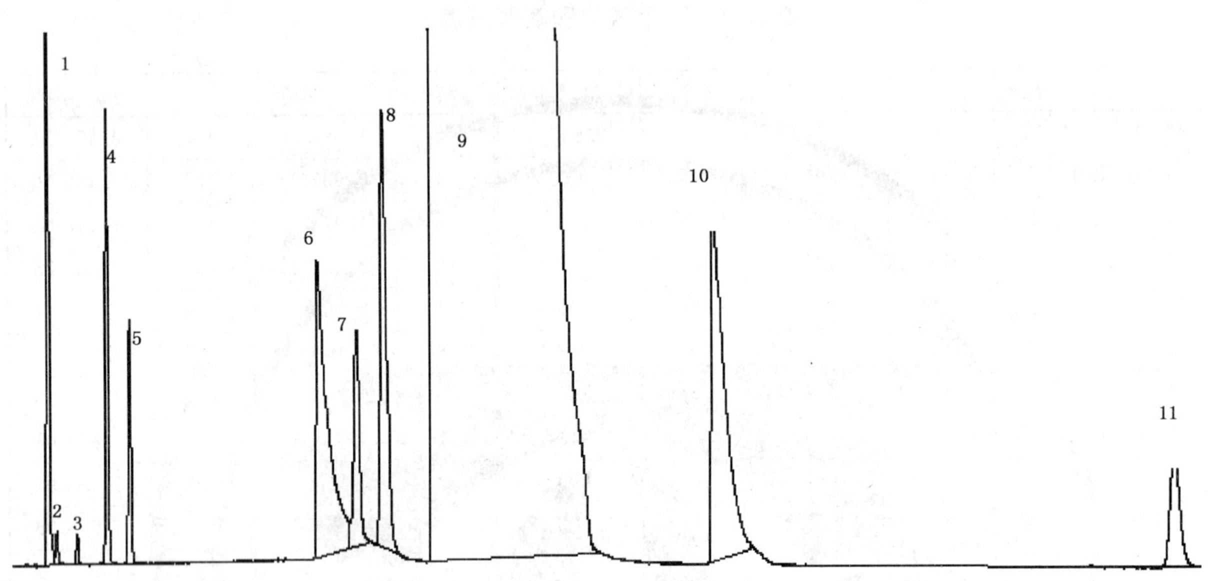

1——一氧化碳；
2——甲烷；
3——二氧化碳；
4——乙烯；
5——乙烷；
6——水；
7——丙烯；
8——丙烷；
9——二甲醚；
10——甲醇；
11——未知物。

图B.1 二甲醚含量测定毛细管柱(PLOT-Q)气相色谱法典型色谱图

B.2 毛细管柱气相色谱法相对保留值见表B.1。

表B.1 毛细管柱(PLOT-Q)气相色谱法相对保留值及相对校正因子(二甲醚做参照物)

序号	组分名称	相对保留值	相对校正因子
1	一氧化碳	0	0.50
2	甲烷	0.022	0.30
3	二氧化碳	0.077	0.32
4	乙烯	0.154	0.73
5	乙烷	0.212	0.74
6	水	0.672	0.58
7	丙烯	0.802	0.87

表 B.1（续）

序号	组分名称	相对保留值	相对校正因子
8	丙烷	0.842	0.90
9	二甲醚	1	1.00
10	甲醇	1.739	0.84
11	未知物	2.936	1.00

中华人民共和国化工行业标准

HG/T 2542—1993

工业三氯乙烯

1 主题内容与适用范围

本标准规定了工业三氯乙烯的技术要求、试验方法、检验规则及标志、包装、运输、贮存等。

本标准适用于由四氯乙烷脱氯化氢后，经蒸馏而制得的工业三氯乙烯。

分子式：C_2HCl_3

结构式：

```
H—C═C—Cl
  |  |
  Cl Cl
```

相对分子质量：131.39（按 1989 年国际相对原子质量）

2 引用标准

GB/T 601 化学试剂 滴定分析（容量分析）用标准溶液的制备

GB/T 603 化学试剂 试验方法中所用制剂及制品的制备

GB/T 1250 极限数值的表示方法和判定方法

GB/T 3143 液体化学产品颜色测定法（Hazen 单位——铂-钴色号）

GB/T 4472 化工产品密度、相对密度测定通则

GB/T 6324.2 挥发性有机液体 水浴上蒸发后干残渣测定的通用方法

GB/T 6283 化工产品中水分含量的测定 卡尔·费休法（通用方法）

GB/T 6678 化工产品采样总则

GB/T 6680 液体化工产品采样通则

GB/T 7534 工业用挥发性有机液体沸程的测定

3 技术要求

3.1 外观：无悬浮物和沉淀物的透明液体。

3.2 三氯乙烯质量应符合下表要求。

项目		指标		
		优等品	一等品	合格品
色度（Hazen 单位 铂-钴色号）	≤	15	30	40
密度 ρ_{20}/(g/cm³)		1.460～1.466		1.457～1.472
蒸馏试验（0℃，101.325 kPa）				
初馏点/℃	≥	85.5	85.0	84.5
干点/℃	≤	91.0	91.0	91.0
馏出 95%(V/V)的温度/℃	≤	88.5	89.0	90.0
蒸发残渣/%	≤	0.005		0.010
酸度（以 HCl 计）/%或	≤	0.001	0.001	0.001
碱度（以 NaOH 计）/%	≤	0.025	0.025	0.025

中华人民共和国化学工业部 1993-09-25 批准　　　　1994-07-01 实施

续表

项目	指标		
	优等品	一等品	合格品
水分/% ≤	0.01	0.02	
游离氯	合格		—
加速氧化试验后酸度(以 HCl 计)/% ≤	0.02	—	

4 试验方法

本标准所用试剂和水，在没有注明其他要求时，均使用分析纯试剂和蒸馏水或同等纯度的水。

本标准所用标准溶液、制剂和制品在没有注明其他特殊要求时，均按 GB/T 601、GB/T 603 规定进行制备。

4.1 色度的测定

按 GB 3143 规定进行。

4.2 密度的测定

按 GB/T 4472 中 2.3.3 条密度计法规定进行。

将 16℃～40℃温度下，所测得密度 ρ_t 换算成 20℃时的密度 ρ_{20}，ρ_{20} 按式(1)计算。

$$\rho_{20}=\rho_t+0.0017\,(t-20) \qquad \cdots\cdots(1)$$

式中：ρ_{20}——实验室样品在 20℃时的密度，g/cm³；

ρ_t——实验室样品在 16℃～40℃所测得的密度，g/cm³；

t——在测得实验室样品密度时的温度，℃；

0.001 7——三氯乙烯密度的温度校正系数，g/cm³。

取两次平行测定结果的算术平均值为测定结果，两次平行测定结果之差不得大于 0.000 5 g/cm³。

4.3 蒸馏试验

按 GB/T 7534 规定进行。三氯乙烯沸点随压力变化率：3.2×10^{-4}℃/Pa。

4.4 蒸发残渣的测定

取实验室样品 100 mL±1.0 mL。其他操作条件按 GB/T 6324.2 规定进行。

取两次平行测定结果的算术平均值为测定结果，两次平行测定结果之差不得大于 0.000 5%。

4.5 酸度或碱度的测定

4.5.1 方法提要

以水萃取实验室样品中的酸或碱静置分层，提取水层部分，用氢氧化钠或盐酸标准滴定溶液滴定，求得酸度或碱度。

4.5.2 试剂和溶液

a) 氢氧化钠标准滴定溶液：$c(NaOH)=0.01$ mol/L；

b) 盐酸标准滴定溶液：$c(HCl)=0.01$ mol/L；

c) 溴百里香酚蓝指示液：1 g/L；

d) 水：用 0.01 mol/L 的氢氧化钠或 0.01 mol/L 的盐酸标准滴定溶液调至 pH 值为 6.6～7.0。

4.5.3 仪器

一般实验室仪器。

4.5.4 分析步骤

用量筒分别量取 50 mL±1.0 mL 实验室样品和 100 mL±1.0 mL 水于分液漏斗中，激烈振荡 3 min(约 200 次)，静置分层后，用移液管吸取水层部分 50 mL 于三角瓶中，加入溴百里香酚蓝指示液 5 滴～6 滴，如果溶液为酸性，溶液呈黄色。如果溶液为碱性，溶液呈蓝色。如果溶液为中性，溶液呈绿色。

溶液为酸性：在磁力搅拌下，用 0.01 mol/L 的氢氧化钠标准滴定溶液滴定至颜色变为蓝色即为终点。

溶液为碱性：在磁力搅拌下，用 0.01 mol/L 的盐酸标准滴定溶液滴定至颜色变为黄色即为终点。

溶液为中性：按溶液为酸性处理。

4.5.5 分析结果的计算

酸度（以 HCl 计）或碱度（以 NaOH 计）的质量百分含量 X 按式（2）计算：

$$X=\frac{V_1 \cdot c \cdot E}{V_2 \cdot \rho_t \times 0.5}\times 100 \qquad \cdots\cdots(2)$$

式中：V_1——样品消耗氢氧化钠或盐酸标准滴定溶液的体积，mL；

c——氢氧化钠或盐酸标准滴定溶液的实际浓度，mol/L；

V_2——实验室样品的体积，mL；

ρ_t——实验室样品的密度，g/cm^3；

E——与 1.00 mL 氢氧化钠标准滴定溶液〔c(NaOH)＝1.000 mol/L〕相当的以克表示的盐酸的质量。或与 1.00 mL 盐酸标准滴定溶液〔c(HCl)＝1.000 mol/L〕相当的以克表示的氢氧化钠的质量。

当溶液为中性，以酸度不大于 0.001％报出结果。

取两次平行测定结果的算术平均值为测定结果，两次平行测定结果之差不得大于 0.000 5％。

4.6 水分的测定

用移液管吸取实验室样品 10 mL。其他操作条件按 GB/T 6283 规定进行。

取两次平行测定结果的算术平均值为测定结果，两次平行测定结果之差不得大于 0.005％。

4.7 游离氯的测定

4.7.1 方法提要

游离氯在酸性介质中，与碘化钾作用，生成游离碘，碘遇淀粉呈蓝色。根据有无蓝色生成，确定氯的存在。

4.7.2 试剂和溶液

a) 碘化钾溶液：100 g/L；

b) 乙酸溶液：1＋1；

c) 淀粉溶液：5 g/L。

4.7.3 仪器

一般实验室仪器。

4.7.4 分析步骤

用量筒量取实验室样品 20 mL 于比色管中，加水 50 mL，激烈振荡 3 min（约 200 次），静置分层后，吸取水层部分 20 mL 于另一支比色管中，按照顺序用刻度吸管加入 0.1 mL 碘化钾溶液，1 mL 乙酸溶液，0.1 mL 淀粉溶液，振摇均匀，放在暗处约 5 min，观察有无蓝色出现，如果没有蓝色，则认为合格。

4.8 加速氧化试验后酸度的测定

4.8.1 方法提要

在钢片存在下，向试样中通入以水饱和的氧气，同时用灯泡加热试样并回流 48 h 后，用水萃取，吸取水层，以氢氧化钠标准滴定溶液滴定，求取酸度。

4.8.2 仪器

a) 标准磨口三角瓶：500 mL；

b) 标准磨口直管冷凝器：长 500 mm；

c) 灯泡：220 V、150 W；

d) 不锈钢灯罩：ϕ178 mm×190 mm×1 mm；

e) 不锈钢支撑板：ϕ195 mm×6 mm，中孔 ϕ83 mm；

f) 钢片 GB 700 中 A_3 薄板切成如下尺寸：

A 片：20 mm×6 mm×2 mm (1个)

B 片：50 mm×13 mm×2 mm (1个)

用细砂纸磨光，然后用三氯乙烯洗净使用；

g) 氧气及氧气钢瓶；

h) 加速氧化试验装置。

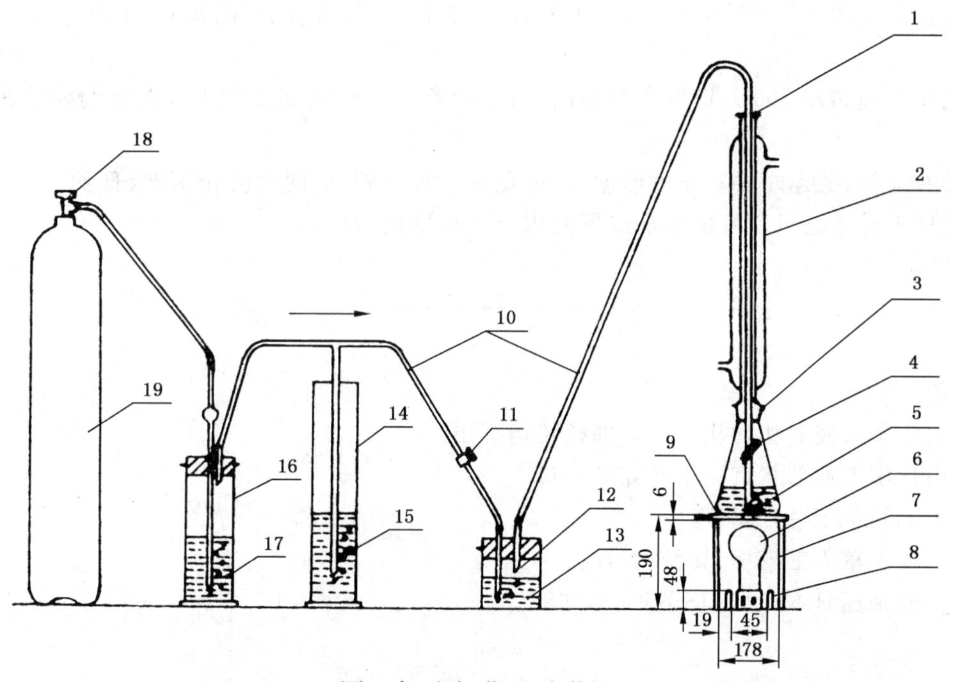

图 加速氧化试验装置

1—气体出口；2—磨口直管冷凝器；3—磨口三角瓶；4—钢片(B片)；5—钢片(A片)；6—灯泡；7—不锈钢灯罩；8—通气孔(4个)；9—不锈钢支撑板；10—氧气输入管内径 ϕ3 mm；11—考克；12—氧气计数瓶；13—水；14—氧气调节筒；15—水；16—水洗瓶；17—水；18—减压阀；19—氧气

4.8.3 试验方法

量取实验室样品 200 mL 于 500 mL 磨口三角瓶中，放入钢片 A，将氧气管插入冷凝器中(管端吹塑管口径 3 mm，距瓶底 6 mm)，钢片 B 用聚四氟乙烯带系结在氧气输入管的下方(如图)，然后分别通入冷却水和氧气并用灯泡加热，调节氧气流量〔(10～12)个气泡/min〕和水流量(使样品在直管冷凝器一半以下高度冷凝回流)，连续加热回流 48 h 后停止试验。冷却至室温，按 4.5 项测定酸度。

5 检验规则

5.1 三氯乙烯由生产厂的质量监督检验部门进行检验，生产厂应保证出厂产品各项技术指标均符合本产品标准的要求，并附有一定格式的质量证明书。

质量证明书的内容包括产品名称、产品等级、产品批号、净重、出厂日期和标准编号。

作为金属蒸气脱脂用的三氯乙烯产品，要按技术要求中全部项目检验，其他用途的三氯乙烯不作加速氧化试验后酸度项目测定。

5.2 出厂时以同一等级任意数量为一批，取样方法和取样单元数按 GB/T 6678 中 6.4、6.6 规定进行，取样器要符合 GB/T 6680 中附录 A.2 规定。

每批取样量不得少于 1 L，充分混匀后分装于两个清洁，干燥的茶色瓶中密封，贴上标签并注明产品名称、批号、等级、取样日期、取样者。一瓶送检验部门进行检验,另一瓶保存3个月,备查。

5.3 检验结果的判定按GB 1250修约值比较法。检验结果如果有一项指标不符合本标准要求时,应重新自两倍量的包装中取样进行复检,复检结果即使只有一项指标不符合本标准要求时,则整批产品为不合格。

5.4 使用单位有权按本标准对产品质量进行验收,在贮存期内,供需双方对产品质量发生异议时,及时提出并由双方协商解决或请仲裁单位进行仲裁分析。

6 标志、包装、运输和贮存

6.1 于包装桶上用油漆牢固涂刷:生产厂名称、产品名称、产品等级、产品批号、生产日期、本标准编号、产品净重。

6.2 三氯乙烯应包装在200 L镀锌闭口钢桶中,每桶净重200 kg或250 kg,重量允许差在0.5 kg,桶盖要密闭。

6.3 本产品在运输、搬运时要防止猛烈撞击,避免桶皮焊口破裂,同时防止雨淋、日晒。

6.4 本产品应贮存于通风良好的库房或罩棚内,单放、堆放均可。

附加说明:

本标准由中华人民共和国化学工业部科技司提出。

本标准由化学工业部北京化工研究院归口。

本标准由锦西化工总厂起草。

本标准主要起草人王惠林、高风林、杜文娟。

本标准参照采用日本标准JIS K1508:1982。

中华人民共和国化工行业标准

HG/T 2662—95

工业1,2-二氯乙烷

代替 HG/T 2—1438—81

1 主题内容与适用范围

本标准规定了工业1,2-二氯乙烷的技术要求,试验方法、检验规则、标志、包装、运输和贮存。

分子式:$C_2H_4Cl_2$

相对分子质量:98.96(按1991年国际相对原子质量)

2 引用标准

GB 190　危险货物包装标志

GB/T 601　化学试剂　滴定分析(容量分析)用标准溶液的制备

GB/T 603　化学试剂　试验方法中所用制剂及制品的制备

GB/T 1250　极限数值的表示方法和判定方法

GB/T 2366　化工产品中水分含量的测定　气相色谱法

GB/T 3143　液体化学产品颜色测定法(Hazen单位——铂-钴色号)

GB/T 3723　工业用化学产品采样安全通则

GB/T 4472　化工产品密度、相对密度测定通则

GB/T 6678　化工产品采样总则

GB/T 6680　液体化工产品采样通则

3 技术要求

3.1 外观:透明液体,无悬浮物。

3.2 工业1,2-二氯乙烷质量应符合下表要求:

项目		指标	
		一等品	合格品
含量,%	≥	99.5	98.0
密度(ρ_{20}),g/cm³		1.253~1.256	1.250~1.257
水分,%	≤	0.08	
色度,Hazen单位(铂-钴色号)	≤	10	20
酸度(以HCl计),%	≤	0.004	0.005

4 试验方法

本标准所用的试剂和水,在没有注明其他要求时,均使用分析纯试剂和蒸馏水,或同等纯度的水。

本标准所用标准溶液和制品在没有注明其他特殊要求时,均按GB/T 601、GB/T 603规定制备。仪器为一般实验室仪器。

4.1 含量的规定

4.1.1 方法提要

采用气相色谱法,以内标法测定1,2-二氯乙烷中存在的杂质含量,然后由100减去所有杂质的总

中华人民共和国化学工业部1995-03-06批准　　　　1996-06-01实施

量和水分,便可得到1,2-二氯乙烷的含量,以质量百分数表示。

4.1.2 试剂和材料

a. 内标物:苯、十二烷,纯度应大于99.0%;

b. 杂质标准样:纯度大于99.0%;

c. 氮气:纯度大于99.99%;

d. 氢气:纯度大于99.99%;

e. 空气:经硅胶、分子筛充分干燥和净化;

f. 二氯乙烷。

4.1.3 仪器和设备

4.1.3.1 气相色谱仪应配置氢火焰离子化检测器,在进样量不超过色谱柱允许负荷量的条件下,对最后流出的含量为10mg/kg的被测杂质,其峰高至少应大于仪器噪声的5倍。

4.1.3.2 记录系统:满量程等于或小于2mV的记录仪或合适的各类色谱数据处理机。

4.1.3.3 微量注射器:10μL,50μL;

4.1.3.4 色谱柱:

a. 柱1:内径3mm,长3m的不锈钢管;柱2:内径3mm,长1m的不锈钢管;

b. 固定液:聚乙二醇1 500;

c. 载体:酸洗硅烷化铬姆沙伯0.18～0.25mm(60～80目);

d. 填充物配比:

柱1载体:固定液=100:12;

柱2载体:固定液=100:3。

4.1.3.5 固定相的制备及柱的老化:

a. 固定相的制备:

按柱1、柱2填充物配比,精确称取所需固定液于400mL烧杯中,加入相当于载体体积1.2倍的三氯甲烷不断搅拌,使其溶解,然后将载体徐徐倾入,轻轻搅拌,使其均匀浸润,在40℃红外线烘箱内间歇搅拌,将其转移入蒸发皿中,使溶剂慢慢挥发至干,最后在60～70℃下烘干,冷却后过筛填柱。填充量1m柱约2g,3m柱约6g。

b. 柱的老化:

将已填充好的色谱柱安装于色谱仪上,应暂时断开检测器一端,通氮气在140～150℃下老化6～8h。

c. 柱性能:

二氯乙烷中杂质出峰顺序及典型色谱图,见附录A(参考件)。

分离度:难分离物质对的分离度$R>1$。

4.1.4 校正因子的测定

用已知纯物质配成与样品杂质组成相近的混合物进行试验,然后根据配制的试样中各组分,求取在标准规定条件下的相对质量校正因子,见附录B(参考件)。

4.1.5 分析步骤

a. 调整仪器,按下列参考条件调整仪器。

汽化室温度:150℃;

检测室温度:140℃;

柱箱温度:80℃;

氮气流速:20mL/min;

氢气流速:45mL/min;

空气流速:350mL/min;

进样量：0.4μL。

b. 定量方法：内标法。

c. 定量测定：称取5～6g试样，根据产品中杂质的质量百分数，用微量注射器吸取苯（低沸内标物）2μL和十二烷（高沸内标物）10μL，将制得的混合物混合并摇匀，按规定条件进行分析，分别测定内标物及各杂质组份的峰面积进行计算。

4.1.6 计算与结果表示

各杂质的质量百分含量（X_i）按式（1）计算

$$X_i=\frac{m_s \cdot f_i \cdot A_i}{A_s \cdot m}\times 100 \qquad (1)$$

式中：m_s——内标物质量，g；

A_i——待测组分的峰面积，mm^2；

A_s——内标物峰面积，mm^2；

f_i——杂质组分相对于内标的质量校正因子；

m——样品质量，g。

二氯乙烷质量百分含量（X_1）按式（2）计算

$$X_1=100-\Sigma X_i-\text{水分} \qquad (2)$$

式中：ΣX_i——色谱杂质含量的总和。

取两次平行测定结果的算术平均值为测定结果，两次平行测定结果之差不大于0.06%。

4.2 密度的测定

按GB/T 4472中2.3.3密度计法的规定进行。

两次平行测定结果之差不大于0.000 5g/cm^3。

4.3 色度的测定

按GB/T 3143规定进行。

4.4 水分的测定

按GB/T 2366规定进行，试验条件见附录C（参考件）。

4.5 酸度的测定

4.5.1 试剂和溶液

4.5.1.1 氢氧化钠标准滴定溶液：c(NaOH)=0.01mol/L；

4.5.1.2 酚酞指示液：10g/L。

4.5.2 分析步骤

用移液管吸取试样100mL，注入分液漏斗中，加入25mL蒸馏水，振荡1min，静止分层后，将二氯乙烷与水相分开，以相同步骤将分离出的二氯乙烷再用水洗涤2次，将3次水洗涤液收集在同一个三角瓶中，加酚酞指示液1～2滴，用氢氧化钠标准滴定溶液滴定至微红色为终点。

4.5.3 计算与结果表示

酸度百分含量（X_2）按式（3）计算：

$$X_2=\frac{c \cdot V\times 0.036\,5}{100\rho_{20}}\times 100 \qquad (3)$$

式中：V——滴定消耗氢氧化钠标准滴定溶液的体积，mL；

c——氢氧化钠标准滴定溶液的实际浓度，0.01mol/L；

ρ_{20}——试样的密度，g/cm^3；

0.036 5——与1.00mL氢氧化钠标准滴定溶液〔c(NaOH)=1.000mol/L〕相当的，以克表示的盐酸质量。

取两次平行测定结果的算术平均值为测定结果，两次平行测定结果之差不大于0.000 1%。

5 检验规则

5.1 1,2-二氯乙烷由生产厂的质量检验部门进行检验,生产厂应保证出厂产品的各项技术指标符合本产品标准的要求,并附有一定格式的质量证明书,证明书内容包括生产厂名称、产品名称、批号、生产日期、产品等级和标准编号。

5.2 出厂时,以同一等级任意数量为一批,采样方法按GB/T 6680中常温下为流动态的液体中的相应内容进行。样品数和样品量按GB/T 6678中的6.6条进行。采样者还应熟悉和遵守GB/T 3723有关采样的安全要求。

所采样品总量不得少于500g,将选取的试样混匀,等量装入两个清洁、干燥带磨口塞的瓶中,贴上标签,一瓶供检验,另一瓶密封保存备查,保存期为2个月。

5.3 检验结果的判定按GB/T 1250修约值比较法判定,检验结果有一项指标不符合本标准要求时,应重新自两倍量的包装取样进行复检。复检结果即使只有一项指标不符合本标准要求时,则整批产品为不合格。

5.4 使用单位有权按本标准对产品质量进行验收,在贮存期内,供需双方对产品质量发生异议时,及时提出并应由双方协商解决或请仲裁单位进行仲裁。

6 标志、包装、运输和贮存

6.1 每件包装上应涂刷明显牢固的生产厂名称、厂址、产品名称、商标、产品等级、产品批号、生产日期、本标准编号和产品净重的标志,应有按GB 190规定的“易燃液体”和“有毒品”的标志。

6.2 产品应用干燥清洁的铁桶(每桶净重250kg)或槽车包装。

6.3 运输过程中应小心轻放,避免与硬物质相碰破损,避免日晒、雨淋。

6.4 产品贮存于干燥、通风、防火、防爆的仓库内,温度保持在35℃以下。自出厂之日起贮存期为2个月。

附 录 A
主含量低沸、高沸物典型色谱图
（参考件）

图 A1 典型色谱图(3m 柱低沸)

1—氯乙烷；2—偏二氯乙烯；3—反式 1,2-二氯乙烯；4—四氯化碳；5—二氯甲烷；
6—苯；7—三氯乙烯；8—三氯甲烷；9—1.2-二氯乙烷

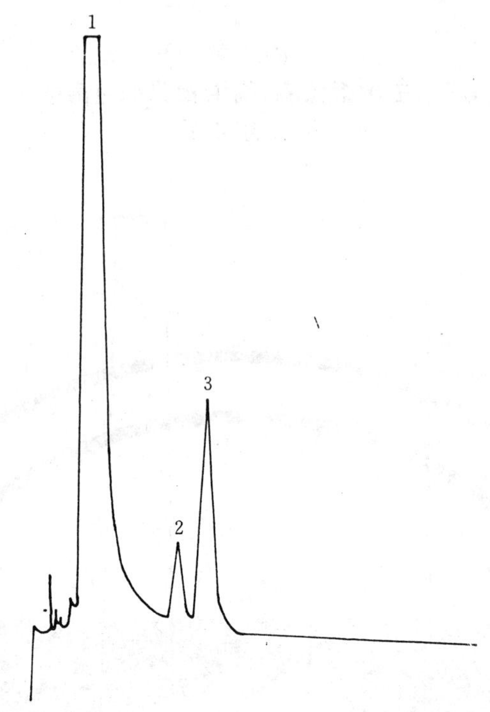

图 A2　典型色谱图(1m 柱高沸)

1—1,2-二氯乙烷；2—三氯乙烷；3—正十二烷

附　录　B
低沸、高沸杂质对内标物的相对质量校正因子
（参考件）

表 B1

<table>
<tr><th>杂　　质</th><th>相对质量校正因子</th></tr>
<tr><td>四氯化碳</td><td>14.93</td></tr>
<tr><td>二氯甲烷</td><td>8.49</td></tr>
<tr><td>三氯乙烯</td><td>4.85</td></tr>
<tr><td>三氯甲烷</td><td>10.66</td></tr>
<tr><td>二氯丙烷</td><td>3.21</td></tr>
<tr><td>苯</td><td>1.0</td></tr>
<tr><td>三氯乙烷</td><td>3.6</td></tr>
<tr><td>十二烷</td><td rowspan="4">1.0</td></tr>
<tr><td>氯乙烷</td></tr>
<tr><td>偏二氯乙烯</td></tr>
<tr><td>反式 1,2-二氯乙烯</td></tr>
</table>

氯乙烷、偏二氯乙烯、反式 1,2-二氯乙烯因无标样，相对质量校正因子以 1 计算。

附 录 C
1,2-二氯乙烷水分测定的色谱操作参考条件和典型色谱图
（参考件）

C1 色谱操作参考条件

a. 色谱柱：长 3m，内径 3mm；
b. 填充物：上试 407 有机担体粒度 0.180～0.250mm（60～80 目）；
c. 柱温度：130℃；
d. 检测室温度：150℃；
e. 汽化室温度：160℃；
f. 载气（H_2）流量：25mL/min；
g. 检测器：热导检测器；
i. 进样量：8μL。

C2 典型色谱图

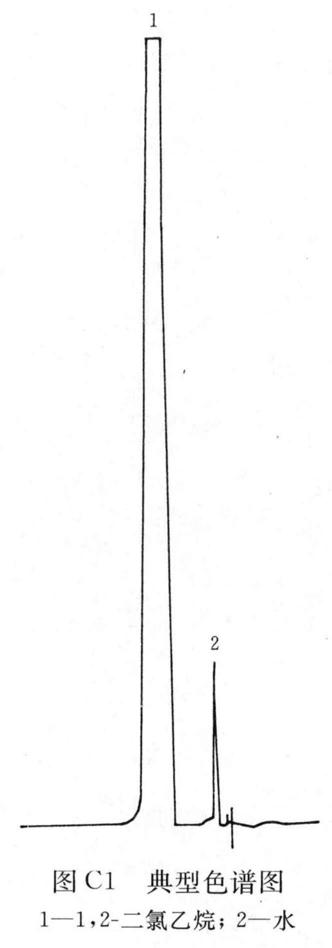

图 C1 典型色谱图
1—1,2-二氯乙烷；2—水

附加说明：

本标准由中华人民共和国化学工业部技术监督司提出。

本标准由化学工业部北京化工研究院技术归口。

本标准由江苏常州石油化工厂负责起草。

本标准主要起草人单炳武、高顺娣。

本标准等效采用前苏联国家标准ГОСТ 1942—86。

自本标准实施之日起，原中华人民共和国化工部标准HG 2—1438—81《工业1，2-二氯乙烷》作废。

ICS 71.080.20
备案号:10964—2002
HG/T 3261—2002

前　　言

本标准是对推荐性化工行业标准HG/T 3261—1989《工业六氯乙烷》修订而成。

本标准与HG/T 3261—1989的主要技术差异是:增设了安全条款。

本标准自实施之日起,同时代替HG/T 3261—1989。

本标准由原国家石油和化学工业局政策法规司提出。

本标准由全国化学标准化技术委员会有机分会归口。

本标准起草单位:常熟市虞东化工厂。

本标准主要起草人:方展程、严卫良、张戟、顾仁华。

本标准于1989年5月首次发布。

本标准由全国化学标准化技术委员会有机分会负责解释。

中华人民共和国化工行业标准

HG/T 3261—2002

代替 HG/T 3261—1989

工业用六氯乙烷

Hexachloroethane for industial use

1 范围

本标准规定了工业用六氯乙烷的要求、试验方法、检验规则及标志、包装、运输、贮存、安全等。

本标准适用于天然气热氯化法生产四氯化碳的釜液回收和四氯乙烯经氯化结晶干燥生产的工业用六氯乙烷。该产品用于有机合成的原料，冶炼铝及其合金的脱气剂、发烟剂等。

分子式：C_2Cl_6

相对分子质量：236.74（按 1999 年国际相对原子质量）

2 引用标准

下列标准所包含的条文，通过在本标准中引用而构成为本标准的条文。本标准出版时，所示版本均为有效。所有标准都会被修订，使用本标准的各方应探讨使用下列标准最新版本的可能性。

GB/T 191—2000 包装储运图示标志(eqv ISO 780:1997)

GB/T 603—1988 化学试剂 试验方法中所用制剂及制品的制备(neq ISO 6353-1:1982)

GB/T 617—1988 化学试剂 熔点范围测定通用方法(neq ISO 6353-1:1982 GM25.2)

GB/T 1250—1989 极限数值的表示方法和判定方法

GB/T 3049—1986 化工产品中铁含量测定的通用方法 邻菲罗啉分光光度法(eqv ISO 6685:1982)

GB/T 3051—2000 无机化工产品中氯化物含量测定的通用方法 汞量法(neq ISO 5790:1979)

GB/T 6283—1986 化工产品中水分含量的测定 卡尔·费休法(通用方法)(eqv ISO 760:1978)

GB/T 6678—1986 化工产品采样总则

GB/T 6679—1986 固体化工产品采样通则

GB/T 6682—1992 分析实验室用水规格和试验方法(eqv ISO 3696:1987)

GB/T 7531—1987 有机化工产品灰分的测定(neq ISO 6353-1:1982)

GB/T 9722—1988 化学试剂 气相色谱法通则

3 要求

3.1 外观：白色结晶。

3.2 工业用六氯乙烷应符合表 1 的要求。

中华人民共和国国家经济贸易委员会 2002-09-28 批准　　2003-06-01 实施

表 1 要求

项目		指标	
		优等品	一等品	合格品
纯度/%	≥	99.5	99.0	98.0
初熔点/℃	≥	184	183	
水分/%	≤	0.02	0.06	0.08
灰分/%	≤	0.02	0.04	0.06
铁(以 Fe 计)含量/%	≤	0.006	0.008	0.015
游离氯(Cl_2)试验		合格	—	
氯化物(以 Cl 计)含量/%	≤	0.01	0.04	0.06
醇不溶物含量/%	≤	0.02	0.05	0.10

4 试验方法

试验方法中所用试剂为分析纯试剂,所用的水为 GB/T 6682 中规定的三级水。

试验方法中所用制剂及制品,在没有注明其他要求时,按 GB/T 603 之规定制备。

4.1 纯度的测定

4.1.1 方法提要

用气相色谱法,在选定的工作条件下,使试样中的各组分得到分离,用热导检测器检测,用校正面积归一化法计算六氯乙烷的纯度。

4.1.2 试剂和材料

4.1.2.1 三氯甲烷。

4.1.2.2 6201 型载体:粒径 0.18 mm~0.25 mm,0.15 mm~0.18 mm。

4.1.2.3 硅酮弹性体 E-301。

4.1.2.4 氢气:纯度不低于 99.5%,经硅胶与分子筛干燥、净化。

4.1.3 仪器、设备

4.1.3.1 气相色谱仪:配有热导检测器,其灵敏度和稳定性应符合 GB/T 9722 的规定。

4.1.3.2 色谱柱及典型工作条件:本标准推荐的色谱柱及典型工作条件见表 2,六氯乙烷典型色谱图见图 1,各主要组分的保留时间 t_R 见表 3,各组分在热导池检测器上的相对校正因子见表 4。能达到同等分离程度的色谱柱及工作条件均可使用。

表 2 色谱柱及典型工作条件

参数名称	参数值
色谱柱长/柱内径	3 m/3 mm~4 mm
固定相	E-301:6201=20:100
填充量	5.5 g/m
色谱柱温度	130℃
汽化温度	170℃
检测温度	170℃
桥电流	150 mA
载气(氢气)流速	40 mL/min
进样量(试样溶液)	4 μL~6 μL

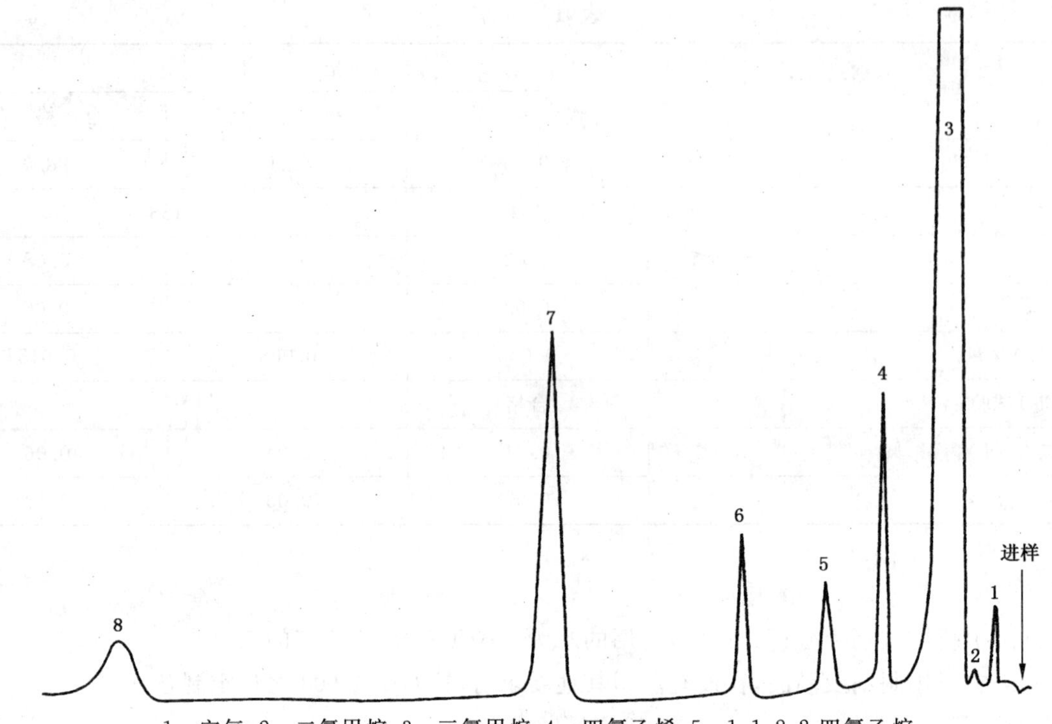

1—空气；2—二氯甲烷；3—三氯甲烷；4—四氯乙烯；5—1,1,2,2-四氯乙烷；
6—五氯乙烷；7—六氯乙烷；8—六氯丁二烯

图1 六氯乙烷典型色谱图

表3 各组分的保留时间 t_R

组分名称	空　气	四氯乙烯	1,1,2,2-四氯乙烷	五氯乙烷	六氯乙烷	六氯丁二烯
保留时间 t_R	56 s	4 min 20 s	6 min 7 s	8 min 54 s	14 min 51 s	28 min 48 s

表4 各组分的相对校正因子 f_i

组分名称	四氯乙烯	1,1,2,2-四氯乙烷	五氯乙烷	六氯乙烷	六氯丁二烯
相对校正因子 f_i	1.00	1.01^{-1}	0.89^{-1}	0.80^{-1}	0.80^{-1}

4.1.3.3 色谱数据处理机或记录仪。

4.1.3.4 微量进样器。

4.1.4 分析步骤

4.1.4.1 固定相的配制

称取适量E-301，用三氯甲烷溶解，将已称量过的6201型载体倒入上述溶液混匀，在红外灯下烘干。

4.1.4.2 色谱柱的老化

通入载气，于120℃老化8 h。

4.1.4.3 试样溶液的制备

4.1.4.3.1 在100 mL三氯甲烷中加15 g～20 g变色硅胶（硅胶预先进行干燥处理）进行脱水，30 min后可用于试样溶液的制备。

4.1.4.3.2 称取约2 g试样（精确至0.01 g），置于锥形瓶中，注入5 mL上述经过脱水处理的三氯甲烷，用橡皮塞塞住瓶口，轻轻振摇，至试样完全溶解，此为试样溶液A。

4.1.4.4 试样的测定

启动色谱仪，待选定的工作条件稳定后即可进样，试样溶液A进样量为4 μL～6 μL。待色谱峰流出完毕，测量各组分的峰面积。

4.1.4.5 **分析结果表述**

以质量百分数表示的纯度 X_1 按式(1)计算：

$$X_1 = \frac{Af}{\Sigma(A_i f_i)} \times 100 \quad \cdots\cdots(1)$$

式中：f——六氯乙烷的相对校正因子；

A——六氯乙烷的峰面积；

f_i——组分 i 的相对校正因子；

A_i——组分 i 的峰面积。

取两次平行测定结果的算术平均值为测定结果。两次平行测定结果之差不得大于 0.2%。

4.2 **熔点的测定**

按 GB/T 617 的规定进行。

4.3 **水分的测定**

按 GB/T 6283 的规定进行。滴定池中溶剂为 25 mL 甲醇与 25 mL 四氯化碳的混合液(1：1)。

取两次平行测定结果的算术平均值为测定结果。两次平行测定结果的相对偏差不得大于 10%。

4.4 **灰分的测定**

按 GB/T 7531 的规定进行。灼烧温度为(750±25)℃，保留灼烧后的残渣 B 用于铁含量的测定。

4.5 **铁含量的测定**

按 GB/T 3049 的规定进行。

4.5.1 **试液的制备**

在装有残渣 B 的坩埚中加入(1+1)盐酸溶液 2 mL，加热溶解。

4.5.2 **分析结果的表述**

以质量百分数表示的铁含量 X_2 按式(2)计算：

$$X_2 = \frac{W \times 10^{-6}}{m} \times 100 = \frac{W \times 10^{-4}}{m} \quad \cdots\cdots(2)$$

式中：W——从标准曲线查得的铁的质量，μg；

m——4.4 中称取的试样的质量，g。

取两次平行测定结果的算术平均值为测定结果。两次平行测定结果的相对偏差不得大于 15%。

4.6 **游离氯试验**

4.6.1 **原理**

用水萃取试样中的游离氯，游离氯与碘化钾反应析出碘，碘被淀粉吸附呈蓝色。

$$Cl_2 + 2KI = 2KCl + I_2$$

4.6.2 **试剂和材料**

4.6.2.1 碘化钾溶液：100 g/L。

4.6.2.2 淀粉指示液：5 g/L。

4.6.3 **分析步骤**

称取 10.0 g 试样(精确至 0.01 g)，置于 250 mL 具塞磨口锥形瓶中，加 30 mL 水，振摇 5 min 后静置 20 min，过滤于 50 mL 比色管中，再用适量水振摇洗涤滤渣，过滤于同一比色管中，加水至 50 mL。加 2.0 mL 碘化钾溶液和 1 mL 淀粉指示液后，溶液应无蓝色。保持 30 s 不变色即为合格。

4.7 **氯化物含量的测定**

称取约 10 g 试样(精确至 0.000 2 g)，置于 250 mL 具塞磨口锥形瓶中，加 30 mL 水，振摇 5 min 后静置 20 min，过滤于 500 mL 锥形瓶中，用 10 mL 水振摇洗涤滤渣，过滤于同一锥形瓶中，再加入 120 mL 无水乙醇，其他均按 GB/T 3051 的规定进行。

取两次平行测定结果的算术平均值为测定结果。两次平行测定结果的相对偏差不得大于 15%。

4.8 **醇不溶物含量的测定**

4.8.1 **方法提要**

试样用无水乙醇溶解，用玻璃砂坩埚抽吸过滤，干燥至恒重，计算醇不溶物含量。

4.8.2 试剂和材料

无水乙醇。

4.8.3 仪器、设备

玻璃砂坩埚：滤板孔径 15 μm～40 μm，容量 30 mL。

4.8.4 分析步骤

称取约 10 g 试样(精确至 0.001 g)，放入盛有 100 mL 无水乙醇的 250 mL 锥形瓶中，加热振摇至完全溶解，用已于 100℃～105℃干燥至质量恒定的玻璃砂坩埚抽滤，用 20 mL 无水乙醇冲洗锥形瓶和滤渣，带有滤渣的玻璃砂坩埚于 100℃～105℃干燥至质量恒定。

4.8.5 分析结果的表述

以质量百分数表示的醇不溶物含量 X_3 按式(3)计算：

$$X_3 = \frac{m_1 - m_0}{m} \times 100 \qquad \cdots\cdots(3)$$

式中：m_1——带有滤渣的玻璃砂坩埚的质量，g；

m_0——玻璃砂坩埚的质量，g；

m——试样的质量，g。

取两次平行测定结果的算术平均值为测定结果。两次平行测定结果之差不得大于 0.002%。

5 检验规则

5.1 本标准规定的所有项目均为型式检验项目，其中纯度、初熔点、水分、灰分、铁含量为出厂检验项目。在正常情况下，每三个月至少进行一次型式检验。

5.2 工业用六氯乙烷由生产厂的质量检验部门进行检验。每批出厂的产品都应符合本标准的要求。每批出厂的产品都应附有一定格式的质量证明书，内容包括产品名称、产品等级、生产厂名、厂址、批号或生产日期及本标准编号。

5.3 工业用六氯乙烷以每釜生产量为一批。

5.4 按 GB/T 6678—1986 中 6.6 确定采样单元数，采样技术应符合 GB/T 6679 的规定。将所采样品混匀后，按四分法缩分至约 200 g，分别装于两个清洁、干燥的具塞磨口瓶中。贴上标签并注明产品名称、产品等级、批号、采样日期及采样者姓名。一瓶供检验用，另一瓶密封保留二个月备查。

5.5 检验结果的判定按 GB/T 1250 中修约值比较法进行。检验结果如果有一项指标不符合本标准要求时，应重新自两倍数量的包装单元中采样进行复检。重新检验的结果即使只有一项指标不符合本标准要求，则整批产品为不合格。

6 标志、包装、运输、贮存

6.1 工业用六氯乙烷包装容器上应有牢固清晰的标志，内容包括产品名称、商标、生产厂名、厂址、净含量、批号、本标准编号和 GB 191 规定的“怕晒”、“怕雨”标志。

6.2 工业用六氯乙烷采用内衬聚乙烯塑料袋、外套袋或桶包装。每袋或每桶净含量 25 kg 或 50 kg，或根据用户要求包装。

6.3 运输过程中应防止受热、受潮和雨淋。

6.4 工业用六氯乙烷应贮存于阴凉、通风、干燥处。

7 安全

工业用六氯乙烷遇明火、高热易引起燃烧。与氧化剂发生反应，有燃烧危险。触及皮肤易经皮肤吸收或误食、吸入粉尘蒸气会引起中毒。

ICS 71.080.20
备案号：10967—2002
HG/T 3262—2002

前 言

本标准是对推荐性化工行业标准 HG/T 3262—1989《工业四氯乙烯》修订而成。

本标准的Ⅰ型产品非等效采用美国材料与试验协会标准 ASTM D4081：2000《干洗级四氯乙烯》。

本标准与 ASTM D4081：2000 的主要技术差异为：

——ASTM D4081：2000 设有沸程项目，本标准未设沸程项目，另设纯度项目。

——ASTM D4081：2000 未设色度项目，本标准保留了 HG/T 3262—1989 的色度项目。

——稳定性试验方法保留了 HG/T 3262—1989 的设置，未测环流 24 h 后试样的酸度。

本标准与 HG/T 3262—1989 的主要技术差异：

——取消了产品等级设置，按用途将产品分为Ⅰ型和Ⅱ型。

——Ⅰ型在 HG/T 3262—1989 优等品的基础上增加了碱度和残留气味试验的检测项目，取消了 pH 值项目。

——Ⅱ型在 HG/T 3262—1989 一等品的基础上纯度和稳定性试验指标有所提高。

——增设了安全条款。

本标准自实施之日起，同时代替 HG/T 3262—1989。

本标准由原国家石油和化学工业局政策法规司提出。

本标准由全国化学标准化技术委员会有机分会归口。

本标准起草单位：中国石油化工股份有限公司北京化工研究院。

本标准参加起草单位：上海氯碱化工股份有限公司。

本标准主要起草人：张志军、倪留生、马瑾玮。

本标准于 1989 年 5 月首次发布。

本标准由全国化学标准化技术委员会有机分会负责解释。

中华人民共和国化工行业标准

HG/T 3262—2002

代替 HG/T 3262—1989

工业用四氯乙烯

Tetrachloroethylene for industrial use

1 范围

本标准规定了工业用四氯乙烯的要求、试验方法、检验规则及标志、包装、运输、贮存、安全等。

本标准适用于三氯乙烯为原料制得的工业用四氯乙烯和天然气热氯化法生产四氯化碳釜液回收的工业用四氯乙烯。Ⅰ型产品用途较精密，如用作干洗、金属清洗等；Ⅱ型产品用作一般用途，如油脂萃取、皮毛脱脂和做合成六氯乙烷的原料等。

分子式：C_2Cl_4

相对分子质量：165.83（按 1999 年国际相对原子质量）

2 引用标准

下列标准所包含的条文，通过在本标准中引用而构成为本标准的条文。本标准出版时，所示版本均为有效。所有标准都会被修订，使用本标准的各方应探讨使用下列标准最新版本的可能性。

GB/T 601—1988 化学试剂 滴定分析(容量分析)用标准溶液的制备

GB/T 603—1988 化学试剂 试验方法中所用制剂及制品的制备(neq ISO 6353-1:1982)

GB/T 1250—1989 极限数值的表示方法和判定方法

GB/T 1914—1993 化学分析滤纸

GB/T 3143—1982 液体化学产品颜色测定法(Hazen 单位——铂-钴色号)

GB/T 4120.6—1992 工业液体氯代甲烷类产品的包装、标志、贮存、运输和检验规则

GB/T 4472—1984 化工产品 密度、相对密度测定通则

GB/T 6283—1986 化工产品中水分含量的测定 卡尔·费休法(通用方法)(eqv ISO 760:1978)

GB/T 6324.2—1986 挥发性有机液体 水浴上蒸发后干残渣测定的通用方法(eqv ISO 759:1981)

GB/T 6678—1986 化工产品采样总则

GB/T 6680—1986 液体化工产品采样通则

GB/T 6682—1992 分析实验室用水规格和试验方法(eqv ISO 3696:1987)

GB/T 9722—1988 化学试剂 气相色谱法通则

3 要求

3.1 外观：透明液体，无可见杂质。

3.2 工业用四氯乙烯应符合表 1 的要求。

中华人民共和国国家经济贸易委员会 2002-09-28 批准 2003-06-01 实施

表 1 要求

项目		指标	
		Ⅰ型	Ⅱ型
色度[1]（Hazen 单位）	≤	15	50
密度 ρ_{20}/(g/cm³)		1.615～1.625	1.615～1.630
纯度[2]/%	≥	99.6	98.5
蒸发残渣含量/%	≤	0.005	0.007
水分/%	≤	0.005 0	0.007 0
碱度（以 NaOH 计）/%	≤	0.03	0.03
稳定性试验 铜片腐蚀量/(mg/cm²)	≤	0.50	1.0
残留气味		无异味（必要时测定）	—

4 试验方法

试验方法中所用试剂和水，在没有注明其他要求时，均指分析纯试剂和 GB/T 6682 中规定的三级水。

试验方法中所用标准溶液、制剂及制品，在没有注明其他要求时，均按 GB/T 601、GB/T 603 之规定制备。

4.1 色度的测定

按 GB/T 3143 的规定进行。

4.2 密度的测定

按 GB/T 4472—1984 中 2.3.3 的规定进行。

在 10℃～35℃之间用密度计测出的密度，以 $K=0.001\ 6$ 换算成 20℃时的密度。

4.3 纯度的测定

4.3.1 方法提要

用气相色谱法，在选定的工作条件下，使试样中各组分得到分离，用热导检测器检测，用校正面积归一化法计算四氯乙烯的纯度。

4.3.2 试剂和材料

4.3.2.1 三氯甲烷。

4.3.2.2 6201 型载体：粒径 0.18 mm～0.25 mm。

4.3.2.3 硅酮弹性体 E-301。

4.3.2.4 氢气：纯度不低于 99.5%。经硅胶与分子筛干燥、净化。

4.3.3 仪器、设备

4.3.3.1 气相色谱仪：配有热导检测器，其灵敏度和稳定性应符合 GB/T 9722 的规定。

4.3.3.2 色谱柱及典型工作条件：本标准推荐的色谱柱及典型工作条件见表 2，四氯乙烯在柱温 90℃和柱温 110℃下的典型色谱图见图 1 和图 2，相应各主要组分的保留时间 t_R 和相对保留值 r 见表 3、表 4，各组分在热导池检测器上的相对校正因子见表 5。能达到同等分离程度的色谱柱和工作条件均可使用。

采用说明：

1] ASTMD 4081:2000 未设此项。

2] ASTMD 4081:2000 未设此项。

表 2　色谱柱及典型工作条件

参 数 名 称	参 数 值
色谱柱长/柱内径	3 m/3 mm
固定相	E-301∶6201＝20∶100
填充量	3.4 g/m
色谱柱温度	90℃，110℃
汽化温度	130℃
检测温度	120℃
桥电流	150 mA
载气柱前压	103 kPa
载气(氢气)柱后流量	50 mL/min
进样量	1 μL～2 μL

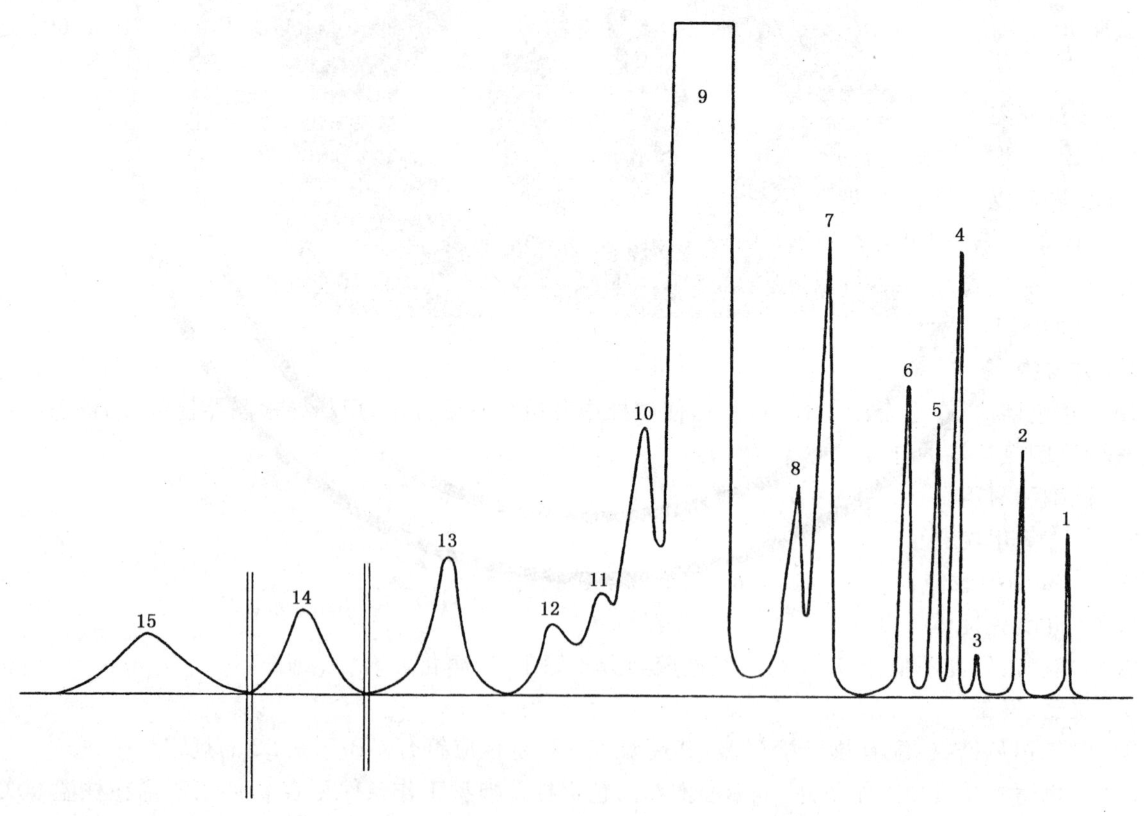

1—空气；2—1，1-二氯乙烯；3—三氯甲烷；4—1，2-二氯乙烷；5—四氯化碳；6—三氯乙烯；7—1，1，2-三氯乙烷；8—1，3-二氯丙烷；9—四氯乙烯；10—1，1，1，2-四氯乙烷；11—1，1，2-三氯丙烯；12—3，3-二氯丙烯；13—1，1，2，2-四氯乙烷；14—五氯乙烷；15—六氯乙烷

图 1　四氯乙烯典型色谱图(柱温 90℃)

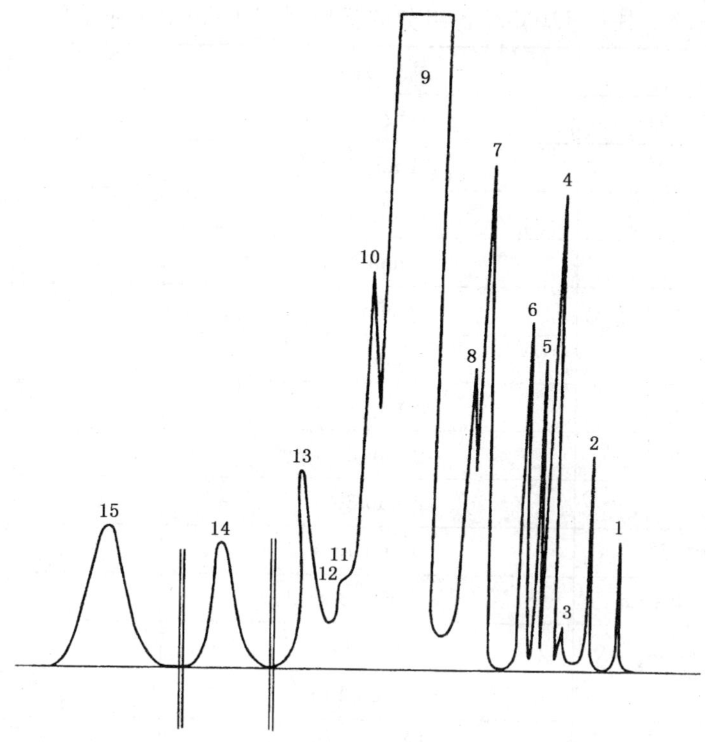

1—空气；2—1,1-二氯乙烯；3—三氯甲烷；4—1,2-二氯乙烷；5—四氯化碳；6—三氯乙烯；
7—1,1,2-三氯乙烷；8—1,3-二氯丙烷；9—四氯乙烯；10—1,1,1,2-四氯乙烷；
11、12—1,1,2-三氯丙烯+3,3-二氯丙烯；13—1,1,2,2-四氯乙烷；14—五氯乙烷；15—六氯乙烷

图 2　四氯乙烯典型色谱图(柱温 110℃)

表 3　柱温 90℃时各组分的保留时间 t_R 和相对保留值 r

组分名称	保留时间 t_R	相对保留值 r
空气	30 s	—
1,1-二氯乙烯	1 min 20 s	0.29
三氯甲烷	2 min 6 s	0.55
1,2-二氯乙烷	2 min 31 s	0.69
四氯化碳	2 min 58 s	0.85
三氯乙烯	3 min 25 s	1.00
1,1,2-三氯乙烷	4 min 57 s	1.53
1,3-二氯丙烷	5 min 28 s	1.70
四氯乙烯	7 min 11 s	2.29
1,1,1,2-四氯乙烷	8 min 32 s	2.75
1,1,2-三氯丙烯	9 min 20 s	3.03
3,3-二氯丙烯	10 min 20 s	3.37
1,1,2,2-四氯乙烷	11 min 46 s	3.86
五氯乙烷	18 min 45 s	6.26
六氯乙烷	32 min 31 s	10.98

表 4　柱温 110℃时各组分的保留时间 t_R 和相对保留值 r

组分名称	保留时间 t_R	相对保留值 r
空气	29 s	—
1,1-二氯乙烯	1 min 5 s	0.32
三氯甲烷	1 min 34 s	0.58
1,2-二氯乙烷	1 min 49 s	0.71
四氯化碳	2 min 4 s	0.84
三氯乙烯	2 min 22 s	1.00
1,1,2-三氯乙烷	3 min 11 s	1.43
1,3-二氯丙烷	3 min 26 s	1.57
四氯乙烯	4 min 30 s	2.13
1,1,1,2-四氯乙烷	5 min 13 s	2.51
1,1,2-三氯丙烯+3,3-二氯丙烯	6 min 3 s	2.96
1,1,2,2-四氯乙烷	6 min 45 s	3.33
五氯乙烷	10 min 20 s	5.25
六氯乙烷	18 min 43 s	9.68

表 5　各组分的相对校正因子 f_i

组分名称	相对校正因子 f_i
1,1-二氯乙烯	1.22^{-1}
三氯甲烷	1.03^{-1}
1,2-二氯乙烷	1.21^{-1}
四氯化碳	0.87^{-1}
三氯乙烯	1.00^{-1}
1,1,2-三氯乙烷	1.00^{-1}
1,3-二氯丙烷	1.16^{-1}
四氯乙烯	0.86^{-1}
1,1,1,2-四氯乙烷	0.87^{-1}
1,1,2-三氯丙烯	0.98^{-1}
3,3-二氯丙烯	1.18^{-1}
1,1,2,2-四氯乙烷	0.87^{-1}
五氯乙烷	0.77^{-1}
六氯乙烷	0.69^{-1}

4.3.3.3　色谱数据处理机或积分仪。

4.3.3.4　微量进样器。

4.3.4　分析步骤

4.3.4.1　固定相的配制

称取适量 E-301,用三氯甲烷溶解,将已称量过的 6201 型载体倒入上述溶液混匀,在红外灯下烘干。

4.3.4.2 **色谱柱的老化**

通入载气，于150℃老化8 h～10 h。

4.3.4.3 **试样的测定**

启动色谱仪，待选定的工作条件稳定后即可进样。进样量为1 μL～2 μL。待色谱峰流出完毕，测量各组分的峰面积。

4.3.5 **分析结果表述**

以质量百分数表示的纯度 X_1 按式(1)计算：

$$X_1 = \frac{Af}{\Sigma(A_i f_i)} \times 100 \quad \cdots\cdots(1)$$

式中：f——四氯乙烯的相对校正因子；

A——四氯乙烯的峰面积；

f_i——组分 i 的相对校正因子；

A_i——组分 i 的峰面积。

取两次平行测定结果的算术平均值为测定结果。两次平行测定结果之差不得大于0.2%。

4.4 **蒸发残渣含量的测定**

将试样置于电热器上，在110℃～115℃蒸发至干。其他按GB/T 6324.2的规定进行。

4.5 **水分的测定**

按GB/T 6283的规定进行。

取两次平行测定结果的算术平均值为测定结果。两次平行测定结果的相对偏差不得大于20%。

4.6 **碱度的测定**

4.6.1 **方法提要**

试样中的碱与过量的盐酸反应试剂反应，反应后剩余的酸加异丙醇进行稳定处理，以溴酚蓝为指示剂，用氢氧化钠标准滴定溶液进行返滴定，计算试样的碱度。

4.6.2 **试剂和材料**

4.6.2.1 异丙醇。

4.6.2.2 盐酸反应试剂：$c(HCl)=0.1$ mol/L，量取4.4 mL盐酸，溶解于300 mL异丙醇中，用无水乙醇稀释至500 mL。

4.6.2.3 氢氧化钠标准滴定溶液：$c(NaOH)=0.1$ mol/L。

4.6.2.4 溴酚蓝指示液：1 g/L。

4.6.3 **分析步骤**

4.6.3.1 移取25.0 mL盐酸反应试剂和25 mL异丙醇，置于250 mL干燥的锥形瓶中，加入3滴溴酚蓝指示液，用氢氧化钠标准滴定溶液滴定至溶液呈稳定的蓝绿色为终点。记录此空白试验消耗氢氧化钠标准滴定溶液的毫升数 V_0。

4.6.3.2 移取25.0 mL盐酸反应试剂，置于250 mL干燥的具塞锥形瓶中，加入10.0 mL试样，再加入25 mL异丙醇，盖上塞充分混匀，在室温下保持10 min。加入3滴溴酚蓝指示液，用氢氧化钠标准滴定溶液滴定至溶液呈稳定的蓝绿色为终点。记录此滴定试样消耗氢氧化钠标准滴定溶液的毫升数 V_1。

V_1 不得大于空白试验所得 V_0，若 V_1 大于 V_0 则碱度为不合格。

4.6.4 **分析结果的表述**

以质量百分数表示的碱度(以NaOH计)X_2 按式(2)计算：

$$X_2 = \frac{(V_0 - V_1)\, c \times 0.040}{10 \times \rho_t} \times 100 = \frac{(V_0 - V_1)\, c \times 0.4}{\rho_t} \quad \cdots\cdots(2)$$

式中：V_0——空白试验消耗氢氧化钠标准滴定溶液的体积，mL；

V_1——滴定试样消耗氢氧化钠标准滴定溶液的体积，mL；

c——氢氧化钠标准滴定溶液的实际浓度，mol/L；

ρ_t——试样的密度，g/cm³；

0.040——与 1.00 mL 盐酸反应试剂[c(HCl)＝1.000 mol/L]相当的以克表示的氢氧化钠的质量。

取两次平行测定结果的算术平均值为测定结果。两次平行测定结果之差不得大于 0.005%。

4.7 稳定性试验(铜片腐蚀量)

4.7.1 方法提要

铜片置于试样液相和气相内，加热环流 24 h 后，求铜片腐蚀量。

4.7.2 试剂和材料

4.7.2.1 盐酸：化学纯。

4.7.2.2 铜片：长 8 cm，宽 2.5 cm，厚约 0.01 cm。

4.7.3 仪器、设备

4.7.3.1 一般实验室仪器。

4.7.3.2 稳定性试验装置：装配图如图 3 所示。

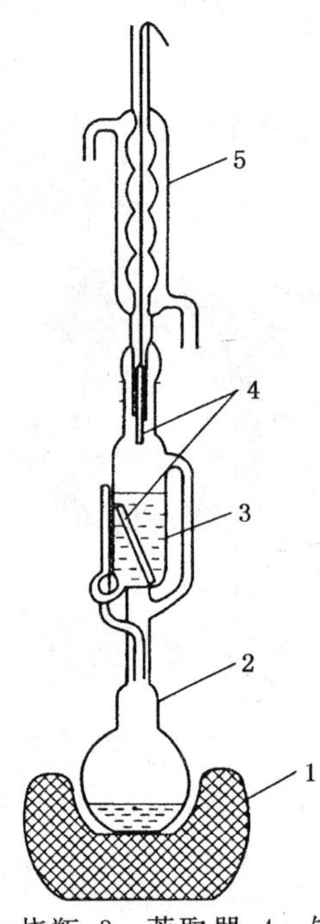

1—电热器；2—烧瓶；3—萃取器；4—铜片；5—冷凝器

图 3 稳定性试验装置装配图

4.7.4 分析步骤

4.7.4.1 将铜片用试样洗涤，再用盐酸酸洗。用水洗净后擦干，于(105±2)℃干燥 30 min，冷却至室温后称量(精确至 0.000 2 g)。

4.7.4.2 量取试样 135 mL，放入烧瓶中，加 5 mL 水，按图 3 装配稳定性试验装置。将一块铜片置于萃取器内，另一块用线吊在冷凝器下部，冷凝器内通入冷却水。

4.7.4.3 加热试样形成环流，调节电热器，使试样冷凝液在萃取器中 13 min～17 min 环流一次。环流 24 h 后，停止加热，将试样冷却至室温，取出铜片，用盐酸快洗，再用水充分洗净、擦干，于(105±2)℃干燥 30 min，冷却至室温后称量(精确至 0.000 2 g)。计算两块铜片腐蚀量之和。

4.7.5 分析结果的表述

铜片腐蚀量(mg/cm²)X_3，按式(3)计算：

$$X_3=\frac{A}{B}=\frac{A}{8\times2.5\times2\times2}=\frac{A}{80} \qquad \cdots\cdots(3)$$

式中：A——两块铜片腐蚀量之和，mg；

B——两块铜片两面的面积之和，cm^2。

4.8 残留气味的测定

4.8.1 方法提要

将试样浸润过的滤纸与空白滤纸比较，检查有无外来气味。

4.8.2 试剂和材料

滤纸：符合 GB/T 1914 的要求。

4.8.3 分析步骤

4.8.3.1 取 200 mL 试样置于 500 mL 烧杯中，将裁成 2.5 cm×7.5 cm 大小的滤纸浸入试样 5 cm 深处。

4.8.3.2 取出滤纸，室温下放置 30 min，再于(60±2)℃恒温干燥箱中干燥 30 min。

4.8.3.3 取出滤纸，室温下放置 5 min。

4.8.3.4 比较经以上步骤处理过的滤纸和同时只按 4.8.3.2 和 4.8.3.3 步骤处理的滤纸，应没有任何外来气味。

5 检验规则

5.1 本标准规定的所有项目均为型式检验项目，其中色度、密度、纯度、水分、碱度为出厂检验项目，在正常生产情况下，每三个月至少进行一次型式检验。

5.2 工业用四氯乙烯由生产厂的质量检验部门进行检验。每批出厂的产品都应符合本标准的要求。每批出厂的产品都应附有一定格式的质量证明书，内容包括产品名称、等级、生产厂名、厂址、批号或生产日期及本标准编号。

5.3 工业用四氯乙烯以每班次生产量为一批。

5.4 按 GB/T 6678—1986 中 6.6 确定采样单元数，采样技术应符合 GB/T 6680 的规定。采样量不少于 200 mL，将所采样品混匀后，分别装于两个清洁、干燥的具塞磨口瓶中。贴上标签并注明产品名称、产品等级、批号、采样日期及采样者姓名。一瓶供检验用，另一瓶密封保留六个月备查。

5.5 检验结果的判定按 GB/T 1250 中修约值比较法进行。检验结果如果有一项指标不符合本标准要求时，应重新自两倍数量的包装单元中采样进行复验。重新检验的结果即使只有一项指标不符合本标准要求，则整批产品为不合格。

6 标志、包装、运输和贮存

工业用四氯乙烯的铁桶包装每桶净含量为(300±0.5) kg，或根据用户需要包装。工业用四氯乙烯的标志、包装、运输、贮存的其他要求按 GB/T 4120.6 中的标志、包装、运输、贮存的规定执行。

7 安全

工业用四氯乙烯有特殊的刺激性气味，受高热或燃烧发生分解放出有毒气体，在四氯乙烯蒸气浓度较高的场合应戴防毒口罩。四氯乙烯的脱脂能力较强，对眼、黏膜或皮肤有刺激性，有烧伤危险，应避免与皮肤接触。如操作时必须接触四氯乙烯，可戴涂塑手套以防护。

前　　言

本标准是对推荐性化工行业标准 HG/T 3263—1989《三氯异氰尿酸》修订而成。

本标准有效氯含量和水分的试验方法等效采用美国试验与材料协会标准 ASTM D 2022:1989(1995 年确认)《含氯漂白剂的取样和化学分析标准试验方法》,并增加了方法的允许差。

本标准与 HG/T 3263—1989 的主要差异为:

——取消了一等品。

——合格品有效氯含量指标由大于等于 85.0%修改为大于等于 88.0%。

——pH 值(1%水溶液)优等品指标由 2.7～3.3 修改为 2.6～3.2,并增加了合格品指标。

本标准自实施之日起,同时代替 HG/T 3263—1989。

本标准由原国家石油和化学工业局政策法规司提出。

本标准由全国化学标准化技术委员会有机分会归口。

本标准起草单位:江苏北方氯碱集团徐州克维斯消毒剂有限公司。

本标准参加起草单位:南宁化工股份有限公司、常州化工厂、河北冀衡集团有限公司。

本标准主要起草人:周忠云、臧继放、王春玲。

本标准于 1989 年 5 月首次发布。

本标准委托全国化学标准化技术委员会有机分会负责解释。

中华人民共和国化工行业标准

HG/T 3263—2001

代替 HG/T 3263—1989

三氯异氰尿酸

Trichloroisocyanuric acid

1 范围

本标准规定了三氯异氰尿酸的要求、试验方法、检验规则、标志、包装、运输、贮存和安全等。

本标准适用于由氰尿酸、烧碱、氯气为原料制得的三氯异氰尿酸。该产品主要用作漂白剂、杀菌消毒剂、羊毛防缩剂等。

结构式：

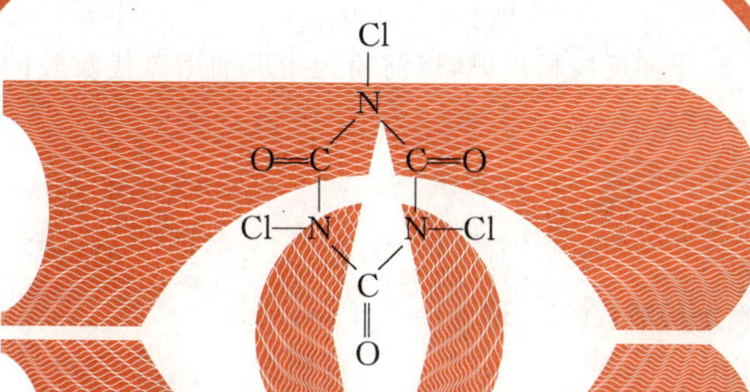

分子式：$C_3Cl_3N_3O_3$

相对分子质量：232.41(按 1997 年国际相对原子质量)

2 引用标准

下列标准所包含的条文，通过在本标准中引用而构成为本标准的条文。本标准出版时，所示版本均为有效。所有标准都会被修订，使用本标准的各方应探讨使用下列标准最新版本的可能性。

GB 190—1990 危险货物包装标志

GB/T 191—2000 包装储运图示标志

GB/T 601—1988 化学试剂 滴定分析(容量分析)用标准溶液的制备

GB/T 603—1988 化学试剂 试验方法中所用制剂及制品的制备(neq ISO 6353-1:1982)

GB/T 1250—1989 极限数值的表示方法和判定方法

GB/T 6678—1986 化工产品采样总则

GB/T 6679—1986 固体化工产品采样通则

GB/T 6682—1992 分析实验室用水规格和试验方法(eqv ISO 3696:1987)

3 要求

3.1 外观：白色结晶粉末及各种形状成型品。

3.2 三氯异氰尿酸应符合表 1 的技术要求。

国家经济贸易委员会 2002-01-24 批准 2002-07-01 实施

表 1　技术要求

项　　目	指　　标	
	优　等　品	合　格　品
有效氯(以 Cl 计)含量/%　　≥	90.0	88.0
水分/%　　≤	0.5	1.0
pH 值(1%水溶液)	2.6～3.2	

4　试验方法

本标准所用试剂和水，在没有注明其他要求时，均为分析纯试剂和 GB/T 6682 中规定的三级水。

本标准中所用标准滴定溶液、制剂及制品，在没有注明其他要求时，均按 GB/T 601、GB/T 603 之规定制备。

4.1　有效氯含量的测定

4.1.1　方法提要

试样在酸性介质中与碘化钾反应析出碘，以淀粉为指示剂用硫代硫酸钠标准滴定溶液滴定，计算有效氯含量。

4.1.2　试剂和溶液

a) 碘化钾。

b) 硫酸溶液：1+5。

c) 硫代硫酸钠标准滴定溶液：$c(Na_2S_2O_3)=0.1$ mol/L。

d) 淀粉指示液：5 g/L。

4.1.3　仪器

一般试验室仪器及磁力搅拌器。

4.1.4　分析步骤

称取试样约 0.15 g(精确至 0.000 2 g)，置于 250 mL 碘量瓶中，加水 100 mL、碘化钾 3 g，混合。再加入硫酸溶液 20 mL，盖好瓶盖，在磁力搅拌器上避光搅拌约 5 min，用约 5 mL 水冲洗瓶塞和瓶内壁，用硫代硫酸钠标准滴定溶液滴定至溶液呈微黄色时，加入 2 mL 淀粉指示液，继续滴定至溶液蓝色刚好消失为终点。

4.1.5　分析结果的表述

以质量百分数表示的有效氯(以 Cl 计)含量 X_1 按式(1)计算：

$$X_1=\frac{Vc\times 0.035\,45}{m}\times 100=\frac{Vc\times 3.545}{m} \qquad (1)$$

式中：V——滴定消耗硫代硫酸钠标准滴定溶液的体积，mL；

c——硫代硫酸钠标准滴定溶液的实际浓度，mol/L；

m——试样质量，g；

0.035 45——与 1.00 mL 硫代硫酸钠标准滴定溶液[$c(Na_2S_2O_3)=1.000$ mol/L]相当的以克表示的氯的质量。

4.1.6　允许差

取两次平行测定结果的算术平均值为测定结果。两次平行测定结果之差不得大于 0.3%。

4.2　水分的测定

4.2.1　方法提要

试样在(104±1)℃下恒温干燥 2 h，用重量法测定。

4.2.2　仪器

a) 称量瓶：内径 50 mm，高 30 mm。

b) 烘箱：控温精度：±1℃[1]。

c) 干燥器：内盛适当的干燥剂。

4.2.3 分析步骤

用已于(104±1)℃下烘干至恒重的称量瓶称取试样约2 g(精确至0.000 2 g)，放入烘箱中，打开瓶盖，在(104±1)℃下烘干2 h，盖好瓶盖，取出称量瓶，置于干燥器中冷却至室温(不得少于30 min)，称量。

注：烘箱温度超过105℃，三氯异氰尿酸可能发生升华。

4.2.4 分析结果的表述

以质量百分数表示的水分 X_2 按式(2)计算：

$$X_2 = \frac{m_1 - m_2}{m_0} \times 100 \qquad \cdots\cdots (2)$$

式中：m_0——称取试样质量，g；

m_1——干燥前称量瓶及试样质量，g；

m_2——干燥后称量瓶及试样质量，g。

4.2.5 允许差

取两次平行测定结果的算术平均值为测定结果。两次平行测定结果之差不得大于0.05%。

4.3 pH值的测定

4.3.1 仪器、设备

a) 酸度计：配有玻璃测量电极和饱和甘汞参比电极或复合电极，分度值为0.02pH单位。

b) 磁力搅拌器。

4.3.2 分析步骤

称取试样1 g(精确至0.1 g)，置于100 mL烧杯中，加入100 mL无二氧化碳水，于磁力搅拌器上搅拌至完全溶解，用酸度计测定pH值。

4.3.3 允许差

取两次平行测定结果的算术平均值为测定结果。两次平行测定结果之差不得大于0.1pH单位。

5 检验规则

5.1 本标准表1规定的所有项目均为型式检验项目，其中有效氯含量、水分为出厂检验项目，在正常情况下，每月至少进行一次型式检验。

5.2 以同等质量的产品为一批，每批产品不超过20 t。

5.3 三氯异氰尿酸应由生产厂的质量监督检验部门进行检验，生产厂应保证每批出厂的产品都符合本标准的要求。每批出厂的产品都应附有质量证明书，内容包括生产厂名、厂址、产品名称、商标、等级、净含量、批号或生产日期和本标准编号。

5.4 按照GB/T 6678—1986中6.6的规定确定采样单元数。采样技术按GB/T 6679—1986中第2章规定进行。生产厂可在包装前采样，采样总量不少于500 g。将采得的样品立即装入两个清洁干燥的双层塑料袋中，密封，贴上标签，注明生产厂名、产品名称、批号、采样日期和采样者姓名。一袋用于检验，另一袋避光保存三个月备查。

5.5 检验结果按GB/T 1250中修约值比较法进行判定。检验结果如果有一项指标不符合本标准要求时，应重新自两倍数量的包装单元中采样复验。复验结果即使只有一项指标不符合本标准要求，则整批产品为不合格。

采用说明：

1] ASTM D 2022：1989(1995)规定控温精度：±1.0℃。

6 标志、包装、运输和贮存

6.1 三氯异氰尿酸包装上应有牢固清晰的标志，内容包括生产厂名、厂址、产品名称、商标、等级、净含量、批号或生产日期和本标准编号，以及 GB 190 中规定的“氧化剂”、“腐蚀品”标志和 GB 191 中规定的“怕湿”标志。

6.2 三氯异氰尿酸用钙塑桶或塑料编织袋包装，内衬聚乙烯塑料薄膜袋。根据用户的要求确定包装单元的净含量，净含量的偏差应符合国家有关规定和要求。

6.3 三氯异氰尿酸在运输过程中应有遮盖物，防止日晒、雨淋、受潮，禁止与酸或碱及易氧化的有机物共运。

6.4 三氯异氰尿酸应贮存在阴凉、干燥处，防止日晒、雨淋、受潮，禁止与酸或碱及易氧化的有机物共贮。

7 安全

7.1 三氯异氰尿酸是强氧化剂，与易燃物接触可能引发火灾。

7.2 三氯异氰尿酸为酸性腐蚀品，有刺激性气味，对眼睛、粘膜、皮肤等有灼伤危险，严禁与人体接触。如有不慎接触，则应及时用大量水冲洗，严重时送医院治疗。

7.3 操作人员应配戴防护眼镜、胶皮手套等劳动防护用品。

2 一般有机化工原料

前　言

本标准是等效采用美国试验与材料协会标准 ASTM D 2439—1996《精制苯酚》对 GB 339—1989《工业合成苯酚》的修订。

本标准与 ASTM D 2439—1996 相比较，ASTM D 2439—1996 标准未设“溶解试验”项目，未划分产品等级。本标准设有“溶解试验”项目，产品划分为优等品、一等品和合格品三个等级，其中优等品指标与 ASTM D 2439—1996 相同。

本标准与 GB 339—1989 比较：优等品“水分”指标由≤0.1％修改为≤0.10％；一等品增加了“水分”指标，指标为≤0.10％；合格品“结晶点”指标由≥40.0℃修改为≥40.2℃。外观由“优级品、一级品为无色针状或白色结晶，合格品可允许稍带微红色或微黄色”修改为“熔融液体或结晶固体，无沉淀、无混浊”。取消了蒸发残渣项目。“水中溶解度”项目名称修改为“溶解试验”。增加了安全条款。

本标准自实施之日起代替 GB 339—1989《工业合成苯酚》。

本标准由国家石油和化学工业局提出。

本标准由全国化学标准化技术委员会有机分会归口。

本标准起草单位：北京燕化石油化工股份有限公司化学品事业部。

本标准参加起草单位：包头明天科技股份有限公司、上海高桥石油化工公司高桥化工厂、哈尔滨华宇股份有限公司。

本标准主要起草人：周世旺、赵兵。

本标准于 1964 年首次发布，1982 年 3 月进行首次修订；1989 年 3 月进行第二次修订。

本标准委托全国化学标准化技术委员会有机分会负责解释。

中华人民共和国国家标准

GB/T 339—2001

代替 GB 339—1989

工业用合成苯酚

Synthetic phenol for industrial use

1 范围

本标准规定了工业用合成苯酚的要求、试验方法、检验规则、标志、包装、运输和贮存、安全等。

本标准适用于异丙苯法和磺化法制取的工业用合成苯酚。该产品为生产染料、合成树脂、塑料、合成纤维和农药等的原料。

结构式：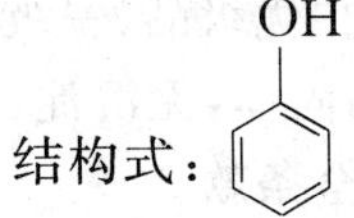

相对分子质量：94.11(按 1997 年国际相对原子质量)

2 引用标准

下列标准所包含的条文，通过在本标准中引用而构成为本标准的条文。本标准出版时，所示版本均为有效。所有标准都会被修订，使用本标准的各方应探讨使用下列标准最新版本的可能性。

GB 190—1990 危险货物包装标志

GB/T 1250—1989 极限数值的表示方法和判定方法

GB/T 3143—1982(1990) 液体化学产品颜色测定法(Hazen 单位——铂-钴色号)(neq ISO 2211:1973)

GB/T 6283—1986 化工产品中水分含量的测定 卡尔·费休法(通用方法)(eqv ISO 760:1978)

GB/T 6678—1986 化工产品采样总则

GB/T 6680—1986 液体化工产品采样通则

GB/T 6682—1992 分析实验室用水规格和试验方法(neq ISO 3696:1987)

GB/T 7533—1993 有机化工产品结晶点的试验方法(neq ISO 1392:1977)

3 要求

3.1 外观：熔融液体或结晶固体，无沉淀、无混浊。

3.2 工业用合成苯酚应符合表 1 所示的技术要求。

表 1 技术要求

项目		指标		
		优等品	一等品	合格品
结晶点/℃	≥	40.6	40.5	40.2
溶解试验[(1:20)吸光度][1]	≤	0.03	0.04	0.14
水分/%(质量分数)	≤	0.10		—

中华人民共和国国家质量监督检验检疫总局 2001-09-06 批准　　2002-04-01 实施

3.3 熔融色度:必要时由供需双方协商确定。

4 试验方法

本标准所用水在没有注明其他要求时,为 GB/T 6682 中规定的三级水。

4.1 外观

将液态试样置于 50 mL 比色管中目测。

4.2 结晶点的测定

按 GB/T 7533 规定进行,并有下列规定。

4.2.1 主温度计:允许使用局浸式温度计。

4.2.2 试样预先不干燥。

4.2.3 取两次平行测定结果的算术平均值为测定结果。两次平行测定结果之差不得大于 0.05℃。

4.3 溶解试验

4.3.1 仪器与设备

a. 分光光度计:含 400 nm 波长,吸光率精度为±0.005(*A*)。

b. 比色池:玻璃材质,光径 5 cm。

4.3.2 分析步骤

用 10 mL 吸量管取液态试样 4.9 mL 于锥形瓶中,加入 100 mL 水,摇动使试样完全溶解。在 25℃±0.5℃恒温下保持 30 min 后,置于比色池中,在波长 400 nm 处,以水作参比,测定溶液的吸光度。

取两次平行测定结果的算术平均值为测定结果。两次平行测定结果之差不得大于 0.01 吸光度。

4.4 水分的测定

用预热过的注射器取适量已在 50℃～60℃熔化的试样,按 GB/T 6283 规定进行测定,或使用精度与之相当或更高的仪器进行测定,并可使用无吡啶卡尔·费休试剂。对分析结果如有争议,以 GB/T 6283的规定为准。

取两次平行测定结果的算术平均值为测定结果。两次平行测定结果之差不得大于 0.01%。

4.5 熔融色度的测定

取熔融试样于预热过的比色管至 100 mL 刻度,按 GB/T 3143 的规定进行测定。

5 检验规则

5.1 本标准所列项目均为型式检验项目,其中结晶点、溶解试验为出厂检验项目。在正常情况下,每月至少进行一次型式检验。

5.2 工业用合成苯酚应由生产厂质量检验部门进行检验,生产厂应保证所有出厂的工业用合成苯酚都符合本标准要求。每批出厂产品都应附有一定格式的质量证明书。内容包括:生产厂名称、产品名称、等级、批号和本标准编号等。

5.3 购方应按照本标准的规定对所收到的工业用合成苯酚在七天内完成质量验收。

5.4 组批:可按生产周期、生产班次或产品贮罐进行组批。

5.5 采样按 GB/T 6678—1986 中的 6.6 和 GB/T 6680—1986 中的 2.2、2.3.1 或 3 进行,所采试样总量不得少于 0.5 kg,将所采试样充分混匀后,分装于两个清洁、干燥的磨口玻璃瓶中,贴上标签,注明生产厂名称、产品名称、批号、取样日期和取样地点,一瓶作检验分析,另一瓶留样备查。

5.6 检验结果的判定按 GB/T 1250 修约值比较法进行,检验结果如果有一项指标不符合本标准要求时,应重新自两倍数量的包装单元中采样进行检验,罐装产品应重新多点采样进行检验。重新检验的结

采用说明:

1] ASTM D 2439—1996 未设此项。

果即使只有一项指标不符合本标准要求，则整批产品为不合格。

6 标志、包装、运输和贮存

6.1 包装容器上应有牢固的标志，其内容包括：产品名称、商标、生产厂名称、厂址、等级、批号、本标准编号、净重及按 GB 190 规定的有毒品标志。

6.2 工业用合成苯酚应用干燥、清洁的镀锌铁桶包装，每桶净重 200 kg；或使用专用槽车运输。

6.3 运输时应防止猛烈撞击，装卸时不得抛卸。

6.4 工业用合成苯酚应贮存在通风干燥的库房或遮棚内。

7 安全

工业用合成苯酚有毒，有腐蚀性、吸湿性，易潮解，有特殊的刺激性气味；遇高热、明火及强氧化剂时易燃；触及皮肤有强烈刺激作用而造成灼伤。若不慎触及皮肤，应立即用大量清水冲洗，再用 10%～40%的乙醇清洗，灼伤严重者应迅速就医。

ICS 71.060.30
G 17

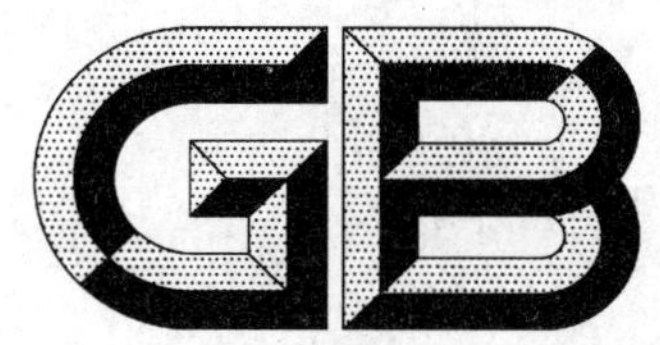

中华人民共和国国家标准

GB/T 1626—2008
代替 GB/T 1626—1988

工业用草酸

Oxalic acid for industrial use

2008-06-04 发布　　2008-12-01 实施

中华人民共和国国家质量监督检验检疫总局
中国国家标准化管理委员会　发布

前　言

本标准代替 GB/T 1626—1988《工业草酸》。

本标准与 GB/T 1626—1988 相比主要变化如下：

——增加分类和命名一章，将草酸按工艺分为两型（见第 3 章）；

——增加外观一章（见第 4 章）；

——增加Ⅱ型产品指标，分设优等品、一等品、合格品（见第 5 章）；

——Ⅰ型产品草酸含量一等品指标由≥99.4%修改为≥99.0%，合格品指标由≥99.0%修改为≥96.0%；硫酸根优等品指标由≤0.08%修改为≤0.07%；灼烧残渣优等品指标由≤0.08%修改为≤0.01%，一等品指标由≤0.10%修改为≤0.08%；重金属优等品指标由≤0.001%修改为≤0.000 5%，一等品指标由≤0.002%修改为≤0.001%；铁含量优等品指标由≤0.001 5%修改为≤0.000 5%，一等品指标由≤0.002%修改为≤0.001 5%；氯化物优等品指标由≤0.003%修改为≤0.000 5%，一等品指标由≤0.004%修改为≤0.002%（1988 年版的 3.2，本版的第 5 章）；

——优等品增加钙含量项目及试验方法（见第 5 章和 6.7）；

——取消砷含量项目和试验方法（1988 年版的 3.2 和 4.7）；

——硫酸根含量测定试验方法灼烧温度由 650℃修改为 850℃（1988 年版的 4.2，本版的 6.2）；

——试验方法铁含量测定增加了火焰原子吸收光谱法（1988 年版的 4.5，本版的 6.5）；

——氯化物试验方法由通过比浊计算得到氯化物含量修改为极限试验方法（1988 年版的 4.6，本版的 6.6）；

——增加了草酸包装规格等（1988 年版的第 6 章，本版的第 8 章）。

本标准由中国石油和化学工业协会提出。

本标准由全国化学标准化技术委员会有机分会（SAC/TC 63/SC 2）归口。

本标准起草单位：山西省原平市化工有限责任公司。

本标准参加起草单位：福建龙泉工贸有限公司。

本标准主要起草人：耿书元、李军、陈丽春、郝亚媛。

本标准于 1988 年 4 月首次发布。

工 业 用 草 酸

1 范围

本标准规定了工业用草酸的技术要求、试验方法、检验规则以及标志、包装、运输和贮存等。

本标准适用于以发生炉煤气与氢氧化钠合成(以下简称合成法)或硝酸氧化葡萄糖(以下简称氧化法)制得的工业用草酸的生产、检验和销售。

分子式:$H_2C_2O_4 \cdot 2H_2O$

相对分子质量:126.07(按2005年国际相对原子质量)

2 规范性引用文件

下列文件中的条款通过本标准的引用而成为本标准的条款。凡是注日期的引用文件,其随后所有的修改单(不包括勘误的内容)或修订版均不适用于本标准,然而,鼓励根据本标准达成协议的各方研究是否可使用这些文件的最新版本。凡是不注日期的引用文件,其最新版本适用于本标准。

GB/T 601—2002 化学试剂 标准滴定溶液的制备

GB/T 602—2002 化学试剂 杂质测定用标准溶液的制备(ISO 6353-1:1982,NEQ)

GB/T 603—2002 化学试剂 试验方法中所用制剂及制品的制备(ISO 6353-1:1982,NEQ)

GB/T 1250 极限数值的表示方法和判定方法

GB/T 3049—2006 工业用化工产品 铁含量测定的通用方法 1,10-菲啰啉分光光度法(ISO 6685:1982,IDT)

GB/T 6678—2003 化工产品采样总则

GB/T 6679—2003 固体化工产品采样通则

GB/T 6682—2008 分析实验室用水规格和试验方法(ISO 3696:1987,MOD)

GB/T 7531 有机化工产品灼烧残渣的测定(GB/T 7531—2008,ISO 6353-1:1982,NEQ)

GB/T 7532 有机化工产品中重金属的测定 目视比色法

GB/T 8947 复合塑料编织袋

GB/T 9723 化学试剂 火焰原子吸收光谱法通则

3 分类和命名

按草酸生产工艺将产品分为Ⅰ型、Ⅱ型,Ⅰ型适用于合成法工艺生产的草酸,Ⅱ型适用于氧化法工艺生产的草酸。

4 外观

白色结晶。

5 要求

工业用草酸应符合表1所示的技术要求。

表 1 技术要求

项目		指标					
		Ⅰ型			Ⅱ型		
		优等品	一等品	合格品	优等品	一等品	合格品
草酸(以 $H_2C_2O_4 \cdot 2H_2O$ 计)的质量分数/%	≥	99.6	99.0	96.0	99.6	99.0	96.0
硫酸根(以 SO_4 计)的质量分数/%	≤	0.07	0.10	0.20	0.10	0.20	0.40
灼烧残渣的质量分数/%	≤	0.01	0.08	0.20	0.03	0.08	0.15
重金属(以 Pb 计)的质量分数/%	≤	0.000 5	0.001	0.02	0.000 05	0.000 2	0.000 5
铁(以 Fe 计)的质量分数/%	≤	0.000 5	0.001 5	0.01	0.000 5	0.001 0	0.005
氯化物(以 Cl 计)的质量分数/%	≤	0.000 5	0.002	0.01	0.002	0.004	0.01
钙(以 Ca 计)的质量分数/%	≤	0.000 5	—	—	0.000 5	0.001 0	—

6 试验方法

除非另有说明,在分析中仅使用确认为分析纯的试剂和符合 GB/T 6682—2008 中规定的三级水。

分析中所用标准滴定溶液、制剂和制品,在没有注明其他要求时,均按 GB/T 601—2002、GB/T 602—2002、GB/T 603—2002 之规定制备。

6.1 草酸含量的测定

6.1.1 方法提要

酸碱滴定法。以酚酞为指示剂,用氢氧化钠标准滴定溶液滴定,通过计算得到草酸含量。

6.1.2 试剂

6.1.2.1 氢氧化钠标准滴定溶液:$c(NaOH)=0.5$ mol/L;

6.1.2.2 酚酞指示液:10 g/L。

6.1.3 分析步骤

称取 1 g 试样,精确至 0.000 2 g,置于 250 mL 锥形瓶中,加入 30 mL 无二氧化碳的水溶解试样,加入(2～3)滴酚酞指示液,用氢氧化钠标准滴定溶液滴定至呈现淡粉色,30 s 不褪色即为终点。

6.1.4 结果计算

草酸(以 $H_2C_2O_4 \cdot 2H_2O$ 计)的质量分数 w_1,数值以%表示,按公式(1)计算:

$$w_1 = \frac{V_1 \cdot c \cdot M}{m \times 1\,000} \times 100 \qquad \cdots\cdots(1)$$

式中:

V_1——试料消耗氢氧化钠标准滴定溶液(6.1.2.1)的体积的数值,单位为毫升(mL);

c——氢氧化钠标准滴定溶液的浓度的准确数值,单位为摩尔每升(mol/L);

m——试料的质量的数值,单位为克(g);

M——草酸($1/2H_2C_2O_4 \cdot 2H_2O$)的摩尔质量的数值,单位为克每摩尔(g/mol)[M=63.04]。

取两次平行测定结果的算术平均值为测定结果。两次平行测定结果的绝对差值不大于 0.15%。

6.2 硫酸根的测定

6.2.1 方法提要

试样中加入碳酸钠使草酸中硫酸根生成硫酸盐,加热使草酸及草酸盐分解,溶解残留物,加入氯化钡溶液生成硫酸钡,与硫酸根标准比浊溶液进行比较。

6.2.2 试剂

6.2.2.1 过氧化氢;

6.2.2.2 无水硫酸钠；

6.2.2.3 盐酸溶液：1+1；

6.2.2.4 碳酸钠溶液：50 g/L；

6.2.2.5 硫酸盐标准溶液：0.1 mg/mL；

6.2.2.6 氯化钡乙醇丙三醇溶液：取 10 份 100 g/L 氯化钡溶液和 1 份(1+2)乙醇丙三醇溶液，混合摇匀。

6.2.3 **仪器**

6.2.3.1 电炉：可调温；

6.2.3.2 高温炉。

6.2.4 **分析步骤**

6.2.4.1 **试样溶液的制备**

称取 1 g 试样，精确到 0.01 g，置于 50 mL 容量瓶中，加入少量水溶解，用水稀释至刻度，摇匀。取该溶液 5.0 mL 于瓷坩埚(或蒸发皿)中，加入 0.5 mL 碳酸钠溶液，在水浴上蒸发至干，然后在电炉上加热分解草酸，再于高温炉中 850℃灼烧 5 min，冷却后，向残留物中加 10 mL 水，2 mL 过氧化氢，经短时煮沸，加 1 mL 盐酸溶液，再在水浴上蒸发至干。加少量水和 0.5 mL 盐酸溶液溶解残渣，用水洗入 50 mL 比色管中，加水至 25 mL(溶液如有混浊过滤)，作为试样溶液。

6.2.4.2 **硫酸根标准比浊溶液的制备**

向各蒸发皿中分别加入(0，0.5，0.7，1.0，1.5，2.0，3.0，4.0，……)mL 硫酸盐标准溶液，再分别加入 0.5 mL 碳酸钠溶液，10 mL 水，2 mL 过氧化氢和 1 mL 盐酸溶液，在水浴上蒸发至干，向各残留物中加入少量水和 0.5 mL 盐酸溶液，溶解残渣，用适量水洗入 50 mL 比色管中，加水至 25 mL，作为硫酸根标准比浊溶液。

6.2.4.3 **测定**

向试样溶液和硫酸根标准比浊溶液中分别加入 10 mL 氯化钡乙醇丙三醇溶液，摇匀，放置 30 min，在自然光或日光灯光照下，轴向进行试样溶液与硫酸根标准比浊溶液的比较。以最接近于硫酸根标准比浊溶液的浊度为试验结果。如果试样溶液浊度在两个硫酸根标准比浊溶液之间，以浊度高的硫酸根标准比浊溶液的浊度作为试验结果。

6.2.5 **结果计算**

硫酸根(以 SO_4 计)的质量分数 w_2，数值以%表示，按公式(2)计算：

$$w_2 = \frac{V_2 \times (c/1\,000)}{m/10} \times 100 \qquad \cdots\cdots(2)$$

式中：

V_2——硫酸根标准比浊液中硫酸盐标准溶液的体积的数值，单位为毫升(mL)；

m——试料的质量的数值，单位为克(g)；

c——硫酸盐标准溶液浓度的数值，单位为毫克每毫升(mg/mL)[c=0.1]。

取两次平行测定结果的算术平均值为测定结果。两次平行测定结果的绝对差值不大于 0.005%。

6.3 **灼烧残渣的测定**

按 GB/T 7531 的规定进行。称取 10 g 试样，精确至 0.01 g，灼烧温度 650℃。

6.4 **重金属的测定**

按 GB/T 7532 的规定进行。

6.4.1 **试剂**

6.4.1.1 盐酸溶液：2+1；

6.4.1.2 硝酸溶液：1+2。

6.4.2 **试样的制备**

称取适量实验室样品，使试样中重金属含量在(0.005～0.2)mg，置于 30 mL 瓷坩埚中，在电炉上低温加热，使草酸全部分解，气体逸尽，然后加强热 5 min，冷却后，在残留物中加入 2 mL 盐酸溶液及 0.4 mL 硝酸溶液，在水浴上蒸发至干，溶解残渣。以下按 GB/T 7532 的规定进行。

6.5 铁含量的测定

6.5.1 火焰原子吸收光谱法

6.5.1.1 方法提要

将草酸试样加热分解，使气体逸尽，冷却后加入盐酸酸化，用水配成适当浓度的溶液，用火焰原子吸收光谱仪在铁元素的特定波长下测定试样的吸光度。根据在相同仪器操作条件下测定的工作曲线，计算试样中铁的含量。

6.5.1.2 试剂

6.5.1.2.1 乙炔：燃气；

6.5.1.2.2 空气：助燃气；

6.5.1.2.3 盐酸：光谱纯；

6.5.1.2.4 铁(Fe)标准溶液：0.1 mg/mL。

6.5.1.3 仪器

6.5.1.3.1 火焰原子吸收光谱仪：配有铁空心阴极灯、火焰原子化器，符合 GB/T 9723 规定；

6.5.1.3.2 电炉：可调温。

6.5.1.4 仪器操作条件

本标准推荐的仪器操作条件：波长 248.3 nm，狭缝宽度 0.2 nm，灯电流 2 mA。

6.5.1.5 分析步骤

6.5.1.5.1 工作曲线的绘制

取铁标准溶液(0,1.0,2.0,3.0,4.0,5.0)mL，分别于 6 个 100 mL 的容量瓶中，分别加入 5 mL 盐酸，用水稀释至刻度，摇匀。作为铁标准工作溶液。该溶液中每毫升含铁(0,1,2,3,4,5)μg。

根据仪器性能调至最佳状态。在给定的仪器操作条件下，测定铁标准工作溶液的吸光度，以吸光度为纵坐标，相对应的铁标准工作溶液中铁的含量(μg/mL)为横坐标，绘制工作曲线。该工作曲线的线性范围达到 5 μg/mL。

6.5.1.5.2 样品的测定

称取试样 25 g，精确至 0.01 g，置于 100 mL 石英烧杯中，加表面皿盖好，放在电炉上低温加热至草酸全部分解，气体逸尽，取下冷却至室温，加入 1.25 mL 盐酸，用水冲洗移入 25 mL 容量瓶中，稀释至刻度，摇匀。作为试样溶液。

按照绘制工作曲线的操作条件测定试样溶液的吸光度，在工作曲线上查出试样中铁的含量。

6.5.1.6 结果计算

铁(以 Fe 计)的质量分数 w_3，数值以%表示，按公式(3)计算：

$$w_3 = \frac{c_1 V_3 \times 10^{-6}}{m} \times 100 \qquad (3)$$

式中：

c_1——从工作曲线查得的铁的含量，单位为微克每毫升(μg/mL)；

V_3——试样溶液的体积的数值，单位为毫升(mL)；

m——试料的质量的数值，单位为克(g)。

取两次平行测定结果的算术平均值为测定结果。两次平行测定结果的绝对差值不大于这两个测定值的算术平均值的 10%。

6.5.2 1,10-菲啰啉分光光度法(仲裁法)

按 GB/T 3049—2006 的规定进行。

6.5.2.1 试剂

盐酸。

6.5.2.2 试样的制备

称取适量试样，使试样中铁含量在(0.01～0.1)mg，置于50 mL瓷坩埚中，在电炉上低温加热，使草酸全部分解，气体逸尽，加1 mL盐酸及10 mL水，微热，使残余物溶解，用水洗入100 mL容量瓶中，使体积约为60 mL。以下操作按GB/T 3049—2006进行。

6.5.2.3 结果计算

铁(以Fe计)的质量分数w_4，数值以%表示，按公式(4)计算：

$$w_4 = \frac{X}{m \times 1\ 000} \times 100 \qquad \cdots\cdots(4)$$

式中：

X——从工作曲线查得的铁的质量的数值，单位为毫克(mg)；

m——试料的质量的数值，单位为克(g)。

取两次平行测定结果的算术平均值为测定结果。

当铁的质量分数<0.003%时，两次平行测定结果的绝对差值不大于这两个测定值的算术平均值的20%。

当铁的质量分数为(0.003～0.01)%时，两次平行测定结果的绝对差值不大于这两个测定值的算术平均值的10%。

6.6 氯化物的测定

6.6.1 方法提要

在酸性溶液中，氯化物与硝酸银生成氯化银白色沉淀，与标准比浊液进行比浊。

6.6.2 试剂

6.6.2.1 硝酸溶液：1+2；

6.6.2.2 硝酸银溶液：17 g/L；

6.6.2.3 氯化物(Cl)标准溶液：0.1 mg/mL。

6.6.3 分析步骤

6.6.3.1 氯化物标准比浊溶液的制备

根据不同等级氯化物含量指标值，分别吸取氯化物标准溶液(0.05、0.20、0.40、1.00)mL于50 mL比色管中，再加入5 mL硝酸溶液，加水至25 mL。此溶液作为氯化物标准比浊溶液。

6.6.3.2 测定

称取试样1 g，精确至0.001 g，置于50 mL比色管中，用少量水溶解，然后加入5 mL硝酸溶液，加水至25 mL。此溶液作为试样溶液。

向装有试样溶液和氯化物标准比浊溶液的比色管中各加入1 mL硝酸银溶液，混匀，放置15 min，轴向进行试样溶液与氯化物标准比浊溶液的比较。试样溶液的浊度不得深于氯化物标准比浊溶液的浊度。

6.7 钙含量的测定

火焰原子吸收光谱法，按6.5.1的规定进行。

6.7.1 仪器操作条件

钙空心阴极灯、波长422.7 nm，狭缝宽度0.4 nm，灯电流2 mA。

6.7.2 分析步骤

工作曲线的绘制：取钙标准溶液(0,1.0,2.0,3.0,4.0,5.0)mL，分别于6个100 mL的容量瓶中，再分别加入5 mL盐酸，用水稀释至刻度，摇匀。作为钙标准工作溶液。该溶液中每毫升含钙(0,1,2,3,4,5)μg。以下测定按6.5.1.5规定进行。

7 检验规则

7.1 第3章要求中表1规定的所有项目均为出厂检验项目。出厂检验每批进行一次。

7.2 工业用草酸产品每批质量不超过 20 t。

7.3 工业用草酸采样单元数按 GB/T 6678—2003 中 7.6.1 的规定确定。

7.4 工业用草酸采样方法按 GB/T 6679—2003 规定进行。取样量不得少于 500 g，混合均匀后分别装在两个清洁、干燥、带磨口塞的广口瓶中。粘贴标签，注明产品名称、批号、产品型号、取样日期、取样地点、取样者姓名。一瓶供检验用，另一瓶留样，内销产品保存 3 个月，外销产品样品保存 6 个月。

7.5 工业用草酸应由生产厂质量监督检验部门进行检验。生产厂应保证出厂产品符合本标准的要求。每批出厂的产品都应附有一定格式的质量证明书，内容包括：生产厂名称、产品名称、生产日期或者批号、产品型号、产品等级和本标准编号等。

7.6 检验结果的判定按 GB/T 1250 中修约值比较法进行。检验结果中如有一项不符合本标准要求时，应重新自两倍量的包装单元中采样进行复验，重新检验的结果即使只有一项指标不符合本标准要求时，则整批产品应做不合格处理。

8 标志、包装、运输、贮存

8.1 工业用草酸的包装容器上应有牢固的标志，标明产品名称、生产厂厂名称、厂址、商标、生产日期或生产批号、产品型号、质量等级、净含量及本标准编号等。

8.2 工业用草酸包装，应用符合 GB/T 8947 规定的内衬塑料薄膜的塑料编织袋，或根据用户需求定制包装。每件包装净含量 25 kg，或按用户要求包装。

8.3 工业用草酸运输时应装在清洁、干燥的运输工具中。运输时注意小心轻放，防止包装袋破损。

8.4 工业用草酸在贮存、运输过程中温度不得高于 40℃，应防潮、防雨淋，与碱性物质分开，防止与食物接触。在搬运过程中避免直接接触皮肤。

ICS 71.080.40
G 17

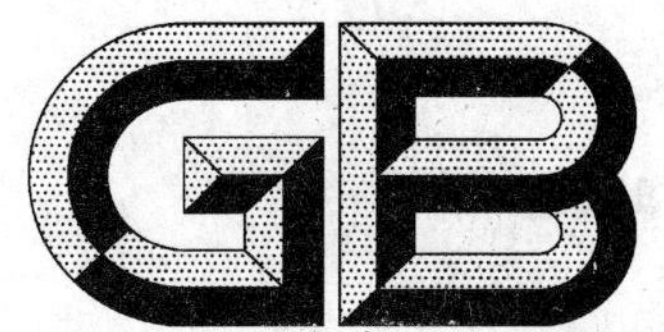

中华人民共和国国家标准

GB/T 1628—2008
代替 GB/T 1628.1～1628.7—2000

工业用冰乙酸

Glacial acetic acid for industrial use

2008-06-18 发布　　　　2009-02-01 实施

中华人民共和国国家质量监督检验检疫总局
中国国家标准化管理委员会　发布

前　言

本标准修改采用美国材料与试验协会标准 ASTM D 3620-04《规格标准　冰乙酸》(英文版)。

本标准根据 ASTM D 3620-04 重新起草。在附录A中列出了本标准章条编号与 ASTM D 3620-04 章条编号的对照一览表。

考虑到我国的国情,在采用 ASTM D 3620-04 标准时,本标准作了一些修改。本标准与 ASTM D 3620-04 的主要差异如下:

——指标分为优等品、一等品和合格品三个等级(本标准的 3.2),这是根据我国对工业产品分等的惯例确定的;

——增加了外观项目(本标准的 3.1);

——增加了蒸发残渣项目(本标准的 3.2);

——增加了高锰酸钾时间项目(本标准的 3.2);

——未设结晶点项目;

——优等品水的质量分数由≤0.16%修改为≤0.15%、甲酸的质量分数由≤0.09%修改为≤0.05%、乙醛的质量分数由≤0.05%修改为≤0.03%(本标准的 3.2)。这是为了严格对产品质量的控制。

本标准代替 GB/T 1628.1—2000《工业冰乙酸》、GB/T 1628.2—2000《工业冰乙酸色度的测定　分光光度法》、GB/T 1628.3—2000《工业冰乙酸含量的测定　滴定法》、GB/T 1628.4—2000《工业冰乙酸中甲酸含量的测定　碘量法》、GB/T 1628.5—2000《工业冰乙酸中甲酸含量的测定　气相色谱法》、GB/T 1628.6—2000《工业冰乙酸中乙醛含量的测定　滴定法》和 GB/T 1628.7—2000《工业冰乙酸中铁含量的测定　原子吸收法》。

本标准与 GB/T 1628.1—2000 相比主要变化如下:

——增加了乙酸含量测定的结晶点试验方法(见 4.5.1);

——优等品指标中甲酸的质量分数由≤0.06%修改为≤0.05%,乙醛的质量分数由≤0.05%修改为≤0.03%(2000 年版的 3.2,本版的 3.2);

——修改了高锰酸钾时间试验方法中标准比色溶液的配制方法(2000 年版的 4.8,本版的 4.11);

——将 GB/T 1628.2～1628.7—2000 的内容整合编入本标准。

本标准的附录A为资料性附录,附录B和附录C为规范性附录。

本标准由中国石油和化学工业协会提出。

本标准由全国化学标准化技术委员会有机分会(SAC/TC 63/SC 2)归口。

本标准负责起草单位:江苏索普(集团)有限公司。

本标准参加起草单位:上海吴泾化工有限公司、扬子江乙酰化工有限公司、兖矿国泰化工有限公司。

本标准主要起草人:宋勤华、胡宗贵、葛立新、秦荣林、谢芳。

本标准所代替标准的历次版本发布情况为:

——GB/T 1628—1979、GB/T 1628—1989、GB/T 1628.1—2000;

——GB/T 1628.2—2000;

——GB/T 1628.3—2000;

——GB/T 1628.4—2000;

——GB/T 1628.5—2000;

——GB/T 1628.6—2000;

——GB/T 1628.7—2000。

工业用冰乙酸

1 范围

本标准规定了工业用冰乙酸的技术要求、试验方法、检验规则及标志、包装、运输、贮存和安全。

本标准适用于工业用冰乙酸的生产、检验和销售。

分子式：$C_2H_4O_2$

结构式：H—C(H)(H)—C(=O)—OH

相对分子质量：60.05（按2005年国际相对原子质量）

2 规范性引用文件

下列文件中的条款通过本标准的引用而成为本标准的条款。凡是注日期的引用文件，其随后所有的修改单（不包括勘误的内容）或修订版均不适用于本标准，然而，鼓励根据本标准达成协议的各方研究是否可使用这些文件的最新版本。凡是不注日期的引用文件，其最新版本适用于本标准。

GB 190 危险货物包装标志

GB/T 601—2002 化学试剂 标准滴定溶液的制备

GB/T 602—2002 化学试剂 杂质测定用标准溶液的制备

GB/T 603—2002 化学试剂 试验方法中所用制剂及制品的制备(neq ISO 6353-1:1982)

GB/T 1250 极限数值的表示方法和判定方法

GB/T 3049—2006 工业用化工产品 铁含量测定的通用方法 1,10-菲啰啉分光光度法(ISO 6685:1982,IDT)

GB/T 3143—1982 液体化学产品颜色测定法(Hazen单位—铂-钴色号)

GB/T 3723 工业用化学产品采样安全通则(GB/T 3723—1999,idt ISO 3165:1976)

GB/T 6283—2008 化工产品中水分含量的测定 卡尔·费休法(通用方法)(ISO 760:1978,NEQ)

GB/T 6324.2—2004 有机化工产品试验方法 第2部分:挥发性有机液体水浴上蒸发后干残渣的测定(ISO 759:1981,MOD)

GB/T 6678—2003 化工产品采样总则

GB/T 6680—2003 液体化工产品采样通则

GB/T 6682—2008 分析实验室用水规格和试验方法(ISO 3696:1987,MOD)

GB/T 7533—1993 有机化工产品结晶点的测定方法

GB/T 9722—2006 化学试剂 气相色谱法通则

3 要求

3.1 外观：透明液体，无悬浮物和机械杂质。

3.2 工业用冰乙酸应符合表1所示的技术要求。

表 1 技术要求

项 目		指 标		
		优等品	一等品	合格品
色度/Hazen 单位(铂-钴色号)	≤	10	20	30
乙酸的质量分数/%	≥	99.8	99.5	98.5
水的质量分数/%	≤	0.15	0.20	—
甲酸的质量分数/%	≤	0.05	0.10	0.30
乙醛的质量分数/%	≤	0.03	0.05	0.10
蒸发残渣的质量分数/%	≤	0.01	0.02	0.03
铁的质量分数(以 Fe 计)/%	≤	0.000 04	0.000 2	0.000 4
高锰酸钾时间/min	≥	30	5	—

4 试验方法

4.1 警示

试验方法规定的一些试验过程可能导致危险情况,操作者应采取适当的安全和防护措施。

4.2 一般规定

本标准所用的试剂和水,在没有注明其他要求时均指分析纯试剂和 GB/T 6682—2008 中规定的三级水。

分析中所用标准滴定溶液、制剂及制品,在没有注明其他要求时,均按 GB/T 601—2002、GB/T 602—2002 和 GB/T 603—2002 的规定制备。

4.3 外观的测定

于具塞比色管中,加入实验室样品,在日光灯或日光下目测。

4.4 色度的测定

按 GB/T 3143—1982 中规定的方法进行测定。

4.5 乙酸含量的测定

4.5.1 结晶点法(仲裁法)

4.5.1.1 本方法适用于结晶点不小于 15.6 ℃的工业用冰乙酸样品的测定。

4.5.1.2 按 GB/T 7533—1993 规定的方法进行测定。根据结晶点的测定结果查附录 B 表 B.1 冰乙酸的结晶点与含量的关系对照表,得出样品乙酸的含量。

4.5.2 滴定法

4.5.2.1 方法提要

以酚酞为指示液,用氢氧化钠标准滴定溶液中和滴定,计算时扣除甲酸含量。

4.5.2.2 试剂

4.5.2.2.1 氢氧化钠标准滴定溶液:$c(NaOH)=1$ mol/L;

4.5.2.2.2 酚酞指示液:5 g/L。

4.5.2.3 分析步骤

用容量约 3 mL 具塞称量瓶称取约 2.5 g 试样,精确至 0.000 2 g。置于已盛有 50 mL 无二氧化碳水的 250 mL 锥形瓶中,并将称量瓶盖摇开,加 0.5 mL 酚酞指示液,用氢氧化钠标准滴定溶液滴定至微粉红色,保持 5 s 不退为终点。

4.5.2.4 **结果计算**

乙酸的质量分数 w_1,数值以%表示,按式(1)计算:

$$w_1 = \frac{(V/1\,000)cM_1}{m} \times 100 - 1.305w_2 \qquad (1)$$

式中:

V——试样消耗氢氧化钠标准滴定溶液(4.5.2.2.1)的体积的数值,单位为毫升(mL);

c——氢氧化钠标准滴定溶液的浓度的准确数值,单位为摩尔每升(mol/L);

m——试样的质量的数值,单位为克(g);

M_1——乙酸的摩尔质量的数值,单位为克每摩尔(g/mol)(M_1=60.05);

1.305——甲酸换算为乙酸的换算系数;

w_2——按 4.6 测得的甲酸的质量分数,数值以%表示。

取两次平行测定结果的算术平均值为测定结果,两次平行测定结果的绝对差值不大于 0.15%。

4.6 **甲酸含量的测定**

4.6.1 **碘量法(仲裁法)**

4.6.1.1 **方法提要**

总还原物的测定:过量的次溴酸钠溶液氧化试样中的甲酸和其他还原物,剩余的次溴酸钠用碘量法测定。

除甲酸外其他还原物的测定:在酸性介质中,过量的溴化钾-溴酸钾氧化除甲酸外的其他还原物,剩余的溴化钾-溴酸钾用碘量法测定。

甲酸含量由两步测定值之差求得。

反应式:

$HCOOH + NaBrO \longrightarrow NaBr + CO_2\uparrow + H_2O$

$NaBrO + 2KI + 2HCl \longrightarrow 2KCl + NaBr + H_2O + I_2$

$2Na_2S_2O_3 + I_2 \longrightarrow Na_2S_4O_6 + 2NaI$

4.6.1.2 **试剂**

4.6.1.2.1 盐酸溶液:1+4。

4.6.1.2.2 碘化钾溶液:250 g/L。

4.6.1.2.3 次溴酸钠溶液:c(1/2NaBrO)=0.1 mol/L。

吸取 2.8 mL 溴置于盛有 500 mL 水和 100 mL 80 g/L 的氢氧化钠溶液的 1 000 mL 容量瓶中,振摇至全部溶解,用水稀释至刻度并混匀,贮于棕色瓶中,保存在阴暗处,两天后使用。

4.6.1.2.4 溴化钾-溴酸钾溶液:$c(1/6KBrO_3)$=0.1 mol/L

称取 10 g 溴化钾和 2.78 g 溴酸钾于盛有 200 mL 水的 1 000 mL 容量瓶中溶解后,用水稀至刻度并混匀。

4.6.1.2.5 硫代硫酸钠标准滴定溶液:$c(Na_2S_2O_3)$=0.1 mol/L。

4.6.1.2.6 淀粉指示液:10 g/L。

4.6.1.3 **仪器**

4.6.1.3.1 锥形瓶:容量 500 mL,耐真空。

4.6.1.3.2 滴液漏斗:容量 100 mL,耐真空。

4.6.1.3.3 真空泵或水流泵:维持真空度 1×10^4 Pa 以下。

甲酸含量测定仪器装配图如图 1 所示:

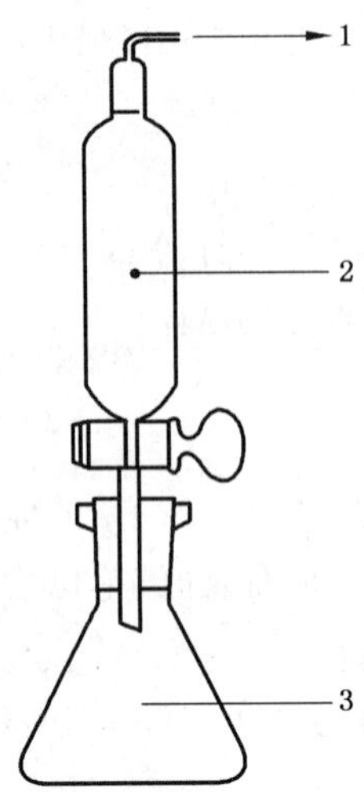

1——接真空泵；
2——滴液漏斗；
3——锥形瓶。

图 1 甲酸含量测定仪器图

4.6.1.4 分析步骤

4.6.1.4.1 总还原物的测定

将滴液漏斗 2 按图 1 置于盛有 80 mL 水的锥形瓶 3 上，打开滴液漏斗活塞，用泵抽取能吸入 200 mL 液体的真空度(参考真空度：7.5×10^4 Pa 以下)，关闭滴液漏斗活塞，拔出连结泵的活塞。通过滴液漏斗吸入用移液管吸取的 25 mL 次溴酸钠溶液，每次用 5 mL 水冲洗滴液漏斗，冲洗两次，再通过滴液漏斗吸入用移液管吸取的 10 mL 试样，每次仍用 5 mL 水冲洗滴液漏斗，冲洗两次。混匀，在室温下静置 10 min，然后通过滴液漏斗吸入 5 mL 碘化钾溶液和 20 mL 盐酸溶液，剧烈振摇 30 s 打开滴液漏斗活塞，取下滴液漏斗，加 50 mL 水于锥形瓶中，用硫代硫酸钠标准滴定溶液滴定至溶液呈浅黄色时，加约 2 mL 淀粉指示液，继续滴定至蓝色刚好消失为终点。

4.6.1.4.2 除甲酸外其他还原物的测定

移取 25 mL 溴化钾-溴酸钾溶液于已盛有 90 mL 水的锥形瓶 3 中，将滴液漏斗按图 1 置于此锥形瓶上，打开活塞，用泵抽取能吸入 200 mL 液体的真空度(参考真空度：7.5×10^4 Pa 以下)，关闭滴液漏斗活塞，拔出连结泵的活塞，通过滴液漏斗吸入用移液管吸取的 10 mL 试样，每次用 5 mL 水冲洗滴液漏斗，冲洗两次，再吸入 10 mL 盐酸溶液。混匀，在室温下静置 10 min，然后通过滴液漏斗吸入 5 mL 碘化钾溶液和 50 mL 水混匀后，打开滴液漏斗活塞，取下滴液漏斗，用硫代硫酸钠标准滴定溶液滴定至溶液呈浅黄色时，加约 2 mL 淀粉指示液，继续滴定至蓝色刚好消失为终点。

4.6.1.4.3 在测定的同时，按与测定相同的步骤，对不加试料(用 10 mL 水代替试料)而使用相同数量的试剂溶液做空白试验。

4.6.1.5 结果计算

甲酸的质量分数 w_2，数值以%表示，按式(2)计算：

$$w_2=\left(\frac{V_0-V_1}{V_4\rho}-\frac{V_2-V_3}{V_5\rho}\right)c\times\frac{1}{1\,000}\times M\times100 \qquad\cdots\cdots(2)$$

式中：

V_0——4.6.1.4.1 中空白试验消耗硫代硫酸钠标准滴定溶液(4.6.1.2.5)的体积的数值，单位为毫升(mL)；

V_1——4.6.1.4.1 中试料消耗硫代硫酸钠标准滴定溶液的体积的数值，单位为毫升(mL)；

V_2——4.6.1.4.2 中空白试验消耗硫代硫酸钠标准滴定溶液的体积的数值，单位为毫升(mL)；

V_3——4.6.1.4.2 中试料消耗硫代硫酸钠标准滴定溶液的体积的数值，单位为毫升(mL)；

c——硫代硫酸钠标准滴定溶液浓度的准确数值，单位为摩尔每升(mol/L)；

V_4——测定总还原物所取试料的体积的数值，单位为毫升(mL)；

V_5——测定除甲酸外其他还原物所取试料的体积的数值，单位为毫升(mL)；

ρ——试样 20 ℃时密度的数值，单位为克每立方厘米(g/cm³)；

M——甲酸($1/2CH_2O_2$)的摩尔质量的数值，单位为克每摩尔(g/mol)[$M(1/2CH_2O_2)=23.01$]。

取两次平行测定结果的算术平均值为测定结果，两次平行测定结果之差不大于 0.005%。

4.6.2 气相色谱法

4.6.2.1 方法提要

用气相色谱法，在选定的工作条件下，样品经汽化通过色谱柱，使其中各组分得到分离，用热导检测器检测，乙酸乙酯为内标物，内标法定量。

4.6.2.2 试剂

4.6.2.2.1 氢气：体积分数不小于 99.9%；

4.6.2.2.2 乙酸乙酯：色谱纯；

4.6.2.2.3 无水乙醇；

4.6.2.2.4 固定液：癸二酸；

4.6.2.2.5 载体：GDX-103，(0.18～0.25)mm。

4.6.2.3 仪器

4.6.2.3.1 气相色谱仪：配有热导检测器，整机灵敏度和稳定性符合 GB/T 9722—2006 中的有关规定；

4.6.2.3.2 记录仪：色谱数据处理机或色谱工作站；

4.6.2.3.3 微量玻璃注射器，10 μL。

4.6.2.4 色谱柱及典型色谱操作条件

推荐的色谱柱及典型操作条件见表 2，相对质量校正因子的测定见附录 C，各组分在色谱柱(癸二酸/GDX-103)上相对保留值见表 3，典型色谱图见图 2。其他能达到同等分离程度的色谱柱及操作条件也可使用。

表 2 色谱柱及典型操作条件

项 目	条 件
色谱柱材质	硼硅玻璃管或不锈钢管
柱长/m	1.5～2.0
柱内径/mm	2～3
固定相	癸二酸：GDX-103(0.18 mm～0.25 mm)=7：100(溶剂：无水乙醇)
载气	氢气
载气流量/(mL/min)	50
柱温/℃	110
汽化室温度/℃	150
检测室温度/℃	150
桥电流/mA	135

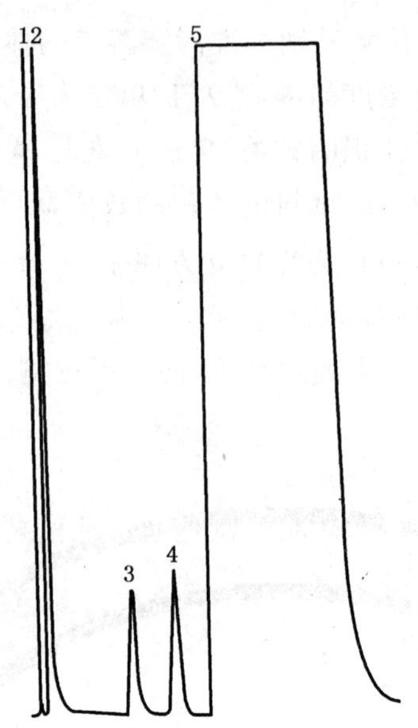

1——空气；

2——水＋乙醛；

3——甲酸；

4——乙酸乙酯；

5——乙酸。

图 2　工业用冰乙酸中甲酸的典型色谱图

表 3　相对保留时间

峰　　序	组分名称	相对保留时间/min
1	空气	0
2	水＋乙醛	0.07
3	甲酸	0.70
4	乙酸乙酯	1.00
5	乙酸	1.30

4.6.2.5　分析步骤

4.6.2.5.1　试样的制备

吸取 10 mL 样品于具塞小三角瓶中称量，精确至 0.000 2 g，加入 10 μL 内标物乙酸乙酯（或与甲酸峰面积相当的量）称量，精确至 0.000 2 g，混匀样品。

4.6.2.5.2　测定

根据仪器说明书，按表 2 的条件调整仪器，待仪器稳定后开始进样分析。进样量为 5 μL（或根据样品中甲酸含量多少确定），用色谱数据处理机或积分仪处理计算结果。

4.6.2.6　定量方法

内标法。

4.6.2.7　结果计算

甲酸的质量分数 w_3，数值以％表示，按式(3)计算：

$$w_3=\frac{A_i f_i m_s}{A_s m}\times 100 \qquad (3)$$

式中：

m_s——内标物乙酸乙酯的质量，单位为克(g)；

A_i——甲酸峰面积；

f_i——甲酸与内标物乙酸乙酯的相对质量校正因子；

A_s——内标物乙酸乙酯的峰面积；

m——试样的质量。

取两次平行测定结果的算术平均值为测定结果，两次平行测定结果之差不大于 0.005%。

4.7 乙醛含量的测定 滴定法

4.7.1 方法提要

试样中的乙醛与过量的亚硫酸氢钠溶液反应，剩余的亚硫酸氢钠用碘量法测定。反应式：

$$CH_3CHO + NaHSO_3 \longrightarrow CH_3-\underset{\underset{SO_3Na}{|}}{\overset{\overset{H}{|}}{C}}-OH$$

4.7.2 试剂

4.7.2.1 亚硫酸氢钠溶液：18.2 g/L。

称取 1.66 g 偏重亚硫酸钠溶解于盛有 50 mL 水的 100 mL 容量瓶中，溶解后，用水稀释至刻度并混匀。

4.7.2.2 碘标准溶液：$c(1/2I_2)=0.02$ mol/L。

4.7.2.3 硫代硫酸钠标准滴定溶液：$c(Na_2S_2O_3)=0.02$ mol/L。

4.7.2.4 淀粉指示液：10 g/L。

4.7.3 分析步骤

4.7.3.1 移取 10 mL 试样，置于已盛有 10 mL 水的 50 mL 容量瓶中，加入 5 mL 亚硫酸氢钠溶液，用水稀释至刻度，混匀并静置 30 min。为试验溶液。

4.7.3.2 移取 50 mL 碘标准溶液于碘量瓶中，置于冰水浴中静置。取试验溶液 20 mL 于碘量瓶中，用硫代硫酸钠标准滴定溶液滴定至溶液呈浅黄色时，加入 0.5 mL 淀粉指示液，继续滴定至蓝色刚好消失为终点。

4.7.3.3 在测定的同时，按与测定相同的步骤，对不加试料而使用相同数量的试剂溶液做空白试验。

4.7.4 结果计算

乙醛的质量分数 w_4，数值以%表示，按式(4)计算：

$$w_4=\frac{(V_1-V_0)c\times M}{V\rho\times 1\,000\times\frac{20}{50}}\times 100 \qquad\cdots\cdots(4)$$

式中：

V_0——空白试验消耗硫代硫酸钠标准滴定溶液(4.7.2.3)的体积的数值，单位为毫升(mL)；

V_1——试样消耗硫代硫酸钠标准滴定溶液的体积的数值，单位为毫升(mL)；

c——硫代硫酸钠标准滴定溶液的准确数值，单位为摩尔每升(mol/L)；

M——乙醛$(1/2C_2H_4O)$的摩尔质量的数值，单位为克每摩尔(g/mol)[$M(1/2C_2H_4O)=22.03$]；

V——试样的体积的数值，单位为毫升(mL)；

ρ——试样 20 ℃的密度的数值，单位为克每立方厘米(g/cm^3)。

取两次平行测定结果的算术平均值为测定结果，两次平行测定结果之差不大于 0.002%。

4.8 水分的测定

按 GB/T 6283—2008 规定进行测定。

用注射器称取试样约 3.5 g，精确至 0.001 g。称样时，注射器针头应用橡胶垫密封。

取两次平行测定结果的算术平均值为测定结果，两次平行测定结果之差不大于 0.01%。

4.9 蒸发残渣的测定

按 GB/T 6324.2—2004 规定进行测定。

取两次平行测定结果的算术平均值为测定结果，两次平行测定结果之差不大于 0.001%。

4.10 铁含量的测定

4.10.1 1,10-菲啰啉分光光度法（仲裁法）

按 GB/T 3049—2006 的规定进行测定。

4.10.1.1 分析步骤

移取 100 mL 样品置于瓷或玻璃蒸发皿中，在沸水浴上蒸干，残渣用 1 mL 盐酸溶液（1+1）溶解。

4.10.1.2 结果计算

铁的质量分数 w_5，数值以%表示，按式（5）计算：

$$w_5 = \frac{m \times 10^{-6}}{V\rho} \times 100 \qquad \cdots\cdots(5)$$

式中：

m——从标准曲线查得铁的质量的数值，单位为微克（μg）；

V——试样的体积的数值，单位为毫升（mL）；

ρ——试样 20 ℃时密度的数值，单位为克每立方厘米（g/cm³）。

取两次平行测定结果的算术平均值为测定结果，两次平行测定结果之差不大于 0.000 02%。

4.10.2 原子吸收光谱法

4.10.2.1 方法提要

试样经蒸发处理后，配成适当浓度的溶液，在空气-乙炔火焰中喷雾，以铁空心阴极灯为光源，在 248.3 nm 波长下测定试样吸光度。根据在相同条件下确定的铁工作曲线，计算试样中铁的含量。

4.10.2.2 试剂

4.10.2.2.1 水：GB/T 6682—2008 规定的二级水；

4.10.2.2.2 盐酸溶液：1+1，取优级纯盐酸进行配制；

4.10.2.2.3 铁（Fe）标准溶液，0.01 mg/mL：吸取铁（Fe）标准溶液（0.1 mg/mL），用水稀释 10 倍。使用时配制；

4.10.2.2.4 乙炔：体积分数不小于 99.5%。

4.10.2.3 仪器

原子吸收光谱仪（附铁空心阴极灯）

a） 特征浓度：在与测定试样溶液的基体相一致的溶液中，铁的特征浓度应不大于 0.044 μg/mL。

b） 仪器精密度：在给定试验条件下，对吸光度在 0.1～0.3 范围内的标样，进行 7 次重复测定，结果的相对标准偏差不大于 1.5%。

4.10.2.4 分析步骤

4.10.2.4.1 试样的制备

移取 100 mL 试样于 150 mL 圆底瓷或玻璃蒸发皿中，在沸水浴上蒸干，残渣用 2 mL 盐酸溶液溶解，移入 25 mL 容量瓶中，稀释至刻度。

4.10.2.4.2 工作曲线的绘制

a） 校准溶液的制备

分别移取 0 mL、2.0 mL、4.0 mL、6.0 mL、8.0 mL、10.0 mL 铁标准溶液，分别置于 6 个 25 mL 容量瓶中，加 2 mL 盐酸溶液，稀释至刻度。

b） 校准溶液吸光度的测定

在给定的仪器试验条件下，待仪器稳定，用水调零后，分别测定校准溶液的吸光度。

c） 工作曲线的绘制

以每一标准溶液的吸光度减去试剂空白溶液的吸光度为纵坐标，对应铁校准溶液浓度为横坐标绘制工作曲线。

如使用数据处理系统，工作曲线可在试样测定时进行。

4.10.2.4.3 **试样的测定**

按照测定标准溶液吸光度的方法测定试样的吸光度。从工作曲线中查得浓度值(或直接读取浓度值)。

4.10.2.5 **结果计算**

铁的质量分数 w_6，数值以%表示，按式(6)计算：

$$w_6 = \frac{cV_1 \times 10^{-6}}{V\rho} \times 100 \qquad \cdots\cdots(6)$$

式中：

c——从工作曲线中查得的浓度，单位为微克每毫升(μg/mL)；

V_1——测定时试样溶液体积的数值，单位为毫升(mL)；

V——试样的体积的数值，单位为毫升(mL)；

ρ——试样 20 ℃时密度的数值，单位为克每立方厘米(g/cm³)。

取两次平行测定结果的算术平均值为测定结果，两次平行测定结果之差不大于 0.000 01%。

4.11 **高锰酸钾时间的测定**

4.11.1 **方法提要**

在规定条件下，将高锰酸钾溶液加入被测试样中，与标准比色溶液进行对照，观察试验溶液褪色所需的时间。

4.11.2 **仪器**

4.11.2.1 比色管：50 mL；长型、磨口、具塞、光学透明。

4.11.2.2 恒温水浴：能够在 15 ℃±0.5 ℃处恒温；恒温水浴避免直接光照。如果使用玻璃恒温水浴，应当用不透明材料遮涂。

4.11.3 **试剂**

4.11.3.1 配制高锰酸钾溶液用水：取适量的水加入足量的高锰酸钾使呈稳定的淡粉红色，煮沸 30 min。如淡粉红色消失，则补加高锰酸钾再呈淡粉红色。冷却至室温，备用。

4.11.3.2 高锰酸钾溶液：0.2 g/L。称取 0.2 g 高锰酸钾，精确至 0.001 g，用已制备的水溶解后置于 1 000 mL 棕色容量瓶中，稀释至刻度，摇匀。此溶液避光可保存两周。

4.11.3.3 标准比色溶液：称取氯化钴 $CoCl_2 \cdot 6H_2O$ 190 mg，加入 16 mL 500 号铂-钴标准溶液，溶解后，移入 50 mL 容量瓶，用水稀释至刻度，充分混匀，该标准比色溶液的颜色表示的是样品溶液在高锰酸钾试验中褪色后的终点颜色。

注：500 号铂-钴标准溶液按照 GB/T 3143—1982 的规定进行配制。

4.11.4 **分析步骤**

移取试样 20 mL 加入到 50 mL 比色管中，再加入 6 mL 水，置于 15 ℃±0.5 ℃的恒温水浴中，水浴的水面保持在距试管顶部大约 25 mm 处。恒温 15 min，当样品达到所规定的温度后，用移液管加入 3.0 mL 高锰酸钾溶液，边加边计时，立即盖上瓶塞，摇匀，放回水浴中。经常将比色管从水浴中取出，以白色背景衬底，轴向观察，并与同体积的标准比色溶液进行比较。接近测定结果时，每分钟比较一次，记录下试液颜色与标准比色溶液一致时的时间。

注意：避免试液直接暴露在强日光下。

4.11.5 **分析结果的表述**

高锰酸钾时间：从加入高锰酸钾溶液起到试液中高锰酸钾颜色褪色或试液颜色达到与标准比色溶液一致时的时间，以分钟计。

取两次平行测定结果的算术平均值为测定结果。两次平行测定结果不大于2 min。

5 检验规则

5.1 检验分为出厂检验和型式检验。

5.1.1 出厂检验项目为外观和表1中的色度、乙酸含量、水分、甲酸含量、乙醛含量、铁含量和还原高锰酸钾物质，应逐批进行检验。

5.1.2 型式检验项目为外观和表1中的所有项目，在正常生产的情况下，每月应至少进行一次型式检验。有下列情况之一时，也应进行型式检验：

a） 更新关键生产工艺；

b） 主要原料有变化；

c） 停产后重新恢复生产；

d） 出厂检验结果与上次型式检验结果有较大差异；

e） 合同规定。

5.2 工业用冰乙酸由生产厂的质量检验部门进行检验。生产厂应保证每批出厂产品都符合本标准的要求，并附有一定格式的质量证明书，内容包括：生产厂名称和厂址、产品名称、产品等级、生产日期或批号、净含量和本标准编号等。

5.3 在原材料、工艺不变的条件下，产品连续生产的实际批为一批，但若干个生产批构成一个检验批的时间通常不超过1天。

5.4 工业用冰乙酸的采样按GB/T 3723、GB/T 6678—2003和GB/T 6680—2003的规定进行。所采试样总量不得少于2 L。将样品混合均匀后分别装于两个清洁、干燥的1 L试剂瓶中，贴上标签并注明：产品名称、批号、采样日期、采样人姓名。一瓶供分析检验用，另一瓶保存备查。

5.5 检验结果的判定按GB/T 1250中修约值比较法进行。检验结果中如有一项指标不符合本标准要求时，桶装产品应重新自两倍量的包装单元中采样进行检验，罐装产品应重新多点采样进行检验。重新检验的结果即使只有一项指标不符合本标准要求，则整批产品为不合格。

6 标志、包装、运输和贮存

6.1 标志

工业用冰乙酸产品包装容器上应有清晰的标志，标明产品名称、生产厂名称、厂址、商标、批号或生产日期、质量等级、净含量、本标准编号以及GB 190中规定的“腐蚀品”标志。

6.2 包装

工业用冰乙酸装于适合冰乙酸特性的不锈钢制、铝制或塑料桶等容器中。包装容器应清洁、干燥。

6.3 运输

工业用冰乙酸在运输及装卸时按照危险货物运输规定进行。

6.4 贮存

工业用冰乙酸应贮存在阴凉、通风、干燥的场所，避免日晒，远离火源和热源，不能与碱类一起贮存。

7 安全

7.1 危险警告

工业用冰乙酸是有刺激性臭味、腐蚀性很强的有机酸性液体。凝固点16.7 ℃，沸点118 ℃，闪点（闭杯）39 ℃，自燃点427 ℃，空气中最高允许浓度20 mg/m^3，其蒸气与空气形成爆炸性混合物，爆炸极限为4.0%～16.0%（体积分数）。吸入本品蒸气对鼻、喉和呼吸道有刺激性，对眼有强烈刺激作用，皮肤接触，轻者出现红斑，重者引起化学灼伤。

7.2 安全措施

7.2.1 应避免工业用冰乙酸与皮肤接触，如溅到皮肤或眼睛上，应迅速用大量清水冲洗，然后急速就医。

7.2.2 灭火剂：雾状水、抗溶性泡沫、干粉、二氧化碳。

7.2.3 工业用冰乙酸泄漏时，应迅速撤离危险区域，严格限制出入，切断火源。尽可能切断泄漏源，防止进入下水道、排洪沟等限制性空间。小量泄漏：用砂土、干燥石灰或苏打灰混合。大量泄漏：构筑围堤或挖坑收容；喷雾状水冷却和稀释蒸气，把泄漏物稀释成为不燃物。用防爆泵转移至槽车或专用收集器内，回收或处理。

附 录 A
（资料性附录）
本标准章条编号与 ASTM D 3620-04 标准章条编号对照

表 A.1 给出了本标准章条编号与 ASTM D 3620-04 标准章条编号的对照一览表。

表 A.1 本标准章条编号与 ASTM D 3620-04 标准章条编号对照

本标准章条编号	对应 ASTM D 3620-04 标准的章条编号
1	1
2	2
3	3
4.3	—
4.4	5.1.3
4.5	5.1.1
4.6	5.1.7
4.7	5.1.6
4.8	5.1.4
4.9	—
4.10	5.1.5
4.11	—
5	—
6	6
7	—

附　录　B
（规范性附录）
冰乙酸的结晶点与含量的关系对照表

冰乙酸的结晶点与含量的关系对照表见表 B.1，该表引自 JIS K 1351—2007《乙酸》（日文版）中的表 8。

表 B.1　冰乙酸的结晶点与含量的关系对照表

结晶点/℃	含量/%	结晶点/℃	含量/%	结晶点/℃	含量/%
16.63	100.00	16.1	99.72	15.5	99.41
16.6	99.98	16.0	99.67	15.4	99.36
16.5	99.93	15.9	99.62	15.3	99.30
16.4	99.88	15.8	99.57	15.2	99.25
16.3	99.83	15.7	99.52	15.1	99.20
16.2	99.78	15.6	99.47		

附 录 C
（规范性附录）
相对质量校正因子的测定

C.1 相对质量校正因子的测定

C.1.1 试剂

C.1.1.1 甲酸：色谱纯；

C.1.1.2 乙酸乙酯：色谱纯；

C.1.1.3 冰乙酸：优级纯；

C.1.1.4 高锰酸钾。

C.1.2 标准样品的制备

在 1 000 mL 冰乙酸中加入 1 g 高锰酸钾，蒸馏，制备成不含甲酸的冰乙酸。吸取 20 mL 不含甲酸的冰乙酸于清洁、干燥的磨口玻璃瓶中，用微量注射器分别加入甲酸和乙酸乙酯（加入量多于甲酸，使两组分峰面积接近），并依次称量，精确至 0.000 2 g，混匀，即为标准样品。标准样品测定时配制。标准样品中各组分的浓度应与试样接近。

C.1.3 分析步骤

待仪器操作条件稳定后，按与测定样品相同的试验条件进行测定。

C.1.4 相对质量校正因子计算

甲酸的相对质量校正因子 f_i 按式(C.1)计算：

$$f_i = \frac{A_s m_i}{A_i m_s} \qquad \text{(C.1)}$$

式中：

A_s——乙酸乙酯的峰面积，单位为平方厘米(cm^2)或为毫伏分(mV,min)；

m_i——甲酸标准样品的质量，单位为克(g)；

A_i——甲酸的峰面积，单位为平方厘米(cm^2)或为毫伏分(mV,min)；

m_s——乙酸乙酯的质量，单位为克(g)。

C.2 相对质量校正因子的定期测定

相对质量校正因子应实际测定，并应定期进行校验。

中华人民共和国国家标准

GB 2092—92

工业癸二酸

代替 GB 2092—80

Sebacic acid for industrial use

1 主题内容与适用范围

本标准规定了工业癸二酸的技术要求,试验方法、检验规则及标志、包装、运输、贮存等。

本标准适用于以蓖麻油酸裂化制得的癸二酸。该产品主要用于癸二酸二辛酯及尼龙 1 010 等的生产。

分子式:$C_{10}H_{18}O_4$

相对分子质量:202.25(按 1987 年国际相对原子质量)

2 引用标准

GB 601 化学试剂 滴定分析(容量分析)用标准溶液的制备;

GB 603 化学试剂 试验方法中所用制剂及制品的制备;

GB 2384 染料中间体熔点测定方法

GB 3143 液体化学产品颜色测定法(Hazen 单位——铂-钴色号)

GB 6284 化工产品中水分含量测定的通用方法 重量法

GB 6679 固体化工产品采样通则

GB 7531 有机化工产品灰分的测定

3 技术要求

3.1 外观:白色结晶或粉末,合格品允许微带色泽。

3.2 工业癸二酸质量应符合下表要求:

指标名称		指标		
		优级品	一级品	合格品
癸二酸含量,%(m/m)	≥	99.5	99.2	98.5
灰分,%(m/m)	≤	0.08	0.10	0.20
水分,%(m/m)	≤	0.30	0.30	0.60
碱溶色度(铂-钴色号),号	≤	35	45	85
熔点范围,℃		131.0～134.5	131.0～134.5	129.0～134.5

4 试验方法

分析方法中,除特殊规定外,只应使用分析纯试剂和蒸馏水或同等纯度的水;基准物应采用基准试

国家技术监督局1992-01-14批准 1992-12-01实施

剂。

标准溶液的制备方法采用 GB 601、GB 603 中规定的方法。

4.1 癸二酸含量的测定

4.1.1 试剂和溶液

4.1.1.1 氢氧化钠标准滴定溶液：$c(NaOH)=0.5$ mol/L；

4.1.1.2 95%乙醇；

4.1.1.3 酚酞乙醇溶液：10 g/L；

4.1.1.4 中性乙醇溶液：每 50 mL 乙醇加 2～3 滴酚酞指示剂，用氢氧化钠标准滴定溶液(4.1.1.1)中和至微红色(用时配制)。

4.1.2 分析步骤

称取 1.5 g 试样(精确至 0.000 2 g)置于 250 mL 锥形瓶中，加入 50 mL 中性乙醇溶液(4.1.1.4)待试样全部溶解后，加 2 滴酚酞指示剂，用氢氧化钠标准滴定溶液(4.1.1.1)滴至微红色，保持 30 s 不褪色。

4.1.3 试验结果计算

癸二酸质量百分含量按式(1)计算：

$$X=\frac{c\cdot V\times 0.1011}{m}\times 100 \qquad\cdots\cdots(1)$$

式中：X——癸二酸质量百分含量，%；

c——氢氧化钠标准滴定溶液实际浓度，mol/L；

V——滴定所消耗的氢氧化钠标准滴定溶液的体积，mL；

0.101 1——与 1.00 mL 氢氧化钠标准滴定溶液〔$c(NaOH)=1.000$ mol/L〕相当的以克表示的癸二酸的质量；

m——试样质量，g。

4.1.4 允许差

平行测定两个试样结果的差值不得大于 0.2%，取两次测定结果的算术平均值作为测定结果。

4.2 灰分的测定

按 GB 7531 进行测定。称样量约 5 g(精确至 0.01 g)，灼烧温度 750±25℃。

4.3 水分的测定

按 GB 6284 进行测定。称样量约 5 g(精确至 0.000 2 g)。

4.4 碱溶色度的测定

4.4.1 仪器

按 GB 3143 之规定。

4.4.2 试剂和溶液

4.4.2.1 按 GB 3143 中规定的试剂和溶液。

4.4.2.2 氢氧化钾溶液：100 g/L。

4.4.3 分析步骤

称取 3 g 试样(精确至 0.1 g)，置于 50 mL 比色管中，加入氢氧化钾溶液(4.4.2.2)至刻度，摇动比色管，待试样全部溶解后，在光线充足处与标准色阶进行比色。

4.4.4 允许差

平行测定两个试样结果的差值不得大于 5 号，取两次测定结果的算术平均值作为测定结果。

4.5 熔点测定

4.5.1 仪器

4.5.1.1 毛细管应符合 GB 2384 之规定。

4.5.1.2 熔点仪装置如图所示：

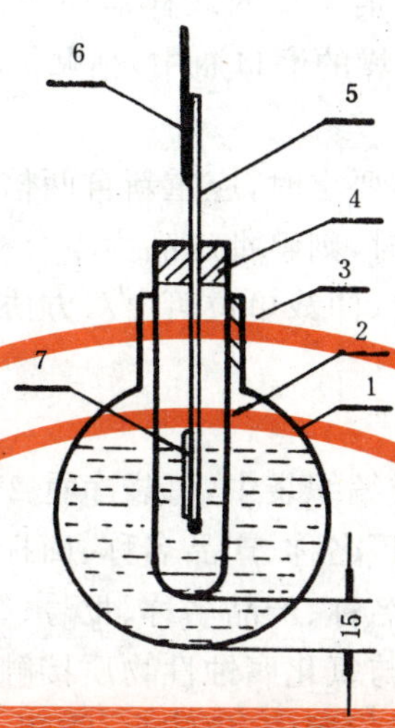

熔点仪装置图

1—圆底烧瓶（容积 250 mL、直径 80 mm，颈长 20～30 mm，口径约 30 mm，烧瓶中注入约其体积四分之三的甲基硅油或甘油）；2—试管（长 100～110 mm、直径 20 mm）；3、4—胶塞（外侧具有出气槽）；5—主温度计（100～150℃，分度值为 0.1℃）；6—辅助温度计（0～50℃、分度值为 1℃，附在主温度计上，使其水银球在温度计露出胶塞 4 上的水银柱中部）；7—毛细管（按 GB 2384 要求）

4.5.2 试剂

甲基硅油（201 型——30 号）或甘油。

4.5.3 分析步骤

将少量干燥研细的试样，放入清洁、干燥的、一端封口的毛细管中。取一高约 800 mm 干燥玻璃管，直立于瓷板上，将装有试样的毛细管向玻璃管中投掷 5～6 次，直至毛细管内的试样紧缩至 2～3 mm 高，将此毛细管附在主温度计上，使试样层面与主温度计水银球中部在同一高度。再将温度计固定于试管中为烧瓶内传温液高度的二分之一处，不可碰到管壁。加热使温度缓缓上升，至熔点前 10℃时，使温度每分钟上升 1～1.5℃。试样局部熔化（出现明显液滴）时的温度作为初熔温度。试样完全熔化时的温度作为全熔温度。

4.5.4 癸二酸熔点范围测定结果的校正

测得熔点范围，初熔和全熔温度应加校正值 Δt。

校正值 Δt 按式(2)计算：

$$\Delta t = 0.000\,16\,h(t_1 - t_2) \quad \cdots\cdots (2)$$

式中：t_1——测得的初熔温度或全熔温度，℃；

t_2——辅助温度计的温度，℃；

h——温度计水银柱露出部分高度，以度数计。

0.000 16——水银与玻璃膨胀系数的差值。

5 检验规则

5.1 本品应由生产厂质量检验部门进行检验。生产厂应保证出厂产品各项指标符合本标准的要求，并应附有一定格式的质量证明书。

5.2 使用单位有权按照本标准规定的技术条件，检验规则、检验方法，对所收到的癸二酸进行验收。

5.3 按批次检验，每批重量不得大于 5 t。

5.4 按 GB 6679 进行取样，取样时用清洁干燥的取样器深入包装袋上、中、下取样。取样量不得少于 500 g，混合均匀后分别装在两个清洁、干燥的磨口瓶中，粘贴标签，注明产品名称、取样日期和批号。一瓶进行检验，另一瓶留样保存三个月。

5.5 检验结果中如有一项不符合本标准要求时，应重新自两倍量的包装中选取样品进行复验。所得结果即使只有一项指标不符合本标准要求时，则整批产品为不合格品。

5.6 当供需双方对产品质量发生争议时，仲裁单位可由双方协商选定，按照本标准的规定进行检验。

6 包装、标志、贮存和运输

6.1 癸二酸包装于内衬塑料袋的麻袋或编织袋中，每袋净重 25 kg。

6.2 包装袋上应有明显标志，注明生产厂名称、产品名称、商标、型号、生产日期、批号、级别、净重。

6.3 每批产品应附合格证，注明生产厂名称、产品名称、批号、级别和净重。

6.4 在贮存和搬运时勿与酸、碱混放或与氧化腐蚀性物质接触，以免损坏包装，产品变质。

6.5 癸二酸应贮存于阴凉通风的仓库或货棚内，应防火，防潮。

附加说明：

本标准由中华人民共和国化学工业部提出。

本标准由化学工业部北京化工研究院归口。

本标准由北京化工三厂起草。

本标准主要起草人温玉茹、王益国、张桂枝。

本标准技术指标参照采用苏联国家标准 ГОСТ15582—70《试剂癸二酸》。

ICS 71.080.40
G 17

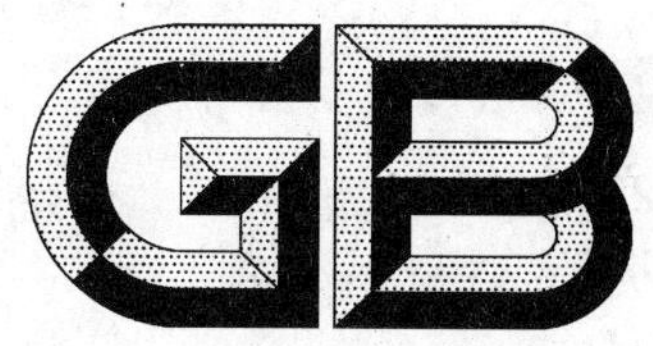

中华人民共和国国家标准

GB/T 2093—2011
代替 GB/T 2093—1993

工业用甲酸

Formic acid for industrial use

2011-06-16 发布 2011-11-01 实施

中华人民共和国国家质量监督检验检疫总局
中国国家标准化管理委员会 发布

前言

本标准按照 GB/T 1.1—2009 给出的规则起草。

本标准代替 GB/T 2093—1993《工业甲酸》，与 GB/T 2093—1993 相比，主要技术变化如下：

——将产品按照不同含量分为 94%、90%、85%三种规格(见第 3 章)，每种规格分别划分为三个等级(见 4.2，1993 年版的 3.2)；

——调整了色度、稀释试验、氯化物、硫酸盐、铁和蒸发残渣指标(见 4.2，1993 年版的 3.2)；

——增加了外观的测定试验方法(见 5.3)；

——增加了氯化物和硫酸盐含量测定的分光光度法(见 5.7 和 5.8)；

——修改了氯化物、硫酸盐、铁和蒸发残渣含量的取样方法，由量取体积修改为称取质量(见 5.7、5.8、5.9 和 5.10，1993 年版的 4.4、4.5、4.6 和 4.7)；

——增加了安全一章(见第 8 章)；

——删除了甲酸密度的测定和甲酸密度表(见 1993 年版的附录 A 和附录 B)。

本标准由中国石油和化学工业联合会提出。

本标准由全国化学标准化技术委员会有机化工分技术委员会(SAC/TC 63/SC 2)归口。

本标准起草单位：肥城阿斯德化工有限公司。

本标准参加起草单位：重庆川东化工(集团)有限公司。

本标准主要起草人：孙宝远、张炳胜、陈衍军、武峰、刘海涛、王禄。

本标准于 1980 年首次发布，1993 年 4 月第一次修订。

工 业 用 甲 酸

1 范围

本标准规定了工业用甲酸的产品分类、要求、试验方法、检验规则及标志、包装、运输、贮存和安全。

本标准适用于甲酸甲酯法和甲酸钠法生产的工业用甲酸。

分子式：CH_2O_2

结构式：$H-\overset{\overset{\displaystyle O}{\|}}{C}-OH$

相对分子质量：46.03(按2007年国际相对原子质量)

2 规范性引用文件

下列文件对于本文件的应用是必不可少的。凡是注日期的引用文件，仅所注日期的版本适用于本文件。凡是不注日期的引用文件，其最新版本(包括所有的修改单)适用于本文件。

GB 190 危险货物包装标志

GB/T 601 化学试剂 标准滴定溶液的制备

GB/T 602 化学试剂 杂质测定用标准溶液的制备

GB/T 603 化学试剂 试验方法中所用制剂及制品的制备

GB/T 3049 工业用化工产品 铁含量测定的通用方法 1,10-菲啰啉分光光度法

GB/T 3143 液体化学产品颜色测定法(Hazen单位——铂-钴色号)

GB/T 3723 工业用化学产品采样安全通则

GB/T 6324.2 有机化工产品试验方法 第2部分：挥发性有机液体水浴上蒸发后干残渣的测定

GB/T 6678 化工产品采样总则

GB/T 6680 液体化工产品采样通则

GB/T 6682 分析实验室用水规格和试验方法

GB/T 8170 数值修约规则与极限数值的表示和判定

3 产品分类

工业用甲酸按照甲酸含量分为三种规格：94%、90%和85%。

4 要求

4.1 外观：无色透明液体，无悬浮物。

4.2 工业用甲酸指标应符合表1的规定。

表 1 技术指标

项目	指标								
	94%			90%			85%		
	优等品	一等品	合格品	优等品	一等品	合格品	优等品	一等品	合格品
甲酸,w/%	≥94.0			≥90.0			≥85.0		
色度/Hazen 单位(Pt-Co 色号)	≤10		≤20	≤10		≤20	≤10	≤20	≤30
稀释试验(样品+水=1+3)	不浑浊		通过试验	不浑浊		通过试验	不浑浊	通过试验	
氯化物(以 Cl 计),w/%	≤0.000 5	≤0.001	≤0.002	≤0.000 5	≤0.002		≤0.002	≤0.004	≤0.006
硫酸盐(以 SO_4 计),w/%	≤0.000 5	≤0.001	≤0.005	≤0.000 5	≤0.001	≤0.005	≤0.001	≤0.002	≤0.020
铁(以 Fe 计),w/%	≤0.000 1	≤0.000 4	≤0.000 6	≤0.000 1	≤0.000 4	≤0.000 6	≤0.000 1	≤0.000 4	≤0.000 6
蒸发残渣,w/%	≤0.006	≤0.015	≤0.020	≤0.006	≤0.015	≤0.020	≤0.006	≤0.020	≤0.060

5 试验方法

5.1 警示

试验方法规定的一些试验过程可能导致危险情况,操作者应采取适当的安全和防护措施。

5.2 一般规定

本标准所用的试剂和水,在没有注明其他要求时均指分析纯试剂和 GB/T 6682 中规定的三级水。

分析中所用标准滴定溶液、杂质测定用标准溶液、制剂及制品,在没有注明其他要求时,均按 GB/T 601、GB/T 602 和 GB/T 603 的规定制备。

5.3 外观的测定

于比色管中,加入实验室样品,在日光灯或日光下目测。

5.4 甲酸含量的测定

5.4.1 方法提要

以酚酞为指示剂,用氢氧化钠标准滴定溶液滴定。根据试料消耗氢氧化钠标准滴定溶液的体积,计算出甲酸的质量分数。

5.4.2 试剂

5.4.2.1 氢氧化钠标准滴定溶液:$c(NaOH)=0.5$ mol/L。

5.4.2.2 酚酞指示液:10 g/L。

5.4.3 分析步骤

用减量法称取(0.8~1.0)g 实验室样品,精确至 0.000 2 g,置于预先盛有约 70 mL 无二氧化碳水的

250 mL 三角瓶中，加 2～3 滴酚酞指示液，作为试料，用氢氧化钠标准滴定溶液滴定至呈浅粉色，30 s 不褪色即为终点。

5.4.4 结果计算

甲酸的质量分数 w_1，数值以％表示，按式(1)计算：

$$w_1 = \frac{(V/1\ 000)cM}{m} \times 100 \qquad \cdots\cdots (1)$$

式中：

V——试料消耗氢氧化钠标准滴定溶液(5.4.2.1)体积的数值，单位为毫升(mL)；

c——氢氧化钠标准滴定溶液浓度的准确数值，单位为摩尔每升(mol/L)；

M——甲酸的摩尔质量的数值，单位为克每摩尔(g/mol)(M＝46.03)；

m——试样的质量的数值，单位为克(g)。

取两次平行测定结果的算术平均值为报告结果，两次平行测定结果的绝对差值不大于 0.2％。

5.5 色度的测定

按 GB/T 3143 的规定进行。

5.6 稀释试验

5.6.1 方法提要

实验室样品用水稀释放置后与水或硫标准溶液比浊。

5.6.2 试剂

5.6.2.1 甲酸：质量分数在 88％以上(与水任意比例混合不浑浊，方可使用)。

5.6.2.2 硫(S)标准溶液：称取(0.01±0.001)g 硫，于 1 000 mL 三角瓶中，加入约 900 mL 甲酸，加热至溶解，冷却至室温，移入 1 000 mL 容量瓶中，加甲酸至刻度，摇匀备用。

5.6.3 分析步骤

5.6.3.1 标准比浊溶液的制备

量取(7.0±0.05)mL 硫(S)标准溶液于 50 mL 比色管中，加水至 40 mL，摇匀，放置 1 h(与实验室样品同时操作)。

5.6.3.2 测定

量取(10.0±0.05)mL 实验室样品，置于 50 mL 比色管中，加 30 mL 水，摇匀，放置 1 h ，与同体积水轴向比浊。如呈现浑浊，则与标准比浊溶液轴向比浊。

5.6.4 结果的表示

试样与水比较不浑浊为不浑浊，试样浑浊度不大于标准比浊溶液的浑浊度为通过试验。

5.7 氯化物含量的测定

5.7.1 方法提要

在硝酸酸性溶液中，试样中的氯离子与硝酸银生成氯化银，与标准比浊溶液进行比浊。

5.7.2 试剂

5.7.2.1 硝酸溶液:1+2。

5.7.2.2 硝酸银溶液:50 g/L。

5.7.2.3 氯化物(Cl)标准溶液:0.01 mg/mL,使用前配制。

5.7.3 仪器

可见分光光度计,带有 5 cm 的比色皿。

5.7.4 分析步骤

5.7.4.1 试验溶液的制备

称取 1 g 实验室样品,精确至 0.1 g,加入 50 mL 比色管中,加 2 mL 硝酸溶液,再加水至 25 mL,作为试验溶液。

5.7.4.2 氯化物标准比浊溶液的制备

按产品规格分别取不同体积(见表 2)的氯化物(Cl)标准溶液于三个 50 mL 比色管中,各加 2 mL 硝酸溶液,再加水至 25 mL,作为氯化物标准比浊溶液。

表 2 不同规格产品标准比浊溶液中氯化物(Cl)标准溶液的体积

产品规格/%	氯化物标准溶液体积/mL		
	优等品	一等品	合格品
85	2	4	6
90	0.5	2	2
94	0.5	1	2

5.7.4.3 目视法

在装有试验溶液和氯化物标准比浊溶液的各比色管中分别加入 1 mL 硝酸银溶液,摇匀,于暗处放置 25 min,与相应规格对应的氯化物标准比浊溶液进行轴向比浊,判定该项指标的等级。

5.7.4.4 分光光度法(仲裁法)

在装有试验溶液和氯化物标准比浊溶液的各比色管中分别加入 1 mL 硝酸银溶液,摇匀,于暗处放置 25 min,以水为空白,在 420 nm 波长下测吸光值。试验溶液的吸光值与相应规格对应的氯化物标准比浊溶液吸光值比较,判定该项指标的等级。

5.8 硫酸盐含量的测定

5.8.1 方法提要

实验室样品中加入碳酸钠使其中硫酸根生成硫酸盐,在盐酸存在下加入氯化钡溶液生成硫酸钡,与标准比浊溶液进行比浊。

5.8.2 试剂

5.8.2.1 硫酸盐(SO_4)标准溶液:0.1 mg/mL。

5.8.2.2 盐酸溶液:1+2。

5.8.2.3 碳酸钠溶液:100 g/L,称取无水碳酸钠 10 g,溶于水中制成 100 mL 溶液。

5.8.2.4 硫酸钾乙醇溶液:0.2 g/L。

5.8.2.5 氯化钡溶液:250 g/L。

5.8.3 仪器

可见分光光度计,带有 5 cm 的比色皿。

5.8.4 分析步骤

5.8.4.1 试验溶液的制备

称取实验室样品 10 g,精确至 0.1 g,置于蒸发皿中,加 0.2 mL 碳酸钠溶液在水浴上蒸发至干,加 1 mL 盐酸溶液使残渣溶解,用适量的水定量转移至 50 mL 比色管中,作为试验溶液。

注:可根据样品中硫酸盐含量,适当调整取样量,并同比例调整表 3 标准溶液的量取体积。

5.8.4.2 硫酸盐标准比浊溶液的制备

按产品规格分别取不同体积(见表 3)的硫酸盐(SO_4)标准溶液于三个 50 mL 比色管中,加 1 mL 盐酸溶液,作为硫酸盐标准比浊溶液。

表 3 不同规格产品标准比浊溶液中硫酸盐(SO_4)标准溶液的体积

规格/%	硫酸盐(SO_4)标准溶液体积/mL		
	优等品	一等品	合格品
85	1	2	20
90	0.5	1	5
94	0.5	1	5

5.8.4.3 目视法

在上述试验溶液和硫酸盐标准比浊溶液中,分别加入晶种液[1],并加水至 25 mL,摇匀,放置 25 min,试验溶液与硫酸盐标准比浊溶液进行轴向比浊。判定该项指标的等级。

5.8.4.4 分光光度法(仲裁法)

在上述试验溶液和硫酸盐标准比浊溶液中,分别加入晶种液,并加水至 25 mL,摇匀,放置 25 min,以水为空白,在 420 nm 波长下测吸光值。试验溶液的吸光值与相应规格对应的硫酸盐标准比浊溶液吸光值比较,判定该项指标的等级。

5.9 铁含量的测定

5.9.1 分析步骤

称取约 20 g 实验室样品,精确至 0.1 g,置于 100 mL 蒸发皿中,在水浴上蒸干,加 1 mL 盐酸溶液(1+1),移入 100 mL 容量瓶中,按 GB/T 3049 规定进行。

1) 晶种液的制备是取 0.25 mL 硫酸钾乙醇溶液和 1 mL 氯化钡溶液,摇匀,放置 1 min。

5.9.2 结果计算

铁的质量分数 w_2，数值以%表示，按式(2)计算：

$$w_2=\frac{m_1/1\,000}{m}\times 100 \qquad \cdots\cdots(2)$$

式中：

m_1——查标准曲线得出铁的质量的数值，单位为毫克(mg)；

m——试料的质量的数值，单位为克(g)。

取两次平行测定结果的算术平均值为报告结果，两次平行测定结果的绝对差值不大于这两个测定值的算术平均值的20%。

5.10 蒸发残渣含量的测定

5.10.1 分析步骤

称取约40 g实验室样品，精确至0.1 g，置于已恒重的50 mL石英蒸发皿中，按GB/T 6324.2的规定进行。

5.10.2 结果计算

蒸发残渣的质量分数 w_3，数值以%表示，按式(3)计算：

$$w_3=\frac{m_3-m_2}{m}\times 100 \qquad \cdots\cdots(3)$$

式中：

m_2——石英蒸发皿的质量的数值，单位为克(g)；

m_3——石英蒸发皿和蒸发残渣的质量的数值，单位为克(g)；

m——试料的质量的数值，单位为克(g)。

取两次平行测定结果的算术平均值为报告结果，两次平行测定结果的绝对差值不大于这两个测定值的算术平均值的20%。

6 检验规则

6.1 本标准第4章规定的所有项目均为出厂检验项目。

6.2 工业用甲酸由生产厂的质量检验部门进行检验。生产厂应保证每批出厂产品都符合本标准的要求，并附有一定格式的质量证明书，内容包括：

a) 生产厂名称；

b) 产品名称；

c) 产品等级；

d) 生产日期或批号；

e) 净含量；

f) 本标准编号等。

6.3 在原材料、工艺不变的条件下，产品连续生产的实际批为一批，若干个生产批构成一个检验批的时间通常不超过24 h。

6.4 工业用甲酸的采样按GB/T 3723、GB/T 6678和GB/T 6680的规定进行。用玻璃采样器采样，所采试样总量不得少于800 mL。将样品混合均匀后分别装于两个清洁、干燥带磨口塞的细口瓶中，贴上标签并注明：产品名称、批号、采样日期、采样人姓名。一瓶供分析检验用，另一瓶保存备查。

6.5 检验结果的判定按GB/T 8170中修约值比较法进行。检验结果中如有一项指标不符合本标准要求时，桶装产品应重新自两倍量的包装单元中采样进行检验，罐装产品应重新多点采样进行检验。重新检验的结果即使只有一项指标不符合本标准要求，则整批产品为不合格。

7 标志、包装、运输和贮存

7.1 标志

工业用甲酸产品包装容器上应有清晰的标志，其内容包括：

a) 产品名称；
b) 生产厂名称；
c) 厂址；
d) 商标；
e) 批号或生产日期；
f) 质量等级；
g) 净含量；
h) 本标准编号；
i) 符合GB 190中规定的"腐蚀性物质"标志。

7.2 包装

工业用甲酸装于适宜甲酸特性的塑料桶或不锈钢槽罐包装中，包装容器应清洁、干燥。

7.3 运输

工业用甲酸在运输及装卸时按照危险货物运输规定进行。

7.4 贮存

工业用甲酸应贮存在阴凉、通风、干燥的场所，避免日晒，远离火源和热源，不能与碱类一起贮存。

8 安全

8.1 危险警告

8.1.1 工业用甲酸可燃，具强腐蚀性和刺激性。凝固点8.2 ℃，沸点100.8 ℃，闪点68.9 ℃，其蒸气与空气形成爆炸性混合物，爆炸极限为18%～57%(体积分数)。

8.1.2 吸入本品蒸气对鼻、喉和呼吸道有刺激性，对眼有强烈刺激作用；皮肤接触，轻者出现红斑，重者引起化学灼伤。

8.2 安全措施

a) 甲酸泄漏时应迅速撤离泄漏污染区人员至安全区，并进行隔离，严格限制出入，切断火源；
b) 应急处理人员应戴自给正压式呼吸器，穿防酸碱工作服；
c) 应避免甲酸与皮肤、眼睛接触，如果溅到皮肤上，立即脱去污染的衣着，用大量流动清水冲洗至少15 min；如果溅到眼睛里，立即提起眼睑，用大量流动清水或生理盐水彻底冲洗至少15 min，然后急速就医。

ICS 71.080.50
G 16

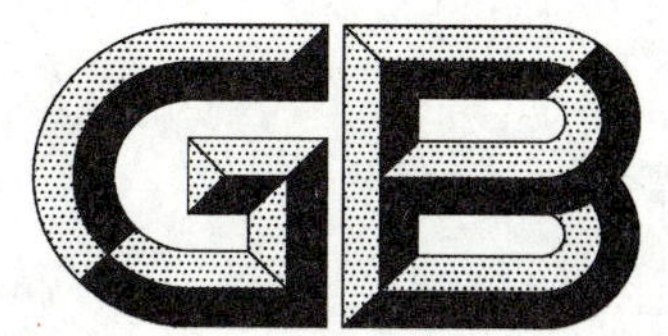

中华人民共和国国家标准

GB/T 3676—2008
代替 GB 3676—1992

工业用顺丁烯二酸酐

Maleic anhydride for industrial use

2008-06-04 发布　　　　2008-12-01 实施

中华人民共和国国家质量监督检验检疫总局
中国国家标准化管理委员会　发布

前　言

本标准修改采用美国试验与材料协会标准 ASTM D 3504—2003《标准规格　顺丁烯二酸酐》(英文版)。

本标准根据美国试验与材料协会标准 ASTM D 3504—2003《标准规格　顺丁烯二酸酐》重新起草。在附录 A 中列出了本标准章条编号与 ASTM D 3504—2003 章条编号的对照一览表。

考虑到我国国情，在采用 ASTM D 3504—2003 标准时，本标准做了一些修改。本标准与 ASTM D 3504—2003 标准的主要差异如下：

——将产品分为两个等级优等品和合格品(本标准的 3.2)。这是为了符合我国国情；

——增加了顺丁烯二酸酐含量、灼烧残渣含量、铁含量(以 Fe 计)项目和试验方法(本标准的 3.2、4.2、4.5、4.6)；

——加热后的熔融色度项目优等品指标由 ASTM 的≤40(铂-钴色号)修改为由供需双方协商确定(本标准的 3.2)。

本标准代替 GB 3676—1992《工业顺丁烯二酸酐》。

本标准与 GB 3676—1992 相比主要变化如下：

——技术要求中取消一等品(1992 年版的 3.2;本版的 3.2)；

——技术要求中优等品增加加热后的熔融色度项目(见 3.2)；

——结晶点优等品指标由≥52.4℃修改为≥52.5℃，铁含量优等品指标由≤5 ppm 修改为≤3 μg/g(1992 年版的 3.2;本版的 3.2)；

——各项目合格品指标修改为与一等品指标相同(1992 年版的 3.2;本版的 3.2)；

——增加了顺丁烯二酸酐外观的试验方法、加热后的熔融色度的试验方法(见 4.1、4.3)；

——调整了结晶点测定用结晶管和保护管的长度(1992 年版的 4.3.1;本版的 4.4)；

——顺丁烯二酸酐每批质量由不超过 30 t 修改为不超过 60 t(1992 年版的 5.3;本版的 5.2)；

——检验规则中将块状产品每块最大尺寸由不应超过 10 cm 修改为不应超过 5 cm(1992 年版的 5.2;本版的 5.3)；

——增加了产品包装标志的要求(见 6.1)；

——包装容器中取消了大口铁桶和木桶(1992 年版的 6.1;本版的 6.2)；

——增加了资料性附录 A 和规范性附录 B(见附录 A、附录 B)。

本标准的附录 A 为资料性附录、附录 B 为规范性附录。

本标准由中国石油和化学工业协会提出。

本标准由全国化学标准化技术委员会有机分会(SAC/TC 63/SC 2)归口。

本标准起草单位：天津渤海精细化工有限公司。

本标准参加起草单位：太原市侨友化工有限公司。

本标准主要起草人：田春玉。

本标准于 1983 年 10 月首次发布，于 1992 年 1 月第一次修订。

工业用顺丁烯二酸酐

1 范围

本标准规定了工业用顺丁烯二酸酐的要求、试验方法、检验规则以及标志、包装、运输和贮存等。

本标准适用于以苯或石油碳四馏分为原料经催化氧化制得的顺丁烯二酸酐的生产、检验和销售。该产品主要用作不饱和聚酯树脂、油漆、农药以及医药等的原料。

分子式：$C_4H_2O_3$

相对分子质量：98.058（按 2005 年国际相对原子质量）

2 规范性引用文件

下列文件中的条款通过本标准的引用而成为本标准的条款。凡是注日期的引用文件，其随后所有的修改单（不包括勘误的内容）或修订版均不适用于本标准，然而，鼓励根据本标准达成协议的各方研究是否可使用这些文件的最新版本。凡是不注日期的引用文件，其最新版本适用于本标准。

GB/T 601—2002 化学试剂 标准滴定溶液的制备

GB/T 603—2002 化学试剂 试验方法中所用制剂及制品的制备（ISO 6353-1:1982，NEQ）

GB/T 1250 极限数值的表示方法和判定方法

GB/T 3049—2006 工业用化工产品 铁含量测定的通用方法 1,10-菲啰啉分光光度法（ISO 6685:1982，IDT）

GB/T 3143—1982 液体化学产品颜色测定法（Hazen 单位——铂-钴色号）

GB/T 4456 包装用聚乙烯吹塑薄膜

GB/T 6678—2003 化工产品采样总则

GB/T 6679—2003 固体化工产品采样通则

GB/T 6682—2008 分析实验室用水规格和试验方法（ISO 3696:1987，MOD）

GB/T 7531—2008 有机化工产品灼烧残渣的测定（ISO 6353-1:1982，NEQ）

GB/T 7533—1993 有机化工产品结晶点的测定方法（ISO 1392:1977，NEQ）

GB/T 8946 塑料编织袋

3 要求

3.1 外观：白色、微黄色块状或片状结晶体。

3.2 工业用顺丁烯二酸酐应符合表 1 所示的技术要求。

表 1 技术要求

项目		指标	
		优等品	合格品
顺丁烯二酸酐的质量分数（以 $C_4H_2O_3$ 计）/%	≥	99.5	99.0
熔融色度/Hazen 单位（铂-钴色号）	≤	25	50
结晶点/℃	≥	52.5	52.0
灼烧残渣的质量分数/%	≤	0.005	
铁的质量分数（以 Fe 计）/(μg/g)	≤	3	—
加热后的熔融色度/Hazen 单位（铂-钴色号）	≤	由供需双方协商确定	—

4 试验方法

除非另有说明，在分析中仅使用确认为分析纯的试剂和符合 GB/T 6682—2008 中规定的三级水。

分析中所用标准滴定溶液、制剂和制品，在没有注明其他要求时，均按 GB/T 601—2002、GB/T 603—2002 之规定制备。

4.1 外观

在自然光或荧光灯光照之下，目视观察所取样品。

4.2 顺丁烯二酸酐含量的测定

4.2.1 方法提要

用氢氧化钠标准滴定溶液滴定试样，以酚酞为指示剂，计算得到以顺丁烯二酸酐计的含量。

4.2.2 试剂

4.2.2.1 氢氧化钠标准滴定溶液：$c(NaOH)=0.5\ mol/L$；

4.2.2.2 酚酞指示剂：10 g/L。

4.2.3 分析步骤

称取 1 g 实验室样品，精确至 0.000 2 g。置于 250 mL 具塞锥形瓶中，用滴定管加入 35 mL 氢氧化钠标准滴定溶液及 35 mL 新煮沸并已冷却的水，微热至试样全部溶解，冷却到(20～30)℃，加两滴酚酞指示剂，再用氢氧化钠标准滴定溶液滴定至微红色，30 s 不退色即为终点。

4.2.4 结果计算

顺丁烯二酸酐(以 $C_4H_2O_3$ 计)的质量分数 w_1，数值以%表示，按公式(1)计算：

$$w_1=\frac{VcM}{m\times 1\ 000}\times 100 \qquad \cdots\cdots(1)$$

式中：

V——试料消耗氢氧化钠标准滴定溶液(4.2.2.1)的体积的数值，单位为毫升(mL)；

c——氢氧化钠标准滴定溶液的浓度的准确数值，单位为摩尔每升(mol/L)；

m——试料的质量的数值，单位为克(g)；

M——顺丁烯二酸酐($1/2C_4H_2O_3$)的摩尔质量的数值，单位为克每摩尔(g/mol)[$M=49.03$]。

取两次平行测定结果的算术平均值为测定结果，两次平行测定结果的绝对差值不大于 0.2%。

4.3 熔融色度的测定

按 GB/T 3143—1982 规定的方法进行。

测定中取适量实验室样品于 50 mL 比色管中，在(65±2)℃水浴上加热(避免水汽侵入)。试样熔化后立即调整试样体积至刻度，轴向目视观察。

4.4 结晶点的测定

按 GB/T 7533—1993 规定的方法进行。称样量约 35 g。主温度计范围(40～70)℃，长(30～35)cm，分刻度 0.1℃，热化浴为(65±2)℃恒温水浴。

4.5 灼烧残渣的测定

按 GB/T 7531—2008 中规定的方法进行。称样量 50 g，精确至 0.01 g。灼烧温度(650±25)℃。两次平行测定结果的绝对差值不大于这两个测定值的算术平均值的 20%。

保留坩埚内的残渣用于铁含量测定。

4.6 铁含量的测定

4.6.1 分析步骤

向 4.5 得到的残渣中加入盐酸 3 mL，放在水浴上加热，使残渣全部溶解，并将溶液蒸发至近干，冷却后用水全部溶解并转移到 100 mL 容量瓶中。以下操作按 GB/T 3049—2006 规定进行。

4.6.2 结果计算

铁(以 Fe 计)的质量分数 w_2，数值以 $\mu g/g$ 表示，按公式(2)计算：

$$w_2 = \frac{m_1}{m_2} \qquad \cdots\cdots (2)$$

式中：

m_1——与试料吸光度相对应的由标准曲线上查得的铁的质量的数值，单位为微克(μg)；

m_2——试料的质量的数值，单位为克(g)。

取两次平行测定结果的算术平均值为测定结果，两次平行测定结果的绝对差值不大于这两个测定值的算术平均值的20%。

4.7 加热后的熔融色度的测定

4.7.1 方法提要

将熔化的顺丁烯二酸酐样品在预设温度下继续加热2 h，与铂-钴色标进行比较。

4.7.2 试剂

铂-钴标准比色液：按GB/T 3143—1982中的规定配制。

4.7.3 仪器

4.7.3.1 比色管：互相匹配的耐热型50 mL纳氏比色管。总长度约300 mm，50 mL刻度线在距外底之上(200～250)mm之间。

4.7.3.2 电加热块：铝质，性能要求见附录B。

4.7.4 分析步骤

当电加热块温度在140℃时，将装有试样的测定熔融色度时使用的纳氏比色管放到电加热块中，用一小的玻璃毛环围绕孔穴的顶部，以支撑纳氏比色管呈垂直位置并封闭纳氏比色管与加热块之间的空间，加热2 h，取出纳氏比色管立即与铂-钴标准比色液进行比色。

注1：在每个孔穴的底部放少量玻璃毛，以防止纳氏比色管和温度计被打碎。

注2：如果熔融样品中含有可见的混浊物，不能用本试验方法。

4.7.5 结果判定

按GB/T 3143—1982的规定进行。

5 检验规则

5.1 检验分类分为型式检验和出厂检验。

5.1.1 型式检验项目为外观和表1中规定的所有项目，正常情况每六个月至少进行一次型式检验。当遇到下列情况之一时，应进行型式检验：

a) 主要原料有变化；

b) 工艺等有较大改变，可能影响产品性能时；

c) 产品长期停产后，恢复生产时；

d) 出厂检验结果与上次型式检验有较大差异时；

e) 合同规定。

5.1.2 出厂检验项目为表1中的顺丁烯二酸酐含量、熔融色度、结晶点、灼烧残渣、铁含量，应逐批进行检验。

5.2 工业用顺丁烯二酸酐产品每批质量不超过60 t。对于块状产品，每块最大尺寸不应超过5 cm。

5.3 工业用顺丁烯二酸酐采样单元数按GB/T 6678—2003中7.6.1的规定确定。

5.4 工业用顺丁烯二酸酐采样方法按GB/T 6679—2003规定进行。取样量不得少于500 g，混合均匀后分为两份，密封、避光，粘贴标签，注明产品名称、批号、取样日期、取样地点、取样者姓名。一份供检验使用，另一份留样保存三个月。

5.5 工业用顺丁烯二酸酐测定时应将试样置于干燥的研钵内迅速研碎，混合均匀，避免水汽侵入。

5.6 工业用顺丁烯二酸酐应由生产厂质量监督检验部门进行检验。生产厂应保证出厂产品符合本标准的要求。每批出厂的产品都应附有一定格式的质量证明书,内容包括:生产厂名称、产品名称、生产日期或者批号、产品等级和本标准编号等。

5.7 检验结果的判定按 GB/T 1250 中修约值比较法进行。检验结果中如有一项不符合本标准要求时,应重新自两倍量的包装单元中采样进行复验,重新检验的结果既使只有一项指标不符合本标准要求时,则整批产品应做不合格处理。

6 标志、包装、运输、贮存

6.1 工业用顺丁烯二酸酐的包装容器上应有牢固的标志,标明产品名称、生产厂名称、厂址、商标、生产日期或生产批号、产品等级、净含量及本标准编号等。

6.2 工业用顺丁烯二酸酐包装用符合 GB/T 8946 的塑料编织袋或牛皮纸袋,内衬符合 GB/T 4456 的聚乙烯塑料袋,塑料袋口热合或用绳扎紧。每件包装净含量 25 kg、500 kg,或按用户要求包装。

6.3 工业用顺丁烯二酸酐运输时应装在清洁、干燥的运输工具中,勿与酸、碱混放或与氧化腐蚀性物质接触,避免产品变质。运输时注意小心轻放,防止包装袋破损。

6.4 工业用顺丁烯二酸酐应储存于干燥、清洁、通风的库房内,防火、防潮、防雨淋、防日晒,勿与酸、碱混放或与氧化腐蚀性物质接触,避免产品变质。自出厂之日起保质期为 3 个月,逾期经检验符合本标准要求仍可继续使用。

附 录 A
（资料性附录）
本标准章条编号与 ASTM D 3504—2003 章条编号对照

表 A.1 给出了本标准章条编号与 ASTM D 3504—2003 章条编号对照一览表。

表 A.1 本标准章条编号与 ASTM D 3504—2003 章条编号对照

本标准章条编号	对应 ASTM D 3504—2003 章条编号
1	1
2	2
3	3
4	3
5	4 和 1.2
6	—
—	5

附 录 B
（规范性附录）
电加热块的性能要求

B.1 加热后的熔融色度测定方法中使用的电加热块技术要求采用 ASTM D 3366—1995(2003)《熔融状态及加热后的顺丁烯二酸酐和苯二甲酸酐的颜色标准试验方法(铂-钴色标)》标准中的仪器要求。

B.2 电加热块：铝质电加热块，具有下列工作特性：

顺丁烯二酸酐温度调整到	(140±2)℃
样品从 60℃加热到 140℃的时间	(25±5)min
样品孔穴到温度计孔穴的最大温差	2℃

注：所用加热块的工作特性是关键性的。

B.3 电加热块示意图

电加热块示意图见图 B.1。

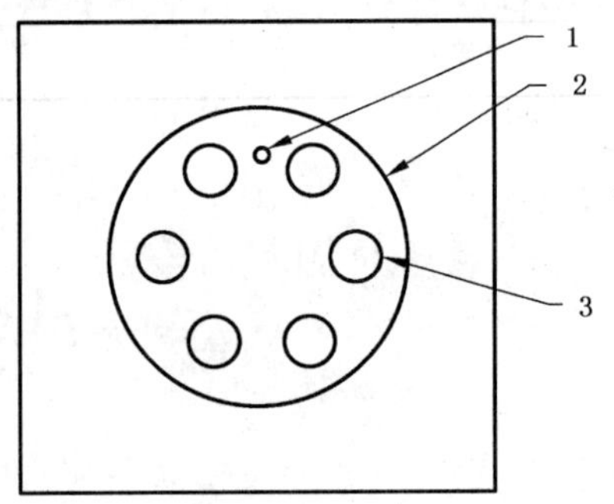

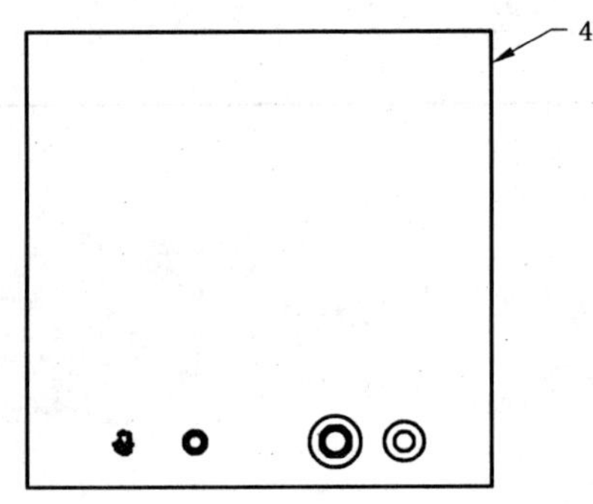

1——温度计插孔。孔深 7.62 cm，内径 2.12 cm；

2——铝块，内径 15.24 cm，高度 27.94 cm。用手控或筒式加热器加热；

3——6 个可插入 50 mL 纳氏比色管的孔，孔深 23.50 cm，内径 2.70 cm；

4——不锈钢外壳，带有玻璃纤维绝缘物，用于电源、温度和转速的控制。

图 B.1 电加热块示意图

ICS 71.080.70
G 17

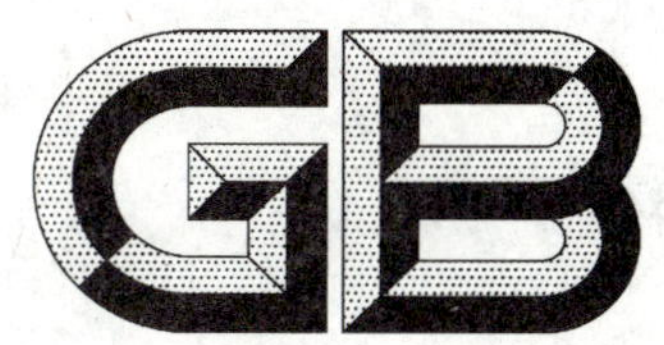

中华人民共和国国家标准

GB/T 3728—2007
代替 GB/T 3728—1991

工业用乙酸乙酯

Ethyl acetate for industrial use

2007-08-13 发布　　　　2008-02-01 实施

中华人民共和国国家质量监督检验检疫总局
中国国家标准化管理委员会　发布

前　言

本标准修改采用美国材料与试验协会标准 ASTM D 4614:2005《(所有等级)乙酸乙酯》(英文版)。

本标准根据 ASTM D 4614:2005 重新起草,在附录 A 中列出了本标准章条编号与 ASTM D 4614:2005 章条编号的对照一览表。

考虑到我国的国情,在采用 ASTM D 4614:2005 标准时,本标准作了一些修改。本标准与 ASTM D 4614:2005的主要差异如下:

——指标分为优等品、一等品和合格品三个等级(本标准的 3.2),这是根据我国对工业产品分等的惯例确定的;

——本标准的优等品指标与 ASTM D 4614:2005 的 99.5U 等级相比,乙酸乙酯的质量分数由≥99.5%修改为≥99.7%,乙醇的质量分数由≤0.5%修改为≤0.10%,酸的质量分数由≤0.01%修改为≤0.004%,蒸发残渣的质量分数由 5 mg/100 mL 修改为≤0.001%(本标准的 3.2)。这是为了严格对产品质量的控制;

——增加了外观的要求和试验方法(本标准的 3.1 和 4.1);

——未设置沸程项目,这是由于沸程和乙酸乙酯含量设项重复;

——气味项目的指标在 ASTM D 4614:2005 的“无残留气味”的基础上增加了“符合特征气味,无异味”(本标准的 3.2)。

本标准代替 GB/T 3728—1991《工业乙酸乙酯》。

本标准与 GB/T 3728—1991 相比主要变化如下:

——适用范围取消了工艺路线的描述(1991 年版的第 1 章,本版的第 1 章);

——增加了气味、乙醇二个项目及其指标(见 3.2);

——合格品的色度指标由≤20 号修改为≤10 号,密度指标由(0.896～0.902)g/cm^3 修改为(0.897～0.902)g/cm^3(1991 年版的 3.2,本版的 3.2);

——优等品、一等品和合格品的乙酸乙酯的质量分数分别由≥99.0%、≥98.5%和≥97.0%修改为≥99.7%、≥99.5%和≥99.0%,水的质量分数分别由≤0.10%、≤0.20%和≤0.40%修改为≤0.05%、≤0.10%和≤0.10%,酸的质量分数分别由≤0.004%、≤0.005%和≤0.010%修改为≤0.004%、≤0.005%和≤0.005%(1991 年版的 3.2,本版的 3.2);

——合格品蒸发残渣的质量分数由≤0.010%修改为≤0.005%(1991 年版的 3.2,本版的 3.2);

——增加了外观、乙醇含量和气味的测定方法(见 4.1、4.3 和 4.9);

——乙酸乙酯含量的测定方法增加毛细管柱气相色谱法并确定为仲裁方法(见 4.2);

——水分的测定方法增加了卡尔·费休库仑法并确定为仲裁方法(见 4.4);

——密度的测定方法由韦氏天平法修改为密度计法(1991 年版的 4.2,本版的 4.7);

——增加了安全条款(见第 7 章)。

请注意本标准的某些内容有可能涉及专利。本标准的发布机构不应承担识别这些专利的责任。

本标准的附录 A 为资料性附录。

本标准由中国石油和化学工业协会提出。

本标准由全国化学标准化技术委员会有机分会(SAC/TC 63/SC 2)归口。

本标准负责起草单位:山东金沂蒙集团有限公司。

本标准参加起草单位:上海吴泾化工有限公司、无锡百川化工股份有限公司。

本标准主要起草人:张立省、吴明燕、谢登龙、章觉之、郑铁江。

本标准于 1983 年首次发布,1991 年第一次修订。

工业用乙酸乙酯

1 范围

本标准规定了工业用乙酸乙酯的技术要求、试验方法、检验规则及标志、包装、运输、贮存和安全。

本标准适用于工业用乙酸乙酯的生产、检验和销售。

分子式：$C_4H_8O_2$

相对分子质量：88.11（按 2005 年国际相对原子质量）

2 规范性引用文件

下列文件中的条款通过本标准的引用而成为本标准的条款。凡是注日期的引用文件，其随后所有的修改单（不包括勘误的内容）或修订版均不适用于本标准，然而，鼓励根据本标准达成协议的各方研究是否可使用这些文件的最新版本。凡是不注日期的引用文件，其最新版本适用于本标准。

GB 190—1990 危险货物包装标志

GB/T 1250 极限数值的表示方法和判定方法

GB/T 3723 工业用化学产品采样安全通则（GB/T 3723—1999，idt ISO 3165:1976）

GB/T 6678—2003 化工产品采样总则

GB/T 6680—2003 液体化工产品采样通则

GB/T 12717—2007 工业用乙酸酯类试验方法

3 要求

3.1 外观：透明液体，无悬浮杂质。

3.2 工业用乙酸乙酯应符合表 1 所示的技术要求。

表 1 技术要求

项目		指标		
		优等品	一等品	合格品
乙酸乙酯的质量分数/%	≥	99.7	99.5	99.0
乙醇的质量分数/%	≤	0.10	0.20	0.50
水的质量分数/%	≤	0.05	0.10	
酸的质量分数（以 CH_3COOH 计）/%	≤	0.004	0.005	
色度/Hazen 单位（铂-钴色号）	≤	10		
密度（ρ_{20}）/（g/cm^3）		0.897～0.902		
蒸发残渣的质量分数/%	≤	0.001	0.005	
气味[a]		符合特征气味，无异味；无残留气味		

[a] 为可选项目。

4 试验方法

4.1 外观的测定

按 GB/T 12717—2007 中规定的方法进行。

4.2 乙酸乙酯含量的测定

按 GB/T 12717—2007 中规定的方法进行。以毛细管柱气相色谱法为仲裁方法。

取两次平行测定结果的算术平均值为测定结果，两次平行测定结果的绝对差值不大于 0.05%。

4.3 乙醇含量的测定

按 GB/T 12717—2007 中规定的方法进行。以毛细管柱气相色谱法为仲裁方法。

取两次平行测定结果的算术平均值为测定结果，两次平行测定结果的绝对差值不大于 0.02%。

4.4 水分的测定

按 GB/T 12717—2007 中规定的方法进行。以卡尔·费休库仑法为仲裁方法。

取两次平行测定结果的算术平均值为测定结果，两次平行测定结果的绝对差值不大于这两个测定值的算术平均值的 25%。

乙醛缩合法工艺制得的工业用乙酸乙酯宜使用气相色谱法测定水分。

4.5 酸度的测定

按 GB/T 12717—2007 中规定的方法进行。

取两次平行测定结果的算术平均值为测定结果，两次平行测定结果的绝对差值不大于 0.001%。

4.6 色度的测定

按 GB/T 12717—2007 中规定的方法进行。

4.7 密度的测定

按 GB/T 12717—2007 中规定的方法进行。在 10℃～35℃的范围内，样品密度的温度校正系数为 0.001 22 $g/(cm^3·℃)$。

取两次平行测定结果的算术平均值为测定结果，两次平行测定结果的绝对差值不大于 0.000 5 g/cm^3。

4.8 蒸发残渣的测定

按 GB/T 12717—2007 中规定的方法进行。

取两次平行测定结果的算术平均值为测定结果，两次平行测定结果的绝对差值不大于 0.000 5%。

4.9 气味的测定

按 GB/T 12717—2007 中规定的方法进行。

5 检验规则

5.1 检验分为出厂检验和型式检验。

5.1.1 出厂检验项目为外观和表 1 中的乙酸乙酯含量、乙醇含量、水分、酸度和色度，应逐批进行检验。

5.1.2 型式检验项目为外观和表 1 中除气味以外的其他项目，在正常生产的情况下，每月应至少进行一次型式检验。有下列情况之一时，也应进行型式检验：

a) 更新关键生产工艺；

b) 主要原料有变化；

c) 停产后重新恢复生产；

d) 出厂检验结果与上次型式检验结果有较大差异；

e) 合同规定。

5.2 工业用乙酸乙酯由生产厂的质量检验部门进行检验。生产厂应保证每批出厂产品都符合本标准的要求，并附有一定格式的质量证明书，内容包括：生产厂名称和厂址；产品名称、生产日期或批号、质量等级、净含量和本标准编号等。

5.3 在原材料、工艺不变的条件下，产品连续生产的实际批为一组批，但若干个生产批构成一个检验批的时间通常不超过 1 d。

5.4 采样按 GB/T 3723、GB/T 6678—2003 和 GB/T 6680—2003 的规定进行，所采试样总量不得少于

1 L。将样品充分混匀后，分装于两个清洁、干燥、带磨口塞的玻璃瓶中，贴上标签，注明生产厂名称、产品名称、批号、规格、采样日期和采样者，一瓶供分析检验用，另一瓶保存备查。

5.5 检验结果的判定应按 GB/T 1250 中规定的修约值比较法进行。检验结果中如有一项指标不符合本标准的要求时，桶装产品应重新自两倍量的包装单元中采样进行检验，罐装产品应重新多点采样进行检验。重新检验的结果即使只有一项指标不符合本标准要求，整批产品也应作降等或不合格处理。

5.6 对于气味项目试验结果的判断由供需双方商定。

6 标志、包装、运输和贮存

6.1 标志

工业用乙酸乙酯产品包装容器上应涂有牢固的标志，其内容包括：生产厂名称、产品名称和本标准编号，包装容器上还应有符合 GB 190—1990 规定的“易燃液体”标志。

6.2 包装

工业用乙酸乙酯应用清洁的、罐体材料为不锈钢或铁的槽罐车或清洁、干燥、牢固的钢桶包装，桶口应加密封圈。

工业用乙酸乙酯也可用经国家有关部门认可的，能确保安全的其他容器包装、灌装，并按该容器的有关安全监察、管理规定执行。

6.3 运输

运输、装卸工作中必须按照危险货物运输规定进行。

6.4 贮存

工业用乙酸乙酯应存放于阴凉、通风、干燥的场所，贮存过程中应注意防潮。

7 安全

7.1 危险警告

工业用乙酸乙酯是无色易燃液体，闪点－4℃(闭杯)，自燃温度 427℃，熔点－84℃，沸点 77℃，空气中爆炸极限 2.2%～11.5%(体积分数)。其蒸气比空气重，可能沿地面移动造成远处着火。遇热、明火易引起激烈燃烧或爆炸。乙酸乙酯对眼睛、皮肤和呼吸道有刺激作用，可能对神经系统有影响。

7.2 安全措施

工业用乙酸乙酯泄漏时，应撤离危险区域，尽可能将泄漏液收集在可密闭容器中，用砂土或惰性吸收剂吸收残液，并转移到安全场所，不要冲入下水道；着火时，用砂土、泡沫、二氧化碳、干粉灭火，用水灭火无效；应避免乙酸乙酯与皮肤接触，如果溅到皮肤和眼睛里，应迅速用大量的清水或生理盐水冲洗，然后急速就医。

附 录 A
（资料性附录）
本标准章条编号与 ASTM D 4614:2005 标准章条编号对照

表 A.1 给出了本标准章条编号与 ASTM D 4614:2005 标准章条编号的对照一览表。

表 A.1 本标准章条编号与 ASTM D 4614:2005 标准章条编号对照

本标准章条编号	对应 ASTM D 4614:2005 标准的章条编号
1	1.1
2	2
3	3
4.1	—
4.2	5.1.1
4.3	5.1.1
4.4	5.1.5
4.5	5.1.4
4.6	5.1.6
4.7	5.1.2
4.8	5.1.7
4.9	5.1.8
5	4
6	6
7	1.4

ICS 71.080.70
G 17

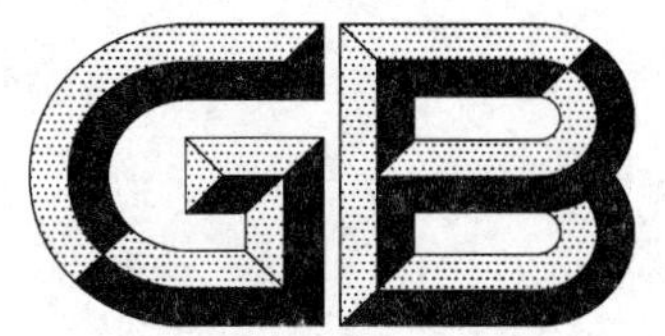

中华人民共和国国家标准

GB/T 3729—2007
代替 GB/T 3729—1991

工业用乙酸正丁酯

n-Butyl acetate for industrial use

2007-08-13 发布　　2008-02-01 实施

中华人民共和国国家质量监督检验检疫总局
中国国家标准化管理委员会　发布

前　言

本标准修改采用美国材料与试验协会标准 ASTM D 4615:2006《(所有等级)乙酸正丁酯》(英文版)。

本标准根据 ASTM D 4615:2006 重新起草。在附录 A 中列出了本标准的章条编号与 ASTM D 4615:2006 章条编号的对照一览表。

考虑到我国的国情,在采用 ASTM D 4615:2006 标准时,本标准作了一些修改。本标准与 ASTM D 4615:2006 的主要差异如下:

——增加了外观的要求和试验方法(本标准的 3.1 和 4.1);

——指标分为优等品、一等品和合格品三个等级(本标准的 3.2),这是根据我国对工业产品分等的惯例确定的;

——本标准的优等品指标与 ASTM D 4615:2006 的 99.5U 等级相比,正丁醇的质量分数由≤0.5%修改为≤0.2%(本标准的 3.2)。这是为了严格对产品质量的控制;

——未设置沸程项目,这是由于沸程与乙酸正丁酯的质量分数设项重复;

——气味项目的指标在 ASTM D 4615:2006 的"无残留气味"的基础上增加了"符合特征气味,无异味"(本标准的 3.2)。

本标准代替 GB/T 3729—1991《工业乙酸丁酯》。

本标准与 GB/T 3729—1991 相比主要变化如下:

——标准名称修改为《工业用乙酸正丁酯》;

——增加了正丁醇含量和气味两个项目及其指标(见 3.2);

——优等品、一等品和合格品的指标:乙酸正丁酯的质量分数分别由≥99.2%、≥98.0%和≥96.0%修改为≥99.5%、≥99.2%和≥99.0%,水的质量分数分别由≤0.10%、≤0.20%和≤0.40%修改为≤0.05%、≤0.10%和≤0.10%,酸的质量分数分别由≤0.004%、≤0.005%和≤0.010%均修改为≤0.010%,蒸发残渣的质量分数分别由≤0.002%、≤0.005%和≤0.010%均修改为≤0.005%(1991 年版的 3.2,本版的 3.2);

——合格品色度指标由≤20 号修改为≤10 号,密度指标由(0.876～0.883)g/cm^3 修改为(0.878～0.883)g/cm^3(1991 年版的 3.2,本版的 3.2);

——增加了外观、正丁醇含量和气味的试验方法(见 4.1、4.3 和 4.9);

——乙酸正丁酯含量的测定方法增加毛细管柱气相色谱法并确定为仲裁方法(见 4.2);

——水分的测定增加卡尔·费休库仑法并确定为仲裁方法(见 4.4);

——密度的测定方法由韦氏天平法修改为密度计法(1991 年版的 4.2,本版的 4.7);

——增加了安全条款(见第 7 章)。

请注意本标准的某些内容有可能涉及专利。本标准的发布机构不应承担识别这些专利的责任。

本标准的附录 A 为资料性附录。

本标准由中国石油和化学工业协会提出。

本标准由全国化学标准化技术委员会有机分会(SAC/TC 63/SC 2)归口。

本标准负责起草单位:无锡百川化工股份有限公司。

本标准参加起草单位:山东金沂蒙集团有限公司。

本标准主要起草人:郑铁江、薛建军、吕坚、张思武。

本标准于 1983 年首次发布,1991 年第一次修订。

工业用乙酸正丁酯

1 范围

本标准规定了工业用乙酸正丁酯的要求、试验方法、检验规则及包装、标志、运输、贮存和安全。

本标准适用于由乙酸和正丁醇在催化剂存在下酯化而制得的工业用乙酸正丁酯的生产、检验和销售。

分子式：$C_6H_{12}O_2$

相对分子质量：116.16(按 2005 年国际相对原子质量)

2 规范性引用文件

下列文件中的条款通过本标准的引用而成为本标准的条款。凡是注日期的引用文件，其随后所有的修改单(不包括勘误的内容)或修订版均不适用于本标准，然而，鼓励根据本标准达成协议的各方研究是否可使用这些文件的最新版本。凡是不注日期的引用文件，其最新版本适用于本标准。

GB 190—1990 危险货物包装标志

GB/T 1250 极限数值的表示方法和判定方法

GB/T 3723 工业用化学产品采样安全通则(GB/T 3723—1999，idt ISO 3165：1976)

GB/T 6678—2003 化工产品采样总则

GB/T 6680—2003 液体化工产品采样通则

GB/T 12717—2007 工业用乙酸酯类试验方法

3 要求

3.1 外观：透明液体，无悬浮杂质。

3.2 工业用乙酸正丁酯应符合表 1 所示的技术要求。

表 1 技术要求

项目		指标		
		优等品	一等品	合格品
乙酸正丁酯的质量分数/%	≥	99.5	99.2	99.0
正丁醇的质量分数/%	≤	0.2	0.5	—
水的质量分数/%	≤	0.05	0.10	
酸的质量分数(以 CH_3COOH 计)/%	≤	0.010		
色度/Hazen 单位(铂-钴色号)	≤	10		
密度(ρ_{20})/(g/cm^3)		0.878～0.883		
蒸发残渣的质量分数/%	≤	0.005		
气味[a]		符合特征气味，无异味；无残留气味		

[a] 为可选项目。

4 试验方法

4.1 外观的测定

按 GB/T 12717—2007 中规定的方法进行。

4.2 乙酸正丁酯含量的测定

按 GB/T 12717—2007 中规定的方法进行。以毛细管柱气相色谱法为仲裁方法。

取两次平行测定结果的算术平均值为测定结果,两次平行测定结果的绝对差值不大于 0.10%。

4.3 正丁醇含量的测定

按 GB/T 12717—2007 中规定的方法进行。以毛细管柱气相色谱法为仲裁方法。

取两次平行测定结果之算术平均值为测定结果,两次平行测定结果的绝对差值不大于 0.02%。

4.4 水分的测定

按 GB/T 12717—2007 中规定的方法进行。以卡尔·费休库仑法为仲裁方法。

取两次平行测定结果的算术平均值为测定结果,两次平行测定结果的绝对差值不大于这两个测定值的算术平均值的 25%。

4.5 酸度的测定

按 GB/T 12717—2007 中规定的方法进行。

取两次平行测定结果的算术平均值为测定结果,两次平行测定结果的绝对差值不大于 0.001%。

4.6 色度的测定

按 GB/T 12717—2007 中规定的方法进行。

4.7 密度的测定

按 GB/T 12717—2007 中规定的方法进行。在 0℃～40℃的范围内,样品密度的温度校正系数为 0.001 0 g/(cm^3·℃)。

取两次平行测定结果的算术平均值为测定结果,两次平行测定结果的绝对差值不大于 0.000 5 g/cm^3。

4.8 蒸发残渣的测定

按 GB/T 12717—2007 中规定的方法进行。

取两次平行测定结果的算术平均值为测定结果,两次平行测定结果的绝对差值不大于 0.000 5%。

4.9 气味的测定

按 GB/T 12717—2007 中规定的方法进行。

5 检验规则

5.1 检验分为出厂检验和型式检验。

5.1.1 出厂检验项目为外观和表 1 中的乙酸正丁酯含量、正丁醇含量、水分、酸度和色度,应逐批进行检验。

5.1.2 型式检验项目为外观和表 1 中除气味以外的其他项目,在正常生产的情况下,每月应至少进行一次型式检验。有下列情况之一时,也应进行型式检验:

a) 更新关键生产工艺;

b) 主要原料有变化;

c) 停产又恢复生产;

d) 出厂检验结果与上次型式检验结果有较大差异;

e) 合同规定。

5.2 工业用乙酸正丁酯由生产厂的质量检验部门进行检验。生产厂应保证每批出厂产品都符合本标准的要求,并附有一定格式的质量证明书,内容包括:生产厂名称和厂址、产品名称、生产日期或批号、质量等级、净含量和本标准编号等。

5.3 在原材料、工艺不变的条件下,产品连续生产的实际批为一个组批,但若干个生产批构成一个检验批的时间通常不超过 1 d。

5.4 采样按 GB/T 3723、GB/T 6678—2003 和 GB/T 6680—2003 的规定进行。所采样品总量不得少

于1 L。将样品充分混匀后，分装于两个清洁、干燥、带磨口塞的玻璃瓶中，贴上标签，注明生产厂名称、产品名称、批号、规格、采样日期和采样者，一瓶供分析检验用，另一瓶保存备查。

5.5 检验结果的判定按 GB/T 1250 中规定的修约值比较法进行。检验结果中如有一项指标不符合本标准的要求时，桶装产品应重新自两倍量的包装单元中采样进行检验，罐装产品应重新多点采样进行检验。重新检验的结果即使只有一项指标不符合本标准要求，整批产品也应作降等或不合格处理。

5.6 对于气味项目试验结果的判断由供需双方商定。

6 标志、包装、运输和贮存

6.1 标志

工业用乙酸正丁酯产品包装容器应有牢固的标志，其内容包括：生产厂名称、产品名称和本标准编号，包装容器上还应有符合 GB 190—1990 中规定的“易燃液体”标志。

6.2 包装

工业用乙酸正丁酯应用清洁的、罐体材料为不锈钢或铁的槽罐车或清洁、干燥、牢固的钢桶包装，桶口应加密封圈。

工业用乙酸正丁酯也可用经国家有关部门认可的，能确保安全的其他容器包装、灌装，并按该容器的有关安全监察、管理规定执行。

6.3 运输

运输、装卸工作中，应按照危险货物运输规定进行。

6.4 贮存

工业用乙酸正丁酯应贮存在耐火设备中，存放于阴凉、通风、干燥的场所，也可存放在贮罐中。贮存过程中应注意防潮，与强氧化剂、强碱、强酸分开存放。

7 安全

7.1 危险警告

乙酸正丁酯属于中闪点的易燃液体，闪点 22℃(闭杯)，自燃温度 420℃，熔点 −78℃，沸点126.1℃。其蒸气比空气重，可能沿地面流动造成远处着火。温度高于 22℃，可能形成爆炸性蒸气/空气混合物，在空气中的爆炸极限为 1.2%～7.6%(体积分数)。与强氧化剂、强酸和强碱发生反应，有着火和爆炸危险。能浸蚀许多塑料和橡胶。

该物质对眼睛、皮肤和呼吸道有刺激作用。吸入乙酸正丁酯可引起咳嗽、咽喉痛、头晕、头痛等，皮肤接触乙酸正丁酯可引起皮肤脱脂、干燥，眼睛接触会引起发红、疼痛，食入会引起恶心。该物质可能对中枢神经系统有影响。

7.2 安全措施

乙酸正丁酯的贮罐周围应设置围堤，防止其泄漏。一旦泄漏，应通风、转移全部引燃源，尽可能将泄漏液收集在可密闭的金属或玻璃容器中。用砂土或惰性吸收剂吸收残液，并转移至安全场所。乙酸正丁酯着火时，应用砂土、抗溶性泡沫、二氧化碳、干粉灭火。个人防护用具：适用于有机气体和蒸气的过滤呼吸器。

应避免乙酸正丁酯与皮肤接触，如果接触，应脱去污染的衣服，用大量水冲洗皮肤或淋浴；如果溅到眼睛里，应先用大量清水冲洗几分钟，然后就医；如吸入，应到新鲜空气处休息，必要时就医；如食入，应漱口，但不要催吐，必要时就医。

附　录　A
（资料性附录）
本标准章条编号与 ASTM D 4615:2006 标准章条编号对照

表 A.1 给出了本标准章条编号与 ASTM D 4615:2006 标准章条编号的对照一览表。

表 A.1　本标准章条编号与 ASTM D 4615:2006 标准章条编号对照

本标准章条编号	对应 ASTM D 4615:2006 标准的章条编号
1	1.1
2	2
3	3
4.1	—
4.2	5.1.1
4.3	5.1.1
4.4	5.1.5
4.5	5.1.4
4.6	5.1.6
4.7	5.1.2
4.8	5.1.7
4.9	5.1.8
5	4
6	6
7	1.4

ICS 71.080.15
G 17

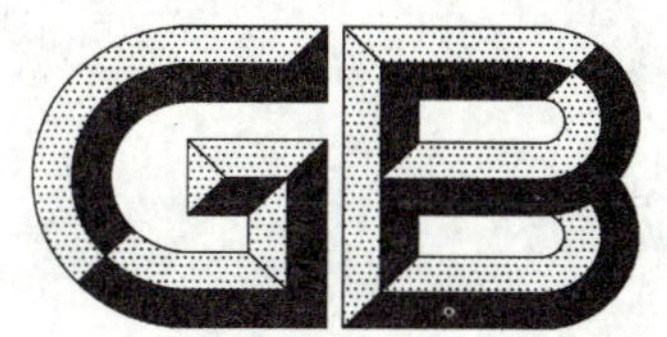

中华人民共和国国家标准

GB/T 4117—2008
代替 GB/T 4117—1992，GB/T 4120.3—1992，GB/T 4120.5～4120.6—1992

工业用二氯甲烷

Methylene chloride for industrial use

2008-04-01 发布　　　　2008-09-01 实施

中华人民共和国国家质量监督检验检疫总局
中国国家标准化管理委员会　发布

前　言

本标准代替GB/T 4117—1992《工业二氯甲烷》、GB/T 4120.3—1992《工业液体氯代甲烷类产品中酸度的测定　滴定法》、GB/T 4120.5—1992《工业液体氯代甲烷类产品中微量水分的测定　浊点法》和GB/T 4120.6—1992《工业液体氯代甲烷类产品的包装、标志、贮存、运输和检验规则》。

本标准与GB/T 4117—1992相比主要变化如下：

——范围由“本标准适用于天然气热氯化法和光氯化法生产的二氯甲烷”改为“本标准适用于甲醇氢氯化法工艺生产的二氯甲烷”(GB/T 4117—1992的第1章，本版的第1章)；

——技术要求中二氯甲烷质量分数优等品指标由≥99.5%修改为≥99.90%，一等品指标由≥99.0%修改为≥99.50%，合格品指标由≥98.0%修改为≥99.20%；水分优等品指标由≤0.040%修改为≤0.010%，一等品指标由≤0.050%修改为≤0.020%，合格品指标由≤0.060%修改为≤0.030%；酸度一等品指标由≤0.000 8%修改为≤0.000 4%，合格品指标由≤0.001 0%修改为≤0.000 8%；蒸发残渣一等品指标由≤0.001 0%修改为≤0.000 5%，合格品指标由≤0.003 0%修改为≤0.001 0%(GB/T 4117—1992的3.2，本版的3.2)；

——试验方法中，纯度的测定引用GB/T 21541—2008《工业用氯代甲烷类产品纯度的测定　气相色谱法》。水分的测定取消浊点法，增加卡尔·费休库仑电量法，并规定卡尔·费休库仑电量法为仲裁法；增加了外观的试验方法(GB/T 4117—1992的第4章，本版的第4章)；

——检验规则与标志、包装、贮存和运输分为两章编写(GB/T 4117—1992的第5章，本版的第5章、第6章)；

——增加了“有毒品”标志(见6.1)；

——增加了“安全”一章(见第7章)。

请注意本标准的某些内容有可能涉及专利。本标准的发布机构不应承担识别这些专利的责任。

本标准由中国石油和化学工业协会提出。

本标准由全国化学标准化技术委员会有机分会(SAC/TC 63/SC 2)归口。

本标准起草单位：浙江衢化氟化学有限公司、昊华西南化工有限责任公司。

本标准参加起草单位：山东东岳氟硅材料有限公司、山东金岭化工股份有限公司。

本标准主要起草人：刘红秀、陈科峰、汤月明、张学良、宓宏、陈彩琴、谭显文。

GB/T 4117、GB/T 4120.3、GB/T 4120.5、GB/T 4120.6于1983年首次发布，1992年第一次修订。

工业用二氯甲烷

1 范围

本标准规定了工业用二氯甲烷的要求、试验方法、检验规则、标志、包装、运输、贮存、安全。

本标准适用于甲醇氢氯化法工艺生产的二氯甲烷的生产、检验和销售。该产品主要用于溶剂、提取剂、清洗剂、发泡剂、脱膜剂等，并用作生产二氟甲烷(HFC-32)及制药行业的原料。

分子式：CH_2Cl_2。

相对分子质量：84.932(按 2005 年国际相对原子质量)。

2 规范性引用文件

下列文件中的条款通过本标准的引用而成为本标准的条款。凡是注日期的引用文件，其随后所有的修改单(不包括勘误的内容)或修订版均不适用于本标准，然而，鼓励根据本标准达成协议的各方研究是否可使用这些文件的最新版本。凡是不注日期的引用文件，其最新版本适用于本标准。

GB 190—1990 危险货物包装标志

GB/T 191—2000 包装储运图示标志

GB/T 601 化学试剂 标准滴定溶液的制备

GB/T 603 化学试剂 试验方法中所用制剂及制品的制备(ISO 6353-1:1982, NEQ)

GB/T 1250 极限数值的表示和判定方法

GB/T 3143—1982 液体化学产品颜色测定法(Hazen 单位——铂-钴色号)

GB/T 6283—1986 化工产品中水分含量的测定 卡尔·费休法(通用方法)

GB/T 6324.2—2004 有机化工产品试验方法 第 2 部分：挥发性有机液体水浴上蒸发后干残渣测定(ISO 759:1981,MOD)

GB/T 6678—2003 化工产品采样总则

GB/T 6680—2003 液体化工产品采样通则

GB/T 6682—1992 分析实验室用水规格和试验方法(eqv ISO 3696:1987)

GB/T 21541—2008 工业用氯代甲烷类产品纯度的测定 气相色谱法

3 要求

3.1 外观：无色澄清、无悬浮物、无机械杂质的液体。

3.2 工业用二氯甲烷的质量应符合表 1 所示的技术要求。

表 1 技术要求

项目		指标		
		优等品	一等品	合格品
二氯甲烷的质量分数[a]/%	≥	99.90	99.50	99.20
水的质量分数/%	≤	0.010	0.020	0.030
酸(以 HCl 计)的质量分数/%	≤	0.000 4		0.000 8
色度/Hazen 单位 (Pt-Co 色号)	≤	10		
蒸发残渣的质量分数/%	≤	0.000 5		0.001 0

[a] 添加的稳定剂的量不计入二氯甲烷的质量分数。

4 试验方法

4.1 警示

试验方法规定的一些试验过程可能导致危险情况。操作者应采取适当的安全和健康措施。

4.2 一般规定

除非另有说明，在分析中仅使用确认为分析纯的试剂和 GB/T 6682—1992 中规定的三级水。分析中所用标准滴定溶液、制剂及制品，在没有注明其他要求时，均按 GB/T 601、GB/T 603 的规定制备。

4.3 外观

取适量实验室样品于比色管内，目测观察样品有无悬浮物和机械杂质。

4.4 二氯甲烷含量的测定

按 GB/T 21541—2008 规定的方法进行。

4.5 水分的测定

4.5.1 卡尔·费休容量法

按 GB/T 6283—1986 规定的方法进行。

取两次平行测定结果的算术平均值为测定结果，两次平行测定结果的绝对差值不大于两次平行测定结果的平均值的 10%。

4.5.2 卡尔·费休库仑电量法(仲裁法)

4.5.2.1 方法提要

实验室样品中的水在有机碱和甲醇的存在下与电解液中的碘进行定量反应，反应为：

$$I_2 + SO_2 + H_2O \longrightarrow 2HI + SO_3$$

$$2I^- - 2e \longrightarrow I_2$$

参加反应的碘分子数等于水的分子数，而电解生成的碘与所消耗的电量成正比。依据法拉第定律，在仪器上直接读出被测试样的水含量。

4.5.2.2 仪器

4.5.2.2.1 库仑电量水分测定仪：检测灵敏度 0.1 μg H_2O。或其他能满足分析要求的微量水分测定仪也可使用；

4.5.2.2.2 天平：分度值为 0.01 g；

4.5.2.2.3 注射器：5 mL。

4.5.2.3 试剂

与库仑电量水分测定仪配套使用的电解液(市售试剂)。

4.5.2.4 分析步骤

向库仑电量水分测定仪电解池加入电解液，调节库仑电量水分测定仪，使滴定池内达到平衡状态。用注射器吸取约 2 mL 实验室样品(或根据实验室样品中的水含量调整)，称量，精确至 0.01 g，加入到库仑电量水分测定仪中，立即进行电量滴定，滴定结束后，根据试料的质量，计算水含量或在库仑电量水分测定仪上直接读取水的质量分数。

取两次平行测定结果的算术平均值为测定结果，两次平行测定结果的绝对差值不大于两次平行测定结果的平均值的 0.000 8%。

4.6 酸度的测定

4.6.1 方法提要

用水萃取试料中所含的酸，以溴甲酚绿乙醇溶液为指示液，用氢氧化钠标准滴定溶液滴定。

4.6.2 仪器

4.6.2.1 微量滴定管：分刻度 0.02 mL；

4.6.2.2 天平：最大称量不小于 2 000 g，分度值 0.1 g。

4.6.3 试剂

4.6.3.1 氢氧化钠标准滴定溶液：$c(NaOH)=0.01\ mol/L$；

4.6.3.2 溴甲酚绿乙醇溶液：1 g/L；

4.6.3.3 水：对溴甲酚绿乙醇溶液呈中性。

4.6.4 分析步骤

取100 mL实验室样品，称量，精确至0.1 g，将试料转移至分液漏斗中，并加入100 mL水(4.6.3.3)，振荡5 min，静置分层。从分液漏斗中分离出有机相，将水相转移至锥形瓶中，加1～2滴溴甲酚绿指示液，以氢氧化钠标准滴定溶液滴定至蓝色为终点。

4.6.5 结果计算

酸的质量分数w_1(以HCl计)，数值以%表示，按式(1)计算：

$$w_1=\frac{(V/1\,000)cM}{m}\times 100 \qquad (1)$$

式中：

V——试料消耗氢氧化钠标准滴定溶液(4.6.3.1)体积的数值，单位为毫升(mL)；

c——氢氧化钠标准滴定溶液浓度的准确数值，单位为摩尔每升(mol/L)；

m——试料的质量的数值，单位为克(g)；

M——氯化氢的摩尔质量的数值，单位为克每摩尔(g/mol)(M=36.46)。

取两次平行测定结果的算术平均值为测定结果，两次平行测定结果的绝对差值不大于0.000 2%。

4.7 色度的测定

按GB/T 3143—1982规定的方法进行。

4.8 蒸发残渣的测定

按GB/T 6324.2—2004规定的方法进行，取样量根据蒸发残渣的量确定。

取两次平行测定结果的算术平均值为测定结果，两次平行测定结果的绝对差值不大于0.000 1%。

5 检验规则

5.1 检验分出厂检验和型式检验。

5.1.1 本标准第3章要求中的外观、二氯甲烷含量、水分、酸度、色度为出厂检验项目，出厂检验应逐批进行。

5.1.2 型式检验项目为第3章要求中规定的全部项目。在正常生产情况下，每6个月至少进行一次型式检验。有下列情况之一时，也应进行型式检验。

a) 更新关键生产工艺；

b) 主要原料有变化；

c) 停产又恢复生产；

d) 出厂检验结果与上次型式检验有较大差异；

e) 合同规定。

5.2 工业用二氯甲烷以同等质量的均匀产品为一批。桶装产品以不大于100 t为一批，或以一贮槽、一槽罐的产品量为一批。

5.3 工业用二氯甲烷的采样按GB/T 6680—2003中的7.1规定进行。桶装产品采样单元数按GB/T 6678—2003中的规定进行，采样的总量应保证检验的需要。

5.4 工业用二氯甲烷应由生产厂的质量检验部门进行检验。每批出厂的产品都应附有质量证明书，内容包括：产品名称、产品等级、生产厂厂名、厂址、批号或生产日期及本标准编号。

5.5 检验结果的判定按GB/T 1250中的修约值比较法进行。检验结果如果有一项指标不符合本标准要求时，桶装产品应重新自两倍数量的包装单元中采样进行检验，贮槽装产品及槽罐装产品应重新采样进行检验。重新检验的结果即使只有一项指标不符合本标准要求，则整批产品为不合格。

6 标志、包装、运输和贮存

6.1 工业用二氯甲烷包装容器上应有牢固清晰的标志，内容包括：产品名称、商标、生产厂厂名、厂址、净含量、批号、产品等级、本标准编号、GB 190—1990 规定的"有毒品"标志、GB/T 191—2000 规定的"怕晒"、"怕雨"标志。

6.2 工业用二氯甲烷应使用干燥、清洁的镀锌铁桶、涂防护层铁桶或槽罐密闭包装。铁桶包装每桶净质量(200±0.5)kg、(250±0.5)kg，或根据用户要求包装。

6.3 镀锌铁桶、涂防护层铁桶或槽罐的装入量应根据铁桶或槽罐的总容积和液体氯代甲烷类产品在运输路途上允许的温度及其他因素变化，而引起的体积膨胀加以考虑。

6.4 工业用二氯甲烷产品应贮存在阴凉、通风、干燥的地方，不得靠近热源，避免曝晒雨淋。

6.5 工业用二氯甲烷产品在运输和装卸时不得撞击，应小心轻放，以免损伤包装容器致使产品渗漏。

6.6 工业用二氯甲烷的稳定剂是甲醇或戊烯。

6.7 加入稳定剂后的工业用二氯甲烷的保质期为自生产之日起的 6 个月。

7 安全

工业用二氯甲烷遇明火高热可燃。受热分解能产生剧毒的光气。若遇高热，容器内压力增大，有开裂和爆炸的危险。

接触或使用二氯甲烷时，应配戴必要的防护用品。当皮肤接触时，应用肥皂水和清洁水彻底冲洗皮肤至少 15 min，眼睛接触时，用流动清水或生理盐水冲洗，就医。

ICS 71.080.15
G 17

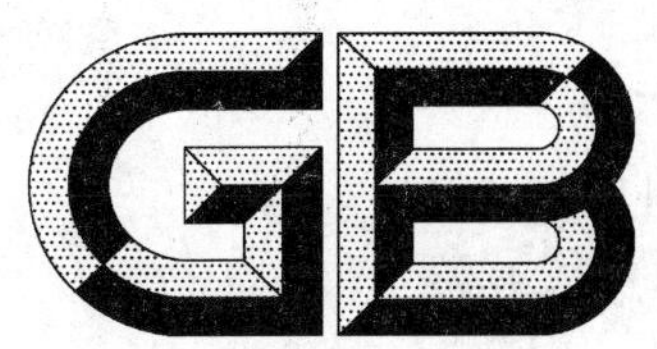

中华人民共和国国家标准

GB/T 4118—2008
代替 GB/T 4118—1992

工业用三氯甲烷

Trichloromethane for industrial use

2008-04-01 发布 2008-09-01 实施

中华人民共和国国家质量监督检验检疫总局
中国国家标准化管理委员会 发布

前　言

本标准代替 GB/T 4118—1992《工业三氯甲烷》。

本标准与 GB/T 4118—1992 相比主要变化如下：

——范围由"本标准适用于以甲烷氯化法、乙醛法、三氯乙醛碱解法、光氯化法生产的三氯甲烷"改为"本标准适用于甲醇氢氯化法工艺生产的三氯甲烷"(GB/T 4118—1992 的第 1 章，本版的第 1 章)；

——技术要求中三氯甲烷的质量分数指标优等品由≥99.5%改为≥99.90%，一等品由≥99.0%改为≥99.50%，合格品由≥98.0%改为≥99.20%；水分指标优等品由≤0.03%改为≤0.010%，一等品由≤0.03%改为≤0.020%，合格品由≤0.05%改为≤0.030%；酸度指标优等品由≤0.001%改为≤0.0004%，一等品由≤0.001%改为≤0.0006%，合格品由≤0.003%改为≤0.0010%；四氯化碳含量指标优等品由≤0.05%改为≤0.04%，一等品由≤0.2%改为≤0.08%，合格品定为≤0.20%(GB/T 4118—1992 的 3.2，本版的 3.2)；

——试验方法，增加了外观试验方法；三氯甲烷含量的测定引用 GB/T 21541—2008《工业用氯代甲烷类产品纯度的测定　气相色谱法》；水分、酸度的测定由引用标准 GB/T 4120 修改为 GB/T 4117—2008(GB/T 4118—1992 的第 4 章，本版的第 4 章)；

——检验规则与包装、标志、贮存和运输分为两章编写(GB/T 4118—1992 的第 5 章，本版的第 5 章和第 6 章)；

——包装、标志、贮存和运输中增加了"有毒品"标志(见 6.1)；

——增加了"安全"一章(见第 7 章)。

请注意本标准的某些内容有可能涉及专利。本标准的发布机构不应承担识别这些专利的责任。

本标准由中国石油和化学工业协会提出。

本标准由全国化学标准化技术委员会有机分会(SAC/TC 63/SC 2)归口。

本标准起草单位：昊华西南化工有限责任公司、浙江衢化氟化学有限公司。

本标准参加起草单位：山东东岳氟硅材料有限公司、山东金岭化工股份有限公司。

本标准主要起草人：金涛、曹勇、沈治荣、张荻。

本标准于 1983 年首次发布，1992 年第一次修订。

工业用三氯甲烷

1 范围

本标准规定了工业用三氯甲烷的要求、试验方法、检验规则、标志、包装、运输、贮存、安全。

本标准适用于甲醇氢氯化法工艺生产的三氯甲烷的生产、检验和销售。该产品主要用于制造致冷剂，也用作溶剂、萃取剂、医药及染料中间体等。

分子式：$CHCl_3$。

相对分子质量：119.378(按 2005 年国际相对原子质量)。

2 规范性引用文件

下列文件中的条款通过本标准的引用而成为本标准的条款。凡是注日期的引用文件，其随后所有的修改单(不包括勘误的内容)或修订版均不适用于本标准，然而，鼓励根据本标准达成协议的各方研究是否可使用这些文件的最新版本。凡是不注日期的引用文件，其最新版本适用于本标准。

GB 190—1990 危险货物包装标志

GB/T 191—2000 包装储运图示标志(eqv ISO 780:1997)

GB/T 1250 极限数值的表示和判定方法

GB/T 3143—1982 液体化学产品颜色测定法(Hazen 单位——铂-钴色号)

GB/T 4117—2008 工业用二氯甲烷

GB/T 6678—2003 化工产品采样总则

GB/T 6680—2003 液体化工产品采样通则

GB/T 6682—1992 分析实验室用水规格和试验方法(eqv ISO 3696:1987)

GB/T 21541—2008 工业用氯代甲烷类产品纯度的测定 气相色谱法

3 要求

3.1 外观：无色澄清、无悬浮物、无机械杂质的液体。

3.2 工业用三氯甲烷的质量应符合表 1 所示的技术要求。

表 1 技术要求

项 目		指 标		
		优等品	一等品	合格品
三氯甲烷的质量分数[a]/%	≥	99.90	99.50	99.20
四氯化碳的质量分数/%	≤	0.04	0.08	0.20
水的质量分数/%	≤	0.010	0.020	0.030
酸(以 HCl 计)的质量分数/%	≤	0.000 4	0.000 6	0.001 0
色度/Hazen 单位(Pt-Co 色号)	≤	10	15	25
[a] 添加的稳定剂的量不计入三氯甲烷的质量分数。				

4 试验方法

4.1 警示

试验方法规定的一些试验过程可能导致危险情况。操作者应采取适当的安全和健康措施。

4.2 一般规定

除非另有说明,在分析中仅使用确认为分析纯的试剂和 GB/T 6682—1992 中规定的三级水。

4.3 外观

取适量实验室样品于比色试管内,目测观察样品有无悬浮物和机械杂质。

4.4 三氯甲烷含量的测定

按 GB/T 21541—2008 规定的方法进行。

4.5 四氯化碳含量的测定

按 GB/T 21541—2008 规定的方法进行。

4.6 水分的测定

按 GB/T 4117—2008 中 4.5 规定的方法进行。

4.7 酸度的测定

按 GB/T 4117—2008 中 4.6 规定的方法进行。

4.8 色度的测定

按 GB/T 3143—1982 规定的方法进行。

5 检验规则

5.1 本标准第 3 章要求中规定的所有项目均为出厂检验项目。出厂检验应逐批进行。

5.2 工业用三氯甲烷以同等质量的均匀产品为一批。桶装产品以不大于 100 t 为一批,或以一贮槽、一槽罐的产品量为一批。

5.3 工业用三氯甲烷的采样按 GB/T 6680—2003 中的 7.1 的规定进行。桶装产品采样单元数按 GB/T 6678—2003中的规定进行,采样的总量应保证检验的需要。

5.4 工业用三氯甲烷应由生产厂的质量检验部门进行检验。每批出厂的产品都应附有质量证明书,内容包括:产品名称、产品等级、生产厂厂名、厂址、批号或生产日期及本标准编号。

5.5 检验结果的判定按 GB/T 1250 中的修约值比较法进行。检验结果如果有一项指标不符合本标准要求时,桶装产品应重新自两倍数量的包装单元中采样进行检验,贮槽装产品及槽罐装产品应重新采样进行检验。重新检验的结果即使只有一项指标不符合本标准要求,则整批产品为不合格。

6 标志、包装、运输和贮存

6.1 工业用三氯甲烷包装容器上应有牢固清晰的标志,内容包括:产品名称、商标、生产厂厂名、厂址、净含量、批号、产品等级、本标准编号、GB 190 规定的“有毒品”标志、GB/T 191—2000 规定的“怕晒”、“怕雨”标志。

6.2 工业用三氯甲烷应使用干燥、清洁的镀锌铁桶,涂防护层铁桶或槽罐密闭包装。铁桶包装每桶净质量(200±0.5)kg、(250±0.5)kg,或根据用户要求包装。

6.3 镀锌铁桶、涂防护层铁桶或槽罐的装入量,应根据铁桶或槽罐的总容积和三氯甲烷产品在运输路途上允许的温度及其他因素变化而引起的体积膨胀予以调整。

6.4 工业用三氯甲烷产品应贮存在阴凉、通风、干燥的地方,不得靠近热源,避免曝晒雨淋。

6.5 工业用三氯甲烷产品在运输和装卸时不得撞击,应小心轻放,以免损伤包装容器致使产品渗漏。

6.6 工业用三氯甲烷的稳定剂是乙醇或戊烯。

6.7 加入稳定剂后的工业用三氯甲烷的保质期为自生产之日起的6个月。

7 安全

工业用三氯甲烷受热分解能产生剧毒的光气。若遇高热,容器内压力增大,有开裂和爆炸的危险。

接触或使用三氯甲烷时,应佩戴防护用品。当皮肤接触时,应用肥皂水和清洁水彻底冲洗皮肤至少15 min,眼睛接触时,用流动清水或生理盐水冲洗,就医。

ICS 71.080.15
G 17

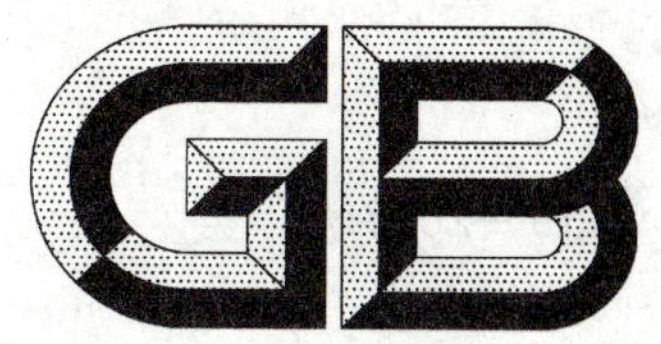

中华人民共和国国家标准

GB/T 4119—2008
代替 GB/T 4119—1993

工业用四氯化碳

Carbon tetrachloride for industrial use

2008-04-01 发布　　2008-09-01 实施

中华人民共和国国家质量监督检验检疫总局
中国国家标准化管理委员会　发布

前　言

本标准代替GB/T 4119—1993《工业四氯化碳》。

本标准与GB/T 4119—1993相比主要变化如下：

——范围由“本标准适用于天然气热氯化法、二硫化碳法、甲醇法及全氯化氯解法生产的四氯化碳”修改为“本标准适用于甲醇氢氯化法和天然气热氯化法工艺生产的四氯化碳”（GB/T 4119—1993的第1章，本版的第1章）；

——技术要求中，取消了二硫化碳项目；四氯化碳的质量分数的优等品指标由≥99.8%修改为≥99.80%，一等品指标由≥99.5%修改为≥99.50%（GB/T 4119—1993的3.2，本版的3.2）；

——试验方法中，四氯化碳、三氯甲烷、四氯乙烯含量的测定引用GB/T 21541—2008《工业用氯代甲烷类产品纯度的测定　气相色谱法》。水分、酸度的测定由引用标准GB/T 4120修改为GB/T 4117—2008；增加了外观试验方法（GB/T 4119—1993的第4章，本版的第4章）；

——检验规则与标志、包装、贮存和运输分为两章编写（GB/T 4119—1993的第5章，本版的第5章和第6章）；

——增加了“有毒品”标志（见6.1）；

——增加了“安全”一章（见第7章）。

请注意本标准的某些内容有可能涉及专利。本标准的发布机构不应承担识别这些专利的责任。

本标准由中国石油和化学工业协会提出。

本标准由全国化学标准化技术委员会有机分会（SAC/TC 63/SC 2）归口。

本标准起草单位：浙江衢化氟化学有限公司、昊华西南化工有限责任公司。

本标准参加起草单位：山东东岳氟硅材料有限公司、山东金岭化工股份有限公司。

本标准主要起草人：刘红秀、陈科峰、汤月明、张学良、宓宏、谭显文、陈彩琴。

本标准于1983年首次发布，1993年第一次修订。

工业用四氯化碳

1 范围

本标准规定了工业用四氯化碳的要求、试验方法、检验规则、标志、包装、运输、贮存、安全。

本标准适用于甲醇氢氯化法和天然气热氯化法工艺生产的四氯化碳的生产、检验和销售。该产品主要用作四氯乙烯、制药行业等的原料。

分子式：CCl_4

相对分子质量：153.823（按2005年国际相对原子质量）

2 规范性引用文件

下列文件中的条款通过本标准的引用而成为本标准的条款。凡是注日期的引用文件，其随后所有的修改单（不包括勘误的内容）或修订版均不适用于本标准，然而，鼓励根据本标准达成协议的各方研究是否可使用这些文件的最新版本。凡是不注日期的引用文件，其最新版本适用于本标准。

GB 190—1990 危险货物包装标志

GB/T 191—2000 包装储运图示标志（eqv ISO 780:1997）

GB/T 1250 极限数值的表示和判定方法

GB/T 3143—1982 液体化学产品颜色测定法（Hazen单位——铂-钴色号）

GB/T 4117—2008 工业用二氯甲烷

GB/T 6678—2003 化工产品采样总则

GB/T 6680—2003 液体化工产品采样通则

GB/T 6682—1992 分析实验室用水规格和试验方法（eqv ISO 3696:1987）

GB/T 21541—2008 工业用氯代甲烷类产品纯度的测定 气相色谱法

3 要求

3.1 外观：无色澄清、无悬浮物、无机械杂质的液体。

3.2 工业用四氯化碳的质量应符合表1所示的技术要求。

表1 技术要求

项目		指标	
		优等品	一等品
四氯化碳的质量分数/%	≥	99.80	99.50
三氯甲烷的质量分数/%	≤	0.05	0.3
四氯乙烯的质量分数/%	≤	0.03	0.1
水的质量分数/%	≤	0.005	0.007
酸（以HCl计）的质量分数/%	≤	0.000 2	0.000 8
色度/Hazen单位（Pt-Co色号）	≤	15	25

4 试验方法

4.1 警示

试验方法规定的一些试验过程可能导致危险情况。操作者应采取适当的安全和健康措施。

4.2 一般规定

除非另有说明，在分析中仅使用确认为分析纯的试剂和 GB/T 6682 中规定的三级水。

4.3 性状

取适量的实验室样品于比色管内，目测观察试样有无悬浮物和机械杂质。

4.4 四氯化碳含量的测定

按 GB/T 21541—2008 规定的方法进行。

4.5 三氯甲烷含量的测定

按 GB/T 21541—2008 规定的方法进行。

4.6 四氯乙烯含量的测定

按 GB/T 21541—2008 规定的方法进行。

4.7 水分的测定

按 GB/T 4117—2008 中 4.5 规定的方法进行。

4.8 酸度的测定

按 GB/T 4117—2008 中 4.6 规定的方法进行。

4.9 色度的测定

按 GB/T 3143 所规定的方法进行。

5 检验规则

5.1 本标准第 3 章要求中的全部项目均为出厂检验项目，出厂检验应逐批进行。

5.2 工业用四氯化碳以同等质量的均匀产品为一批。桶装产品以不大于 100 t 为一批，或以一贮槽、一槽罐的产品量为一批。

5.3 工业用四氯化碳的采样按 GB/T 6680—2003 中的 7.1 的规定进行。桶装产品采样单元数按 GB/T 6678—2003 中的规定进行，采样的总量应保证检验的需要。

5.4 工业用四氯化碳应由生产厂的质量检验部门进行检验。每批出厂的产品都应附有质量证明书，内容包括：产品名称、产品等级、生产厂厂名、厂址、批号或生产日期及本标准编号。

5.5 检验结果的判定按 GB/T 1250 中的修约值比较法进行。检验结果如果有一项指标不符合本标准要求时，桶装产品应重新自两倍数量的包装单元中采样进行检验，贮槽装产品及槽罐装产品应重新采样进行检验。重新检验的结果即使只有一项指标不符合本标准要求，则整批产品为不合格。

6 标志、包装、运输和贮存

6.1 工业用四氯化碳包装容器上应有牢固清晰的标志，内容包括：产品名称、商标、生产厂厂名、厂址、净含量、批号、产品等级、本标准编号、GB 190 规定的“有毒品”标志、GB/T 191 规定的“怕晒”、“怕雨”标志。

6.2 工业用四氯化碳应使用干燥、清洁的镀锌铁桶、涂防护层铁桶或槽罐密闭包装。铁桶包装每桶净重 200 kg±0.5 kg、250 kg±0.5 kg、300 kg±0.9 kg，或根据用户要求包装。

6.3 镀锌铁桶、涂防护层铁桶或槽罐的装入量应根据铁桶或槽罐的总容积和四氯化碳产品在运输路途上允许的温度及其他因素变化，而引起的体积膨胀加以考虑。

6.4 工业用四氯化碳产品应贮存在阴凉、通风、干燥的地方，不得靠近热源，避免曝晒雨淋。

6.5 工业用四氯化碳产品的贮存和运输应符合中华人民共和国铁路、公路和水路对危险货物贮存和运输的有关规定。

6.6 工业用四氯化碳产品在运输和装卸时不得撞击，应小心轻放，以免损伤包装容器致使产品渗漏。

7 安全

工业用四氯化碳不会燃烧，但遇明火或高温易产生剧毒的光气和氯化氢烟雾。在潮湿的空气中逐渐分解成光气和氯化氢。

接触或使用四氯化碳时，应配戴必要的防护用品。当皮肤接触时，应用肥皂水和流动清水彻底冲洗皮肤至少 15 min，眼睛接触时，用流动清水或生理盐水冲洗，就医。

前　　言

本标准等效采用 ASTM D329—1995 标准，对 GB 6026—1989 进行了修订。主要项目的设置与 ASTM D329 相同。由于我国丙酮产品均偏酸性；高锰酸钾时间试验包括了醛及国内用户对醛没有特殊要求；气味是定性指标易产生争议，所以碱度、醛、气味项目未列入标准。根据国内丙酮生产工艺情况，保留了 GB 6026—1989 标准中醇含量测试项目。

与 GB 6026—1989 相比，此次修订增加了水混溶性和纯度两个测试项目。高锰酸钾时间试验方法等同采用了 ASTM D329 规定的方法。

本标准自实施之日起，代替 GB 6026—1989。

本标准的附录 A 是提示的附录。

本标准由中华人民共和国化学工业部提出。

本标准由全国化学标准化技术委员会有机分会技术归口。

本标准起草单位：北京燕化石油化工股份有限公司化工二厂。

本标准主要起草人：张凤玲、时安敏、袁秀芳、吴炳印。

本标准于 1985 年首次发布，1989 年进行修订。

本标准委托全国化学标准化技术委员会有机分会负责解释。

中华人民共和国国家标准

GB/T 6026—1998

工　业　丙　酮

代替　GB 6026—1989

Acetone for industrial use

1　范围

本标准规定了工业丙酮的要求、试验方法、检验规则、标志、包装、运输、贮存等。

本标准适用于异丙苯法和发酵法制得的丙酮。该产品主要用作有机溶剂及有机合成的原料。

分子式：$(CH_3)_2CO$

相对分子质量：58.08（按 1995 年国际相对原子质量）

2　引用标准

下列标准所包含的条文，通过在本标准中引用而构成为本标准的条文。本标准出版时，所示版本均为有效。所有标准都会被修订，使用本标准的各方应探讨使用下列标准最新版本的可能性。

GB 190—1990　危险货物包装标志

GB/T 601—1988　化学试剂　滴定分析（容量分析）用标准溶液的制备

GB/T 603—1988　化学试剂　试验方法中所用制剂及制品的制备

GB/T 1250—1989　极限数值表示方法和判定方法

GB/T 3143—1982　液体化学产品颜色测定法（Hazen 单位—铂-钴号）

GB/T 4472—1984　化工产品密度、相对密度测定通则

GB/T 6324.2—1986　挥发性有机液体　水浴上蒸发后干残渣测定的通用方法（eqv ISO 759:1981）

GB/T 6678—1986　化工产品采样总则

GB/T 6680—1986　液体化工产品采样通则

GB/T 6682—1992　分析实验室用水规格和试验方法

GB/T 7534—1987　工业用挥发性有机液体沸程的测定（eqv ISO 918:1983）

3　要求

3.1　外观：透明液体。

3.2　工业丙酮应符合表 1 要求。

表 1　要求

项　目	指　标		
	优等品	一等品	合格品
色度，Hazen 单位（铂-钴号）　　≤	5	5	10
密度（20℃），g/cm^3	0.789～0.791	0.789～0.792	0.789～0.793

国家质量技术监督局 1998-10-19 批准　　1999-04-01 实施

表 1(完)

项　　目	指　　标		
	优等品	一等品	合格品
沸程(0℃,101.3 kPa)(包括 56.1℃),℃　≤	0.7	1.0	2.0
蒸发残渣,%(*m*/*m*)　≤	0.002	0.003	0.005
酸度(以乙酸计),%(*m*/*m*)　≤	0.002	0.003	0.005
高锰酸钾时间试验(25℃),min　≥	120	80	35
水混溶性	合　　格		
水分,%(*m*/*m*)　≤	0.30	0.40	0.60
醇含量[1]],%(*m*/*m*)　≤	0.2	0.3	1.0
纯度,%(*m*/*m*)　≥	99.5	99.0	98.5
注:异丙苯法不考核醇含量。			

4　试验方法

本标准所用试剂和水,在没有注明其他要求时,均使用符合现行标准的分析纯试剂和 GB/T 6682 中实验室用三级蒸馏水或相应纯度的水。

4.1　色度的测定

按 GB/T 3143 进行测定。

4.2　密度的测定

按 GB/T 4472—1984 中 2.3.3 进行测定。

密度计示值范围为 0.800～0.750。

试样应在(20±5)℃下进行测定。密度-温度校正系数为 0.001 1 g/cm^3 · ℃。

4.3　沸程的测定

按 GB/T 7534 进行测定。

4.3.1　仪器

温度计:局浸式,温度范围 45～65℃或 50～70℃,分度值 0.1℃,局浸线 110 mm。

4.3.2　结果计算

按 GB/T 7534—1987 中第 6 章计算,*K* 值列于表 2。

表 2　*K* 值

气压,kPa	78.6～81.3	81.3～86.6	86.6～92.0	92.0～98.6	98.6～104.0	104.0～106.6
K 值,℃/kPa	0.322	0.315	0.308	0.300	0.293	0.285

4.4　蒸发残渣的测定

按 GB/T 6324.2 进行测定。

4.5　酸度的测定

4.5.1　仪器

a) 碱式滴定管:2 mL 或 1 mL,分度值为 0.05 mL;

采用说明:

1] ASTM D329 标准未设此项目。

b）移液管：25 mL；

c）锥形瓶：100 mL。

4.5.2 试剂和溶液

a）蒸馏水：按 GB/T 603 制备；

b）氢氧化钠标准滴定溶液：$c(NaOH)=0.01$ mol/L；

c）酚酞指示液：10 g/L。

4.5.3 分析步骤

在 100 mL 锥形瓶中，加入 25 mL 蒸馏水及 2 滴酚酞指示液，加氢氧化钠标准滴定溶液中和至淡粉红色，再用移液管量取试样 25 mL 于 100 mL 锥形瓶中，用氢氧化钠标准滴定溶液滴定至淡粉红色，保持 15 s 不褪色为终点。

酸度以质量百分数 X_1 表示（以乙酸计），按式（1）计算：

$$X_1=\frac{cV\times 0.060}{25\times \rho_t}\times 100 \qquad \cdots\cdots(1)$$

式中：c——氢氧化钠标准滴定溶液的实际浓度，mol/L；

V——氢氧化钠标准滴定溶液的用量，mL；

ρ_t——t℃时试样的密度，g/cm³；

25——试样的体积，mL；

0.060——与 1.00 mL 氢氧化钠标准滴定溶液[$c(NaOH)=1.000$ mol/L]相当的以克表示的乙酸质量。

4.5.4 允许差

平行测定两次结果的差值不大于 0.000 2%，取算术平均值作为测定结果。

4.6 高锰酸钾时间试验

4.6.1 仪器

a）恒温水浴：温度可控制在（25±0.5）℃，试验时能避免光对试样的照射；

b）移液管：2 mL；

c）无色透明具塞比色管：50 mL；

d）定时器：能测量 120 min 或较多间歇时间，备有闹铃。

4.6.2 试剂和溶液

a）高锰酸钾溶液：0.200 g/L。称取 0.200 g 高锰酸钾，用新鲜煮沸的水溶解后，置于 1 L 容量瓶中，稀释至刻度，摇匀。此溶液必须储存在棕色瓶中，有效期为一周；

b）氯化钴-铂-钴标准比色液：称取 175 mg 氯化钴（$CoCl_2\cdot 6H_2O$），加入 21.4 mL500 号铂-钴比色液，转移至 50 mL 容量瓶中，用蒸馏水稀释至刻度，摇匀，转移到与试验相同的 50 mL 比色管中，此标准比色液有效期为三个月；

c）500 号铂-钴比色液按 GB/T 3143 制备。

4.6.3 分析步骤

将待测试样注入 50 mL 具塞比色管中至超过刻度，放置在恒温水浴中[温度控制在（25±0.5）℃]，当试样温度达到（25±0.5）℃时，使比色管中液面位于 50 mL 刻度。用移液管加入 2 mL 高锰酸钾溶液，摇匀，放入恒温水浴中，记录时间。待给定的最少时间到达后，从恒温水浴中取出比色管，对着光线，在白色衬底下，用手提起比色管，纵向观察，与标准比色液相比较。若试样颜色深于标准比色液，则还原高锰酸钾时间为“大于 Xmin”；若试样颜色与标准比色液相同，则还原高锰酸钾时间为“Xmin”；若试样颜色浅于标准比色液，则还原高锰酸钾时间为“小于 Xmin”。X 是按 3.2 给出的被测试样的最少时间。

4.7 水混溶性试验

4.7.1 仪器

a）具塞量筒：250 mL；

b）移液管：25 mL。

4.7.2 试剂

蒸馏水：按 GB/T 603 制备。

4.7.3 分析步骤

用移液管吸取 25 mL 试样于 250 mL 量筒中，用蒸馏水稀释到刻度，摇匀。在另一 250 mL 量筒中加入 250 mL 蒸馏水做标准，在环境条件下放置 30 min 后，通过液柱对着黑色背景进行观察，比较试样溶液与蒸馏水的清浊程度。如用人工光源，使光线处于横向通过量筒的位置。若试样与蒸馏水浊度相同，则为合格；若试样浊度大于蒸馏水浊度，则为不合格。

4.8 丙酮中水、醇含量的测定(醇含量为甲醇加乙醇)

色谱参考操作条件见附录 C(提示的附录)。

4.8.1 仪器

热导气相色谱仪。

4.8.1.1 色谱仪性能

a）仪器灵敏度：以氢气作载气，对甲醇的灵敏度应优于 500 mV·mL/mg。

b）仪器稳定性：在操作条件不变的情况下，仪器连续运转 8 h，色谱峰的保留值的变化差值不得大于±5%。

4.8.2 分析步骤

按仪器操作规程开启仪器，严格控制操作条件，待仪器稳定后方可测定。用 10 μL 注射器进样，进样前必须用待测试样将注射器清洗 5 次以上，快速进样。测定结果以两次进样平均值为准。

4.8.3 计算

按校正面积归一法进行计算。

丙酮中水、甲醇、乙醇含量以质量百分数 X_i 表示，按式(2)计算：

$$X_i = \frac{A_i \cdot f_i}{\Sigma A_i \cdot f_i} \times 100 \qquad \cdots\cdots(2)$$

式中：X_i——i 组分的百分含量；

A_i——i 组分的峰面积；

f_i——i 组分的质量校正因子值。

4.8.4 质量校正因子的测定

4.8.4.1 用重量添加法配制接近实际样品浓度的一系列已知含量的水、甲醇、乙醇和丙酮的混合样品，按实际测试试样条件进行测定。

4.8.4.2 质量校正因子用 f_i 表示，按式(3)计算，丙酮校正因子为 1。

$$f_i = \frac{A \cdot m_i}{A_i \cdot m} \qquad \cdots\cdots(3)$$

式中：f_i——i 组分的质量校正因子；

A——丙酮峰面积；

A_i——i 组分的峰面积；

m——丙酮的质量百分数；

m_i——i 组分的质量百分数。

4.8.5 允许差

平行测定两次结果的差值不大于 0.03%，取算术平均值作为测定结果。

4.9 纯度

丙酮的纯度以质量百分数 X_2 表示，按式(4)计算：

$$X_2 = 100\% - (水\% + 酸\% + 醇\%)^{1]} \quad \cdots\cdots(4)$$

酸%、水%、醇%由4.5和4.8条中获得。

5 检验规则

5.1 工业丙酮应由生产厂的质量检验部门进行检验，生产厂应保证所有出厂的工业丙酮都符合本标准的要求。每一批出厂的工业丙酮都应附有一定格式的质量证明书。内容包括：生产厂名称、厂址、产品名称、等级、批号、检验日期、产品净重、本标准编号。

5.2 组批：可按生产周期、生产班次或产品贮罐进行组批。

5.3 使用单位有权按照本标准规定的检验规则和试验方法对所收到的工业丙酮的质量进行验收，验收其指标是否符合本标准的要求。

5.4 取样方法：按GB/T 6680中第2章“常温下为流动态的液体”的相应规定进行。桶装时，取样桶数应根据GB/T 6678中的规定取样，所取试样总量不得少于1 L。

5.5 将选取的试样充分混匀后，等量分别装入二个清洁、干燥带磨口塞的玻璃瓶中，贴上标签，注明：生产厂名称、产品名称、批号和取样日期，一瓶作检验分析，一瓶保存二个月以备查验。

5.6 如果检验结果有一项指标不符合本标准要求时，应重新选取两倍数量的包装取样，进行检验，重新检验结果即使有一项指标不符合本标准要求时，则整批产品为不合格。

5.7 当供需双方对产品质量发生争议需要解决时，用户应在产品到货之日起一个月内提出仲裁，仲裁单位可由双方协议选定，按照本标准的规定进行检验。

5.8 检验结果的判定按GB/T 1250修约值比较法进行。

5.9 蒸发残渣、密度、水混溶性项目为型式检验项目，每两周检验一次。

6 标志、包装、运输、贮存

6.1 包装容器上应有牢固的标志，其内容包括：注册商标、生产厂名称、产品名称、等级、批号、净重及按GB 190规定的易燃物品标志。

6.2 工业丙酮应用干燥、清洁的镀锌桶或槽车包装。桶装净重160 kg。

6.3 装卸及运输时，均应防止猛烈撞击，避免日晒、雨淋。

6.4 工业丙酮应贮存在干燥、通风、温度保持在35℃以下的防火、防爆的仓库内。

7 安全

丙酮是高度易燃、易挥发产品，使用时要注意远离火源。

采用说明：

1] ASTM D329标准的纯度为“100%－(酸%＋水%)”。

附 录 A
（提示的附录）
丙酮中水、醇含量的色谱测定参考操作条件

A1 色谱参考操作条件(见表 A1)

表 A1 色谱参考操作条件

项目		参考条件		
固定相	名称	GDX-102	GDX-104	有机担体 401
	目数	80～100	80～100	80～100
色谱柱	内径,mm	4	4	4
	长度,m	2	2	2
色谱柱温度,℃		130	120	124
载气		氢气	氢气	氢气
载气流量,mL/min		35	48	42
汽化室温度,℃		150	150	150
桥电流,mA		180	180	180
柱前压,kPa		78.45	117.68	1 176.52
固定相填充量,g		3.0	4.0	4.0
进样量,μL		4.0	4.0	4.0
相对保留值	水	0.18	0.12	0.19
	甲醇	0.40	0.28	0.34
	乙醇	0.86	0.70	0.75

A2 各色谱柱的典型谱图(如图 A1,实样色谱图如图 A2)

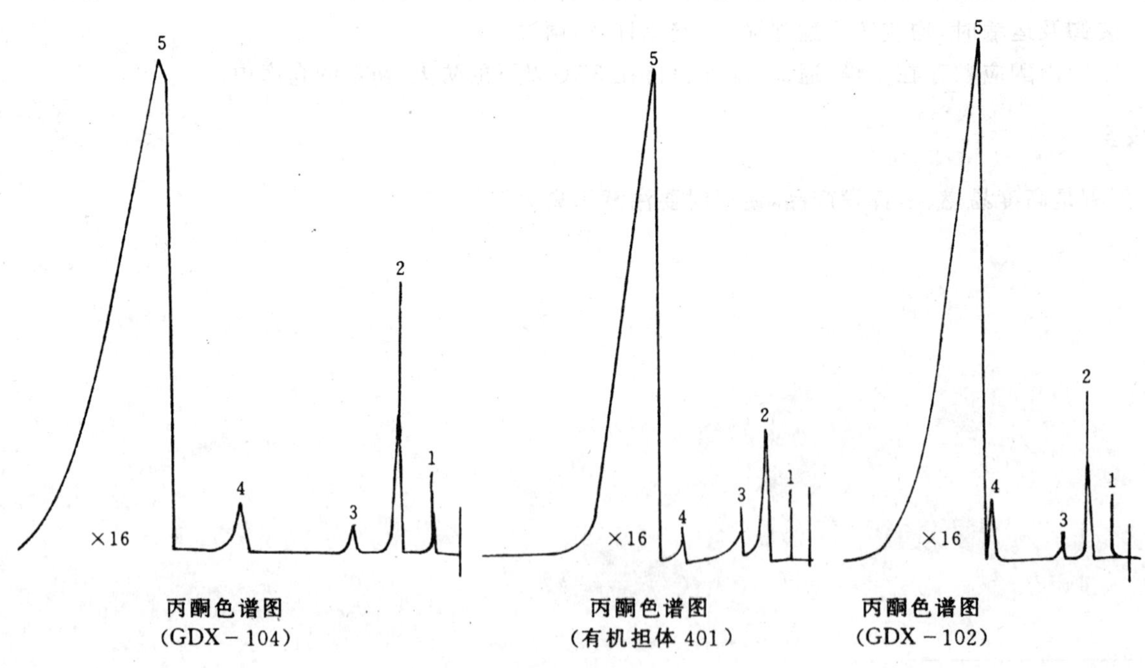

1—空气;2—水;3—甲醇;4—乙醇;5—丙酮

图 A1 典型色谱图

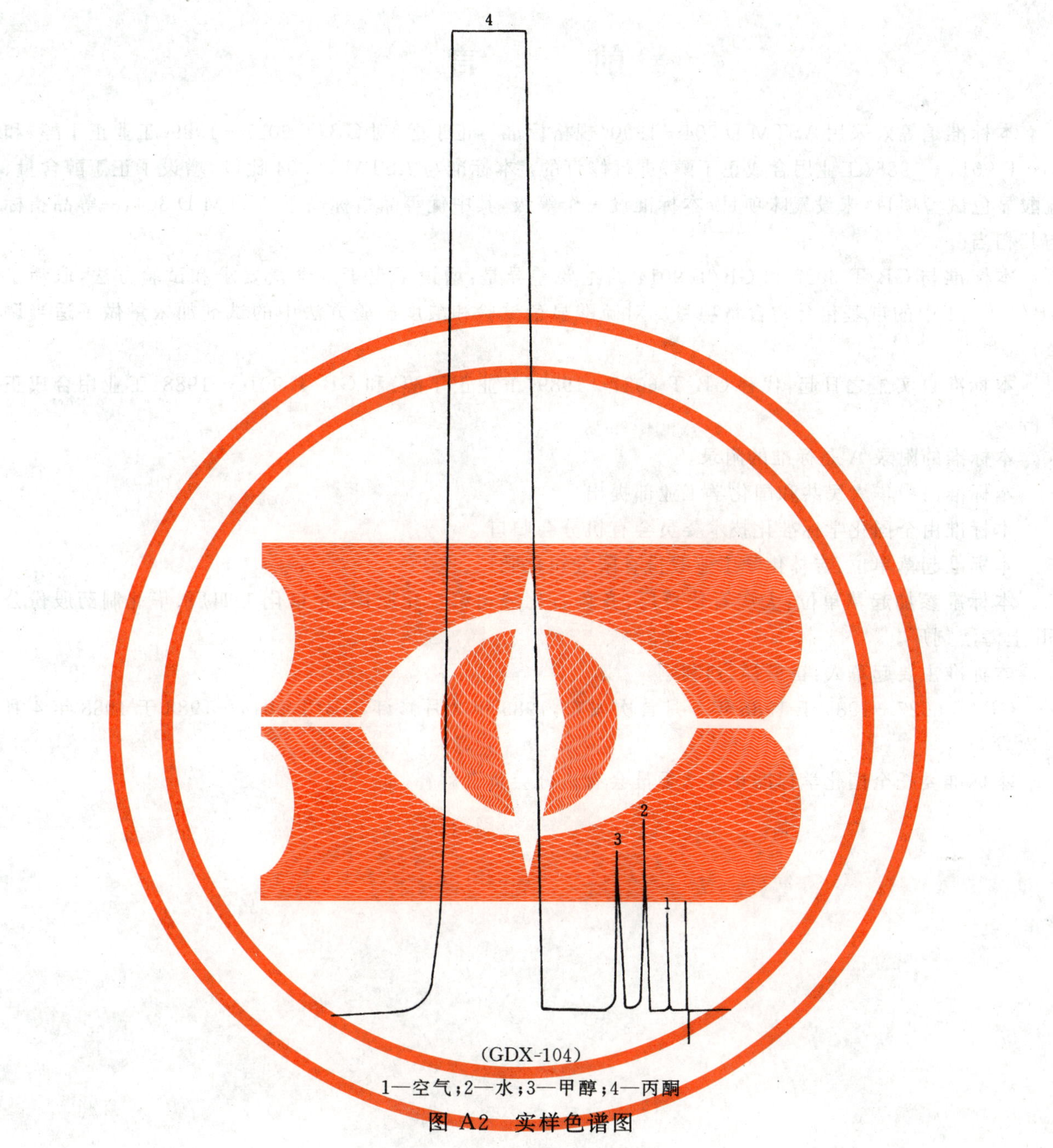

(GDX-104)

1—空气;2—水;3—甲醇;4—丙酮

图 A2 实样色谱图

前 言

本标准是等效采用ASTM D 304—1990《规格标准 正丁醇》对GB/T 6027—1989《工业正丁醇》和GB/T 9014—1988《工业用合成正丁醇》进行修订的。本标准与ASTM D 304比较，增设了正丁醇含量、硫酸显色试验项目，未设气味项目。本标准设三个等级，其中优等品指标高于ASTM D 304，一等品指标与其相当。

本标准与GB/T 6027和GB/T 9014的主要差异是：增设了正丁醇含量要求和试验方法，取消了GB/T 9014中的羰基化合物含量项目。对硫酸显色试验和酸度试验方法中的试剂加入量做了适当调整。

本标准自实施之日起，代替GB/T 6027—1989《工业正丁醇》和GB/T 9014—1988《工业用合成正丁醇》。

本标准的附录A是标准的附录。

本标准由中华人民共和国化学工业部提出。

本标准由全国化学标准化技术委员会有机分会归口。

本标准起草单位：吉林化学工业股份有限公司化肥厂。

本标准参加起草单位：大庆石化总厂、齐鲁石化公司第二化肥厂、北京化工四厂、华北制药股份公司、上海溶剂厂。

本标准主要起草人：崔玉祥、刘利刚。

GB/T 6027—1989于1985年5月首次发布，1989年2月修订，GB/T 9014—1988于1988年4月首次发布。

本标准委托全国化学标准化技术委员会有机分会负责解释。

中华人民共和国国家标准

GB/T 6027—1998

工业正丁醇

代替 GB/T 6027—1989
GB/T 9014—1988

n-Butanol for industrial use

1 范围

本标准规定了工业正丁醇的要求、试验方法、检验规则及标志、包装、运输、贮存等。

本标准适用于合成法与发酵法生产的工业正丁醇。

分子式:C_4H_9OH

相对分子质量:74.12(按 1995 年国际相对原子质量)

2 引用标准

下列标准所包含的条文,通过在本标准中引用而构成为本标准的条文。本标准出版时,所示版本均为有效。所有标准都会被修订,使用本标准的各方应探讨使用下列标准最新版本的可能性。

GB 190—1990 危险货物包装标志

GB/T 601—1988 化学试剂 滴定分析(容量分析)用标准溶液的制备

GB/T 603—1988 化学试剂 试验方法中所用制剂及制品的制备(neq ISO 6353-1:1982)

GB/T 1250—1989 极限数值的表示方法和判定方法

GB/T 3143—1982 液体化学产品颜色测定法(Hazen 单位—铂-钴色号)

GB/T 4472—1984 化工产品密度、相对密度测定通则

GB/T 6283—1986 化工产品中水分含量的测定卡尔·费休法(通用方法)(eqv ISO 760:1978)

GB/T 6324.2—1986 挥发性有机液体 水浴上蒸发后干残渣测定的通用方法(eqv ISO 759:1981)

GB/T 6678—1986 化工产品采样总则

GB/T 6680—1986 液体化工产品采样通则

GB/T 7534—1987 工业用挥发性有机液体 沸程的测定(eqv ISO 918:1983)

GB/T 9722—1988 化学试剂 气相色谱法通则

3 要求

3.1 外观:透明液体,无可见杂质。

3.2 工业正丁醇应符合表 1 要求。

国家质量技术监督局 1998-11-04 批准 1999-06-01 实施

表 1 要求

项目	指标		
	优等品	一等品	合格品
色度,Hazen 单位(铂-钴号) ≤	10		15
密度(ρ_{20}),g/cm³	0.809～0.811		0.808～0.812
沸程(0℃,101.325 kPa)(包括 117.7℃),℃ ≤	1.0	2.0	3.0
正丁醇含量[1],% ≥	99.5	99.0	98.0
硫酸显色试验[2],(铂-钴号) ≤	20	40	—
酸度(以乙酸计),% ≤	0.003	0.005	0.01
水分,% ≤	0.1		0.2
蒸发残渣,% ≤	0.003	0.005	0.01

4 试验方法

本标准中所用试剂和水,在没有注明其他要求时,均使用分析纯试剂和蒸馏水或同等纯度的水。

本标准中所用标准溶液、制剂和制品,在没有注明其他要求时,均按 GB/T 601、GB/T 603 制备。

4.1 色度的测定

按 GB/T 3143 规定的方法进行测定。

取两次平行测定结果的算术平均值为测定结果。两次平行测定结果之差值不得大于 2 号。

4.2 密度的测定

4.2.1 密度计:示值范围为 0.800～0.850 g/cm³。

4.2.2 在 15～30℃范围内试样密度的温度校正系数为 0.000 75 g/(cm³·℃)。其余按 GB/T 4472—1984 中 2.3.3 规定的方法进行。

取两次平行测定结果的算术平均值为测定结果。两次平行测定结果之差值不得大于 0.000 5 g/cm³。

4.3 沸程的测定

按 GB/T 7534 的规定进行测定。

4.3.1 主温度计:玻璃水银温度计,示值范围 105～125℃,分度值 0.1℃。

4.3.2 分析结果的表述

按 GB/T 7534—1987 第 6 章进行计算,式中的 K 值列于表 2。

表 2 正丁醇沸点随压力的变化率(K 值)

气压,kPa	78.0～85.3	85.4～93.3	93.4～102.7	102.8～107.0
K 值,℃/kPa	0.30	0.29	0.28	0.27

4.4 正丁醇含量的测定

4.4.1 方法提要

试样通过色谱柱,各组分得到分离,用火焰离子化检测器检测,面积归一化法定量。

4.4.2 试剂和材料

采用说明:

1] ASTM D 304—1990 未设此项。

2] ASTM D 304—1990 未设此项。

a）丙酮；

b）聚乙二醇 20 000；

c）101 白色担体，0.18～0.25 mm(80～60 目)；

d）氮气：纯度不小于 99.99%；

e）氢气：纯度不小于 99.9%；

f）空气：经净化处理。

4.4.3 仪器和设备

4.4.3.1 气相色谱仪：灵敏度及稳定性符合 GB/T 9722 中有关规定的任何型号的气相色谱仪。

4.4.3.2 色谱柱

a）柱管：内径 3 mm，长 2～3 m 的不锈钢管或玻璃管；

b）固定相：聚乙二醇 20 000+101 白色担体=1+10；

c）色谱柱的老化：将已填充好的色谱柱装入色谱仪柱箱中，检查气密性后，自柱温 60℃开始，以 3 ℃/min的速度升温，最终温度至 150℃，通氮气分段老化，在 150℃下老化 10 h 以上，直到基线稳定。

4.4.3.3 检测器：火焰离子化检测器。

4.4.3.4 色谱数据处理机或记录仪。

4.4.3.5 进样器：微量注射器，10 μL。

4.4.4 分析步骤

按照色谱操作条件调整仪器，基线稳定后，用微量注射器进样，量取各组分峰面积，用面积归一化法或数据处理机计算。

色谱操作条件、各组分相对保留时间及典型色谱图见附录 A(标准的附录)。

4.4.5 分析结果的表述

以质量百分数表示的正丁醇含量 x_1 按式(1)计算：

$$x_1 = \frac{A}{A + \Sigma A_i} \times (100 - x_3) \quad \cdots\cdots(1)$$

式中：A——试样中正丁醇的峰面积；

ΣA_i——试样中各杂质峰面积之和；

x_3——试样中水分含量。

取两次平行测定结果的算术平均值为测定结果。两次平行测定结果之差值不得大于 0.1%。

4.5 硫酸显色试验

4.5.1 方法提要

在规定的条件下，用硫酸处理试样，并将显示的颜色与相同体积的标准比色溶液比较。

4.5.2 试剂

4.5.2.1 硫酸。

4.5.3 仪器

4.5.3.1 锥形烧瓶：250 mL，具内磨口；

4.5.3.2 回流冷凝器：带有玻璃磨口接头，与 4.5.3.1 配套；

4.5.3.3 滴定管：10 mL；

4.5.3.4 比色管：100 mL。

4.5.4 分析步骤

取 100 mL 试样于清洁干燥的锥形瓶中，放入冰水浴中冷却 5 min，摇动试样并立即以每秒 2 滴的速度用滴定管滴加 8 mL 硫酸。在滴加硫酸时，要不断摇动锥形瓶，以确保试样的温度不超过 20℃。滴加硫酸完毕后，锥形瓶仍留在冰水浴中，保持 3 min。然后，装上回流冷凝器，接通冷却水，转移至沸水浴中，使水浴液面略超过瓶内试样液面。保持(60±1)min 后，取出锥形瓶，去掉回流冷凝器，用流水冷至室温。将试样倒入比色管中,按4.1进行比色。

取两次平行测定结果的算术平均值为测定结果。两次平行测定结果之差值不得大于3号。

4.6 酸度的测定

4.6.1 方法提要

以酚酞为指示剂,用氢氧化钠标准滴定溶液测定试样的酸度。

4.6.2 试剂和溶液

4.6.2.1 乙醇;

4.6.2.2 氢氧化钠标准滴定溶液:$c(NaOH)=0.05$ mol/L;

4.6.2.3 酚酞指示液:10 g/L。

4.6.3 仪器

4.6.3.1 微量滴定管:10 mL,分刻度为0.02 mL或0.05 mL。

4.6.4 分析步骤

取25 mL乙醇于锥形瓶中,加入2～3滴酚酞指示液,用氢氧化钠标准滴定溶液中和至微红色,移取50.0 mL试样于此锥形瓶中,混合均匀,用氢氧化钠标准滴定溶液滴定至微红色,保持30 s不褪色为终点。

4.6.5 分析结果的表述

以质量百分数表示的酸度x_2(以乙酸计),按式(2)计算:

$$x_2=\frac{cV_1\times 0.060}{V_2\rho_t}\times 100=\frac{cV_1\times 6.0}{V_2\rho_t} \qquad \cdots\cdots(2)$$

式中:c——氢氧化钠标准滴定溶液的实际浓度,mol/L;

V_1——滴定消耗氢氧化钠标准滴定溶液的体积,mL;

V_2——试样的体积,mL;

ρ_t——试样的密度,g/cm^3;

0.060——与1.00 mL氢氧化钠标准滴定溶液〔$c(NaOH)=1.000$ mol/L〕相当的以克表示的乙酸的质量。

取两次平行测定结果的算术平均值为测定结果。两次平行测定结果之差值不得大于0.000 5%。

4.7 水分的测定

用移液管吸取10.0 mL试样,按GB/T 6283规定的方法进行测定。

取两次平行测定结果的算术平均值为测定结果。两次平行测定结果之差值不大于0.02%。

4.8 蒸发残渣的测定

按GB/T 6324.2规定的方法进行测定。

取两次平行测定结果的算术平均值为测定结果。两次平行测定结果之差值不得大于0.001%。

5 检验规则

5.1 工业正丁醇由生产厂的质量监督部门进行检验。生产厂应保证所有出厂产品都符合本标准的要求。每批出厂的产品都应附有一定格式的质量证明书,其内容包括:生产厂名称、厂址、产品名称、批号、等级、净重及本标准编号等。

5.2 桶装产品,以同一次灌装的产品为一批。槽车装产品,以每一槽车装产品为一批。

5.3 采样按GB/T 6678—1986中6.6.1及GB/T 6680的规定进行,总采样量不得少于2 L,分装于两个干燥清洁的带磨口塞的玻璃瓶中。瓶上粘贴标签,注明:产品名称、生产厂名称、取样日期和取样者姓名。一瓶做质量检验用,另一瓶密封保存一个月,以备查验。

5.4 使用单位应按本标准的规定对所收到的工业正丁醇进行验收,检验其是否符合本标准的规定。

5.5 沸程为发酵法产品控制项目,正丁醇含量为合成法产品控制项目。

5.6 检验结果的判定按GB/T 1250修约值比较法。检验结果有一项指标不符合本标准的要求时，应重新自两倍数量的包装中采样检验，重新检验的结果即使只有一项指标不符合本标准的要求，则整批产品为不合格。

5.7 本标准所列项目均为型式检验项目，其中色度、密度、沸程、正丁醇含量、硫酸显色试验、酸度、水分7项为出厂检验项目。在正常情况下，每季度至少进行一次型式检验。

5.8 当供需双方对产品质量有异议时，由双方协商解决。

6 标志、包装、运输和贮存

6.1 包装容器应有牢固标志，其内容包括：生产厂名称、厂址、商标、产品名称、批号、净重、本标准编号以及符合GB 190规定的易燃液体标志。

6.2 工业正丁醇应用干燥清洁的镀锌钢桶或槽车包装。桶装产品每桶净重150 kg。

6.3 工业正丁醇在装卸及运输过程中，应轻拿轻放，并防止日晒雨淋。

6.4 工业正丁醇应贮存于干燥、通风、温度不超过35℃的仓库内，附近不得有明火。

7 安全

工业正丁醇易燃，避免高温曝晒和与明火接触。

附 录 A
（标准的附录）
色谱操作条件、相对保留时间及典型色谱图

A1 色谱操作条件

操作条件可根据不同仪器作适当变动，应得到合适的分离度。

a）汽化室温度：180℃；

b）检测室温度：180℃；

c）柱箱温度：110℃；

d）氮气流速：40 mL/min；

e）空气流速：400 mL/min；

f）氢气流速：40 mL/min；

g）进样量：1 μL。

A2 相对保留时间

见表A1。

表A1 相对保留时间

峰 序	组分名称	相对保留时间
1	未知峰	0.70
2	异丁醇	0.81
3	正丁醇	1.00
4	异戊醇	1.48
5	辛醇	5.10

A3 典型色谱图

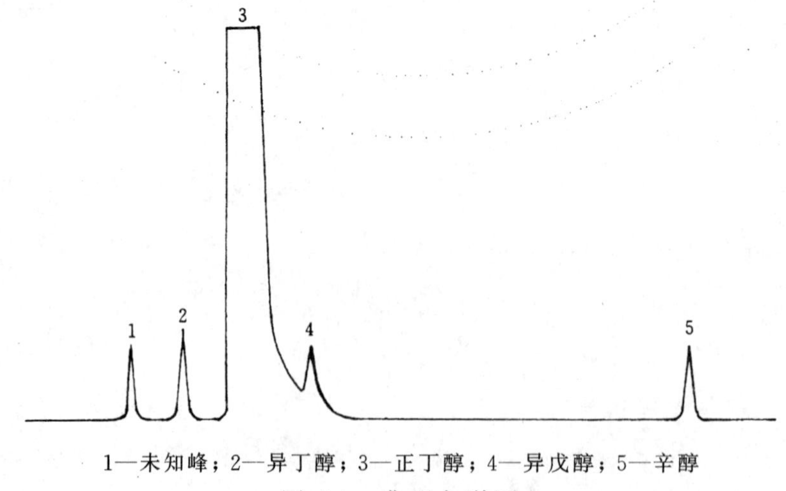

1—未知峰；2—异丁醇；3—正丁醇；4—异戊醇；5—辛醇

图A1 典型色谱图

中华人民共和国国家标准

工业辛醇（2-乙基己醇）

2-Ethyl hexanol for industrial use

GB/T 6818—93

代替 GB 6818—86

1 主题内容与适用范围

本标准规定了工业辛醇的技术要求、试验方法、检验规则及标志、包装、运输、贮存等。

本标准适用于由丙烯羰基合成法及乙醛缩合法制得的工业辛醇。

分子式：$C_8H_{18}O$

相对分子质量：130.23（按 1989 年国际相对原子质量）

2 引用标准

GB 601 化学试剂 滴定分析（容量分析）用标准溶液的制备

GB 603 化学试剂 试验方法中所用制剂及制品的制备

GB 1250 极限数值的表示方法和判定方法

GB 3143 液体化学产品颜色测定法（Hazen 单位——铂-钴色号）

GB 4472 化工产品密度、相对密度测定通则

GB 6283 化工产品中水分含量的测定 卡尔·费休法（通用方法）

GB 6678 化工产品采样总则

GB 6680 液体化工产品采样通则

GB 8170 数值修约规则

3 技术要求

3.1 外观：透明液体，无悬浮物。

3.2 工业辛醇技术指标应符合下表要求。

项目		指标		
		优等品	一等品	合格品
色度（铂-钴色号）	≤	10	10	15
密度（20℃），g/cm³		0.831～0.833	0.831～0.834	
2-乙基己醇含量，%	≥	99.5	99.0	98.0
酸度（以乙酸计），%	≤	0.01		0.02

国家技术监督局 1993-06-15 批准　　　　1994-04-01 实施

续表

项　　目		指　　标		
		优等品	一等品	合格品
羰基化合物含量(以2-乙基己醛计),%	≤	0.05	0.10	0.20
硫酸显色试验(铂-钴色号)	≤	25	35	50
水分,%	≤	0.10	0.20	

4　试验方法

本标准所用试剂和水,除特殊规定外,均指分析纯试剂和蒸馏水或同等纯度的水。

本标准所用标准溶液、制剂及制品在没有注明其他要求时,均按GB 601、GB 603规定执行。

4.1　色度的测定

按GB 3143规定进行测定。

4.2　密度的测定

4.2.1　按GB 4472中2.3.3的规定,在常温下进行测定。密度计的示值范围0.800～0.850 g/cm³。试样密度的温度校正系数K值为0.000 73 g/cm³·℃$^{-1}$。

取两次平行测定值的算术平均值为结果。

4.2.2　允许差

两次平行测定结果的差值不大于0.000 5 g/cm³。

4.3　2-乙基己醇含量的测定

4.3.1　试剂和材料

4.3.1.1　载气和辅助气

a.　氮气:纯度不小于99.99%;

b.　氢气:纯度不小于99.9%;

c.　压缩空气:经净化处理。

4.3.1.2　制备色谱柱时使用的试剂和材料

a.　固定液:聚乙二醇丁二酸酯;

b.　载体:6201红色载体,上试102白色载体或使用性能相似的其他载体。粒度0.18～0.25 mm(80～60目)、0.15～0.18 mm(100～80目);

c.　溶剂:三氯甲烷。

4.3.2　仪器

4.3.2.1　气相色谱仪

检测器:氢火焰离子化检测器。

4.3.2.2　色谱柱

a.　柱管:内径3～4 mm、长2～3 m的不锈钢管或玻璃管;

b.　填充物:

配比:载体∶固定液=100∶15(质量比)

涂渍固定液的方法:称取2.25 g聚乙二醇丁二酸酯,于200 mL烧杯中,加入约45 mL三氯甲烷在水浴上加热溶解,然后加15 g载体,稍加搅拌后于红外灯下烘干或自然干燥。

c.　填充方法:将色谱柱的出口端(与检测器相连的端)用少许玻璃棉塞好,从出口端抽真空,在轻轻振动下装入固定相。填充均匀、紧密，再用玻璃棉塞好。

d. 色谱柱的老化：将已填充好的色谱柱装入色谱仪柱箱中，检查气密性后，自柱温 100℃开始，最终温度 160℃，通氮气分段老化。在 160℃下老化 10 h 以上，直至基线稳定。

4.3.2.3 进样器

微量玻璃注射器。

4.3.2.4 记录仪、积分仪或色谱数据处理机。

4.3.3 操作步骤

4.3.3.1 调整仪器

按下列条件调整仪器，允许根据不同仪器作适当变动，应得到合适的分离度。

a. 汽化室温度：200℃；

b. 检测室温度：200℃；

c. 柱箱温度：120℃；

d. 氮气流速：30～50 mL/min；

e. 氢气流速：30～45 mL/min；

f. 空气流速：500 mL/min；

g. 进样量：0.4 μL 以上。

4.3.3.2 校准方法

面积归一法。

4.3.3.3 试验

按上述规定调整仪器，基线稳定后，用微量玻璃注射器进样，量取各组分峰面积，按面积归一法或色谱数据处理机计算。

4.3.3.4 色谱图及相对保留时间

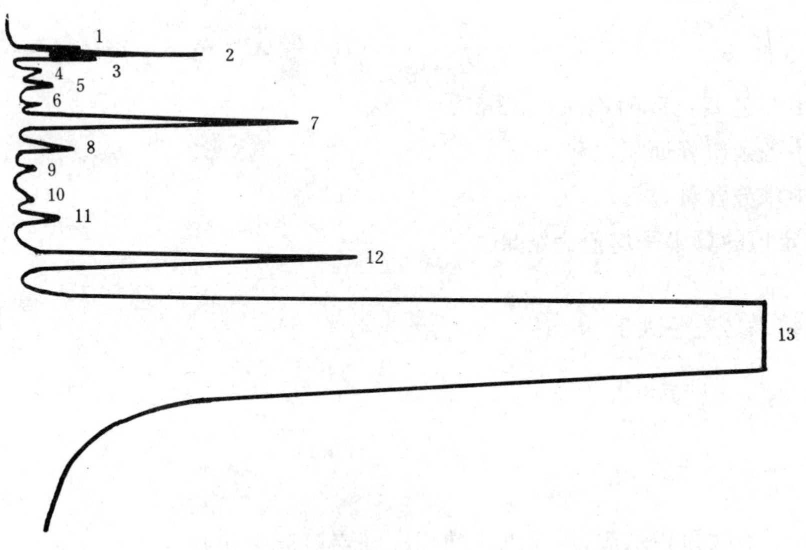

1—甲烷；2—未知峰；3—未知峰；4—异丁醛；5—正丁醛；6—异丁醇；7—正丁醇；8—未知峰；9—庚醇-4；10—未知峰；11—2-乙基己烯醛；12—4-甲基-2-乙基-戊醇；13—2-乙基己醇

各组分在色谱柱(PEGS/上试 102)上相对保留时间

峰 序	组 分 名 称	相对保留时间
1	甲烷	0
2	未知峰	0.07
3	未知峰	0.14
4	异丁醛	0.29
5	正丁醛	0.40
6	异丁醇	0.76
7	正丁醇	1.00
8	未知峰	1.47
9	庚醇-4	1.77
10	未知峰	2.34
11	2-乙基己烯醛	2.65
12	4-甲基-2-乙基-戊醇	3.40
13	2-乙基己醇	4.42

4.3.4 结果的计算

2-乙基己醇含量 X_1,用质量百分数表示,按式(1)计算:

$$X_1 = \frac{A}{A + \Sigma A_i} \times (100 - X_4) \quad \cdots\cdots (1)$$

式中:A——试样中 2-乙基己醇的峰面积,mm^2;

ΣA_i——试样中各杂质峰面积之和,mm^2;

X_4——试样中水分含量,%。

取两次平行测定值的算术平均值为结果。

4.3.5 允许差

两次平行测定结果之差不大于 0.15%。

4.3.6 检测限

最低检测浓度为 0.002%。

4.4 酸度的测定

4.4.1 方法提要

在乙醇介质中,以酚酞为指示剂,用氢氧化钠标准滴定溶液中和滴定。

4.4.2 试剂和溶液

4.4.2.1 乙醇:95%。

4.4.2.2 氢氧化钠标准滴定溶液:$c(NaOH) = 0.05$ mol/L。

4.4.2.3 酚酞指示液:10 g/L。

4.4.3 仪器

一般实验室仪器及

4.4.3.1 滴定管：微量，分刻度 0.05 mL。

4.4.3.2 锥形瓶：250 mL。

4.4.4 分析步骤

量取 25 mL 乙醇置入锥形瓶中，加约 2～3 滴酚酞溶液，用氢氧化钠标准滴定溶液滴定至微粉红色。再吸取 50 mL 试样加入此瓶中，混合均匀，用氢氧化钠标准滴定溶液滴定至微粉红色保持 30 s 不退为终点。

4.4.5 结果的计算

酸度（以乙酸计）X_2，以质量百分数表示，按式(2)计算：

$$X_2=\frac{c_1\cdot V_1\times 0.060\ 05}{\rho\cdot V}\times 100 \qquad (2)$$

式中：c_1——氢氧化钠标准滴定溶液的实际浓度，mol/L；

V_1——试样消耗氢氧化钠标准滴定溶液的体积，mL；

V——试样体积，mL；

ρ——试样在 20℃时的密度，g/cm³；

0.060 05——与 1.00 mL 氢氧化钠标准滴定溶液〔$c(NaOH)=1.000$ mol/L〕相当的，以克表示的乙酸质量。

取两次平行测定值的算术平均值为结果。

4.4.6 允许差

两次平行测定结果的差值不大于 0.001%。

4.5 羰基化合物含量的测定

4.5.1 方法原理

试样中羰基化合物与盐酸羟胺反应生成肟，同时释放出等物质量的盐酸，游离盐酸用氢氧化钾乙醇标准滴定溶液进行电位滴定。

4.5.2 试剂和溶液

4.5.2.1 无水乙醇。

4.5.2.2 盐酸羟胺乙醇溶液：10 g/L。

溶解 50 g 盐酸羟胺于 130 mL 水中，用无水乙醇稀释至 1 000 mL。取此溶液 100 mL 再用无水乙醇稀释到 500 mL。

4.5.2.3 氢氧化钾乙醇标准滴定溶液：$c(KOH)=0.1$ mol/L。

称取氢氧化钾约 7 g，加水 50 mL，溶解后用无水乙醇稀释至 1 000 mL，充分振荡后静置数日，取上层清液以酚酞为指示剂，用盐酸标准滴定溶液〔$c(HCl)=0.1$ mol/L〕标定。

4.5.2.4 氢氧化钾乙醇标准滴定溶液：$c(KOH)=0.01$ mol/L。

将上述溶液(4.5.2.3)准确稀释 10 倍。有效期一周。

4.5.3 仪器

一般实验室仪器及

4.5.3.1 带有回流冷凝器的锥形瓶：250 mL。

4.5.3.2 酸度计：带有玻璃电极和甘汞参比电极。

4.5.4 分析步骤

吸取 30 mL 试样于已装有 10 mL 盐酸羟胺溶液的锥形瓶内，加入 10 mL 无水乙醇，安装冷凝器，放在沸水浴中回流 30 min 后，取出带冷凝器的锥形瓶，冷却至室温。用 10 mL 无水乙醇冲洗冷凝器内壁。取下锥形瓶，将瓶内溶液全部转移到烧杯中，用 125 mL 无水乙醇分数次洗涤锥形瓶并倒入烧杯中。以氢氧化钾乙醇标准滴定溶液滴定，同时用酸度计测定 pH 值。绘出滴定体积和被测溶液 pH 值变化曲线，曲线的拐点(pH 值约为 3)即为滴定终点。亦可用氢氧化钾标准滴定溶液消耗体积(mL)对 pH 值的一阶微商作图或二阶微商法计算。求出终点时氢氧化钾标准滴定溶液消耗的体积。

同时作空白试验。

4.5.5 结果的计算

羰基化合物(以2-乙基己醛计)含量 X_3,以质量百分数表示,按式(3)计算:

$$X_3 = \frac{c_2 \cdot (V_2 - V_0) \times 0.1282}{\rho \cdot V} \times 100 \quad \cdots\cdots(3)$$

式中:c_2——氢氧化钾乙醇标准滴定溶液的实际浓度,mol/L;

V_2——试样消耗氢氧化钾乙醇标准滴定溶液的体积,mL;

V_0——空白消耗氢氧化钾乙醇标准滴定溶液的体积,mL;

V——试样的体积,mL;

ρ——试样在20℃时的密度,g/cm³;

0.128 2——与1.00 mL氢氧化钾乙醇标准滴定溶液〔c(KOH)=1.000 mol/L〕相当的,以克表示的2-乙基己醛质量。

取两次平行测定值的算术平均值为结果。

4.5.6 允许差

两次平行测定结果的差值不大于0.005%。

4.6 硫酸显色试验

4.6.1 方法提要

在一定条件下,用硫酸处理试样,将产生的颜色与相同体积色度标准进行比较。

4.6.2 试剂和溶液

4.6.2.1 硫酸:密度为1.84 g/cm³,约96%(m/m)溶液,优级纯。

4.6.3 仪器

一般实验室仪器及

4.6.3.1 带磨口塞锥形瓶:250 mL。

4.6.3.2 比色管:100 mL,两支匹配。

4.6.3.3 冰水浴。

4.6.3.4 沸水浴。

4.6.4 分析步骤

用硫酸溶液清洗所使用的仪器,再用自来水、蒸馏水清洗干净并干燥。

量取100 mL试样于磨口锥形瓶中,置于冰水浴中冷却5 min,继续保持浸没在冰水浴中,立即以每秒2滴的速度,用滴定管滴加8 mL硫酸,在滴加过程中不断剧烈振摇锥形瓶,以确保瓶内溶液温度不超过20℃,加完酸后,盖上瓶塞并在冰水浴中冷却恰好3 min。然后取出并立即放入沸水浴中,微启瓶塞二次,以防其迸出,沸水浴中水面应超过锥形瓶中溶液的液面,并保持60±1 min后取出锥形瓶,用自来水冷却至室温,将瓶中溶液倒入100 mL比色管中,按GB 3143规定进行比色。

4.6.5 结果的表示

试样的颜色以最接近于试样的铂-钴标准液的色度表示。

取两次平行测定值的算术平均值为结果。

4.6.6 允许差

两次平行测定结果的差值不大于3号。

4.7 水分的测定

4.7.1 按GB 6283的规定进行测定。吸取试样的体积为10 mL。

取两次平行测定值的算术平均值为结果。

4.7.2 允许差

两次平行测定结果的差值不大于0.01%。

5 检验规则

5.1 工业辛醇应由生产厂的质量检验部门进行检验，生产厂应保证每批出厂的工业辛醇都符合本标准的要求。

5.2 使用单位有权按照本标准的规定对收到的产品进行检验。

5.3 每批出厂的工业辛醇都应附有一定格式的质量证明书，其内容包括：生产厂名称、产品名称、等级、批号、产品净重和生产日期及本标准号。

5.4 工业辛醇的采样按GB 6678中6.6.1条的规定进行。采样方法按GB 6680中2.1.3条和2.3条的规定进行。

5.5 采样总量不少于2 L，充分混合均匀分装于两个清洁、干燥的1 L带塞磨口瓶中，贴上标签，注明：产品名称、批号、采样日期、采样人姓名，一瓶作质量检验用，另一瓶密封保存一个月备查。

5.6 如果在检验中有一项指标不符合本标准要求时，应重新加倍采样进行复检，重新检验的结果即使有一项指标不符合本标准要求时，则整批产品为不合格品。

5.7 当供需双方对产品质量发生异议时，按照《全国产品质量仲裁检验暂行办法》的规定进行仲裁。

6 标志、包装、运输、贮存

6.1 标志

包装容器上应有明显牢固的标志，其内容包括：生产厂名称、产品名称、商标、生产日期、本标准号、批号、净重。

6.2 包装

工业辛醇应用干燥、清洁的槽车或200 L镀锌铁桶包装。每桶净重150 kg。

6.3 运输

运输时应轻搬、轻放，避免碰撞，防止日晒。

6.4 贮存

应贮存在阴凉、通风、干燥的仓库内，附近不得有明火。

附加说明：

本标准由中华人民共和国化学工业部提出。

本标准由化学工业部北京化工研究院技术归口。

本标准由吉林化学工业公司电石厂负责起草。

本标准主要起草人翟淑琴、郭绩群、洪性光、杨永梅。

本标准主要技术指标参照采用原苏联国家标准ГОСТ 26624—85《工业2-乙基己醇技术指标》。

中华人民共和国国家标准

工业用一氟三氯甲烷（F_{11}）

GB 7371—87

Trichloromonofluoro methane for industrial uses

本标准适用于由四氯化碳和氟化氢以液相催化法制得的一氟三氯甲烷。其优级品、一级品用作致冷剂；合格品用作发泡剂等。

分子式：CCl_3F

分子量：137.37（按1983年国际原子量）

1 技术要求

一氟三氯甲烷应符合表1要求：

表 1

指标名称 \ 级别	优级品	一级品	合格品	试验方法
（1）外观	无色、不浑浊			见2.1
（2）气味	无异臭			见2.2
（3）纯度，% ≥	99.8	99.5	99.0	见GB 7375—87
（4）水分，% ≤	0.001	0.002	0.005	见GB 7376—87
（5）酸度（以HCl 计），% ≤	0.00001	0.0001	0.0001	见2.3
（6）蒸发残留物，% ≤	0.01	0.01	0.02	见2.4

2 试验方法

2.1 外观

取不沸腾的冷却试样10ml置于内径约15mm的试管内，接着用干燥的布擦干试管外壁附着的霜或湿气，从横向透视观察色度及有无浑浊。

2.2 气味

用2.1所用试样慢慢加热，使其稍有沸腾，检查其蒸气有无异臭。

2.3 酸度的测定

2.3.1 原理

用蒸馏水将试样中的酸分洗出来，以溴甲酚绿为指示剂，用氢氧化钠标准溶液滴定，求得酸度(以

中华人民共和国化学工业部1987-02-16批准　　1987-07-01实施

HCl计）。

2.3.2 装置及仪器

2.3.2.1 分液漏斗：300ml。

2.3.2.2 锥形烧瓶：500ml。

2.3.2.3 微量滴定管：2ml。

2.3.3 试剂

2.3.3.1 指示剂：溴甲酚绿，0.1%（m/V）；

2.3.3.2 氢氧化钠标准溶液：浓度c（NaOH）＝0.01mol/L按GB 601—77《标准溶液制备方法》配制的浓度c（NaOH）＝0.1mol/L氢氧化钠标准溶液中加入不含二氧化碳的水稀释到10倍。

2.3.4 测定步骤

于分液漏斗中加入预先冷却的蒸馏水100ml，称取100g试样（称准至1g）加入分液漏斗中，充分振动，此时为不使漏斗内压力过高，需时时放去压力，充分振荡后，从样品中分出水层，再重复此操作三次，将第一次和第二次萃取的水合并在一起，移入锥形烧瓶内，加2～3滴溴甲酚绿指示剂，用氢氧化钠标准溶液滴定至终点，消耗量为V_1(ml)，同时把第三次及第四次萃取的水合并，移入锥形烧瓶内，同样滴定，作为空白试验，消耗量为V_0（ml）。

2.3.5 计算

酸度X（%）（以HCl计）按式（1）计算：

$$X(\%)=\frac{c(\mathrm{NaOH})(V_1-V_0)\times 0.0365}{m}\times 100 \qquad (1)$$

式中：V_1—— 试样消耗氢氧化钠标准溶液的量，ml；

V_0—— 空白试验消耗氢氧化钠标准溶液的量，ml；

m —— 试样的质量，g；

c(NaOH)—— 氢氧化钠标准溶液的浓度，mol/L；

0.0365 —— 每毫摩尔HCl的克数。

2.4 蒸发残留物的测定

2.4.1 原理

使试样蒸发，称取高沸点残留物的质量，求得蒸发残留物含量。

2.4.2 装置及仪器

2.4.2.1 蒸发器：由称量管和蒸发管组成，见图。

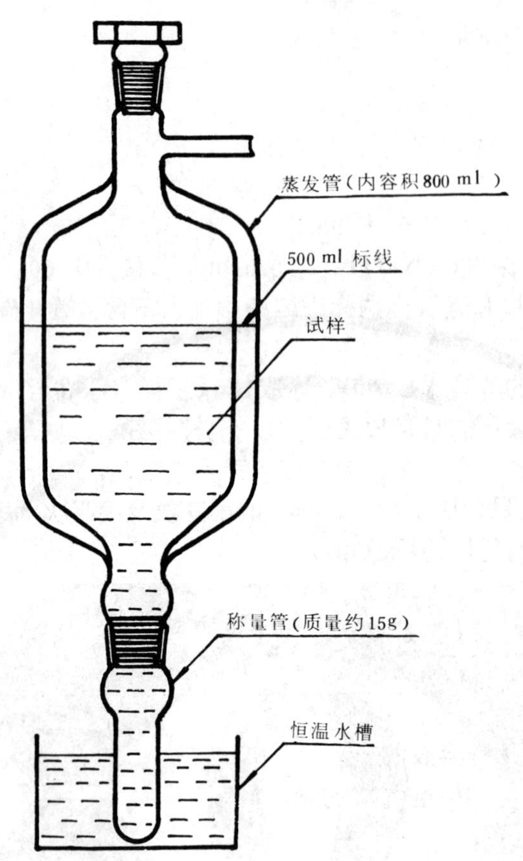

2.4.2.2 恒温水槽。

2.4.2.3 电热鼓风箱：105±2℃。

2.4.3 试剂

洗净液：二氯甲烷（分析纯）。

2.4.4 测定步骤

把称量管在105±2℃的电热鼓风箱中干燥约30min后，在干燥器中冷却，称准至0.1mg，与蒸发管连接，称取冷却到不沸腾的试样约800g于蒸发器内，把称量管一部分浸于恒温水槽中，使试样蒸发，恒温水槽的温度调节到试样在1.5～2.0h中蒸发完毕（恒温水槽的温度约90℃），试样气化结束后，在蒸发器中加入约10ml洗净液，把称量管放在约90℃的恒温水槽中使洗净液蒸发气化，气化后，把取出的称量管在105±2℃的电热鼓风箱中干燥约30min，在干燥器中冷却后，称准至0.1mg 。

2.4.5 计算

蒸发残留物W（%）按式（2）计算：

$$W(\%)=\frac{m_1-m_0}{m}\times 100 \quad\cdots\cdots(2)$$

式中：m_0—— 称量管的质量，g；

m_1—— 使试样气化后的称量管的质量，g；

m—— 试样的质量，g。

3 检验规则

3.1 本产品由生产厂质量检验部门进行采样检验，生产厂应保证出厂产品符合本标准要求。

3.2 用户可按本标准规定进行检验。

3.3 每批出厂产品应附有质量合格证,上面应写明:产品名称、生产厂名称、生产日期、批号、产品净重、产品质量标准或现行标准号。

3.4 检验结果若有一项指标不符合本标准时，应重新自两倍量的包装单元（钢瓶）中采样进行复验，复验结果即使只有一项指标不符合本标准要求，整批产品即按不合格品处理。

3.5 采样:

3.5.1 采样器用小钢瓶或带塞的小口玻璃瓶。采样器、连接导管必须保持干燥。

3.5.2 连接采样器、导管和被测F_{11}钢瓶，打开钢瓶阀门，使液相试样进入采样器内，试样置换不少于3次，采样后立即进行分析（气温高时，采样应带冷却装置）。

3.5.3 本产品以每生产一槽为一批，同一批产品应为同一个等级。

3.5.4 以每批一氟三氯甲烷总包装钢瓶数的5％采样，最低不少于二瓶。

3.6 在生产正常、质量稳定情况下，酸度和蒸发残留物为抽检指标，可每月抽检1～2次。若用户有特别要求可加检。

4 包装、标志、贮存和运输

4.1 本产品用钢瓶包装，钢瓶涂以铝白色油漆，打上钢印号，用黑色油漆标明产品名称、皮重。

4.2 钢瓶必须定期进行技术检验，对盛装本产品的钢瓶每三年检验一次。

4.3 充装系数不大于1.25kg/L。

4.4 本产品应贮存在阴凉干燥的地方，不得靠近热源，严禁日晒雨淋。

4.5 装有本产品的钢瓶为带压容器，在装卸运输过程中，严禁撞击拖拉、摔落和直接曝晒，并应符合中华人民共和国铁路、公路对危险货物运输的有关规定。

4.6 必须确保包装容器内的干燥与清洁，无其他不纯气体，并保持正压。

附加说明:

本标准由中华人民共和国化学工业部提出，由化工部北京化工研究院归口。

本标准由上海电化厂负责起草。

本标准主要起草人林诚慧、徐德敏。

中华人民共和国国家标准

工业用二氟二氯甲烷（F_{12}）

GB 7372—87

Dichlorodifluoromethane for industrial uses

本标准适用于由四氯化碳和氟化氢以液相催化法制得的二氟二氯甲烷。其优级品、一级品用作致冷剂，合格品用作发泡剂、喷雾剂等。

分子式：CCl_2F_2

分子量：120.92（按1983年国际原子量）

1 技术要求

二氟二氯甲烷应符合表1要求：

表 1

指标名称 \ 指标 \ 级别	优级品	一级品	合格品	试验方法
（1）外观	无色、不浑浊			见2.1
（2）气味	无异臭			见2.2
（3）纯度，% ≥	99.8	99.5	99.0	见GB 7375—87
（4）水分，% ≤	0.0005	0.001	0.003	见GB 7376—87 或GB 7374—87(仲裁)
（5）酸度（以HCl计），% ≤	0.00001	0.0001	0.0001	见2.3
（6）蒸发残留物，% ≤	0.01	0.01	0.02	见2.4

2 试验方法

2.1 外观

置于内径约15mm的试管内，取不沸腾的冷却试样10ml，接着用干燥的布擦干试管外壁附着的霜或湿气，从横向透视观察色度及有无浑浊。

2.2 气味

用2.1所用试样慢慢加热，使其稍有沸腾，检查其蒸气有否异臭。

中华人民共和国化学工业部1987-02-16批准　　1987-07-01实施

2.3 酸度的测定

2.3.1 原理

使样品气化，鼓泡进入蒸馏水中，以吸收酸性物质，以溴甲酚绿为指示剂，用氢氧化钠标准溶液滴定，求得酸度（以HCl计）。

2.3.2 装置及仪器

2.3.2.1 磨口三角烧瓶：如图1所示。

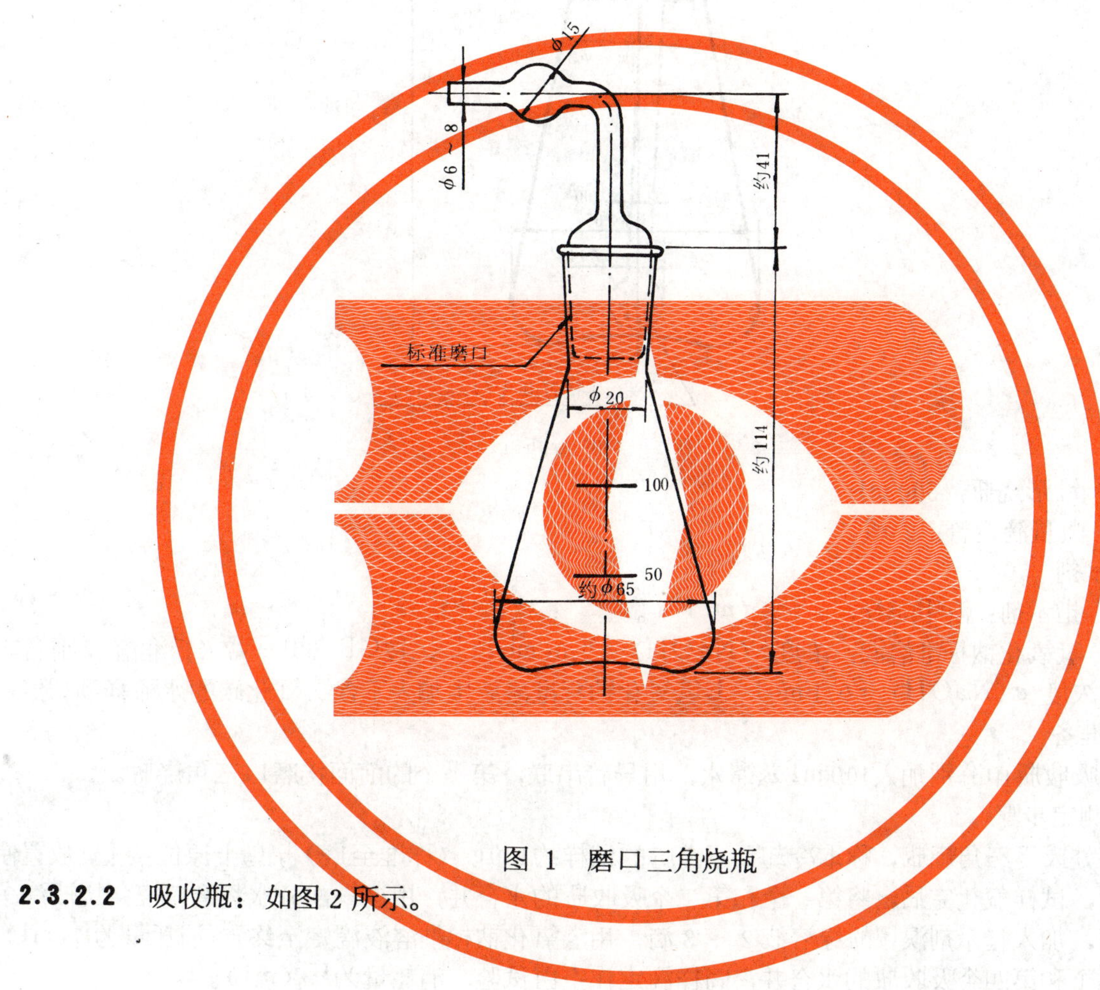

图1 磨口三角烧瓶

2.3.2.2 吸收瓶：如图2所示。

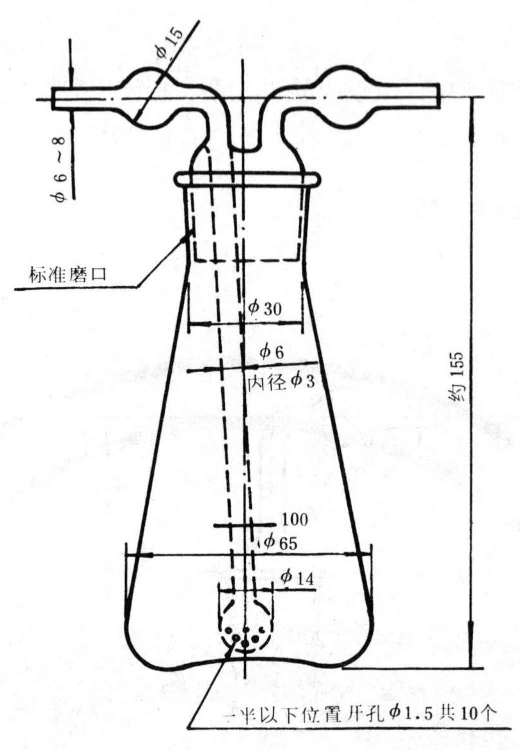

图 2 吸收瓶

2.3.2.3 锥形烧瓶：500 ml。

2.3.2.4 微量滴定管：2 ml 。

2.3.3 试剂

2.3.3.1 指示剂：溴甲酚绿，0.1 %（m/V）。

2.3.3.2 氢氧化钠标准溶液：浓度c（NaOH）＝0.01 mol/L，按GB 601—77《标准溶液制备方法》配制的浓度 c（NaOH）＝0.1 mol / L氢氧化钠标准溶液中加入不含二氧化碳的水稀释到10倍。

2.3.4 准备

在四个吸收瓶中分别加入100 ml 蒸馏水，用导管串联，第一个的前面接磨口三角烧瓶。

2.3.5 测定步骤

从插接处拔下三角烧瓶，称取冷却至不沸腾的试样约100 g （称准至1 g），马上原位接上，放置使其自然蒸发，试样气化完后，将第一个和第二个吸收瓶的水合并，用这一部分水将磨口三角烧瓶洗净，倒入锥形瓶，加入指示剂溴甲酚绿溶液 2 ～ 3 滴，用氢氧化钠标准溶液滴定至终点,消耗量为V_1(ml)，同时把第三个和第四个吸收瓶的水合并，同样滴定作空白试验，消耗量为V_0(ml)。

2.3.6 计算

酸度X（%）（以HCl计）按式（1）计算：

$$X(\%) = \frac{c(\mathrm{NaOH})(V_1 - V_0) \times 0.0365}{m} \times 100 \quad \cdots\cdots(1)$$

式中：V_1—— 试样消耗氢氧化钠标准溶液的量，ml ；

V_0—— 空白试验消耗氢氧化钠标准溶液的量，ml ；

m —— 试样的质量，g；

c（NaOH）——氢氧化钠标准溶液的浓度，mol /L；

0.0365—— 每毫摩尔HCl的克数。

2.4 蒸发残留物的测定

2.4.1 原理

使试样蒸发，称取高沸点残留物的质量，求得蒸发残留物含量。

2.4.2 装置及仪器

2.4.2.1 蒸发器由称量管和蒸发管组成，见图 3 。

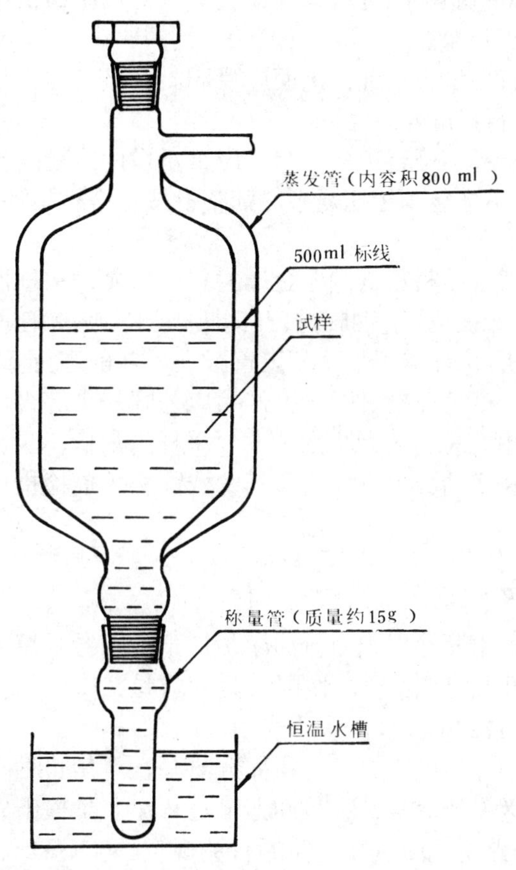

图 3 称量管和蒸发管

2.4.2.2 恒温水槽。

2.4.2.3 电热鼓风箱：能调节105±2℃。

2.4.3 试剂

洗净液：二氯甲烷（分析纯）。

2.4.4 测定步骤

把称量管在105±2℃的电热鼓风箱中干燥30min后，在干燥器中冷却，称准至0.1mg为止，与蒸发管连接。称取冷却到不沸腾的试样约800g于蒸发器内，把称量管一部分浸于恒温水槽中，使试样蒸发，恒温水槽的温度调节到试样在1.5～2.0h中蒸发完毕（F_{12}常温即可），试样气化结束后,在蒸发器中要加入约10ml洗净液，把称量管放在约90℃的恒温水槽中，使洗净液蒸发气化，气化后，把取出的称量管在105±2℃的电热鼓风箱中干燥约30min,在干燥器中冷却后，称准至0.1mg为止。

2.4.5 计算

蒸发残留物W（%）按式（2）计算：

$$W(\%)=\frac{m_1-m_0}{m}\times 100 \quad\cdots\cdots(2)$$

式中：m_0—— 称量管的质量，g；

m_1—— 使试样气化后的称量管的质量，g；

m—— 试样的质量，g。

3 检验规则

3.1 本产品由生产厂质量检验部门进行采样检验。生产厂应保证出厂产品符合本标准要求。

3.2 用户可按本标准进行检验。

3.3 每批出厂产品应附有质量合格证，上面应写明：产品名称、生产厂名称、生产日期、批号、产品净重、产品质量标准或现行标准号。

3.4 检验结果若有一项指标不符合本标准时，应重新自两倍量的包装单元（钢瓶）中采样进行复验。复验结果即使只有一项指标不符合本标准要求，则整批按不合格品处理。

3.5 采样：

3.5.1 采样器用小钢瓶或复合材料（内壁金属材料）气囊，采样器、连接导管必须保持干燥。

3.5.2 连接采样器、导管和被测F_{12}钢瓶，打开钢瓶阀门，使液相试样进入采样器内，试样置换不少于3次，采样后立即进行分析。采样器可带冷却装置或在采样前进行低温冷却。

3.5.3 本产品以每生产一槽为一批。同一批产品应为同一个等级。

3.5.4 以每批二氟二氯甲烷总包装钢瓶数的5％采样，最低不少于二瓶。

3.6 在生产正常、质量稳定情况下，酸度和蒸发残留物为抽检指标，可每月抽检1～2次，若用户有特别要求可加检。

4 包装、标志、贮存、运输

4.1 本产品用钢瓶包装，钢瓶涂以铝白色油漆，打上钢印号并用黑色油漆标明产品名称、皮重。

4.2 钢瓶的包装定量标准及定期检验，按国家劳动总局（79）劳总锅字18号《气瓶安全监察规程》规定进行，充装系数不大于1.14kg／L。

4.3 本产品应贮存在阴凉干燥的地方，不得靠近热源，严禁日晒雨淋。

4.4 装有本产品的钢瓶为带压容器，在装卸运输过程中严禁撞击、拖拉、摔落和直接曝晒，并应符合中华人民共和国铁路、公路对危险货物运输的有关规定。

4.5 必须确保包装容器内的干燥与清洁，无其他不纯气体并保持正压。

附加说明：

本标准由中华人民共和国化学工业部提出，由化工部北京化工研究院归口。

本标准由上海电化厂负责起草。

本标准主要起草人林诚慧、徐德敏。

ICS 71.080
G 17

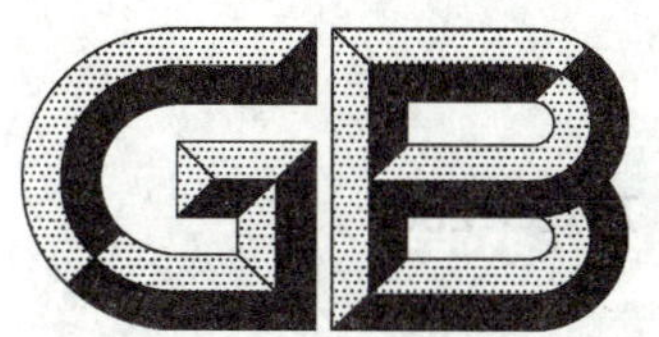

中华人民共和国国家标准

GB/T 7373—2006
代替 GB/T 7373—1987
GB/T 9016—1988

工业用二氟一氯甲烷(HCFC-22)

Monochlorodifluoro methane for industrial uses

2006-09-01 发布　　　　2007-02-01 实施

中华人民共和国国家质量监督检验检疫总局
中国国家标准化管理委员会　发布

前　言

本标准与“美国空调和制冷协会”标准 ARI standard 700:1999《氟碳烃制冷剂规格》(英文版)的一致性程度为非等效。

本标准代替 GB/T 7373—1987《工业用二氟一氯甲烷(F_{22})》和 GB/T 9016—1988《四氟乙烯用二氟一氯甲烷》。

本标准与 GB/T 7373—1987 和 GB/T 9016—1988 相比主要变化如下:

——标准名称二氟一氯甲烷的简称(编码)由 F_{22} 改为 HCFC-22(GB/T 7373—1987 的封面,本版的封面);

——产品分为Ⅰ型和Ⅱ型。产品等级Ⅰ型由优等品、一等品、合格品三个等级修改为优等品、一等品两个等级(GB/T 7373—1987 的第 1 章,本版的 3.2);Ⅱ型由优等品、一等品两个等级修改为不分等级(GB/T 9016—1988 的 3.2,本版的 3.2);

——Ⅰ型增加氯化物(Cl)试验和不凝性气体项目,并规定二氟一氯甲烷作为制冷剂时检验。Ⅰ型指标二氟一氯甲烷含量优等品由≥99.8%修改为≥99.9%、一等品由≥99.5%修改为≥99.6%,水分优等品由≤0.001%修改为≤0.001 0%、一等品由≤0.002%修改为≤0.003 0%,蒸发残留物优等品和一等品由≤0.01%修改为≤0.010%(GB/T 7373—1987 的第 1 章,本版的 3.2);Ⅱ型删去除 F_{12} 以外的色谱杂质总量项目,Ⅱ型指标二氟一氯甲烷含量由优等品的≥99.9%修改为≥99.95%,水分由优等品的≤0.002%修改为≤0.002 0%,气相中氧含量(20℃)由优等品的≤0.003%修改为≤0.005%(GB/T 9016—1988 的 3.2,本版的 3.2)。

——水分测定增加了卡尔费休库仑电量法和电解法,以卡尔费休库仑电量法为仲裁法(见 4.5.1 和 4.5.3);

——将酸度试验方法中的多孔式气体洗瓶由四只修改为三只(GB/T 7373—1987 的 2.3,本版的 4.6);

——将蒸发残留物试验方法中的样品量由 800 g 修改为 200 g(GB/T 7373—1987 的 2.4,本版的 4.7);

——增加了氯化物(Cl)试验的试验方法(见 4.8)和不凝性气体含量的试验方法(见 4.9);

——将采样单元数由总包装数的 5%修改为表 3 的内容(GB/T 7373—1987 的 3.5.4,本版的 5.3.2);

——增加了“怕晒”、“不燃气体”标志(见 6.1);

——增加了规范性附录“不凝性气体含量测定的典型色谱图及相对保留时间”和“二氟一氯甲烷饱和蒸气压表”(见附录 A、附录 B)。

本标准的附录 A 和附录 B 为规范性附录。

本标准由中国石油和化学工业协会提出。

本标准由全国化学标准化技术委员会有机分会(SAC/TC 63/SC 2)归口。

本标准起草单位:浙江衢化氟化学有限公司。

本标准参加起草单位:鹰鹏化工有限公司、山东东岳化工股份有限公司、浙江莹光化工有限公司。

本标准主要起草人:刘红秀、陈科峰、汤月明、张红英。

GB/T 7373—1987 于 1987 年首次发布,GB/T 9016—1988 于 1988 年首次发布。

工业用二氟一氯甲烷(HCFC-22)

1 范围

本标准规定了工业用二氟一氯甲烷的要求、试验方法、检验规则及包装、标志、运输和贮存。

本标准适用于三氯甲烷和氟化氢以液相催化法制得的二氟一氯甲烷。该产品Ⅰ型主要用作制冷剂或除四氟乙烯外的其他氟化工产品的原料，Ⅱ型用作合成四氟乙烯。

分子式：$CHClF_2$

相对分子质量：86.47(按2001年国际相对原子质量)

2 规范性引用文件

下列文件中的条款通过本标准的引用而成为本标准的条款。凡是注日期的引用文件，其随后所有的修改单(不包括勘误的内容)或修订版均不适用于本标准，然而，鼓励根据本标准达成协议的各方研究是否可使用这些文件的最新版本。凡是不注日期的引用文件，其最新版本适用于本标准。

GB/T 191 包装储运图标标志(GB/T 191—2000,eqv ISO 780:1997)

GB/T 601 化学试剂 标准滴定溶液的制备

GB/T 603 化学试剂 试验方法中所用制剂及制品的制备(GB/T 603—2002,ISO 6353-1:1982, Reagents for chemical analysis—Part 1:General test methods,NEQ)

GB/T 1250 极限数值的表示方法和判定方法

GB/T 5831 气体中微量氧的测定 比色法

GB/T 6681—2003 气体化工产品采样通则

GB/T 6682 分析实验室用水规格和试验方法(GB/T 6682—1992,eqv ISO 3696:1987)

GB/T 7375 工业用氟代甲烷类纯度的测定 气相色谱法

GB/T 7376 工业用氟代甲烷类中微量水分的测定 卡尔·费休法

GB/T 9722 化学试剂 气相色谱法通则

GB/T 10627 气体分析 标准混合气体的制备 静态容积法(GB/T 10627—1989,idt ISO 6144:1981)

GB/T 10670 工业用氟代甲烷类中微量水分的测定 电解法

GB 13690—1992 常用危险化学品的分类及标志

GB 14193 液化气体气瓶充装规定

3 要求

3.1 性状：二氟一氯甲烷在液化态为无色、不浑浊，无异臭。

3.2 工业用二氟一氯甲烷的质量应符合表1所示的技术要求。

表1 技术要求

项　　目		Ⅰ型指标		Ⅱ型指标
		优等品	一等品	
二氟一氯甲烷的质量分数/%	≥	99.9	99.6	99.95
水分的质量分数/%	≤	0.001 0	0.003 0	0.002 0

表 1(续)

项　　目		Ⅰ型指标		Ⅱ型指标
		优等品	一等品	
酸度的质量分数(以 HCl 计)/%	≤	0.000 01	0.000 1	0.000 1
蒸发残留物的质量分数/%	≤	0.010		
氯化物(Cl)试验		通过试验		—
不凝性气体的体积分数(25℃)/%	≤	1.5		—
气相中氧的体积分数(20℃)/%	≤	—		0.005
注：二氟一氯甲烷作为制冷剂时检验氯化物(Cl)试验、不凝性气体的体积分数(25℃)。				

4　试验方法

4.1　警示

试验方法规定的一些试验过程可能导致危险情况。操作者应采取适当的安全和健康措施。

4.2　一般规定

除非另有说明，在分析中仅使用确认为分析纯的试剂和 GB/T 6682 中规定的三级水。分析中所用标准滴定溶液、制剂及制品，在没有注明其他要求时，均按 GB/T 601、GB/T 603 的规定制备。

4.3　性状试验

取不沸腾的冷却样品 10 mL 置于内径约 15 mm 的试管中，用干燥的布擦干试管外壁附着的霜或湿气，横向透视观察样品颜色、有无浑浊。然后将该样品稍微加热，使其稍有沸腾，检查蒸气有无异臭。

4.4　纯度的测定

按 GB/T 7375 的规定进行，毛细管柱法为仲裁法。

4.5　水分的测定

4.5.1　卡尔·费休库仑电量法(仲裁法)

4.5.1.1　方法提要

在有机碱和甲醇的存在下，样品中的水与电解液中的碘进行定量反应，反应为：

$$I_2 + SO_2 + H_2O \longrightarrow 2HI + SO_3$$

$$2I^- - 2e \longrightarrow I_2$$

参加反应的碘分子数等于水的分子数，而电解生成的碘与所消耗的电量成正比，依据法拉第定律，在仪器上直接读出被测样品的水含量。

4.5.1.2　仪器

4.5.1.2.1　库仑电量水分测定仪：配有阳极室、阴极室、电解电极、双铂检测电极等；

4.5.1.2.2　电子天平：最大称量不小于 2 000 g，分度值 0.1 g；

4.5.1.2.3　取样钢瓶：双阀型不锈钢小钢瓶，容积不小于 150 mL，工作压力 3 MPa；

4.5.1.2.4　进样针：针长(150～200)mm，直径 ϕ(0.5～0.7)mm。

4.5.1.3　试剂

与库仑电量水分测定仪配套使用的电解液(市售试剂)。

4.5.1.4　分析步骤

4.5.1.4.1　**库仑电量水分测定仪的调校**

打开库仑电量水分仪，加入电解液，调节库仑电量水分测定仪，使滴定池内达到无水状态。

4.5.1.4.2　**测定**

称量盛有样品的取样钢瓶质量，精确至 0.1 g，将进样针用不锈钢(或适宜材质)的大小接头与取样钢瓶出口阀连接,使进样针头插入库仑电量水分测定仪电解池的底部,液相进样,控制进样速度为(1～2)g/min,进样量约 10 g 或根据含水量适当调整进样量,进样后再次称量取样钢瓶质量,精确至 0.1 g。进样结束后,立即进行电量滴定。输入样品的质量数值,在库仑电量水分测定仪上可直接读取水的质量分数。

取两次平行测定结果的算术平均值为测定结果,两次平行测定结果的绝对差值不大于这两个测定值的算术平均值的 20%。

4.5.2 卡尔·费休容量法

按 GB/T 7376 的规定进行。

4.5.3 电解法

按 GB/T 10670 的规定进行。

4.6 酸度(以 HCl 计)的测定

4.6.1 方法提要

使样品气化,鼓泡进入盛有无二氧化碳的水的吸收瓶中,吸收样品中的酸性物质,以溴甲酚绿为指示剂,用氢氧化钠标准滴定溶液滴定,得到酸度(以 HCl 计)。

4.6.2 仪器

4.6.2.1 取样钢瓶:同 4.5.1.2.3;

4.6.2.2 多孔式气体洗瓶:250 mL;

4.6.2.3 微量滴定管:0.01 mL 分刻度;

4.6.2.4 电子天平:分度值 1 g。

4.6.3 试剂

4.6.3.1 氢氧化钠标准滴定溶液:$c(NaOH)=0.01$ mol/L;

4.6.3.2 溴甲酚绿指示液:1 g/L。

4.6.4 分析步骤

分别在三个多孔式气体洗瓶中加入 100 mL 无二氧化碳的水,在第三个多孔式气体洗瓶中加入溴甲酚绿指示液(2～3)滴,用导管串联。擦干取样钢瓶及阀门,称量,精确至 1 g。将取样钢瓶阀门出口与第一个多孔式气体洗瓶连接,慢慢打开钢瓶阀门使液态样品气化后通过三个多孔式气体洗瓶,放出约 100 g 样品时,关闭钢瓶阀门,取下钢瓶,擦干,称量,精确至 1 g。若第三个多孔式气体洗瓶中指示液未变色,继续下述步骤,否则重做。将第一个和第二个多孔式气体洗瓶中的溶液合并,移入锥形瓶,加入溴甲酚绿指示液(2～3)滴,用氢氧化钠标准滴定溶液滴定至蓝色为终点。

4.6.5 结果计算

酸度(以 HCl 计)的质量分数 w_1,以%表示,按公式(1)计算:

$$w_1=\frac{cVM}{m\times 1\,000}\times 100 \qquad \cdots\cdots(1)$$

式中:

V——氢氧化钠标准滴定溶液(4.6.3.1)的体积的数值,单位为毫升(mL);

c——氢氧化钠标准滴定溶液浓度的准确数值,单位为摩尔每升(mol/L);

m——试料的质量的数值,单位为克(g);

M——氯化氢的摩尔质量的数值,单位为克每摩尔(g/mol)($M=36.5$)。

取两次平行测定结果的算术平均值为测定结果,两次平行测定结果的绝对差值不大于这两个测定值的算术平均值的 40%。

4.7 蒸发残留物含量的测定

4.7.1 方法提要

常温下,使样品蒸发,称取高沸点残留物的质量,求得蒸发残留物含量。

4.7.2 仪器

4.7.2.1 蒸发器:由称量管和蒸发管组成,如图1。

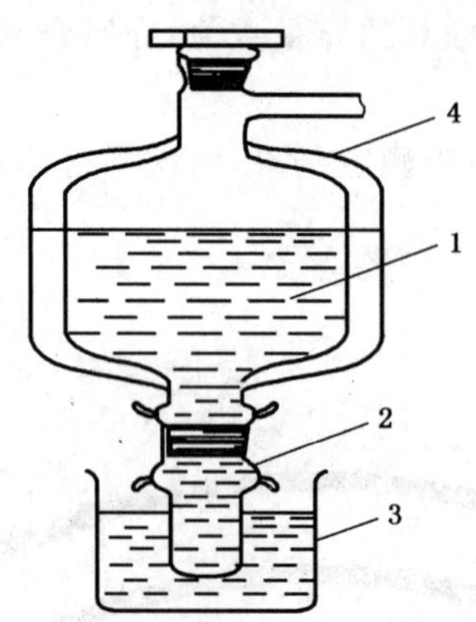

1——样品;
2——称量管;
3——恒温水槽;
4——蒸发管。

图1 蒸发器示意图

4.7.2.2 恒温水槽:可控温在(90±1)℃。

4.7.2.3 电热鼓风箱:可控温在(105±2)℃。

4.7.3 试剂

洗净液:二氯甲烷。

4.7.4 分析步骤

将称量管在(105±2)℃的电热鼓风箱中干燥30 min后,于干燥器中冷却30 min,称量,精确至0.000 1 g,与蒸发管连接。称取冷却到不沸腾的样品200 g于蒸发管中,常温下使样品蒸发,蒸发完全后,在蒸发器中加入约10 mL洗净液,把称量管放入约90℃的恒温水槽中,使洗净液完全蒸发气化,取出称量管在(105±2)℃的电热鼓风箱中干燥约30 min,干燥器中冷却30 min,称量,精确至0.000 1 g。

4.7.5 结果计算

蒸发残留物的质量分数 w_2,以%表示,按式(2)计算:

$$w_2 = \frac{m_2}{m} \times 100 \qquad \cdots\cdots(2)$$

式中:

m_2——蒸发残留物的质量的数值,单位为克(g);

m——试料的质量的数值,单位为克(g)。

取两次平行测定结果的算术平均值为测定结果,两次平行测定结果的绝对差值不大于0.002%。

4.8 氯化物(Cl)试验

4.8.1 方法提要

在酸性条件下,样品中氯化物与饱和硝酸银溶液反应生成氯化银沉淀,以观察不到混浊为试验通过。该试验方法检测灵敏度为0.000 3%。

4.8.2 试剂

4.8.2.1 硝酸;

4.8.2.2 无水甲醇;

4.8.2.3 饱和硝酸银溶液。

4.8.3 仪器

4.8.3.1 取样钢瓶:同4.5.1.2.3;

4.8.3.2 电子天平:最大称量不小于 2 000 g,分度值 0.1 g。

4.8.4 分析步骤

在 100 mL 比色管中加入 30 mL 无水甲醇,在搅拌下加 6 滴硝酸和 18 滴饱和硝酸银溶液。

称量盛有样品的取样钢瓶质量,精确至 0.1 g。将连接管线一端与取样钢瓶出口阀连接(注意每个接头密封完好),另一端插入比色管溶液中,在搅拌下打开取样钢瓶出口阀鼓泡进样,进样量约 36 g,进样时间应不少于 15 min。观察比色管中有无混浊。溶液中无混浊为通过试验。

4.9 不凝性气体含量的测定

4.9.1 方法提要

用气相色谱法,在选定的工作条件下,使产品包装容器中气相不凝性气体通过填充色谱柱,用热导检测器检测,外标法计算不凝性气体的含量。

在典型制冷剂样品中,空气是惟一有确切量的不凝性气体,其他气体不做日常分析。制冷剂液相和气相之间的不凝性气体平衡与温度相关,需进行适当温度校正,报告 25℃温度下的结果。

4.9.2 试剂

4.9.2.1 载气:氢气或氦气,其体积分数大于 99.5%;

4.9.2.2 标准气:10 MPa 压力的 4 L 氦气钢瓶,内含空气(或氮气)的体积分数为 1.5%。标准气的制备应符合 GB/T 10627 的规定。

4.9.3 仪器

4.9.3.1 气相色谱仪:配有进样阀,带有热导检测器。整机灵敏度符合 GB/T 9722 的规定;

4.9.3.2 色谱工作站或数据处理机;

4.9.3.3 色谱柱:填充柱,3 m×3 mm(内径)不锈钢柱或其他适宜材料,固定相为 Porapack Q,粒径(0.15~0.18)mm;

4.9.3.4 进样器:六通阀;

4.9.3.5 取样钢瓶:同 4.5.1.2.3;

4.9.3.6 温度计:(−20~50)℃,分刻度 0.2℃。

4.9.4 色谱分析条件

推荐的色谱操作条件见表 2。典型色谱图和保留时间见附录 A。其他能达到同等分离程度的色谱操作条件均可使用。

表 2 推荐的色谱操作条件

汽化室温度/℃	100
检测室温度/℃	150
柱箱温度/℃	90
载气(H_2)流量/(mL/min)	20
进样量/mL	0.15

4.9.5 分析步骤

4.9.5.1 校正

4.9.5.1.1 将标准气钢瓶出口阀与气相色谱仪进样阀相连,将六通阀的尾气通入装有少量水的气体洗瓶中,慢慢打开标准气钢瓶的阀门,以 1 mL/s 的速度放出标准气通过进样阀,清洗进样系统,约 10 s 后关闭标准气钢瓶阀门,立即旋转进样阀至"进样"位置进样分析。重复进样三次,三次测定的任一绝对差值不大于连续测定值的算术平均值的 0.1%。

4.9.5.1.2 标准气空气的响应因子 f 按式(3)计算:

$$f = \frac{A_s}{V_s} \qquad \cdots\cdots(3)$$

式中：

A_s——空气的峰面积；

V_s——标准气中空气的体积分数，%。

取三次 f 测定的算术平均值为测定结果。三次测定 f 的任一绝对差值不大于连续测定值的算术平均值的1.6%。

4.9.5.1.3 每次分析前进行校正。

4.9.5.2 样品分析

测定样品前记录样品所在环境的温度，精确至0.1℃，即为样品液相的温度。

将经真空干燥的取样钢瓶与产品包装容器的气相出口阀连接，打开产品包装容器出口阀门，再打开取样钢瓶的入口阀和出口阀，充分置换系统中的空气后，关闭取样钢瓶的出口阀，使产品包装容器中上部的气体进入取样钢瓶并充满。取样钢瓶与产品包装容器断开，与色谱仪进样阀进口连接，以下操作同4.9.5.1.1。

连续重复进样，直到所测空气峰面积重复，表明系统中空气排净。然后连续2～3次进样测定，取其算术平均值为峰面积测定结果。

4.9.6 结果计算

4.9.6.1 在取样环境温度 T℃下，二氟一氯甲烷中不凝性气体含量的体积分数 φ，数值以%表示，按式(4)计算：

$$\varphi = \frac{A}{f} \qquad \cdots\cdots(4)$$

式中：

A——空气的峰面积；

f——标准气空气的响应因子。

4.9.6.2 校正为25℃的不凝性气体含量的体积分数 φ_1，数值以%表示，按式(5)计算：

$$\varphi_1 = \frac{\varphi p \times 298.15}{(t + 273.15) P_{25}} \times 100 \qquad \cdots\cdots(5)$$

式中：

φ——不凝性气体的体积分数(%)(在温度 t 下)；

p——样品在温度为 t 时的饱和蒸气压，单位为千帕(kPa)，该值由附录B查得；

t——样品在取样时的环境温度，单位为摄氏度(℃)；

P_{25}——样品在25℃时的饱和蒸气压，单位为千帕(kPa)，该值由附录B查得。

取连续测定结果的算术平均值为测定结果，连续测定结果的任一绝对差值不大于连续测定值的算术平均值的10%。

4.10 气相中氧含量的测定

按GB/T 5831的规定进行，其中取样按下述步骤进行。

洗净分析器并充满水，开通分析器全部活塞，将分析器的取气活塞的支管用橡皮管与金属取样管紧密连接。开启取样钢瓶出口阀，使样品气化，调节样品气流速至(1 000～5 000)mL/min，用样品气将分析器内的水全部置换出来，减小样品气流速，关闭分析器的各活塞，取下分析器。用活塞调节分析器内气体压力的平衡至常压。读取并记录室内温度和大气压。

5 检验规则

5.1 本标准采用型式检验和出厂检验。

5.1.1 本标准表1技术要求中的全部项目均为型式检验项目。在正常情况下，每一个月至少进行一次型式检验。有下列情况之一时，也应进行型式检验。

a) 更新关键生产工艺；

b) 主要原料有变化；

c) 停产又恢复生产；

d) 出厂检验结果与上次型式检验有较大差异；

e) 合同规定。

5.1.2 本标准表1技术要求中的Ⅰ型产品中二氟一氯甲烷含量、水分为出厂检验项目，Ⅱ型产品所有项目为出厂检验项目。出厂检验应逐批进行。

5.2 工业用二氟一氯甲烷以同等质量的均匀产品为一批。钢瓶装产品以不大于50 t为一批，或以一贮槽、一槽车的产品量为一批。

5.3 工业用二氟一氯甲烷的液相采样按GB/T 6681—2003中的7.10的规定进行。采样的总量应保证检验的需要。

5.3.1 取样钢瓶和取样导管应经真空干燥，样品应以液相进入取样钢瓶，用取样钢瓶导管的排放阀调节试样量，使液态样品不超过取样钢瓶内容积的80%。取样钢瓶贴上标签并注明：产品名称、批号、采样日期及采样人姓名，供检验用。

5.3.2 钢瓶包装的采样单元数应符合表3要求。

5.3.3 允许生产厂在使用非重复性或一次性包装出厂产品时，在产品包装前采样。

表3 钢瓶包装的二氟一氯甲烷的采样单元数

产品包装单元数(瓶)			抽样数量(瓶)
400 kg以上包装规格	400 kg～100 kg包装规格	100 kg以下～1 kg包装规格	
≤3	≤5		1
4～10	6～20	≤100	2
11～40	21～50	101～500	3
>40	51～100	501～1 000	5
	>100	1 001～5 000	10
		>5 000	20

5.4 工业用二氟一氯甲烷应由生产厂的质量检验部门进行检验。每批出厂的产品都应附有质量证明书，内容包括：产品名称、产品等级、生产厂厂名、厂址、批号或生产日期及本标准编号。

5.5 检验结果的判定按GB/T 1250中的修约值比较法进行。检验结果如果有一项指标不符合本标准要求时，钢瓶装产品应重新自两倍数量的包装单元中采样进行检验，贮槽装产品及槽车装产品应重新采样进行检验。重新检验的结果即使只有一项指标不符合本标准要求，则整批产品为不合格。

6 标志、包装、运输和贮存

6.1 工业用二氟一氯甲烷包装容器上应有牢固清晰的标志，内容包括：产品名称、商标、生产厂厂名、厂址、净质量、批号、产品等级、本标准编号、GB 191规定的“怕晒”标志和GB 13690—1992附录B规定的“不燃气体”标志。

6.2 工业用二氟一氯甲烷应使用专用的二氟一氯甲烷钢瓶包装。重复使用的钢瓶外涂铝白色，钢瓶外壁打上钢印号。非重复使用的钢瓶外涂绿色。钢瓶外壁用黑色油漆标明产品名称、皮重。

6.3 钢瓶充装时应符合GB 14193的规定，二氟一氯甲烷的充装系数不大于1.02 kg/L。

6.4 对重复使用的钢瓶，在产品使用后钢瓶内应保持正压。

6.5 工业用二氟一氯甲烷应贮存在阴凉、通风、干燥的地方，不得靠近热源，严禁日晒雨淋。

6.6 装有二氟一氯甲烷的钢瓶为带压容器，在装卸运输过程中必须戴好安全帽，严禁撞击、拖拉、摔落和直接曝晒。钢瓶运输应符合中华人民共和国铁路、公路运输的有关规定。

7 安全条款

工业用二氟一氯甲烷为不燃气体，低毒性。当皮肤接触时，应用肥皂水和清洁水彻底冲洗皮肤至少15 min，眼睛接触时，用流动清水或生理盐水冲洗，就医。

工业用二氟一氯甲烷钢瓶包装，若遇高热，容器内压力增大，有开裂和爆炸的危险。

附　录　A
（规范性附录）
二氟一氯甲烷中不凝性气体含量测定的典型色谱图及相对保留时间

A.1　二氟一氯甲烷中不凝性气体含量测定典型色谱图见图 A.1。

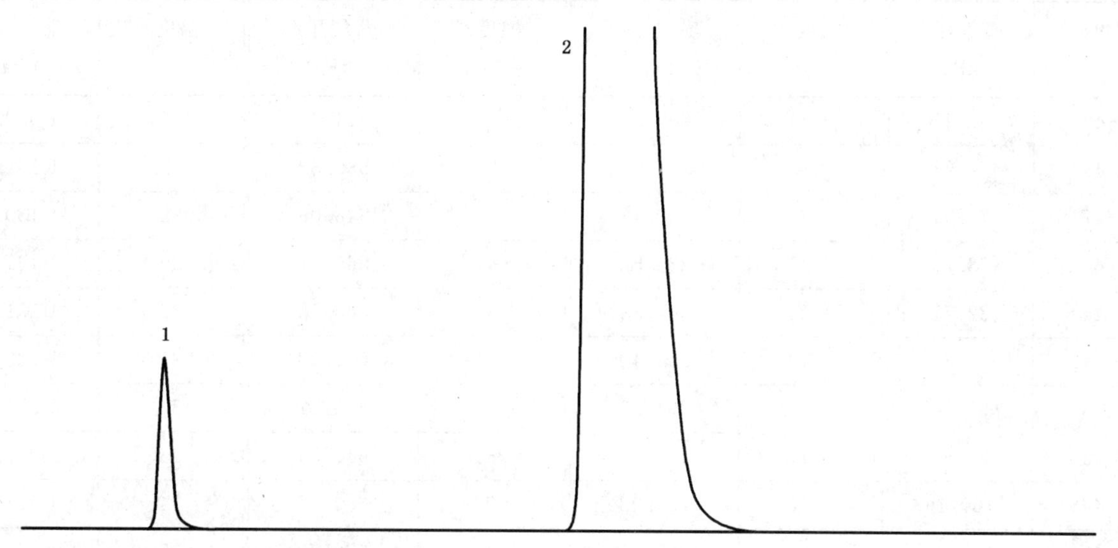

1——空气；

2——二氟一氯甲烷。

图 A.1　二氟一氯甲烷中不凝性气体含量测定典型色谱图

A.2　二氟一氯甲烷中不凝性气体含量测定相对保留时间见表 A.1。

表 A.1　相对保留时间

峰序	组分名称	相对保留时间	保留时间/min
1	空气	1	1.089
2	二氟一氯甲烷	3.22	3.508

附　录　B
（规范性附录）
二氟一氯甲烷不同温度下的蒸气压

B.1　二氟一氯甲烷不同温度下的蒸气压见表B.1。

表B.1　二氟一氯甲烷不同温度下的蒸气压

温度/℃	蒸气压/kPa	温度/℃	蒸气压/kPa	温度/℃	蒸气压/kPa	温度/℃	蒸气压/kPa
−49	67.76	−24	209.22	1	514.01	26	1 072.3
−48	71.28	−23	217.72	2	530.83	27	1 101.4
−47	74.94	−22	226.48	3	548.06	28	1 130.9
−46	78.75	−21	235.52	4	565.71	29	1 161.1
−45	82.71	−20	244.83	5	583.78	30	1 191.9
−44	86.82	−19	254.42	6	602.28	31	1 223.2
−43	91.10	−18	264.29	7	621.22	32	1 255.2
−42	95.55	−17	274.46	8	640.59	33	1 287.8
−41	100.16	−16	284.93	9	660.42	34	1 321.0
−40	104.95	−15	295.70	10	680.70	35	1 354.8
−39	109.92	−14	306.78	11	701.44	36	1 389.2
−38	115.07	−13	318.17	12	722.65	37	1 424.3
−37	120.41	−12	329.89	13	744.33	38	1 460.1
−36	125.94	−11	341.93	14	766.50	39	1 496.5
−35	131.68	−10	354.30	15	789.15	40	1 533.5
−34	137.61	−9	367.01	16	812.29	41	1 571.2
−33	143.75	−8	380.06	17	835.93	42	1 609.7
−32	150.11	−7	393.47	18	860.08	43	1 648.7
−31	156.68	−6	407.23	19	884.75	44	1 688.5
−30	163.48	−5	421.35	20	909.93	45	1 729.0
−29	170.50	−4	435.84	21	935.64	46	1 770.2
−28	177.76	−3	450.70	22	961.89	47	1 812.1
−27	185.25	−2	465.94	23	988.67	48	1 854.8
−26	192.99	−1	481.57	24	1 016.00	49	1 898.2
−25	200.98	0	497.59	25	1 043.90	50	1 942.3

ICS 71.080.60
G 17

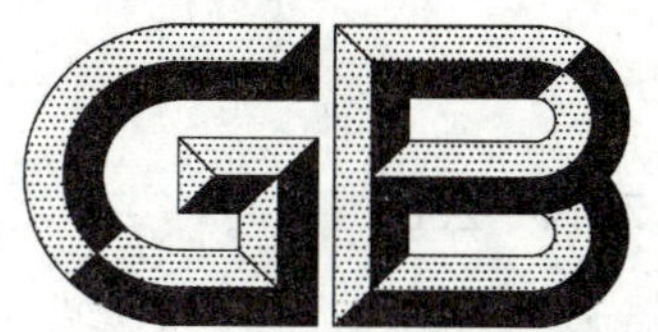

中华人民共和国国家标准

GB/T 7814—2008
代替 GB/T 7814—1987

工业用异丙醇

Isopropyl alcohol for industrial use

2008-06-04 发布 2008-12-01 实施

中华人民共和国国家质量监督检验检疫总局
中国国家标准化管理委员会 发布

前　言

本标准修改采用美国试验与材料协会标准 ASTM D 770—2005《标准规格　异丙醇》(英文版)。

本标准根据美国试验与材料协会标准 ASTM D 770—2005《标准规格　异丙醇》重新起草。在附录 A 中列出了本标准章条编号与 ASTM D 770—2005 章条编号的对照一览表。

考虑到我国国情,在采用 ASTM D 770—2005 标准时,本标准做了一些修改。本标准与 ASTM D 770—2005 标准的主要差异如下:

——增加了异丙醇含量、羰基含量、硫化物含量项目和试验方法,未设置沸程、气味项目(本标准的 3.2、4.4、4.11、4.12),这是为了符合我国国情;

——指标与 ASTM D 770—2005 比较,比重指标 d_{20}^{20} 0.785～0.787 修改为密度指标 ρ_{20} 0.784～0.786(g/cm³),蒸发残渣指标由≤5 mg/100 mL 修改为≤0.002%(本标准的 3.2);

——密度试验方法增加密度计法,数字密度计法(U 型振动管法)为仲裁法(本标准的 4.6);

——水分试验方法增加卡尔・费休法—库仑电量法,卡尔・费休法—容量法为仲裁法(本标准的 4.8)。

本标准代替 GB/T 7814—1987《异丙醇》。

本标准与 GB/T 7814—1987 相比主要变化如下:

——技术要求中取消产品等级划分,只设一个等级(1987 年版的第 1 章,本版的 3.2);

——取消了沸程项目(1987 年版的第 1 章,本版的 3.2);

——指标与 GB/T 7814—1987 优级品比较,色度(铂-钴色号)由≤5 修改为≤10;水分由≤0.15% 修改为≤0.20%;硫化物质量分数由≤1 mg/kg 修改为≤2 mg/kg(1987 年版的第 1 章,本版的 3.2);

——密度试验方法增加数字密度计法(U 型振动管法),作为仲裁法(1987 年版的 2.2,本版的 4.6);

——水分试验方法由气相色谱法改为卡尔・费休法—容量法(仲裁法)和卡尔・费休法—库仑电量法(1987 年版的 2.6,本版的 4.8);

——异丙醇含量的试验方法由填充柱气相色谱法修改为毛细管柱气相色谱法(1987 年版的 2.4,本版的 4.4);

——增加了检验分类,规定了出厂检验项目(见 5.1);

——增加了资料性附录 A、附录 B(见附录 A、附录 B)。

本标准的附录 A、附录 B 为资料性附录。

本标准由中国石油和化学工业协会提出。

本标准由全国化学标准化技术委员会有机分会(SAC/TC 63/SC 2)归口。

本标准起草单位:中国石油天然气股份有限公司锦州石化分公司。

本标准参加起草单位:东营市海科新源化工有限责任公司。

本标准主要起草人:孔春华、蒋晨、方宝云、张丽霞、尹国彬、王保路、张云烽。

本标准于 1987 年 6 月首次发布。

工业用异丙醇

1 范围

本标准规定了工业用异丙醇的要求、试验方法、检验规则以及标志、包装、运输和贮存等。

本标准适用于工业用异丙醇的生产、检验和销售。

分子式：$(CH_3)_2CHOH$

相对分子质量：60.09(按2005年国际相对原子质量)

2 规范性引用文件

下列文件中的条款通过本标准的引用而成为本标准的条款。凡是注日期的引用文件，其随后所有的修改单(不包括勘误的内容)或修订版均不适用于本标准，然而，鼓励根据本标准达成协议的各方研究是否可使用这些文件的最新版本。凡是不注日期的引用文件，其最新版本适用于本标准。

GB 190—1990 危险货物包装标志

GB/T 325 包装容器 钢桶

GB/T 601—2002 化学试剂 标准滴定溶液的制备

GB/T 603—2002 化学试剂 试验方法中所用制剂及制品的制备(ISO 6353-1:1982，NEQ)

GB/T 1250 极限数值的表示方法和判定方法

GB/T 3143 液体化学产品颜色测定法(Hazen单位——铂-钴色号)

GB/T 4472—1984 化工产品密度、相对密度测定通则

GB/T 6283—1986 化工产品中水分含量的测定 卡尔·费休法(通用方法)(eqv ISO 760:1978)

GB/T 6324.1—2004 有机化工产品试验方法 第1部分：液体有机化工产品水混溶性试验(GB/T 6324.1—2004，mod ASTM D 1722—1998)

GB/T 6324.2—2004 有机化工产品试验方法 第2部分：挥发性有机液体水浴上蒸发后干残渣的测定(GB/T 6324.2—2004，mod ISO 759:1981)

GB/T 6324.4 有机化工产品试验方法 第4部分：有机液体产品微量硫的测定 微库仑法

GB/T 6324.5 有机化工产品试验方法 第5部分：有机化工产品中羰基化合物含量的测定

GB/T 6678—2003 化工产品采样通则

GB/T 6680—2003 液体化工产品采样通则

GB/T 6682—2008 分析实验室用水规格和试验方法(ISO 3696:1987，MOD)

GB/T 9722—2006 化学试剂 气相色谱法通则

SH/T 0604 原油和石油产品密度测定法(U型振动管法)(SH/T 0604—2000，eqv ISO 12185:1996)

3 要求

3.1 外观：透明液体。

3.2 工业用异丙醇应符合表1所示的技术要求。

表 1 技术要求

项 目		指 标
异丙醇含量的质量分数/%	≥	99.7
色度/Hazen单位(铂-钴色号)	≤	10
ρ_{20}/(g/cm³)		0.784～0.786
水混溶性试验		通过试验
水的质量分数/%	≤	0.20
酸(以乙酸计)含量的质量分数/%	≤	0.002
蒸发残渣的质量分数/%	≤	0.002
羰基(以丙酮计)的质量分数/%	≤	0.02
硫化物(以S计)的质量分数/(mg/kg)	≤	2

4 试验方法

4.1 警示

试验方法规定的一些试验过程可能导致危险情况,操作者应采取适当的安全和防护措施。

4.2 一般规定

除非另有说明,在分析中仅使用确认为分析纯的试剂和符合GB/T 6682—1992中规定的三级水。

分析中所用标准滴定溶液、制剂和制品,在没有注明其他要求时,均按GB/T 601—2002、GB/T 603—2002之规定制备。

4.3 外观

将50 mL实验室样品加入比色管中,室温,在日光灯或日光下轴向目测。

4.4 异丙醇含量的测定

4.4.1 方法提要

采用毛细管柱气相色谱法。在选定的工作条件下,样品经气化通过色谱柱,使其中的各组分分离,用火焰离子化检测器(FID)检测,采用校正面积归一化法定量,得到异丙醇的含量。

4.4.2 试剂

4.4.2.1 氮气:体积分数大于99.99%;

4.4.2.2 氢气:体积分数大于99.99%;

4.4.2.3 空气:经硅胶或5A分子筛干燥和净化。

4.4.3 仪器与设备

4.4.3.1 气相色谱仪:配有火焰离子化检测器(FID),灵敏度和稳定性应符合GB/T 9722—2006中有关规定;

4.4.3.2 色谱数据处理机或积分仪;

4.4.3.3 微量注射器:1 μL,10 μL。

4.4.4 色谱柱及典型操作条件

本标准推荐的色谱柱和色谱操作条件见表2。典型色谱图及各组分相对保留值参见附录B图B.1和表B.1。本方法适用于测定C_6组分、异丙醚、丙酮、叔丁醇、仲丁醇、正丙醇等杂质浓度范围为(0.01～0.30)%的异丙醇。其他能达到同等分离程度的色谱柱及色谱操作条件也可使用。

应证实注入样品量是否会使FID信号产生饱和现象,调节进样量和分流比,用预测浓度范围内的标样作出异丙醇浓度-峰面积曲线,以确定线性进样量范围和其他色谱操作参数。

表 2 推荐的色谱柱和色谱操作条件

毛细管色谱柱	30 m×250 μm×0.25 μm（柱长×柱内径×液膜厚度）
固定相	键合交联聚乙二醇-20M
柱温/℃	65
气化室温度/℃	150
检测器温度/℃	200
载气（N_2）流量/(mL/min)	0.8～1.0
氢气流量/(mL/min)	30～50
空气流量/(mL/min)	350～400
辅助气（N_2）流量/(mL/min)	30
进样量/μL	0.5～0.8
分流比	100∶1

4.4.5 分析步骤

根据仪器说明书，调节仪器至表 2 所示的操作条件，待仪器稳定后即可开始测定。注入适量试样，以保证质量分数 0.01% 以上的组分能够得到准确定量，用校正面积归一化法定量。

相对校正因子的测定参见附录 B 的 B.3。

4.4.6 结果计算

异丙醇的质量分数 w_1，数值以%表示，按公式(1)计算：

$$w_1 = (100 - w_{2w}) \times \frac{A_1}{\sum f_i A_i} \quad \cdots\cdots(1)$$

式中：

w_{2w}——试样中水的质量分数的数值；

A_1——异丙醇色谱峰的面积；

A_i——组分 i 色谱峰的面积；

f_i——组分 i 相对异丙醇的校正因子。

注：试样中未知组分的相对校正因子取值为 1。

4.4.7 允许差

取两次平行测定结果的算术平均值为测定结果。

异丙醇含量两次平行测定结果的绝对差值不大于 0.05%。

杂质组分 i 含量两次平行测定结果的绝对差值不大于这两个测定值的算术平均值的 10%。

4.5 色度的测定

按 GB/T 3143 的规定进行。

4.6 密度的测定

4.6.1 密度计法

按 GB/T 4472—1984 的规定进行。使用经检定合格的合适的密度计，在 20℃下测定密度。

4.6.2 U 型振动管法（仲裁法）

按 SH/T 0604 的规定进行。

4.7 水混溶性试验

按 GB/T 6324.1—2004 的规定进行。异丙醇与水的体积比为 1∶9。

4.8 水分的测定

4.8.1 卡尔·费休法——容量法（仲裁法）

按 GB/T 6283—1986 的规定进行。

4.8.2 卡尔·费休法——库仑电量法

4.8.2.1 方法提要

试样中的水分与电解液中的碘进行定量反应,反应式为:

$H_2O+I_2+SO_2 \rightarrow 2HI+SO_3$

$2I^- - 2e \rightarrow I_2$

参加反应的碘的分子数等于水的分子数,而电解生成的碘与所消耗的电量成正比,依据法拉第定律,在仪器上直接读出被测试样中的水含量。

4.8.2.2 仪器

4.8.2.2.1 库仑电量水分测定仪:检测灵敏度0.1 μg水。或其他能满足分析要求的微量水分测定仪也可使用。

4.8.2.2.2 玻璃注射器:1 mL,以体积定量时应检定。

4.8.2.3 试剂

与库仑电量水分测定仪配套的电解液(市售试剂)。

4.8.2.4 分析步骤

4.8.2.4.1 仪器标定

应定期向电解池中注入一定量纯水对仪器进行标定,仪器显示数值与理论值的相对误差不应大于5%。

4.8.2.4.2 样品测定

加入电解液,调节库仑电量水分测定仪,使电解池内达到无水状态。

用玻璃注射器进样,按实验室样品含水量的多少,调节进样量。进样结束后,进行电量滴定,在库仑电量水分测定仪显示屏上直接读取水的质量。

进样量以实验室样品的质量表示时,按公式(2)计算。

进样量以实验室样品的体积表示时,按公式(3)计算。

4.8.2.5 结果计算

试样中水的质量分数,数值以%表示,按公式(2)或公式(3)计算:

$$w_2=\frac{m}{m_1-m_2}\times 100 \qquad \cdots\cdots(2)$$

$$w_2=\frac{m}{(V_1-V_2)\cdot\rho_{20}}\times 100 \qquad \cdots\cdots(3)$$

式中:

m——从仪器读取的水质量的数值,单位为克(g);

m_1——进样前注射器和试料质量的数值,单位为克(g);

m_2——进样后注射器和试料质量的数值,单位为克(g);

V_1——进样前注射器内试料体积的数值,单位为毫升(mL);

V_2——进样后注射器内试料体积的数值,单位为毫升(mL);

ρ_{20}——20℃下试料密度的数值,单位为克每毫升(g/mL)。

取两次平行测定结果的算术平均值为测定结果。两次平行测定结果的绝对差值不大于这两个测定值的算术平均值的5%。

4.9 酸含量的测定

4.9.1 方法提要

样品与等体积的水混合后,用氢氧化钠标准滴定溶液滴定,以酚酞指示剂指示终点,通过消耗氢氧化钠标准滴定溶液的体积计算出试样中酸的含量。

4.9.2 试剂

4.9.2.1 氢氧化钠标准滴定溶液:$c(NaOH)=0.05$ mol/L;

4.9.2.2 酚酞指示液：10 g/L。

4.9.3 仪器

微量滴定管：2 mL 或 3 mL，分度值 0.01 mL。

4.9.4 分析步骤

用量筒取 50 mL 水于 250 mL 锥形瓶中，加入 0.5 mL 酚酞指示液，用氢氧化钠标准滴定溶液滴定到粉红色。用移液管吸取 50 mL 试样加入上述锥形瓶中，混匀，用氢氧化钠标准滴定溶液滴定至同样的粉红色。记录滴定样品所消耗的氢氧化钠标准滴定溶液的体积。

4.9.5 结果计算

酸含量(以乙酸计)的质量分数 w_2，数值以%表示，按公式(4)计算：

$$w_2 = \frac{(V/1\,000)cM}{50 \times \rho_{20}} \times 100 \qquad \cdots\cdots(4)$$

式中：

V——试料消耗氢氧化钠标准滴定溶液(4.9.2.1)的体积的数值，单位为毫升(mL)；

c——氢氧化钠标准滴定溶液浓度的准确数值，单位为摩尔每升(mol/L)；

50——试料的体积的数值，单位为毫升(mL)；

ρ_{20}——20℃下试样密度的数值，单位为克每毫升(g/mL)；

M——乙酸($C_2H_4O_2$)的摩尔质量的数值，单位为克每摩尔(g/mol)[M=60.05]。

取两次平行测定结果的算术平均值为测定结果。两次平行测定结果的绝对差值不大于0.000 5%。

4.10 蒸发残渣的测定

按 GB/T 6324.2—2004 的规定进行。

4.11 羰基含量的测定

按 GB/T 6324.5 的规定进行。

4.12 硫化物含量的测定

按 GB/T 6324.4 的规定进行。

5 检验规则

5.1 检验分类

5.1.1 型式检验

型式检验项目为外观和表 1 中规定的所有项目，正常情况三个月至少进行一次型式检验。当遇到下列情况之一时，应进行型式检验：

a) 主要原料有变化；

b) 工艺等有较大改变，可能影响产品性能时；

c) 产品长期停产后，恢复生产时；

d) 出厂检验结果与上次型式检验有较大差异时；

e) 合同规定。

5.1.2 出厂检验

出厂检验项目为外观及表 1 中的异丙醇含量、色度、密度、水混溶性试验、水分、酸含量和硫化物，应逐批进行检验。

5.2 组批

产品装在贮罐内，以每一贮罐为一批。桶装产品以一次包装量为一批。槽车装产品以每组槽车为一批。

5.3 采样

工业用异丙醇采样单元数按 GB/T 6678—2003 中 7.6.1 的规定确定。采样方法按 GB/T 6680—

2003的规定进行。采样量不少于2 L,分装在两个清洁干燥的密封玻璃瓶中,贴上标签,注明产品名称、批号、取样日期、取样地点、取样者姓名。一瓶供检验用,一瓶保存备查。

5.4 判定规则与复验

检验结果的判定按GB/T 1250的规定进行。检验结果如果有一项指标不符合本标准要求时,则应重新自两倍数量的包装单元中采样进行检验,重新检验的结果即使只有一项指标不符合本标准要求,则整批产品为不合格。

5.5 检验

工业用异丙醇应由生产厂的质量监督检验部门进行检验。生产厂应保证每批出厂的产品符合本标准要求。每批出厂的产品都应附有一定格式的质量证明书,内容包括:生产厂名称、产品名称、生产日期或者批号、产品等级和本标准编号等。

6 标志、包装、运输和贮存

6.1 工业用异丙醇的包装容器上应有牢固的标志,其内容包括:产品名称、生产厂名称、厂址、商标、批号或生产日期、净含量、本标准编号及GB 190—1990中规定的“易燃液体”标志。

6.2 工业用异丙醇在采用符合GB/T 325要求的钢桶包装时,每桶净含量为140 kg。或按照用户要求包装。

6.3 工业用异丙醇运输时应避免日晒及碰撞。灌装时应注意流速(不超过3 m/s),且有接地装置。

6.4 工业用异丙醇应贮存于干燥、清洁、通风的仓库内,不得露天堆放和靠近火源、热源、氧化剂。

7 安全

7.1 工业用异丙醇为透明液体,有类似乙醇、丙酮的混合气味,闪点12℃,自燃温度399℃,爆炸极限为2.0%～12.7%(体积分数)。能与氧化剂发生剧烈反应。其蒸气比空气重,能在较低处扩散到相当远的地方。若遇高热,容器内压增大,有开裂和爆炸的危险。

7.2 接触高浓度异丙醇蒸气可使人出现头痛、倦睡以及眼、鼻、喉刺激等症状。口服可致恶心、呕吐、腹痛、腹泻、倦睡、昏迷甚至死亡。长期皮肤接触可致皮肤干燥、皲裂。

7.3 皮肤接触异丙醇时,脱去污染的衣物,用肥皂水及清水彻底清洗;眼睛接触时立即翻开上下眼睑,用流动清水或生理盐水冲洗15 min,就医;吸入异丙醇应迅速脱离现场至空气新鲜处,保持呼吸道通畅;呼吸困难时给输氧;呼吸停止时,立即进行人工呼吸,就医;误服异丙醇者应立即漱口,饮用足量温水,催吐,就医。

附 录 A
（资料性附录）
本标准章条编号与 ASTM D 770—2005 章条编号对照

表 A.1 给出了本标准章条编号与 ASTM D 770—2005 章条编号对照一览表。

表 A.1 本标准章条编号与 ASTM D 770—2005 章条编号对照

本标准章条编号	对应 ASTM D 770—2005 章条编号
1	1.1
2	2
3	3
4	5
5.3	4
6	6
7	—
—	7

附　录　B
（资料性附录）
异丙醇含量测定的典型色谱图、各组分相对保留值和相对校正因子的测定方法

B.1　异丙醇含量测定的典型色谱图

典型色谱图见图 B.1。

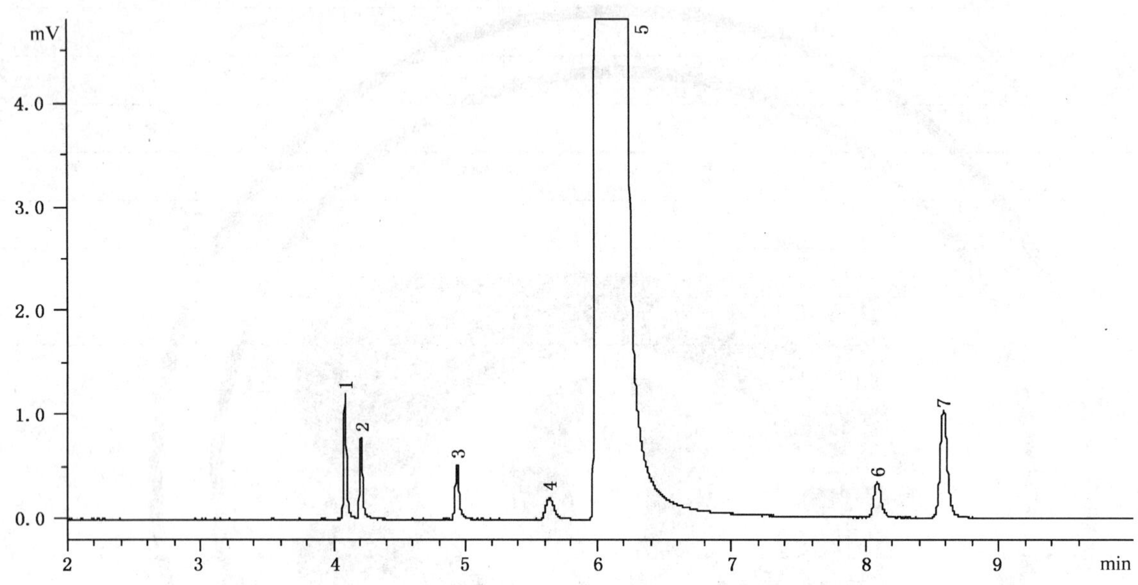

1——C_6 组分；
2——异丙醚；
3——丙酮；
4——叔丁醇；
5——异丙醇；
6——仲丁醇；
7——正丙醇。

图 B.1　异丙醇典型色谱图

B.2　各组分相对保留值和相对校正因子

各组分相对保留值和相对校正因子见表 B.1。

表 B.1　各组分相对保留值和相对校正因子

序号	组分名称	相对保留值	归一化法相对校正因子
1	C_6 组分	0.25	0.372
2	异丙醚	0.30	0.401
3	丙酮	0.56	0.645
4	叔丁醇	0.81	0.422
5	异丙醇	1	1
6	仲丁醇	1.70	0.492
7	正丙醇	1.89	0.536

B.3 相对校正因子的测定

B.3.1 试剂

B.3.1.1 异丙醇：质量分数大于99.9%；

B.3.1.2 校准用标准物质：正己烷、异丙醚、丙酮、叔丁醇、异丙醇、仲丁醇、正丙醇等，色谱纯试剂。

B.3.2 分析步骤

用称量法配制异丙醇(B.3.1.1)加欲测杂质的校准混合物。各组分的称量精确至0.000 1 g，各组分含量的质量分数计算精确至0.001%。所配制的校准混合物杂质含量应与待测试样相近。

用于配制校准混合物的异丙醇(B.3.1.1)中被测杂质组分含量大于0.001%时，校准混合物中的被测杂质组分含量应予以修正。

在与测定样品相同的色谱操作条件下，将配制的校准混合物注入色谱仪。平行测定3次，取3次测定的峰面积的算术平均值为测定结果。依据所得的峰面积及杂质组分含量，计算各组分的相对校正因子 f_i。

B.3.3 相对校正因子的计算

各组分相对异丙醇的校正因子 f_i按公式(B.1)计算：

$$f_i = \frac{A_1 m_i}{A_i m_1} \qquad \text{(B.1)}$$

式中：

A_1——异丙醇的峰面积；

A_i——组分 i 的峰面积；

m_1——校准混合物中异丙醇的质量分数，以百分数(%)表示；

m_i——校准混合物中组分 i 的质量分数，以百分数(%)表示。

ICS 71.080.60
G 17

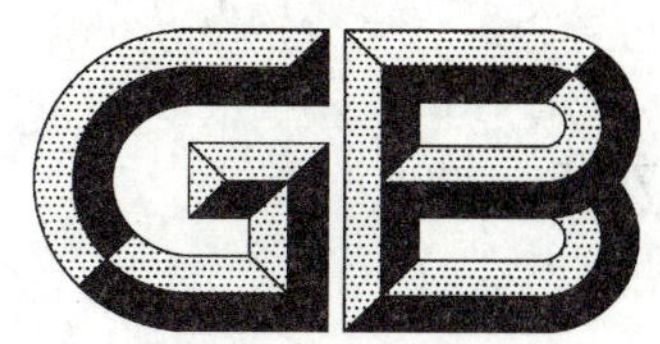

中华人民共和国国家标准

GB/T 7815—2008
代替 GB/T 7815—1995

工业用季戊四醇

Pentaerythritol for industrial use

2008-05-14 发布　　　　2008-10-01 实施

中华人民共和国国家质量监督检验检疫总局
中国国家标准化管理委员会　发布

前　言

本标准代替 GB/T 7815—1995《工业用季戊四醇》。

本标准与 GB/T 7815—1995 相比主要变化如下：

——“范围”由“本标准适用于除炸药用以外的工业季戊四醇”修改为“本标准适用于以甲醛和乙醛为原料，氢氧化钠或氢氧化钙为催化剂生产的工业用季戊四醇的生产、检验和销售”(见第 1 章)；

——增加“分类和命名”一章(见第 3 章)；

——技术要求中增加外观(见 4.1)；

——将工业用季戊四醇产品分级优等品、一等品、合格品修改为按工业用季戊四醇的纯度分型(1995 年版的第 3 章，本版的 4.2)；

——增加终熔点项目(见 4.2)；

——技术要求中单季戊四醇含量由优等品≥93%、一等品≥86%、合格品不控制修改为季戊四醇的含量 98 级≥98.0%、季戊四醇[以 $C(CH_2OH)_4$ 计]的含量 95 级≥95.0%、90 级≥90.0%、86 级≥86.0%，羟基含量由优等品≥47%、一等品≥47%、合格品≥46%修改为 98 级≥48.5%、95 级≥47.5%、90 级≥47.0%、86 级≥46.0%，干燥减量由优等品、一等品≤0.5%、合格品≤0.7%修改为 98 级≤0.20%、95 级、90 级、86 级≤0.50%，灼烧残渣由优等品、一等品、合格品≤0.1 %修改为 98 级≤0.05%、95 级、90 级和 86 级≤0.10%，邻苯二甲酸树脂着色度(Fe、Co 、Cu 标准比色液号)由优等品≤2、一等品≤4、合格品≤6 修改为 98 级≤1、95 级、90 级≤2、86 级≤4，终熔点 98 级≥250℃，其他级不控制(1995 年版的第 3 章，本版的 4.2)；

——季戊四醇含量测定的试验方法增加了气相色谱法，并作为 98 级的仲裁法(见 5.3.2)；

——终熔点测定方法采用熔点仪法(见 5.8)；

——增加了“检验规则”一章(见第 6 章)。

本标准的附录 A 为资料性附录。

本标准由中国石油和化学工业协会提出。

本标准由全国化学标准化技术委员会有机分会(SAC/TC 63/SC 2)归口。

本标准负责起草单位：湖北宜化集团有限责任公司。

本标准参加起草单位：濮阳市鹏鑫化工有限公司、江苏溧阳瑞阳化工有限公司。

本标准主要起草人：蒋远华、杨晓勤、何涛、卞平官、张业祥、董雁如、刘启东。

本标准于 1987 年 5 月首次发布，于 1995 年 12 月第一次修订。

工业用季戊四醇

1 范围

本标准规定了工业用季戊四醇的要求、试验方法、检验规则以及标志、包装、运输和贮存等。

本标准适用于以甲醛和乙醛为原料，氢氧化钠或氢氧化钙为催化剂生产的工业用季戊四醇的生产、检验和销售。

分子式：$C(CH_2OH)_4$

相对分子质量：136.14（按2005年国际相对原子质量）

2 规范性引用文件

下列文件中的条款通过本标准的引用而成为本标准的条款。凡是注日期的引用文件，其随后所有的修改单（不包括勘误的内容）或修订版均不适用于本标准，然而，鼓励根据本标准达成协议的各方研究是否可使用这些文件的最新版本。凡是不注日期的引用文件，其最新版本适用于本标准。

GB/T 191—2008 包装储运图示标志（ISO 780:1997 MOD）

GB/T 601—2002 化学试剂 标准滴定溶液的制备

GB/T 603—2002 化学试剂 试验方法中所用制剂及制品的制备（ISO 6353-1:1982，NEQ）

GB/T 617—2006 化学试剂 熔点范围测定通用方法（ISO 6353-1:1982，NEQ）

GB/T 1250 极限数值的表示方法和判定方法

GB/T 6678—2003 化工产品采样总则

GB/T 6679—2003 固体化工产品采样通则

GB/T 6682—1992 分析实验室用水规格和试验方法（ISO 3696:1987，NEQ）

GB/T 7531—1987 有机化工产品灰分的测定（ISO 6353-1:1982，NEQ）

3 分类和命名

按工业用季戊四醇的纯度98%、95%、90%、86%以上分为四型，命名为98级、95级、90级、86级。

4 要求

4.1 外观：白色结晶。

4.2 工业用季戊四醇应符合表1所示的技术要求。

表1 技术要求

<table>
<tr><th colspan="2" rowspan="2">项目</th><th colspan="4">指标</th></tr>
<tr><th>98级</th><th>95级</th><th>90级</th><th>86级</th></tr>
<tr><td>季戊四醇的质量分数/%</td><td>≥</td><td>98.0</td><td>—</td><td>—</td><td>—</td></tr>
<tr><td>季戊四醇（以 $C(CH_2OH)_4$ 计）[a] 的质量分数/%</td><td>≥</td><td>—</td><td>95.0</td><td>90.0</td><td>86.0</td></tr>
<tr><td>羟基的质量分数/%</td><td>≥</td><td>48.5</td><td>47.5</td><td>47.0</td><td>46.0</td></tr>
<tr><td>干燥减量的质量分数/%</td><td>≤</td><td>0.20</td><td colspan="3">0.50</td></tr>
<tr><td>灼烧残渣的质量分数/%</td><td>≤</td><td>0.05</td><td colspan="3">0.10</td></tr>
<tr><td>邻苯二甲酸树脂着色度/（Fe、Co、Cu标准比色液）号</td><td>≤</td><td>1</td><td colspan="2">2</td><td>4</td></tr>
<tr><td>终熔点/℃</td><td>≥</td><td>250</td><td>—</td><td>—</td><td>—</td></tr>
<tr><td colspan="6">[a] 季戊四醇和季戊四醇环状缩甲醛的含量折算为 $C(CH_2OH)_4$ 计入。</td></tr>
</table>

5 试验方法

除非另有说明，在分析中仅使用确认为分析纯的试剂和符合 GB/T 6682—1992 中规定的三级水。

分析中所用标准滴定溶液、制剂和制品，在没有注明其他要求时，均按 GB/T 601—2002、GB/T 603—2002 之规定制备。

5.1 样品制备

称取 10 g 实验室样品，研磨至能全部通过 74 μm 筛，得到试样。

5.2 外观

在自然光或荧光灯光照之下，将(5～10)g 实验室样品平摊在清洁的白纸上，目视观察。

5.3 季戊四醇含量的测定

5.3.1 二苄叉法

5.3.1.1 方法提要

在试样的热溶液中加入苯甲醛-甲醇溶液及盐酸，与试样中的季戊四醇和季戊四醇环状缩甲醛反应生成季戊四醇-二苄叉沉淀物，将沉淀物经过滤、洗净、干燥，称量，计算得到季戊四醇含量，季戊四醇环状缩甲醛也折算为季戊四醇计入。

季戊四醇反应式为：$C(CH_2OH)_4+2C_6H_5CHO=C(CH_2O)_4(CH\cdot C_6H_5)_2+2H_2O$

季戊四醇环状缩甲醛反应式为：$C(CH_2OHCH_2O)_2(CH_2)+C_6H_5CHO=C(CH_2O)_4(CH_2)(CH\cdot C_6H_5)+H_2O$

5.3.1.2 试剂

5.3.1.2.1 盐酸；

5.3.1.2.2 苯甲醛-甲醇溶液：15+100；

5.3.1.2.3 甲醇水溶液：1+1。

5.3.1.3 仪器

多孔玻璃坩埚：G3。

5.3.1.4 分析步骤

称取 5.1 已制备好的试样 0.5 g，精确至 0.000 2 g。置于具塞锥形瓶中，加 5 mL 的水，轻轻加盖，在水浴上或直接加热，使试样迅速溶解，加热时不应使溶液沸腾。趁热向溶液中加入 20.00 mL 苯甲醛-甲醇溶液和 12 mL 盐酸，加盖，室温下放置(15～30)min。放置期间应时常摇动锥形瓶，结晶析出后继续摇动。将锥形瓶放置于(0～2)℃的冰水浴中 1 h，使结晶完全析出，取出锥形瓶，立即用多孔玻璃坩埚抽滤，用(20～25)℃的甲醇水溶液 20 mL 洗涤锥形瓶，将洗液并入多孔玻璃坩埚内，用一头扁平的玻璃棒搅拌沉淀物，再抽滤，此操作反复进行三次，再用(20～25)℃甲醇水溶液 20 mL 洗涤锥形瓶内壁、玻璃棒及多孔玻璃坩埚内壁，再次抽滤。洗涤所用甲醇水溶液总量为 100 mL。沉淀物在(105±2)℃的条件下干燥 2 h，在干燥器中冷却至室温，称量。

5.3.1.5 结果计算

季戊四醇[以 $C(CH_2OH)_4$ 计]的质量分数 w_1，数值以%表示，按式(1)计算：

$$w_1=\frac{(m_1+0.026\,9)\times 0.435\,9}{m}\times 100 \qquad (1)$$

式中：

m_1——沉淀物的质量的数值，单位为克(g)；

m——试料的质量的数值，单位为克(g)；

0.435 9——季戊四醇与季戊四醇-二苄叉化合物的摩尔质量之比；

0.026 9——沉淀物溶解部分的校正质量的数值，单位为克(g)。

取两次平行测定结果的算术平均值为测定结果，两次平行测定结果的绝对差值不大于 0.4%。

5.3.2 气相色谱法(98级仲裁法)

5.3.2.1 方法提要

试样中的季戊四醇及杂质组分与硅烷化试剂反应生成相应的硅烷化衍生物。在选定的色谱工作条件下,硅烷化衍生物经汽化通过色谱柱,使其中的各组分分离,用氢火焰离子化检测器检测,用面积归一化法定量。

5.3.2.2 试剂

5.3.2.2.1 氮气:体积分数大于99.995%;

5.3.2.2.2 氢气:体积分数大于99.995%;

5.3.2.2.3 空气:经硅胶或分子筛干燥、净化;

5.3.2.2.4 N,N-二甲基甲酰胺[$HCON(CH_3)_2$]:保存在冰箱冷藏室中;

5.3.2.2.5 N,O-(三甲基硅基)三氟乙酰胺($C_8H_{18}F_3NOSi_2$):保存在冰箱冷藏室中。

5.3.2.3 仪器

5.3.2.3.1 气相色谱仪:配有氢火焰离子化检测器(FID)。以苯为样品,整机灵敏度的检测限 $D \leqslant 1 \times 10^{-11}$ g/s;

5.3.2.3.2 记录仪:色谱数据处理机或色谱工作站;

5.3.2.3.3 制样瓶:带橡胶隔垫的旋塞,容积2 mL;

5.3.2.3.4 进样器:10 μL玻璃注射器或自动进样阀。

5.3.2.4 色谱柱及典型操作条件

本标准推荐的色谱柱和色谱操作条件见表2。典型色谱图及各组分相对保留值参见附录A图A.1和表A.1。其它能达到同等分离程度的色谱柱及色谱操作条件也可使用。

色谱柱在首次使用前应进行老化处理。在载气(N_2)流量为10 mL/min的情况下,柱温起始温度120℃保持2 h,然后升温至260℃保持2 h,再升温至290℃保持12 h。

表2 推荐的色谱柱和色谱操作条件

色谱柱固定相	固定液10%OV-101 担体Chromosorb G-AWDMCS 180 μm~250 μm
色谱柱管材质	不锈钢
色谱柱长/m	2
色谱柱内径/mm	3
柱箱温度/℃	初始温度120℃,以12℃/min升温到270℃保持10 min
气化室温度/℃	270
检测器温度/℃	280
载气(N_2)流量/(mL/min)	30
空气流量/(mL/min)	300
氢气流量/(mL/min)	30
进样量/μL	1

5.3.2.5 分析步骤

按表2所列色谱操作条件调试仪器,使仪器稳定。

称取5.1已制备好的试样(5~6)mg,置于2 mL制样瓶中,依次加入0.1 mL N,N-二甲基甲酰胺、0.05 mL N,O-(三甲基硅基)三氟乙酰胺,盖上瓶塞摇匀,在(70~80)℃的烘箱中加热10 min,得到制备好的硅烷化衍生物。

用10 μL玻璃注射器吸取1 μL进样分析或用自动进样器进样。以面积归一化法定量。

5.3.2.6 结果计算

季戊四醇的质量分数 w_2，数值以%表示，按式(2)计算：

$$w_2 = \frac{A}{\sum A_i} \times (100 - w_5) \qquad \cdots\cdots(2)$$

式中：

A——季戊四醇硅烷化衍生物色谱峰的面积；

A_i——某组分硅烷化衍生物色谱峰的面积；

w_5——5.5 测得的干燥减量的质量分数，数值以%表示。

取两次平行测定结果的算术平均值为测定结果。两次平行测定结果的绝对差值不大于 0.20%。

5.4 羟基含量的测定

5.4.1 乙酸酐-吡啶法(仲裁法)

5.4.1.1 方法提要

在吡啶催化下，在(90～100)℃季戊四醇与乙酰化试剂定量发生乙酰化反应，生成酯和乙酸，同样条件进行空白试验，空白试验与试样消耗氢氧化钠标准溶液体积之差值得到反应掉的乙酰化试剂的量，从而求得羟基含量。

5.4.1.2 试剂

5.4.1.2.1 吡啶：水含量(质量分数)0.3%～0.45%；

注：每升吡啶中需加入的水的毫升数 V=4.0－9A，式中 A 为所用吡啶试剂的水含量(以%表示)。

5.4.1.2.2 氢氧化钠标准滴定溶液：$c(NaOH)$=1 mol/L；

5.4.1.2.3 乙酰化试剂：10 mL 乙酸酐和 90 mL 吡啶混匀，装入密闭瓶中，避光保存。此试剂在不变色的情况下保存期为一周；

5.4.1.2.4 酚酞指示液：10 g/L。

5.4.1.3 仪器

5.4.1.3.1 带磨口的平底烧瓶：200 mL；

5.4.1.3.2 直形玻璃冷凝管：具磨口，长度(750～1 000)mm；

5.4.1.3.3 热浴：油浴或水浴，控制温度在(90～100)℃。

5.4.1.4 分析步骤

称取 5.1 已制备好的试样约 0.4 g，精确至 0.000 2 g，置于平底烧瓶中，用移液管准确加入 20.00 mL 乙酰化试剂，安装上直形玻璃冷凝管，用(1～2)滴吡啶密封连接处，将平底烧瓶半浸入至(90～100)℃的热浴中，在时常摇动下加热回流 1 h。

从热浴中取出平底烧瓶，用 20 mL 水冲洗冷凝器，与平底烧瓶中的溶液混匀，随即在 5℃以下的冰水浴中冷却至室温，加入(2～3)滴酚酞指示液，以氢氧化钠标准滴定溶液滴定。当溶液呈浅红色时为终点。

在测定的同时，按与测定相同的步骤，对不加试料而使用相同数量的试剂溶液做空白试验。

5.4.1.5 结果计算

羟基的质量分数 w_3，数值以%表示，按式(3)计算：

$$w_3 = \frac{[(V_1 - V_2)/1\,000]cM}{m} \times 100 \qquad \cdots\cdots(3)$$

式中：

V_1——空白试验消耗氢氧化钠标准滴定溶液(5.4.1.2.2)的体积的数值，单位为毫升(mL)；

V_2——试料消耗氢氧化钠标准滴定溶液(5.4.1.2.2)的体积的数值，单位为毫升(mL)；

c——氢氧化钠标准滴定溶液的浓度的数值，单位为摩尔每升(mol/L)；

m——试料的质量的数值，单位为克(g)；

M——羟基的摩尔质量的数值，单位为克每摩尔(g/mol)(M=17.01)。

取两次平行测定结果的算术平均值为测定结果，两次平行测定结果的绝对差值不大于0.2%。

5.4.2 乙酸酐-乙酸钠法

5.4.2.1 方法提要

在加热条件下，季戊四醇与乙酰化试剂定量发生乙酰化反应，生成酯和乙酸，用碱中和生成的酸和剩余的乙酰化试剂；再加入定量的碱与生成的酯发生皂化反应还原羟基，用硫酸标准滴定溶液滴定多余的碱，同样条件进行空白试验，空白与试样消耗硫酸标准溶液之差值，即为酯发生皂化反应所消耗的碱值，求得羟基含量。

5.4.2.2 试剂

5.4.2.2.1 无水乙酸钠；

5.4.2.2.2 乙酸酐；

5.4.2.2.3 硫酸标准滴定溶液：$c(1/2H_2SO_4)=1.0$ mol/L；

5.4.2.2.4 氢氧化钠标准滴定溶液：$c(NaOH)=1.0$ mol/L；

5.4.2.2.5 酚酞指示液：10 g/L。

5.4.2.3 分析步骤

称取5.1已制备好的试样0.8 g，精确至0.000 2 g，置于500 mL干燥洁净的锥形瓶中，加入1 g无水乙酸钠、5.00 mL乙酸酐，摇匀。在电炉上缓慢加热并不时摇动，溶液微沸(1～2)min，使锥形瓶3/4处有回流液，取下锥形瓶，稍冷，以旋转方式加入25 mL水继续加热至沸腾，使溶液清亮，取下锥形瓶自然冷却至室温，加入8滴酚酞指示液，用氢氧化钠标准滴定溶液中和至浅红色(加碱速度不应太快)，然后加入50.00 mL氢氧化钠标准滴定溶液，在电炉上加热沸腾10 min(为防止爆沸，可加入数粒玻璃球)，取下锥形瓶，装上碱石灰管，急速冷却至室温，加入8滴酚酞指示液，用硫酸标准滴定溶液滴定至浅红色为终点。

在测定的同时，按与测定相同的步骤，对不加实验室样品而使用相同数量的试剂溶液做空白试验。

5.4.2.4 结果计算

羟基的质量分数 w_4，数值以%表示，按式(4)计算：

$$w_4=\frac{[(V_1-V_2)/1\,000]cM}{m}\times 100 \qquad \cdots\cdots(4)$$

式中：

V_1——空白试验消耗硫酸标准滴定溶液(5.4.2.2.3)的体积的数值，单位为毫升(mL)；

V_2——试料消耗硫酸标准滴定溶液(5.4.2.2.3)的体积的数值，单位为毫升(mL)；

c——硫酸标准滴定溶液的浓度的数值，单位为摩尔每升(mol/L)；

m——试料的质量的数值，单位为克(g)；

M——羟基的摩尔质量的数值，单位为克每摩尔(g/mol)(M=17.01)。

取两次平行测定结果的算术平均值为测定结果，两次平行测定结果的绝对差值不大于0.2%。

5.5 干燥减量的测定

5.5.1 仪器

5.5.1.1 称量瓶：扁平，直径ϕ70 mm；

5.5.1.2 烘箱：控制温度在(105±2)℃。

5.5.2 分析步骤

称取约5 g实验室样品，精确至0.000 2 g，置于预先在(105±2)℃干燥至质量恒定的称量瓶中，于(105±2)℃烘箱中干燥3 h，置于干燥器中冷却至室温，称量。

5.5.3 结果计算

干燥减量的质量分数 w_5，数值以%表示，按式(5)计算：

$$w_5 = \frac{m_1 - m_2}{m} \times 100 \qquad \cdots\cdots\cdots\cdots\cdots\cdots(5)$$

式中：

m_1——干燥前试料和称量瓶的质量的数值，单位为克(g)；

m_2——干燥后试料和称量瓶的质量的数值，单位为克(g)；

m——试料的质量的数值，单位为克(g)。

取两次平行测定结果的算术平均值为测定结果，两次平行测定结果的绝对差值不大于0.04%。

5.6 灼烧残渣的测定

称取约(5～20)g实验室样品(称样量根据灼烧残渣的量确定)，精确至0.000 2 g。灼烧温度(850±25)℃。其他按GB/T 7531—1987的规定进行。

取两次平行测定结果的算术平均值为测定结果，两次平行测定结果的绝对差值不大于0.02%。

5.7 邻苯二甲酸树脂着色度的测定

5.7.1 方法提要

在实验室样品中加入邻苯二甲酸酐，加热后生成物的颜色与标准比色液进行比色。

5.7.2 试剂

邻苯二甲酸酐：取8 g邻苯二甲酸酐，按5.7.5的方法加热，所得邻苯二甲酸酐的色度应在30号(铂-钴色号Hazen单位)以下。

5.7.3 仪器

5.7.3.1 油浴：控制温度在(260～265)℃；

5.7.3.2 比色管：无色透明、同质、同厚度、同形，容积25 mL。

5.7.4 标准比色溶液的配制

5.7.4.1 标准比色贮备液的配制：按体积比2∶5∶1的比例，取下述氯化钴、氯化铁、硫酸铜溶液混合，得到标准比色贮备液：

5.7.4.1.1 氯化钴溶液：称取59.5 g氯化钴($CoCl_2 \cdot 6H_2O$)，用(1+39)盐酸溶解，稀释至1 000 mL；

5.7.4.1.2 氯化铁溶液：称取45.0 g氯化铁($FeCl_3 \cdot 6H_2O$)，用(1+39)盐酸溶解，稀释至1 000 mL；

5.7.4.1.3 硫酸铜溶液：称取62.4 g硫酸铜($CuSO_4 \cdot 5H_2O$)，用(1+39)盐酸溶解，稀释至1 000 mL；

5.7.4.2 标准比色溶液：将标准比色贮备液按表3的要求稀释，置于比色管中，密封、暗处保存、备用。

表3 标准比色溶液

标准比色号	贮备液体积/mL	水体积/mL	总体积/mL
1	1	9	10
2	2	8	10
3	3	7	10
4	4	6	10
5	5	5	10
6	6	4	10
7	7	3	10
8	8	2	10
9	9	1	10
10	10	0	10

5.7.5 分析步骤

称取3.00 g实验室样品和5.40 g邻苯二甲酸酐，精确至0.01 g，置于25 mL比色管中，将比色管置于(260～265)℃的油浴(浴液可使用甲基硅油)中,边振荡边加热 5 min,趁热与标准比色液色阶管在白色背景的散射光下,横向透视比色,得到比色结果。

5.8 终熔点的测定

按 GB/T 617—2006 中 4.2 的规定进行。先将仪器快速升温,当距熔点 20℃左右时,降低升温速度,继续升温,当距熔点 10℃时,严格控制升温速度在(1～1.5)℃/min。

取两次平行测定结果的算术平均值为测定结果,两次平行测定结果的绝对差值不大于 1℃。

6 检验规则

6.1 本标准采用型式检验和出厂检验。

6.1.1 本标准表 1 技术要求中的全部项目均为型式检验项目。在正常情况下,每两周至少进行一次型式检验。有下列情况之一时,也应进行型式检验。

a) 更新关键生产工艺;

b) 主要原料有变化;

c) 停产又恢复生产;

d) 出厂检验结果与上次型式检验有较大差异;

e) 合同规定。

6.1.2 本标准表 1 技术要求中的季戊四醇含量、羟基含量、干燥减量、灼烧残渣为出厂检验项目。出厂检验每批进行一次。

6.2 以同等质量的产品为一批,每批量不大于 60 t。

6.3 工业用季戊四醇的采样单元数按 GB/T 6678—2003 中 7.6.1 的规定确定。

6.4 工业用季戊四醇采样方法按 GB/T 6679—2003 的规定进行。用开口采样管取样,样品混合均匀,用四分法缩分到约 250 g,平均分装在两个清洁干燥的磨口瓶中,贴上标签,注明产品名称、批号、取样日期、取样地点、取样者姓名。一瓶供检验用,一瓶保存作为留样备查。留样保存期三个月。

6.5 工业用季戊四醇应由生产厂的质量监督检验部门进行检验。生产厂应保证每批出厂的产品符合本标准要求。每批出厂的产品都应附有一定格式的质量证明书,内容包括:生产厂名称、产品名称、生产日期或者批号、产品型号、净含量和本标准编号等。

6.6 检验结果的判定按 GB/T 1250 中规定的修约值比较法进行。检验结果如果有一项指标不符合本标准要求时,则应重新自两倍数量的包装单元中采样进行检验,重新检验的结果即使只有一项指标不符合本标准要求,则整批产品应做降级或不合格处理。

7 标志、包装、运输、贮存

7.1 工业用季戊四醇的包装容器上应有牢固的标志,其内容包括:产品名称、生产厂名称、厂址、商标、批号或生产日期、产品型号、净含量、本标准编号及 GB/T 191—2008 中规定的"怕雨"标志。

7.2 工业用季戊四醇应用复合塑料编织袋、纸塑复合袋或其他适用的包装材料包装。每袋净含量为 25 kg、500 kg、750 kg,或按用户要求包装。

7.3 工业用季戊四醇运输时应避免日晒雨淋。

7.4 工业用季戊四醇应贮存于干燥、清洁、通风的仓库内,不得露天堆放和靠近火源、热源。

附 录 A
（资料性附录）
季戊四醇含量测定的典型色谱图和各组分相对保留值

A.1 季戊四醇含量测定的典型色谱图

典型色谱图见图A.1。

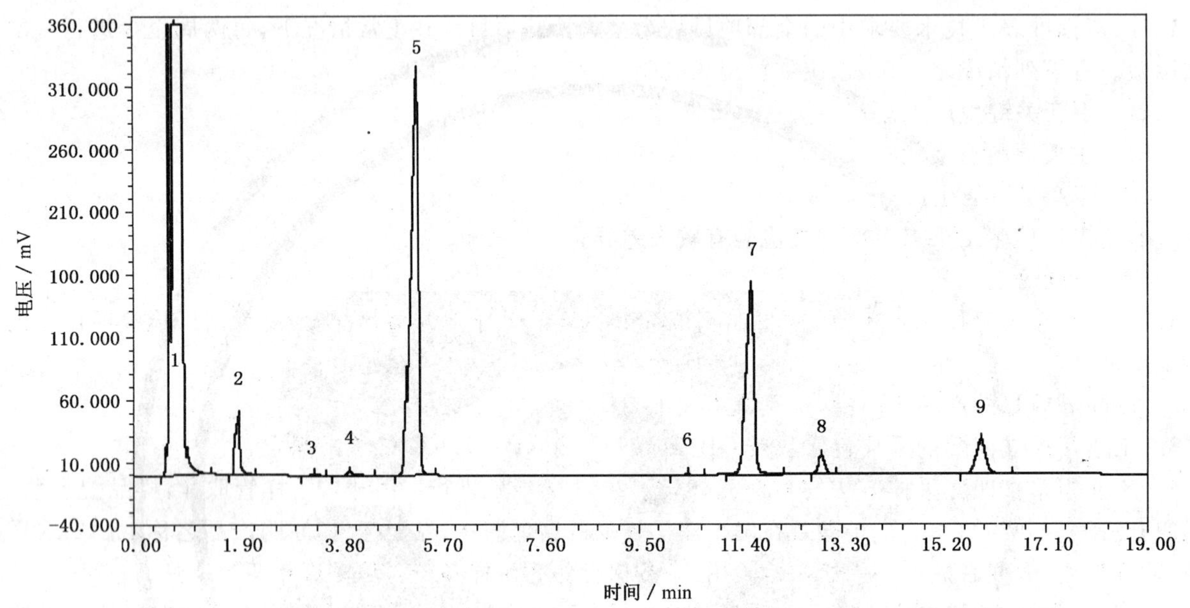

1——溶剂；
2——硅烷化试剂；
3——未知峰；
4——未知峰；
5——季戊四醇；
6——未知峰；
7——双季戊四醇；
8——季戊四醇环状缩甲醛；
9——三季戊四醇。

图 A.1 季戊四醇典型色谱图

A.2 各组分相对保留值

各组分相对保留值见表A.1。

表 A.1 各组分相对保留值

峰号	峰名	相对保留值
1	溶剂	0.075
2	硅烷化试剂	0.381
3	未知峰	0.644
4	未知峰	0.762

表 A.1（续）

峰号	峰名	相对保留值
5	季戊四醇	1
6	未知峰	1.935
7	双季戊四醇	2.154
8	季戊四醇环状缩甲醛	2.395
9	三季戊四醇	2.943

前　　言

本标准是等效采用美国试验与材料协会标准 ASTM D 2378—1984(1993)《规格标准　50%级未阻聚的甲醛及 37%级阻聚和未阻聚的甲醛》中“37%级阻聚和未阻聚的甲醛”，对 GB/T 9009—1988 进行修订的。

本标准与 ASTM D 2378—1984(1993)比较，ASTM D 2378—1984(1993)为一个级别，本标准分为三个级别；优等品指标与 ASTM D 2378—1984(1993)相同(其中密度一项是由 ASTM D 2378—1984(1993)的表观比重换算成 20℃时的密度)。试验方法除甲醇含量的测定外，其余与 ASTM D 2378—1984(1993)等效。

本标准与 GB/T 9009—1988 比较，增加了密度(ρ_{20})项目，取消了灰分项目；铁含量项目取消优等品的桶装指标；其余指标及试验方法与 GB/T 9009—1988 相同。

本标准自实施之日起，代替 GB9009—1988《工业甲醛溶液》。

本标准的附录 A 是标准的附录。

本标准由中华人民共和国化学工业部提出。

本标准由全国化学标准化技术委员会有机分会归口。

本标准起草单位：吉林化学工业股份有限公司化肥厂。

本标准参加起草单位：上海溶剂厂、北京化工实验厂。

本标准主要起草人：田树荣、杨保红。

本标准于 1988 年 4 月首次发布。

本标准委托全国化学标准化技术委员会有机分会负责解释。

中华人民共和国国家标准

GB/T 9009—1998

代替 GB 9009—1988

工业甲醛溶液

Formaldehyde solution for industrial use

1 范围

本标准规定了工业甲醛溶液的要求、试验方法、检验规则、标志、包装、运输、贮存、安全等。

本标准适用于由甲醇氧化法制得的工业甲醛溶液。该产品为生产医药、合成纤维、合成树脂、塑料防腐剂及还原剂等的原料。

分子式：HCHO

相对分子质量：30.03（按 1995 年国际相对原子质量）

2 引用标准

下列标准所包含的条文，通过在本标准中引用而构成为本标准的条文。本标准出版时，所示版本均为有效。所有标准都会被修订，使用本标准的各方应探讨使用下列标准最新版本的可能性。

GB 190—1990 危险货物包装标志

GB/T 601—1988 化学试剂 滴定分析（容量分析）用标准溶液的制备

GB/T 603—1988 化学试剂 试验方法中所用制剂及制品的制备（neq ISO 6353-1:1982）

GB/T 1250—1989 极限数值的表示方法和判定方法

GB/T 3049—1986 化工产品中铁含量测定的通用方法 邻菲啰啉分光光度法

GB/T 3143—1982 液体化学产品颜色测定法（Hazen 单位—铂-钴色号）

GB/T 4472—1984 化工产品密度、相对密度测定通则

GB/T 6678—1986 化工产品采样总则

GB/T 6680—1986 液体化工产品采样通则

GB/T 6682—1992 分析实验室用水规格和试验方法（neq ISO 3696:1987）

3 要求

3.1 外观：清晰无悬浮物液体，低温时允许有白色混浊。

3.2 工业甲醛溶液应符合表 1 要求。

表 1 要求

项 目		指 标	
	优等品	一等品	合格品
密度（ρ_{20}），g/cm³	1.075～1.114		
甲醛含量，%	37.0～37.4	36.7～37.4	36.5～37.4
酸度（以甲酸计），% ≤	0.02	0.04	0.05

国家质量技术监督局 1998-10-19 批准 1999-04-01 实施

表 1(完)

项　　目	指　　标		
	优等品	一等品	合格品
色度,Hazen 单位(铂-钴号)　≤	10	—	
铁含量,%　≤	0.000 1	0.000 3(槽装)	0.000 5(槽装)
		0.001 0(桶装)	0.001 0(桶装)
甲醇含量,%	供需双方协商		

4 试验方法

本标准所用试剂和水,在没有注明其他要求时,均使用符合 GB/T 6682 的三级水。

本标准所用标准溶液、制剂及制品,在没有注明其他要求时,均按 GB/T 601、GB/T 603 进行制备。

4.1 密度的测定

4.1.1 仪器

密度计:分度值为 0.000 5 g/cm^3,示值范围为 1.050～1.100 g/cm^3 及 1.100～1.150 g/cm^3。

4.1.2 分析步骤

按 GB/T 4472—1984 中 2.3.3 进行,其中试样密度在 15～30℃范围内的温度校正系数 k 为 0.000 58 $g/cm^3 \cdot ℃$。

取两次平行测定结果的算术平均值为测定结果,两次平行测定结果之差不得大于 0.000 5 g/cm^3。

4.2 甲醛含量的测定

4.2.1 原理

甲醛与过量的中性亚硫酸钠溶液反应,生成氢氧化钠,以百里香酚酞作指示剂,用硫酸标准滴定溶液滴定。

$$HCHO + Na_2SO_3 + H_2O = H_2C(OH)SO_3Na + NaOH$$

$$2NaOH + H_2SO_4 = Na_2SO_4 + H_2O$$

4.2.2 试剂和溶液

4.2.2.1 亚硫酸钠溶液:$c(Na_2SO_3)=126$ g/L,称取 126 g 无水亚硫酸钠,用水溶解后稀释至 1 L,摇匀备用。该溶液有效期为一周。

4.2.2.2 硫酸标准滴定溶液:$c(1/2H_2SO_4)=0.5$ mol/L。

4.2.2.3 百里香酚酞指示液:1 g/L。

4.2.3 分析步骤

于 250 mL 锥形瓶中加入 50 mL 亚硫酸钠溶液及 3 滴百里香酚酞指示液,用硫酸标准滴定溶液中和至蓝色刚刚消失。用减量法称取 1.3～1.5 g 试样,精确至 0.000 2 g,放入上述锥形瓶中,用硫酸标准滴定溶液滴定至蓝色刚刚消失为终点。

4.2.4 分析结果的表述

以质量百分数表示的甲醛含量 X_1 按式(1)计算:

$$X_1 = \frac{V_1 c_1 \times 0.030\,03}{m_1} \times 100 = \frac{V_1 c_1 \times 3.003}{m_1} \qquad \cdots\cdots(1)$$

式中:V_1——滴定消耗硫酸标准滴定溶液的体积,mL;

c_1——硫酸标准滴定溶液的实际浓度,mol/L;

m_1——试样的质量,g;

0.030 03——与 1.00 mL 硫酸标准滴定溶液[$c(1/2H_2SO_4)=1.000$ mol/L]相当的以克表示的甲醛的质量。

取两次平行测定结果的算术平均值为测定结果。两次平行测定结果之差不得大于0.1%。

4.3 酸度的测定

4.3.1 原理

以溴百里香酚蓝为指示剂,用氢氧化钠标准滴定溶液滴定试样中的有机酸。

$$RCOOH + NaOH = RCOONa + H_2O$$

4.3.2 试剂和溶液

4.3.2.1 氢氧化钠标准滴定溶液:$c(NaOH)=0.1$ mol/L。

4.3.2.2 溴百里香酚蓝指示液:0.1 g 溴百里香酚蓝溶于8.0 mL 浓度0.8 g/L 的氢氧化钠溶液中,用水稀释至250 mL。

4.3.3 仪器

微量滴定管:容量5 mL,分度值0.02 mL。

4.3.4 分析步骤

移取50.0 mL 试样于250 mL 锥形瓶中,加入4滴溴百里香酚蓝指示液,用氢氧化钠标准滴定溶液滴定至绿色为终点。

4.3.5 分析结果的表述

以质量百分数表示的酸度(以甲酸计)X_2 按式(2)计算:

$$X_2 = \frac{V_2 c_2 \times 0.0460}{V\rho_t} \times 100 = \frac{V_2 c_2 \times 4.60}{V\rho_t} \qquad \cdots\cdots(2)$$

式中:V_2——滴定消耗氢氧化钠标准滴定溶液的体积,mL;

c_2——氢氧化钠标准滴定溶液的实际浓度,mol/L;

V——试样的体积,mL;

ρ_t——t℃温度下试样的密度,g/cm³;

0.046 0——与1.00 mL 氢氧化钠标准滴定溶液[$c(NaOH)=1.000$ mol/L]相当的以克表示的甲酸的质量。

取两次平行测定结果的算术平均值为测定结果,两次平行测定结果之差不得大于0.005%。

4.4 色度的测定

按GB/T 3143的规定进行。

4.5 铁含量的测定

4.5.1 分析步骤

移取50.0 mL 试样于100 mL 烧杯中,按GB/T 3049的规定进行测定。

4.5.2 分析结果的表述

以质量百分数表示的铁含量 X_3 按式(3)计算:

$$X_3 = \frac{m_2}{1000 \times V\rho_t} \times 100 = \frac{m_2}{10 \times V\rho_t} \qquad \cdots\cdots(3)$$

式中:m_2——从铁标准曲线上查得铁质量,mg;

V——试样的体积,mL;

ρ_t——t℃温度时试样的密度,g/cm³。

取两次平行测定结果的算术平均值为测定结果,两次平行测定结果之差不得大于5×10^{-6}%。

4.6 甲醇含量的测定

按本标准4.2条测得的甲醛含量和4.1条测得的密度由“工业甲醛溶液密度-甲醛含量-甲醇含量关系表”[见附录A(标准的附录)]查得甲醇含量。

5 检验规则

5.1 产品由生产厂的质量检验部门进行检验，生产厂应保证所有出厂产品都符合本标准的要求，并附有一定格式的质量检验证明书，其内容包括生产厂名称、地址、产品名称、批号、净重、产品等级、本标准编号等。

5.2 使用单位有权按照标准的规定对到货的产品进行验收。工业甲醛溶液在低温时极易聚合，因此使用单位在产品到货后，必须立即采样，并按照本标准的检验规则和试验方法进行验收。如果产品到货后已经聚合，应升温解聚后再采样进行验收。

5.3 采样按 GB/T 6678—1986 中的 6.6 及 GB/T 6680—1986 中的 2.3.1 规定进行，所采试样总量不得少于 2 L。

5.4 将所采的试样摇匀后，分装于两个清洁、干燥、带磨口塞的细口瓶中，贴上标签，注明生产厂名称、产品名称、批号及采样日期，一瓶供分析检验用，另一瓶保存一个月备检查。

5.5 桶装产品以同一次灌装的产品为一批，槽装以一槽车为一批。

5.6 检验结果的判定按 GB/T 1250 修约值比较法，检验结果有一项指标不符合本标准要求时，应重新自两倍数量的包装容器中采样进行检验，重新检验的结果即使只有一项指标不符合本标准要求，则整批产品判为不合格。

5.7 对产品质量产生异议时，用户应在收到货物后半个月内提出，由供需双方协商解决。

6 标志、包装、运输、贮存

6.1 包装容器上应涂刷牢固、耐久、清晰的标志，其内容包括产品名称、生产厂名称、商标、净重及本标准编号和 GB 190 中“易燃液体”及“有毒物品”标志。

6.2 工业甲醛溶液应用干燥、清洁、具有耐腐蚀衬里的镀锌钢桶或槽车包装(桶装产品每桶净重 200 kg)。

6.3 运输时应轻装轻卸，避免碰撞，并防止日晒雨淋。

6.4 工业甲醛溶液贮存温度为 8～40℃，生产厂及用户均应采取必要的措施，减少甲醛溶液的聚合及氧化。

7 安全

7.1 工业甲醛溶液易燃，应避免高温曝晒和与明火接触。

7.2 工业甲醛溶液有毒，应尽量减少曝露与接触，使用时要特别小心，防止接触眼睛、皮肤或吸入过量的甲醛气体，避免其强烈的刺激和可能产生的过敏作用。

附 录 A
（标准的附录）

表 A1 工业甲醛溶液密度-甲醛含量-甲醇含量关系表

M \ ρ_{20} F	1.041	1.042	1.043	1.044	1.045	1.046	1.047	1.048	1.049	1.050	1.051
31.2	22.2	21.8	21.4	21.0	20.6	20.2	19.8	19.4	19.0	18.6	18.2
31.4	22.4	22.1	21.7	21.2	20.8	20.4	20.0	19.6	19.2	18.8	18.4
31.6	22.7	22.3	21.9	21.5	21.0	20.6	20.2	19.8	19.4	19.0	18.6
31.8	22.9	22.5	22.1	21.7	21.3	20.9	20.4	20.0	19.6	19.2	18.8
32.0	23.1	22.7	22.3	21.9	21.5	21.1	20.7	20.3	19.8	19.4	19.0
32.2	23.4	23.0	22.6	22.2	21.8	21.4	21.0	20.6	20.1	19.7	19.3
32.4	23.6	23.2	22.8	22.4	22.0	21.6	21.2	20.8	20.4	20.0	19.5
32.6	23.8	23.4	23.0	22.6	22.2	21.8	21.4	21.0	20.6	20.2	19.7
32.8	24.0	23.6	23.2	22.8	22.4	22.0	21.6	21.2	20.8	20.4	20.0
33.0	24.2	23.8	23.4	23.0	22.6	22.2	21.8	21.4	21.0	20.6	20.2
33.2	24.4	24.0	23.6	23.2	22.8	22.4	22.0	21.6	21.2	20.8	20.4
33.4	24.6	24.2	23.8	23.4	23.0	22.6	22.2	21.9	21.4	21.0	20.6
33.6	24.8	24.4	24.0	23.7	23.3	22.9	22.5	22.1	21.7	21.3	20.8
33.8	25.0	24.6	24.2	23.9	23.5	23.1	22.7	22.3	21.9	21.5	21.1
34.0	25.2	24.8	24.4	24.0	23.7	23.3	22.9	22.5	22.1	21.7	21.3
34.2	25.4	25.1	24.7	24.3	24.0	23.6	23.2	22.8	22.4	22.0	21.6
34.4	25.7	25.3	24.9	24.5	24.2	23.8	23.4	23.0	22.6	22.2	21.8
34.6	25.9	25.5	25.1	24.7	24.4	24.0	23.6	23.2	22.8	22.4	22.0
34.8		25.7	25.4	25.0	24.6	24.2	23.8	23.4	23.0	22.6	22.2
35.0		26.0	25.6	25.2	24.8	24.4	24.0	23.6	23.2	22.8	22.4
35.2			25.8	25.4	25.0	24.6	24.2	23.9	23.5	23.1	22.6
35.4			26.1	25.7	25.3	24.9	24.5	24.1	23.7	23.3	22.9
35.6				25.9	25.5	25.1	24.7	24.3	23.9	23.5	23.1
35.8				26.1	25.7	25.3	24.9	24.5	24.1	23.7	23.3
36.0					25.9	25.5	25.1	24.7	24.3	23.9	23.5
36.2					26.2	25.8	25.4	25.0	24.6	24.2	23.8
36.4						26.0	25.6	25.2	24.8	24.4	24.0
36.6						26.2	25.8	25.4	25.0	24.6	24.2
36.8							26.0	25.6	25.2	24.8	24.4
37.0							26.2	25.8	25.4	25.0	24.6
37.2								26.0	25.6	25.2	24.8
37.4									25.8	25.4	25.0
37.6									26.0	25.6	25.2
37.8										25.9	25.5
38.0										26.1	25.7
38.2											25.9
38.4											
38.6											
38.8											

表 A1(续)

M \ ρ_{20} F	1.052	1.053	1.054	1.055	1.056	1.057	1.058	1.059	1.060	1.061	1.062
31.2	17.7	17.3	16.9	16.5	16.1	15.7	15.3	14.9	14.4	14.0	13.6
31.4	18.0	17.6	17.2	16.7	16.3	15.9	15.5	15.1	14.7	14.3	13.8
31.6	18.2	17.8	17.4	17.0	16.5	16.1	15.7	15.3	14.9	14.5	14.1
31.8	18.4	18.0	17.6	17.2	16.7	16.3	15.9	15.5	15.1	14.7	14.3
32.0	18.6	18.2	17.8	17.4	17.0	16.6	16.2	15.8	15.4	15.0	14.6
32.2	18.9	18.5	18.0	17.6	17.2	16.8	16.4	16.0	15.6	15.2	14.8
32.4	19.1	18.7	18.3	17.9	17.5	17.1	16.6	16.2	15.8	15.4	15.0
32.6	19.3	18.9	18.5	18.1	17.7	17.3	16.9	16.5	16.1	15.7	15.3
32.8	19.5	19.1	18.7	18.3	17.9	17.5	17.1	16.7	16.3	15.9	15.5
33.0	19.8	19.4	19.0	18.6	18.2	17.7	17.3	16.9	16.5	16.1	15.7
33.2	20.0	19.6	19.2	18.8	18.4	18.0	17.6	17.2	16.7	16.4	16.0
33.4	20.2	19.8	19.4	19.0	18.6	18.2	17.8	17.4	17.0	16.6	16.2
33.6	20.4	20.0	19.6	19.2	18.8	18.4	18.0	17.6	17.2	16.8	16.4
33.8	20.7	20.3	19.9	19.5	19.1	18.7	18.3	17.9	17.5	17.1	16.6
34.0	20.9	20.5	20.1	19.7	19.3	18.9	18.5	18.1	17.7	17.3	16.9
34.2	21.2	20.7	20.3	19.9	19.5	19.1	18.7	18.3	17.9	17.5	17.1
34.4	21.4	21.0	20.6	20.2	19.7	19.3	18.9	18.5	18.1	17.7	17.3
34.6	21.6	21.2	20.8	20.4	20.0	19.6	19.2	18.8	18.4	18.0	17.6
34.8	21.8	21.4	21.0	20.6	20.2	19.8	19.4	19.0	18.6	18.2	17.8
35.0	22.0	21.6	21.2	20.8	20.4	20.0	19.6	19.2	18.8	18.4	18.0
35.2	22.2	21.8	21.4	21.0	20.6	20.2	19.8	19.4	19.0	18.6	18.2
35.4	22.5	22.1	21.7	21.3	20.9	20.5	20.1	19.7	19.3	18.9	18.5
35.6	22.7	22.3	21.9	21.5	21.1	20.7	20.3	19.9	19.5	19.1	18.7
35.8	22.9	22.5	22.1	21.7	21.3	20.9	20.5	20.1	19.7	19.3	18.9
36.0	23.1	22.7	22.3	21.9	21.5	21.1	20.7	20.3	19.9	19.5	19.1
36.2	23.4	23.0	22.6	22.2	21.8	21.4	21.0	20.6	20.2	19.8	19.4
36.4	23.6	23.2	22.8	22.4	22.0	21.6	21.2	20.8	20.4	20.0	19.6
36.6	23.8	23.4	23.0	22.6	22.2	21.8	21.4	21.0	20.6	20.2	19.8
36.8	24.0	23.6	23.2	22.8	22.4	22.0	21.6	21.2	20.8	20.4	20.0
37.0	24.2	23.8	23.5	23.1	22.7	22.3	21.9	21.5	21.1	20.7	20.3
37.2	24.4	24.0	23.7	23.3	22.9	22.5	22.1	21.7	21.3	20.9	20.5
37.4	24.6	24.2	23.9	23.5	23.1	22.7	22.3	21.9	21.5	21.1	20.7
37.6	24.8	24.4	24.1	23.7	23.3	22.9	22.5	22.1	21.7	21.3	20.9
37.8	25.1	24.7	24.3	23.9	23.5	23.1	22.7	22.3	21.9	21.5	21.1
38.0	25.3	24.9	24.5	24.1	23.8	23.4	23.0	22.6	22.2	21.8	21.4
38.2	25.5	25.1	24.7	24.3	24.0	23.6	23.2	22.8	22.4	22.0	21.6
38.4	25.7	25.3	24.9	24.5	24.1	23.8	23.4	23.0	22.6	22.2	21.8
38.6	25.9	25.5	25.1	24.7	24.4	24.0	23.6	23.2	22.8	22.4	22.0
38.8		25.8	25.4	25.0	24.6	24.2	23.8	23.4	23.0	22.6	22.2

表 A1(续)

M ρ_{20} / F	1.063	1.064	1.065	1.066	1.067	1.068	1.069	1.070	1.071	1.072	1.073
31.2	13.2	12.8	12.4	12.0	11.6	11.2	10.7	10.3	9.9	9.5	9.1
31.4	13.4	13.0	12.6	12.2	11.8	11.4	11.0	10.6	10.2	9.7	9.3
31.6	13.6	13.2	12.8	12.4	12.0	11.6	11.2	10.8	10.4	10.0	9.6
31.8	13.9	13.5	13.1	12.7	12.3	11.9	11.5	11.0	10.6	10.2	9.8
32.0	14.2	13.7	13.3	12.9	12.5	12.1	11.7	11.3	10.9	10.4	10.0
32.2	14.4	14.0	13.6	13.2	12.7	12.3	11.9	11.5	11.1	10.7	10.3
32.4	14.6	14.2	13.8	13.4	13.0	12.6	12.2	11.8	11.4	11.0	10.5
32.6	14.9	14.4	14.0	13.6	13.2	12.8	12.4	12.0	11.6	11.2	10.7
32.8	15.1	14.7	14.3	13.8	13.4	13.0	12.6	12.2	11.8	11.4	11.0
33.0	15.3	14.9	14.5	14.1	13.6	13.2	12.8	12.4	12.0	11.6	11.2
33.2	15.6	15.2	14.8	14.3	13.9	13.5	13.1	12.7	12.3	11.9	11.5
33.4	15.8	15.4	15.0	14.6	14.2	13.7	13.3	12.9	12.5	12.1	11.7
33.6	16.0	15.6	15.2	14.8	14.4	14.0	13.6	13.2	12.8	12.4	12.0
33.8	16.2	15.8	15.4	15.0	14.6	14.2	13.8	13.4	13.0	12.6	12.2
34.0	16.5	16.1	15.7	15.3	14.9	14.4	14.0	13.6	13.2	12.8	12.4
34.2	16.7	16.3	15.9	15.5	15.1	14.7	14.3	13.8	13.4	13.0	12.6
34.4	16.9	16.5	16.1	15.7	15.3	14.9	14.5	14.1	13.7	13.3	12.9
34.6	17.2	16.8	16.4	16.0	15.6	15.2	14.8	14.3	13.9	13.5	13.1
34.8	17.4	17.0	16.6	16.2	15.8	15.4	15.0	14.6	14.2	13.8	13.4
35.0	17.6	17.2	16.8	16.4	16.0	15.6	15.2	14.8	14.4	14.0	13.6
35.2	17.8	17.4	17.0	16.6	16.2	15.8	15.4	15.0	14.6	14.2	13.8
35.4	18.1	17.7	17.3	16.9	16.5	16.1	15.7	15.3	14.9	14.5	14.1
35.6	18.3	17.9	17.5	17.1	16.7	16.3	15.9	15.5	15.1	14.7	14.3
35.8	18.5	18.1	17.7	17.3	16.9	16.5	16.1	15.7	15.3	14.9	14.5
36.0	18.7	18.3	17.9	17.5	17.1	16.7	16.3	15.9	15.5	15.1	14.7
36.2	19.0	18.6	18.2	17.8	17.4	17.0	16.6	16.2	15.8	15.4	15.0
36.4	19.2	18.8	18.4	18.0	17.6	17.2	16.8	16.4	16.0	15.6	15.2
36.6	19.4	19.0	18.6	18.2	17.8	17.4	17.0	16.6	16.2	15.8	15.4
36.8	19.6	19.2	18.8	18.4	18.0	17.6	17.2	16.8	16.4	16.0	15.6
37.0	19.9	19.5	19.1	18.7	18.3	17.9	17.5	17.1	16.7	16.3	15.9
37.2	20.1	19.7	19.3	18.9	18.5	18.1	17.7	17.3	16.9	16.5	16.1
37.4	20.3	19.9	19.5	19.1	18.7	18.3	17.9	17.5	17.1	16.7	16.3
37.6	20.5	20.1	19.7	19.3	18.9	18.5	18.1	17.7	17.3	16.9	16.5
37.8	20.7	20.3	19.9	19.5	19.1	18.7	18.3	17.9	17.5	17.1	16.7
38.0	21.0	20.6	20.2	19.8	19.4	19.0	18.6	18.2	17.8	17.4	17.0
38.2	21.2	20.8	20.4	20.0	19.6	19.2	18.8	18.4	18.0	17.6	17.2
38.4	21.4	21.0	20.6	20.2	19.8	19.4	19.0	18.6	18.2	17.8	17.4
38.6	21.6	21.2	20.8	20.4	20.0	19.6	19.2	18.8	18.4	18.0	17.6
38.8	21.8	21.4	21.0	20.6	20.2	19.8	19.4	19.0	18.6	18.2	17.8

表 A1(续)

M ＼ ρ_{20} / F	1.074	1.075	1.076	1.077	1.078	1.079	1.080	1.081	1.082	1.083	1.084
31.2	8.7	8.3	7.9	7.5	7.0	6.6	6.2	5.8	5.4	5.0	4.6
31.4	8.9	8.5	8.1	7.7	7.3	6.9	6.5	6.1	5.7	5.3	4.9
31.6	9.2	8.8	8.4	8.0	7.6	7.2	6.7	6.3	5.9	5.5	5.1
31.8	9.4	9.0	8.6	8.2	7.8	7.4	7.0	6.6	6.2	5.8	5.4
32.0	9.6	9.2	8.8	8.4	8.0	7.6	7.2	6.8	6.4	6.0	5.6
32.2	9.9	9.5	9.1	8.6	8.2	7.8	7.4	7.0	6.6	6.2	5.8
32.4	10.1	9.7	9.3	8.9	8.5	8.1	7.7	7.3	6.9	6.5	6.1
32.6	10.3	9.9	9.5	9.1	8.7	8.3	7.9	7.5	7.1	6.7	6.3
32.8	10.6	10.2	9.8	9.4	9.0	8.6	8.2	7.8	7.4	7.0	6.6
33.0	10.8	10.4	10.0	9.6	9.2	8.8	8.4	8.0	7.6	7.2	6.8
33.2	11.0	10.6	10.2	9.8	9.4	9.0	8.6	8.2	7.8	7.4	7.0
33.4	11.3	10.9	10.5	10.1	9.6	9.2	8.8	8.4	8.0	7.6	7.2
33.6	11.6	11.2	10.7	10.3	9.9	9.5	9.1	8.7	8.3	7.9	7.5
33.8	11.8	11.4	11.0	10.5	10.1	9.7	9.3	8.9	8.5	8.1	7.7
34.0	12.0	11.6	11.2	10.8	10.4	10.0	9.6	9.2	8.7	8.3	7.9
34.2	12.2	11.8	11.4	11.0	10.6	10.2	9.8	9.4	9.0	8.6	8.2
34.4	12.5	12.1	11.7	11.3	10.8	10.4	10.0	9.6	9.2	8.8	8.4
34.6	12.7	12.3	11.9	11.5	11.1	10.6	10.2	9.8	9.4	9.0	8.6
34.8	13.0	12.6	12.2	11.7	11.3	10.9	10.5	10.1	9.7	9.3	8.9
35.0	13.2	12.8	12.4	12.0	11.6	11.1	10.7	10.3	9.9	9.5	9.1
35.2	13.4	13.0	12.6	12.2	11.8	11.4	11.0	10.5	10.1	9.7	9.3
35.4	13.7	13.3	12.9	12.5	12.1	11.7	11.3	10.8	10.4	10.0	9.6
35.6	13.9	13.5	13.1	12.7	12.3	11.9	11.5	11.1	10.7	10.3	9.9
35.8	14.1	13.7	13.3	12.9	12.5	12.1	11.7	11.3	10.9	10.5	10.1
36.0	14.3	13.9	13.5	13.1	12.7	12.3	11.9	11.5	11.1	10.7	10.3
36.2	14.6	14.2	13.8	13.4	13.0	12.6	12.2	11.8	11.4	11.0	10.6
36.4	14.8	14.4	14.0	13.6	13.2	12.8	12.4	12.0	11.6	11.2	10.8
36.6	15.0	14.6	14.2	13.8	13.4	13.0	12.6	12.2	11.8	11.4	11.0
36.8	15.2	14.8	14.4	14.0	13.6	13.2	12.8	12.4	12.0	11.6	11.2
37.0	15.5	15.1	14.7	14.3	13.9	13.5	13.1	12.7	12.3	11.9	11.5
37.2	15.7	15.3	14.9	14.5	14.1	13.7	13.3	12.9	12.5	12.1	11.7
37.4	15.9	15.5	15.1	14.7	14.3	13.9	13.5	13.1	12.7	12.3	11.9
37.6	16.1	15.7	15.4	15.0	14.6	14.2	13.8	13.4	13.0	12.6	12.2
37.8	16.3	16.0	15.6	15.2	14.8	14.4	14.0	13.6	13.2	12.8	12.4
38.0	16.6	16.2	15.8	15.4	15.0	14.6	14.2	13.8	13.4	13.0	12.6
38.2	16.8	16.4	16.0	15.6	15.2	14.8	14.4	14.0	13.6	13.2	12.8
38.4	17.0	16.6	16.2	15.8	15.5	15.1	14.7	14.3	13.9	13.5	13.1
38.6	17.2	16.8	16.4	16.0	15.7	15.3	14.9	14.5	14.1	13.7	13.3
38.8	17.4	17.0	16.6	16.2	15.9	15.5	15.1	14.7	14.3	13.9	13.5

表 A1(续)

M \ ρ_{20} / F	1.085	1.086	1.087	1.088	1.089	1.090	1.091	1.092	1.093	1.094	1.095
31.2	4.2	3.8	3.4	3.0	2.6	2.2	1.7	1.3	0.9	0.5	0.1
31.4	4.4	4.0	3.6	3.2	2.8	2.4	2.0	1.6	1.2	0.8	0.3
31.6	4.7	4.3	3.8	3.4	3.0	2.6	2.2	1.8	1.4	1.0	0.6
31.8	5.0	4.5	4.1	3.7	3.3	2.9	2.5	2.1	1.7	1.2	0.8
32.0	5.2	4.8	4.4	4.0	3.5	3.1	2.7	2.3	1.9	1.5	1.1
32.2	5.4	5.0	4.6	4.2	3.8	3.4	3.0	2.5	2.1	1.7	1.3
32.4	5.7	5.3	4.9	4.4	4.0	3.6	3.2	2.8	2.4	2.0	1.6
32.6	5.9	5.5	5.1	4.7	4.3	3.8	3.4	3.0	2.6	2.2	1.8
32.8	6.2	5.8	5.4	5.0	4.5	4.1	3.6	3.2	2.8	2.4	2.0
33.0	6.4	6.0	5.6	5.2	4.7	4.3	3.9	3.5	3.1	2.7	2.3
33.2	6.6	6.2	5.8	5.4	5.0	4.6	4.2	3.7	3.3	2.9	2.5
33.4	6.8	6.4	6.0	5.6	5.2	4.8	4.4	4.0	3.6	3.2	2.8
33.6	7.1	6.7	6.3	5.9	5.5	5.1	4.6	4.2	3.8	3.4	3.0
33.8	7.3	6.9	6.5	6.1	5.7	5.3	4.9	4.5	4.1	3.7	3.3
34.0	7.5	7.1	6.7	6.3	5.9	5.5	5.1	4.7	4.3	3.9	3.5
34.2	7.8	7.4	7.0	6.6	6.2	5.8	5.4	5.0	4.6	4.2	3.8
34.4	8.0	7.6	7.2	6.8	6.4	6.0	5.6	5.2	4.8	4.4	4.0
34.6	8.2	7.8	7.4	7.0	6.6	6.3	5.9	5.5	5.1	4.6	4.2
34.8	8.5	8.1	7.7	7.3	6.9	6.5	6.1	5.7	5.3	4.9	4.5
35.0	8.7	8.3	7.9	7.5	7.1	6.7	6.3	5.9	5.6	5.2	4.7
35.2	8.9	8.5	8.1	7.7	7.3	7.0	6.6	6.2	5.8	5.4	5.0
35.4	9.2	8.8	8.4	8.0	7.6	7.2	6.8	6.4	6.0	5.6	5.2
35.6	9.5	9.1	8.7	8.3	7.9	7.5	7.1	6.7	6.3	5.9	5.5
35.8	9.7	9.3	8.9	8.5	8.1	7.7	7.3	6.9	6.5	6.1	5.7
36.0	9.9	9.5	9.1	8.7	8.3	7.9	7.5	7.1	6.7	6.3	5.9
36.2	10.2	9.8	9.4	9.0	8.6	8.2	7.8	7.4	7.0	6.6	6.2
36.4	10.4	10.0	9.6	9.2	8.8	8.4	8.0	7.6	7.2	6.8	6.4
36.6	10.6	10.2	9.8	9.4	9.0	8.6	8.2	7.8	7.4	7.0	6.6
36.8	10.8	10.4	10.0	9.6	9.2	8.8	8.4	8.0	7.6	7.2	6.8
37.0	11.1	10.7	10.3	9.9	9.5	9.1	8.7	8.3	7.9	7.5	7.1
37.2	11.3	10.9	10.5	10.1	9.7	9.3	8.9	8.5	8.1	7.7	7.3
37.4	11.5	11.1	10.7	10.3	9.9	9.5	9.1	8.7	8.3	7.9	7.5
37.6	11.8	11.4	10.9	10.5	10.1	9.7	9.3	8.9	8.5	8.1	7.7
37.8	12.0	11.6	11.2	10.7	10.3	9.9	9.5	9.1	8.7	8.3	8.0
38.0	12.2	11.8	11.4	11.0	10.6	10.2	9.8	9.4	9.0	8.6	8.2
38.2	12.4	12.0	11.6	11.2	10.8	10.4	10.0	9.6	9.2	8.8	8.4
38.4	12.7	12.3	11.9	11.5	11.1	10.6	10.2	9.8	9.4	9.0	8.6
38.6	12.9	12.5	12.1	11.7	11.3	10.9	10.5	10.0	9.6	9.2	8.8
38.8	13.1	12.7	12.3	11.9	11.5	11.1	10.7	10.3	9.9	9.5	9.1

表 A1(续)

ρ_{20} / M / F	1.096	1.097	1.098	1.099	1.100	1.101	1.102	1.103	1.104	1.105	1.106
31.2											
31.4											
31.6	0.2										
31.8	0.4										
32.0	0.7	0.3									
32.2	0.9	0.5	0.1								
32.4	1.2	0.8	0.4								
32.6	1.4	1.0	0.6	0.2							
32.8	1.6	1.2	0.8	0.4							
33.0	1.9	1.5	1.1	0.7	0.3						
33.2	2.1	1.7	1.3	0.9	0.5	0.1					
33.4	2.4	2.0	1.6	1.2	0.8	0.4					
33.6	2.6	2.2	1.8	1.4	1.0	0.6	0.2				
33.8	2.9	2.5	2.0	1.6	1.2	0.8	0.4				
34.0	3.1	2.7	2.3	1.9	1.5	1.1	0.7	0.3			
34.2	3.4	3.0	2.6	2.2	1.7	1.3	0.9	0.5	0.1		
34.4	3.6	3.2	2.8	2.4	2.0	1.6	1.2	0.8	0.4		
34.6	3.8	3.4	3.0	2.6	2.2	1.8	1.4	1.0	0.6	0.2	
34.8	4.1	3.6	3.2	2.8	2.4	2.0	1.6	1.2	0.8	0.4	
35.0	4.3	3.9	3.5	3.1	2.7	2.3	1.9	1.5	1.1	0.7	0.3
35.2	4.6	4.2	3.7	3.3	2.9	2.5	2.1	1.7	1.3	0.9	0.5
35.4	4.8	4.4	4.0	3.6	3.2	2.8	2.4	2.0	1.6	1.2	0.8
35.6	5.1	4.7	4.2	3.8	3.4	3.0	2.6	2.2	1.8	1.4	1.0
35.8	5.3	4.9	4.5	4.1	3.7	3.3	2.9	2.5	2.1	1.7	1.3
36.0	5.5	5.1	4.7	4.3	3.9	3.5	3.1	2.7	2.3	1.9	1.5
36.2	5.8	5.4	5.0	4.6	4.1	3.7	3.3	2.9	2.5	2.1	1.7
36.4	6.0	5.6	5.2	4.8	4.4	4.0	3.6	3.2	2.8	2.4	2.0
36.6	6.2	5.8	5.4	5.0	4.6	4.2	3.8	3.4	3.0	2.6	2.2
36.8	6.4	6.0	5.6	5.2	4.8	4.4	4.0	3.6	3.2	2.8	2.4
37.0	6.7	6.3	5.9	5.5	5.1	4.7	4.3	3.9	3.5	3.1	2.7
37.2	6.9	6.5	6.1	5.7	5.3	4.9	4.5	4.1	3.7	3.3	2.9
37.4	7.1	6.7	6.3	6.0	5.6	5.2	4.8	4.4	4.0	3.6	3.2
37.6	7.3	6.9	6.6	6.2	5.8	5.4	5.0	4.6	4.2	3.8	3.4
37.8	7.6	7.2	6.8	6.4	6.0	5.6	5.2	4.8	4.4	4.0	3.6
38.0	7.8	7.4	7.0	6.7	6.3	5.9	5.5	5.1	4.7	4.3	3.9
38.2	8.0	7.6	7.2	6.8	6.4	6.0	5.6	5.2	4.9	4.5	4.1
38.4	8.2	7.8	7.4	7.1	6.7	6.3	5.9	5.5	5.1	4.7	4.3
38.6	8.4	8.1	7.7	7.3	6.9	6.5	6.1	5.7	5.4	5.0	4.6
38.8	8.7	8.3	7.9	7.5	7.1	6.8	6.4	6.0	5.6	5.2	4.8

表 A1(完)

ρ_{20} / M / F	1.107	1.108	1.109	1.110	1.111	1.112	1.113	1.114	1.115	1.116	1.117
35.0											
35.2	0.1										
35.4	0.4										
35.6	0.6	0.2									
35.8	0.9	0.5	0.1								
36.0	1.1	0.7	0.3								
36.2	1.3	0.9	0.5	0.1							
36.4	1.6	1.2	0.8	0.4							
36.6	1.8	1.4	1.0	0.6	0.2						
36.8	2.0	1.6	1.2	0.8	0.4						
37.0	2.3	1.9	1.5	1.1	0.7	0.3					
37.2	2.5	2.1	1.7	1.3	0.9	0.5	0.1				
37.4	2.8	2.4	2.0	1.6	1.2	0.8	0.4				
37.6	3.0	2.6	2.2	1.8	1.4	1.0	0.6	0.2			
37.8	3.2	2.8	2.4	2.0	1.6	1.2	0.8	0.4			
38.0	3.5	3.1	2.7	2.3	1.9	1.5	1.1	0.7	0.3		
38.2	3.7	3.3	2.9	2.5	2.1	1.7	1.3	0.9	0.5	0.1	
38.4	3.9	3.5	3.1	2.7	2.3	1.9	1.5	1.1	0.7	0.3	
38.6	4.2	3.8	3.4	3.0	2.5	2.1	1.8	1.4	1.0	0.6	0.2
38.8	4.4	4.0	3.6	3.2	2.8	2.4	2.0	1.6	1.2	0.8	0.4

注

1 ρ_{20}为工业甲醛溶液在 20℃时的密度。

2 F 为工业甲醛溶液中的甲醛含量。

3 M 为工业甲醛溶液中的甲醇含量。

前　　言

本标准是等效采用日本 JIS K1532—1978(1988)《工业六次甲基四胺》标准对 GB/T 9015—1988 进行修订的。优等品指标优于 JIS K1532—1978(1988)。一等品指标与该标准等同，但水分优于该标准。同时结合我国现有生产情况，保留原国标中的合格品指标。试验方法与日本标准等效。

本标准对 GB/T 9015—1988 做了较大幅度的修改，对项目、技术指标、试验方法均做了调整与修改。一等品增加了水溶液外观、重金属、氯化物、硫酸盐、铵盐等项目。

本标准自实施之日起，代替 GB/T 9015—1988《工业六次甲基四胺》。

本标准由中华人民共和国化学工业部提出。

本标准由全国化学标准化技术委员会有机分会归口。

本标准负责起草单位：兰州化学工业公司化肥厂。

本标准参加起草单位：吉化江城化工有限责任公司助剂厂、巨化集团公司合成氨厂。

本标准主要起草人：邓晓波。

本标准于 1988 年 2 月首次发布。

本标准委托全国化学标准化技术委员会有机分会负责解释。

中华人民共和国国家标准

GB/T 9015—1998

代替 GB/T 9015—1988

工业六次甲基四胺

Hexamethylenetetramine for industrial use

1 范围

本标准规定了工业六次甲基四胺的要求、试验方法、检验规则及标志、包装、运输、贮存等。

本标准适用于由氨和甲醛生产的工业六次甲基四胺。

分子式：$(CH_2)_6N_4$

结构式：

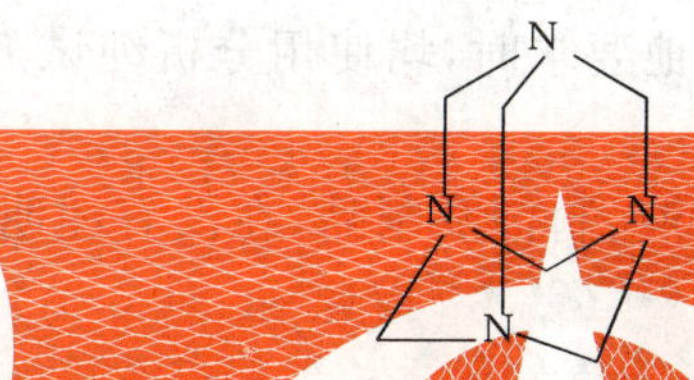

相对分子质量：140.19（按1995年国际相对原子质量）

2 引用标准

下列标准所包含的条文，通过在本标准中引用而构成为本标准的条文。本标准出版时，所示版本均为有效。所有标准都会被修订，使用本标准的各方应探讨使用下列标准最新版本的可能性。

GB 190—1990 危险货物包装标志

GB/T 601—1988 化学试剂 滴定分析（容量分析）用标准溶液的制备

GB/T 602—1988 化学试剂 杂质测定用标准溶液的制备（neq ISO 6353-1:1982）

GB/T 603—1988 化学试剂 试验方法中所用制剂及制品的制备（neq ISO 6353-1:1982）

GB/T 1250—1989 极限数值表示方法和判定方法

GB/T 6283—1986 化工产品中水分含量的测定 卡尔·费休法（通用方法）

GB/T 6678—1986 化工产品采样总则

GB/T 6679—1986 固体化工产品采样通则

GB/T 6682—1992 分析实验室用水规格和试验方法

GB/T 7531—1987 有机化工产品灰分的测定

3 要求

3.1 外观：白色或略带色调的结晶，无可见杂质。

3.2 工业六次甲基四胺应符合表1要求。

国家质量技术监督局 1998-11-04 批准　　1999-06-01 实施

表1 要求

项目		指标		
		优等品	一等品	合格品
纯度,%	≥	99.3	99.0	98.0
水分,%	≤	0.5		1.0
灰分,%	≤	0.03	0.05	0.08
水溶液外观		合格		—
重金属(以 Pb 计),%	≤	0.001		—
氯化物(以 Cl 计),%	≤	0.015		—
硫酸盐(以 SO_4 计),%	≤	0.02		—
铵盐(以 NH_4 计),%	≤	0.001		—

4 试验方法

本标准所用的试剂和水,在没有注明其他要求时,均使用分析纯试剂和符合 GB/T 6682 中的三级水。

试验中所需标准滴定溶液、杂质标准溶液、制剂及制品,在没有注明其他规定时,均按 GB/T 601、GB/T 602 及 GB/T 603 的规定制备。

4.1 纯度的测定

4.1.1 水解法(仲裁法)

4.1.1.1 方法原理

六次甲基四胺与强酸水溶液在加热时水解,放出甲醛气体同时生成铵盐,过量的酸用碱标准滴定溶液反滴。

$$(CH_2)_6N_4+2H_2SO_4+6H_2O=2(NH_4)_2SO_4+6CH_2O\uparrow$$

$$2NaOH+H_2SO_4=Na_2SO_4+H_2O$$

4.1.1.2 试剂和材料

a) 硫酸标准滴定溶液:$c(1/2H_2SO_4)=0.1$ mol/L;

b) 氢氧化钠标准滴定溶液:$c(NaOH)=0.1$ mol/L;

c) 溴酚蓝指示液:1 g/L,称取 0.10 g 溴酚蓝,溶于 20 mL 95%乙醇中,用水稀释至 100 mL。

4.1.1.3 分析步骤

称取 3 g 试样,精确至 0.000 2 g,置于烧杯中,加少量水溶解,移入 250 mL 的容量瓶中,稀释至刻度。移取硫酸标准滴定溶液 100.0 mL 及上述样品溶液 25.0 mL 于 300 mL 锥形烧瓶中,放在沸水浴中(约 2 h),至甲醛气味微弱时,进行冷却,加 3~5 滴溴酚蓝指示液,用氢氧化钠标准滴定溶液滴定至溶液呈淡紫色为终点。

4.1.1.4 分析结果的表述

以质量百分数表示的六次甲基四胺含量 X_1 按式(1)计算:

$$X_1=\frac{(V_1c_1-V_2c_2)\times 0.035\ 05}{m_1\times\frac{25}{250}}\times 100=\frac{(V_1c_1-V_2c_2)\times 35.05}{m_1} \qquad \cdots\cdots(1)$$

式中:V_1——硫酸标准滴定溶液的体积,mL;

c_1——硫酸标准滴定溶液的实际浓度,mol/L;

V_2——滴定消耗氢氧化钠标准滴定溶液的体积,mL;

c_2——氢氧化钠标准滴定溶液的实际浓度，mol/L；

m_1——试样的质量，g；

0.035 05——与 1.00 mL 硫酸标准滴定溶液[$c(1/2H_2SO_4)=1.000$ mol/L]相当的以克表示的六次甲基四胺的质量。

两次平行测定结果的差值不得大于 0.2%，取其算术平均值为测定结果。

4.1.2 直接法

4.1.2.1 方法原理

用强酸滴定弱碱时，终点不明显，在浓盐(6 mol/L 以上)存在下，提高了氢离子活度系数，因而可用酸标准滴定溶液直接滴定六次甲基四胺，达到终点时，pH 产生突变。

4.1.2.2 试剂和材料

a) 硫酸标准滴定溶液：$c(1/2H_2SO_4)=0.1$ mol/L；

b) 氯化钠；

c) 甲基黄指示液：1 g/L 乙醇溶液；

d) 次甲基蓝指示液：1 g/L 乙醇溶液；

e) 混合指示液：甲基黄指示液：次甲基蓝指示液为 2.5∶1(V/V)。

4.1.2.3 分析步骤

称取 0.5 g 试样，精确至 0.000 2 g，置于 100 mL 锥形瓶中，加入 15 g 氯化钠，精确至 0.1 g，加2～3滴混合指示液，用硫酸标准滴定溶液滴定至淡桃红色为终点。

4.1.2.4 分析结果的表述

以质量百分数表示的六次甲基四胺含量 X_2 按式(2)计算：

$$X_2=\frac{V_3c_3\times 0.140\ 19}{m_2}\times 100=\frac{V_3c_3\times 14.019}{m_2} \qquad \cdots\cdots(2)$$

式中：V_3——硫酸标准滴定溶液的体积，mL；

c_3——硫酸标准滴定溶液的实际浓度，mol/L；

m_2——试样的质量，g；

0.140 19——与 1.00 mL 硫酸标准滴定溶液[$c(1/2H_2SO_4)=1.000$ mol/L]相当的以克表示的六次甲基四胺的质量。

两次平行测定结果的差值不得大于 0.2%，取其算术平均值为测定结果。

4.2 水分的测定

4.2.1 卡尔·费休法(仲裁法)

按 GB/T 6283 规定进行。

4.2.2 无吡啶卡尔·费休试剂方法

4.2.2.1 无吡啶卡尔·费休试剂制备方法

置 63 g 碘于干燥的 1 L 带塞的棕色玻璃瓶中，加入 600 mL 甲醇，再加 25 g 已在 150℃干燥至恒重的无水碘化钠及 85 g 已在 150℃干燥至恒重的无水乙酸钠，塞上瓶塞，振荡至碘及盐类全部溶解(溶液 A)。

通二氧化硫于用冰水冷却的无水甲醇中，使 1 L 含 256 g(4 mol/L)二氧化硫(溶液 B)。

加 90 mL 溶液 B(含二氧化硫 23 g)或直接通 23 g 干燥二氧化硫气体于溶液 A 中，再用甲醇稀释至 1 L，混匀，置于暗处备用。

4.2.2.2 分析步骤

按 GB/T 6283 规定进行。

两次平行测定结果的差值不得大于 0.05%，取其算术平均值为测定结果。

4.3 灰分的测定

试样量为 5 g，炭化后的灼烧温度为(750±25)℃，其余按 GB/T 7531 规定进行。

两次平行测定结果的差值不得大于 0.01%，取其算术平均值为测定结果。

4.4 水溶液外观的测定

4.4.1 方法提要

一定量试样的水溶液与氯化银标准比浊液进行比较。

4.4.2 试剂和材料

a）硝酸溶液：1+2；

b）糊精溶液：20 g/L；

c）硝酸银溶液：20 g/L；

d）氯化物标准溶液：1 mL 含有 0.01 mgCl。

4.4.3 分析步骤

称取 2 g 试样，精确至 0.1 g 于 50 mL 比色管中，加水 20 mL 溶解后，稀释至刻度摇匀。与氯化银标准比浊溶液进行轴向比较，试样浊度不大于标准比浊溶液时即为合格。

标准比浊溶液的配制：吸取氯化物标准溶液 0.2 mL 置于 50 mL 比色管中，加水 20 mL，硝酸溶液 1 mL，糊精溶液 0.2 mL，硝酸银溶液 1 mL，稀释至刻度摇匀，放置 15 min。

4.5 重金属的测定

4.5.1 方法提要

在乙酸酸性溶液中微量重金属与硫化钠可生成黑褐色，与已知含量的标准比色溶液相比较。

4.5.2 试剂和材料

a）乙酸溶液：300 g/L；

b）硫化钠溶液：20 g/L；

c）铅标准溶液：1 mL 含有 0.01 mgPb。

4.5.3 分析步骤

称取 5 g 试样，精确至 0.1 g，于 50 mL 比色管中，加 25 mL 水溶解，加乙酸溶液 2 滴及硫化钠溶液 2 滴摇匀，放置 5 min，与标准比色溶液进行轴向比较，颜色不深于标准比色溶液颜色时即为合格。

标准比色溶液的配制：取铅标准溶液 5.0 mL，与试样同时同样处理。

4.6 氯化物的测定

4.6.1 方法提要

在硝酸酸性溶液中，试样中的氯化物与硝酸银作用生成白色浑浊，与已知含量的标准比浊溶液相比较。

4.6.2 试剂和材料

同 4.4.2。

4.6.3 分析步骤

称取 0.2 g 试样，精确至 0.01 g，于 50 mL 比色管中，加 15 mL 水溶解，加硝酸溶液 5 mL，水 25 mL，糊精溶液 0.2 mL 及硝酸银溶液 1 mL，稀释至刻度，摇匀，放置 15 min。与标准比浊溶液进行轴向比较，浊度不大于标准比浊溶液时即为合格。

标准比浊溶液的配制：取氯化物标准溶液 3.0 mL，与试样同时同样处理。

4.7 硫酸盐的测定

4.7.1 方法提要

在强酸溶液中微量硫酸盐可与钡盐生成白色浑浊，与已知含量的标准比浊溶液相比较。

4.7.2 试剂和材料

a）95%乙醇；

b）硝酸钡溶液：50 g/L；

c）硝酸溶液，1＋2；

d）硫酸盐标准溶液：1 mL 含有 0.01 mg SO_4。

4.7.3 分析步骤

称取 1 g 试样，精确至 0.1 g，于 50 mL 比色管中，加 30 mL 水溶解，硝酸溶液 5 mL，乙醇 3 mL 及硝酸钡溶液 4 mL，稀释至刻度摇匀，放置 1 h。与标准比浊溶液进行轴向比较，浊度不大于标准比浊溶液时，即为合格。

标准比浊溶液的配制：取硫酸盐标准溶液 20.0 mL，与试样同时同样处理。

4.8 铵盐的测定

4.8.1 方法提要

微量铵盐可与纳氏试剂生成黄色，与已知含量的标准比色溶液相比较。

4.8.2 试剂和材料

a）纳氏试剂；

b）铵盐标准溶液：1 mL 含有 0.01 mgNH_4。

4.8.3 分析步骤

称取 1 g 试样，精确至 0.1 g，于 50 mL 比色管中，加 25 mL 水溶解，加纳氏试剂 2 mL，稀释至刻度，摇匀，放置 5 min。与标准比色溶液进行轴向比较，颜色不深于标准比色溶液时，即为合格。

标准比色溶液的配制：取铵盐标准溶液 1.0 mL，与试样同时同样处理。

5 检验规则

5.1 本产品应由生产厂的质量检验部门进行检验。生产厂应保证所有出厂的产品质量都符合本标准的要求，每批出厂产品都应附有一定格式的质量证明书。内容包括：生产厂名、厂址、产品名称、产品等级、本标准编号、生产日期、批号、商标、产品净重。

5.2 本标准所有项目均为型式检验项目，其中纯度、水分、水溶液外观为出厂检验项目。在正常情况下每半年进行一次型式检验。

5.3 使用单位有权按照本标准要求对所收到的产品进行验收。

5.4 采样应按照 GB/T 6678 和 GB/T 6679 中的规定进行，所采样品量不得少于 600 g。

5.5 将所采试样混匀，分装于两个清洁干燥的带盖广口瓶中，粘贴标签，注明产品名称，取样日期及批号，一瓶做分析检验，另一瓶保留 2 个月备查。

5.6 检验结果的判定按 GB/T 1250 修约值比较法进行。

5.7 检验结果中有一项指标不符合本标准要求时，应重新自 2 倍量的包装单元中采样进行复验，复验结果即使只有一项指标不符合本标准要求时，则整批产品为不合格。

6 标志、包装、贮存及运输

6.1 工业六次甲基四胺内用薄膜塑料袋，外用编织袋或其他适宜材料包装，每袋净重 25 kg。

6.2 包装袋上应注明：商标、本标准编号、生产厂名、产品名称、批号、净重及符合 GB 190 的防火防潮标志。

6.3 运输工业六次甲基四胺时，应装在带篷的货车或船舱中。

6.4 工业六次甲基四胺应贮存于干燥、清洁通风的仓库内，不得露天堆放。

7 安全

7.1 工业六次甲基四胺易燃，避免与明火接触。

前　言

本标准是等效采用JIS K 1531—1982(87)《三聚氰胺》对GB/T9567—88进行修订的。

本标准与JIS K 1531—1982(87)相比较，将一个级别分为优等品、一等品两个等级，一等品指标与JIS K 1531—1982(87)相同；增加了采样方法；标准中的标志、包装、试剂、设备、编写格式等均符合我国的有关规定；其他均等同于JIS K 1531—1982(87)。

本标准对GB/T 9567—88做了大幅度修改。其中产品级别由三个等级改为优等品、一等品两个等级，优等品指标与GB/T 9567—88的优等品相同；试验方法中的纯度分析方法，由三聚氰酸法和升华法改为苦味酸法和升华法；水分、灰分、pH、甲醛水溶解试验的方法均对照JIS K 1531—1982(87)做了相应的修改；增加了柔性集装袋包装的要求。

本标准从实施之日起，同时代替GB/T 9567—88。

本标准附录A是标准的附录。

本标准由中华人民共和国化学工业部提出。

本标准由化学工业部北京化工研究院归口。

本标准负责起草单位：化学工业部北京化工研究院、川化集团有限责任公司。

本标准参加起草单位：山东魁星化工公司宁阳化工厂，南京金星石化公司金光公司。

本标准主要起草人：贾文兰、邹述清、龚贵华。

本标准1988年首次发布。

本标准委托化工部基本有机产品标准化技术归口单位负责解释。

中华人民共和国国家标准

GB/T 9567—1997

代替 GB/T 9567—88

工业三聚氰胺

Melamine for industrial use

1 范围

本标准规定了工业三聚氰胺的要求、采样、试验方法和标志、标签、包装等。

本标准适用于以尿素为原料制得的工业三聚氰胺。

结构式：

```
H2N    N    NH2
   \  // \  /
    C     C
    |     ||
    N     N
     \\  /
       C
       |
      NH2
```

分子式：$C_3H_6N_6$

相对分子质量：126.12（按 1995 年国际相对原了质量）

2 引用标准

下列标准所包含的条文，通过在本标准中引用而构成为本标准的条文。本标准出版时，所示版本均为有效。所有的标准都会被修订，使用本标准的各方应探讨使用下列标准最新版本的可能性。

GB/T 603—88 化学试剂 试验方法中所用制剂及制品的制备(neq ISO 6353-1:1982)

GB/T 1250—89 极限数值的表示方法和判定方法

GB 8946—88 塑料编织袋

GB 10454—89 柔性集装袋

3 要求

工业三聚氰胺的质量必须符合表 1 要求。

表 1 项目与指标

项目 \ 指标 \ 产品级别[1]		优等品	一等品
外观		白色粉末，无杂物混入	
纯度，%	≥	99.8	99.0
水分，%	≤	0.1	0.2
pH 值		7.5～9.5	

国家技术监督局 1997-09-26 批准　　　　1998-04-01 实施

表 1 （完）

项目 \ 指标 \ 产品级别[1]		优等品	一等品
灰分，%	≤	0.03	0.05
甲醛水溶解试验			
浊度（高岭土浊度）	≤	20	30
色度（Hazen）单位——铂-钴色号	≤	20	30

4 采样

4.1 采样方法

4.1.1 把同一质量的产品作为一个批量，随机的从样品袋中抽取尽可能代表整批质量的必要的样品量。

4.1.2 在每批产品的 5%包装袋中取样，小批量时，也不得少于 2 袋。

4.1.3 取样时，取样器在产品包装袋的中心垂直插入深度三分之二处采取试样，所取试样总量不得少于 1 000 g。

4.1.4 生产厂可在包装前抽取有代表性的样品。

4.1.5 将所取试样混匀，分装入两个清洁、干燥的磨口玻璃瓶中，密封，贴好标签，并注明产品名称、批号、生产日期、取样日期。一瓶供检验用，另一瓶封存，留样备查，留样保存期为半年。

5 试验方法

5.1 共同事项

本标准所使用的试剂和水，在没有注明其他要求时，均使用分析纯试剂和蒸馏水或同等纯度的水。

本标准所使用的制剂及制品，在没有注明其他要求时均按 GB/T 603 进行制备。

5.2 检验、复检及检验结果的判定与表示

5.2.1 产品由生产厂的质量监督检验部门进行检验，要保证出厂产品的各项技术指标符合本标准的要求，并附有一定格式的质量证明书。

质量证明书内容应包括：产品名称、产品等级、批号、净重、出厂日期、标准号、纯度试验方法等。

5.2.2 检验结果的判定按 GB/T 1250 修约值比较法。检验结果有一项指标不符合表 1 要求时，应重新自两倍量包装袋中取样进行复检，复检结果即使只有一项指标不符合表 1 要求，则整批产品为不合格。

5.2.3 分析结果的最终表示应和技术要求的量值的位数一致。

5.3 外观测定

将按第 4 章采取的试样，置于扩散的亮光下，用肉眼观察其颜色、形状以及有否杂物混入。

5.4 纯度测定

5.4.1 苦味酸法

5.4.1.1 方法提要

将水加入试样，加热溶解后，加入苦味酸溶液，称量所生成的苦味酸三聚氰胺沉淀的质量，即测得三聚氰胺纯度含量。

采用说明：

1] JIS K1531—1982(87)不分级别。

5.4.1.2　试剂和溶液

a）硫酸溶液(1+200)；

b）酚酞指示液：10 g/L；

c）苦味酸溶液：10 g/L；

d）苦味酸三聚氰胺饱和溶液：取分析后收集的苦味酸三聚氰胺沉淀物 3～4 g，加水 2L，煮沸 5 min，冷却后过滤弃液，取其沉淀物烘干备用。取苦味酸三聚氰胺沉淀物 1 g，加水 2 L，加热溶解后静置存放。

苦味酸三聚氰胺饱和溶液，随用随时过滤，并使之与洗涤时的温度一致。

5.4.1.3　仪器和设备

a）一般试验室仪器和设备。

b）玻砂过滤器(坩锅形)：IG3 或 IG4。

5.4.1.4　分析步骤

a）称取试样 1 g(精确至 0.000 2 g)，置于 500 mL 锥形瓶中，同时加入 400 mL 水，加热溶解；

b）冷却后，加入酚酞指示液 3 滴，若显色，加入硫酸溶液，直至溶液颜色消失，若有不溶物，需过滤，水洗；

c）把滤液和洗液合并，移入 500 mL 容量瓶中，加水至刻度，仔细振摇混合后，准确吸取 100 mL 置于 500 mL 烧杯里；

d）将此溶液加热至 80℃，另加入已加热至 80℃的 100 mL 苦味酸溶液，冷却至室温后，保持在 15℃以下约 8 h；

e）用已恒重的玻砂过滤器过滤，之后，先用约 100 mL 苦味酸三聚氰胺的饱和溶液洗涤，再用 10 mL水洗；

f）在 100～105℃下经 2 h 烘干玻砂过滤器，置于干燥器中冷却后，称量(精确至 0.000 2 g)求得沉淀物质量。

5.4.1.5　分析结果的计算

纯度以三聚氰胺的质量百分含量 X_1 表示，按式(1)计算：

$$X_1 = \frac{m_1}{m \times 1/5} \times 0.355\,0 \times 100$$

$$= \frac{m_1}{m} \times 177.5 \qquad \cdots\cdots(1)$$

式中：　m_1——沉淀物的质量，g；

m——试样的质量，g；

0.3550——三聚氰胺与苦味酸三聚氰胺化合物的分子量之比。

取两次平行测定结果的算术平均值为测定结果。两次平行测定结果之差不得大于 0.2%。

5.4.2　升华法

5.4.2.1　方法提要

在升华装置中将试样在负压下进行加热，让三聚氰胺完全升华后，称其残渣量，即测得三聚氰胺纯度。

5.4.2.2　试验装置

试样的减压升华装置，要具备下列条件，其结构如图 1 所示。

a）试样容器的材质，采用铂金，玻璃，磁器等，其形状为盘状或管状，使内装试样易升华，且在减压升华时，内容物不致飞散；

b）减压升华装置，应采用带有温控内部温度为(305±10)℃，内压保持在 4.00 kPa 以下的加热装置和真空装置。

5.4.3.3 分析步骤

a）称取试样约 2 g(精确至 0.000 2 g)，置于预先干燥了的且已知质量的试样容器里；

b）将试样容器置入减压升华装置内，待完全密闭后，开启真空装置缓缓吸引，减压至 0.67～4.00 kPa；

c）从吸引开始约 20 min 内调节装置内的温度达到(305±10)℃；

d）在压力 0.67～4.00 kPa、温度(305±10)℃；条件下持续升华，经 2 h 升华结束；

e）停止加热和吸引，让装置内的压力缓缓地回复到常压后，取出试样容器；

f）在干燥器中冷至室温后，称量试样容器的质量(精确至 0.000 2 g)，求得残余量。

5.4.2.4 分析结果的计算

纯度以三聚氰胺的质量百分含量 X_1 表示，按式(2)计算：

$$X_1 = \frac{m - m_1}{m} \times 100 - X_2 \quad \cdots\cdots(2)$$

式中：m——试样的质量，g；

m_1——试样残渣的质量，g；

X_2——按 5.5 求得的水分，%。

取两次平行测定结果的算术平均值为测定结果。两次平行测定结果之差不得大于 0.2%。

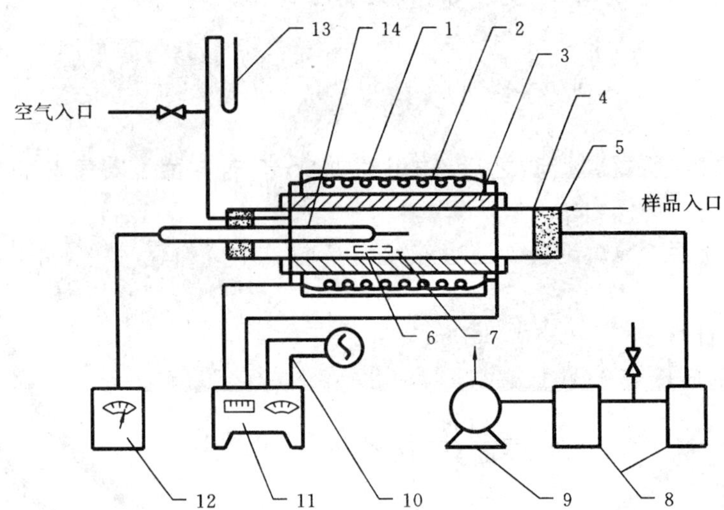

1—炉壳，1 mm 铁皮(圆筒形)； 2—电炉丝，2～3 kW； 3—炉用陶瓷管，直径 70～90mm，长 750 mm；4—石英管，直径 60～80 mm，长 1 000 mm(加热区 700 mm 左右)；5—橡胶塞，按石英管口径配备；6—石英舟或瓷舟，60 mm×30 mm×15 mm；7—托架，可用铁丝自制，能使瓷舟不直接接触石英管即可；8—缓冲瓶，1 000 mL 磨口瓶，串联两个，内填玻璃棉；9—真空泵；10—电源；11—控温器；12—热电偶温度计(表)；13—真空计；14—热电偶

图 1 升华装置图

5.5 水分测定

5.5.1 方法提要

将试样置于干燥箱中烘干，称出其减少量，即测得水分含量。

5.5.2 仪器和设备

a）平底称量瓶 50 mm×30 mm；

b）恒温干燥箱。

5.5.3 分析步骤

a）将约 5 g 试样加入预先干燥且已知质量的平底称量瓶里，尽量将试样铺成均匀的厚度，盖好瓶盖，称量，精确至 0.000 2 g；

b）打开盖子，将称量瓶及盖子置于温度调节至(105±1)℃的干燥箱中干燥 2 h；

c）在玻璃干燥器中将称量瓶及盖子放冷至室温后，称量，求其减量。

5.5.4 分析结果的计算

水分的质量百分含量 X_2，按式(3)计算：

$$X_2 = \frac{m_1 - m_2}{m} \times 100 \qquad \cdots\cdots(3)$$

式中：m_1——坩埚加水分的质量，g；

m_2——坩埚的质量，g；

m——试样的质量，g。

取两次平行测定结果的算术平均值为测定结果。两次平行测定结果之差不得大于 0.02%。

5.6 pH 的测定

5.6.1 方法提要

加水于试样中，煮沸后骤冷，测其上层澄清液的 pH。

5.6.2 仪器和设备

玻璃电极 pH 计：精度为 0.1 pH 单位。

5.6.3 分析步骤

a）称取试样 5.0 g 置于 200 mL 高型烧杯里，加入 100 mL 预先煮沸除去二氧化碳的水(pH6.5～7.0)煮沸 5 min；

b）为避免受空气中二氧化碳的影响，在 10 min 内骤冷至 20 ℃，立即测定上层澄清液的 pH。

5.7 灰分测定

5.7.1 方法提要

将试样置于高温炉中高温灰化，称出其残量，即测得灰分含量。

5.7.2 仪器和设备

a）铂金、瓷坩锅或石英坩埚；

b）高温炉。

5.7.3 分析步骤

a）称取 10 g 以上试样(随灰分量不同而改变取样量)，精确至 0.02 g，置于预先干燥且已知质量的坩埚里；

b）先在温度调节为 400～500℃电热板上加热，使大部分试样挥发并碳化；

c）接着，放入已调节为(750±50)℃的高温炉中进行灰化，1 h 时取出；

d）取出坩埚置于玻璃干燥器中，冷却至室温后，称出其残量，精确至 0.000 2 g，求得灰分含量。

5.7.4 分析结果的计算

灰分的质量百分含量 X_3，按式(4)计算：

$$X_3 = \frac{m_1 - m_2}{m} \times 100 \qquad \cdots\cdots(4)$$

式中：m_1——坩埚加灰分的质量，g；

m_2——坩埚的质量，g；

m——试样的质量，g。

取两次平行测定结果的算术平均值为测定结果。两次平行测定结果之差不得大于 0.01%。

5.8 甲醛水溶解试验

5.8.1 方法提要

将已中和的甲醛水溶液加入试样中，加热溶解后测定其浊度和色度。

5.8.2 仪器和设备

a）甲醛水溶解试验装置：如图 2 所示；

b）空气冷却管：内径 6 mm，长 500 mm 的玻璃管；

c）温度计；

d）玻璃电极 pH 计：同 5.6.2；

e）电磁搅拌器。

5.8.3 试剂和溶液

a）氢氧化钠溶液：4 g/L；

b）甲醛溶液。

5.8.4 分析步骤

a）在托盘天平上，称取试样 40 g，置于 200 mL 三角瓶中；

b）加入 100 mL 预先以氢氧化钠溶液用 pH 计将 pH 调整为 8.3±0.2 的甲醛水溶液；

c）将空气冷却管和温度计安装在 200 mL 的三角瓶上；

d）在水浴中边搅拌边加热；

e）从达到 80℃开始使其 10 min 内溶解，并立即按附录 A（标准的附录）的规定，进行试样溶液浊度的测定；

f）同样按附录 A（标准的附录）的规定，测定试样溶液的色度，用 Hazen 单位表示。

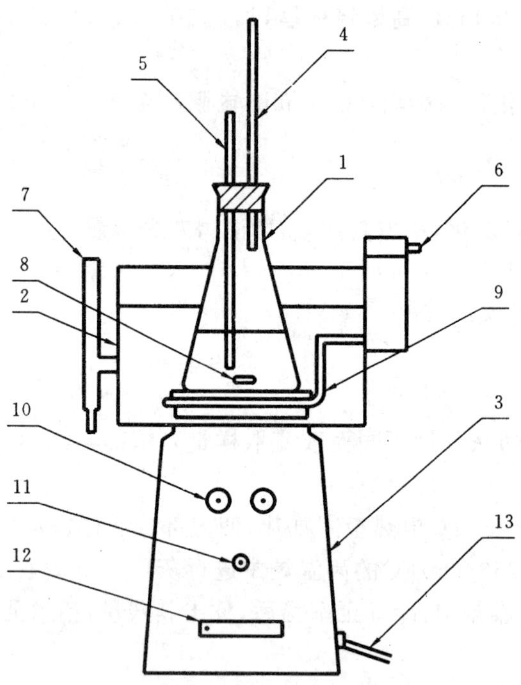

1—三角烧杯 200 mL；2—水浴；3—电磁搅拌器；4—空气冷却管，内径 6 mm，长 500 mm；5—温度计；6—温度调节器；7—自动水准器；8—搅拌器；9—加热器；10—电机用插孔；11—电机开关；12—搅拌速度调节器；13—电源软线

图 2 甲醛水溶解试验装置

6 标志、标签、包装

6.1 三聚氰胺的包装袋上应注明如下事项：

a）产品名称和商标；

b）生产厂厂名和厂址；

c）标准号、纯度、质量等级、净重等。

6.2 三聚氰胺采用两种包装方式

6.2.1 双层包装：外包装采用 GB 8946 规定的 B 型塑料编织袋；内包装采用聚乙烯塑料薄膜袋，薄膜袋扎口，编织袋缝口。每袋净重 25 kg±0.1 kg、40 kg±0.2 kg。

6.2.2 集装袋包装：采用柔性集装袋，其规格尺寸、性能和检验方法应符合 GB 10454 的有关规定。根据用户需要，每袋净重为 250 kg±0.5 kg、500 kg±1.0 kg、1 000 kg±2.0 kg。

6.3 三聚氰胺在运输时应保持包装的完整、防雨和防潮。

6.4 三聚氰胺应贮存在清洁、干燥和通风的环境中。

附 录 A
（标准的附录）
甲醛水溶解试验的浊度与色度的测定

A1 浊度测定

A1.1 方法提要

通过目视试样的浊度并与高岭土标准液相比较，测出浊度值。

测定范围：1～10 度（高岭土）。

A1.2 试剂和溶液

a）水：采用的蒸馏水用孔径约 0.1 μm 的过滤器过滤，弃掉最初的 200 mL 后的过滤液；

b）精制高岭土：取约 10 g 白陶土（高岭土）置于 500 mL 烧杯中，加入 300 mL 水，再加入 0.2 g 10 个结晶水的二磷酸钠（10 个结晶水的焦磷酸钠），然后用磁力搅拌器激烈搅拌 3 min 左右，使其混匀。混匀后，移至 1 L 带塞量筒中，加水至 1 L 刻度，盖紧塞子，再激烈振荡 1 min 左右。在室温下静置 1 h 后，用虹吸管抽取从液面至 250 mL 处的溶液弃之不用，采取以下至 500 mL 处的溶液。

将所采取的溶液采用约 3 000 r/min 的离心机进行约 20 min 离心分离，或采用孔径为 1 μm 以下的过滤材料过滤。然后将过滤的高岭土在 105～110℃ 中加热 3 h，在保干器中放冷之后，再置于广口瓶中保存；

c）高岭土标准液[1 000 度（高岭土）]：取精制高岭土 1.00 g 分散于适量的水中之后，移至容量为 1 000 mL的容量瓶中，再加入约 800 mL 的水和约 10 mL 的甲醛溶液（约 35%）后，加水至刻度；

d）高岭土标准液[100 度（高岭土）]：将高岭土标准液[1 000 度（高岭土）]激烈振荡之后，立即取其 100 mL 溶液加入总量为 1 000 mL 容量瓶中，加水至刻度。

A1.3 仪器和设备

a）暗箱：若使用图 1 示意的暗箱，将便于用肉眼比较浊度。灯泡接近暗箱的下窗观测容易看清。

b）比色管：100 mL 刻度的同塞平底比色管。

A1.4 分析步骤

a）比浊用高岭土比对液[1～10 度（高岭土）]：充分振摇 100 度（高岭土）比浊液，并吸取 5～30 mL 分别移入比色管中，加水至 100 mL 刻度；

b）适量取 5.8.4(e) 中溶解试样于 100 mL 的比色管中，立即同比浊用高岭土比对液在暗箱中由上至下轴向目视比较，选出符合试样的浊度值。

A1.5 分析结果的计算

由符合试样浊度的高岭土比对液浊度[度（高岭土）]，按式 A1 计算出试样的浊度[度（高岭土）]。

$$T = T_s \times \frac{100}{V} \qquad \cdots\cdots (A1)$$

式中：T——试样浊度[度（高岭土）]；

T_s——符合试样浊度的高岭土比对液的浊度[度（高岭土）]；

V——试样的体积，mL。

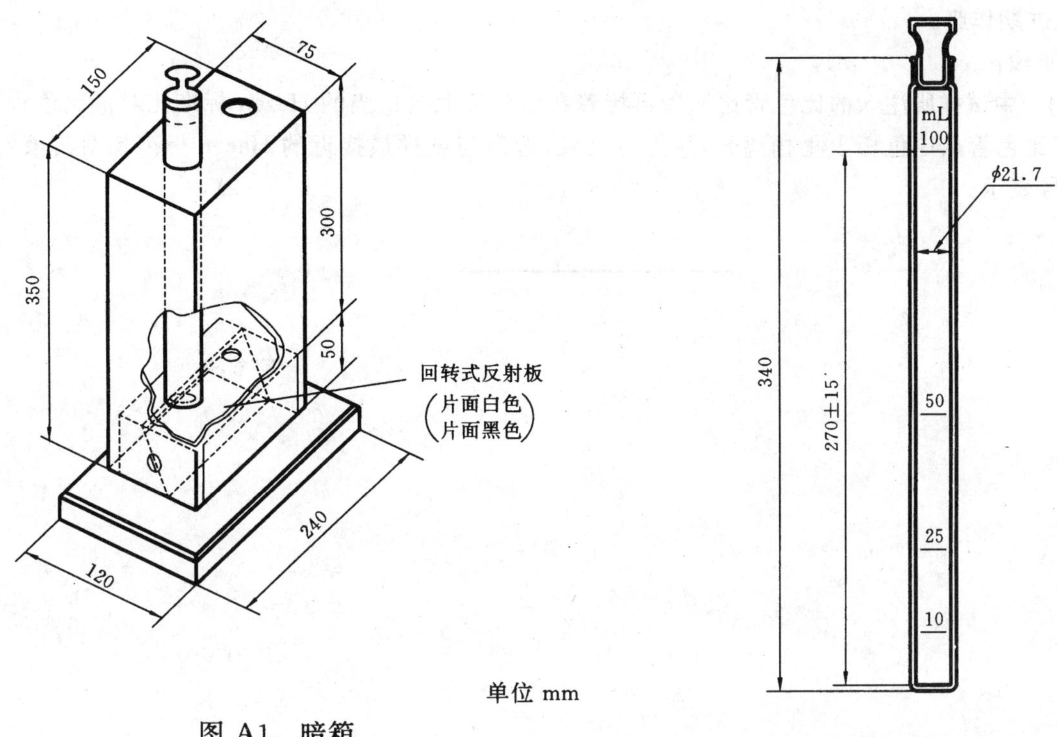

单位 mm

图 A1 暗箱

单位 mm

图 A2 比色管

A2 色度测定

A2.1 方法提要

将试样加入比色管中，然后与 Hazen 标准溶液进行比色。

A2.2 仪器

比色管：内径约 23 mm 的同质同径并带玻璃塞的平底玻璃管，为使液量达到约 100 mL，从底部往上在同样的高度划上标线。

A2.3 试剂和溶液

a) Hazen 标准溶液：将氯铂酸钾(K_2PtCl_6)1.245 g，氯化钴($CoCl \cdot 6H_2O$)1.000 g，水 500 mL 及盐酸 100 mL 置于 1 L 的容量瓶中完全溶解，加水稀释至刻度线，该溶液每 1 mL 中含有 0.5 mg 的 Pt 相当于 Hazen 标准溶液色号 500；

b) 系列比对溶液，相当于以色号 500 的标准溶液按表 A1 的比例稀释配制而成；

表 A1 Hazen 系列比对溶液

Hazen 色号	稀释比例	
	色号 500 标准溶液，mL	水，mL
5	1.0	99.0
10	2.0	98.0
15	3.0	97.0
20	4.0	96.0
25	5.0	95.0
30	6.0	94.0
40	8.0	92.0
50	10.0	90.0

c) 将系列比对溶液取 100 mL 分别置于比色管中，密闭保存于阴暗处，Hazen 系列比对溶液的有效

期为 6 个月,过期作废。

A2.4 分析步骤

将 5.8.4e)中试样所注入的比色管比浊后再接着在白色板上与适当的 Hazen 标准比对液比色管排放在一起,把比色管从白色板上稍稍离开,从上方比较,选定与试样最接近的 Hazen 标准比对溶液,并用 Hazen 色号表示。

前　言

本标准是等效采用日本工业标准 JIS K1352—1993《乙酸酐》对 GB/T 10668—1989《工业乙酸酐》的修订。

本标准中乙酸酐含量的测定方法——滴定法等同采用国际标准 ISO 754:1982《工业乙酸酐试验方法》第 9 条“乙酸酐含量的测定——滴定法”。

本标准与 JIS K 1352—1993 比较，JIS K 1352—1993 为一个等级，本标准为三个等级。JIS K 1352—1993 设密度项目，不设还原高锰酸钾物质项目。本标准已设控制产品纯度的乙酸酐含量项目，不再设间接控制产品纯度的密度项目。为控制产品中有机还原性杂质含量，本标准设还原高锰酸钾物质项目。本标准优等品的色度、蒸发残渣指标优于 JIS K 1352—1993，其它指标与 JIS K 1352—1993 等同。乙酸酐含量的测定方法——气相色谱法在 JIS K 1352—1993 中，对色谱柱及推荐的分析条件未作具体规定，本标准规定了这些条件。色度的测定方法——分光光度法计算三刺激值所用加权系数引用 GB/T 3979—1997《物体色的测量方法》中的加权系数。

本标准与 GB/T 10668—1989 比较，取消了沸程、重金属和氯化物控制项目。乙酸酐含量的优等品指标由≥98.5%修改为≥99.0%。试验方法中色度的测定增加了分光光度法，乙酸酐含量的测定增加了气相色谱法；铁含量的测定增加了原子吸收光谱法。以色度测定的分光光度法、乙酸酐含量测定的滴定法、铁含量测定的分光光度法为仲裁法。增设了安全条款。

本标准自实施之日起，代替 GB/T 10668—1989《工业乙酸酐》。

本标准附录 A、附录 B、附录 C 是标准的附录。

本标准由原化学工业部提出。

本标准由全国化学标准化技术委员会有机分会归口。

本标准起草单位：吉化集团公司电石厂。

本标准主要起草人：李茹春、杨永梅、洪性光、彭　禹、纪　静。

本标准于 1989 年 3 月首次发布。

本标准委托全国化学标准化技术委员会有机分会负责解释。

中华人民共和国国家标准

GB/T 10668—2000

代替 GB/T 10668—1989

工 业 乙 酸 酐

Acetic anhydride for industrial use

1 范围

本标准规定了工业乙酸酐的要求、试验方法、检验规则及标志、包装、运输、贮存、安全等。

本标准适用于乙酸裂化法或乙醛氧化法制得的乙酸酐。

该产品主要用于生产醋酸纤维、医药、染料、香料、胶片等产品。

分子式：$(CH_3CO)_2O$

结构式：

```
          O
         //
CH3—C
         \
          O
         /
CH3—C
         \\
          O
```

相对分子质量：102.09（按 1997 年国际相对原子质量）

2 引用标准

下列标准所包含的条文，通过在本标准中引用而构成为本标准的条文。本标准出版时，所示版本均为有效。所有标准都会被修订，使用本标准的各方应探讨使用下列标准最新版本的可能性。

GB 190—1990 危险货物包装标志

GB/T 601—1988 化学试剂 滴定分析（容量分析）用标准溶液的制备

GB/T 603—1988 试验方法中所用制剂及制品的制备

GB/T 1250—1989 极限数值的表示和判定方法

GB/T 3049—1986 化工产品中铁含量测定的通用方法 邻菲啰啉分光光度法（eqv ISO 6685:1982）

GB/T 3143—1982 液体化学产品颜色测定法（Hazen 单位—铂-钴色号）（idt ISO 2211:1981）

GB/T 3979—1997 物体色的测量方法（neq CIE 1931）

GB/T 6324.2—1986 挥发性有机液体 水浴上蒸发后干残渣测定的通用方法（eqv ISO 759:1981）

GB/T 6324.3—1993 有机化工产品还原高锰酸钾物质的测定方法（neq ISO 1387:1982，753/6:1981）

GB/T 6678—1986 化工产品采样总则

GB/T 6680—1986 液体化工产品采样通则

GB/T 6682—1992 分析实验室用水规格和试验方法（eqv ISO 3696:1987）

国家质量技术监督局 2000-06-09 批准　　2000-11-01 实施

GB/T 10479—1989 铝制铁道罐车技术条件

3 要求

3.1 外观:透明液体,无悬浮物和机械杂质。

3.2 工业乙酸酐的质量应符合表1的要求。

表1 要求

项目		指标		
		优等品	一等品	合格品
色度,Hazen 单位(铂-钴色度号)	≤	10	15	25
乙酸酐含量,%	≥	99.0	98.0	96.0
蒸发残渣,%	≤	0.005	0.01	0.01
铁含量(以 Fe 计),%	≤	0.000 1	0.000 2	0.000 5
还原高锰酸钾物质[1],指数(mg/100 mL)	≤	60	80	—

4 试验方法

本标准所用的试剂和水,在没有注明其他要求时,均指分析纯试剂和 GB/T 6682 中规定的三级水。

本标准所用标准滴定溶液、标准溶液、制剂及制品,在没有注明其他要求时,均按 GB/T 601、GB/T 603制备。

4.1 色度的测定

4.1.1 目视比色法

按 GB/T 3143 规定进行测定。比色管容量为 100 mL。

4.1.2 分光光度法(仲裁法)

按附录 A(标准的附录)规定进行测定。

4.2 乙酸酐含量的测定

4.2.1 滴定法(仲裁法)

4.2.1.1 方法提要[2]

试样用过量的氢氧化钠标准溶液水解,生成乙酸。用盐酸标准滴定溶液返滴定,测定被乙酸消耗氢氧化钠的量。

取同样量的试样和苯胺反应,生成乙酸,加同样体积的氢氧化钠标准溶液,用盐酸标准滴定溶液返滴定,测定被乙酸消耗氢氧化钠的量。

根据水解反应和胺解反应生成的乙酸消耗氢氧化钠的量之差,计算乙酸酐含量。

$$(CH_3CO)_2O + 2NaOH \rightarrow 2CH_3COONa + H_2O$$

$$(CH_3CO)_2O + C_6H_5NH_2 \rightarrow C_6H_5NHCOCH_3 + CH_3COOH$$

4.2.1.2 试剂和溶液

a) 苯胺:新蒸馏无水试剂;

b) 环己烷:新蒸馏无水试剂;

c) 甲醇;

d) 氢氧化钠标准溶液:$c(NaOH)=1$ mol/L;

采用说明

1〕JIS K1352—1993 未设此项。

2〕JIS K1352—1993 未采用 ISO 754:1982 方法。

e) 盐酸标准滴定溶液：$c(HCl)=1$ mol/L；

f) 酚酞指示液：5 g/L 乙醇溶液。

4.2.1.3 仪器

一般实验室仪器及

a) 点滴瓶；

b) 锥形瓶：带有磨口玻璃塞，容量 500 mL。

4.2.1.4 分析步骤

a) 第一次滴定

用点滴瓶称取约 2 g 试样，精确至 0.000 2 g，置于盛有 50 mL 氢氧化钠标准溶液的锥形瓶中，盖上瓶塞静置 1 h，加 40 mL 环己烷、10 mL 苯胺和 100 mL 甲醇，加 0.5 mL 酚酞指示液，用盐酸标准滴定溶液滴定过量的氢氧化钠，直至粉红色刚好消失。

b) 第二次滴定

用点滴瓶称取约 2 g 试样，精确至 0.000 2 g，置于另一个盛有 20 mL 环己烷的锥形瓶中，盖上瓶塞置于冰浴中。加入冰冷却的 10 mL 苯胺和 20 mL 环己烷，盖上瓶塞，在冰浴中静置 1 h。加入 100 mL 甲醇和 50 mL 氢氧化钠标准溶液，加 0.5 mL 酚酞指示液，用盐酸标准滴定溶液滴定过量的氢氧化钠，直至粉红色刚好消失。同时进行空白试验。

4.2.1.5 分析结果的表述

以质量百分数表示的乙酸酐含量 X_1，按式(1)计算：

$$X_1=\left(\frac{V_0-V_1}{m_1}-\frac{V_0-V_2}{m_2}\right)c\times 0.102\,1\times 100=\left(\frac{V_0-V_1}{m_1}-\frac{V_0-V_2}{m_2}\right)c\times 10.21 \quad\cdots(1)$$

式中：V_0——空白试验消耗盐酸标准滴定溶液的体积，mL；

V_1——第一次滴定消耗盐酸标准滴定溶液的体积，mL；

V_2——第二次滴定消耗盐酸标准滴定溶液的体积，mL；

m_1——第一次称取试样的质量，g；

m_2——第二次称取试样的质量，g；

c——盐酸标准滴定溶液的实际浓度，mol/L；

0.102 1——与 1.00 mL 盐酸标准滴定溶液[$c(HCl)=1.000$ mol/L]相当的以克表示的乙酸酐质量。

取两次平行测定结果的算术平均值为测定结果，两次平行测定结果之差不大于 0.30%。

4.2.2 气相色谱法

按附录 B(标准的附录)规定进行测定。

4.3 蒸发残渣的测定

按 GB/T 6324.2 规定进行测定。

取两次平行测定结果的算术平均值为测定结果，两次平行测定结果之差不大于 0.000 5%。

4.4 铁含量的测定

4.4.1 邻菲啰啉分光光度法(仲裁法)

按 GB/T 3049 规定进行测定。

4.4.1.1 试液制备

移取 100 mL 试样置于瓷或玻璃蒸发皿中，在沸水浴上蒸干。残渣用 2 mL 盐酸溶液(1+1)溶解。

4.4.1.2 分析结果的表述

以质量百分数表示的铁含量 X_2，按式(2)计算：

$$X_2=\frac{W\times 10^{-5}}{V\cdot\rho}\times 100=\frac{W\times 10^{-4}}{V\cdot\rho} \quad\cdots\cdots(2)$$

式中：W——从标准曲线查得铁的量，μg；

V——试样的体积,mL;

ρ——试样 20℃时的密度,g/cm³。

取两次平行测定结果的算术平均值为测定结果,两次平行测定结果之差不大于 0.000 02%。

4.4.2 原子吸收光谱法

按附录 C(标准的附录)规定进行测定。

4.5 还原高锰酸钾物质的测定

按 GB/T 6324.3—1993 中 3.2 的规定进行测定。

试样用量:5.0 mL。碘化钾溶液加入量:10 mL。

取两次平行测定结果的算术平均值为测定结果,两次平行测定结果之差不大于 2 mg/100 mL。

5 检验规则

5.1 本标准规定的所有项目均为型式检验项目,其中色度、乙酸酐含量、铁含量和还原高锰酸钾物质为出厂检验项目。正常情况下,一个月至少进行一次型式检验。

5.2 工业乙酸酐应由生产厂的质量检验部门进行检验。生产厂应保证所有出厂的产品都符合本标准的要求。

5.3 使用单位有权按照本标准的规定对收到的产品进行检验。

5.4 每批出厂的产品都应附有一定格式的质量证明书。其内容包括:产品名称、产品等级、生产厂厂名、厂址、批号或生产日期及本标准编号。

5.5 工业乙酸酐产品以同等质量的均匀产品为一批。桶装产品以不大于 60 t 为一批。罐装产品以车罐或船罐的单位包装量为一批。

5.6 工业乙酸酐的采样按 GB/T 6678 和 GB/T 6680 规定进行。采样总体积不少于 2 L,混合均匀后分别装于两个清洁、干燥的 1 L 磨口瓶中。贴标签并注明:产品名称、批号、采样日期、采样人姓名。一瓶供检验用,另一瓶密封保留两个月备查。

5.7 检验结果的判定按 GB/T 1250 中修约值比较法进行。检验结果如果有一项指标不符合本标准要求时,桶装产品应重新自两倍数量的包装单元中采样进行检验,罐装产品应重新多点采样进行检验。重新检验的结果即使只有一项指标不符合本标准要求,则整批产品为不合格。

6 标志、包装、运输、贮存

6.1 工业乙酸酐包装容器上应有牢固清晰的标志,其内容包括:产品名称、商标、生产厂厂名、厂址、净重、批号、本标准编号及符合 GB 190 规定的"腐蚀品"标志。

6.2 工业乙酸酐装于符合 GB/T 10479 规定的罐车中,也可装于不锈钢制船罐或塑料桶中。包装容器应清洁、干燥。

6.3 工业乙酸酐在运输及装卸时,防止激烈震动。运输工具应附有遮盖物。

6.4 工业乙酸酐应贮存在阴凉、通风、干燥的场所,避免日晒,远离火源和热源。不能与有机酸及碱类一起贮存。

7 安全

工业乙酸酐是一种有刺激性气味、腐蚀性很强的透明液体,它的蒸气对眼睛及呼吸道具有特殊的刺激作用,空气中最大允许浓度不超过 20 mg/m³,与空气混合的爆炸极限为 2.9%~10.3%。在包装、采样时,操作者要佩戴好防护用具,溅到皮肤或眼睛时应立即用碱性肥皂或大量水清洗,以防灼伤。

附　录　A
（标准的附录）
色度的测定——分光光度法

A1　方法提要

黄度指数可定量地描述试样的颜色，用分光光度计或比色计测定并计算试样黄度指数，从标准比色液的黄变度——铂-钴色度号的标准曲线查得试样的色度号，以铂-钴色号表示结果。

注：黄变度为标准比色液与水的黄度指数的差值。

A2　试剂和溶液

铂-钴标准比色液：按 GB/T 3143 规定进行配制。

在 0～30 铂-钴色号范围内配制不少于 10 个色号的标准比色液。

A3　仪器

A3.1　分光光度计

符合 GB/T 3979—1997 中 6.1 和 6.3.1 的要求。并备有双光束、自动扫描、自动记录性能。

比色皿：厚度 1 cm。

A3.2　比色计

符合 GB/T 3979—1997 中 7.1 和 6.3.1 的要求。

A4　分析步骤

A4.1　分光光度计分析步骤

A4.1.1　仪器调整

将空皿放入参比池，水放入样品池，调仪器透光度为 100%。

A4.1.2　标准曲线的绘制

A4.1.2.1　水及标准比色液透光度的测定

以空气为参比，在波长为 380～780 nm 范围内，每隔 10 nm 依次测定水及标准比色液的透光度。

A4.1.2.2　水及标准比色液黄度指数的计算

黄度指数按式(A1)计算：

$$Y_i = \frac{100(1.28X - 1.06Z)}{Y} \qquad \text{(A1)}$$

式中：Y_i——被测物质的黄度指数；

X、Y、Z——被测物质的三刺激值。

被测物质的三刺激值分别按式(A2)、(A3)、(A4)计算：

$$X = K\sum_{\lambda} S(\lambda)\overline{x}(\lambda)\tau(\lambda)\Delta\lambda \qquad \text{(A2)}$$

$$Y = K\sum_{\lambda} S(\lambda)\overline{y}(\lambda)\tau(\lambda)\Delta\lambda \qquad \text{(A3)}$$

$$Z = K\sum_{\lambda} S(\lambda)\overline{z}(\lambda)\tau(\lambda)\Delta\lambda \qquad \text{(A4)}$$

式中：　K——归化系数，$K = \dfrac{100}{\sum_{\lambda} S(\lambda)\overline{y}(\lambda)\Delta\lambda}$；

$S(\lambda)$——标准光源（照明体）的相对光谱功率分布；

$\bar{x}(\lambda)$、$\bar{y}(\lambda)$、$\bar{z}(\lambda)$——XYZ 色度系统中的色度函数；

$\tau(\lambda)$——被测物质透光度；

$\Delta\lambda$——波长间隔。

加权系数 $S(\lambda)\bar{x}(\lambda)$、$S(\lambda)\bar{y}(\lambda)$、$S(\lambda)\bar{z}(\lambda)$值见 GB/T 3979—1997 中表 2.1 的 C 照明体数据。

A4.1.2.3　标准比色液黄变度的计算

黄变度按式(A5)计算：

$$\Delta Y_i = Y_i - Y_0 \qquad \text{(A5)}$$

式中：ΔY_i——标准比色液的黄变度；

Y_i——标准比色液的黄度指数；

Y_0——水的黄度指数。

以标准比色液的铂-钴色号为横坐标，对应的黄变度为纵坐标绘制标准曲线。

A4.2　比色计分析步骤

按仪器说明书的规定测定被测物质的三刺激值，其他按 A4.1.2 规定执行。

A4.3　试样的测定

按上述规定(A4.1 或 A4.2)测定并计算试样的黄变度。

A4.4　分析结果的表述

根据试样的黄变度，在标准曲线上查得试样的色度号。

取两次平行测定结果的算术平均值为测定结果，两次平行测定结果之差不大于一个铂-钴色度号。

附　录　B

（标准的附录）

乙酸酐含量的测定——气相色谱法

B1　方法提要

工业乙酸酐中的各组分在阿皮松 M/石墨化炭黑柱上分离，热导检测器检测，归一法定量。

B2　试剂和材料

B2.1　载气

氢气：纯度≥99.9%(V/V)。

B2.2　固定液：阿皮松 M。

B2.3　载体：石墨化炭黑(STH-2)，孔径 0.18～0.25 mm。

B2.4　溶剂：苯。

B3　仪器

B3.1　气相色谱仪

B3.2　检测器：热导检测器。

B3.3　记录仪：满量程为 1 mV，或色谱数据处理机。

B3.4　色谱柱

B3.4.1　柱管：长 1.5～2.0 m，内径 3 mm 的不锈钢管或硼硅玻璃管。

B3.4.2　填充物

固定液：载体＝10：100

涂渍固定液的方法：称取 0.70 g 阿匹松 M，置于 200 mL 烧杯中，加约 15 mL 苯，在水浴上加热溶解，然后加 7.0 g 载体，使载体完全浸没，稍加搅拌，于红外灯下烘干或自然干燥。

B3.4.3 填充方法

将色谱柱的出口端（接检测器端）塞上玻璃棉，接真空泵，另一端接漏斗，开启真空泵，在轻轻地振动下装入固定相。填充均匀，紧密，填充量约 6 g，再用玻璃棉塞好。

B3.4.4 色谱柱老化

将填充好的色谱柱安装在色谱仪柱箱中，出口端与检测器断开，于 150℃ 老化 8 h 以上，直至基线稳定。

B3.5 进样器

微量玻璃注射器：容量 10 μL，最小分刻度 0.2 μL。

B4 分析步骤

B4.1 色谱仪操作条件

按下列条件调整仪器，允许根据不同仪器做适当变动，应得到合适的分离度。

B4.1.1 气化室温度：200℃。

B4.1.2 检测室温度：150℃。

B4.1.3 柱箱温度：90℃。

B4.1.4 桥电流：120 mA。

B4.1.5 载气流速：50 mL/min。

B4.1.6 进样量：1 μL。

B4.2 定量方法

面积归一法。

B4.3 试验

按上述规定调整仪器，基线稳定后，用进样器进样，色谱数据处理机计算。

B4.4 色谱图及相对保留时间

B4.4.1 色谱图（见图 B1）

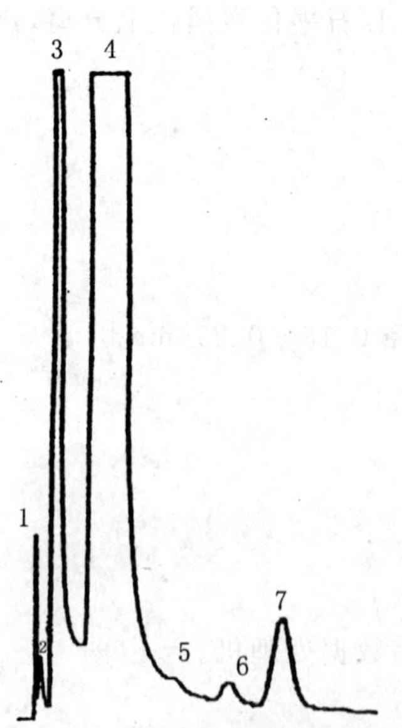

1—空气；2—乙烯酮；3—乙酸；4—乙酸酐；5—未知；6—丙酮酸乙酯；7—亚乙基二乙酸酯

图 B1 工业乙酸酐色谱图

B4.4.2 相对保留时间

各组分在色谱柱（阿皮松 M/石墨化炭黑）上相对保留时间见表 B1。

表 B1 相对保留时间

峰 序	组分名称	相对保留时间
1	空气	0
2	乙烯酮	0.079
3	乙酸	0.27
4	乙酸酐	1.00
5	未知	1.92
6	丙酮酸乙酯	2.64
7	亚乙基二乙酸酯	3.34

B5 分析结果的表述

以质量百分数表示的乙酸酐含量 X_1，按式(B1)计算：

$$X_1 = \frac{A}{A + \Sigma A_i} \times 100 \quad \cdots\cdots (B1)$$

式中：A——试样中乙酸酐的峰面积，mm^2；

ΣA_i——试样中各杂质峰面积之和，mm^2。

取两次平行测定结果的算术平均值为测定结果，两次平行测定结果之差不大于 0.10%。

B6 最小检测量

乙酸酐最小检测量为 0.07 μg。

附 录 C

（标准的附录）

铁含量的测定——原子吸收光谱法

C1 方法提要

试样经蒸发处理后，配成适当浓度的溶液，在空气-乙炔火焰中喷雾，以铁空心阴极灯为光源，在 248.3 nm 波长下测定试样吸光度。根据在相同条件下确定的铁工作曲线，计算试样中铁的含量。

C2 试剂和溶液

本方法所用的水，指 GB/T 6682 中规定的二级水。

C2.1 盐酸：优级纯。

C2.2 盐酸溶液：1+1。

C2.3 铁：光谱纯。

C2.4 硝酸：优级纯。

C2.5 硝酸溶液：1+2。

C2.6 铁标准贮备溶液(Fe 1 mg/mL)：

称取铁 1 g，精确至 0.001 g，置于 250 mL 烧杯中，加入 25 mL 硝酸溶液，加热溶解，待溶液冷却后，移入 1 000 mL 容量瓶中，稀释至刻度。

C2.7 铁标准溶液(Fe 0.01 mg/mL)：

吸取铁标准贮备溶液 1.00 mL，移入 100 mL 容量瓶中，加 2.5 mL 硝酸溶液，稀释至刻度。使用时现配制。

C3 仪器

C3.1 原子吸收光谱仪。

C3.1.1 特征浓度

在与测定试样溶液的基体相一致的溶液中，铁的特征浓度应不大于 0.044 μg/mL。

C3.1.2 仪器精密度

在给定试验条件下，对吸光度在 0.1～0.3 范围内的标样，进行 7 次重复测定，结果的相对标准偏差不大于 1.5%。

C3.2 铁空心阴极灯。

C3.3 火焰原子化器。

C3.4 燃气：乙炔。

C3.5 助燃气：空气。

C3.6 水浴。

C3.7 蒸发皿：150 mL，圆底瓷或玻璃。

C3.8 移液管：100 mL。

C3.9 容量瓶：25 mL。

C4 分析步骤

C4.1 试样的制备

移取 100 mL 试样于瓷或玻璃蒸发皿中，在沸水浴上蒸干，残渣用 2 mL 盐酸溶液溶解，移入 25 mL 容量瓶中，稀释至刻度。

C4.2 工作曲线的绘制

C4.2.1 校准溶液的制备

分别移取 0～10.0 mL 铁标准溶液于 4～5 个 25 mL 容量瓶中，加 2 mL 盐酸溶液，稀释至刻度。

C4.2.2 校准溶液吸光度的测定

在给定的仪器试验条件下，待仪器稳定，用水调零后，分别测定校准溶液的吸光度。

C4.2.3 工作曲线的绘制

以铁校准溶液浓度为横坐标，减试剂空白的吸光度为纵坐标，绘制工作曲线。或由数据处理系统直接绘制曲线。

如使用数据处理系统，工作曲线可在试样测定时进行。

C4.3 试样的测定

按 C4.2.2 的规定进行测定。从工作曲线中查得浓度值(或直接读取浓度值)。

C5 分析结果的表述

C5.1 以质量百分数表示的铁含量 X_1，按式(C1)计算：

$$X_1 = \frac{C \cdot V_1 \times 10^{-6}}{V \cdot \rho} \times 100 = \frac{C \cdot V_1 \times 10^{-4}}{V \cdot \rho} \qquad \text{(C1)}$$

式中：C——从工作曲线中查得的浓度，μg/mL；

V_1——测定时试样溶液的体积，mL；

V——试样的体积，mL；

ρ——试样 20℃时的密度，g/cm³。

取两次平行测定结果的算术平均值为测定结果，两次平行测定结果之差不大于 0.000 01%。

前　　言

本标准是等效采用德国国家标准 DIN 53247—1997《油漆和类涂膜材料用溶剂　酮交货说明书，其他特性和检验》对 GB/T 10669—1989《工业环己酮》的修订。

本标准与 DIN 53247—1997 比较，主要差异为：未将在 DIN 53247—1997 中作为其他特性的闪点、汽化值列入本标准项目。本标准将产品分为三个等级，DIN 53247—1997 未分等级。优等品纯度、色度、水分指标优于 DIN 53247—1997。

本标准对 GB/T 10669—1989 修订的主要内容为：增设纯度指标为：优等品≥99.8%，一等品≥99.5%，合格品≥99.0%。增设色度一等品指标为≤25 铂-钴色号。水分指标优等品由≤0.10%修改为≤0.08%，合格品由≤0.30%修改为≤0.20%。取消折光率指标，改为“由供需双方协商确定”。馏程优等品指标馏出 95 mL 时的温度间隔由≤1.0℃修改为≤1.5℃。纯度测定用色谱法代替容量法。密度不再作为出厂检验项目。增设了安全条款。

本标准的附录 A、附录 B 是标准的附录。

本标准自实施之日起，代替 GB/T 10669—1989《工业环己酮》。

本标准由国家石油和化学工业局提出。

本标准由全国化学标准化技术委员会有机分会归口。

本标准起草单位：岳阳石油化工总厂化工二厂。

本标准参加起草单位：鹰山石油化工厂、锦西化工有限责任公司、巨化集团公司锦纶厂、太原化学工业集团有限公司化工厂、山东天源化学工业公司。

本标准主要起草人：彭英涵、冯建四、黄光磊、李江泉。

本标准于 1989 年 3 月首次发布。

本标准委托全国化学标准化技术委员会有机分会负责解释。

中华人民共和国国家标准

GB/T 10669—2001

工 业 用 环 己 酮

代替 GB/T 10669—1989

Cyclohexanone for industrial use

1 范围

本标准规定了工业用环己酮的要求、试验方法、检验规则及标志、包装、运输、贮存、安全等。

本标准适用于环己烷氧化法制得的工业用环己酮，该产品主要用于制造尼龙的中间体，作为溶剂和工业原料应用于涂料、树脂及医药等行业。

分子式：$C_6H_{10}O$

相对分子质量：98.15（按 1997 年国际相对原子质量）

2 引用标准

下列标准所包含的条文，通过在本标准中引用而构成为本标准的条文。本标准出版时，所示版本均为有效。所有标准都会被修订，使用本标准的各方应探讨使用下列标准最新版本的可能性。

GB 190—1990 危险货物包装标志

GB/T 601—1988 化学试剂 滴定分析（容量分析）用标准溶液的制备

GB/T 603—1988 化学试剂 试验方法中所用制剂及制品的制备（neq ISO 6353-1:1982）

GB/T 1250—1989 极限数值的表示方法和判定方法

GB/T 2366—1986 化工产品中水分含量的测定 气相色谱法

GB/T 3143—1982(1990) 液体化学产品颜色测定法（Hazen 单位—铂-钴色号）（neq ISO 2211:1973）

GB/T 4472—1984 化工产品密度、相对密度测定通则

GB/T 6283—1986 化工产品中水分含量的测定 卡尔·费休法（通用方法）（eqv ISO 760:1978）

GB/T 6488—1986 化工产品折光率测定法

GB/T 6678—1986 化工产品采样总则

GB/T 6680—1986 液体化工产品采样通则

GB/T 6682—1992 分析实验室用水规格和试验方法（neq ISO 3696:1987）

GB/T 7534—1987 工业用挥发性有机液体 沸程的测定（neq ISO 918:1983）

GB/T 9722—1988 化学试剂 气相色谱法通则

3 要求

3.1 外观：透明液体，无可见杂质。

3.2 工业用环己酮应符合表 1 所示的技术要求。

中华人民共和国国家质量监督检验检疫总局 2001-09-06 批准　　2002-04-01 实施

表 1 技术要求

项目		指标		
		优等品	一等品	合格品
色度/Hazen 单位(铂-钴色号)	≤	15	25	—
密度 ρ_{20}/(g/cm³)		0.946～0.947	0.944～0.948	
在 0℃、101.3 kPa 馏程范围/℃		153.0～157.0		152.0～157.0
馏出 95 mL 时的温度间隔/℃	≤	1.5	3.0	5.0
水分的质量分数/%	≤	0.08	0.15	0.20
酸度(以乙酸计)的质量分数/%	≤	0.01		—
折光率 n_D^{20}		由供需双方协商确定		
纯度的质量分数/%	≥	99.8	99.5	99.0

4 试验方法

本标准中所用试剂和水，在没有注明其他要求时，均为分析纯试剂和 GB/T 6682 中规定的三级水。

本标准中所用标准溶液、制剂和制品，在没有注明其他要求时，均按 GB/T 601、GB/T 603 制备。

4.1 外观

将试样注入清洁、干燥的 100 mL 具塞比色管中目测。

4.2 色度的测定

按 GB/T 3143 规定的方法进行测定，比色管容量为 100 mL。

4.3 密度的测定

按 GB/T 4472 规定的方法进行测定。

可按式(1)将 15℃～35℃之间任一温度下测得的密度换算至 20℃时的密度：

$$\rho_{20} = \rho_t + 0.000\,89(t - 20) \qquad \cdots\cdots(1)$$

式中：ρ_{20}——样品在 20℃时的密度，g/cm³；

ρ_t——在任一温度下测得的试样密度，g/cm³；

t——测定试样时的温度，℃；

0.000 89——环己酮密度的温度校正系数，g/(cm³·℃)。

取两次平行测定结果的算术平均值为测定结果。两次平行测定结果之差不得大于 0.000 3 g/cm³。若有争议，用比重瓶法仲裁。

4.4 馏程的测定

按 GB/T 7534 规定的方法进行测定，其中 K 值按不同地区大气压力范围取值如表 2：

表 2 环己酮沸点随大气压力的变化率(K 值)

大气压力/kPa	K 值/(℃/kPa)
89.3～93.3	0.390
93.4～97.3	0.383
97.4～101.3	0.375
101.4～106.6	0.368

4.5 水分的测定

4.5.1 按 GB/T 6283 规定的方法进行测定，其中溶剂为吡啶:乙二醇=5∶1(体积分数)。该法为仲裁法。

4.5.2 按 GB/T 2366 规定的方法进行测定，色谱柱、色谱操作条件及典型色谱图见附录 A(标准的附录)。

4.5.3 取两次平行测定结果的算术平均值为测定结果。两次平行测定结果之差不得大于0.005%。

4.6 酸度的测定

4.6.1 仪器和设备

a) 磁力搅拌器;

b) 微量滴定管:分刻度为0.02 mL。

4.6.2 试剂和材料

a) 95%乙醇;

b) 氢氧化钠标准滴定溶液:$c(NaOH)=0.1$ mol/L;

c) 酚酞指示液:5 g/L;

d) 氮气:纯度不小于99.9%。

4.6.3 分析步骤

取100 mL 95%乙醇倒入500 mL锥形瓶中,加入0.5 mL酚酞指示液,以(500±50) mL/min的速度通氮气10 min~15 min。在磁力搅拌下,用氢氧化钠标准滴定溶液滴定至粉红色。于此溶液中加入100 mL试样,以同样的操作条件,用氢氧化钠标准滴定溶液滴定至粉红色,保持15 s不褪色为终点。

4.6.4 分析结果的表述

以质量分数(%)表示的酸度(以乙酸计)X_1按式(2)计算:

$$X_1=\frac{cV_1\times 0.060\,05}{V_2\rho_t}\times 100=\frac{cV_1\times 6.005}{V_2\rho_t} \qquad \cdots\cdots(2)$$

式中:c——氢氧化钠标准滴定溶液的实际浓度,mol/L;

V_1——滴定试样时消耗的氢氧化钠标准滴定溶液的体积,mL;

V_2——试样的体积,mL;

ρ_t——试样的密度,g/cm³;

0.060 05——与1.00 mL氢氧化钠标准滴定溶液[$c(NaOH)=1.000$ mol/L]相当的以克表示的乙酸的质量。

取两次平行测定结果的算术平均值为测定结果。两次平行测定结果之差不得大于0.001%。

4.7 折光率的测定

按GB/T 6488规定的方法进行测定。

4.8 纯度的测定

4.8.1 方法提要

试样通过色谱柱,各组分得以分离,用火焰离子化检测器检测,杂质的质量分数用外标法按积分面积测定,100.0减去杂质及水的质量分数即为纯度。

4.8.2 试剂和材料

a) 环己醇:色谱纯,外标物;

b) 正戊醇:色谱纯,外标物;

c) 环己酮:色谱纯;

d) 聚乙二醇20 M;

e) 担体:6201型担体,0.18 mm~0.25 mm(80目~60目);

f) 氮气:纯度不小于99.99%;

g) 氢气:纯度不小于99.9%;

h) 空气:经净化处理。

4.8.3 仪器和设备

4.8.3.1 气相色谱仪:配有火焰离子化检测器,灵敏度及稳定性符合GB/T 9722中有关规定的任何型号的气相色谱仪。

4.8.3.2 色谱柱

a）本标准推荐的色谱柱、色谱操作条件、相对保留时间及典型色谱图见附录B(标准的附录)。

b）色谱柱的老化：将已填充好的色谱柱装入色谱柱箱中，检查气密性后，自柱温60℃开始，以5 ℃/min的速度升温，最终温度至150℃，通氮气分段老化，在150℃下老化10 h以上，直到基线稳定。

4.8.3.3 色谱数据处理机或记录仪。

4.8.3.4 进样器：微量注射器，1～5 μL。

4.8.4 标样的制备

准确称取一定量的环己酮，加入已知量的正戊醇和环己醇配成标样，以上称量均精确至0.000 2 g，混匀。在标样中，正戊醇的质量分数约为(0.06～0.08)%，环己醇的质量分数约为(0.02～0.04)%。配好的标样装于安瓿瓶内备用。

4.8.5 分析步骤

按照色谱操作条件调整仪器，基线稳定后，用微量注射器先后进标样及试样，测量各杂质峰面积，按外标法进行计算。

4.8.6 分析结果的表述

以质量分数(%)表示的纯度、轻组分杂质含量、重组分杂质含量(X_2、X_3、X_4)按式(3)、式(4)和式(5)计算：

$$X_2 = 100.0 - X_3 - X_4 - X_5 \qquad (3)$$

$$X_3 = \frac{c_1 \cdot A_1'}{A_1} \times 100 \qquad (4)$$

$$X_4 = \frac{c_2 \cdot A_2'}{A_2} \times 100 \qquad (5)$$

式中：X_5——按4.5测得的水分，%；

c_1——标样中正戊醇的质量分数，%；

c_2——标样中环己醇的质量分数，%；

A_1'——环己酮峰前各组分峰的总面积；

A_2'——环己酮峰后各组分峰的总面积；

A_1——标样中正戊醇的峰面积；

A_2——标样中环己醇的峰面积。

取两次平行测定结果的算术平均值为测定结果。两次平行测定结果之差不得大于0.1%。

5 检验规则

5.1 本标准所列项目均为型式检验项目，其中色度、馏程、水分、纯度为出厂检验项目。在正常情况下，每月至少进行一次型式检验。

5.2 工业用环己酮应由生产厂的质量监督部门进行检验。生产厂应保证所有出厂产品均符合本标准的要求。每批出厂的产品都应附有一定格式的质量证明书，其内容包括：生产厂名称、产品名称、商标、生产日期、批号、等级、净重、厂址及本标准编号等。

5.3 使用单位有权按本标准的规定对所收到的工业用环己酮进行验收。

5.4 工业用环己酮以同等质量的均匀产品为一批。桶装产品以不大于50 t为一批。罐装产品以车罐或船罐的单位包装量为一批。

5.5 采样单元数按GB/T 6678—1986中的6.6确定。采样技术按GB/T 6680的规定进行。生产厂可在包装前混合均匀的产品中采样。每批采样量不得少于1 L，分装于两个干燥、清洁、磨口的玻璃瓶中，贴上标签并注明：产品名称、批号、取样日期。一瓶用于检验部门的检验，另一瓶封好保存待查，保存期为两个月。

5.6 检验结果的判定按GB/T 1250修约值比较法进行。检验结果如果有一项指标不符合本标准要求时，桶装产品应重新自两倍数量的包装单元中采样进行检验，罐装产品应重新多点采样进行检验。重新检验的结果即使只有一项指标不符合本标准要求，则整批产品为不合格。

6 标志、包装、运输和贮存

6.1 工业用环己酮的包装容器上应有牢固标志，其内容包括：生产厂名称、产品名称、商标、生产日期、批号、等级、净重、厂址、本标准编号及符合GB 190规定的易燃液体标志等。

6.2 工业用环己酮应包装在干燥清洁的车罐、船罐、镀锌钢桶或钢桶中，封口必须严密。

6.3 在装卸及运输过程中，应轻拿轻放，防止猛烈撞击，防止日晒雨淋。

6.4 工业用环己酮应贮存于干燥、通风良好的库房内，与火源隔绝。自生产之日起，保质期为三个月，逾期应重新检验判定等级。

7 安全

7.1 工业用环己酮为易燃物，遇高热、明火及强氧化剂易引起燃烧。闪点44℃，空气中自燃的温度420℃，爆炸极限(1.1～8.1)%(体积分数)。

7.2 环己酮属低毒类有机物，其蒸气能刺激人眼、皮肤和呼吸系统，液体能刺激眼，造成结膜炎，经常与皮肤接触会引起皮炎，高浓度的环己酮具有麻醉作用。

7.3 环己酮的操作区应有通风设备。在高浓度环己酮蒸气的区域操作时，应配用合适的防毒面具或氧气呼吸器。

7.4 泄漏的环己酮应用沙、泥土或其他惰性物质撒盖，然后用不产生火星的材料制成的工具收拾，再用水清洗泄漏区。环己酮燃烧时，可使用泡沫灭火器、干粉灭火器和二氧化碳灭火器等灭火工具。

7.5 在输送环己酮时，所有设备及管道必须接地，以免产生静电。

附　录　A
（标准的附录）
环己酮中水分测定的色谱柱、色谱操作条件及典型色谱图

A1　色谱柱及色谱操作条件

色谱柱及色谱操作条件见表 A1。

表 A1　色谱柱及色谱操作条件

柱长	2 m
柱内径	3 mm
固定相	GDX
柱箱温度	150℃
汽化室温度	200℃
桥电流	120 mA
进样量	3 μL
载气	氢气
载气流速	38 mL/min

可采用反吹或程序升温使环己酮峰提前流出。

色谱柱及色谱操作条件可作适当变动，应得到合适的分离度。

A2　典型色谱图

典型色谱图见图 A1。

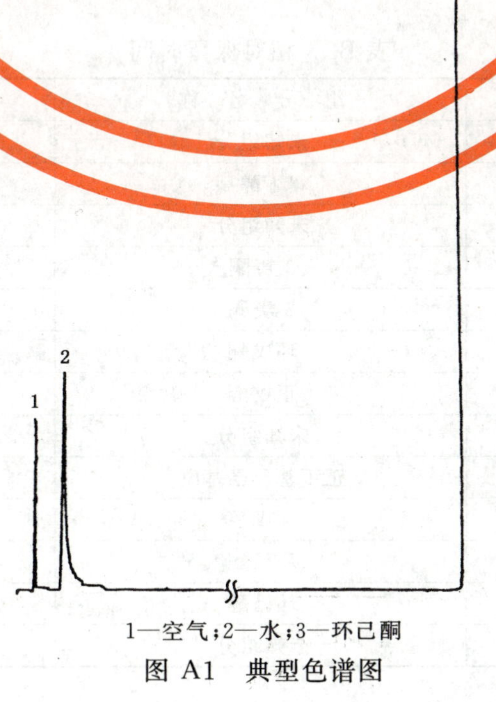

1—空气；2—水；3—环己酮

图 A1　典型色谱图

附 录 B
（标准的附录）
纯度测定的色谱柱、色谱操作条件、相对保留时间及典型色谱图

B1 色谱柱及色谱操作条件

色谱柱及色谱操作条件见表 B1。

表 B1 色谱柱及色谱操作条件

柱管材质	不锈钢或玻璃
柱长	3 m
柱内径	3 mm
固定相	聚乙二醇 20 M：6201 担体＝15：100
外标物	正戊醇，环己醇
柱箱温度	120℃
汽化室温度	200℃
检测室温度	200℃
进样量	1 μL
氮气流速	30 mL/min
空气流速	300 mL/min
氢气流速	30 mL/min

色谱柱及色谱操作条件可作适当变动，应得到合适的分离度。

B2 相对保留时间

相对保留时间见表 B2。

表 B2 相对保留时间

峰 序	组 分 名 称	相对保留时间
1	未知组分	0.35
2	丁醇	0.41
3	未知组分	0.45
4	3-庚酮	0.51
5	2-庚酮	0.56
6	环戊酮	0.61
7	正戊醇	0.67
8	未知组分	0.74
9	正丁基环己基醚	0.78
10	环戊醇	0.88
11	环己酮	1.00
12	环己醇	1.43
13	未知组分	1.56

B3 典型色谱图

典型色谱图见图 B1。

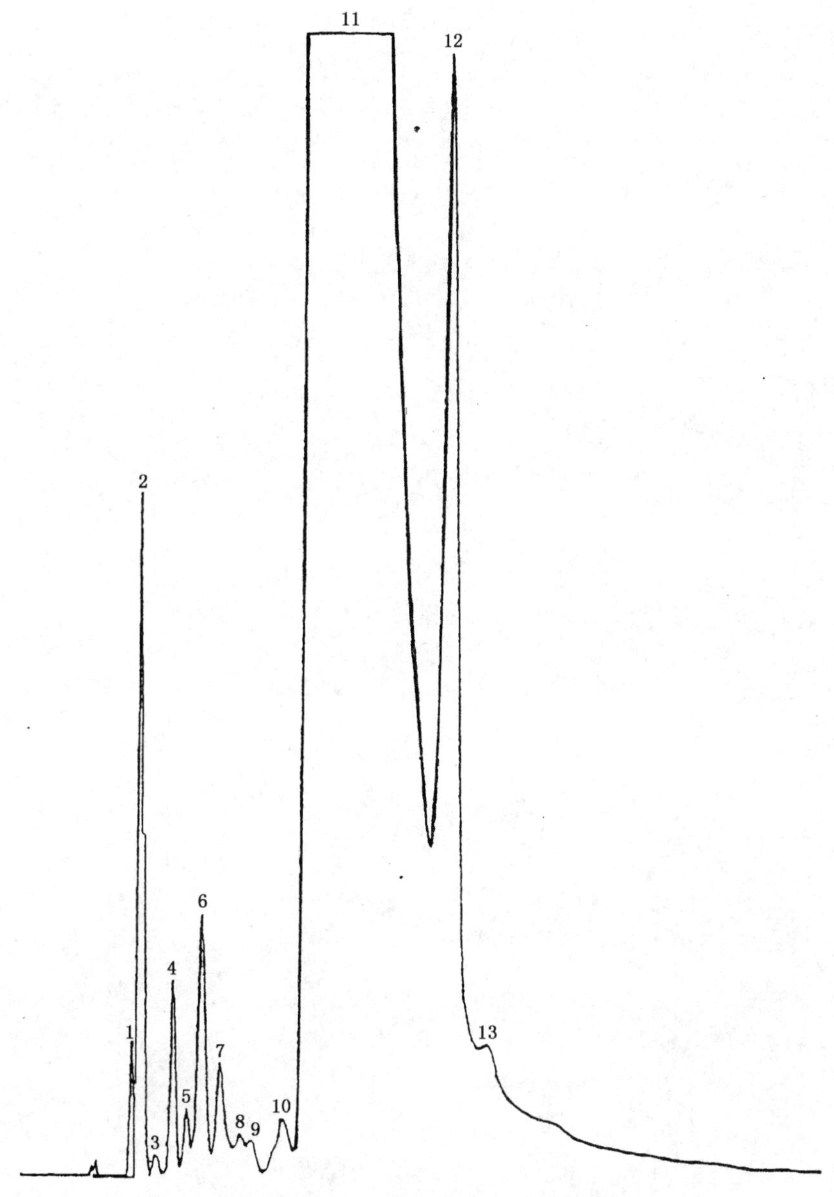

1—未知组分；2—丁醇；3—未知组分；4—3-庚酮；5—2-庚酮；
6—环戊酮；7—正戊醇；8—未知组分；9—正丁基环己基醚；
10—环戊醇；11—环己酮；12—环己醇；13—未知组分

图 B1 典型色谱图

ICS 71.080.20
G 17

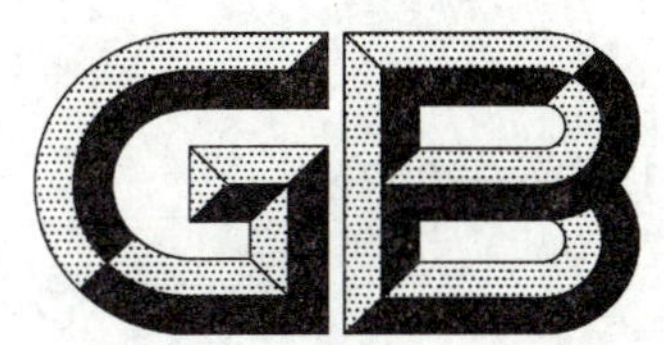

中华人民共和国国家标准

GB/T 13097—2007
代替 GB/T 13097—1991

工业用环氧氯丙烷

Epichlorohydrin for industrial use

2007-08-13 发布　　2008-02-01 实施

中华人民共和国国家质量监督检验检疫总局
中国国家标准化管理委员会　发布

前　言

本标准修改采用前苏联国家标准 ГОСТ 12844:1974《工业环氧氯丙烷　技术条件》(俄文版,含1989 年修改通知单,以下简称 ГОСТ 标准)。

本标准根据 ГОСТ 标准重新起草。在附录 A 中列出了本标准章条编号与 ГОСТ 标准章条编号的对照一览表。

考虑到我国国情,在采用 ГОСТ 标准时,本标准做了一些修改,本标准与 ГОСТ 标准的主要差异如下:

——未设置有机氯化物杂质总量项目。这是为了使项目设置更加合理;

——增加色度项目(本标准的 4.2)。这样有利于产品质量的控制;

——优等品指标与 ГОСТ 标准优级比较:环氧氯丙烷的质量分数由≥99.5%修改为≥99.90%,水分指标由≤0.1%修改为≤0.02%,密度指标由(1.179～1.181)g/cm³ 修改为(1.180～1.183)g/cm³(本标准的 3.2),这是为了有利于产品质量的提高和符合我国产品质量实际情况而确定的;

——环氧氯丙烷含量的试验方法,由容量法修改为气相色谱法(本标准的 4.4)。这是为了减少操作程序、提高分析效率和分析精度;

——色度和水分的试验方法采用了产品试验方法国家标准(本标准的 4.2 和 4.3)。

本标准代替 GB/T 13097—1991《工业环氧氯丙烷》。

本标准与 GB/T 13097—1991 相比主要变化如下:

——色度指标一等品和合格品分别由≤25 号和≤40 号修改为≤20 号和≤25 号(1991 年版的 3.2,本版的 3.2);水分指标优等品、一等品和合格品分别由≤0.1%、≤0.3%和≤0.5%修改为≤0.020%、≤0.060%和≤0.10%;环氧氯丙烷含量指标分别由≥99.5%、≥98.0%和≥96.5%修改为≥99.90%、≥99.50%和≥99.00%,密度合格品指标由(1.179～1.186)g/cm³ 修改为(1.179～1.184)g/cm³(1991 年版的 3.2,本版的 3.2);

——增加了外观的试验方法(见 4.1);

——水分的试验方法由气相色谱法修改为卡尔·费休库仑法或卡尔·费休直接电量法(1991 年版的 4.2,本版的 4.3);

——环氧氯丙烷含量的试验方法中增加毛细管柱气相色谱法(见 4.4)。

本标准的附录 A、附录 B 为资料性附录。

请注意本标准的某些内容有可能涉及专利。本标准的发布机构不应承担识别这些专利的责任。

本标准由中国石油和化学工业协会提出。

本标准由全国化学标准化技术委员会有机分会(SAC/TC 63/SC 2)归口。

本标准起草单位:中国石化巴陵石油化工有限责任公司。

本标准参加起草单位:天津渤天化工有限责任公司、中国石化股份有限公司齐鲁分公司。

本标准主要起草人:唐光斌、郭娟、周建宏、王新龙、刘清福、刘艳娟、邵月庆、翟怀吉。

本标准于 1991 年首次发布。

工业用环氧氯丙烷

1 范围

本标准规定了工业用环氧氯丙烷(英文缩写 ECH)的要求、试验方法、检验规则、标志、包装、运输、贮存和安全等。

本标准适用于由丙烯经高温氯化/氯醇法或乙酸丙烯酯法而制得的工业用环氧氯丙烷的生产、检验和销售。

分子式:C_3H_5OCl

结构式:CH_2 — CH — CH_2Cl（CH_2 与 CH 经 O 相连成环）

相对分子质量:92.525(按 2005 年国际相对原子质量)

2 规范性引用文件

下列文件中的条款通过本标准的引用而成为本标准的条款。凡是注日期的引用文件,其随后所有的修改单(不包括勘误的内容)或修订版均不适用于本标准,然而,鼓励根据本标准达成协议的各方研究是否可使用这些文件的最新版本。凡是不注日期的引用文件,其最新版本适用于本标准。

GB 190—1990 危险货物包装标志

GB/T 1250 极限数值的表示方法和判定方法

GB/T 3143—1982 液体化学产品颜色测定法(Hazen 单位——铂-钴色号)

GB/T 4472—1984 化工产品密度、相对密度测定通则

GB/T 6283—1986 化工产品中水分含量的测定 卡尔·费休法(通用方法)(eqv ISO 760:1978)

GB/T 6678—2003 化工产品采样总则

GB/T 6680—2003 液体化工产品采样通则

GB/T 6682—1992 分析实验室用水规格和试验方法(neq ISO 3696:1987)

GB/T 9722—2006 化学试剂 气相色谱法通则

3 要求

3.1 外观:无色透明液体、无机械杂质。

3.2 工业用环氧氯丙烷应符合表 1 所示的技术要求。

表 1 技术要求

项目		指标		
		优等品	一等品	合格品
色度/Hazen 单位(铂-钴色号)	≤	15	20	25
水的质量分数/%	≤	0.020	0.060	0.10
环氧氯丙烷的质量分数/%	≥	99.90	99.50	99.00
密度 (ρ_{20})/(g/cm^3)		1.180～1.183	1.180～1.184	1.179～1.184

4 试验方法

除非另有说明,在分析中仅使用确认为分析纯的试剂和 GB/T 6682—1992 规定的三级水。

4.1 外观的测定

于 50 mL 具塞比色管中，加入实验室样品，在日光灯光或日光下目测。

4.2 色度的测定

按 GB/T 3143—1982 的规定进行。

4.3 水分的测定

4.3.1 卡尔·费休库仑法（仲裁法）

4.3.1.1 方法提要

试样中的水分与电解液中的碘和二氧化硫发生定量反应，反应式为：

$$I_2 + SO_2 + H_2O \longrightarrow 2HI + SO_3$$

$$2I^- - 2e \longrightarrow I_2$$

参加反应的碘分子数等于水的分子数，而电解生成的碘与所消耗的电量成正比，依据法拉第定律，用测量消耗的电量得出水的量。

4.3.1.2 试剂

电解液：卡尔·费休试剂或与卡尔·费休库仑法水分测定仪配套使用的电解液（市售试剂）。

4.3.1.3 仪器

4.3.1.3.1 卡尔·费休库仑法微量水分测定仪：配有电解电极和检测电极等。示值误差：10 μg～1 000 μg水，±5 μg；大于 1 000 μg 水，≤0.5%。其他能满足分析要求的微量水分测定仪也可使用；

4.3.1.3.2 微量进样器：0.5 μL；

4.3.1.3.3 注射器：适宜容量。

4.3.1.4 分析步骤

加入电解液，按仪器说明书调节仪器，当仪器进入工作状态后，按仪器说明书要求进行标定。

用注射器称取约 0.2 g 样品，精确至 0.1 mg，注入水分测定仪的测定滴定池中，待反应完毕后直接读取水的质量数值。

4.3.1.5 结果计算

水的质量分数 w_1 数值以%表示，按式（1）计算：

$$w_1 = \frac{m_1}{m \times 1\,000\,000} \times 100 \qquad \cdots\cdots(1)$$

式中：

m_1——读取的水的质量的数值，单位为微克（μg）；

m——样品的质量的数值，单位为克（g）。

取两次平行测定结果的算术平均值为测定结果，两次平行测定结果的绝对差值不大于这两个测定值的算术平均值的 10%。

4.3.2 卡尔·费休直接电量法

按 GB/T 6283—1986 中规定的直接电量法进行。

取两次平行测定结果的算术平均值为测定结果，两次平行测定结果的绝对差值不大于这两个测定值的算术平均值的 20%。

4.4 环氧氯丙烷含量的测定

4.4.1 方法提要

用气相色谱法，在选定的工作条件下，使样品气化后经色谱柱分离，用火焰离子化检测器或热导检测器检测，采用校正面积归一化法定量。减去水分的含量，得到环氧氯丙烷含量。

4.4.2 试剂

4.4.2.1 丙烯高温氯化/氯醇法样品检测用试剂

4.4.2.1.1 1-氯丙烯：色谱纯；

4.4.2.1.2 3-氯丙烯：色谱纯；

4.4.2.1.3 1,2-二氯丙烷：色谱纯；

4.4.2.1.4 1,3-二氯丙烷：色谱纯；

4.4.2.1.5 环氧氯丙烷：质量分数不小于99.5%；

4.4.2.1.6 1,3-二氯丙烯：色谱纯；

4.4.2.1.7 1,2,3-三氯丙烷：色谱纯；

4.4.2.1.8 1,3-二氯丙醇：色谱纯；

4.4.2.1.9 2,3-二氯丙醇：色谱纯；

4.4.2.1.10 1-氯-2丙醇：色谱纯；

4.4.2.1.11 3-氯丙醇：色谱纯；

4.4.2.1.12 氮气，体积分数不小于99.9%；

4.4.2.1.13 氢气，体积分数不小于99.9%；

4.4.2.1.14 空气，经硅胶或分子筛干燥、净化。

4.4.2.2 乙酸丙烯酯法样品检测用试剂

4.4.2.2.1 丙烯醛：色谱纯；

4.4.2.2.2 2,3-二氯丙烯：色谱纯；

4.4.2.2.3 环氧氯丙烷：质量分数不小于99.5%；

4.4.2.2.4 1-氯丙醇：色谱纯；

4.4.2.2.5 丙烯醇：色谱纯；

4.4.2.2.6 2-氯丙醇：色谱纯；

4.4.2.2.7 1,2,3-三氯丙烷：色谱纯；

4.4.2.2.8 2-氯丙烯醇：色谱纯；

4.4.2.2.9 1,3-二氯丙醇：色谱纯；

4.4.2.2.10 1,2-二氯丙醇：色谱纯；

4.4.2.2.11 1-氯丙二醇：色谱纯；

4.4.2.2.12 氮气，体积分数不小于99.9%；

4.4.2.2.13 氢气，体积分数不小于99.9%；

4.4.2.2.14 空气，经硅胶或分子筛干燥、净化。

4.4.3 仪器

4.4.3.1 气相色谱仪：配有火焰离子化检测器或热导检测器，整机灵敏度和稳定性符合GB/T 9722—2006中的有关规定。对样品中0.001%（质量分数）的组分所产生的峰高应大于噪声的两倍。

4.4.3.2 色谱数据处理机或色谱工作站；

4.4.3.3 微量注射器：1 μL或10 μL。

4.4.4 色谱柱及典型操作条件

本标准推荐的色谱柱及典型操作条件见表2，各组分相对保留值、相对校正因子参见附录B中表B.1、表B.2、表B.3，典型色谱图参见图B.1、图B.2和图B.3。其他能达到同等分离程度的色谱柱及操作条件也可使用。

表2 色谱柱及典型操作条件

项目	填充柱	毛细管柱1	毛细管柱2
色谱柱材质	不锈钢	熔融石英毛细管柱	熔融石英毛细管柱
柱长/m	3	60	60
柱内径/mm	3～4	0.32	0.25

表 2（续）

项目	填充柱	毛细管柱 1	毛细管柱 2
液膜厚度/μm	—	1.0	0.25
固定相	275 硅油、聚乙二醇丁二酸脂和酸洗 201 红色担体(0.25 mm～0.18 mm)的质量比为 3∶10∶100(溶剂:三氯甲烷)	5%苯基-甲基聚硅氧烷	聚乙二醇
载气	氢气	氮气	氦气或氮气
载气流量/(mL/min)	75	0.55	0.85
柱温	140℃	40℃（5 min）→ 以 10℃/min 升温速率→180℃(30 min)	80℃(2 min)→以 8℃/min 升温速率→200℃(30 min)
气化室温度/℃	250	220	220
检测器温度/℃	180	250	230
进样量/μL	2	0.5	0.5
分流比	—	50∶1	50∶1
桥流/mA	200	—	—

4.4.5 分析步骤

根据仪器说明书，调节仪器至表 2 所示的操作条件，待仪器稳定后即可开始测定。用色谱数据处理机或积分仪处理计算结果。

4.4.6 定量方法

校正面积归一化法。

4.4.7 结果计算

环氧氯丙烷含量的质量分数 w_2，数值以%表示，按式(2)计算：

$$w_2 = (100 - w_1) \times \frac{A_1 f_1}{\sum A_i f_i} \qquad \cdots\cdots(2)$$

式中：

w_1——4.3 测得的以质量分数表示的水分的数值；

A_1——环氧氯丙烷色谱峰的面积；

f_1——环氧氯丙烷的相对校正因子；

A_i——某组分色谱峰的面积；

f_i——某组分的相对校正因子。

取两次平行测定结果的算术平均值为测定结果，两次平行测定结果的绝对差值不大于 0.05%。

4.4.8 仲裁法

仲裁法为毛细管柱气相色谱法。

4.5 密度的测定

按 GB/T 4472—1984 中规定的密度计法进行测定。

取两次平行测定结果的算术平均值为结果。两次平行测定结果的绝对差值不大于 0.000 5 g/cm^3。

5 检验规则

5.1 第 3 章要求中规定的所有项目均为出厂检验项目。

5.2 以同等质量的产品为一批，可按产品贮罐组批，或按生产周期进行组批。

5.3 按 GB/T 6678—2003 及 GB/T 6680—2003 的规定进行采样，采样量不少于 1 000 mL，平均分为两份，放入清洁干燥的聚乙烯瓶或玻璃瓶中，盖紧密封，贴上标签。标签上应注明产品名称、批号、采样日期及采样者姓名。一瓶供检验用，另一瓶保存备查。

5.4 工业用环氧氯丙烷应由生产厂的质量监督检验部门进行检验。生产厂应保证每一批出厂的产品都符合本标准的要求。每批出厂的产品都应附有一定格式的质量证明书，内容包括：生产厂名称、厂址、产品名称、批号或生产日期、质量等级、净含量和本标准编号等。

5.5 检验结果的判定按 GB/T 1250 中规定的修约值比较法进行。检验结果如有任何一项指标不符合本标准的要求时，则应重新加倍采样进行检验。重新检验的结果即使只有一项指标不符合本标准的要求，则整批产品应作降等或作不合格处理。

6 标志、包装、运输和贮存

6.1 标志

工业用环氧氯丙烷包装容器上应有牢固的标志，标明产品名称、生产厂名称、厂址、商标、批号或生产日期、质量等级、净含量、本标准编号以及 GB 190—1990 中规定的“有毒品”和“易燃液体”标志。

6.2 包装

工业用环氧氯丙烷应用干燥、清洁及牢固的镀锌铁桶包装。每桶净含量一般为 200 kg，也可以根据用户要求包装。各种容器的装入量不应超过容积的 90%。

6.3 运输

工业环氧氯丙烷可用火车、汽车装运。装卸及运输时应防止猛烈撞击，防止日晒雨淋，并应符合运输部门的要求。

6.4 贮存

工业用环氧氯丙烷应贮存在干燥、通风、温度保持在 40 ℃以下、防火、防爆的，并符合贮存有毒品和危险品要求的仓库内。在符合本标准包装、运输和贮存条件下，工业用环氧氯丙烷自生产之日起，保质期为 6 个月。逾期可重新检验，检验结果符合本标准要求时，仍可继续使用。

7 安全

7.1 工业用环氧氯丙烷其蒸气和空气易形成爆炸性混合物，遇明火、高热能引起燃烧爆炸。应有防火防爆措施，配备相应品种和数量的消防器材。

7.2 皮肤接触，会感觉有刺激性，应脱去污染的衣物，立即用流动清水彻底清洗。眼睛接触，会出现流泪、疼痛等严重眼刺激症状，应立即用生理盐水或流动清水冲洗，就医。吸入，应迅速脱离现场至新鲜空气处，呼吸困难时给予输氧，严重者应采取紧急救治措施。当环境中工业用环氧氯丙烷浓度较高时，现场人员应采取必要的防护措施，佩带防护器具。

附 录 A
（资料性附录）
本标准章条编号与ГОСТ标准章条编号对照

表 A.1 给出了本标准章条编号与ГОСТ标准章条编号对照一览表。

表 A.1 本标准章条编号与ГОСТ标准章条编号对照

本标准章条编号	对应ГОСТ标准章条编号
1	—
2	—
3	1
4.1	3.3
4.2	—
4.3	3.7
4.4	3.5、3.6
4.5	3.4
5	2、3.1、3.2、5
6	4
7	6

附 录 B
（资料性附录）
环氧氯丙烷含量测定的各组分相对保留值、相对校正因子参考值和典型色谱图

各组分相对保留值和相对校正因子参考值见表 B.1、表 B.2 和表 B.3。典型色谱图参见图 B.1、图 B.2 和图 B.3。

表 B.1 各组分相对保留值及校正因子参考值(填充柱)

出峰顺序	色谱峰名称	代号或分子式	相对保留时间/min	校正因子
1	2-氯丙烯	2-e	0.531	f_{AC}
2	1-氯丙烯	1-e	0.790	
3	3-氯丙烯	3-AC	0.890	
4	1,2-二氯丙烷	1,2-Da	1.824	$f_{1,2\text{-}Da}$
5	1,3-二氯丙烯	1,3-De	2.977	
6	1,1,2-三氯丙烷	1,1,2-TCP	3.162	
7	环氧氯丙烷	ECH	3.570	f_{ECH}
8	1-氯丙醇-2	3-CPL-2	4.413	
9	3-氯丙醇-1	3-CPL-1	5.284	f_{TCP}
10	1,2,3-三氯丙烷	TCP	9.526	
11	1,3-二氯丙醇	1,3-DCH	12.029	$f_{1,3\text{-}DCH}$
12	2,3-二氯丙醇	2,3-DCH	29.122	$f_{2,3\text{-}DCH}$

表 B.2 丙烯高温氯化/氯醇法工艺各组分相对保留值及校正因子参考值(毛细管柱 1)

出峰顺序	组分名称	代号或分子式	相对保留时间/min	相对校正因子
1	2-氯丙烯	2-e	0.451	0.591
2	1-氯丙烯	1-e	0.602	0.428
3	3-氯丙烯	3-AC	0.829	0.528
4	1,2-二氯丙烷	1,2-Da	5.36	0.602
5	1-氯-2 丙醇	3-CPL-2	5.541	0.813
6	环氧氯丙烷	ECH	6.923	1.000
7	1,3-二氯丙烯	1,3-De	7.702	0.479
8	1,3-二氯丙烷	1,3-Da	8.254	0.729
9	3-氯丙醇	3-CPL	8.969	0.191
10	1,1,2-三氯丙烷	1,1,2-TCP	9.884	0.657
11	1,3-二氯丙醇	1,3-DCH	11.091	0.533
12	1,2,3-三氯丙烷	TCP	11.759	0.938
13	2,3-二氯丙醇	2,3-DCH	11.946	0.882
14	未知	—	12.496	—

表 B.3 乙酸丙烯酯法工艺各组分相对保留值及校正因子参考值(毛细管柱 2)

出峰顺序	组分名称	代号或分子式	相对保留时间/min	相对校正因子
1	丙烯醛	ACR	7.656	0.152
2	2,3-二氯丙烯	DcPe	8.317	1.000
3	丙烯醇	AAL	8.557	0.522
4	环氧氯丙烷	ECH	10.180	1.000
5	1-氯丙醇	1-PCH	12.014	0.859
6	2-氯丙醇	2-PCH	13.002	0.859
7	1,2,3-三氯丙烷	Tcp	14.637	1.019
8	2-氯丙烯醇	2-CAL	14.838	0.672
9	1,3-二氯丙醇	1,3-DCH	20.028	1.107
10	1,2-二氯丙醇	1,2-DCH	21.560	1.000
11	一氯丙三醇	MC	27.281	1.000

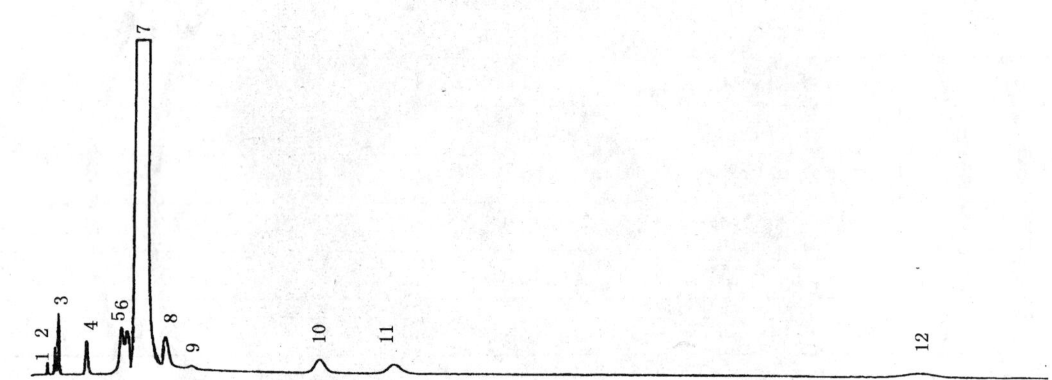

1——2-氯丙烯;
2——1-氯丙烯;
3——3-氯丙烯;
4——1,2-二氯丙烷;
5——1,3-二氯丙烯;
6——1,1,2-三氯丙烷;
7——环氧氯丙烷;
8——1-氯丙醇-2;
9——3-氯丙醇;
10——1,2,3-三氯丙烷;
11——1,3-二氯丙醇;
12——2,3-二氯丙醇。

图 B.1 工业用环氧氯丙烷典型色谱图(填充柱)

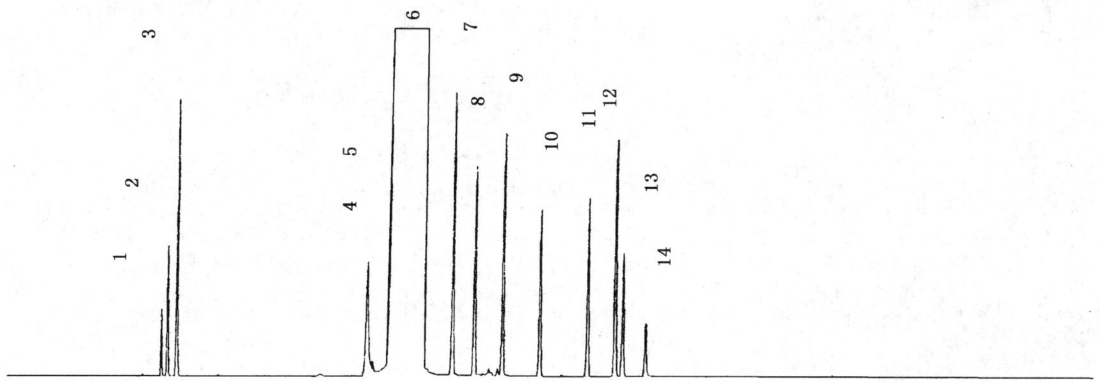

1——2-氯丙烯；
2——1-氯丙烯；
3——3-氯丙烯；
4——1,2-二氯丙烷；
5—— 1-氯-2 丙醇；
6——环氧氯丙烷；
7——1,3-二氯丙烯；
8——1,3-二氯丙烷；
9——3-氯丙醇；
10——1,1,2-三氯丙烷；
11——1,3-二氯丙醇；
12——1,2,3-三氯丙烷；
13——2,3-二氯丙醇；
14——未知峰。

图 B.2　丙烯高温氯化/氯醇法工艺工业用环氧氯丙烷典型色谱图(毛细管柱 1)

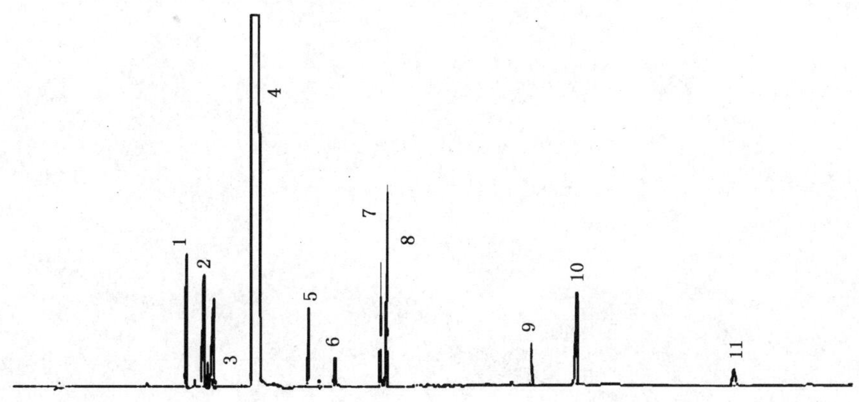

1——丙烯醛；
2——2,3-二氯丙烯；
3——丙烯醇；
4——环氧氯丙烷；
5——1一氯丙醇；
6——2一氯丙醇；
7——1,2,3-三氯丙烷；
8——2-氯丙烯醇；
9——1,3-二氯丙醇；
10——1,2-二氯丙醇；
11——一氯丙三醇。

图 B.3　乙酸丙烯酯法工业用环氧氯丙烷典型色谱图(毛细管柱 2)(载气:氦气)

ICS 71.080.10
G 17

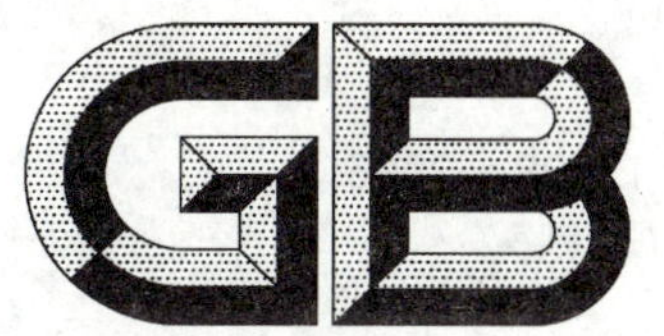

中华人民共和国国家标准

GB/T 13098—2006
代替 GB/T 13098—1991

工业用环氧乙烷

Ethylene oxide for industrial use

2006-01-23 发布　　2006-11-01 实施

中华人民共和国国家质量监督检验检疫总局
中国国家标准化管理委员会　发布

前　言

本标准修改采用前苏联国家标准 ГОСТ 7568:1988《环氧乙烷　技术条件》(俄文版,含 1994 年修改通知单,以下简称 ГОСТ 标准)。

本标准根据 ГОСТ 标准重新起草。在附录 A 中列出了本标准章条编号与 ГОСТ 标准章条编号的对照一览表。

考虑到我国国情,在采用 ГОСТ 标准时,本标准做了一些修改。本标准与 ГОСТ 标准的主要差异如下:

——ГОСТ 标准技术要求分为纯净和技术两个等级,本标准分为优等品和一等品两个等级。本标准未设置不挥发物项目。本标准优等品指标与 ГОСТ 标准纯净级比较:环氧乙烷的质量分数由≥99.90%修改为≥99.95%,这是为了使指标更为合理;总醛的质量分数由≤0.001%修改为≤0.003%(本标准的第 3 章),这是为了符合我国产品质量实际情况确定的;

——酸的试验方法中,将 ГОСТ 标准取 50 mL 液态样品直接进行滴定修改为取 70 mL 液态样品自然挥发至 50 mL 后进行滴定(本标准的 4.7)。这是为了消除样品中二氧化碳对酸测定的影响;

——水分和色度试验方法采用了通用方法国家标准(本标准的 4.6 和 4.9)。

本标准代替 GB/T 13098—1991《工业环氧乙烷》。

本标准与 GB/T 13098—1991 相比主要变化如下:

——增加了二氧化碳和色度两个项目,取消了无机氯项目(1991 年版的第 3 章,本版的 3.2);

——取消了合格品等级;优等品和一等品含量指标分别由≥99.0%和≥98.0%修改为≥99.95%和≥99.90%;总醛指标分别由≤0.01%和≤0.10%修改为≤0.003%和≤0.01%;一等品水分指标由≤0.1%修改为≤0.05%。(1991 年版的第 3 章,本版的 3.2)。

——环氧乙烷含量的试验方法采用了 ГОСТ 标准的试验方法,由滴定法改为差减法(1991 年版的 4.2,本版的 4.2)。

本标准的附录 A 为资料性附录。

本标准由中国石油和化学工业协会提出。

本标准由全国化学标准化技术委员会有机分会(SAC/TC63/SC2)归口。

本标准由扬子石油化工股份有限公司和上海石油化工股份有限公司负责起草。

本标准主要起草人:贾贵、吴晨光、章洪良、屈玲娣。

本标准于 1991 年 7 月首次发布。

工业用环氧乙烷

1 范围

本标准规定了工业用环氧乙烷的要求、试验方法、检验规则以及包装、标志、运输、贮存及安全。

本标准适用于乙烯直接氧化法制取的环氧乙烷。该产品主要用作合成助剂、医药、化纤、染料中间体等。

分子式：C_2H_4O

结构式：
$$
\begin{array}{c} CH_2—CH_2 \\ \diagdown\ \diagup \\ O \end{array}
$$

相对分子质量：44.05(按2001年国际相对原子质量)

2 规范性引用文件

下列文件中的条款通过本标准的引用而成为本标准的条款。凡是注日期的引用文件，其随后所有的修改单(不包括勘误的内容)或修订版均不适用于本标准，然而，鼓励根据本标准达成协议的各方研究是否可使用这些文件的最新版本。凡是不注日期的引用文件，其最新版本适用于本标准。

GB 190 危险货物包装标志

GB/T 601 化学试剂 标准滴定溶液的制备

GB/T 603 化学试剂 试验方法中所用制剂及制品的制备(GB/T 603—2002，ISO 6353-1:1982，NEQ)

GB/T 1250 极限数值的表示方法和判定方法

GB/T 3143 液体化学产品颜色测定法(Hazen单位—铂-钴色号)

GB/T 3723 工业用化学产品采样安全通则(GB/T 3723—1999，idt ISO 3165:1976)

GB/T 6283 化工产品中水分含量的测定 卡尔·费休法(通用方法)(GB/T 6283—1986，eqv ISO 760:1978)

GB/T 6680 液体化工产品采样通则

GB/T 6682 分析实验室用水规格和试验方法(GB/T 6682—1992，eqv ISO 3696:1987)

GB/T 9722 化学试剂 气相色谱法通则

中华人民共和国国务院令(2003)373号《特种设备安全监察条例》

质技监局锅发(1999)154号《压力容器安全技术监察规程》

质监局(2003)46号《气瓶安全监察规程》

劳部发(1994)262号《液化气体汽车罐车安全监察规程》

3 要求

3.1 外观：无色透明，无机械杂质。

3.2 工业用环氧乙烷应符合表1所示的技术要求。

表 1 技术要求

项目		指标	
		优等品	一等品
环氧乙烷的质量分数/%	≥	99.95	99.90
总醛(以乙醛计)的质量分数/%	≤	0.003	0.01
水的质量分数/%	≤	0.01	0.05
酸(以乙酸计)的质量分数/%	≤	0.002	0.010
二氧化碳的质量分数/%	≤	0.001	0.005
色度/Hazen单位(铂-钴色号)	≤	5	10

4 试验方法

4.1 警示

试验方法规定的一些试验过程可能导致危险情况。操作者应采取适当的安全和健康措施。

4.2 一般规定

除非另有说明,在分析中仅使用确认为分析纯的试剂和GB/T 6682规定的三级水。

分析中所用标准滴定溶液、制剂及制品,在没有注明其他要求时,均按GB/T 601、GB/T 603之规定制备。

4.3 外观

于50 mL具塞比色管中,加入液态实验室样品,在日光灯或日光下轴向目测。

4.4 环氧乙烷含量的测定

4.4.1 方法提要

用100.00减去环氧乙烷中各种杂质质量分数的总和,计算得到环氧乙烷的质量分数。

4.4.2 结果计算

环氧乙烷含量的质量分数 w_1,数值以%表示,按式(1)计算:

$$w_1 = 100.00 - \sum w_i \qquad (1)$$

式中:

$\sum w_i$ ——环氧乙烷中各种杂质(总醛、水、酸、二氧化碳)质量分数的总和,分别按4.5、4.6、4.7和4.8测定。

4.5 总醛(以乙醛计)含量的测定

4.5.1 方法原理

当溶液的pH值为3~4时,亚硫酸氢钠与醛反应生成α-羟基磺酸,用碘标准滴定溶液滴定未反应的亚硫酸氢钠。加入碳酸氢钠,改变溶液的pH值,使与醛反应的亚硫酸氢根释放出来,再用碘标准溶液滴定释放的亚硫酸氢根,计算试样中以乙醛计的总醛的含量。

4.5.2 试剂

4.5.2.1 碳酸氢钠。

4.5.2.2 无水乙醇。

4.5.2.3 硫酸溶液:$c(1/2H_2SO_4)=0.5$ mol/L。

4.5.2.4 亚硫酸氢钠标准溶液:$c(1/2NaHSO_3)=0.10$ mol/L。

称取5 g亚硫酸氢钠,精确至0.1 g,溶于少量水中,加入50 mL无水乙醇并移入1 000 mL容量瓶中,加水稀释至刻度。用硫酸溶液调节其pH值至3.5(用pH计测定)。此溶液每次使用前须进行

pH 值测定，若溶液的 pH 值低于 3.0，则此溶液不能使用，应重新配制。

4.5.2.5 亚硫酸氢钠标准溶液：$c(1/2NaHSO_3)=0.02$ mol/L。

用亚硫酸氢钠溶液(4.5.2.4)于使用前稀释，并调节 pH 值至 3.5。

4.5.2.6 碘标准滴定溶液：$c(1/2I_2)=0.1$ mol/L。

4.5.2.7 碘标准滴定溶液：$c(1/2I_2)=0.01$ mol/L。

4.5.2.8 淀粉指示液：5 g/L。

4.5.3 仪器

4.5.3.1 一般实验室仪器。

4.5.3.2 微量滴定管：分刻度 0.02 mL。

4.5.3.3 夹套移液管：5 mL。

于 5 mL 移液管外装一玻璃套管，套管两端用橡皮塞塞住。使用时，夹套管中装入冰盐水。夹套移液管示意图见图 1。

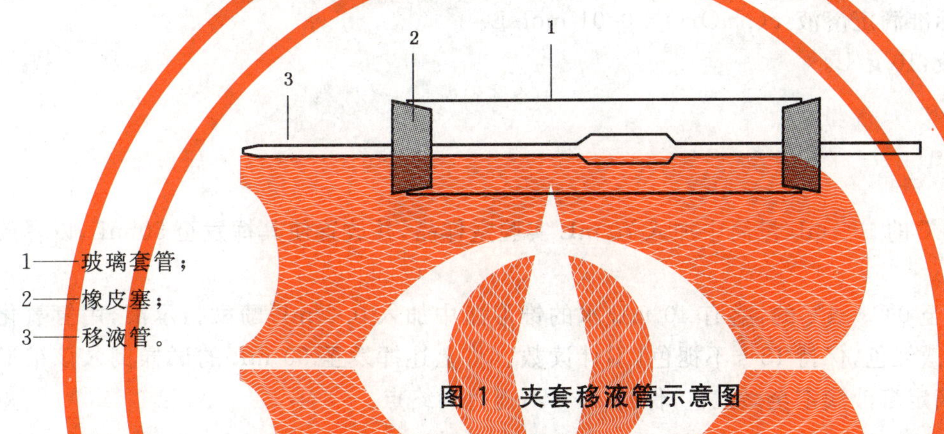

1——玻璃套管；
2——橡皮塞；
3——移液管。

图 1 夹套移液管示意图

4.5.4 分析步骤

用移液管吸取 25.0 mL 亚硫酸氢钠标准溶液，置于内盛 50 mL 水的具塞磨口瓶中，置于冰浴中冷却至 0℃～4℃，用夹套移液管取 5.0 mL 实验室样品置于磨口瓶中，盖紧瓶塞，摇匀，于冰浴中放置 30 min，加入淀粉指示液 1 mL，用碘标准滴定溶液滴定至溶液呈蓝色，保持 30 s 不褪色，不计读数。

加 1 g 碳酸氢钠，此时溶液蓝色消失。通过微量滴定管用碘标准滴定溶液滴定至溶液出现蓝色，并保持 30 s 不褪色即为终点，读取消耗的碘标准滴定溶液的体积。

注：样品的含醛量在质量分数为 0.01% 以上时，用亚硫酸氢钠标准溶液(4.5.2.4)和碘标准滴定溶液(4.5.2.6)进行测定；含醛量在质量分数为 0.01% 以下时，用亚硫酸氢钠标准溶液(4.5.2.5)和碘标准滴定溶液(4.5.2.7)进行测定。

在测定的同时，按与测定相同的步骤，对不加试料而使用相同数量的试剂溶液做空白试验。

4.5.5 结果计算

总醛(以乙醛计)含量的质量分数 w_2，数值以%表示，按式(2)计算：

$$w_2=\frac{[(V_1-V_2)/1\,000]cM}{V\cdot\rho_4}\times 100 \qquad (2)$$

式中：

V_1——试料消耗碘标准滴定溶液(4.5.2.6)或(4.5.2.7)的体积的数值，单位为毫升(mL)；

V_2——空白消耗碘标准滴定溶液(4.5.2.6)或(4.5.2.7)的体积的数值，单位为毫升(mL)；

c——碘标准滴定溶液浓度的准确数值，单位为摩尔每升(mol/L)；

M——乙醛($1/2C_2H_4O$)的摩尔质量的数值，单位为克每摩尔(g/mol)〔$M(1/2C_2H_4O)=22.02$〕；

V——试料的体积的数值，单位为毫升(mL)；

ρ_4——4℃时环氧乙烷的密度的数值，单位为克每毫升(g/mL)($\rho_4=0.891$)。

取两次平行测定结果的算术平均值为测定结果，两次平行测定结果的绝对差值，当总醛的质量分数在0.01%以下时不大于0.0005%；当总醛的质量分数在0.01%以上时不大于0.002%。

4.6 水含量的测定

按GB/T 6283的规定进行，用夹套移液管移取实验室样品。必要时反应瓶外面用冰水浴冷却，以防止加入样品时因样品暴沸使滴定液溅出。

取两次重复测定结果的算术平均值为测定结果，两次测定结果的绝对差值，当水分在0.01%以下时不大于0.001%；当水分在0.01%以上时不大于0.003%。

4.7 酸（以乙酸计）含量的测定

4.7.1 方法提要

以酚酞为指示剂，用氢氧化钠标准滴定溶液滴定试料，根据消耗氢氧化钠标准滴定溶液的体积计算以乙酸计的酸含量。

4.7.2 试剂

4.7.2.1 氢氧化钠标准滴定溶液：$c(NaOH)=0.01$ mol/L。

4.7.2.2 酚酞指示液：10 g/L。

4.7.3 仪器

一般实验室仪器。

4.7.4 分析步骤

于冷却至0℃～4℃的100 mL量筒中加入70 mL实验室样品，并放置使其挥发至50 mL，以释放可能存在的二氧化碳。

向在冰浴上冷却至0℃～4℃的，盛有40 mL水的锥形瓶中加入0.2 mL酚酞指示液，用氢氧化钠标准滴定溶液滴定至微红色，保持15 s不褪色，不计读数。将上述挥发至50 mL的试样倒入该锥形瓶中，用氢氧化钠标准滴定溶液滴定至微红色，保持15 s不褪色为终点。

4.7.5 结果计算

酸度以乙酸(CH_3COOH)的质量分数 w_3 计，数值以%表示，按式(3)计算：

$$w_3=\frac{(V_1/1\ 000)c_1M_1}{V\cdot\rho_4}\times 100 \qquad \cdots\cdots(3)$$

式中：

V_1——氢氧化钠标准滴定溶液(4.7.2.1)的体积的数值，单位为毫升(mL)；

V——实验室样品的体积的数值，单位为毫升(mL)($V=70$)；

c——氢氧化钠标准滴定溶液浓度的准确数值，单位为摩尔每升(mol/L)；

M_1——乙酸的摩尔质量的数值，单位为克每摩尔(g/mol)($M_1=60.1$)；

ρ_4——4℃时环氧乙烷的密度的数值，单位为克每毫升(g/mL)($\rho_4=0.891$)。

取两次平行测定结果的算术平均值为测定结果。两次平行测定结果的绝对差值不大于这两个测定值的算术平均值的10%。

4.8 二氧化碳含量的测定

4.8.1 方法提要

用气相色谱法，在选定的工作条件下，使样品气化后经色谱柱分离，用热导检测器检测，采用外标法定量。

4.8.2 试剂

4.8.2.1 高纯氦气：纯度大于99.99%(体积分数)。

4.8.2.2 标准样品：二氧化碳标准气，浓度接近实际样品中的二氧化碳浓度(体积分数)，氦气为底气。

4.8.3 仪器

4.8.3.1 一般实验室仪器。

4.8.3.2 气相色谱仪:附热导检测器,灵敏度及稳定性符合 GB/T 9722 中有关规定的任何型号的气相色谱仪。

4.8.3.3 积分仪或色谱工作站。

4.8.3.4 气体定量进样阀。

4.8.3.5 复合膜气体取样袋:2 L。

4.8.3.6 医用注射器:5 mL。

4.8.3.7 微量注射器:25 μL。

4.8.4 色谱柱及典型操作条件

本标准推荐的色谱柱及典型操作条件见表 2,典型色谱图见图 2。其他能达到同等分离程度的色谱柱及操作条件也可使用。色谱柱在首次使用前应进行老化处理,老化温度为 180℃,老化时间为 30 h。

表 2 色谱柱及典型操作条件

色谱柱材质	不 锈 钢
柱长/m	3
柱内径/mm	3
固定相	Porapak Q
固定相粒度/mm	0.25～0.50(80 目～100 目)
载气	氦气
载气流速/(mL/min)	40
柱温/℃	30
进样口温度/℃	120
检测器温度/℃	150
进样量/mL	1～5

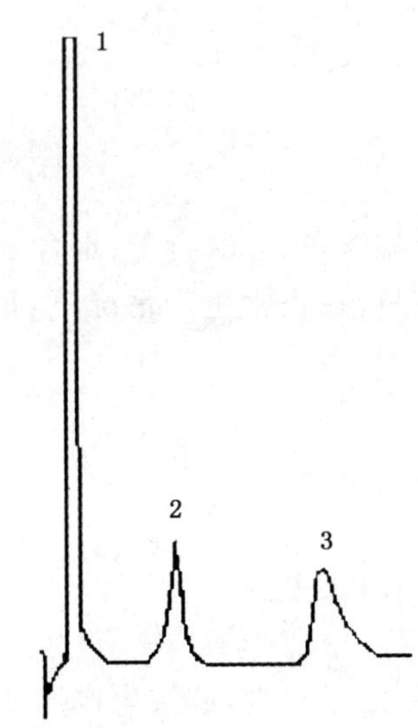

1——氮气;

2——二氧化碳;

3——水。

图 2 二氧化碳含量测定的典型色谱图

4.8.5 分析步骤

4.8.5.1 设定操作参数

根据仪器说明书，调节仪器至表2所示的操作条件，待仪器稳定后即可开始测定。

4.8.5.2 标准样品分析

通过气体进样阀将一定体积的标准样品注入色谱仪，进行色谱分析，测量二氧化碳的峰面积。

标准样品两次重复测定二氧化碳的峰面积之差应不大于其算术平均值的5%，取其算术平均值供计算样品中二氧化碳含量用。

4.8.5.3 试样分析

用高纯氦气反复置换气体取样袋，排空取样袋中的气体。用在低温冷冻过的医用注射器吸取1 mL～2 mL液态实验室样品注入金属取样袋中，使样品于常温下完全气化。用气化后的试样吹洗色谱仪的气体进样阀或玻璃注射器，将与标准样品相同体积的气态试样注入色谱仪进行分析，记录二氧化碳的峰面积。之后，可升高色谱仪柱箱温度至180℃，使环氧乙烷组分尽快从色谱柱流出，将色谱仪柱箱温度降至正常测定时的操作条件，待仪器稳定后开始下一次分析。

4.8.6 结果计算

二氧化碳含量的质量分数 w_4，数值以%表示，按式(4)计算：

$$w_4 = \frac{A}{A_s} \times c_s \qquad \cdots\cdots(4)$$

式中：

A——试料中二氧化碳的峰面积；

A_s——标准样品中二氧化碳的峰面积；

c_s——标准样品中二氧化碳的浓度的体积分数，数值以%表示。

取两次平行测定结果的算术平均值为测定结果，两次平行测定结果的绝对差值不大于这两个测定值的算术平均值的30%。二氧化碳测定值小于0.000 5%时，按小于0.000 5%报告。

4.9 色度的测定

在冷却至0℃～4℃的50 mL比色管中加入实验室样品至刻度。用吸水纸擦干比色管外壁的冷凝水，迅速按GB/T 3143的规定进行测定。

5 检验规则

5.1 检验分为出厂检验和型式检验。

5.1.1 出厂检验项目为表1中的环氧乙烷含量、总醛含量、水含量和酸含量，应逐批进行检验。

5.1.2 型式检验项目为表1中的全部项目，在正常生产情况下，每月至少进行一次型式检验。有下列情况之一时，也应进行型式检验。

a) 更新关键生产工艺；

b) 主要原料有变化；

c) 停产又恢复生产；

d) 出厂检验结果与上次型式检验有较大差异；

e) 合同规定。

5.2 以同等质量的产品为一批，可按产品贮罐组批，或按生产周期进行组批，每批不超过600 t。

5.3 采样按GB/T 6680的规定进行。

5.3.1 生产厂可从贮罐中或生产线上采取有代表性的样品，用户可以从贮运槽车中采取有代表性的样品，或从同一批环氧乙烷钢瓶中采样，采取样品的钢瓶数不应少于总钢瓶数的10%，但采样的钢瓶数不得少于3瓶。采样可用钢瓶或试样瓶采样，采样者应熟悉和遵守GB/T 3723的规定。

5.3.2 用样品瓶采样时，将清洁干燥的具塞样品瓶及连接环氧乙烷容器阀的导出管一并置于冰浴中冷却，冷却时应保持容器和连接管的干燥。采样时，将导出管与环氧乙烷容器阀口连接，打开容器阀将样品导入瓶内，采样完毕后，关闭容器阀，塞住样品瓶塞，拆除连接用导向管，清洗、干燥备用。

5.3.3 采样量不少于 300 mL，贮于清洁干燥的采样钢瓶或样品瓶中。贴上标签，注明产品名称、生产日期、批号、采样日期和采样者姓名等。样品瓶应密封并保存在冰浴中。采样后应尽快进行分析。

5.4 工业用环氧乙烷应由生产厂的质量检验部门进行检验。生产厂应保证每批出厂的环氧乙烷都符合本标准的要求。每批出厂产品都应附有一定格式的质量证明书，内容包括：生产厂名称和厂址、产品名称、生产日期或批号、质量等级、净质量和本标准编号等。

5.5 使用单位可按照本标准的规定对所收到的产品进行验收。产品的验收期限一般为自出厂日期起30日内，验收期限也可由供需双方协商确定。

5.6 检验结果的判定按 GB/T 1250 中规定的修约值比较法进行。检验结果如有任何一项指标不符合本标准的要求时，则应重新加倍采样进行检验。重新检验的结果即使只有一项指标不符合本标准的要求，则整批产品应作降等或不合格处理。

6 包装、标志、运输和贮存

6.1 包装

工业用环氧乙烷应采用不锈钢钢瓶包装，或采用罐体材料为不锈钢的罐车灌装，钢瓶、罐车的检查、充装、使用、管理等事项应按《特种设备安全监察条例》、《压力容器安全技术监察规程》、《气瓶安全监察规程》和《液化气体汽车罐车安全监察规程》的规定执行。钢瓶和罐车的充装量不得大于 0.79 kg/L。

工业用环氧乙烷也可用经国家有关部门认可能确保安全的其他容器包装、灌装，并按该容器的有关安全监察、管理规定执行。

6.2 标志

工业用环氧乙烷包装容器上应有牢固的标志，标明产品名称、生产厂名称和厂址、商标、生产日期或批号、质量等级、净质量、生产许可证号和本标准编号等。产品包装容器上还应显著地标明 GB 190 规定的“易燃液体”、“爆炸品”及“有毒品”标志。

6.3 运输和贮存

充装有工业用环氧乙烷的钢瓶，贮存和运输按《气瓶安全监察规程》执行。

灌装有工业用环氧乙烷的罐车应在氮气密封下运输，氮气的体积分数不低于 99.9%，密封氮气中氧的体积分数不得大于 0.5%，密封氮气压力 0.28 MPa～0.35 MPa。此外，还应执行《压力容器安全技术监察规程》、《液化气体汽车罐车安全监察规程》等有关规定。

工业用环氧乙烷储罐罐体材料应优先采用不锈钢。贮存有工业用环氧乙烷的储罐应采用氮气密封，氮气的体积分数不低于 99.9%，氮气密封中氧的体积分数不得大于 0.5%，氮气密封压力 0.07 MPa～0.35 MPa，贮存温度不高于 10℃。

7 安全

7.1 环氧乙烷为易燃、易爆的有毒液体，沸点 10.7 ℃，闪点 −17.8℃，自燃点 429℃，爆炸极限的体积分数为 3%～100%。温度高于 40℃时环氧乙烷开始聚合。环氧乙烷与催化剂(如氯化铝、铁的氧化物、氧化铝、金属钾、酸、碱)接触时能分解或聚合，放出大量热量，严重时能导致爆炸。

7.2 环氧乙烷为强麻醉剂，能引起急性中毒和慢性中毒。短时间吸入低浓度环氧乙烷蒸气会刺激眼鼻，引起肺部充血，短时间接触高浓度环氧乙烷蒸气会引起头疼、恶心、呕吐和呼吸困难。液态环氧乙烷接触皮肤会引起皮肤冻伤。

附 录 A
（资料性附录）
本标准章条编号与 ГОСТ 标准章条编号对照

表 A.1 给出了本标准章条编号与 ГОСТ 标准章条编号对照一览表。

表 A.1 本标准章条编号与 ГОСТ 标准章条编号对照

本标准章条编号	对应 ГОСТ 标准章条编号
1	—
2	—
3	1.1、1.2
4.1	—
4.2	3.1
4.3	—
4.4	3.3
4.5	3.7
4.6	3.5
4.7	3.6
4.8	3.8
4.9	3.9
5	2、3.2
6.1、6.2	1.3、1.4
6.3	4、5
7	—

ICS 71.080.30
G 17

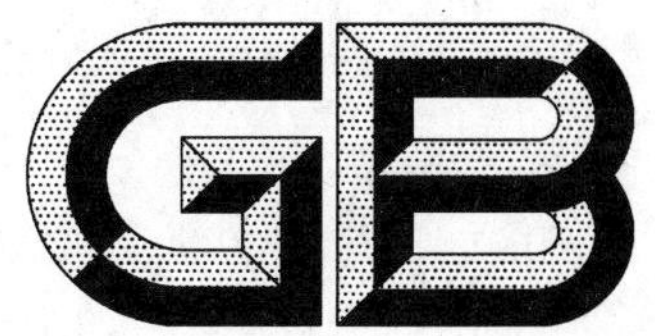

中华人民共和国国家标准

GB/T 13254—2008
代替 GB 13254—1991

工业用己内酰胺

Caprolactam for industrial use

2008-06-04 发布　　2008-12-01 实施

中华人民共和国国家质量监督检验检疫总局
中国国家标准化管理委员会　发布

前　言

本标准修改采用俄罗斯联邦国家标准 ГОСТ 7850—1986《己内酰胺技术条件》(俄文版,含 1991 年、1992 年、1996 年修改通知单,以下简称 ГОСТ 标准)。

本标准根据 ГОСТ 7850—1986 重新起草。在附录 A 中列出了本标准章条编号与 ГОСТ 7850—1986 章条编号的对照一览表。

考虑到我国的国情,本标准在采用 ГОСТ 标准时做了一些修改,本标准与 ГОСТ 7850—1986 的主要技术性差异如下:

——增加了外观的要求及其试验方法(本标准的 3.1 和 4.1);

——未设置 20%水溶液的 pH 值项目。因国内用户对此控制项目无要求;

——优等品指标与 ГОСТ 标准优级比较:结晶点由≥68.8 ℃修改为≥68.9 ℃,高锰酸钾吸收值由≤4 修改为≤5(本标准的 3.2),这是为了有利于产品质量的提高和符合我国产品质量实际情况而确定的;

——高锰酸钾吸收值的测定采用 ISO 8660:2002 方法(本标准的 4.4);

——挥发性碱含量的测定采用 ISO 8661:1988 方法(本标准的 4.5);

——酸度或碱度的测定由电位滴定法修改为指示剂指示滴定终点法;标准滴定溶液由 0.002 mol/L 修改为 0.01 mol/L(本标准的 4.7)。这是为了简化分析步骤而确定的。

本标准代替 GB 13254—1991《工业己内酰胺》。

本标准与 GB 13254—1991 相比主要变化如下:

——适用范围取消了工艺路线的描述(1991 年版的第 1 章,本版的第 1 章);

——增加了液体产品的外观要求(见 3.1.2);

——一等品和合格品的高锰酸钾吸收值分别由≤10 和≤20 修改为≤8 和≤18,优等品和一等品的酸度分别由≤0.10 mmol/kg 和≤0.20 mmol/kg 修改为≤0.05 mmol/kg 和≤0.10 mmol/kg(1991 年版的 3.2,本版的 3.2);

——铁含量、环己酮肟含量只列为型式检验项目(见 5.1.2);

——检验规则、运输和贮存增加了液体产品的相关规定(见 5.3,6.2,6.3,6.4);

——取消了使用单位验收产品及产品出厂到验收有效期的规定(1991 年版的 5.2,本版的第 5 章)。

——增加了固体产品的保质期(见 6.4.3)。

本标准的附录 A 为资料性附录。

本标准由中国石油和化学工业协会提出。

本标准由全国化学标准化技术委员会有机分会(SAC/TC 63/SC 2)归口。

本标准起草单位:中国石油化工股份有限公司北京化工研究院、中国石油化工股份有限公司巴陵分公司。

本标准主要起草人:唐跃兵、赵君红、沈佩芝、旷志刚、郝燕。

本标准所代替标准的历次版本发布情况为:

——GB 13254—1991。

工业用己内酰胺

1 范围

本标准规定了工业用己内酰胺的技术要求、试验方法、检验规则以及标志、包装、运输、贮存。

本标准适用于工业用己内酰胺的生产、检验和销售。

分子式：$C_6H_{11}NO$

结构式：$CH_2—CH_2—CH_2—CH_2—CH_2—C═O$（两端经 NH 相连成环）

相对分子质量：113.16（按2005年国际相对原子质量）

2 规范性引用文件

下列文件中的条款通过本标准的引用而成为本标准的条款。凡是注日期的引用文件，其随后所有的修改单（不包括勘误的内容）或修订版均不适用于本标准，然而，鼓励根据本标准达成协议的各方研究是否可使用这些文件的最新版本。凡是不注日期的引用文件，其最新版本适用于本标准。

GB/T 1250 极限数值的表示方法和判定方法

GB/T 6678—2003 化工产品采样总则

GB/T 6679—2003 固体化工产品采样通则

GB/T 6680—2003 液体化工产品采样通则

GB/T 8947 复合塑料编织袋

GB/T 13255.1 工业用己内酰胺试验方法 50%水溶液色度的测定 分光光度法（GB/T 13255.1—1991，neq ISO 8112：1984）

GB/T 13255.2 工业用己内酰胺 结晶点的测定（GB/T 13255.2—1991，neq ISO 7060：1982）

GB/T 13255.3 工业用己内酰胺 高锰酸钾吸收值的测定 分光光度法（GB/T 13255.3—1991，neq ISO 8660：2002）

GB/T 13255.4 工业用己内酰胺 挥发性碱含量的测定 蒸馏后滴定法（GB/T 13255.4—1991，neq ISO 8661：1988）

GB/T 13255.5 工业用己内酰胺 290 nm 波长处吸光度的测定（GB/T 13255.5—1991，neq ISO 7059：1982）

GB/T 13255.6 工业用己内酰胺 酸度或碱度的测定（GB/T 13255.6—1991，neq ГОСТ 26743.5：1985）

GB/T 13255.7 工业用己内酰胺 铁含量的测定

GB/T 13255.8 工业用己内酰胺 环己酮肟含量的测定（GB/T 13255.8—1991，neq ГОСТ 26743.6：1985）

3 要求

3.1 外观

3.1.1 固体外观：白色、片状固体，无可见机械杂质。

3.1.2 液体外观：无色、透明液体，无可见机械杂质。

3.2 工业用己内酰胺质量应符合表1所示的技术要求。

表 1 技术要求

项 目		指 标		
		优等品	一等品	合格品
50%水溶液色度/Hazen单位(铂-钴色号)	≤	3	5	8
结晶点/℃	≥	68.9	68.8	68.5
高锰酸钾吸收值	≤	5	8	18
挥发性碱含量/(mmol/kg)	≤	0.4	0.8	1.5
290 nm波长处吸光度	≤	0.04	0.10	0.20
酸度/(mmol/kg) 或碱度/(mmol/kg)	≤ ≤	0.05 0.10	0.10 0.20	— —
铁(Fe)含量/(mg/kg)	≤	0.2	0.5	1.0
环己酮肟含量/(mg/kg)	≤	20	20	—

4 试验方法

4.1 外观

目测。

4.2 50%水溶液色度的测定

按GB/T 13255.1规定的方法进行。

4.3 结晶点的测定

按GB/T 13255.2规定的方法进行。

4.4 高锰酸钾吸收值的测定

按GB/T 13255.3规定的方法进行。

4.5 挥发性碱含量的测定

按GB/T 13255.4规定的方法进行。

4.6 290 nm波长处吸光度的测定

按GB/T 13255.5规定的方法进行。

4.7 酸度或碱度的测定

按GB/T 13255.6规定的方法进行。

4.8 铁含量的测定

按GB/T 13255.7规定的方法进行。

4.9 环己酮肟含量的测定

按GB/T 13255.8规定的方法进行。

5 检验规则

5.1 检验分为出厂检验和型式检验。

5.1.1 出厂检验项目为外观和表1中的50%水溶液色度、结晶点、高锰酸钾吸收值、挥发性碱含量、290 nm波长处吸光度、酸度或碱度,应逐批进行检验。

5.1.2 型式检验项目为外观和表1中的所有项目,在正常生产的情况下,每月应至少进行一次型式检验。有下列情况之一时,也应进行型式检验。

a) 更新关键生产工艺;

b) 主要原料有变化;

c) 停产后重新恢复生产；

d) 出厂检验结果与上次型式检验结果有较大差异；

e) 合同规定。

5.2 工业用己内酰胺应由生产厂的质量监督部门按批进行检验，生产厂应保证所有出厂的工业用己内酰胺符合本标准的要求。每批出厂的己内酰胺都应附有一定格式的质量证明书，内容包括生产厂名称、产品名称、产品等级、批号、生产日期和本标准的编号。

5.3 在原材料、工艺不变的条件下，以产品连续生产的实际批为一批，但若干个生产批构成一个检验批的时间通常不超过 1 天。

5.4 采样方法

固体产品的采样按 GB/T 6678—2003 和 GB/T 6679—2003 的规定进行，采样总量不得少于 2 kg。液体产品的采样按 GB/T 6678—2003 和 GB/T 6680—2003 的规定进行，采样总量不得少于 2 L。

5.5 液体产品的样品以固体形态保存。将所采取的样品仔细混匀，样品分成两份，分装于两个清洁干燥的聚乙烯塑料瓶(袋)中，严密封口，粘贴标签，注明产品名称、批号、采样日期、采样人姓名。一份供检验用，另一份加封保存备查。

5.6 检验结果的判定应按 GB/T 1250 中规定的修约值比较法进行。检验结果中如有一项指标不符合本标准的要求时，袋装产品应重新自两倍量的包装单元中采样进行复验，罐装产品应重新多点采样进行复验。重新检验的结果即使只有一项指标不符合本标准要求，整批产品为不合格。

6 标志、包装、运输、贮存

6.1 标志

工业用己内酰胺的包装容器上应有下列标志：生产厂名称、厂址、产品名称、等级、批号、净含量、商标、生产日期和本标准编号。

6.2 包装

固体己内酰胺采用双层袋包装。内袋为聚乙烯薄膜袋，热合封合；外袋为聚乙烯三合一袋，按 GB/T 8947之规定选取，用机械缝纫封口。每袋净含量(25±0.25)kg，平均每袋净含量不低于 25 kg。

6.3 运输

6.3.1 工业用己内酰胺在运输过程中应防止受潮、日晒，防止包装袋破损。

6.3.2 液体工业用己内酰胺应使用充氮气密闭[氧含量≤0.005%(摩尔分数)]的、保温的不锈钢槽车运输，槽车运输的保温条件为≤95 ℃。

6.4 贮存

6.4.1 固体己内酰胺应贮存在干燥、清洁的库房内。

6.4.2 液体己内酰胺应贮存在氮气密封[氧含量≤0.005%(摩尔分数)]的、保温的不锈钢贮槽或罐中，保温条件为≤95 ℃。

6.4.3 工业用己内酰胺自出厂之日起，固体己内酰胺在符合本标准规定的固体产品的包装、贮存和运输条件下，保质期为 3 个月。超过保质期可重新检验，检验结果符合本标准要求时产品仍可使用。

附　录　A
（资料性附录）
本标准章条编号与ГОСТ 7850—1986 标准章条编号对照

表 A.1 给出了本标准章条编号与ГОСТ 7850—1986 标准章条编号的对照一览表。

表 A.1　本标准章条编号与ГОСТ 7850—1986 标准章条编号对照

本标准章条编号	对应ГОСТ 7850—1986 标准的章条编号
1	—
2	—
3	1
4.1	—
4.2～4.9	1.3
5	3
6	5

前　言

本标准系非等效采用俄罗斯国家标准 ГОСТ 23001—1988(1991)《环氧丙烷》对国家标准 GB/T 14491—1993《工业用环氧丙烷》的修订。

本标准与 ГОСТ 23001—1988(1991)比较,未设蒸发残渣、丙酮、乙醇、有机氯项目;优等品指标除水分低于 ГОСТ 23001—1988(1991)优等品指标,其他指标与其相当;醛含量试验方法沿用 GB/T 14491—1993 的化分法;未采用 ГОСТ 23001—1988(1991)的气相色谱法。

本标准与 GB/T 14491—1993 比较,取消了无机氯化物项目。色度优等品指标由≤10 号修改为≤5 号;酸度优等品指标由≤0.005%修改为≤0.003%,一等品指标由≤0.008%修改为≤0.006%,合格品指标由≤0.04%修改为≤0.01%;环氧乙烷含量优等品指标由≤0.02%修改为≤0.01%,合格品指标由≤0.50%修改为≤0.30%;醛含量指标优等品由≤0.02%修改为≤0.010%,合格品指标由≤0.15%修改为≤0.10%;水分优等品指标由≤0.025%修改为≤0.02%,一等品指标由≤0.035%修改为≤0.04%。

本标准自实施之日起,代替 GB/T 14491—1993。

本标准由国家石油和化学工业局提出。

本标准由全国化学标准化技术委员会有机分会归口。

本标准起草单位:山东东大化学工业集团公司。

本标准主要起草人:刘绵荣、翟静华、李博作、解风海、高旭平。

本标准于 1993 年 6 月首次发布。

本标准委托全国化学标准化技术委员会有机分会负责解释。

中华人民共和国国家标准

GB/T 14491—2001

代替 GB/T 14491—1993

工业用环氧丙烷

Propylene oxide for industrial use

1 范围

本标准规定了工业用环氧丙烷的要求、试验方法、检验规则、标志、包装、运输、贮存及安全等。

本标准适用于以丙烯经氯醇法生产的环氧丙烷。该产品主要用于生产聚醚多元醇、丙二醇、破乳剂等。

分子式：C_3H_6O

相对分子质量：58.08(按 1997 年国际相对原子质量)

2 引用标准

下列标准所包含的条文，通过在本标准中引用而构成为本标准的条文。本标准出版时，所示版本均为有效。所有标准都会被修订，使用本标准的各方应探讨使用下列标准最新版本的可能性。

GB 190—1990　危险货物包装标志

GB/T 601—1988　化学试剂　滴定分析(容量分析)用标准溶液的制备

GB/T 603—1988　化学试剂　试验方法中所用制剂及制品的制备(neq ISO 6353-1:1982)

GB/T 1250—1989　极限数值的表示方法和判定方法

GB/T 3143—1982(1990)　液体化工产品颜色测定法(Hazen 单位——铂-钴色号)(eqv ISO 2211:1973)

GB/T 3723—1999　工业用化学产品采样安全通则(idt ISO 3165:1976)

GB/T 6283—1986　化工产品中水分含量的测定　卡尔·费休法(通用方法)(eqv ISO 760:1978)

GB/T 6678—1986　化工产品采样总则

GB/T 6680—1986　液体化工产品采样通则

GB/T 6682—1992　分析实验室用水规格和试验方法(neq ISO 3696:1987)

3 要求

3.1 外观：透明液体，无可见机械杂质。

3.2 工业用环氧丙烷应符合表 1 所示的技术要求。

表 1　技术要求

项　　目		指　　标		
		优等品	一等品	合格品
色度(铂-钴色号)/号	≤	5	10	20
酸度质量分数(以乙酸计)/%	≤	0.003	0.006	0.01

中华人民共和国国家质量监督检验检疫总局 2001-09-06 批准　　　　2002-04-01 实施

表 1(完)

项目		指标	
	优等品	一等品	合格品
水分质量分数/% ≤	0.02	0.04	0.10
醛质量分数(以丙醛计)/% ≤	0.010	0.030	0.10
环氧乙烷质量分数/% ≤	0.01	0.10	0.30

4 试验方法

本标准所用试剂和水，在没有注明其他要求时，均为分析纯试剂和GB/T 6682中规定的三级水。所用溶液均指水溶液。试验中所需标准溶液、制剂及制品，在没有注明其他要求时，均按GB/T 601、GB/T 603之规定制备。

4.1 外观

将试样注入清洁、干燥的100 mL具塞比色管中，使液层高度与比色管标线齐平，在日光或日光灯的透射下直接目测。

4.2 色度测定

按GB/T 3143规定的方法进行。

4.3 酸度的测定

4.3.1 方法提要

以酚酞做指示剂，用氢氧化钠标准滴定溶液中和滴定，根据消耗氢氧化钠标准滴定溶液的体积计算试样中酸的质量分数，以乙酸计值。

4.3.2 试剂和材料

a) 氢氧化钠标准滴定溶液：$c(NaOH)=0.01$ mol/L；

b) 酚酞指示液：10 g/L；

c) 氮气：纯度大于99.5%。

4.3.3 仪器、设备

滴定管：5 mL微量滴定管(分度值0.02 mL)。

4.3.4 分析步骤

移取25.0 mL试样加入一个预先充有氮气的250 mL锥形瓶中，加入50 mL无二氧化碳的水和2～3滴酚酞指示液，将锥形瓶放在磁力搅拌器上，不断搅拌，在氮气保护下用氢氧化钠标准滴定溶液滴定至溶液呈现粉红色，保持15 s不褪色为终点。同时进行空白试验。

4.3.5 分析结果的表述

以质量分数表示的酸度(以乙酸计)X_1(%)，按式(1)计算：

$$X_1=\frac{c(V-V_1)\times 0.060\,05}{V_2\times 0.830}\times 100=\frac{c(V-V_1)\times 7.234\,9}{V_2} \quad\cdots\cdots(1)$$

式中：c——氢氧化钠标准滴定溶液的浓度，mol/L；

V——滴定试样所消耗的氢氧化钠标准滴定溶液的体积，mL；

V_1——滴定空白所消耗的氢氧化钠标准滴定溶液的体积，mL；

V_2——试样的体积，mL；

0.830——环氧丙烷20℃时的密度，g/cm³；

0.060 05——与1.00 mL氢氧化钠标准滴定溶液[$c(NaOH)=1.000$ mol/L]相当的以克表示的乙酸质量。

取两次平行测定结果的算术平均值为测定结果，两次平行测定结果的相对偏差不得大于10%。

4.4 水分的测定

按照GB/T 6283的规定进行，可使用无吡啶卡尔·费休试剂及乙二醇甲醚作为溶剂。

对分析结果如有争议，以GB/T 6283的规定为准。

取两次平行测定结果的算术平均值为测定结果，两次平行测定结果的相对偏差不得大于15%。

4.5 醛含量的测定

4.5.1 方法提要

试样中醛与过量的亚硫酸氢钠溶液定量反应，用碘标准溶液滴去未反应的亚硫酸氢钠，再加入碳酸氢钠，使复合物定量分解，用碘标准滴定溶液滴定释放的亚硫酸氢钠。根据消耗碘标准滴定溶液的体积算得试样中醛的质量分数，以丙醛计值。

4.5.2 试剂和材料

a) 碳酸氢钠；

b) 亚硫酸氢钠溶液：2.0 g/L，即配即用；

c) 碘标准溶液：$c(1/2\ I_2)=0.1$ mol/L；

d) 碘标准滴定溶液：$c(1/2\ I_2)=0.01$ mol/L；

e) 淀粉指示液：10 g/L。

4.5.3 分析步骤

取25.0 mL亚硫酸氢钠溶液，加入预先盛有100 mL水的500 mL碘量瓶中，置于0～10℃冰水浴中充分冷却。然后移取25.0 mL试样，加入碘量瓶中，混匀，置于冰水浴中冷却15 min，加入0～10℃ 100 mL水和1 mL淀粉指示液，用$c(1/2\ I_2)=0.1$ mol/L的碘标准溶液滴定至近终点。再用$c(1/2\ I_2)=0.01$ mol/L的碘标准滴定溶液继续滴定至溶液呈淡青色，保持1 min不褪色，停止滴定(消耗量不必记录)。加入1 g碳酸氢钠，混匀。用$c(1/2\ I_2)=0.01$ mol/L的碘标准滴定溶液继续滴定溶液呈淡青色，保持1 min不褪色，记下碘标准滴定溶液所消耗的体积。如碘标准滴定溶液的消耗量大于10 mL时，应将试样减半后重新测定。

4.5.4 分析结果的表述

醛(以丙醛计)的质量分数X_2(%)，按(2)式计算：

$$X_2=\frac{c_1\cdot V_3\times 0.029}{V_2\times 0.830}\times 100=\frac{c_1\cdot V_3\times 3.49}{V_2} \qquad (2)$$

式中：c_1——碘标准滴定溶液的实际浓度，mol/L；

V_3——滴定试样所消耗的碘标准滴定溶液的体积，mL；

V_2——试样的体积，mL；

0.830——环氧丙烷20℃时的密度，g/cm^3；

0.029——与1.00 mL碘标准滴定溶液[$c(1/2\ I_2)=1.000$ mol/L]相当的以克表示的丙醛质量。

取两次平行测定结果的算术平均值为测定结果。两次平行测定结果的相对偏差不得大于10%。

4.6 环氧乙烷的测定

4.6.1 方法原理

用气相色谱法，在选定的工作条件，使环氧丙烷中的环氧乙烷等杂质得到定量分离。用测得的校正因子，根据内标法计算出环氧乙烷的质量分数。

4.6.2 试剂和材料

a) 丙酮；

b) 环氧乙烷：纯度大于99%；

c) 环氧丙烷：标准品，色谱纯或质量相当的环氧丙烷；

d) 环庚烷：内标物，纯度大于99%；

e) β,β'-氧二丙腈：色谱固定液；

f) 6201 型担体：0.18 mm～0.25 mm；

g) 氢气：纯度不低于 99%，经硅胶与分子筛干燥、净化；

h) 氮气：纯度不低于 99.95%，经硅胶与分子筛干燥、净化；

i) 空气：经硅胶与分子筛干燥、净化。

4.6.3 仪器、设备

a) 色谱仪：配有火焰离子化检测器，灵敏度及稳定性符合 GB/T 9722 中有关规定的气相色谱仪。当环氧乙烷的质量分数为 0.001%时，其在记录仪上的信噪比应大于 4；

b) 色谱柱及典型工作条件：本标准推荐的色谱柱及典型工作条件见表 2，环氧丙烷典型色谱图见图 1，各主要组分在色谱图上的相对保留值见表 3。其他能达到同等分离程度的色谱柱也可使用；

c) 记录器：色谱数据处理机或记录仪；

d) 微量注射器：10 μL。

表 2 色谱柱及典型工作条件

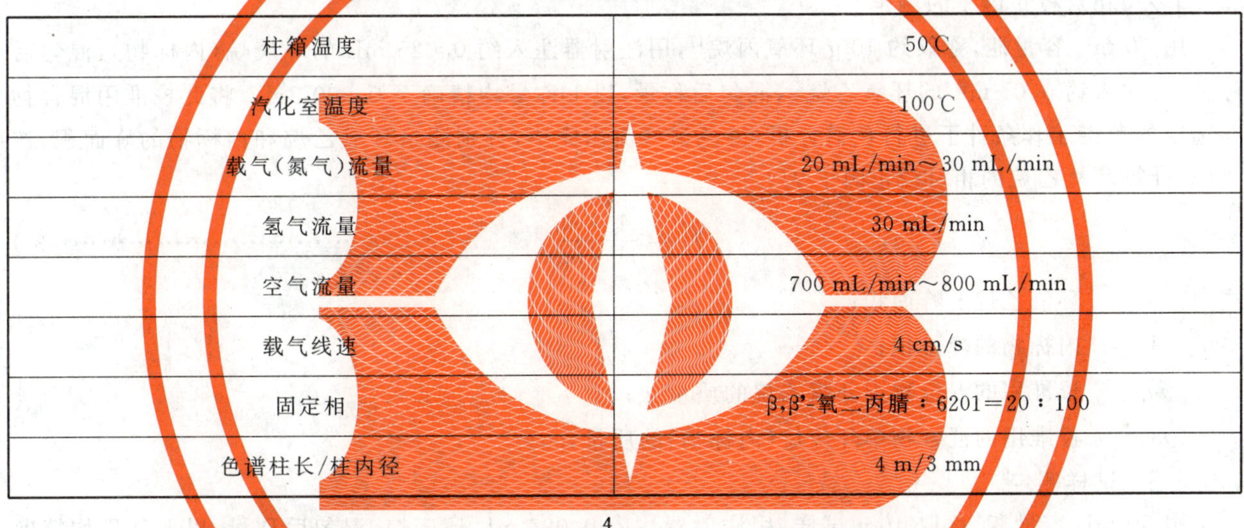

柱箱温度	50℃
汽化室温度	100℃
载气(氮气)流量	20 mL/min～30 mL/min
氢气流量	30 mL/min
空气流量	700 mL/min～800 mL/min
载气线速	4 cm/s
固定相	β,β'-氧二丙腈：6201＝20：100
色谱柱长/柱内径	4 m/3 mm

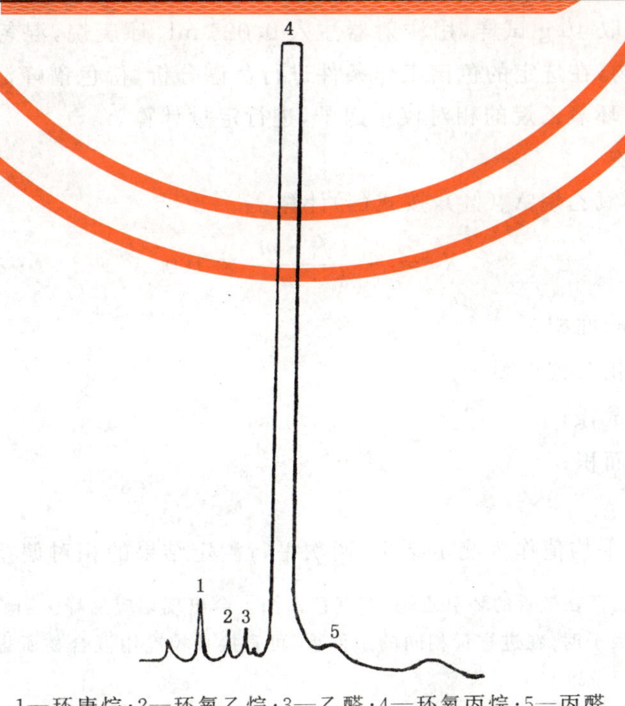

1—环庚烷；2—环氧乙烷；3—乙醛；4—环氧丙烷；5—丙醛

图 1 环氧丙烷典型色谱图

表 3　各主要组分在色谱图上参考的相对保留值

组分名称	相对保留值
丙醛	2.40
乙醛	1.29
环氧乙烷	1.20
环庚烷	1.00

4.6.4　分析步骤

4.6.4.1　固定相的配制

称取适量的β,β'-氧二丙腈，置于蒸发皿中，加入相当于载体体积 1.2 倍的丙酮，待全部溶解后，将称得的 6201 型担体徐徐倾入上述溶液，轻轻搅拌，使其完全浸润，在 30℃缓慢挥发溶剂至干，升温到 40℃干燥 30 min，筛分后备用。

4.6.4.2　相对校正因子的测定

用 50 mL 容量瓶，称取约 40 g 环氧丙烷[1)]，用注射器注入约 0.025 mL 的环庚烷(内标物)，混匀后称量，再注入约 0.01 mL 的环氧乙烷[2)]，混匀后称量，以上称量均精确至 0.000 2 g。将此校准用混合物在选定的色谱工作条件下进行色谱分析，待色谱峰流出完毕，分别测量环氧乙烷和内标物的峰面积，按式(3)计算环氧乙烷的相对校正因子 f_i^1。

$$f_i^1 = \frac{A_s \cdot m_i}{A_i \cdot m_s} \qquad \cdots\cdots(3)$$

式中：A_i——环氧乙烷的峰面积；

A_s——内标物的峰面积；

m_i——校准用的混合物中环氧乙烷的质量，g；

m_s——校准用的混合物中环庚烷(内标物)的质量，g。

4.6.4.3　试样测定

用 50 mL 容量瓶，称取 40 g 试样，用注射器注入 0.025 mL 环庚烷，混匀后称量，以上称量均精确至 0.000 2 g。将此混合物，在选定的色谱工作条件进行色谱分析，待色谱峰流出完毕，分别测量环氧乙烷和内标物的峰面积。按环氧乙烷的相对校正因子，进行定量计算。

4.6.4.4　分析结果的表述

以质量分数表示的环氧乙烷 X_3(%)，按式(4)计算：

$$X_3 = \frac{A_i \cdot f_i^1 \cdot m_s}{A_s \cdot m} \times 100 \qquad \cdots\cdots(4)$$

式中：A_i——环氧乙烷的峰面积；

f_i^1——环氧乙烷的相对校正因子；

m_s——内标物的质量，g；

A_s——内标物的峰面积；

m——试料的质量，g。

取两次平行测定算术平均值作为测定结果，两次平行测定结果的相对偏差不得大于 20%。

1) 由于环氧丙烷中有可能存在微量的环氧乙烷，在其色谱图上会出现相应的峰。当它用于配制校准用混合物求取环氧乙烷的相对校正因子时，在进样量相同的条件下，可直接从校准用混合物所得的环氧乙烷峰面积减去环氧丙烷中环氧乙烷峰面积予以修正。

2) 环氧乙烷的称入量应尽可能接近试样中环氧乙烷的含量，且环庚烷的称入量亦应与环氧乙烷的称入量相当。

5 检验规则

5.1 本标准规定的所有项目均为出厂检验项目。

5.2 工业用环氧丙烷应由生产厂质量检验部门进行检验。生产厂商应保证出厂的环氧丙烷都符合本标准的要求，每批产品都附有一定格式的质量证明书。质量证明书应包括如下内容：产品名称及等级、生产厂名及商标、批号、毛重和净重、生产日期、分析测定结果、合格证明及本标准编号。

5.3 使用单位在收到工业用环氧丙烷后，应在30天内按本标准的规定进行验收。对产品质量发生异议时，供需双方协商解决。

5.4 以每一成品罐为一批。

5.5 按GB/T 6678—1986中6.6确定采样单元数，采样技术应符合GB/T 6680的规定。采样安全应符合GB/T 3723中的规定。采样总体积不少于1 000 mL，分别装入二个清洁、干燥的磨口瓶中。贴上标签，一瓶检验分析，另一瓶留样备查，注明产品名称、批号、采样日期、采样人姓名。

5.6 检验结果的判定按GB/T 1250中修约值比较法进行，检验结果如有一项不符合本标准要求时，桶装产品应重新自两倍数量的包装单元采样进行检验，罐装产品应重新多点采样进行检验，重新检验的结果即使只有一项指标不符合本标准要求，则整批产品判为不合格。

6 标志、包装、运输和贮存

6.1 工业用环氧丙烷包装容器上应有牢固清晰的标志，其内容包括：产品名称、商标、生产厂厂名、厂址、净重、批号和本标准编号及符合GB 190规定的“易燃液体”、“有毒品”等标志。

6.2 工业用环氧丙烷的包装应采用干燥、清洁和密封性好的镀锌铁桶，每桶净重(150±0.5) kg，或采用专用槽罐运输，均应符合有关的安全规定。

6.3 在运输方面，应遵守运输部门各项有关规定。

6.4 环氧丙烷应贮存于25℃以下的阴凉、通风、干燥处，不得于日光下直接曝晒并隔绝火源。

7 安全

7.1 环氧丙烷为透明液体，有气味，能与水、乙醇、乙醚等很好混合，沸点34℃，闪点(开杯)为－37℃，空气中的爆炸上限为37%体积分数，下限为2.1%体积分数。

7.2 环氧丙烷有毒性。液态的环氧丙烷会引起皮肤及眼角膜的灼伤，其蒸气有刺激和轻度麻醉作用，长时间吸入会导致恶心、呕吐、头痛、眩晕和腹泻等，因此，应采取积极的防护措施，如强制通风、防漏、密封等。所有接触环氧丙烷的人员应穿戴规定的防护用品，工作场所应符合国家规定的安全和环保措施。

7.3 环氧丙烷是易燃、易爆化学品，其蒸气会分解。为避免促使环氧丙烷缩聚放热而形成爆炸条件，不能用铜、银、镁等能与乙炔形成爆炸物的金属处理和贮存环氧丙烷，也应避免酸性盐(如氯化锡、氯化锌)、碱类、叔胺等污染环氧丙烷。

7.4 发生火灾时，应使用二氧化碳和水灭火。

ICS 83.060
G 35

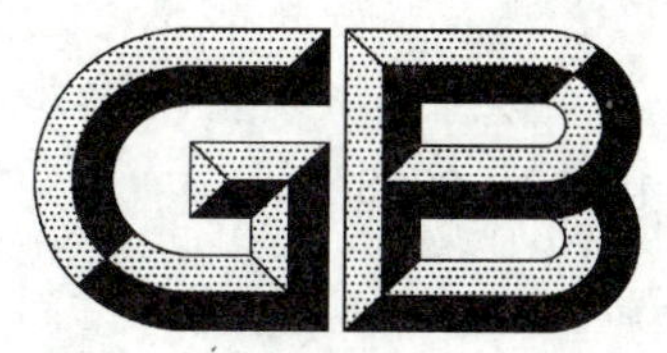

中华人民共和国国家标准

GB/T 15257—2008
代替 GB/T 15257—1994

混合调节型氯丁二烯橡胶 CR321、CR322

Mixed modulation chloroprene rubber CR321、CR322

2008-06-19 发布　　　　2009-02-01 实施

中华人民共和国国家质量监督检验检疫总局
中国国家标准化管理委员会　发布

前　言

本标准代替 GB/T 15257—1994《混合调节型氯丁橡胶 CR321、CR322》。

本标准与 GB/T 15257—1994 的主要差异：

——修改范围的内容；

——规范性引用文件由不注日期引用改为注日期引用；

——GB/T 4498—1997 代替 GB 6736；

——GB/T 15340—1997 代替 GB 6735；

——GB/T 19187—2003 代替 GB 6734；

——GB/T 21462—2008 代替附录 A；

——HG/T 3928—2007 代替 HG 9004；

——删除了 GB/T 2941、GB/T 5577、GB/T 6038；

——删除了 CR321、CR322 牌号规定及划分；

——修改了产品的技术要求；

——本标准灰分设为型式检验项目；

——删除了附录 A 和附录 B；

——附录 A 代替附录 C。

本标准的附录 A 为规范性附录。

本标准由中国石油化工集团公司提出。

本标准由全国橡胶与橡胶制品标准化技术委员会合成橡胶分技术委员会（SAC/TC 35/SC 6）归口。

本标准主要起草单位：山西合成橡胶集团有限责任公司、中国石油天然气股份有限公司兰州化工研究中心、重庆长寿化工有限责任公司。

本标准主要起草人：宿士斌、翟月勤、张芳、赵海军、邢世霞、汤妍雯、涂智明、左祥东。

本标准所代替标准的历次发布情况为：

——GB/T 15257—1994。

混合调节型氯丁二烯橡胶 CR321、CR322

1 范围

本标准规定了混合调节型氯丁二烯橡胶 CR321 系列中 CR3211、CR3212、CR3213 和 CR322 系列中 CR3221、CR 3222、CR 3223 的技术要求、检验方法、检验规则以及包装、标志、储存、运输。

本标准适用于以氯丁二烯为单体，硫磺和调节剂丁为调节剂，经乳液聚合制得的 CR3211、CR3212、CR3213、CR3221、CR3222、CR3223。

2 规范性引用文件

下列文件中的条款通过本标准的引用而成为本标准的条款。凡是注日期的引用文件，其随后所有的修改单(不包括勘误的内容)或修订版本均不适用于本标准，然而，鼓励根据本标准达成协议的各方研究是否可使用这些文件的最新版本。凡是不注日期的引用文件，其最新版本适用于本标准。

GB/T 528—1998　硫化橡胶或热塑性橡胶拉伸应力应变性能的测定（eqv ISO 37:1994）

GB/T 1232.1—2000　未硫化橡胶　用圆盘剪切粘度计进行测定　第一部分:门尼粘度的测定(neq ISO 289-1:1994)

GB/T 1233—2008　未硫化橡胶初期硫化特性的测定　用圆盘剪切黏度计进行测定(ISO 289-2:1994,MOD)

GB/T 4498—1997　橡胶　灰分的测定(eqv ISO 247:1990)

GB/T 15340—1994　天然、合成生胶取样及制样方法(idt ISO 1795:1992)

GB/T 19187—2003　合成生胶抽样检查程序

GB/T 21462—2008　氯丁二烯橡胶(CR)　评价方法

HG/T 3928—2007　工业活性轻质氧化镁

3 技术要求

3.1 外观

米黄色或浅棕色片状、块状物，不含滑石粉以外的机械杂质，无焦烧粒子(目测)。

3.2 技术指标

CR3211、CR3212、CR3213、CR3221、CR3222、CR3223 的技术指标见表 1。

表 1　CR3211、CR3212、CR3213、CR3221、CR3222、CR3223 技术指标

项目			指标		
			优等品	一等品	合格品
生胶门尼黏度 ML(1+4)100 ℃	CR3211、CR3221		25～40		
	CR3212、CR3222		41～60		
	CR3213、CR3223		61～80		
门尼焦烧时间 MSt_5/min		≥	25	20	16
500%定伸应力/MPa		≥	2.0～5.0		
拉伸强度/MPa		≥	25.0	22.0	20.0

表 1（续）

项　　目		指　　标		
		优等品	一等品	合格品
拉断伸长率/%	≥	900	850	800
挥发分的质量分数/%	≤	1.2	1.5	1.5
灰分的质量分数/%	≤	1.2	1.3	1.5

4 检验方法

4.1 门尼黏度

按 GB/T 19187—2003 抽取实验室混合样品，抖落表面滑石粉后，按 GB/T 15340—1994 中 8.2.2.2 过辊法制备样品（辊温 20 ℃±5 ℃，辊距 1.4±0.1mm，过辊 10 次），按 GB/T 1232.1—2000 测定门尼黏度。

4.2 门尼焦烧时间

取 GB/T 21462—2008 制备的混炼胶片，按 GB/T 1233—1992 进行测定，采用小转子，在 120 ℃下预热 1 min，取上升 5 个门尼值所对应的时间为结果，以 MSt_5 表示。

4.3 500%定伸应力、拉伸强度、拉断伸长率

按 GB/T 528—1998 进行测定。按 GB/T 21462—2008 规定的配方 1，开炼法 A 混炼，炼胶机挡板距 150 mm，Ⅰ型裁刀。氧化镁应符合 HG/T 3928—2007 的规定。

4.4 挥发分的质量分数

样品按 GB/T 15340—1994 均化，均化温度 20 ℃±5 ℃，按附录 A 测定。

4.5 灰分的质量分数

按 GB/T 4498—1997 方法 A 进行，试样约 2 g，灼烧温度为 850 ℃±25 ℃。

5 检验规则

5.1 本标准所列检验项目除灰分，其他均为出厂检验项目；正常情况下，每月至少进行一次型式检验。

5.2 进行质量检验时，抽样按 GB/T 19187—2003 的规定进行。

5.3 生产厂应按本标准对出厂的 CR321、CR322 进行检验，每批出厂的产品应符合本标准的要求。产品应附有一定格式的质量证明书。质量证明书上应注明名称、牌号、生产厂(公司)名称、生产批号、等级等有关内容。

5.4 出厂检验时，按 GB/T 15340—1994 中第 7 章的实验室混合样品进行检验，出厂检验项目中任何一项不符合等级要求时，应重新自双倍量的包装中取样、复检。复验结果仍不符合相应的等级要求时，则该批产品应降等或定为不合格品。

5.5 用户有权按本标准对收到的 CR321、CR322 进行验收，如果不符合本标准要求时，应在到货后半个月内提出异议。使用单位因保管、使用不当等原因造成产品质量下降，应由使用单位负责。供需双方如发生质量争议，可协商解决或由质量仲裁单位进行仲裁检验。如果发生橡胶净含量争议，可在整批胶中随机抽取 40 包(少于 40 包时全部抽取)，称量实际的总净含量，实际的总净含量应大于或等于额定总含量。

6 包装、标志、储存和运输

6.1 内层用聚乙烯薄膜包装，其厚度为 0.04 mm～0.06 mm、熔点不大于 110 ℃；外层用复合塑料编织袋包装。或采用用户认可的其他形式包装。每袋净含量 25 kg±0.25 kg 或其他包装单元。

注：包装时可以适当撒入滑石粉以防止粘结。

6.2 包装袋上应清楚地标明产品名称、牌号、净含量、生产厂(公司)名称、地址、注册商标、标准编号、生产日期、防潮防晒、等级和生产批号等。

6.3 贮存过程中,必须通风干燥,严防日光曝晒,勿近热源,防止受潮或混入杂质,保持包装完好无损。长期超温贮存会引起颜色改变、黏度及门尼焦烧时间的变化。

6.4 运输过程中,应防止日光直接照射和雨水浸泡,运输车辆应整洁,避免包装破损和杂物混入。

6.5 质量保证期自生产日期起在 20 ℃以下保质期为 1 年,30 ℃以下保质期为半年。

附 录 A
（规范性附录）
氯丁二烯橡胶 CR321、322 挥发分的测定

A.1 范围

本附录规定了烘箱法测定 CR321、CR322 生胶中水分和其他挥发性物质的方法。

A.2 原理

试样在烘箱中干燥一定时间，此过程中的质量损失即为挥发分含量。

A.3 设备

A.3.1 烘箱：鼓风式，能将温度控制在 105 ℃±5 ℃。

A.3.2 铝皿或玻璃表面皿：深约 15 mm、直径（或长度）约 80 mm。

A.4 操作步骤

A.4.1 取 4.4 均化的橡胶样品约 50 g 在辊温 20 ℃±5 ℃、辊距 0.25 mm±0.05 mm 条件下压成薄片。剪取两份边长约 2 mm 的试样约 5 g，置于铝皿或玻璃表面皿中（A.3.2）称量，精确至 1 mg（质量 m_1）。

A.4.2 如果样品粘辊而不能压成薄片，则直接从样品中剪取两份边长约 2 mm 的试样约 5 g，置于铝皿或玻璃表面皿中（A.3.2）称量，精确至 1 mg（质量 m_1）。

A.4.3 将已称量的试样放入温度 105 ℃±5 ℃ 的烘箱（A.3.1）中干燥 1 h，干燥过程中应打开鼓风。取出试样，放入干燥器中冷却至室温后称量（质量 m_2）。

A.5 结果表示

挥发分的质量分数 w，用%表示，按式（A.1）计算：

$$w = \frac{m_1 - m_2}{m_1} \times 100 \qquad \cdots\cdots (A.1)$$

式中：

m_1——干燥前试样的质量，单位为克（g）；

m_2——干燥后试样的质量，单位为克（g）。

所得结果应表示至两位小数。

A.6 允许差

挥发分含量小于 0.22%时，两次平行测定结果之差不大于 0.04%。

挥发分含量在 0.23%～0.70%时，两次平行测定结果之差不大于 0.15%。

挥发分含量在 0.71%～1.50%时，两次平行测定结果之差不大于 0.22%。

A.7 实验报告

实验报告应包括以下内容：

a) 关于样品的详细说明；

b) 每个试样的测试结果；

c) 本附录未包括的任何自选操作；

d) 试验日期。

ICS 71.080.60
G 17

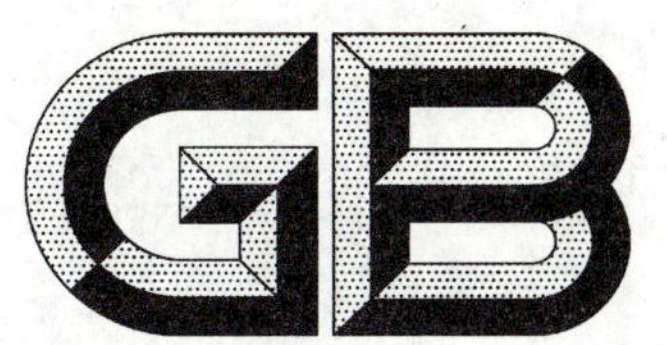

中华人民共和国国家标准

GB/T 17529.1—2008
代替 GB/T 17529.1—1998,GB/T 17530.1—1998

工业用丙烯酸及酯 第1部分：工业用丙烯酸

Acrylic acid and acrylate esters for industrial use—Part 1:Acrylic acid for industrial use

2008-05-14 发布　　　　2008-10-01 实施

中华人民共和国国家质量监督检验检疫总局
中国国家标准化管理委员会　发布

前　言

GB/T 17529《工业丙烯酸及酯》分为5个部分：

——第1部分：工业丙烯酸；

——第2部分：工业丙烯酸甲酯；

——第3部分：工业丙烯酸乙酯；

——第4部分：工业丙烯酸正丁酯；

——第5部分：工业丙烯酸2-乙基己酯。

本部分为GB/T 17529的第1部分。

本部分修改采用美国材料与试验协会标准ASTM D 4416：2004《丙烯酸》(英文版)。

本部分根据ASTM D 4416：2004重新起草。在附录A中列出了本部分的章条编号与ASTM D 4416：2004章条编号的对照一览表。

考虑到我国的国情，在采用ASTM标准时，本部分作了一些修改。本部分与ASTM D 4416：2004的主要差异如下：

——产品分为精丙烯酸型和丙烯酸型，丙烯酸型分为优等品和一等品(本部分的第5章)。这是为了满足市场需求；

——增加了总醛的质量分数的要求和试验方法(本部分的第5章和6.3)。这样有利于产品质量的控制；

——未设丙烯酸二聚体项目。

本部分代替GB/T 17529.1—1998《工业丙烯酸》和GB/T 17530.1—1998《工业丙烯酸纯度的测定　气相色谱法》。

本部分与GB/T 17529.1—1998和GB/T 17530.1—1998相比，主要变化如下：

——增加了外观一章(见第4章)；

——将产品分为精丙烯酸型和丙烯酸型。精丙烯酸型产品为一个等级并增设了总醛项目和试验方法，丙烯酸型产品分为优等品和一等品两个等级(1998年版的第3章，本版的第5章和6.3)；

——丙烯酸型产品丙烯酸含量优等品指标由≥99.0%修改为≥99.2%，色度优等品指标由≤20号(铂-钴色号)修改为≤15号(1998年版的第3章，本版的第5章)；

——试验方法中丙烯酸含量的测定增加了毛细管柱气相色谱法，色度的测定增加了色差计法，水分的测定增加了气相色谱法(见6.3、6.4和6.5)。

本部分的附录C为规范性附录，附录A、附录B和附录D为资料性附录。

本部分由中国石油和化学工业协会提出。

本部分由全国化学标准化技术委员会有机分会(SAC/TC 63/SC 2)归口。

本部分负责起草单位：中国石油吉林石化分公司电石厂。

本部分参加起草单位：扬子石化-巴斯夫有限责任公司、北京东方石油化工有限公司东方化工厂和上海华谊丙烯酸有限公司。

本部分主要起草人：杨永梅、李茹春、韩淑杰、刘丽萍、孔伟莉。

本部分所代替标准的历次版本发布情况为：

——GB/T 17529.1—1998；

——GB/T 17530.1—1998。

工业用丙烯酸及酯
第1部分:工业用丙烯酸

1 范围

本部分规定了工业用丙烯酸的要求、试验方法和标志、包装、运输、贮存及安全等。

本部分适用于由丙烯催化氧化法制得的丙烯酸的生产、检验和销售。

分子式:$CH_2CHCOOH$

相对分子质量:72.06(按2005年国际相对原子质量)

2 规范性引用文件

下列文件中的条款通过GB/T 17529的本部分的引用而成为本部分的条款。凡是注日期的引用文件,其随后所有的修改单(不包括勘误的内容)或修订版均不适用于本部分,然而,鼓励根据本部分达成协议的各方研究是否可使用这些文件的最新版本。凡是不注日期的引用文件,其最新版本适用于本部分。

GB 190—1990 危险货物包装标志

GB/T 191—2008 包装储运图示标志(ISO 780:1997,MOD)

GB/T 1250 极限数值的表示方法和判定方法

GB/T 2366 化工产品中水分含量的测定 气相色谱法

GB/T 3143—1982(2004) 液体化学产品颜色测定法(Hazen单位——铂-钴色号)

GB/T 6283—1986 化工产品中水分含量的测定 卡尔·费休法(通用方法)(eqv ISO 760:1978)

GB/T 6678—2003 化工产品采样总则

GB/T 6680—2003 液体化工产品采样通则

GB/T 6682—1992 分析实验室用水规格和试验方法(neq ISO 3696:1987)

GB/T 9722—2006 化学试剂 气相色谱法通则

GB/T 17530.3 工业丙烯酸及酯色度的测定

GB/T 17530.5 工业丙烯酸及酯中阻聚剂的测定

3 分类和命名

工业用丙烯酸按用途分为精丙烯酸型和丙烯酸型。精丙烯酸型产品和丙烯酸型产品均可用作生产丙烯酸乳液和丙烯酸酯等,精丙烯酸型产品主要用作生产高吸水性树脂等。

4 外观

无色透明液体,无悬浮物和机械杂质。

5 要求

工业用丙烯酸应符合表1所示的技术要求。

表1 技术要求

项目		指标	
	精丙烯酸型	丙烯酸型	
		优等品	一等品
丙烯酸的质量分数/% ≥	99.5	99.2	99.0
色度/Hazen单位(铂-钴色号) ≤	10	15	20
水的质量分数/% ≤	0.15	0.10	0.20
总醛的质量分数/% ≤	0.001	—	
阻聚剂[4-甲氧基苯酚(MEHQ)]的质量分数/10^{-6}	200±20。可与用户协商制定。		

6 试验方法

6.1 警示

试验方法规定的一些试验过程可能导致危险情况。操作者应采取适当的安全和防护措施。

6.2 一般规定

除非另有说明,在分析中仅使用确认为分析纯的试剂和GB/T 6682—1992中规定的三级水。

6.3 丙烯酸含量和总醛含量的测定

6.3.1 方法提要

在选定的工作条件下,使样品汽化后经色谱柱分离,用火焰离子化检测器检测,采用内标法定量。丙烯酸含量的计算为100减去有机杂质(不包括丙烯酸二聚体)和水的质量分数;总醛含量的计算为丙烯醛、糠醛和苯甲醛质量分数的相加。

6.3.2 试剂

6.3.2.1 癸二酸二甲酯:质量分数不小于99.4%,内标物;

6.3.2.2 氢气:体积分数不低于99.8%。使用前需用脱水装置、硅胶、分子筛或活性炭等进行净化处理;

6.3.2.3 氮气:体积分数不低于99.8%。使用前需用脱水装置、硅胶、分子筛或活性炭等进行净化处理;

6.3.2.4 空气:无腐蚀性杂质。使用前进行脱油、脱水处理。

6.3.3 仪器

6.3.3.1 气相色谱仪:配有火焰离子化检测器,整机灵敏度和稳定性应符合GB/T 9722—2006中的有关规定。对样品中0.001%(质量分数)的组分所产生的峰高应大于噪声的两倍;

6.3.3.2 色谱数据处理机或色谱工作站;

6.3.3.3 进样器:自动进样器或微量注射器,5 μL或10 μL。

6.3.4 色谱分析条件

推荐的色谱柱和典型色谱操作条件见表2。填充柱典型色谱图参见附录B图B.1,毛细管柱典型色谱图参见附录B图B.2,各组分的相对保留值参见附录B表B.1。其他能达到同等分离程度的色谱柱和色谱操作条件均可使用。

表 2 填充柱与毛细管柱推荐分析条件

项　　目	填充柱	毛细管柱
色谱柱	ϕ3 mm×2 m 不锈钢柱或 ϕ3 mm×2 m 玻璃柱	柱长/柱内径/液膜厚度：10 m×0.53 mm×1.0 μm
载体	硅藻土载体(Uniport S) 0.147 mm～0.175 mm	DB-聚乙二醇 20M-2-硝基对苯二甲酸(FFAP)
固定液	聚乙二醇 20M-2-硝基对苯二甲酸(FFAP)+己二酸新戊二醇聚酯(NPGA)	
固定液质量比	FFAP:NPGA:Uniport S = 15∶5∶100	
气化室温度/℃	200	230
柱箱温度	初始温度 120℃，第一阶升温速率 1.5℃/min，第一阶温度 145℃，保持 2 min，第二阶升温速率 5℃/min，最终温度 190℃，保持 40 min	初始温度 130℃，保持 2 min，升温速率 20℃/min，最终温度 200℃，保持7 min，平衡时间 5 min
检测器温度/℃	200	260
载气(氮气)流量/(mL/min)	65	8
燃气(氢气)流量/(mL/min)	55	45
助燃气(空气)流量/(mL/min)	610	300
分流比	—	1∶8
内标物量与样品量比例	0.02∶10	0.01∶10
进样量/μL	1	1

6.3.5 分析步骤

6.3.5.1 相对校正因子的测定

相对校正因子的测定方法见附录 C。

6.3.5.2 样品测定

在 50 mL 具塞三角瓶中，加入 0.02 g(填充柱气相色谱法)或 0.01 g(毛细管柱气相色谱法)癸二酸二甲酯(内标物)，再加入 10 g 实验室样品，以上称量均精确至 0.000 2 g，混匀。在推荐的色谱分析条件下，将此混合物进行色谱分析。

6.3.6 结果计算

各组分的质量分数 w_i，数值以%表示，按式(1)计算：

$$w_i = \frac{A_i m_s}{A_s m} \times f_i \times 100 \qquad \cdots\cdots(1)$$

式中：

A_i——组分 i 峰面积的数值，单位为平方厘米(cm^2)或为毫伏分(mV·min)；

m_s——内标物质量的数值，单位为克(g)；

A_s——内标物峰面积的数值，单位为平方厘米(cm2)或为毫伏分(mV·min)；

m——试料质量的数值，单位为克(g)；

f_i——组分 i 相对内标物的校正因子的数值。

注：出现未知组分时，以邻近组分相对校正因子计算。

6.3.6.1 丙烯酸含量计算

丙烯酸的质量分数 w_1，数值以%表示，按式(2)计算：

$$w_1 = 100 - w(\text{水}) - \sum w_i \qquad \cdots\cdots(2)$$

式中：

w(水)——6.5 测得的水的质量分数，数值以%表示；

$\sum w_i$——样品中有机杂质(不包括丙烯酸二聚体)质量分数的总和。

取两次平行测定结果的算术平均值作为测定结果,两次平行测定结果的绝对差值不大于0.05%。

6.3.6.2 **总醛含量计算**

总醛的质量分数 w_2,数值以%表示,按式(3)计算:

$$w_2 = \sum w_i \qquad \cdots\cdots(3)$$

式中:

$\sum w_i$——样品中丙烯醛、糠醛、苯甲醛质量分数的总和,数值以%表示。

取两次平行测定结果的算术平均值作为测定结果,两次平行测定结果的绝对差值不大于0.000 3%。

6.3.7 **仲裁法**

仲裁法为填充柱气相色谱法。

6.4 **色度的测定**

6.4.1 **目视比色法**

按 GB/T 17530.3 的规定进行。

6.4.2 **色差计法(仲裁法)**

6.4.2.1 **方法提要**

基于色度学的基本原理,通过色差计测得样品在420 nm~710 nm的透光度,与色度标准比较,以Hazen单位(铂-钴色号)表示结果。

6.4.2.2 **仪器**

6.4.2.2.1 色差计:光谱范围:420 nm~710 nm,带宽 20 nm,重复性:(xy)±0.0004,透射率:±0.5%,光程长度:0.1 mm~50 mm;

6.4.2.2.2 比色皿:玻璃材质,长50 mm,宽10 mm。

6.4.2.3 **试剂**

0号铂-钴标准溶液:按 GB/T 3143—1982(2004)配制。

6.4.2.4 **测定步骤**

待仪器自检结束后,将0[#]铂-钴标准溶液移入比色皿,置于测量槽中,调整仪器零点。将实验室样品移入比色皿,置于测量槽,选择所需色度标准与光程后,读取结果。

6.5 **水分的测定**

6.5.1 **卡尔·费休法(仲裁法)**

按 GB/T 6283—1986 的规定进行。

用注射器称取实验室样品约2 g,精确至0.001 g。

取两次平行测定结果的算术平均值为测定结果,两次平行测定结果的绝对差值不大于0.01%。

6.5.2 **气相色谱法**

按 GB/T 2366 的规定进行。

典型色谱操作条件参见附录D表D.1,典型色谱图参见附录D图D.1。

取两次平行测定结果的算术平均值为测定结果,两次平行测定结果的绝对差值不大于0.02%。

6.6 **阻聚剂的测定**

按 GB/T 17530.5 的规定进行。

7 检验规则

7.1 检验分类

本标准采用出厂检验。表1技术要求中规定的所有项目均为出厂检验项目。

7.2 组批

桶装产品以一次包装量为一批。罐装产品以车罐或船罐的单位包装量为一批。

7.3 采样

按 GB/T 6678—2003 和 GB/T 6680—2003 的规定采样。

7.4 判定规则与复检

检验结果的判定按 GB/T 1250 中修约值比较法进行。检验结果如果有一项指标不符合本标准要求时，应重新自两倍量的包装单元中采样进行复检，复检结果即使只有一项指标不符合本标准要求，则整批产品为不合格。

7.5 检验

工业用丙烯酸应由生产厂的质量检验部门按本标准检验，生产厂应保证出厂的产品均符合本标准要求，每批出厂的产品都应附有一定格式的质量证明书，其内容包括：生产厂名称、产品名称、产品批号或生产日期和本标准的编号等。

用户应在收到工业用丙烯酸 15 天之内检验质量是否符合本标准的要求。

8 标志、包装、运输、贮存

8.1 标志

工业用丙烯酸包装容器上应有牢固的标志，标明产品名称、生产厂名称、厂址、商标、批号或生产日期、质量等级、净含量、本标准编号以及 GB 190—1990 中规定的“腐蚀品”和“易燃液体”标志和 GB/T 191—2008中规定的“向上”和“怕晒”标志。

8.2 包装

工业用丙烯酸应采用清洁干燥的全塑桶或加衬钢桶包装或采用罐体材料为不锈钢的能够防冻保温的火车、汽车等罐体灌装。桶装时每桶净含量 200 kg，或者按用户要求的规格包装。桶口、罐口应予加垫密封，严防产品渗出或水渗入。

8.3 运输

工业用丙烯酸运输时按危险化学品的有关规定进行运输，运输时，应轻拿轻放，防止碰撞。

8.4 贮存

工业用丙烯酸易冻、易聚合，应贮存在 15℃～30℃的库房内。

9 安全

9.1 工业用丙烯酸具有腐蚀性并易燃、易爆、易聚合。提醒使用者要避免皮肤接触及接触明火，要防冻、防晒、切勿倒置及猛烈撞击。

9.2 工业用丙烯酸结冻时，如果采取不恰当的解冻方法，会导致激烈聚合。建议用不超过 35℃的温水对丙烯酸解冻。不得从部分冻结的容器中将母液排走。在任何情况下均不可使用蒸汽解冻丙烯酸。不得使用电加热解冻丙烯酸。

附　录　A
（资料性附录）
本标准章条编号与 ASTM D 4416:2004 标准章条编号对照

表 A.1 给出了本标准章条编号与 ASTM D 4416:2004 标准章条编号对照的一览表。

表 A.1　本标准章条编号与 ASTM D 4416:2004 标准章条编号对照

本标准准章条编号	对应 ASTM D 4416:2004 标准的章条编号
1	1.1
2	2
3	—
4	3.1
5	3.1
6.1	6
6.2	—
6.3	5.1.1
6.4	5.1.3
6.5	5.1.2
6.6	5.1.4
7	—
8	7
9	1.4

附 录 B
（资料性附录）
气相色谱法测定丙烯酸含量和总醛含量典型色谱图及相对保留时间、相对校正因子推荐值

B.1 填充柱典型色谱图(见图 B.1)

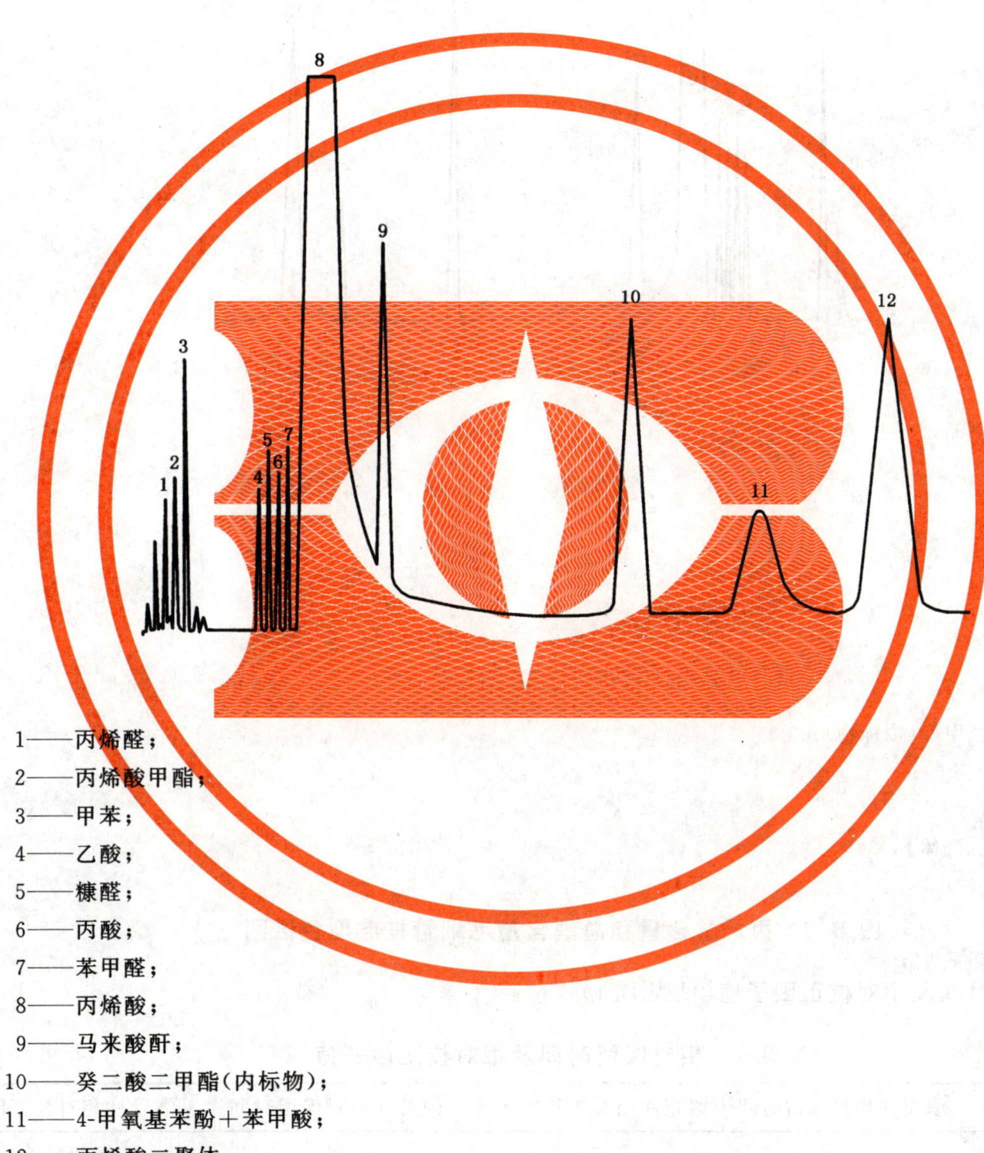

1——丙烯醛；

2——丙烯酸甲酯；

3——甲苯；

4——乙酸；

5——糠醛；

6——丙酸；

7——苯甲醛；

8——丙烯酸；

9——马来酸酐；

10——癸二酸二甲酯(内标物)；

11——4-甲氧基苯酚＋苯甲酸；

12——丙烯酸二聚体。

图 B.1 丙烯酸含量和总醛含量填充柱典型色谱图

B.2 毛细管柱典型色谱图(见图 B.2)

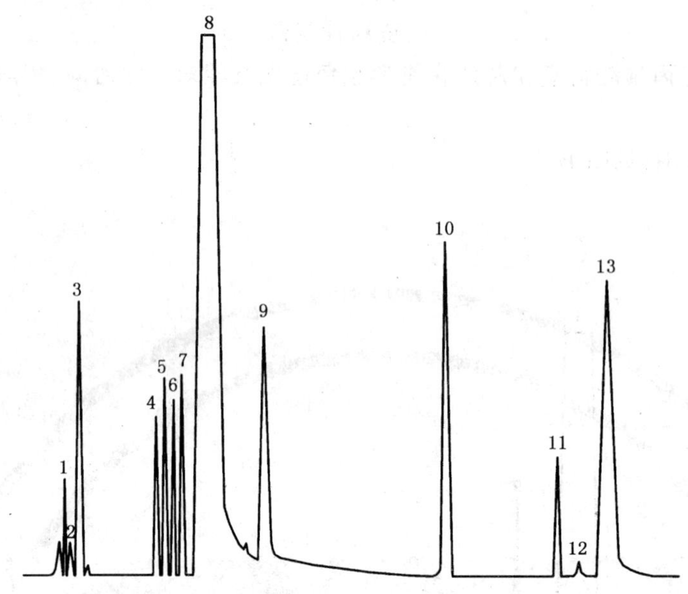

1——丙烯醛；
2——丙烯酸甲酯；
3——甲苯；
4——乙酸；
5——糠醛；
6——丙酸；
7——苯甲醛；
8——丙烯酸；
9——马来酸酐；
10——癸二酸二甲酯(内标物)；
11——4-甲氧基苯酚；
12——苯甲酸；
13——丙烯酸二聚体。

图 B.2 丙烯酸含量和总醛含量毛细管柱典型色谱图

B.3 相对保留时间及相对校正因子值(见表 B.1)

表 B.1 相对保留时间及相对校正因子值

组分	填充柱相对保留时间	填充柱相对校正因子	毛细管柱相对保留时间	毛细管柱相对校正因子
丙烯醛	0.08	1.74	0.24	0.94
丙烯酸甲酯	0.13	1.44	0.25	0.88
甲苯	0.21	0.57	0.28	0.34
乙酸	0.54	2.32	0.61	1.75
糠醛	0.66	1.49	0.69	0.91
丙酸	0.76	1.45	0.80	1.13

表 B.1（续）

组分	填充柱相对保留时间	填充柱相对校正因子	毛细管柱相对保留时间	毛细管柱相对校正因子
苯甲醛	0.88	1.00	0.88	0.62
丙烯酸	1.00	—	1.00	—
马来酸酐	1.51	2.12	1.58	3.65
内标物	3.30	1.00	3.31	1.00
4-甲氧基苯酚	4.00	—	4.01	—
苯甲酸	4.00	—	4.16	0.45
丙烯酸二聚体	4.44	4.38	4.36	4.61

附 录 C
（规范性附录）
相对校正因子的测定

C.1 方法提要

通过测定已知质量比的内标物和样品中杂质组分组成的校准用标准样品，各杂质组分与内标物的响应值之比即为其相对质量校正因子。

C.2 试剂

C.2.1 丙烯酸：色谱纯或质量分数不小于99.2%工业品；
C.2.2 丙烯醛：色谱纯；
C.2.3 丙烯酸甲酯：色谱纯；
C.2.4 甲苯：色谱纯；
C.2.5 乙酸：色谱纯；
C.2.6 糠醛：色谱纯；
C.2.7 丙酸：色谱纯；
C.2.8 苯甲醛：色谱纯；
C.2.9 马来酸酐：色谱纯；
C.2.10 苯甲酸：色谱纯；
C.2.11 丙烯酸二聚体：色谱纯；
C.2.12 癸二酸二甲酯：质量分数不小于99.4%，内标物。

C.3 相对校正因子的测定

在预先称量的100 mL容量瓶中加入适量丙烯醛、丙烯酸甲酯、甲苯、乙酸、糠醛、丙酸、苯甲醛、马来酸酐、苯甲酸、丙烯酸二聚体和癸二酸二甲酯（内标物），其加入量要分别称量，并均精确至0.000 2 g。再用丙烯酸稀释至刻度，充分摇匀，配制成与样品中各组分含量相近的校准用标准样品，在与测定样品相同的色谱分析条件下，将上述标准样品重复测定三次，将作为稀释剂的丙烯酸重复测定三次，分别测得各组分及内标物的峰面积。

C.4 相对校正因子的计算

各组分相对内标物的校正因子 f_i 按式(C.1)计算：

$$f_i = \frac{A_s m_i}{(A_i - A_{i0}) m_s} \qquad \cdots\cdots (C.1)$$

式中：
A_s——内标物峰面积的数值，单位为平方厘米(cm^2)或为毫伏分(mV·min)；
m_i——标准样品中组分 i 质量的数值，单位为克(g)；
A_i——组分 i 峰面积的数值，单位为平方厘米(cm^2)或为毫伏分(mV·min)；
A_{i0}——丙烯酸中组分 i 测定三次峰面积的平均值，单位为平方厘米(cm^2)或为毫伏分(mV·min)；
m_s——标准样品中内标物质量的数值，单位为克(g)。

C.5 相对校正因子的定期测定

相对校正因子应实际测定，并应定期进行校验。

附　录　D
（资料性附录）
气相色谱法测定丙烯酸中水分的典型色谱操作条件及典型色谱图

D.1　气相色谱法测定丙烯酸中水分的典型色谱操作条件(见表 D.1)

表 D.1　气相色谱法测定丙烯酸中水分的典型操作条件

项目	分析条件
仪器	气相色谱仪,配有热导检测器
载气	氢气,体积分数不低于 99.8 %
色谱柱	ϕ3 mm×2 m 不锈钢柱
填充物	GDX-101(0.175 mm～0.246 mm)
温度	汽化室:200℃,柱箱:160℃,检测器:200℃
检测器桥流	100 mA
载气流速	50 mL/min
进样量	1 μL

D.2　气相色谱法测定丙烯酸中水分的典型色谱图(见图 D.1)

1——空气；
2——水；
3——丙烯酸。

图 D.1　气相色谱法测定丙烯酸中水分的典型色谱图

前　言

本标准等效采用 ASTM D 4709—1993《丙烯酸甲酯》。

工业丙烯酸甲酯分为两个等级，其中优等品指标仍与 ZB/T G17 012—1987《工业丙烯酸甲酯》的优等品相同，一等品指标等同采用 ASTM D 4709—1993 的指标。

本标准自实施之日起，代替 ZB/T G17 012—1987。

本标准由中华人民共和国化学工业部提出。

本标准由全国化学标准化技术委员会基本有机化工产品分会归口。

本标准负责起草单位：北京化工集团有限责任公司东方化工厂。

本标准参加起草单位：上海高桥石化丙烯酸厂、吉联（吉林）石油化学有限公司。

本标准主要起草人：吴藏珍、周越、杨彩霞。

中华人民共和国国家标准

GB/T 17529.2—1998

工业丙烯酸甲酯

Methyl acrylate for industrial use

1 范围

本标准规定了工业丙烯酸甲酯的要求、采样、试验方法和包装、标志、运输、贮存、安全等。

本标准适用于由丙烯酸(丙烯氧化法制成的)与甲醇经酯化反应制得的丙烯酸甲酯。

分子式:$CH_2CHCOOCH_3$

相对分子质量:86.09(按1995年国际原子质量)

2 引用标准

下列标准所包含的条文,通过在本标准中引用而构成为本标准的条文。本标准出版时,所示版本均为有效。所有标准都会被修订,使用本标准的各方应探讨使用下列标准最新版本的可能性。

GB 190—1990 危险货物包装标志

GB/T 1250—1989 极限数值的表示方法和判定方法

GB/T 6283—1986 化工产品中水分含量的测定 卡尔·费休法(通用方法)(eqv ISO 760:1978)

GB/T 6678—1986 化工产品采样总则

GB/T 6680—1986 液体化工产品采样通则

GB/T 17530.2—1998 工业丙烯酸酯纯度的测定 气相色谱法

GB/T 17530.3—1998 工业丙烯酸及酯色度的测定

GB/T 17530.4—1998 工业丙烯酸酯酸度的测定

GB/T 17530.5—1998 工业丙烯酸及酯中阻聚剂的测定

3 要求

工业丙烯酸甲酯的质量应符合表1要求。

表1 要求

项目		指标	
		优等品	一等品
纯度,%	≥	99.5	
色度,Hazen单位(铂-钴色号)	≤	10(散),20(桶)	
酸度(以丙烯酸计),%	≤	0.01	0.02
水分,%	≤	0.05	0.10
阻聚剂(MEHQ)含量(m/m),10^{-6}		100±10	
注:阻聚剂含量可与用户协商制定。			

国家质量技术监督局1998-11-04批准 1999-06-01实施

4 采样

4.1 丙烯酸甲酯产品采样按 GB 6680 进行。桶装产品以每天包装量为一批。槽车以每节为一批，逐批采样检测。

4.2 用户应在收到丙烯酸甲酯 15 天之内检查质量是否符合本标准的要求。

5 试验方法

5.1 检验结果的判定与表示方法

5.1.1 检验结果的判定按 GB/T 1250 修约值比较法。检验结果如果有一项指标不符合表 1 要求时，应加倍采样进行复检，复检结果即使只有一项不符合表 1 要求，则整批产品为不合格。

5.1.2 分析结果的最终表示应和要求的量值的位数一致。

5.2 纯度

按 GB/T 17530.2 规定进行检验。

5.3 色度

按 GB/T 17530.3 规定进行检验。

5.4 酸度

按 GB/T 17530.4 规定进行检验。

5.5 水分

按 GB/T 6283 规定进行检验。

5.6 阻聚剂

按 GB/T 17530.5 规定进行检验。

6 标志、包装、运输、贮存

6.1 每个包装容器上应注明产品名称、生产厂名称与厂址、商标、批号、本标准编号、净重等。每批产品均附有质量证明书。

6.2 丙烯酸甲酯装于干燥的内涂塑(PVDF)钢桶或全塑桶内。每桶净重(180±1) kg。丙烯酸甲酯也可以装入不锈钢或铝制的、能够保温的火(汽)车槽车内运输。桶口、罐口应予加垫密封，严防渗出或水渗入。

6.3 每个包装容器上应按 GB 190—1990 第 3 章注明“易燃液体”的字样及图形，并注明“向上”、“防热”等字样。

6.4 本产品易聚合，应在 30℃以下贮存。

7 安全

7.1 本产品易燃、易爆、易聚合、有毒有害，提醒使用者要避免皮肤接触及接触明火，要防晒、切勿倒置及猛烈撞击。

前 言

本标准等效采用 ASTM D 3548—1993《丙烯酸乙酯》。

工业丙烯酸乙酯分为两个等级，其中优等品指标仍与 ZB/T G17 008—1987《工业丙烯酸乙酯》的优等品相同，一等品指标等同采用 ASTM D 3548—1993 的指标。

本标准自实施之日起，代替 ZB/T G17 008—1987。

本标准由中华人民共和国化学工业部提出。

本标准由全国化学标准化技术委员会基本有机化工产品分会归口。

本标准负责起草单位：北京化工集团有限责任公司东方化工厂。

本标准参加起草单位：上海高桥石化丙烯酸厂、吉联(吉林)石油化学有限公司。

本标准主要起草人：吴藏珍、周越、杨彩霞。

中华人民共和国国家标准

GB/T 17529.3—1998

工业丙烯酸乙酯

Ethyl acrylate for industrial use

1 范围

本标准规定了工业丙烯酸乙酯的要求、采样、试验方法和包装、标志、运输、贮存、安全等。

本标准适用于由丙烯酸(丙烯氧化法制成的)与乙醇经酯化反应制得的丙烯酸乙酯。

分子式:$CH_2CHCOOCH_2CH_3$

相对分子质量:100.12(按1995年国际原子质量)

2 引用标准

下列标准所包含的条文,通过在本标准中引用而构成为本标准的条文。本标准出版时,所示版本均为有效。所有标准都会被修订,使用本标准的各方应探讨使用下列标准最新版本的可能性。

GB 190—1990 危险货物包装标志

GB/T 1250—1989 极限数值的表示方法和判定方法

GB/T 6283—1986 化工产品中水分含量的测定 卡尔·费休法(通用方法)(eqv ISO 760:1978)

GB/T 6678—1986 化工产品采样总则

GB/T 6680—1986 液体化工产品采样通则

GB/T 17530.2—1998 工业丙烯酸酯纯度的测定 气相色谱法

GB/T 17530.3—1998 工业丙烯酸及酯色度的测定

GB/T 17530.4—1998 工业丙烯酸酯酸度的测定

GB/T 17530.5—1998 工业丙烯酸及酯中阻聚剂的测定

3 要求

工业丙烯酸乙酯的质量应符合表1要求。

表1 要求

项目		指标	
		优等品	一等品
纯度,%	≥	99.5	99.2
色度,Hazen单位(铂-钴色号)	≤	10(散),20(桶)	
酸度(以丙烯酸计),%	≤	0.01	
水分,%	≤	0.05	0.10
阻聚剂(MEHQ)含量(m/m),10^{-6}		15±5	
注:阻聚剂含量可与用户协商制定。			

国家质量技术监督局1998-11-04批准 1999-06-01实施

4 采样

4.1 丙烯酸乙酯产品采样按 GB/T 6680 进行。桶装产品以每天包装量为一批。槽车以每节为一批，逐批采样检测。

4.2 用户应在收到丙烯酸乙酯 15 天之内检查质量是否符合本标准的要求。

5 试验方法

5.1 检验结果的判定与表示方法

5.1.1 检验结果的判定按 GB/T 1250 修约值比较法。检验结果如果有一项指标不符合表 1 要求时，应加倍采样进行复检，复检结果即使只有一项不符合表 1 要求，则整批产品为不合格。

5.1.2 分析结果的最终表示应和要求的量值的位数一致。

5.2 纯度

按 GB/T 17530.2 规定进行检验。

5.3 色度

按 GB/T 17530.3 规定进行检验。

5.4 酸度

按 GB/T 17530.4 规定进行检验。

5.5 水分

按 GB/T 6283 规定进行检验。

5.6 阻聚剂

按 GB/T 17530.5 规定进行检验。

6 标志、包装、运输、贮存

6.1 每个包装容器上应注明产品名称、生产厂名称与厂址、商标、批号、本标准编号、净重等。每批产品均附有质量证明书。

6.2 丙烯酸乙酯装于干燥的内涂塑(PVDF)钢桶或全塑桶内。每桶净重(180±1) kg。丙烯酸乙酯也可以装入不锈钢或铝制的、能够保温的火(汽)车槽车内运输。桶口、罐口应予加垫密封，严防渗出或水渗入。

6.3 每个包装容器上应按 GB 190—1990 第 3 章注明“易燃液体”的字样及图形，并注明“向上”、“防热”等字样。

6.4 本产品易聚合，应在 30℃以下贮存。

7 安全

7.1 本产品易燃、易爆、易聚合、有毒有害，提醒使用者要避免皮肤接触及接触明火，要防晒、切勿倒置及猛烈撞击。

前　言

本标准等效采用 ASTM D 3547—1991《丙烯酸正丁酯》。

工业丙烯酸正丁酯分为两个等级，其中优等品指标仍与 ZB/T G17 011—1987《工业丙烯酸正丁酯》的优等品相同，一等品指标等同采用 ASTM D 3547—1991 的指标。

本标准自实施之日起，代替 ZB/T G17 011—1987。

本标准由中华人民共和国化学工业部提出。

本标准由全国化学标准化技术委员会基本有机化工产品分会归口。

本标准负责起草单位：北京化工集团有限责任公司东方化工厂。

本标准参加起草单位：上海高桥石化丙烯酸厂、吉联（吉林）石油化学有限公司。

本标准主要起草人：吴藏珍、周越、王绍新。

中华人民共和国国家标准

GB/T 17529.4—1998

工业丙烯酸正丁酯

n-Buthyl acrylate for industrial use

1 范围

本标准规定了工业丙烯酸正丁酯的要求、采样、试验方法和包装、标志、运输、贮存、安全等。

本标准适用于由丙烯酸(丙烯氧化法制成的)与正丁醇经酯化反应制得的丙烯酸正丁酯。

分子式:$CH_2CHCOOCH_2CH_2CH_2CH_3$

相对分子质量:128.17(按1995年国际原子质量)

2 引用标准

下列标准所包含的条文,通过在本标准中引用而构成为本标准的条文。本标准出版时,所示版本均为有效。所有标准都会被修订,使用本标准的各方应探讨使用下列标准最新版本的可能性。

GB 190—1990 危险货物包装标志

GB/T 1250—1989 极限数值的表示方法和判定方法

GB/T 6283—1986 化工产品中水分含量的测定 卡尔·费休法(通用方法)(eqv ISO 760:1978)

GB/T 6678—1986 化工产品采样总则

GB/T 6680—1986 液体化工产品采样通则

GB/T 17530.2—1998 工业丙烯酸酯纯度的测定 气相色谱法

GB/T 17530.3—1998 工业丙烯酸及酯色度的测定

GB/T 17530.4—1998 工业丙烯酸酯酸度的测定

GB/T 17530.5—1998 工业丙烯酸及酯中阻聚剂的测定

3 要求

工业丙烯酸正丁酯的质量应符合表1要求。

表1 要求

项目		指标	
		优等品	一等品
纯度,%	⩾	99.5	99.0
色度,Hazen单位(铂-钴色号)	⩽	10(散),20(桶)	
酸度(以丙烯酸计),%	⩽	0.01	
水分,%	⩽	0.05	0.10
阻聚剂(MEHQ)含量(m/m),10^{-6}		50±5	
注:阻聚剂含量可与用户协商制定。			

国家质量技术监督局1998-11-04批准　　1999-06-01实施

4 采样

4.1 丙烯酸正丁酯产品采样按 GB/T 6680 进行。桶装产品以每天包装量为一批。槽车以每节为一批，逐批采样检测。

4.2 用户应在收到丙烯酸正丁酯 15 天之内检查质量是否符合本标准的要求。

5 试验方法

5.1 检验结果的判定与表示方法

5.1.1 检验结果的判定按 GB/T 1250 修约值比较法。检验结果如果有一项指标不符合表 1 要求时，应加倍采样进行复检，复检结果即使只有一项不符合表 1 要求，则整批产品为不合格。

5.1.2 分析结果的最终表示应和要求的量值的位数一致。

5.2 纯度

按 GB/T 17530.2 规定进行检验。

5.3 色度

按 GB/T 17530.3 规定进行检验。

5.4 酸度

按 GB/T 17530.4 规定进行检验。

5.5 水分

按 GB/T 6283 规定进行检验。

5.6 阻聚剂

按 GB/T 17530.5 规定进行检验。

6 标志、包装、运输、贮存

6.1 每个包装容器上应注明产品名称、生产厂名称与厂址、商标、批号、本标准编号、净重等。每批产品均附有质量证明书。

6.2 丙烯酸正丁酯装于干燥的内涂塑(PVDF)钢桶或全塑桶内。每桶净重(180±1) kg。丙烯酸正丁酯也可以装入不锈钢或铝制的、能够保温的火(汽)车槽车内运输。桶口、罐口应予加垫密封，严防渗出或水渗入。

6.3 每个包装容器上应按 GB 190—1990 第 3 章注明“易燃液体”的字样及图形，并注明“向上”、“防热”等字样。

6.4 本产品易聚合，应在 30℃以下贮存。

7 安全

7.1 本产品易燃、易爆、易聚合、有毒有害，提醒使用者要避免皮肤接触及接触明火，要防晒、切勿倒置及猛烈撞击。

前　言

本标准等效采用 ASTM D 3541—1991《丙烯酸 2-乙基己酯》。

工业丙烯酸 2-乙基己酯分为两个等级，其中优等品指标仍与 ZB/T G17 009—1987《工业丙烯酸 2-乙基己酯》的优等品相同，一等品指标等同采用 ASTM D 3541—1991 的指标。

本标准自实施之日起，代替 ZB/T G17 009—1987。

本标准由中华人民共和国化学工业部提出。

本标准由全国化学标准化技术委员会基本有机化工产品分会归口。

本标准负责起草单位：北京化工集团有限责任公司东方化工厂。

本标准参加起草单位：上海高桥石化丙烯酸厂、吉联（吉林）石油化学有限公司。

本标准主要起草人：吴藏珍、周　越、谢国华、何鹤林。

中华人民共和国国家标准

GB/T 17529.5—1998

工业丙烯酸2-乙基己酯

2-Ethylhexyl acrylate for industrial use

1 范围

本标准规定了工业丙烯酸2-乙基己酯的要求、采样、试验方法和包装、标志、运输、贮存、安全等。

本标准适用于由丙烯酸(丙烯氧化法制成的)与2-乙基己醇经酯化反应制得的丙烯酸2-乙基己酯。

分子式:$CH_2CHCOOCH_2CH(CH_2CH_3)CH_2CH_2CH_2CH_3$

相对分子质量:184.16(按1995年国际原子质量)

2 引用标准

下列标准所包含的条文,通过在本标准中引用而构成为本标准的条文。本标准出版时,所示版本均为有效。所有标准都会被修订,使用本标准的各方应探讨使用下列标准最新版本的可能性。

GB 190—1990 危险货物包装标志

GB/T 1250—1989 极限数值的表示方法和判定方法

GB/T 6283—1986 化工产品中水分含量的测定 卡尔·费休法(通用方法)(eqv ISO 760:1978)

GB/T 6678—1986 化工产品采样总则

GB/T 6680—1986 液体化工产品采样通则

GB/T 17530.2—1998 工业丙烯酸酯纯度的测定 气相色谱法

GB/T 17530.3—1998 工业丙烯酸及酯色度的测定

GB/T 17530.4—1998 工业丙烯酸酯酸度的测定

GB/T 17530.5—1998 工业丙烯酸及酯中阻聚剂的测定

3 要求

工业丙烯酸2-乙基己酯的质量应符合表1要求。

表1 要求

项目		指标	
		优等品	一等品
纯度,%	≥	99.0	
色度,Hazen单位(铂-钴色号)	≤	10(散),20(桶)	15(散),20(桶)
酸度(以丙烯酸计),%	≤	0.01	
水分,%	≤	0.10	0.15
阻聚剂(MEHQ)含量(m/m),10^{-6}		50±5	
注:阻聚剂含量可与用户协商制定。			

国家质量技术监督局1998-11-04批准 1999-06-01实施

4 采样

4.1 丙烯酸2-乙基己酯产品采样按GB/T 6680进行。桶装产品以每天包装量为一批。槽车以每节为一批，逐批采样检测。

4.2 用户应在收到丙烯酸2-乙基己酯15天之内检查质量是否符合本标准的要求。

5 试验方法

5.1 检验结果的判定与表示方法

5.1.1 检验结果的判定按GB/T 1250修约值比较法。检验结果如果有一项指标不符合表1要求时，应加倍采样进行复检，复检结果即使只有一项不符合表1要求，则整批产品为不合格。

5.1.2 分析结果的最终表示应和要求的量值的位数一致。

5.2 纯度

按GB/T 17530.2规定进行检验。

5.3 色度

按GB/T 17530.3规定进行检验。

5.4 酸度

按GB/T 17530.4规定进行检验。

5.5 水分

按GB/T 6283规定进行检验。

5.6 阻聚剂

按GB/T 17530.5规定进行检验。

6 标志、包装、运输、贮存

6.1 每个包装容器上应注明产品名称、生产厂名称与厂址、商标、批号、本标准编号、净重等。每批产品均附有质量证明书。

6.2 丙烯酸2-乙基己酯装于干燥的内涂塑(PVDF)钢桶或全塑桶内。每桶净重(180±1) kg。丙烯酸2-乙基己酯也可以装入不锈钢或铝制的、能够保温的火(汽)车槽车内运输。桶口、罐口应予加垫密封，严防渗出或水渗入。

6.3 每个包装容器上应按GB 190—1990第3章注明“易燃液体”的字样及图形，并注明“向上”、“防热”等字样。

6.4 本产品易聚合，应在30℃以下贮存。

7 安全

7.1 本产品易燃、易爆、易聚合、有毒有害，提醒使用者要避免皮肤接触及接触明火，要防晒、切勿倒置及猛烈撞击。

前　　言

本标准非等效采用美国材料与试验协会标准 ASTM D1836—1991(1994)制定。

本标准与 ASTM D1836—1991(1994)标准的主要差异：

1. 取消了苯胺点指标。

2. 将比重(15.6/15.6℃)换算为20℃密度。

3. 将贝壳松脂丁醇值指标暂订为“报告”。

4. 干点订为不高于71℃。

5. 气味和贝壳松脂丁醇值两项目，除作为植物油脂抽提溶剂外，可执行协议指标。

本标准中附录A、附录B和附录C均为标准的附录。

本标准由中国石油化工总公司提出。

本标准由中国石油化工总公司石油化工科学研究院归口。

本标准起草单位：中国石油化工总公司石油化工科学研究院。

本标准主要起草人：王　飞、卢其平。

中华人民共和国国家标准

GB 17602—1998

工 业 己 烷

（2004 年确认）

Commercial hexanes

1 范围

本标准规定了工业已烷的技术条件。

本标准所属产品适用于通常称为己烷类的系列产品，可做为制备粘结剂、涂料、油墨、化学合成工艺的原料及包括植物油脂在内的各种萃取过程的溶剂。

本标准涉及某些有危险性的材料、操作和设备，但是无意对与此有关的所有安全问题都提出建议。因此，用户在使用本标准之前应建立适当的安全和防护措施并确定有适用性的管理制度。

2 引用标准

下列标准所包含的条文，通过引用而成为本标准的一部分。除非在标准中另有明确规定，下述引用标准都应是现行有效标准。

GB/T 1884 原油和液体石油产品密度实验室测定法（密度计法）

GB/T 1885 石油计量表

GB/T 3143 液体化学产品颜色测定法（Hazen 单位—铂-钴色号）

GB/T 3555 石油产品赛波特颜色测定法（赛波特比色计法）

GB/T 4756 石油液体手工取样法

GB/T 11134 烃类溶剂贝壳松脂丁醇值测定法

GB/T 11136 石油烃类溴指数测定法（电位滴定法）

GB/T 17474 烃类溶剂中苯含量测定法（气相色谱法）

SH 0164 石油产品包装、贮运及交货验收规则

SH/T 0253 轻质石油产品中总硫含量测定法（电量法）

3 技术要求

工业己烷应符合表 1 规定的要求。

表 1 工业已烷技术要求

项 目		质 量 指 标	试 验 方 法
密度（20 ℃），kg/m^3		655～681	GB/T 1884 和 GB/T 1885
气味[1)]		无残留异味	附录 A
贝壳松脂丁醇值[1)]		报告	GB/T 11134
溴指数	不大于	1 000	GB/T 11136
颜色（满足下列两指标之一）：			
赛波特色号	不小于	＋28	GB/T 3555[2)]
铂-钴色号	不大于	10	GB/T 3143

国家质量技术监督局 1998-12-08 批准 　　　　1999-05-01 实施

表 1(完)

项　目		质量指标	试验方法
馏程 初馏点,℃ 干点,℃	 不低于 不高于	 63 71	 附录 B
硫含量,mg/kg	不大于	10	SH/T 0253
不挥发物,mg/100 mL	不大于	1	附录 C
苯含量,%(*m*/*m*)	不大于	0.1	GB/T 17474
1) 除作为植物油脂抽提溶剂外,可执行协议指标。 2) 有争议时,该方法为仲裁方法。			

4 包装、标志、运输、贮存

包装、标志、运输、贮存及交货验收按 SH 0164 进行,但当其作为植物油脂抽提溶剂时,应用专门容器贮运。

5 取样

取样按 GB/T 4756 进行,取 2 L 作为检验和留样用。

附 录 A
（标准的附录）
挥发性溶剂和稀释剂气味测定法

A1 范围

A1.1 本试验方法通过检测挥发性有机溶剂和稀释剂的特征及残留气味来测定它们在溶剂系统中气味的可接受性。

A1.2 本试验方法不适用于测定物质间细微的气味差别及气味强度。

A1.3 建议本方法不适用于测定室温下蒸发至干燥超过 30 min 的液体残留气味。

A2 参考标样

特定检测产品试样的气味特征应满足买主和制造商的要求。

A3 意义及使用

A3.1 通过对比气味特性，并结合其他检测方法，可以根据规格要求进行产品检验和评价。

A3.2 通过残留气味特性可以判断相对不挥发物的存在，这些物质可能与生产和污染物的分布有关。由于挥发性溶剂和稀释剂在多种类型的化学工艺中使用，其残留物会影响这些工艺的生产效率，所以本方法是一种根据规格要求为生产控制及评价提供的对比试验方法。

A4 危险性

A4.1 许多溶剂和稀释剂，例如一些芳香烃和脂肪烃都是有毒或有害的。在测定这些物质气味时应采取一些特殊的预防措施。做试验要象经常需要必要的控制一样，在暂短嗅觉的基础上加以评价，尽可能少吸入蒸气。

A4.2 应提供足够的通风以保持溶剂和稀释剂的浓度低于物质安全系数表中提供的通常工作面积的人员暴露极限。

A4.3 也可能存在易燃、易爆、易腐蚀等其他危险。

A5 试验步骤

A5.1 特征气味——将 25 mm×75 mm 无异味的快速定性滤纸条浸入盛在烧杯或其他合适容器的试样和参考标样中 50 mm，立即比较滤纸上两种物质的气味。

A5.2 残留气味——将 25 mm×75 mm 无异味的快速定性滤纸条浸入盛在烧杯或其他合适容器的试样和参考标样中 50 mm，室温下将滤纸在空气中干燥，在适当的时间间隔检查它们气味的差异（见 A1.3）。若仅仅是测定样品的特征气味，蒸发步骤可以省略。

A6 报告

A6.1 特征气味——立即检查，若湿滤纸上试样的气味与参考标样的气味相近，则以“特征的”报告。但如果试样的气味与参考标样的气味比较，样品不适宜作溶剂时，则报告“非特征的”。

A6.2 残留气味——假定供需双方都能接受的标样没有可察觉的残留气味。标样和试样滤纸干燥以后，若试样滤纸上无气味，则以“无残留异味”报告。若在标样滤纸上检查无气味，而在试样滤纸上留有气味，则以“残留异味”报告。

A7　精密度及误差

A7.1　精密度——由于试验结果只是主观判断试样气味是否与特定参考标样气味具有可比较的相似性，因此没有评价特征气味和残留气味的精密度。

A7.2　误差——没有说明特征气味或残余气味的误差。一些分析者的嗅觉对某些物质不敏感，而另一些分析者的嗅觉对主要或次要组分非常敏感。在这两种情况下，测定气味的精密度是令人怀疑的。由于供需双方存在不同的结果，由不少于三人的气味小组进行评价是有帮助的。专家小组应有如下考虑：对测定气味的熟悉性、主要的或令人怀疑的少量组分的暴露时间及检测环境。

附　录　B
（标准的附录）
工业己烷馏程测定法

B1　范围

本方法适用于测定工业己烷馏程。

B2　引用标准

下列标准所包含的条文，通过引用而成为本标准的一部分。除非在标准中另有明确规定，下述引用标准都应是现行有效标准。

GB/T 6536—1986(1991)　石油产品蒸馏测定法

B3　术语

参见 GB/T 6536 第 3 章。

B4　方法概要

参见 GB/T 6536 第 4 章。

B5　仪器

B5.1　蒸馏烧瓶：200 mL 硼硅酸盐玻璃烧瓶，其尺寸见图 B1。

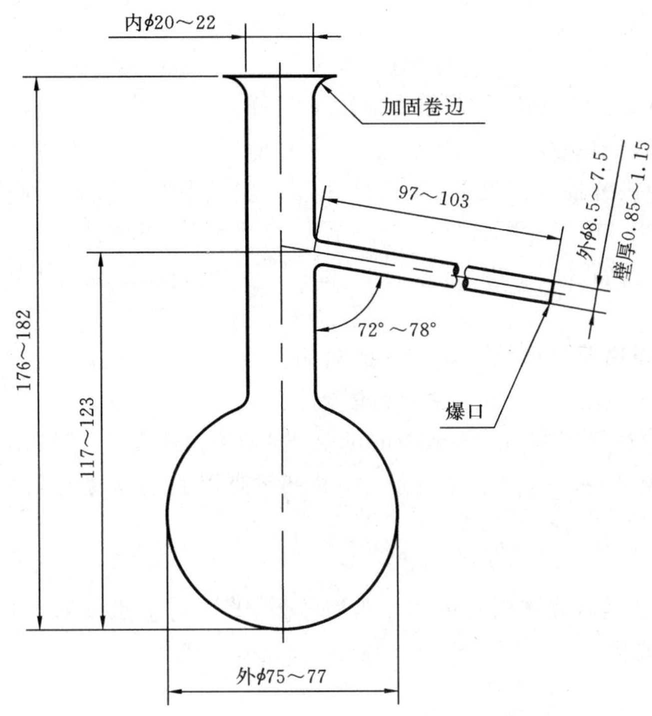

图 B1　200 mL 蒸馏烧瓶尺寸

B5.2　蒸馏烧瓶支板：孔径 32 mm。

B5.3　温度计：符合表 B1 规格的分浸温度计。

表 1　温度计规格

项　　目	温度计规格
测量范围	48～102℃
浸入深度	100 mm
刻度标志：	
细线分度	0.2℃
长线分度	1.0℃
数字刻度间隔	2℃
刻度允许最大误差	0.2℃
膨胀室允许加热的最高温度	130℃
总长度	390～400 mm
棒(外)径	6.0～8.0 mm
感温泡长度	15～20 mm
感温泡外径	不大于棒径
刻度定位：	
感温泡底至最小刻度温度	48℃
感温泡底至最小刻度	125～145 mm
刻度线范围长度	190～235 mm

B5.4　其他蒸馏仪器参见 GB/T 6536 第 6 章。

B6　仪器的准备

除设定冷凝管温度 0～10℃和试样温度 10～20℃外，其他准备工作均参见 GB/T 6536 第 8 章。

B7 试验步骤

B7.1 用量筒量取 100 mL±0.5 mL 已调整好温度的试样。从仪器上取下烧瓶，将新鲜试样直接倒入烧瓶中，允许倒干时间为 15～20 s。

B7.2 将烧瓶与冷凝管连接并插入温度计，温度计在蒸馏烧瓶中的位置参见 GB/T 6536 图 1。将不经干燥的量筒放在冷凝管的出口，使冷凝管伸入量筒至少 25 mm，但不要低于 100 mL 刻度线。将量筒浸入一个透明浴中并在整个蒸馏过程中维持浴温 10～20℃。在量筒顶部放一平盖以防止冷凝的湿气进入量筒。

B7.3 加热速率：从开始加热至出现第一滴液体的时间为 5～10 min，瓶颈处蒸气上升至支臂的时间为 2.5～3.5 min。记录出现初馏点时蒸馏温度计的读数。

B7.4 调节输入热量使蒸馏速率按 4～5 mL/min(大约每秒 2 滴)进行。在出现第一滴液体后移开量筒，使冷凝管尖端与量筒壁接触。按以上加热条件，在 95%点以后继续蒸馏至干点出现。记录出现干点时蒸馏温度计的读数。

B7.5 记录大气压力。

B7.6 冷凝管排干后，读出蒸馏液体积并将它作为回收量，蒸馏物总回收率不应小于 97%。如果回收率不在此范围之内，应重新试验。

B8 计算

参见 GB/T 6536 第 10.3 条。

B9 报告

报告初馏点和干点的试验结果。

B10 精密度

本方法暂不规定试验结果的精密度。

附 录 C
（标准的附录）
工业己烷中不挥发物测定法

C1 范围

本方法适用于工业己烷中的不挥发物测定。

C2 仪器

C2.1 烘箱：温度控制在 105℃±5℃。

C2.2 铂蒸发皿：125 mL；最好采用铂蒸发皿，也可用铝或瓷的蒸发皿。

注：精密度数据只是通过铂蒸发皿测定得到。

C2.3 量筒：100 mL。

C2.4 分析天平：感量 0.1 mg。

C3 试验步骤

C3.1 将一个 125 mL 的铂蒸发皿放入 105℃±5℃的烘箱中干燥，并在干燥器中冷却。重复以上操作，直到前后两次称重之差在 0.1 mg 以内。

C3.2 在室温下,用有刻度的量筒量出 100 mL 试样并放入恒重的铂蒸发皿中,将样品放在蒸汽浴上蒸发至干。用一块干净不起毛的布将铂蒸发皿的外部擦干,在 105℃±5℃的烘箱中干燥约 1 h,并在干燥器中冷却,称量铂蒸发皿和内容物的重量,精确到 0.1 mg。

C3.3 将蒸发皿和内容物再放回烘箱中干燥 15～30 min,冷却后再称重。如果有必要,重复以上操作,直到前后两次称重之差恒定在 0.1 mg 以内。

C4 报告

将样品中的残渣作为不挥发物,以 mg/100 mL 表示。

C5 精密度

按下述规定判断试验结果的可靠性(95%置信水平)。

C5.1 重复性:同一操作者在不同日期得到的两个结果(每个结果是重复试验的平均值)之差大于 0.9 mg/100 mL,则应认为可疑。

C5.2 再现性:不同实验室的操作者得到的两个结果(每个结果是重复试验的平均值)之差大于 2.4 mg/100 mL,则应认为可疑。

前　言

本标准的附录A、附录B为标准的附录。

本标准由原国家石油和化学工业局提出。

本标准由全国化学标准化技术委员会有机分会归口。

本标准起草单位:上海市有机氟材料研究所。

本标准参加起草单位:美龙环戊烷化工有限公司、北京东方亚科力化工科技有限公司。

本标准主要起草人:苏琴、奚燕萍、顾文怡、金亦、林百川。

本标准由全国化学标准化技术委员会有机分会负责解释。

中华人民共和国国家标准

工业用环戊烷

GB/T 18825—2002

Cyclopentane for industrial use

1 范围

本标准规定了工业用环戊烷的要求、试验方法、检验规则及标志、包装、运输、贮存和安全。

本标准适用于以工业石脑油、轻柴油裂解加氢经过精馏得到的环戊烷。该产品替代一氟三氯甲烷(CFC-11),主要用作聚氨酯发泡剂。

分子式:C_5H_{10}

相对分子质量:70.134(按1999年国际相对原子质量)

2 引用标准

下列标准所包含的条文,通过在本标准中引用而构成为本标准的条文。本标准出版时,所示版本均为有效。所有标准都会被修订,使用本标准的各方应探讨使用下列标准最新版本的可能性。

GB 190—1990 危险货物包装标志

GB 191—2000 包装储运图示标志(eqv ISO 780:1997)

GB/T 1250—1989 极限数值的表示和判定方法

GB/T 6283—1986 化工产品中水分含量的测定 卡尔·费休法(通用方法)(eqv ISO 760:1978)

GB/T 6678—1986 化工产品采样总则

GB/T 6680—1986 液体化工产品采样通则

GB 12463—1990 危险货物运输包装通用技术条件

GB 15258—1999 化学品安全标签编写规定

SH/T 0253—1992 轻质石油产品中总硫含量测定法(电量法)

质技监局锅发[1999]154号文《压力容器安全技术监察规程》

3 要求

3.1 性状:无色透明液体,无可见杂质,无悬浮物,无异臭。

3.2 工业用环戊烷的质量应符合表1所示的技术要求。

表1 技术要求

项目		指标
环戊烷的质量分数/%	≥	95.0
正己烷的质量分数/%	≤	0.001
苯的质量分数/%	≤	0.000 1
其他 C_6 及 C_6 以下烃类的质量分数/%		余量
水分的质量分数/%	≤	0.015
硫含量/(μg/mL)	≤	2

中华人民共和国国家质量监督检验检疫总局 2002-09-06 批准　　2003-04-01 实施

4 试验方法

试验方法所用试剂，在没有注明其他要求时，均指分析纯试剂。

4.1 性状

取试样约 10 mL 于内径约 15 mm 的试管内，用干燥的布擦干试管外壁附着的霜或湿气，横向透视观察试样颜色及有无杂质和悬浮物。然后将该试样慢慢加热，使其稍有沸腾，检查蒸气有无异臭。

4.2 环戊烷含量和其他 C_6 及 C_6 以下烃类含量的测定

4.2.1 方法提要

用气相色谱法，在选定的工作条件下通过毛细管色谱柱，使试样中各组分分离，用火焰离子化检测器(FID)检测，用面积归一化法计算环戊烷的含量和其他 C_6 及 C_6 以下烃类的含量。

4.2.2 试剂和材料

4.2.2.1 氮气：体积分数大于 99.995%；

4.2.2.2 氢气：体积分数大于 99.995%；

4.2.2.3 空气：经硅胶或分子筛干燥、净化。

4.2.3 仪器、设备

4.2.3.1 气相色谱仪：带有火焰离子化检测器(FID)，可进行毛细色谱柱分析。当试样中苯的质量分数为 0.001%时，该气相色谱仪产生的信噪比应大于 2；

4.2.3.2 进样器：1 μL 微量进样器或自动进样器；

4.2.3.3 色谱数据处理机或工作站。

4.2.4 色谱分析条件

推荐的色谱条件见表 2。典型色谱图和相对保留时间见附录 A(标准的附录)中图 A1 和表 A1。其他能达到同等分离程度的色谱条件均可使用。

表 2 推荐的色谱条件

色 谱 柱	专用于 PONA 分析的熔融石英毛细管柱 50 m×0.2 mm×0.5 μm
汽化室温度/℃	200
检测室温度/℃	270
柱箱温度/℃	40
进样量/μL(液体)	1
载气(N_2)平均线速/(cm/s)	27
分流比	1∶150

4.2.5 分析步骤

待仪器操作条件稳定后进液体试样 1 μL，以面积归一化法定量。

4.2.6 分析结果的表述

以质量分数表示的环戊烷含量 w_1 按式(1)计算：

$$w_1 = \frac{A}{\Sigma A_i} \times 100 \qquad \cdots\cdots(1)$$

式中：A——环戊烷的峰面积；

ΣA_i——各组分峰面积之和。

以质量分数表示的其他 C_6 及 C_6 以下烃类含量 w_2 按式(2)计算：

$$w_2 = \frac{A_{C_6}}{\Sigma A_i} \times 100 \quad \cdots\cdots\cdots\cdots(2)$$

式中：A_{C_6}——除环戊烷、正己烷和苯以外的其他 C_6 及 C_6 以下烃类峰面积之和；

ΣA_i——各组分峰面积之和。

其他 C_6 及 C_6 以下烃类质量分数的报告结果精确至 0.01%。

取两次重复测定结果的算术平均值为测定结果，两次重复测定结果之差不得大于 0.10%。

4.3 正己烷、苯含量的测定

4.3.1 方法提要

用气相色谱法，在选定的工作条件下通过毛细管色谱柱，使试样中各组分分离，用火焰离子化检测器(FID)检测，外标法定量计算环戊烷中杂质正己烷、苯的含量。本方法对苯的最低检测浓度为 0.2 μg/g。

4.3.2 试剂和材料

4.3.2.1 氮气：体积分数大于 99.995%；

4.3.2.2 氢气：体积分数大于 99.995%；

4.3.2.3 空气：经硅胶或分子筛干燥、净化。

4.3.2.4 苯：标准品，色谱纯或质量相当的苯；

4.3.2.5 正己烷：标准品，色谱纯或质量相当的正己烷；

4.3.2.6 环戊烷：质量分数≥95%。

4.3.3 仪器、设备

4.3.3.1 气相色谱仪：带有火焰离子化检测器(FID)，可进行毛细色谱柱分析。当试样中苯的质量分数为 0.000 1%时，该气相色谱仪产生的信噪比应大于 2；

4.3.3.2 进样器：1 μL 微量进样器或自动进样器；

4.3.3.3 色谱数据处理机或工作站。

4.3.4 色谱分析条件

推荐的色谱条件见表 3。典型色谱图和相对保留时间见附录 B(标准的附录)中图 B1 和表 B1。其他能达到同等分离程度的色谱条件均可使用。

表 3 推荐的色谱条件

色 谱 柱	专用于 PONA 分析的熔融石英毛细管柱 50 m×0.2 mm×0.5 μm
汽化室温度/℃	200
检测室温度/℃	270
柱箱温度/℃	60
进样量/μL(液体)	1
载气(N_2)平均线速/(cm/s)	26
分流比	1∶50

4.3.5 分析步骤

4.3.5.1 标准样品溶液的制备

4.3.5.1.1 不含正己烷、苯的环戊烷：取 500 mL 质量分数不低于 95%的环戊烷，水浴加热重蒸两次，每次蒸馏切割 47℃～51℃的馏分。该馏分按本标准规定的色谱操作条件检验，正己烷和苯应不出峰。

4.3.5.1.2 标准样品溶液的配制

a) 标准样品溶液的储备液:含正己烷约 0.1%(质量分数),含苯约 0.01%(质量分数)。

用微量注射器先取苯约 0.004 g,加入到预先称量的清洁、干燥的 50 mL 容量瓶中,称量苯的质量,精确至 0.000 2 g;用微量注射器取正己烷约 0.04 g,加入到同一容量瓶中,称量正己烷的质量,精确至 0.000 2 g;用不含正己烷、苯的环戊烷稀释至刻度,称量加入的环戊烷质量,精确至 0.000 2 g,混匀,备用。标准样品溶液储备液两周配制一次。

储备液中各标准样品的质量分数 w_{si} 按式(3)计算:

$$w_{si} = \frac{m_{si}\rho_i}{m_{环} + \Sigma m_{si}} \times 100 \quad \cdots\cdots(3)$$

式中:m_{si}——标准样品的质量,g;

ρ_i——标准样品的纯度,%;

$m_{环}$——环戊烷的质量,g。

b) 标准样品溶液:含正己烷的质量分数约 0.001%,含苯的质量分数约 0.000 1%。

吸取标准样品溶液储备液 0.1 mL 于 10 mL 清洁、干燥的容量瓶中,用不含正己烷、苯的环戊烷稀释至刻度。标准样品溶液应在使用前配制。

4.3.5.2 测定

待仪器操作条件稳定后进 1 μL 标准样品溶液。在同样的色谱操作条件下,准确吸取与做标准样品溶液相同体积的 1 μL 试样再次进样分析。以外标法定量。

4.3.6 分析结果的表述

以质量分数表示的正己烷或苯的含量 w_3 按式(4)计算:

$$w_3 = \frac{A_i w_{si}}{A_{si}} \quad \cdots\cdots(4)$$

式中:w_{si}——标准样品溶液中正己烷或苯的质量分数,%;

A_{si}——标准样品溶液使用液中正己烷或苯的峰面积;

A_i——试样中正己烷或苯的峰面积。

取两次重复测定结果的算术平均值为测定结果,两次重复测定结果相对偏差不得大于 30%。

4.4 水分的测定

按 GB/T 6283—1986 中"7 直接电量滴定法"规定的方法进行。用注射器称取试样 10 g,精确至 0.01 g。

取两次平行测定结果的算术平均值为测定结果,两次平行测定结果之差不得大于 0.002%。

4.5 硫含量的测定

按 SH/T 0253 规定的方法进行。

4.5.1 有机硫标准溶液的制备

有机硫标准溶液含硫约 0.25 mg/mL。称取 0.12 g 正-二丁基硫(优级纯),精确至 0.000 2 g,置于干燥的 100 mL 容量瓶中,用 2,2,4-三甲基戊烷(优级纯)或环己烷(优级纯)稀释至刻度。标准溶液中硫含量 c_S(mg/mL)按式(5)计算:

$$c_S = \frac{m \times 0.219\,2}{100} \times 10^3 = m \times 2.192 \quad \cdots\cdots(5)$$

式中:m——正-二丁基硫的质量,g;

100——溶液体积,mL;

0.219 2——正-二丁基硫中硫的质量分数。

4.5.2 分析步骤

仪器和设备的试验条件见推荐的操作参数表 4。

表 4　推荐的操作参数

项　　目	指　　标
气体流量/(mL/min)	
反应气(氧气)	40
载气(氮气)	160
燃烧炉温度/℃	
预热区	500～700
燃烧区	800
出口区	700
微库仑仪工作电压/mV	120～160

4.5.3　分析结果的表述

以每毫升微克表示的硫含量 c(μg/mL)按式(6)计算：

$$c=\frac{m_S}{VF}\times 10^3 \quad \cdots\cdots(6)$$

式中：F——硫回收率，%；

m_S——微库仑计滴定出硫的质量，μg；

V——试样的体积，μL。

5　检验规则

5.1　本标准规定的所有项目均为出厂检验项目。

5.2　工业用环戊烷应由生产厂的质量检验部门进行检验。

每批出厂的产品都应附有一定格式的质量证明书，内容包括：产品名称、生产厂厂名、厂址、批号或生产日期及本标准编号。

5.3　工业用环戊烷以同等质量的均匀产品为一批。桶装产品以不大于 20 t 为一批，罐装产品以每一罐装的产品量为一批。

5.4　工业用环戊烷的采样按 GB/T 6678 和 GB/T 6680 的规定进行。采样总体积不少于 100 mL，混合均匀后分别装于两个清洁、干燥的 100 mL 带磨口的细口玻璃瓶中。贴上标签并注明：产品名称、批号、采样日期及采样人姓名。一瓶供检验用，另一瓶密封，保留备查。

5.5　检验结果的判定按 GB/T 1250 中修约值比较法进行。检验结果如果有一项指标不符合本标准要求时，桶装产品应重新自两倍数量的包装单元中采样进行检验，罐装产品应重新多点采样进行检验。重新检验的结果即使只有一项指标不符合本标准要求，则整批产品为不合格。

6　标志、包装、运输、贮存

6.1　工业用环戊烷包装容器上应有牢固清晰的标志，内容包括：产品名称、商标、生产厂厂名、厂址、净质量、批号、本标准编号、GB 190 规定的“易燃液体”标志和 GB 191 规定的“怕晒”标志；包装容器上还应有符合 GB 15258 规定的安全标签。

6.2　工业用环戊烷应装入清洁、干燥的 200 L 小开口镀锌钢桶，镀锌钢桶应符合 GB 12463—1990 Ⅰ级包装的规定，或用移动式压力容器包装。

6.3　工业用环戊烷采用移动式压力容器运输时所用容器应符合国家质量技术监督局锅炉压力容器安全监察局质技监局锅发[1999]154 号文《压力容器安全技术监察规程》规定的第二类压力容器或高于该等级的压力容器。运输应符合危险品运输的规定。

6.4　工业用环戊烷应贮存在阴凉、通风的库房中，贮存时应防晒、避火源及氧化剂；应防止包装破损。

7 安全

工业用环戊烷是高度易燃的有机液体，在空气中爆炸极限1.5%～8.7%（体积分数）。由于环戊烷蒸气比空气重，可沿地面流动，还可能造成远处着火。可使用泡沫或干粉灭火器灭火。应避免设备静电电荷积累。

工业用环戊烷刺激眼睛和皮肤，对中枢神经系统发生作用，接触可能引起皮炎，吸入可能引起头晕、兴奋和麻醉作用，应注意避免吸入蒸气和接触皮肤。

附　录　A
（标准的附录）
环戊烷含量测定的典型色谱图及相对保留时间

A1　色谱图见图 A1。

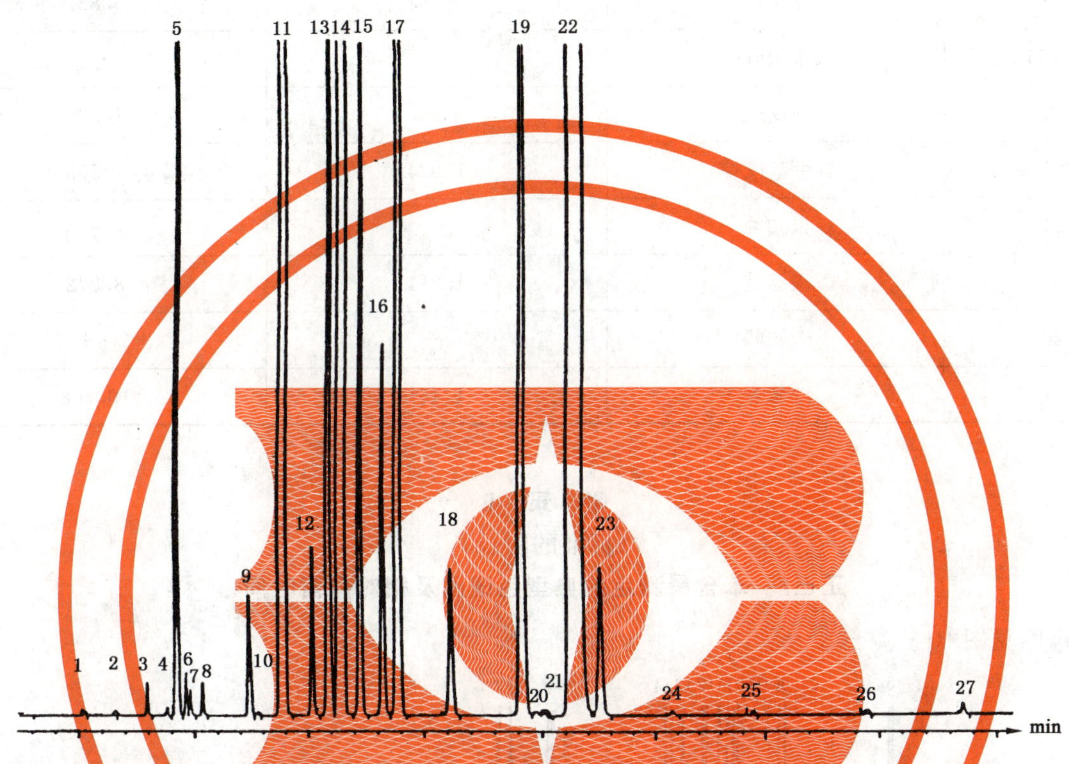

5—丁烷；11—2-甲基丁烷；13—反-2-戊烯；14—戊烷；15—顺-2-戊烯；17—2-甲基-2-丁烯；
18—2,2-二甲基丁烷；19—环戊烯；22—环戊烷；23—2-甲基戊烷；25—正己烷；27—苯

图 A1　工业用环戊烷含量测定典型色谱图

A2　相对保留时间见表 A1。

表 A1　相对保留时间

峰　序	组分名称	相对保留时间	保留时间/min
1～4	未知峰	—	—
5	丁烷	0.524	3.837
6～10	未知峰	—	—
11	2-甲基丁烷	0.651	4.769
12	未知峰	—	—
13	反-2-戊烯	0.706	5.172
14	戊烷	0.723	5.298
15	顺-2-戊烯	0.743	5.447
16	未知峰	—	—

表 A1(完)

峰　序	组分名称	相对保留时间	保留时间/min
17	2-甲基-2-丁烯	0.787	5.769
18	2,2-二甲基丁烷	0.850	6.226
19	环戊烯	0.932	6.827
20、21	未知峰	—	—
22	环戊烷	1.00	7.328
23	2-甲基戊烷	1.024	7.505
24	未知峰	—	—
25	正己烷	1.211	8.872
26	未知峰	—	—
27	苯	1.461	10.708

附　录　B
(标准的附录)
正己烷、苯含量测定的典型色谱图及相对保留时间

B1　色谱图见图 B1。

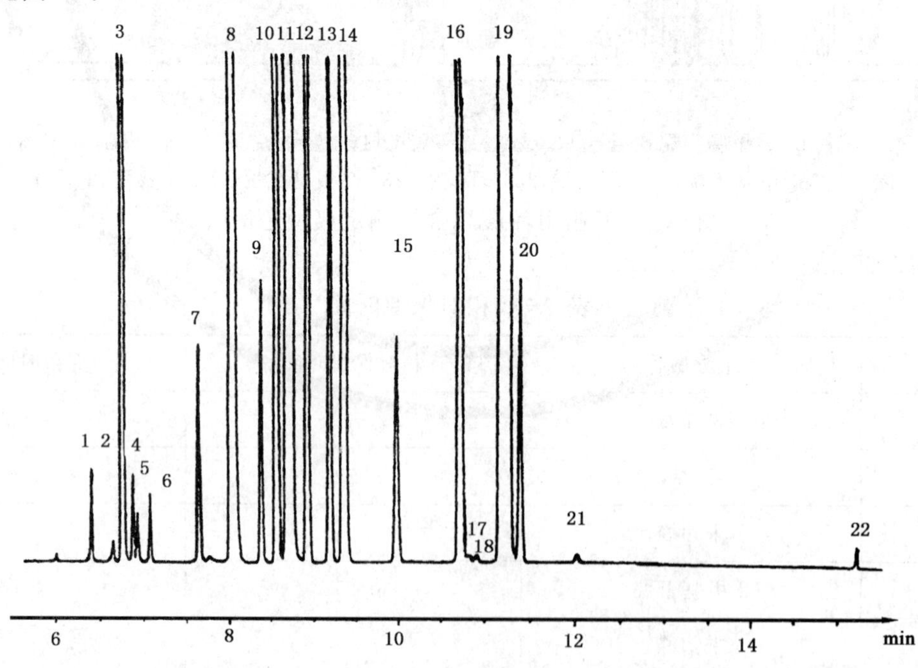

3—丁烷;8—2-甲基丁烷;10—反-2-戊烯;11—戊烷;12—顺-2-戊烯;14—2-甲基-2-丁烯;
15—2,2-二甲基丁烷;16—环戊烯;19—环戊烷;20—2-甲基戊烷;21—正己烷;22—苯

图 B1　正己烷、苯含量测定典型色谱图

B2　相对保留时间见表 B1。

表 B1　相对保留时间

峰　序	组分名称	相对保留时间	保留时间/min
1、2	未知峰	—	—
3	丁烷	0.44	6.760
4～7	未知峰	—	—
8	2-甲基丁烷	0.53	8.029
9	未知峰	—	—
10	反-2-戊烯	0.56	8.564
11	戊烷	0.57	8.726
12	顺-2-戊烯	0.59	8.920
13	未知峰	—	—
14	2-甲基-2-丁烯	0.61	9.350
15	2,2-二甲基丁烷	0.655	9.974
16	环戊烯	0.70	10.722
17、18	未知峰	—	—
19	环戊烷	0.74	11.261
20	2-甲基戊烷	0.75	11.392
21	正己烷	0.79	12.023
22	苯	1	15.228

前　　言

本标准等效采用日本工业标准 JIS K 1560:1994《1,1,1,2-四氟乙烷(HFC-134a)》。

本标准与 JIS K 1560:1994 比较,主要差异有:

1. JIS K 1560:1994 为一个等级,本标准分为二个等级:优等品、合格品。

2. 1,1,1,2-四氟乙烷大量用于制冷剂,因此本标准增设了氯化物(Cl^-)试验、不凝性气体含量项目。指标规定为:氯化物(Cl^-)试验:合格;不凝性气体的体积分数(25℃)≤1.5%。试验方法参照 ISO/DIS 12810:1996《氟碳烃制冷剂　规格和试验方法》中的方法。JIS K 1560:1994 不设氯化物(Cl^-)试验、不凝性气体含量检验项目。

3. 本标准优等品指标为 1,1,1,2-四氟乙烷的质量分数≥99.9%、水分的质量分数≤0.001%,合格品指标为 1,1,1,2-四氟乙烷的质量分数≥99.5%、水分的质量分数≤0.005%;JIS K1560:1994 指标为 1,1,1,2-四氟乙烷的质量分数≥99.6%、水分的质量分数≤0.002%。

4. JIS K 1560:1994 中 1,1,1,2-四氟乙烷含量分析方法采用固定相分别为乙基苯乙烯-二乙烯基苯共聚体(EVB-DVB)和乙烯基吡咯烷酮聚合体(VPRD)两根填充柱串联分析的气相色谱方法;本标准采用 PLOT-Al_2O_3 毛细管柱气相色谱方法,有更高的柱效率。

本标准的附录 A、附录 B、附录 C 为标准的附录。

本标准由原国家石油和化学工业局提出。

本标准由全国化学标准化技术委员会有机分会归口。

本标准起草单位:上海市有机氟材料研究所。

本标准参加起草单位:西安金珠近代化工有限责任公司。

本标准主要起草人:苏琴、奚燕萍、顾文怡、金亦、赵智霞。

中华人民共和国国家标准

工业用1,1,1,2-四氟乙烷 (HFC-134a)

GB/T 18826—2002

1,1,1,2-Tetrafluoroethane for industrial use

1 范围

本标准规定了工业用1,1,1,2-四氟乙烷的要求、试验方法、检验规则及标志、包装、运输和贮存。

本标准适用于工业用1,1,1,2-四氟乙烷。该产品主要用作制冷剂、发泡剂、气溶胶喷射剂等。

分子式:$C_2H_2F_4$

结构式:

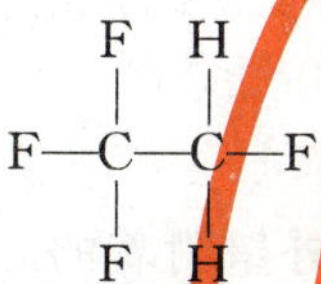

相对分子质量:102.03(按1999年国际相对原子质量)

2 引用标准

下列标准所包含的条文,通过在本标准中引用而构成为本标准的条文。本标准出版时,所示版本均为有效。所有标准都会被修订,使用本标准的各方应探讨使用下列标准最新版本的可能性。

GB 191—2000 包装储运图示标志(eqv ISO 780:1997)

GB/T 601 化学试剂 标准滴定溶液的制备

GB/T 603 化学试剂 试验方法中所用制剂及制品的制备

GB/T 1250 极限数值的表示和判定方法

GB/T 6680—1986 液体化工产品采样通则

GB/T 6682 分析实验室用水规格和试验方法(eqv ISO 3696:1987)

GB/T 7373—1987 工业用二氟一氯甲烷(F_{22})

GB/T 9722 化学试剂 气相色谱法通则

GB/T 10627 气体分析 标准混合气体的制备 静态容积法(idt ISO 6144:1981)

GB 14193 液化气体气瓶充装规定

3 要求

3.1 性状:无色透明液体,无浑浊,无异臭。

3.2 工业用1,1,1,2-四氟乙烷的质量应符合表1所示的技术要求。

中华人民共和国国家质量监督检验检疫总局2002-09-06批准 2003-04-01实施

表1 技术要求

项目		指标	
		优等品	合格品
1,1,1,2-四氟乙烷的质量分数/%	≥	99.9	99.5
酸度(以 HCl 计)/%	≤	0.000 1	
水分的质量分数/%	≤	0.001	0.005
蒸发残渣的质量分数/%	≤	0.01	
不凝性气体体积分数1](25℃)/%	≤	1.5	
氯化物(Cl^-)试验2]		合格	
注:1,1,1,2-四氟乙烷作为制冷剂时检验不凝性气体的体积分数、氯化物(Cl^-)试验项目。			

4 试验方法

试验方法所用试剂和水,在没有注明其他要求时,均指分析纯试剂和GB/T 6682中规定的三级水。

试验方法所用标准溶液、制剂及制品,在没有注明其他要求时,均按GB/T 601、GB/T 603之规定制备。

4.1 性状

取不沸腾的冷却试样10 mL于内径约15 mm的试管内,用干燥的布擦干试管外壁附着的霜或湿气,横向透视观察试样颜色及有无杂质和悬浮物。然后将该试样稍稍加温,使其稍有沸腾,检查蒸气有无异臭。

4.2 1,1,1,2-四氟乙烷含量的测定

4.2.1 方法提要

用气相色谱法,在选定的工作条件下通过毛细管色谱柱,使试样中各组分分离,用火焰离子化检测器检测,面积归一化法计算1,1,1,2-四氟乙烷的含量。

4.2.2 试剂和材料

4.2.2.1 高纯氮气,体积分数大于99.995%;

4.2.2.2 氢气:体积分数大于99.995%;

4.2.2.3 空气:经硅胶或分子筛干燥、净化。

4.2.3 仪器、设备

4.2.3.1 气相色谱仪:带有火焰离子化检测器(FID),可进行毛细管色谱柱分析。当试样中杂质的质量分数为0.000 1%时,该气相色谱仪产生的信噪比应大于2;

4.2.3.2 进样器:1 mL玻璃进样器或自动进样阀;

4.2.3.3 记录仪:色谱数据处理机或工作站;

4.2.3.4 取样钢瓶:双阀型不锈钢小钢瓶,容积不小于150 mL,工作压力大于2 MPa,见图1;

4.2.3.5 取样钢瓶导管,见图2;

4.2.3.6 气体取样袋500 mL,由铝塑复合膜制成;或玻璃耐压取样瓶。

采用说明:

1] JIS K 1560:1994未设此项。

2] JIS K 1560:1994未设此项。

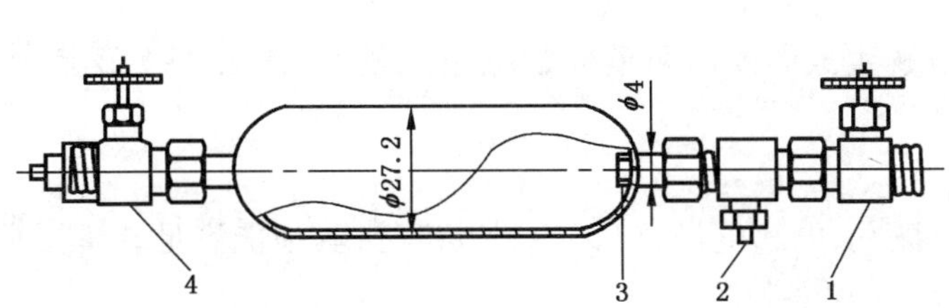

1—入口阀；2—安全阀；3—调节管；4—出口阀

图 1 取样钢瓶

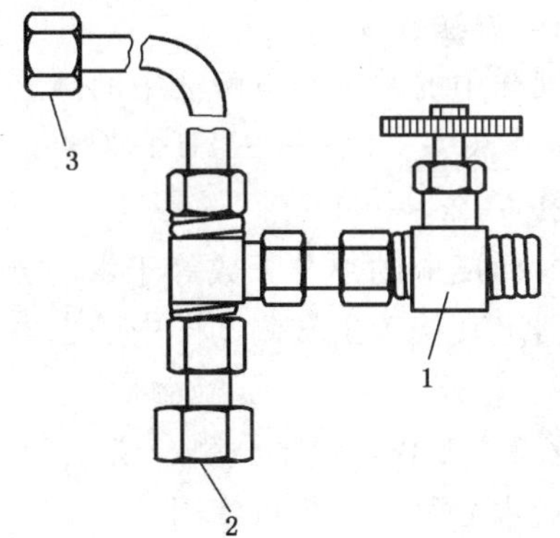

1—排放阀；2—接口(与取样钢瓶入口阀连接)；3—接口(与包装容器阀连接)

图 2 取样钢瓶导管

4.2.4 色谱分析条件

推荐的色谱条件见表 2。典型色谱图和相对保留时间见附录 A(标准的附录)中图 A1 和表 A1。其他能达到同等分离程度的色谱条件均可使用。

表 2 推荐的色谱条件

色谱柱	熔融石英毛细管柱，固定相为 PLOT-Al_2O_3，Na_2SO_4 去活；30 m×0.53 mm×15 μm
汽化室温度/℃	180
检测室温度/℃	220
柱箱温度，程序升温	初始温度 70℃保持 7 min，以 10℃/min 从 70℃升温到 120℃，保持 5 min
进样量/mL(气体)	0.5～0.8
载气(N_2)平均线速/(cm/s)	28
分流比	1∶15

4.2.5 分析步骤

用高纯氮气反复置换、清洗气体取样袋或玻璃耐压取样瓶并抽真空。倒置取样钢瓶，缓慢打开取样钢瓶的阀门，放出试样以置换连接系统。将气体取样袋或玻璃耐压取样瓶与取样钢瓶连接，打开阀门，让适量的液体样品完全汽化到气体取样袋中或玻璃耐压取样瓶中(使袋中或瓶中气体压力不高于 1 个大气压)。

待仪器操作条件稳定后，用玻璃进样器从气体取样袋中抽取试样 2～3 次，清洗玻璃进样器，然后抽取气体试样 0.5 mL～0.8 mL 进样，或用自动进样阀进样。以面积归一化法定量。

4.2.6 分析结果的表述

以质量分数表示的 1,1,1,2-四氟乙烷含量 w_1(%)按式(1)计算：

$$w_1 = \frac{A}{\Sigma A_i} \times 100 \qquad \cdots\cdots(1)$$

式中：A——1,1,1,2-四氟乙烷的峰面积；

ΣA_i——各组分峰面积之和。

取两次平行测定结果的算术平均值为测定结果，两次平行测定结果之差不得大于 0.10%。

4.3 酸度的测定

按 GB/T 7373—1987 中 2.3 的规定进行。

取两次平行测定结果的算术平均值为测定结果，两次平行测定结果相对偏差不得大于 40%。

4.4 水分的测定

4.4.1 方法提要

试样中的水分与电解液中的碘进行定量反应，反应为：

$I_2+SO_2+H_2O \longrightarrow 2HI+SO_3$

$2I^- - 2e \longrightarrow I_2$

参加反应的碘分子数等于水的分子数，而电解生成的碘与所消耗的电量成正比，依据法拉第定律，在仪器上直接读出被测试样中的水含量。

4.4.2 仪器

4.4.2.1 库仑电量水分测定仪：配有阳极室、阴极室、电解电极、双铂检测电极等。其他能满足分析要求的微量水分测定仪也可使用；

4.4.2.2 电子天平：最大称量不小于 3 000 g，感量 0.1 g；

4.4.2.3 取样钢瓶：双阀型不锈钢小钢瓶，容积 150 mL，见图 1；

4.4.2.4 进样针头：针长(150～200) mm，直径 ϕ(0.5～0.7) mm；

4.4.3 试剂和材料

与库仑电量水分测定仪配套的电解液(市售试剂)。

4.4.4 分析步骤

4.4.4.1 库仑电量水分测定仪的调节

加入电解液，调节库仑电量水分测定仪，使滴定池内达到无水状态。

4.4.4.2 测定

称量盛有试样的取样钢瓶质量，精确至 0.1 g。将进样针头用不锈钢(或适宜材质)管的大小接头与取样钢瓶出口阀连接，使进样针头插入库仑电量水分测定仪电解池的底部，控制进样速度为(1～2) g/min，进样量约 10 g 或根据含水量适当调整进样量，进样后再次称量取样钢瓶质量，精确至 0.1 g。进样结束后，立即进行电解，在库仑电量水分测定仪数字显示屏上直接读取水的质量。

4.4.5 分析结果的表述

以质量分数表示的水分含量 w_2(%)按式(2)计算：

$$w_2 = \frac{m}{m_1 - m_2} \times 100 \qquad \cdots\cdots(2)$$

式中：m——水的质量，g；

m_1——进样前取样钢瓶和试样的质量，g；

m_2——进样后取样钢瓶和试样的质量，g。

取两次平行测定结果的算术平均值为测定结果，两次平行测定结果相对偏差不得大于 20%。

4.5 蒸发残渣的测定

按 GB/T 7373—1987 中 2.4 的规定进行。称取试样 250 g，精确至 0.1 g。

取两次平行测定结果的算术平均值为测定结果，两次平行测定结果之差不得大于 0.002%。

4.6 不凝性气体含量的测定

4.6.1 方法提要

用气相色谱法，在选定的工作条件下，使制冷剂液相上方蒸气中的不凝性气体(NCG)通过填充色谱柱，用热导检测器(TCD)检测，外标法计算不凝性气体的含量。

在典型制冷剂样品中，空气是唯一有确切量的 NCG，其他气体不做日常分析。制冷剂液相和气相之间的不凝性气体平衡与温度相关，需进行适当温度校正，报告 25℃温度下的结果。

4.6.2 试剂和材料

4.6.2.1 载气：氢气，纯度的体积分数大于 99.5%；

4.6.2.2 氮气：纯度的体积分数大于 99.5%；

4.6.2.3 标准气：5 MPa 或 3 MPa 压力的 2 L 氦气钢瓶，内含空气(或氮气)的体积分数为 1.5%。标准

气制备应符合 GB/T 10627 的技术要求;

4.6.2.4 内径为 5 mm 的蛇形聚四氟乙烯(PTFE)管或其他适宜材料的软管。

4.6.3 仪器、设备

4.6.3.1 气相色谱仪:配有进样阀,带有热导检测器(TCD)并能满足表 3 所示条件进行操作的气相色谱仪均可使用。

4.6.3.2 色谱柱:填充柱,2 m×3 mm(内径)不锈钢柱或其他适宜材料;固定相为 Porapack Q,粒径 0.15 mm～0.18 mm。按 GB/T 9722 的技术要求进行制备。

色谱柱使用前,按表 3 所示条件通载气(氮气)老化。

4.6.3.3 进样器:进样阀;

4.6.3.4 色谱数据处理机;

4.6.3.5 温度计:－20℃～50℃,分刻度 0.2℃;

4.6.3.6 取样钢瓶:同 4.2.3.4。

4.6.4 色谱分析条件

推荐的色谱操作条件见表 3。典型色谱图和保留时间见附录 B(标准的附录)中图 B1 和表 B1。其他能达到同等分离程度的色谱操作条件均可使用。

表 3 推荐色谱操作条件

项目	色谱柱老化	样品分析
载气	氮气	氢气或氮气
汽化室温度/℃	—	100
检测室温度/℃	—	150
柱箱温度/℃	起始温度 60℃,以(5～10)℃/min 速率从 60℃升温到 150℃,保持 180 min	90
进样量(气体)/mL	—	1.0
气体流量/(mL/min)	20	20

4.6.5 分析步骤

4.6.5.1 校正

4.6.5.1.1 将一节 50 cm×5 mm(内径)蛇形 PTFE 管与气相色谱仪进样阀进口连接,PTFE 管另一头与标准气钢瓶阀连接,将另一节短的蛇形 PTFE 管与气相色谱仪进样阀出口相连,PTFE 管另一头放在装有水的小烧杯内。慢慢打开标准气钢瓶的阀门,以 1 mL/s 的速度放出标准气通过进样阀,进样阀出口鼓泡约 10 s,以排出系统的多余空气,关闭钢瓶阀门。当鼓泡停止时,立即旋转进样阀至“进样”位置进样分析。重复进样三次,三次空气峰峰面积相对偏差不得大于 0.1%。

4.6.5.1.2 标准气空气的响应因子 f_{ARF} 按式(3)计算:

$$f_{ARF}=\frac{A_{air}}{V_{air}} \qquad \cdots\cdots(3)$$

式中:A_{air}——空气的峰面积;

V_{air}——标准气中空气的体积分数,%。

取三次 f_{ARF} 测定的算术平均值为测定结果。三次测定 f_{ARF} 的相对偏差不得大于 1.6%。

4.6.5.1.3 每次分析前进行校正。

4.6.5.2 试样分析

测量待分析的样品钢瓶所在地的环境温度,精确至 0.1℃,即为试样液相的温度。

对于小包装产品,将待分析的样品钢瓶滚动 2 min,然后使样品钢瓶出口阀与色谱仪进样阀进口连接，以下操作同 4.6.5.1.1。进样量与做校正时相同。当样品顶空气体总量小于 500 mL 时，采用将进样系统抽真空(真空度 133.3 Pa)，然后慢慢打开样品钢瓶阀和压力表使钢瓶中气体进入进样系统并达到常压状态。以下操作同 4.6.5.1.1。

对于大包装产品，将经真空干燥的取样钢瓶与产品包装容器的出口阀连接，打开产品包装容器出口阀门，再打开取样钢瓶的入口阀和出口阀，充分置换系统中的空气后，关闭取样钢瓶的出口阀，使产品包装容器中的顶空气体进入取样钢瓶并充满。取样钢瓶与产品包装容器断开，与色谱仪进样阀进口连接，以下操作同 4.6.5.1.1。

连续重复进样，直到所测空气峰面积重复，表明系统中空气排净。然后连续 2～3 次进样测定，取其算术平均值为峰面积测定结果。

4.6.6 分析结果的表述

4.6.6.1 以体积分数表示的不凝性气体含量(室温)φ(%)按式(4)计算：

$$\varphi = \frac{A_i}{f_{ARF}} \times 100 \qquad \cdots\cdots(4)$$

式中：A_i——空气的峰面积；

f_{ARF}——标准气空气的响应因子。

4.6.6.2 校正为 25℃的以体积分数表示的不凝性气体含量 φ_1(%)按式(5)计算：

$$\varphi_1 = \frac{\varphi P \times 298.15}{(T + 273.15)\ P_{25}} \times 100 \qquad \cdots\cdots(5)$$

式中：φ——不凝性气体的体积分数(室温)，%；

P——待分析样品在取样环境温度 T(℃)时的饱和蒸气压，kPa，该值由附录 C(标准的附录)查得；

T——待分析样品在取样时的环境温度，℃；

P_{25}——待分析样品在 25℃时的饱和蒸气压，kPa，该值由附录 C 查得。

取连续测定结果的算术平均值为测定结果，连续测定结果相对偏差不得大于 10%。

4.7 氯化物(Cl^-)试验

4.7.1 方法提要

在酸性条件下，1，1，1，2-四氟乙烷样品中氯化物与饱和硝酸银溶液反应生成氯化银沉淀，以观察不到絮状沉淀为试验通过。该试验方法检测灵敏度为 0.000 3%。

4.7.2 试剂和材料

4.7.2.1 硝酸；

4.7.2.2 无水甲醇；

4.7.2.3 饱和硝酸银溶液；

4.7.2.4 连接管线：聚四氟乙烯(PTFE)管，内径为 0.15 mm～0.20 mm。

4.7.3 仪器、设备

4.7.3.1 取样钢瓶：同 4.2.3.4；

4.7.3.2 电子天平：最大称量不小于 3 000 g，感量 0.1 g。

4.7.4 分析步骤

在 100 mL 烧杯中加入 30 mL 无水甲醇，在搅拌下加 18 滴饱和硝酸银溶液和 6 滴硝酸。

称量盛有试样的取样钢瓶质量，精确至 0.1 g。将连接管线一端与取样钢瓶出口阀连接(注意每个接头密封完好)，另一端插入烧杯溶液中；在搅拌下打开取样钢瓶出口阀鼓泡进样，进样量约 37 g，进样时间应不少于 15 min。观察烧杯中有无白色絮状沉淀。溶液中无白色絮状沉淀为检验合格。

5 检验规则

5.1 本标准规定的所有项目均为型式检验项目，其中1,1,1,2-四氟乙烷含量、酸度、水分、氯化物为出厂检验项目。正常生产情况下，一个月进行一次型式检验。

5.2 工业用1,1,1,2-四氟乙烷应由生产厂的质量检验部门进行检验。

每批出厂的产品都应附有一定格式的质量证明书，内容包括：产品名称、产品等级、生产厂厂名、厂址、批号或生产日期及本标准编号。

5.3 使用单位有权按照本标准的规定对收到的产品进行验收，如有异议需在收到产品一个月内向生产厂提出。

5.4 工业用1,1,1,2-四氟乙烷以同等质量的均匀产品为一批。钢瓶装产品以不大于30 t为一批，或以一贮槽的产品量为一批。

5.5 工业用1,1,1,2-四氟乙烷的采样按GB/T 6680—1986中6.1的规定进行。

5.5.1 取样钢瓶和取样导管应经真空干燥，样品应以液相进入取样钢瓶，用取样钢瓶导管的排放阀调节试样量，使液态样品不超过取样钢瓶内容积的80%。采样总量不少于700 mL。取样钢瓶贴上标签并注明：产品名称、产品等级、批号、采样日期及采样人姓名，供检验用。

5.5.2 钢瓶包装产品的采样单元数应符合表4要求。

5.5.3 允许生产厂在使用非重复性或一次性包装出厂产品时，在产品包装前采样。

表4 钢瓶包装的1,1,1,2-四氟乙烷的采样单元数

产品包装单元数/瓶				抽样数量/瓶
1 000 kg包装规格	400 kg～100 kg包装规格	100 kg～1 kg包装规格	1 kg以下包装规格	
3以下	5以下			1
4～10	6～20	100以下	500以下	2
11～20	21～50	101～500	501～1 000	3
20以上	51～100	501～1 000	1 001～5 000	5
	100以上	1 001～5 000	5 001～10 000	10
		5 000以上	10 000以上	20

5.6 检验结果的判定按GB/T 1250中修约值比较法进行。检验结果如果有一项指标不符合本标准要求时，钢瓶装产品应重新自两倍数量的包装单元中采样进行检验，贮槽装产品应重新多点采样进行检验。重新检验的结果即使只有一项指标不符合本标准要求，则整批产品为不合格。

6 标志、包装、运输和贮存

6.1 工业用1,1,1,2-四氟乙烷包装容器上应有牢固清晰的标志，内容包括：产品名称、商标、生产厂厂名、厂址、净质量、批号、产品等级、本标准编号和GB 191规定的"怕晒"标志。

6.2 工业用1,1,1,2-四氟乙烷应用1,1,1,2-四氟乙烷专用钢瓶包装。重复使用的钢瓶外涂铝白色，非重复使用的钢瓶外涂天体蓝色。

6.3 钢瓶充装时应符合GB 14193的规定，1,1,1,2-四氟乙烷的充装系数不大于1.02 kg/L。

6.4 对重复使用的钢瓶，在产品使用后钢瓶内应保持正压。

6.5 工业用1,1,1,2-四氟乙烷应贮存在阴凉、干燥的地方，不得靠近热源，严禁日晒雨淋。

6.6 装有1,1,1,2-四氟乙烷的钢瓶为带压容器，在装卸运输过程中必须戴好安全帽，严禁撞击、拖拉、摔落和直接曝晒。钢瓶运输应符合中华人民共和国铁路、公路运输的有关规定。

附 录 A
（标准的附录）
1,1,1,2-四氟乙烷含量测定的典型色谱图及相对保留时间

A1 色谱图见图 A1。

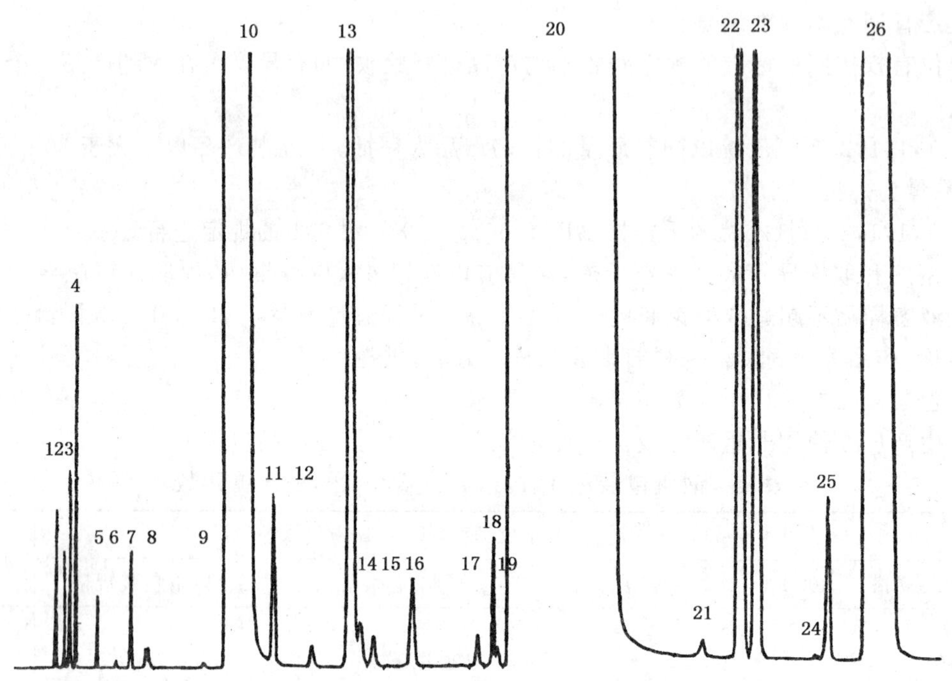

10—HFC-143a；11—HFC-32；13—HCFC-1122；14—CFC-114；18—CH_2CHCF_3；20—HFC-134a；22—HCFC-124a；23—HFC-134；26—HCFC-133a

图 A1 工业用 1,1,1,2-四氟乙烷含量测定典型色谱图

A2 相对保留时间见表 A1。

表 A1 相对保留时间

峰 序	组分名称	相对保留时间	保留时间/min
1～9	未知峰	—	—
10	HFC-143a	0.489	4.687
11	HFC-32	0.580	5.570
12	未知峰	—	—
13	HCFC-1122	0.718	6.895
14	CFC-114	0.739	7.094
15～17	未知峰	—	—
18	CH_2CHCF_3	0.974	9.349
19	未知峰	—	—
20	HFC-134a	1	9.594
21	未知峰	—	—

表 A1(完)

峰　序	组分名称	相对保留时间	保留时间/min
22	HCFC-124a	1.407	13.502
23	HFC-134	1.436	13.776
24～25	未知峰	—	—
26	HCFC-133a	1.632	15.655

附　录　B
(标准的附录)
1,1,1,2-四氟乙烷中不凝性气体含量测定的典型色谱图及相对保留时间

B1　色谱图见图 B1。

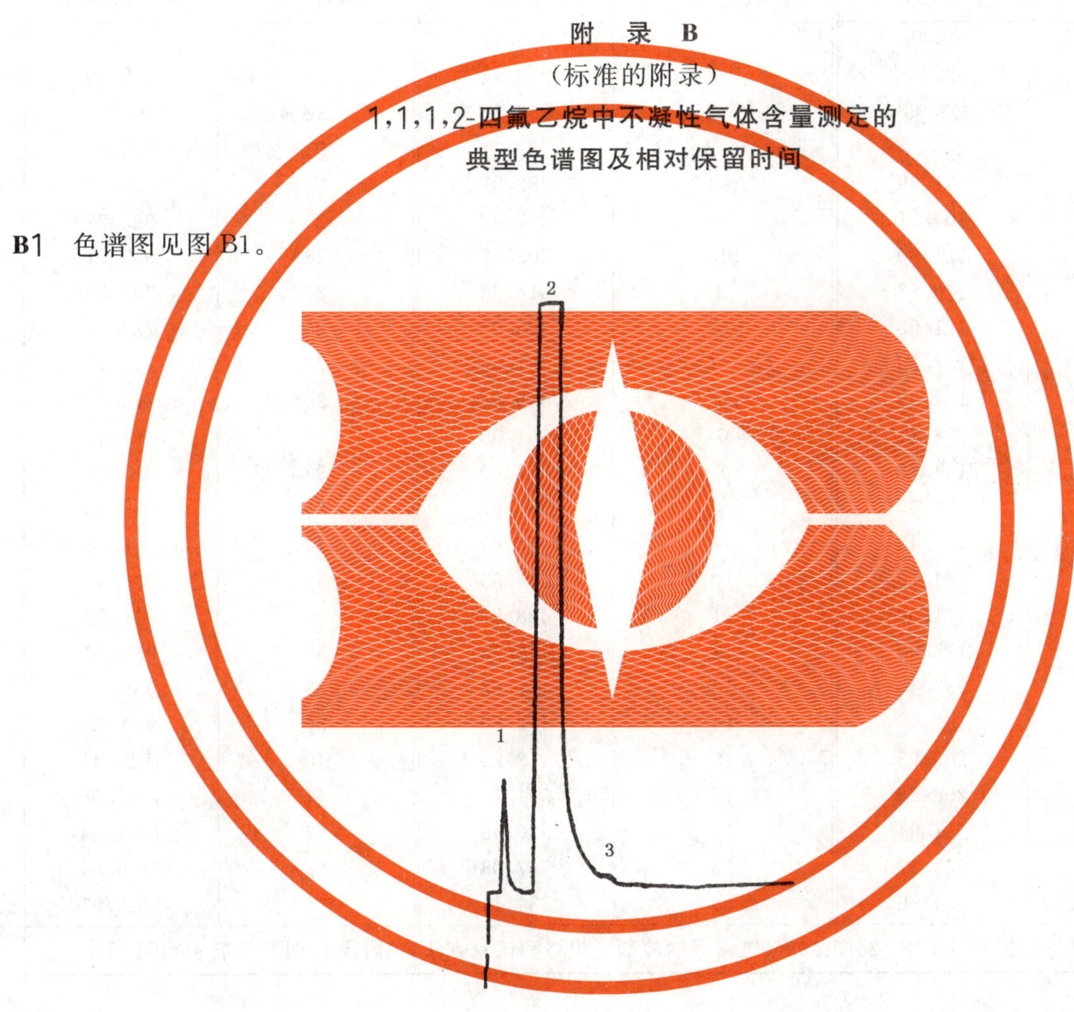

1—空气;2—HFC-134a;3—未知峰

图 B1　工业用 1,1,1,2-四氟乙烷中不凝性气体含量测定典型色谱图

B2　相对保留时间见表 B1。

表 B1　相对保留时间

峰　序	组分名称	相对保留时间	保留时间/min
1	空气	1	0.35
2	1,1,1,2-四氟乙烷	3.06	1.07
3	未知峰	—	—

附　录　C
（标准的附录）
1,1,1,2-四氟乙烷(HFC-134a)不同温度下的蒸气压

C1　1,1,1,2-四氟乙烷(HFC-134a)不同温度下的蒸气压见表C1。

表C1

温度/℃	蒸气压/kPa	温度/℃	蒸气压/kPa	温度/℃	蒸气压/kPa
—30	84.74	—5	243.42	20	571.61
—29	88.82	—4	252.74	21	589.49
—28	93.05	—3	262.33	22	607.79
—27	97.44	—2	272.21	23	626.51
—26	101.99	—1	282.37	24	645.67
—25	106.71	0	292.82	25	665.27
—24	111.60	1	303.57	26	685.31
—23	116.67	2	314.62	27	705.80
—22	121.93	3	325.98	28	726.76
—21	127.36	4	337.65	29	748.17
—20	132.99	5	349.64	30	770.07
—19	138.81	6	361.95	31	792.43
—18	144.83	7	374.59	32	815.29
—17	151.05	8	387.57	33	838.63
—16	157.49	9	400.89	34	862.48
—15	164.13	10	414.55	35	886.83
—14	171.00	11	428.57	36	911.69
—13	178.08	12	442.95	37	937.08
—12	185.40	13	457.68	38	962.99
—11	192.95	14	472.80	39	989.43
—10	200.73	15	488.29	40	1016.41
—9	208.76	16	504.16	41	1043.95
—8	217.04	17	520.43	42	1072.04
—7	225.57	18	537.08	43	1100.69
—6	234.36	19	554.14	44	1129.91
注：本数据是依据ISO/DIS 12810:1996《氟碳烃制冷剂　规格和试验方法》中附录E图E.3转换得到。					

前　　言

本标准的附录A为标准的附录。

本标准由原国家石油和化学工业局提出。

本标准由全国化学标准化技术委员会有机分会归口。

本标准起草单位:上海市有机氟材料研究所。

本标准参加起草单位:杭州富时特化工有限公司、浙江三环化工有限公司、常熟市致冷剂总厂。

本标准主要起草人:苏琴、奚燕萍、顾文怡、金亦、周芊。

本标准由全国化学标准化技术委员会有机分会负责解释。

中华人民共和国国家标准

工业用1,1-二氯-1-氟乙烷（HCFC-141b）

1,1-Dichloro-1-fluoroethane for industrial use

GB/T 18827—2002

1 范围

本标准规定了工业用1,1-二氯-1-氟乙烷(HCFC-141b)的要求、试验方法、检验规则及标志、包装、运输和贮存。

本标准适用于以1,1-二氯乙烯为原料经氟化反应制得的1,1-二氯-1-氟乙烷(HCFC-141b)。该产品替代1,1,2-三氯-1,2,2-三氟乙烷(CFC-113)用作电子清洗剂,替代一氟三氯甲烷(CFC-11)用作发泡剂等。

分子式:$C_2H_3FCl_2$

结构式:

```
       F   H
       |   |
  Cl—C—C—H
       |   |
      Cl   H
```

相对分子质量:116.95(按1999年国际相对原子质量)

2 引用标准

下列标准所包含的条文,通过在本标准中引用而构成为本标准的条文。本标准出版时,所示版本均为有效。所有标准都会被修订,使用本标准的各方应探讨使用下列标准最新版本的可能性。

GB 191—2000　包装储运图示标志(eqv ISO 780:1997)

GB/T 601—1988　化学试剂　滴定分析(容量分析)用标准溶液的制备

GB/T 603—1988　化学试剂　试验方法中所用制剂及制品的制备

GB/T 1250—1989　极限数值的表示方法和判定方法

GB/T 6678—1986　化工产品采样总则

GB/T 6680—1986　液体化工产品采样通则

GB/T 6682—1992　分析实验室用水规格和试验方法(eqv ISO 3696:1987)

GB/T 7373—1987　工业用二氟一氯甲烷(F_{22})

GB/T 7376—1987　工业用氟代甲烷类中微量水分的测定　卡尔·费休法

3 要求

3.1　性状:无色透明液体,无可见杂质,无悬浮物,无异臭。

3.2　工业用1,1-二氯-1-氟乙烷的质量应符合表1所示的技术要求。

中华人民共和国国家质量监督检验检疫总局 2002-09-06 批准　　2003-04-01 实施

表 1 技术要求

项 目		指 标
1,1-二氯-1-氟乙烷的质量分数/%	≥	99.5
偏氯乙烯和二氯乙炔的质量分数/%	≤	0.02
水分的质量分数/%	≤	0.005
酸度(以 HCl 计)/%	≤	0.000 1
蒸发残渣的质量分数/%	≤	0.01

4 试验方法

试验方法所用试剂和水,在没有注明其他要求时,均指分析纯试剂和 GB/T 6682 中规定的三级水。

试验方法所用标准溶液、制剂及制品,在没有注明其他要求时,均按 GB/T 601、GB/T 603 之规定制备。

4.1 性状

取冷却试样 10 mL 于内径约 15 mm 的试管内,用干燥的布擦干试管外壁附着的霜或湿气,横向透视观察试样颜色及有无杂质和悬浮物。然后将该试样稍稍加温,使其稍有沸腾,检查蒸气有无异臭。

4.2 1,1-二氯-1-氟乙烷含量和偏氯乙烯与二氯乙炔含量的测定

4.2.1 方法提要

用气相色谱法,在选定的工作条件下通过毛细管色谱柱,使试样中各组分分离,用火焰离子化检测器检测,面积归一化法分别计算 1,1-二氯-1-氟乙烷的含量和偏氯乙烯与二氯乙炔的含量。

4.2.2 试剂和材料

4.2.2.1 氮气:纯度的体积分数大于 99.995%;

4.2.2.2 氢气:纯度的体积分数大于 99.995%;

4.2.2.3 空气:经硅胶与分子筛干燥、净化。

4.2.3 仪器、设备

4.2.3.1 气相色谱仪:带有火焰离子化检测器(FID),可进行毛细色谱柱分析。当试样中杂质的质量分数为 0.001%时,该气相色谱仪产生的信噪比应大于 2;

4.2.3.2 进样器:1 μL 微量进样器或自动进样器;

4.2.3.3 色谱数据处理机或工作站。

4.2.4 色谱分析条件

推荐的色谱条件见表 2。典型色谱图和相对保留时间见附录 A(标准的附录)中图 A1 和表 A1。其他能达到同等分离程度的色谱条件均可使用。

表 2 推荐的色谱条件

色谱柱	专用于 PONA 分析的熔融石英毛细管柱 50 m×0.2 mm×0.5 μm
汽化室温度/℃	200
检测室温度/℃	270
柱箱温度,程序升温	初始温度 60℃,保持 10 min,以 30℃/min 从 60℃升温到 120℃,保持 2 min
进样量/μL(液体)	1
载气(N_2)气体平均线速/(cm/s)	17
分流比	1∶150

4.2.5 分析步骤

待仪器操作条件稳定后进液体试样 1 μL,以面积归一化法定量。

4.2.6 分析结果的表述

以质量分数表示的 1,1-二氯-1-氟乙烷的含量 w_1(%)按式(1)计算:

$$w_1 = \frac{A_{烷}}{\Sigma A_i} \times 100 \qquad \cdots\cdots(1)$$

式中:$A_{烷}$——1,1-二氯-1-氟乙烷的峰面积;

ΣA_i——各组分峰面积之和。

取两次重复测定结果的算术平均值为测定结果。两次重复测定结果之差不得大于 0.10%。

以质量分数表示的偏氯乙烯和二氯乙炔的含量 w_2(%)按式(2)计算:

$$w_2 = \frac{A_{杂质}}{\Sigma A_i} \times 100 \qquad \cdots\cdots(2)$$

式中:$A_{杂质}$——偏氯乙烯和二氯乙炔的峰面积之和;

ΣA_i——各组分峰面积之和。

取两次重复测定结果的算术平均值为测定结果。两次重复测定结果之差不得大于 0.002 0%。

4.3 酸度的测定

按 GB/T 7373—1987 中 2.3 的规定进行。

取两次平行测定结果的算术平均值为测定结果,两次平行测定结果相对偏差不得大于 40%。

4.4 水分的测定

按 GB/T 7376 的规定进行(也可采用库仑电量法)。进样量 6 g~7 g,或根据含水量适当调整进样量。

取两次平行测定结果的算术平均值为测定结果,两次平行测定结果之差不得大于 0.000 5%。

4.5 蒸发残渣的测定

按 GB/T 7373—1987 中 2.4 的规定进行。

取两次平行测定结果的算术平均值为测定结果,两次平行测定结果之差不得大于 0.002%。

5 检验规则

5.1 本标准规定的所有项目均为型式检验项目,其中 1,1-二氯-1-氟乙烷含量、偏氯乙烯和二氯乙炔含量、酸度、水分为出厂检验项目。正常生产情况下,一个月至少进行一次型式检验。

5.2 工业用 1,1-二氯-1-氟乙烷应由生产厂的质量检验部门进行检验。

每批出厂的产品都应附有一定格式的质量证明书,内容包括:产品名称、生产厂厂名、厂址、批号或生产日期及本标准编号。

5.3 使用单位有权按照本标准的规定对收到的产品进行检验。

5.4 工业用 1,1-二氯-1-氟乙烷以同等质量的均匀产品为一批。桶装产品以不大于 30 t 为一批,或以每一贮槽的产品量为一批。

5.5 工业用 1,1-二氯-1-氟乙烷的采样按 GB/T 6678 和 GB/T 6680 的规定进行。采样总体积不少于 2 000 mL,混合均匀后装于清洁、干燥的带磨口塞的玻璃瓶中。贴上标签并注明:产品名称、批号、采样日期及采样人姓名。

5.6 检验结果的判定按 GB/T 1250 中修约值比较法进行。检验结果如果有一项指标不符合本标准要求时,桶装产品应重新自两倍数量的包装单元中采样进行检验,贮槽装产品应重新多点采样进行检验。重新检验的结果即使只有一项指标不符合本标准要求,则整批产品为不合格。

6 包装、标志、运输和贮存

6.1 工业用 1,1-二氯-1-氟乙烷应装入清洁、干燥的内涂含氟防腐蚀涂料的铁桶中,每桶净质量 50 kg

或 250 kg;或装入专用的液体槽车等。也可根据用户要求包装。

6.2 工业用1,1-二氯-1-氟乙烷包装容器外涂深蓝色油漆,容器上应有牢固清晰的标志,内容包括:产品名称、商标、生产厂厂名、厂址、净质重、批号、本标准编号和GB 191规定的“向上”、“怕晒”标志。

6.3 装有1,1-二氯-1-氟乙烷的铁桶在装卸运输过程中严禁撞击、拖拉、摔落和直接曝晒。

6.4 工业用1,1-二氯-1-氟乙烷应贮存在阴凉、通风的地方,不得靠近热源,严禁日晒雨淋。

附 录 A

（标准的附录）

1,1-二氯-1-氟乙烷含量及偏氯乙烯和二氯乙炔的含量测定的典型色谱图及相对保留时间

A1 色谱图见图 A1。

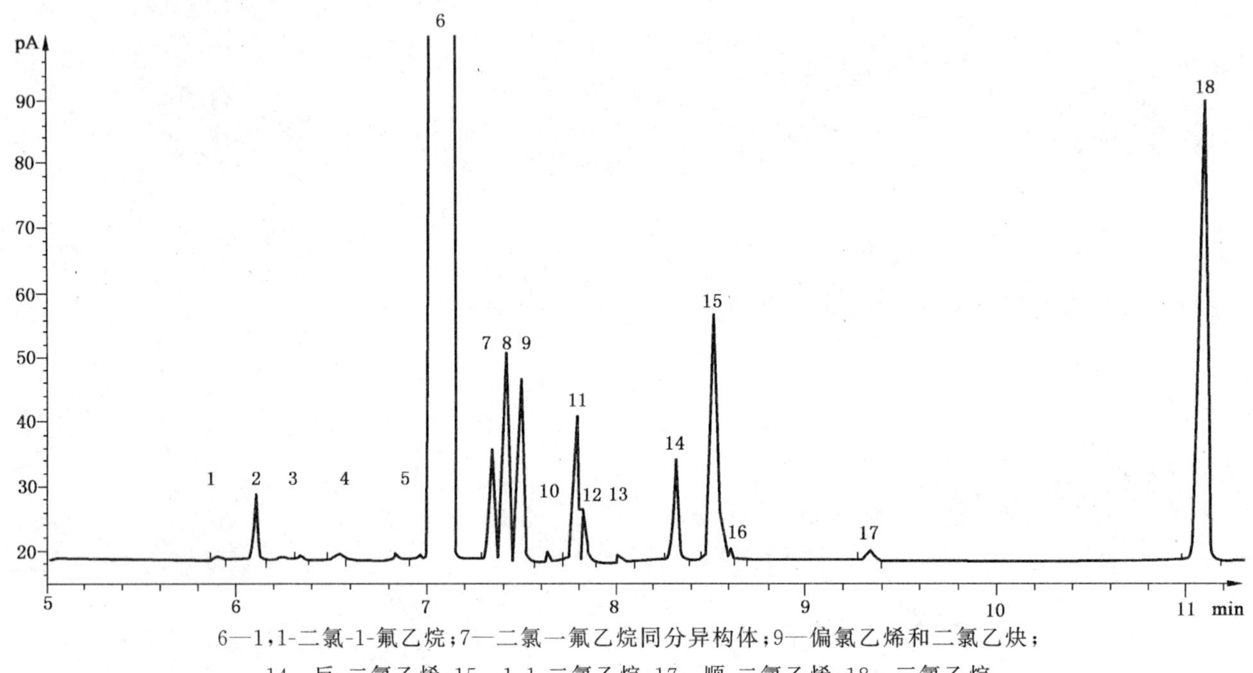

6—1,1-二氯-1-氟乙烷；7—二氯一氟乙烷同分异构体；9—偏氯乙烯和二氯乙炔；

14—反-二氯乙烯；15—1,1-二氯乙烷；17—顺-二氯乙烯；18—三氯乙烷

图 A1 工业用 1,1-二氯-1-氟乙烷含量及偏氯乙烯和二氯乙炔含量的测定典型色谱图

A2 相对保留时间见表 A1。

表 A1 相对保留时间

峰序	组分名称	相对保留时间	保留时间/min
1～5	未知峰	—	—
6	1,1-二氯-1-氟乙烷	1	7.009
7	二氯一氟乙烷同分异构体	1.05	7.340
8	未知峰	—	—
9	偏氯乙烯和二氯乙炔	1.07	7.492
10～13	未知峰	—	—
14	反-二氯乙烯	1.19	8.319
15	1,1-二氯乙烷	1.21	8.514
16	未知峰	—	—
17	顺-二氯乙烯	1.33	9.342
18	三氯乙烷	1.58	11.082

ICS 71.080.40
G 17

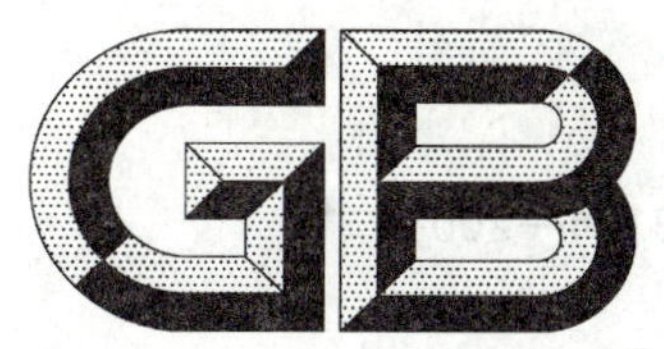

中华人民共和国国家标准

GB 19104—2008
代替 GB 19104—2003,GB 19108—2003

过氧乙酸溶液

Peracetic acid solution

2008-04-01 发布　　2008-09-01 实施

中华人民共和国国家质量监督检验检疫总局
中国国家标准化管理委员会　发布

前　言

本标准表 1 中的部分指标和第 7 章为强制性，其余为推荐性。

本标准代替 GB 19104—2003《过氧乙酸溶液》和 GB 19108—2003《过氧乙酸溶液　过氧乙酸含量的测定》。

本标准与 GB 19104—2003 相比主要变化如下：

——将要求中的性状单列为一章(2003 年版的 3.1，本版的第 3 章)；

——将 GB 19108—2003 中适用的内容编入过氧乙酸含量的测定试验方法中(2003 年版的 4.2，本版的 5.2)；

——完善运输的规定(2003 年版的 6.3，本版的 7.3)；

——将安全一章由强制性条款修改为推荐性条款(2003 年版的第 7 章，本版的第 8 章)。

请注意本标准的某些内容有可能涉及专利。本标准的发布机构不应承担识别这些专利的责任。

本标准由中国石油和化学工业协会提出。

本标准由全国化学标准化技术委员会有机分会(SAC/TC 63/SC 2)归口。

本标准起草单位：中国石油化工股份有限公司北京化工研究院、上海哈勃化学技术有限公司。

本标准参加起草单位：济宁鲁源医药化工有限公司。

本标准主要起草人：楼霁、王学敏、郭燕玲、胡延风、赵汉群。

本标准所代替标准的版本发布情况为：

——GB 19104—2003；

——GB 19108—2003。

过氧乙酸溶液

警告——本标准未指出所有可能的安全问题。生产者应向用户说明产品的危险性、使用中的安全和防护措施，本标准的使用者有责任采取适当的安全和健康措施，并保证符合国家有关法规规定的条件。

1 范围

本标准规定了过氧乙酸溶液的要求，试验方法，检验规则，标志、包装、贮存、运输和安全。

本标准适用于由过氧化氢和乙酸反应生成的过氧乙酸溶液，也适用于过氧化氢和乙酸分别包装混合配制后生成的过氧乙酸溶液的生产、检验和销售。本标准Ⅰ型产品、Ⅱ型产品主要用作消毒剂的原料，Ⅱ型产品也用作漂白剂和有机合成，Ⅲ型产品主要用作有机合成。

过氧乙酸分子式：$C_2H_4O_3$

过氧乙酸结构式：

$$CH_3-\overset{\overset{\displaystyle O}{\|}}{C}-O-OH$$

过氧乙酸相对分子质量：76.05(按 2005 年国际相对原子质量)

2 规范性引用文件

下列文件中的条款通过本标准的引用而成为本标准的条款。凡是注日期的引用文件，其随后所有的修改单(不包括勘误的内容)或修订版均不适用于本标准，然而，鼓励根据本标准达成协议的各方研究是否可使用这些文件的最新版本。凡是不注日期的引用文件，其最新版本适用于本标准。

GB 190—1990 危险货物包装标志

GB/T 191—2008 包装储运图示标志

GB/T 601—2002 化学试剂 标准滴定溶液的制备

GB/T 602—2002 化学试剂 杂质测定用标准溶液的制备(ISO 6353-1:1982，NEQ)

GB/T 603—2002 化学试剂 试验方法中所用制剂及制品的制备(ISO 6353-1:1982，NEQ)

GB/T 610.1—1988 化学试剂 砷测定通用方法(砷斑法)

GB/T 1250 极限数值的表示方法和判定方法

GB/T 6678—2003 化工产品采样总则

GB/T 6680—2003 液体化工产品采样通则

GB/T 6682—1992 分析实验室用水规格和试验方法(eqv ISO 3696:1987)

GB/T 9728—2007 化学试剂 硫酸盐测定通用方法

GB/T 9735—1988 化学试剂 重金属测定通用方法

GB/T 9741—1988 化学试剂 灼烧残渣测定通用方法

GB 15258 化学品安全标签编写规定

GB 15603 常用化学危险品贮存通则

GB 19105 过氧乙酸包装要求

3 性状

过氧乙酸溶液为无色透明液体，加入 8-羟基喹啉作为稳定剂时会呈淡黄色；有刺激性气味，并带有乙酸味。

4 要求

过氧乙酸溶液应符合表1所示的技术要求。

表1 技术要求

项目		指标		
		Ⅰ型	Ⅱ型	Ⅲ型
过氧乙酸($C_2H_4O_3$)的质量分数/%	≥	15	18	25
硫酸盐(以SO_4计)的质量分数/%	≤	3		
灼烧残渣的质量分数/%	≤	0.1		
重金属(以Pb计)的质量分数/(mg/kg)	≤	5		
砷(As)的质量分数[a]/(mg/kg)	≤	3		—
注:过氧乙酸($C_2H_4O_3$)的质量分数、重金属(以Pb计)的质量分数、砷(As)的质量分数为强制性要求。				
[a] 当Ⅱ型产品用于漂白剂和有机合成时不控制砷的质量分数。				

5 试验方法

除非另有说明,在分析中仅使用确认为分析纯的试剂和GB/T 6682—1992中规定的三级水。

试验方法中所用标准滴定溶液、杂质测定用标准溶液、制剂及制品,在没有注明其他要求时,均按GB/T 601—2002、GB/T 602—2002、GB/T 603—2002的规定制备。

5.1 安全提示

分析中测定的样品和使用的部分试剂具有毒性或腐蚀性,操作时应带好眼镜、手套等防护用品。溅到皮肤上应立即用水冲洗,严重者应立即治疗。

5.2 过氧乙酸($C_2H_4O_3$)含量的测定

5.2.1 方法提要

用间接碘量法测定样品中全部过氧化物(过氧乙酸和过氧化氢)的量;在酸性条件下,样品中含有的过氧化氢用高锰酸钾标准滴定溶液滴定,得到过氧化氢的量;用过氧化物的量减去过氧化氢的量,计算得到过氧乙酸含量。反应方程式如下:

$$2KI+2H_2SO_4+CH_3COOOH = 2KHSO_4+CH_3COOH+H_2O+I_2$$

$$2KI+2H_2SO_4+H_2O_2 = 2KHSO_4+2H_2O+I_2$$

$$I_2+2Na_2S_2O_3 = 2NaI+Na_2S_4O_6$$

$$2KMnO_4+3H_2SO_4+5H_2O_2 = 2MnSO_4+K_2SO_4+5O_2+8H_2O$$

5.2.2 试剂

5.2.2.1 硫酸溶液:1+9;

5.2.2.2 碘化钾溶液:100 g/L;

5.2.2.3 硫酸锰溶液:100 g/L;

5.2.2.4 钼酸铵溶液:30 g/L;

5.2.2.5 高锰酸钾标准溶液:$c(1/5KMnO_4)=0.1$ mol/L;

5.2.2.6 硫代硫酸钠标准滴定溶液:$c(Na_2S_2O_3)=0.1$ mol/L;

5.2.2.7 淀粉指示液:10 g/L。

5.2.3 分析步骤

称取约3 g实验室样品(或称取相当于含过氧乙酸0.5 g的实验室样品),精确至0.000 2 g,置于已盛有40 mL水并冷却至10℃以下的100 mL容量瓶中,稀释至刻度,为试验溶液A。置于10℃以下备用。

在250 mL碘量瓶中加入40 mL冷却至10℃以下的水、5 mL硫酸溶液和3滴钼酸铵溶液，再加入10.0 mL试验溶液A，10 mL碘化钾溶液，水封瓶塞，轻轻摇匀，在暗处放置5 min～10 min，用硫代硫酸钠标准滴定溶液滴定，接近终点时(溶液呈淡黄色)加入1 mL淀粉指示液，继续滴定至蓝色消失，并保持30 s不变为终点。记录消耗硫代硫酸钠标准滴定溶液的体积数值。

在锥形瓶中加入40 mL冷却至10℃以下的水、10 mL硫酸溶液和3滴硫酸锰溶液，再加入10.0 mL试验溶液，摇匀，用高锰酸钾标准滴定溶液滴定至溶液呈浅粉色，记录消耗高锰酸钾标准滴定溶液的体积数值。

5.2.4 结果计算

过氧乙酸的质量分数 w，数值以%表示，按下列公式计算：

$$w=\frac{(V_1c_1-V_2c_2)M/1\,000}{m/10}\times 100$$

式中：

V_1——硫代硫酸钠标准滴定溶液(5.2.2.6)的体积的数值，单位为毫升(mL)；

c_1——硫代硫酸钠标准滴定溶液浓度的准确数值，单位为摩尔每升(mol/L)；

V_2——高锰酸钾标准滴定溶液(5.2.2.5)的体积的数值，单位为毫升(mL)；

c_2——高锰酸钾标准滴定溶液浓度的准确数值，单位为摩尔每升(mol/L)；

m——试料的质量的数值，单位为克(g)；

M——过氧乙酸(1/2 CH_3COOOH)的摩尔质量的数值，单位为克每摩尔(g/mol)(M=38.03)。

取两次平行测定结果的算术平均值为测定结果，两次平行测定结果的绝对差值不大于0.3%。

5.3 硫酸盐(以SO_4计)含量的测定

按GB/T 9728—1988的规定进行。称取0.2 g实验室样品，精确至0.01 g，置于100 mL容量瓶中，加水稀释至刻度。取该溶液1.0 mL作为试验溶液，其所呈浊度不得大于标准。标准是取0.6 mL硫酸盐(SO_4)标准溶液(0.1 mg/mL)。

5.4 灼烧残渣含量的测定

按GB/T 9741—1988的规定进行。称取10.0 g实验室样品，精确至0.01 g。先在水浴上蒸发至近干。灼烧温度为(550±50)℃。保留灼烧后的残渣A用于重金属含量的测定。

5.5 重金属(以Pb计)含量的测定

按GB/T 9735—1988的规定进行。将5.4残渣A，用0.2 mL乙酸溶液(1+2)溶解，定量转移至50 mL容量瓶中，稀释至刻度，摇匀，取该溶液10.0 mL(相当于2.0 g实验室样品)作为试验溶液。标准是取0.1 mL铅(Pb)标准溶液(0.1 mg/mL)。

5.6 砷含量的测定

按GB/T 610.1—1988的规定进行。称取1.0 g实验室样品，精确至0.01 g，加0.5 mL氢氧化钠溶液(100 g /L)，在水浴上蒸干，加5 mL水，再蒸干，将残留物用水定量转移作为试验溶液。溴化汞试纸所呈颜色不得深于标准。标准是取0.3 mL砷(As)标准溶液(0.01 mg/mL)。

6 检验规则

6.1 检验分为出厂检验和型式检验。

6.1.1 型式检验项目为表1技术要求中规定的全部项目，在正常生产情况下，每两周至少进行一次型式检验。有下列情况之一时，也应进行型式检验：

a) 更新关键生产工艺；

b) 主要原料有变化；

c) 停产又恢复生产；

d) 出厂检验结果与上次型式检验有较大差异；

e) 合同规定。

6.1.2 出厂检验项目为表1技术要求中过氧乙酸的质量分数、硫酸盐的质量分数和灼烧残渣的质量分数,应逐批进行检验。

6.2 在原材料、工艺不变的条件下,以连续生产的实际批为一个检验批。每批质量不超过50 t。

6.3 按GB/T 6678—2003的规定选取采样单元数。采样器应为玻璃或聚乙烯塑料制成。采样技术还应符合GB/T 6680—2003的有关规定。采样量应不少于500 mL,混匀后装在经钝化处理的清洁、干燥的聚乙烯塑料瓶中,瓶上粘贴标签,注明:生产厂名称、产品名称、批号、采样日期和采样者姓名。

6.4 过氧乙酸溶液由生产厂的质量监督检验部门按本标准的规定进行检验,生产厂应保证每批出厂的产品均符合本标准要求。每批出厂的过氧乙酸溶液都应附有质量证明书,内容包括:生产厂厂名和厂址、产品名称、规格、批号和/或生产日期、保质期、产品质量符合本标准的证明和本标准编号。

6.5 检验结果的判定按GB/T 1250修约值比较法进行。检验结果如有一项指标不符合本标准要求时,应重新自两倍量的包装单元中采样进行复验,复验的结果即使只有一项不符合本标准的要求,则整批产品为不合格。

7 标志、包装、运输和贮存

7.1 标志

过氧乙酸溶液包装上应有牢固清晰的标志,内容包括:产品名称、生产厂厂名和厂址、产品规格、净质量、批号和/或生产日期、本标准编号以及符合GB 190—1990规定的"有机过氧化物"和"腐蚀品"标志,符合GB/T 191—2000规定的"向上"标志。并按照GB 15258的要求加贴化学品安全标签。

7.2 包装

过氧乙酸溶液的包装按GB 19105的规定进行。

7.3 运输

过氧乙酸溶液Ⅰ、Ⅱ、Ⅲ型产品均应根据季节(温度≥30℃)酌情使用具有冷藏功能的危险品运输车辆运输或使用具有控温措施和控温效果的危险品运输车辆运输。在运输过程中应防止日光照射或受热,不应与禁忌物混运。

7.4 贮存

7.4.1 过氧乙酸溶液应贮存于避光、室温为3℃~10℃的库房中。产品单独存放,不可以与其他化学品混存。在贮存过程中,过氧乙酸含量会下降。禁忌物:易燃或可燃物、强还原剂、铜、铁、铁盐、锌等活性金属粉末、碱、硝酸、毛发、油脂类。过氧乙酸溶液的贮存还应符合GB 15603中的有关规定。

7.4.2 在符合本标准贮存运输的条件下,过氧乙酸溶液自生产之日起保质期为一个月。

8 安全

过氧乙酸为有机过氧化物,遇明火、高热会引起燃烧爆炸;对应于CAS登记号79-21-0的过氧乙酸(稳定的)闪点为40.5℃(开杯),高于40.5℃,可形成爆炸性蒸气/空气混合物;与还原剂接触、遇金属粉末有燃烧爆炸危险;如出现容器破裂或渗漏现象,应用大量水冲洗,或用沙子、惰性吸收剂吸收残液,并采取相应的安全防护措施。过氧乙酸有腐蚀性,对眼、粘膜或皮肤有刺激性,有烧伤危险;若不慎接触,应用大量水冲洗并及时就医。

ICS 71.080.20
G 17

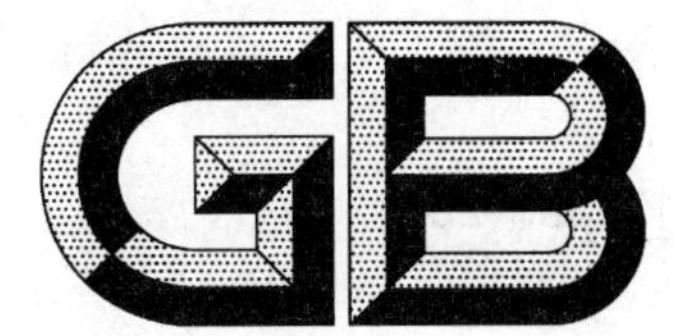

中华人民共和国国家标准

GB/T 19602—2004

工业用1,1-二氟乙烷(HFC-152a)

1,1-Difluoroethane for industrial use (HFC-152a)

2004-11-23 发布

2005-05-01 实施

中华人民共和国国家质量监督检验检疫总局
中国国家标准化管理委员会
发布

前　言

本标准的附录A、附录B和附录C为规范性附录。

本标准由中国石油和化学工业协会提出。

本标准由全国化学标准化技术委员会有机分会(CSBTS/TC63/SC2)归口。

本标准负责起草单位:浙江蓝天环保高科技股份有限公司。

本标准参加起草单位:杭州富时特化工有限公司、常熟市中昊化工新材料有限公司、山东东岳化工股份有限公司。

本标准主要起草人:褚人财、周芊、史婉君、方小青、赵璇、王俊卿。

本标准为首次制定。

工业用1,1-二氟乙烷(HFC-152a)

1 范围

本标准规定了工业用1,1-二氟乙烷的要求、试验方法、检验规则及标志、包装、运输、贮存和安全。

本标准适用于以氯乙烯或乙炔为原料与氟化氢反应生成的1,1-二氟乙烷。该产品主要替代二氟二氯甲烷(F_{12})和四氟二氯乙烷(F_{114})。Ⅰ型产品主要用作致冷剂,Ⅱ型产品主要用作氟化工的生产原料,也用于气雾剂推进剂。

分子式:CHF_2CH_3

相对分子质量:66.05(按2001年国际相对原子质量)

2 规范性引用文件

下列文件中的条款,通过在本标准的引用而构成为本标准的条款。凡是注日期的引用文件,其随后所有的修改单(不包括勘误的内容)或修订版均不适用于本标准,然而,鼓励根据本标准达成协议的各方研究是否可使用这些文件的最新版本。凡是不注日期的引用文件,其最新版本适用于本标准。

GB/T 601 化学试剂 标准滴定溶液的制备

GB/T 603 化学试剂 试验方法中所用试剂及制品的制备

GB/T 1250 极限数值的表示方法和判定方法

GB/T 6680 液体化工产品采样通则

GB/T 6682 分析实验室用水规格和试验方法(GB/T 6682—1992,neq ISO 3696:1987)

GB/T 7373—1987 工业用二氟一氯甲烷(F_{22})

GB/T 9722 化学试剂 气相色谱法通则

GB/T 10627 气体分析 标准混合气体的制备 静态容积法(GB/T 10627—1989,idt ISO 6144:1981)

GB 14193 液化气体气瓶充装规定

3 要求

3.1 性状:无色透明液体,无混浊,无异臭。

3.2 工业用1,1-二氟乙烷的质量应符合表1所示的技术要求。

表1 技术要求

项目		指标	
		Ⅰ型	Ⅱ型
1,1-二氟乙烷的质量分数/%	≥	99.8	99.5
水的质量分数/%	≤	0.001	0.002
酸(以HCl计)的质量分数/%	≤	0.000 1	
蒸发残留物的质量分数/%	≤	0.01	
气相中不凝性气体的体积分数(25℃)/%	≤	1.5	—
氯化物(Cl^-)试验		合格	—

4 试验方法

警示:1,1-二氟乙烷为可燃物质,进行分析时应注意安全,附近禁止有明火。

除非另有说明,在分析中仅使用确认为分析纯的试剂和符合 GB/T 6682 的三级水。

分析中所用标准溶液、制剂及制品,在没有注明其他要求时,均按 GB/T 601、GB/T 603 的规定制备。

4.1 性状

取不沸腾的冷却试样 10 mL 于内径 15 mm 的试管内,用干燥的布擦干试管外壁附着的霜或湿气,横向透视观察试样颜色及有无混浊。然后将试样稍稍加温,使其稍有沸腾,检查蒸汽有无异臭。

4.2 1,1-二氟乙烷含量的测定

4.2.1 方法提要

用气相色谱法,在选定的色谱条件下,试样经汽化通过色谱柱,使其中的各组分分离,用火焰离子化检测器检测,面积归一化法计算 1,1-二氟乙烷的含量。

4.2.2 试剂

4.2.2.1 高纯氮气,体积分数大于 99.995%;

4.2.2.2 氢气,体积分数大于 99.995%;

4.2.2.3 空气,经硅胶或分子筛干燥、净化。

4.2.3 仪器

4.2.3.1 气相色谱仪:配有火焰离子化检测器(FID)。以苯为试样,整机灵敏度检出限 $D \leqslant 1\times10^{-11}$ g/s;

4.2.3.2 记录仪:色谱数据处理机或色谱工作站;

4.2.3.3 取样钢瓶:双阀型小钢瓶,工作压力大于 3.0 MPa;

4.2.3.4 采样导管:铜管或不锈钢管,内径为(3~6) mm;

4.2.3.5 进样器:1 mL 玻璃注射器或自动进样阀。

4.2.4 色谱分析条件

推荐的色谱柱和色谱操作条件见表 2。典型色谱图和相对保留值见附录 A。其他能达到同等分离程度的色谱柱和色谱操作条件均可使用。

表 2 推荐的色谱柱和色谱操作条件

项　目	填 充 柱	毛细管柱
固定相	Carbopack B,(180~250) μm,1% SP-1 000	苯乙烯-二乙烯基苯多孔高聚物(PLOT-PoraBOND Q)
柱管材质	不锈钢或玻璃管	熔融石英
柱长/m	4	25
柱内径/mm	3	0.53
液膜厚度/μm	—	10
柱温	初始温度 40℃保持 10 min,以10℃/min升温到 180℃保持 10 min	初始温度 80℃保持 2 min,以10℃/min升温到 220℃保持 4 min
汽化室温度/℃	150	100
检测器温度/℃	250	300
进样量/mL	1	0.5
载气(N_2)流量/(mL/min)	30	—
载气(N_2)平均线速/(cm/s)	—	33
空气流量/(mL/min)	400	400
氢气流量/(mL/min)	40	40
分流比	—	1∶10

4.2.5 分析步骤

启动气相色谱仪，按表2所列色谱操作条件调试仪器，稳定后准备进样分析。

倒置取样钢瓶，打开液相口阀门，调节合适的流量，用进样器从取样钢瓶液相口中抽取试样数次或连续吹扫进样器并排空，取液相气化样进样分析。以面积归一化法定量。

4.2.6 结果计算

1,1-二氟乙烷的质量分数 w_1，数值以%表示，按公式(1)计算：

$$w_1 = \frac{A}{\sum A_i} \times 100 \qquad \cdots\cdots(1)$$

式中：

A——1,1-二氟乙烷的峰面积；

$\sum A_i$——各组分的峰面积之和。

取两次平行测定结果的算术平均值为测定结果。

4.2.7 重复性

在同一实验室，由同一操作者使用相同设备，按相同的测试方法，并在短时间内对同一被测试样相互独立进行测试获得的两次独立测试结果的绝对差值不大于0.10%，以大于0.10%的情况不超过5%为前提。

4.2.8 以毛细管柱色谱法作为仲裁法。

4.3 水分的测定

4.3.1 方法提要

试样中的水分与电解液中的碘和二氧化硫发生定量反应，反应式为：

$I_2 + SO_2 + H_2O \longrightarrow 2HI + SO_3$

$2I^- \longrightarrow I_2 + 2e$

参加反应的碘分子数等于水的分子数，而电解生成的碘与所消耗的电量成正比，依据法拉第定律，用测量消耗的电量得出水的量。

4.3.2 仪器

4.3.2.1 库仑电量水分测定仪：配有阳极室、阴极室、电解电极、双铂检测电极等，其他能满足分析要求的微量水分测定仪也可使用；

4.3.2.2 电子天平：最大称样量不小于3 000 g，感量为0.01 g；

4.3.2.3 取样钢瓶：同4.2.3.3；

4.3.2.4 进样针头：针长(120～150) mm，内径为(0.5～0.7) mm。

4.3.3 试剂

与库仑电量水分测定仪配套使用的电解液(市售试剂)。

4.3.4 分析步骤

加入电解液，调节库仑电量水分测定仪，进行预滴定，使电解池内达到无水状态，准备进样分析。

称量装有试样的带进样针头的取样钢瓶的质量，精确至0.01 g，将进样针头另一端插入库仑电量水分测定仪电解池的底部，打开取样钢瓶液相出口阀，控制进样速度为(2～3) g/min，进样量约为10 g或根据试样含水量适当调整进样量。进样完毕后，关闭阀门拔出进样针头，再次称量带进样针头的取样钢瓶质量，精确至0.01 g。进样结束后立即进行电量滴定，在库仑电量水分测定仪显示屏上直接读取水的质量或水分。

4.3.5 结果计算

水分的质量分数 w_2，数值以%表示，按公式(2)计算：

$$w_2 = \frac{m}{m_1 - m_2} \times 100 \qquad \cdots\cdots(2)$$

式中：

m——试样中水的质量的数值，单位为克(g)；

m_1——进样前取样钢瓶和试样的质量的数值,单位为克(g);

m_2——进样后取样钢瓶和试样的质量的数值,单位为克(g)。

取两次平行测定结果的算术平均值为测定结果,两次平行测定结果的相对偏差不大于30%。

4.4 酸度的测定

按GB/T 7373—1987中2.3的规定进行。

取两次平行测定结果的算术平均值为测定结果,两次平行测定结果相对偏差不大于40%。

4.5 蒸发残留物的测定

按GB/T 7373—1987中2.4的规定进行。称取试样250 g,精确至0.1 g。

取两次平行测定结果的算术平均值为测定结果,两次平行测定结果的绝对差值不大于0.002%。

4.6 气相中不凝性气体含量的测定

4.6.1 方法提要

用气相色谱法,在选定的工作条件下,使样品气相中的气体通过填充色谱柱,分离不凝性气体(简称NCG)与其他组分,用热导检测器(TCD)检测,外标法计算不凝性气体的含量。

在典型的致冷剂样品中,空气是唯一有确切量的NCG,其他气体不做日常分析。致冷剂液相和气相之间的不凝性气体平衡与温度相关,需进行适当温度校正,报告25℃温度下的结果。

4.6.2 试剂

4.6.2.1 载气:氢气或氦气,体积分数大于99.5%;

4.6.2.2 氮气:体积分数大于99.5%;

4.6.2.3 标准气:5 MPa或3 MPa压力的2 L氦气钢瓶,内含空气(或氮气)体积分数1.5%。标准气制备应符合GB/T 10627的规定。

4.6.3 仪器

4.6.3.1 气相色谱仪:配有进样阀和热导检测器(TCD),整机灵敏度(以苯为试样)应大于1 000 (mV·mL)/mg;能满足表3所示条件进行操作的气相色谱仪均可使用;

4.6.3.2 色谱柱:填充柱,2 m×3 mm(内径)不锈钢柱或其他适宜材料;固定相为Porapack Q,粒径(0.15～0.18) mm。按GB/T 9722的规定进行制备;

4.6.3.3 进样器:六通阀(带有0.5 mL定量管);

4.6.3.4 色谱数据处理机或色谱工作站;

4.6.3.5 取样钢瓶,同4.2.3.3;

4.6.3.6 温度计:(−20～50)℃,分刻度1℃。

4.6.4 色谱分析条件

推荐的色谱操作条件见表3。典型色谱图和相对保留值见附录B。其他能达到同等分离程度的色谱柱和色谱操作条件均可使用。

表3 推荐的色谱操作条件

项目	色谱柱老化	样品分析
载气	氮气	氢气或氦气
汽化室温度/℃	—	150
检测室温度/℃	—	150
柱箱温度/℃	起始温度60℃,以(5～10)℃/min速率从60℃升温到150℃,保持180 min。	100
桥流/mA	—	120
进样量/mL(气体)	—	0.5
气体流量/(mL/min)	30	30

4.6.5 **分析步骤**

4.6.5.1 **校正**

4.6.5.1.1 用导管(聚乙烯软管或金属管)将标准气钢瓶和气相色谱仪上的进样阀连接,并将进样阀的尾气通入装有少量水的烧杯中。缓慢开启标准气钢瓶气相出口阀,使进样阀处于开启状态,保持气体流量约 1 mL/s,吹扫气体管路约 10 s,以排出系统的多余空气。

关闭标准气钢瓶出口阀,当出口装有少量水的烧杯中的气泡刚刚停止冒出时,立即转动进样阀至进样状态进样分析,出峰完全后即可进行下一次进样分析,重复进样三次。

4.6.5.1.2 空气的绝对校正因子 f_{air} 按公式(3)计算:

$$f_{air}=\frac{A_{air}}{\varphi_{air}} \qquad \cdots\cdots(3)$$

式中:

A_{air}——空气峰面积;

φ_{air}——标准气中空气浓度的体积分数,数值以%表示。

取三次平行测定结果的算术平均值为测定结果,三次测定结果相对偏差不大于 1.6%。

4.6.5.1.3 每次分析前进行校正。

4.6.5.2 **试样分析**

测定试样前记录试样所在环境的温度,精确至 1℃,即为试样液相的温度。

对于小包装产品,使样品钢瓶气相出口阀与气相色谱仪进样阀进口连接,以下操作同 4.6.5.1.1。进样量与做校正时相同。当样品顶空气体总量小于 500 mL 时,采用将进样系统抽真空(真空度 133.3 Pa),然后慢慢打开样品钢瓶气相出口阀和压力表使钢瓶中气体进入进样系统并达到常压状态。以下操作同 4.6.5.1.1。

对于大包装产品,将经真空干燥的取样钢瓶与样品包装容器的出口阀连接,打开样品包装容器出口阀,再打开取样钢瓶的入口阀和出口阀,充分置换系统中的空气后,关闭取样钢瓶的出门阀,使产品包装容器中的顶空气体进入取样钢瓶并充满。取样钢瓶与样品包装容器断开,与色谱仪进样阀进口连接,以下操作同 4.6.5.1.1。

连续重复进样,直到所测空气峰面积重复,取平行测定的算术平均值为峰面积测定结果。

4.6.6 **结果计算**

4.6.6.1 室温下气相中不凝性气体的体积分数 φ_1,数值以%表示,按公式(4)计算:

$$\varphi_1=\frac{A_i}{f_{air}}\times 100 \qquad \cdots\cdots(4)$$

式中:

A_i——空气的峰面积;

f_{air}——空气的绝对校正因子。

4.6.6.2 校正为 25℃的气相中不凝性气体含量的体积分数 φ_2,数值以%表示,按公式(5)计算:

$$\varphi_2=\frac{\varphi_1\times P\times 298.15}{(t+273.15)\times P_{25}}\times 100 \qquad \cdots\cdots(5)$$

式中:

φ_1——室温下气相中不凝性气体含量的体积分数,数值以%表示;

P——试样在取样环境温度 t(℃)时的饱和蒸气压的数值,单位为千帕(kPa),该数值由附录 C(规范性附录)查得;

t——试样在取样时的环境温度的数值,单位为摄氏度(℃);

P_{25}——试样在 25℃时的饱和蒸气压的数值,单位为千帕(kPa),该值由附录 C 查得。

取连续测定结果的算术平均值为测定结果,连续测定结果的相对偏差不大于 10%。

4.7 氯化物(Cl^-)试验

4.7.1 方法原理

在酸性条件下,1,1-二氟乙烷样品中氯化物与饱和硝酸银溶液反应生成氯化银沉淀。以观察不到氯化银沉淀为试验通过。该试验方法检测灵敏度为0.000 3%。

4.7.2 试剂和材料

4.7.2.1 硝酸;

4.7.2.2 无水甲醇;

4.7.2.3 饱和硝酸银溶液;

4.7.2.4 连接管线:聚乙烯软管或金属管。

4.7.3 仪器

4.7.3.1 取样钢瓶:同4.2.3.3;

4.7.3.2 电子天平:感量为0.1 g。

4.7.4 分析步骤

在100 mL烧杯中加入30 mL无水甲醇,在搅拌下加入18滴饱和硝酸银溶液和6滴硝酸。

称量取样钢瓶的质量,精确至0.1 g。将与取样钢瓶连接好的导管另一端插入烧杯的溶液中,打开取样钢瓶出口阀,使样品以液相鼓泡进样,控制进样量约30 g,进样时间不少于15 min。观察烧杯内溶液有无混浊。

4.7.5 结果的表述

烧杯内溶液无混浊为试验合格。

5 检验规则

5.1 本标准规定的所有项目均为型式检验项目。1,1-二氟乙烷含量、水分和气相中不凝性气体含量为出厂检验项目。在正常生产情况下,每月至少进行一次型式检验。

5.2 工业用1,1-二氟乙烷应由生产厂的质量检验部门进行检验。生产厂应保证每批出厂的产品都符合本标准的要求。每批出厂的产品都应附有一定格式的质量证明书,内容包括:产品名称、产品型号、生产厂名称和地址、批号或生产日期及本标准编号。

5.3 使用单位可按照本标准的规定对收到的工业用1,1-二氟乙烷在一个月内完成质量验收。

5.4 工业用1,1-二氟乙烷贮槽装产品以一贮槽产品量为一批,钢瓶装产品以不大于45 t为一批。

5.5 工业用1,1-二氟乙烷的采样按GB/T 6680—1986中6.1的规定进行。

5.5.1 取样钢瓶和取样导管应经真空干燥,样品应以液相进入取样钢瓶。采样总量不少于700 g。取样钢瓶贴上标签并注明:产品名称、产品型号、批号、采样日期及采样人姓名、供检验用。

5.5.2 钢瓶包装产品的采样单元数应符合表4要求。

5.5.3 允许生产厂在使用非重复性或一次性包装出厂产品时,在产品包装前采样。

表4 钢瓶包装的工业用1,1-二氟乙烷采样单元数

产品包装单元数(瓶)				采样数量(瓶)
400 kg以上包装规格	(400～100) kg包装规格	(100～1) kg包装规格	1 kg以下包装规格	
3以下	5以下			1
4～10	6～20	100以下	500以下	2
11～20	21～50	101～500	501～1 000	3
20以上	51～100	501～1 000	1 001～5 000	5
	100以上	1 001～5 000	5 001～10 000	10
		5 000以上	10 001以上	20

5.6 检验结果判定按GB/T 1250中修约值比较法进行。检验结果如果有一项目指标不符合本标准要求时，钢瓶装产品应重新自两倍的包装单元中采样进行检验，贮槽装产品应重新多点采样或双倍量采样进行检验。重新检验的结果即使只有一项指标不符合本标准要求，则整批产品为不合格。

6 标志、包装、运输和贮存

6.1 工业用1,1-二氟乙烷包装容器上应有牢固清晰的标志，内容包括：产品名称、商标、产品型号、生产单位名称、生产单位地址、净含量、批号和本标准编号。

6.2 工业用1,1-二氟乙烷应用专用的1,1-二氟乙烷包装钢瓶包装，重复使用的钢瓶外涂铝白色油漆，非重复使用的钢瓶外涂白色油漆，打上钢印号、钢瓶皮重。

6.3 钢瓶充装时应符合GB 14193的规定，1,1-二氟乙烷充装系数不得大于0.79 kg/L。

6.4 首次使用的钢瓶必须确保钢瓶内干燥与清洁；对重复使用的钢瓶，在产品使用后钢瓶内应保持正压。

6.5 装有工业用1,1-二氟乙烷的钢瓶为带压容器，在装卸运输过程中必须扣好安全帽，严禁撞击、拖拉、摔落和直接曝晒。钢瓶的运输应符合中华人民共和国铁路、公路对危险货物运输的有关规定。

6.6 工业用1,1-二氟乙烷应贮存在通风、阴凉、干燥的地方，不得靠近热源，严禁日晒雨淋，仓贮温度不宜超过52℃。贮存间内的照明、通风等设施应采用防爆型。

7 安全

7.1 工业用1,1-二氟乙烷应避免接近明火和高热。应有防火防爆措施，配备相应品种和数量的消防器材。

7.2 吸入工业用1,1-二氟乙烷可能会产生通常的身体不适，如恶心、头痛、头晕等症状，应迅速到通风处。大量接触1,1-二氟乙烷对鼻、咽喉、肺有刺激作用，严重时会产生咳嗽、呼吸困难、暂时心功能改变甚至肾功能失调，应及时就医。

7.3 当环境中工业用1,1-二氟乙烷浓度较高时，现场人员应采取必要的防护措施，佩带防护器具。

附 录 A
（规范性附录）
1,1-二氟乙烷含量测定的典型色谱图及相对保留时间

A.1 典型色谱图

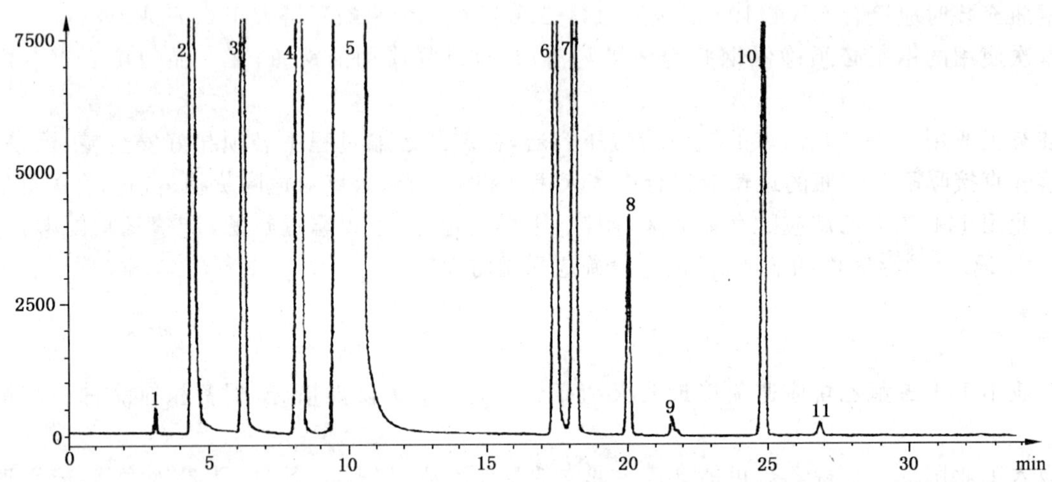

1——甲烷；
2——乙炔；
3——一氟乙烯；
4——1,1,1-三氟乙烷；
5——1,1-二氟乙烷；
6——氯乙烯；
7——1,1-二氟-1-一氯乙烷；
8——1-一氟-1-一氯乙烷；
9——未知峰；
10——1-一氟-1,1-二氯乙烷；
11——未知峰。

图 A.1 工业用 1,1-二氟乙烷含量测定填充柱气相色谱法典型色谱图

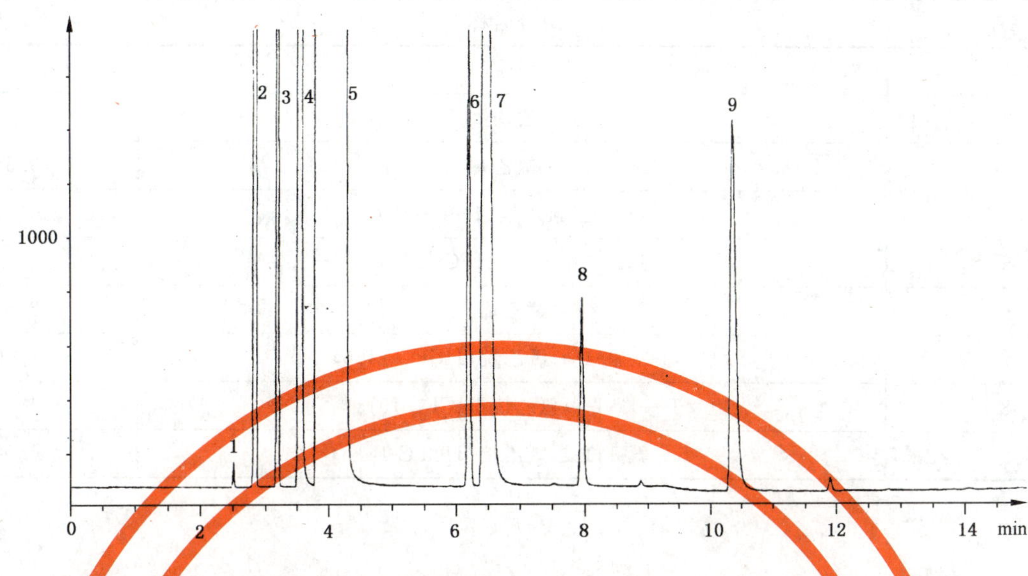

1——甲烷；
2——乙炔；
3——一氟乙烯；
4——1,1,1-三氟乙烷；
5——1,1-二氟乙烷；
6——氯乙烯；
7——1,1-二氟-1-一氯乙烷；
8——1-一氟-1-一氯乙烷；
9——1-一氟-1,1-二氯乙烷。

图 A.2 工业用 1,1-二氟乙烷含量测定毛细管柱气相色谱法典型色谱图

A.2 相对保留值

表 A.1 工业用 1,1-二氟乙烷含量测定填充柱气相色谱法相对保留值

峰序	组分名称	相对保留值
1	甲烷	—
2	乙炔	0.18
3	一氟乙烯	0.42
4	1,1,1-三氟乙烷(HFC-143a)	0.69
5	1,1-二氟乙烷(HFC-152a)	1
6	氯乙烯	1.95
7	1,1-二氟-1-一氯乙烷(HCFC-142b)	2.03
8	1-一氟-1-一氯乙烷(HCFC-151a)	2.28
9	未知峰	2.50
10	1-一氟-1,1-二氯乙烷(HCFC-141b)	2.93
11	未知峰	3.20

表 A.2 工业用 1,1-二氟乙烷含量测定毛细管柱气相色谱法相对保留值

峰序	组分名称	相对保留值
1	甲烷	—
2	乙炔	0.02
3	一氟乙烯	0.54
4	1,1,1-三氟乙烷(HFC-143a)	0.77
5	1,1-二氟乙烷(HFC-152a)	1
6	氯乙烯	2.85
7	1,1-二氟-1-一氯乙烷(HCFC-142b)	3.00
8	1-一氟-1-一氯乙烷(HCFC-151a)	4.15
9	1-一氟-1,1-二氯乙烷(HCFC-141b)	6.00

附　录　B
（规范性附录）
工业用1,1-二氟乙烷气相中不凝性气体含量测定的典型色谱图及相对保留值

B.1　典型色谱图

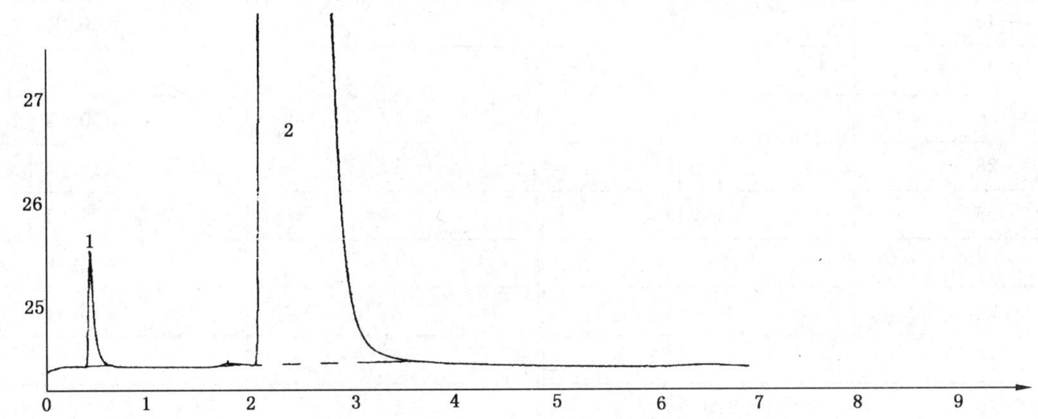

1——空气；

2——1,1-二氟乙烷。

图 B.1　工业用1,1-二氟乙烷气相中不凝性气体含量测定典型色谱图

B.2　相对保留值

表 B.1　相对保留值

峰序	组分名称	相对保留值
1	空气	1
2	1,1-二氟乙烷	3.06

附　录　C
（规范性附录）
1,1-二氟乙烷不同温度下的饱和蒸气压

C.1　1,1-二氟乙烷不同温度下的饱和蒸气压见表C.1。

表C.1　1,1-二氟乙烷在不同温度下的饱和蒸气压表

温度/℃	饱和蒸气压/kPa	温度/℃	饱和蒸气压/kPa
−40	51.261	8	350.96
−35	64.943	10	374.91
−30	81.479	12	400.12
−28	88.987	14	426.64
−26	97.049	16	454.51
−24.99	101.325	18	483.78
−24	105.69	20	515.40
−22	114.95	22	546.71
−20	124.85	24	580.46
−18	135.44	26	615.81
−16	146.73	28	652.79
−14	158.77	30	691.46
−12	171.58	32	731.87
−10	185.22	34	774.07
−8	199.70	36	818.11
−6	215.08	38	864.05
−4	231.38	40	911.92
−2	248.66	42	961.78
0	266.94	44	1 013.7
2	286.27	46	1 067.7
4	306.69	48	1 123.9
6	328.24	50	1 182.2

ICS 71.080.99;83.040
G 17

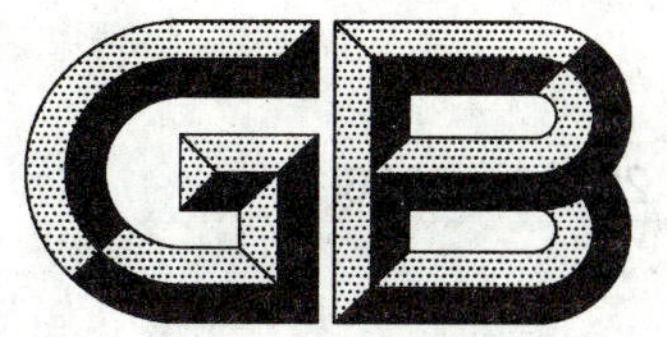

中华人民共和国国家标准

GB/T 20434—2006

一甲基三氯硅烷

Trichloromethylsilane

2006-01-23 发布　　　　2006-11-01 实施

中华人民共和国国家质量监督检验检疫总局
中国国家标准化管理委员会　发布

前　言

本标准由中国石油和化学工业协会提出。

本标准由全国化学标准化技术委员会有机分会(SAC/TC 63/SC 2)归口。

本标准负责起草单位:蓝星化工新材料股份有限公司江西星火有机硅厂。

本标准主要起草人:陈卫东、刘雪英、吴萍、陈其阳。

本标准为首次制定。

一 甲 基 三 氯 硅 烷

1 范围

本标准规定了一甲基三氯硅烷的要求、试验方法、检验规则以及标志、包装、运输、贮存及安全。

本标准适用于以直接合成法生产的混合甲基氯硅烷经分馏提纯制得的一甲基三氯硅烷。

分子式：CH_3SiCl_3

结构式：

$$CH_3-\overset{\displaystyle Cl}{\underset{\displaystyle Cl}{\overset{|}{\underset{|}{Si}}}}-Cl$$

相对分子质量：149.48（按2001年国际相对原子质量）

2 规范性引用文件

下列文件中的条款通过本标准的引用而成为本标准的条款。凡是注日期的引用文件，其随后所有的修改单（不包括勘误的内容）或修订版均不适用于本标准，然而，鼓励根据本标准达成协议的各方研究是否可使用这些文件的最新版本。凡是不注日期的引用文件，其最新版本适用于本标准。

GB 190 危险货物包装标志

GB/T 1250 极限数值的表示方法和判定方法

GB/T 6682 分析实验室用水规格和试验方法(GB/T 6682—1992,eqv ISO 3696:1987)

3 性状

一甲基三氯硅烷为无色透明液体。

4 要求

一甲基三氯硅烷应符合表1所示的技术要求。

表1 技术要求

项目		指标	
		一等品	合格品
一甲基三氯硅烷的质量分数/%	≥	99.0	98.0
三甲基一氯硅烷的质量分数/%	≤	0.1	0.3
四氯化硅的质量分数/%	≤	0.1	0.2

5 试验方法

5.1 一般规定

除非另有说明，在分析中仅使用确认为分析纯的试剂和GB/T 6682规定的三级水。

5.2 一甲基三氯硅烷中各组分含量的测定

5.2.1 方法提要

用气相色谱法，在选定的工作条件下，使样品汽化后经色谱柱得到分离，用热导检测器，采用校正面积归一化法定量。

5.2.2 试剂

载气:氢气,体积分数大于99.99%。

5.2.3 仪器

5.2.3.1 气相色谱仪:配有分流装置及热导检测器的任何型号的气相色谱仪。以丙烷为样品,仪器灵敏度≤400 pg/mL。

5.2.3.2 色谱工作站或数据处理机。

5.2.3.3 微量注射器:1 μL或10 μL。

5.2.4 色谱柱及典型操作条件

本标准推荐的色谱柱及典型操作条件见表2,典型色谱图见图1。能达到同等分离程度的其他毛细管色谱柱及操作条件均可使用。组分的相对保留值见表3,相对质量校正因子见表4。

表2 色谱柱及典型操作条件

色谱柱	14%氰苯基86%甲基聚硅氧烷,30 m×(0.32 mm或0.25 mm)×0.25 μm
载气	氢气
分流比	100:1
毛细柱出口流量/(mL/min)	1.2~1.5
柱温/℃	初始温度50℃,保持3 min~3.5 min,升温速率50℃/min,终温150℃,保持2 min
汽化温度/℃	150℃
检测温度/℃	300℃
进样量/μL	0.5~1.0

表3 组分的相对保留值

峰序	组分名称	相对保留值
1	二甲基一氯硅烷	0.83
2	一甲基二氯硅烷	0.86
3	四氯化硅	0.88
4	三甲基一氯硅烷	0.90
5	一甲基三氯硅烷	1.00
6	二甲基二氯硅烷	1.02

表4 组分的相对质量校正因子

峰序	组分名称	相对质量校正因子
1	二甲基一氯硅烷	0.79
2	一甲基二氯硅烷	0.87
3	四氯化硅	1.36
4	三甲基一氯硅烷	0.82
5	一甲基三氯硅烷	1.00
6	二甲基二氯硅烷	0.88

5.2.5 分析步骤

色谱仪启动后进行必要的调节,以达到表2的色谱操作条件或其他适宜条件。当色谱仪达到设定的操作条件并稳定后,进行样品的测定。用色谱数据处理机或色谱工作站记录各组分的峰面积。

5.2.6 **结果计算**

一甲基三氯硅烷中各组分的质量分数 w_i，数值以%表示，按式(1)计算：

$$w_i = \frac{A_i f_i}{\Sigma(A_i f_i)} \times 100 \qquad \cdots\cdots(1)$$

式中：

f_i——组分 i 的相对质量校正因子；

$\Sigma A_i f_i$——各组分校正峰面积的总和。

取两次平行测定结果的算术平均值为测定结果，两次平行测定结果的绝对差值：对于一甲基三氯硅烷，不大于 0.20%；对于三甲基一氯硅烷，不大于 0.03%；对于四氯化硅，不大于 0.05%。

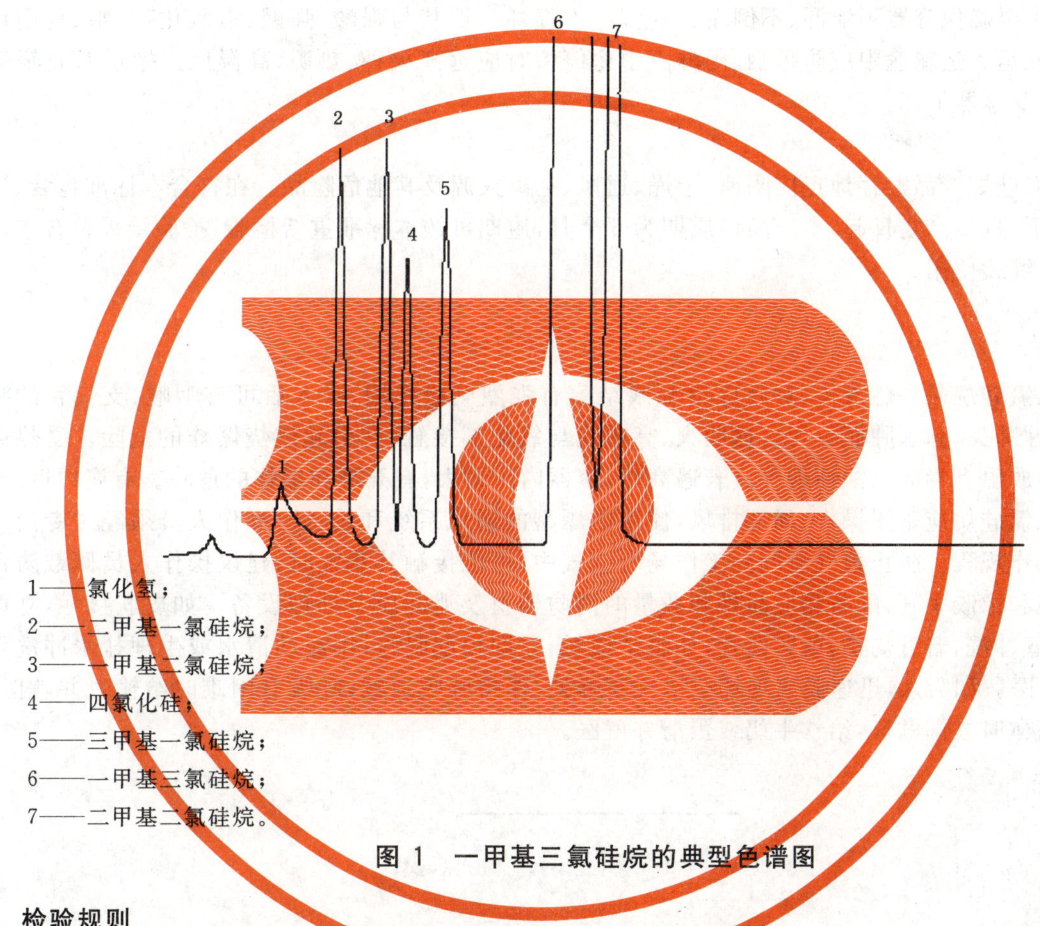

1——氯化氢；

2——二甲基一氯硅烷；

3——一甲基二氯硅烷；

4——四氯化硅；

5——三甲基一氯硅烷；

6——一甲基三氯硅烷；

7——二甲基二氯硅烷。

图 1 一甲基三氯硅烷的典型色谱图

6 检验规则

6.1 表 1 中规定的所有项目均为出厂检验项目。

6.2 以同等质量的产品为一批，可按产品贮罐组批，或按生产周期进行组批。

6.3 生产厂可从贮罐中或生产线上采取有代表性的样品，用户可以从贮运槽车中或从同一批桶装产品中采样。由于一甲基三氯硅烷遇空气极易水解，所以采样过程时间要短，采样后应立即加盖密封。

6.4 生产厂应保证每批出厂的一甲基三氯硅烷都符合本标准的要求。每一批出厂的一甲基三氯硅烷都应附有一定格式的质量证明书。内容包括：生产厂名称、产品名称、批号、生产日期、等级和本标准编号。用户可按照本标准规定的技术要求、采样、试验方法，在到货 10 d 内对收到的一甲基三氯硅烷进行验收。

6.5 检验结果的判定按 GB/T 1250 中规定的修约值比较法进行。检验结果如果有任何一项指标不符合本标准要求时，应重新采样进行检验。重新检验的结果即使只有一项指标不符合本标准的要求，则该批产品为不合格。

7 标志、包装、运输和贮存

7.1 标志

一甲基三氯硅烷包装容器上应有清晰、明显、牢固的标志，其内容包括：生产厂名称、厂址、产品名称、生产日期或批号、净质量和本标准编号等及 GB 190 中规定的"易燃液体"标志。

7.2 包装

一甲基三氯硅烷产品采用干燥、清洁的衬塑铁桶或塑料桶包装或根据用户要求包装。包装要求密封，不可与空气接触。

7.3 运输

运输过程中要确保容器不泄漏、不倒塌、不坠落、不损坏。严禁与强酸、强碱、强氧化剂、水、食用化工物品等混装混运。运输途中应防曝晒、雨淋。中途停留时应远离火种、热源、高温区。搬运时要轻装轻卸，防止包装及容器损坏。

7.4 贮存

一甲基三氯硅烷产品贮存地点应阴凉、干燥、通风、远离火源及其他危险品。在符合本标准包装、运输和贮存条件下，自生产之日起，本产品保质期为 6 个月，逾期可按本标准重新检验，检验结果符合本标准要求时，仍可继续使用。

8 安全

8.1 一甲基三氯硅烷是易燃液体，对呼吸道和眼结膜有强烈刺激作用，吸入后可有咽喉、支气管的痉挛、水肿，化学性肺炎、肺水肿而致死。遇明火、高热或与氧化剂接触，有引起燃烧爆炸的危险。受热或遇水分解放热，放出有毒的腐蚀性烟气。若遇高热，容器内压增大，有开裂和爆炸的危险。有腐蚀性。

8.2 一甲基三氯硅烷应密闭操作，局部排风，使用防爆型的通风系统和设备。操作人员须经过专门培训，严格遵守操作规程。防止蒸气泄漏到工作场所空气中，可能接触其蒸气时，建议操作人员佩戴防毒面具、防护眼镜和橡胶手套，配备相应品种和数量的消防器材及泄漏应急处理设备。如皮肤接触，立即用流动清水彻底冲洗，若有灼伤，就医治疗；如眼睛接触，立即提起眼睑，用流动清水或生理盐水冲洗至少 15 min 并就医。如吸入，迅速脱离现场至空气新鲜处，保持呼吸通畅，呼吸有困难时给输氧并就医。如食入，患者清醒时立即漱口，给饮牛奶或蛋清并就医。

ICS 71.080.99;83.040
G 17

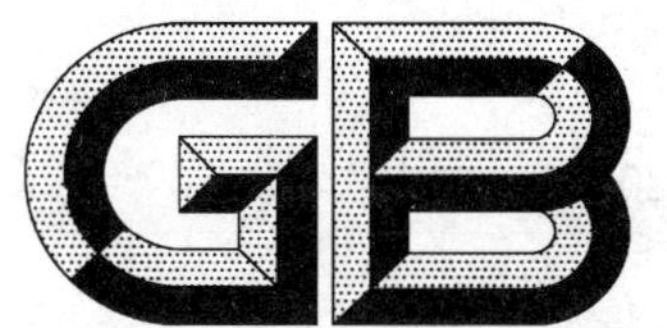

中华人民共和国国家标准

GB/T 20435—2006

八甲基环四硅氧烷

Octamethylcyclotetrasiloxane

2006-01-23 发布　　2006-11-01 实施

中华人民共和国国家质量监督检验检疫总局
中国国家标准化管理委员会　发布

前　言

本标准由中国石油和化学工业协会提出。

本标准由全国化学标准化技术委员会有机分会(SAC/TC 63/SC 2)归口。

本标准起草单位:蓝星化工新材料股份有限公司江西星火有机硅厂。

本标准主要起草人:马景明、吴红、黄翠萍、吴云华、李莉。

八 甲 基 环 四 硅 氧 烷

1 范围

本标准规定了八甲基环四硅氧烷的要求、试验方法、检验规则以及标志、包装、运输及贮存。

本标准适用于以二甲基二氯硅烷为原料经水解、裂解、精制所制得的八甲基环四硅氧烷。

分子式：$C_8H_{24}O_4Si_4$

结构式：

$$
\begin{array}{ccccc}
 & CH_3 & & CH_3 & \\
 & | & & | & \\
CH_3— & Si & —O— & Si & —CH_3 \\
 & | & & | & \\
 & O & & O & \\
 & | & & | & \\
CH_3— & Si & —O— & Si & —CH_3 \\
 & | & & | & \\
 & CH_3 & & CH_3 &
\end{array}
$$

相对分子质量：296.63(按2001年国际相对原子质量)

2 规范性引用文件

下列文件中的条款通过本标准的引用而成为本标准的条款。凡是注日期的引用文件，其随后所有的修改单(不包括勘误的内容)或修订版均不适用于本标准，然而，鼓励根据本标准达成协议的各方研究是否可使用这些文件的最新版本。凡是不注日期的引用文件，其最新版本适用于本标准。

GB/T 1250 极限数值的表示方法和判定方法

GB/T 3143 液体化学产品颜色测定法(Hazen单位—铂-钴色号)

GB/T 6488 化工产品折光率测定法

GB/T 6678 化工产品采样总则

GB/T 6680 液体化工产品采样通则

GB/T 6682 分析实验室用水规格和试验方法(GB/T 6682—1992，eqv ISO 3696:1987)

3 要求

3.1 外观：无色透明油状液体。

3.2 八甲基环四硅氧烷的质量应符合表1所示的技术要求。

表1 技术要求

项　目		指　标
色度/Hazen单位(铂-钴色号)	≤	10
折光率 n_D^{20}		1.396 0～1.397 0
八甲基环四硅氧烷的质量分数/%	≥	99.0

4 试验方法

4.1 一般规定

除非另有说明，在分析中仅使用确认为分析纯的试剂和GB/T 6682规定的三级水。

4.2　外观

于 50 mL 具塞比色管中，加入液态实验室样品，在日光灯光或日光下轴向目测。

4.3　色度的测定

按 GB/T 3143 的规定进行测定。

4.4　折光率的测定

按 GB/T 6488 的规定进行测定。试验温度为(20±0.1)℃。

4.5　八甲基环四硅氧烷含量的测定

4.5.1　方法提要

用气相色谱法，在选定的工作条件下，使样品汽化后经色谱柱得到分离，用火焰离子化检测器检测，采用面积归一化法定量。

4.5.2　试剂

4.5.2.1　氢气：体积分数大于 99.99%；

4.5.2.2　压缩空气：经硅胶及 5 A 分子筛干燥、净化；

4.5.2.3　高纯氮气：体积分数大于 99.99%。

4.5.3　仪器

4.5.3.1　气相色谱仪：配有分流装置及火焰离子化检测器。以联苯为试样，检出限≤3×10^{-12} g/s；

4.5.3.2　色谱工作站或数据处理机；

4.5.3.3　微量注射器：1 μL；

4.5.4　色谱柱及典型操作条件

本标准推荐的色谱柱及典型操作条件见表 2，典型色谱图见图 1，各组分的相对保留值见表 3。能达到同等分离程度的其他非极性、弱极性和中等极性的二甲基硅氧烷类毛细管柱及操作条件均可使用。

表 2　色谱柱及典型操作条件

色谱柱	100%二甲基聚硅氧烷，30 m×0.25 mm×0.25 μm
载气	氮气
载气线速/(cm/s)	41
分流比	50：1
柱温/℃	初始温度 120℃，保持 2 min，升温速率 10℃/min，终温 190℃
汽化温度/℃	260
检测温度/℃	280
进样量/μL	0.2

表 3　相对保留值

峰序	名　称	相对保留值
1	六甲基环三硅氧烷	0.75
2	未知峰	0.79
3	八甲基环四硅氧烷	1.00
4	未知峰	1.09
5	十甲基环五硅氧烷	1.41
6	十二甲基环六硅氧烷	2.02

4.5.5 分析步骤

色谱仪启动后进行必要的调节，以达到表2的色谱操作条件或其他适宜条件。当色谱仪达到设定的操作条件并稳定后进行测定。用色谱数据处理机或色谱工作站记录各组分的峰面积。

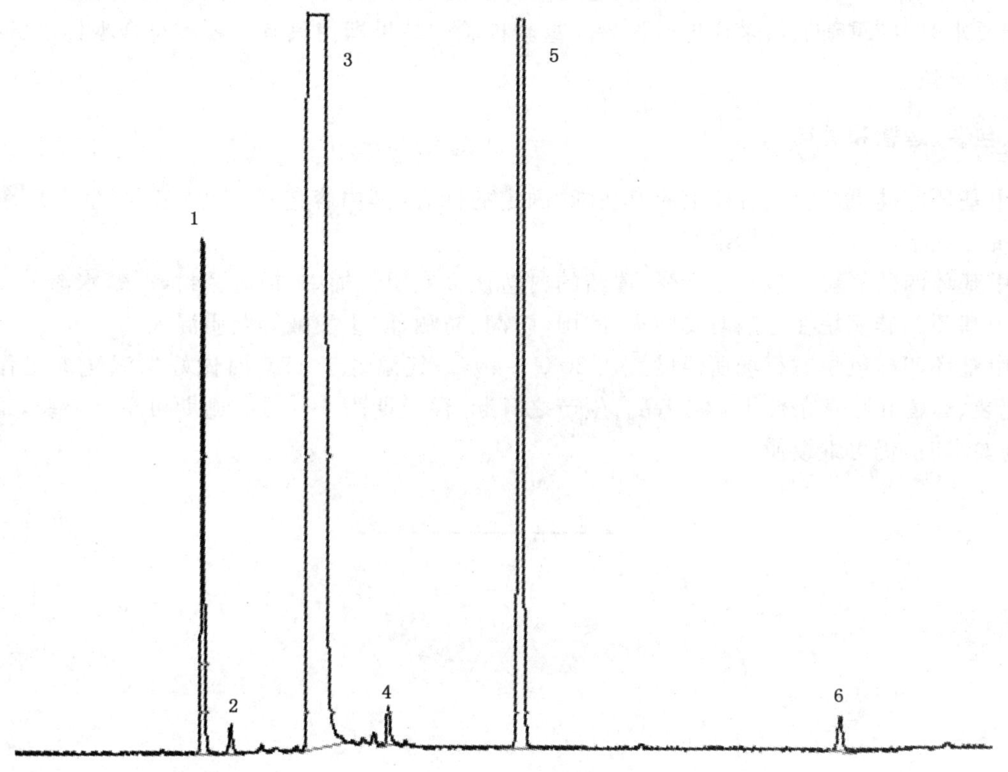

1——六甲基环三硅氧烷；

2,4——未知峰；

3——八甲基环四硅氧烷；

5——十甲基环五硅氧烷；

6——十二甲基环六硅氧烷。

图1 八甲基环四硅氧烷在100%二甲基聚硅氧烷毛细管柱上的典型色谱图

4.5.6 结果计算

八甲基环四硅氧烷的质量分数 w_i，数值以%表示，按式(1)计算：

$$w_i = \frac{A_i}{\Sigma A_i} \times 100 \qquad \cdots\cdots(1)$$

式中：

A_i——组分 i 的峰面积；

ΣA_i——各组分峰面积的总和。

取两次平行测定结果的算术平均值为测定结果，两次平行测定结果的绝对差值不大于0.10%。

5 检验规则

5.1 第3章中规定的所有项目均为出厂检验项目。

5.2 以同等质量的产品为一批，可按产品贮罐组批，或按生产周期进行组批。

5.3 采样按 GB/T 6678 和 GB/T 6680 的规定进行。采样总体积不少于1 000 mL。分别装于两个清洁、干燥的500 mL磨口瓶中，贴标签并注明：产品名称、批号、采样日期和采样者姓名等。一瓶供检验用，另一瓶密封保留备查。

5.4 生产厂应保证每批出厂的八甲基环四硅氧烷都符合本标准的要求。每批出厂的八甲基环四硅氧烷都应附有一定格式的质量证明书，内容包括：生产厂名称、产品名称、批号或生产日期和本标准编号等。

5.5 检验结果的判定按 GB/T 1250 中规定的修约值比较法进行。检验结果如果有任何一项指标不符合本标准要求时，应重新加倍采样进行检验。重新检验的结果即使只有一项不符合本标准的要求，则整批产品为不合格。

6 标志、包装、运输和贮存

6.1 八甲基环四硅氧烷包装容器上应有清晰、固定的标志，其内容包括：产品名称、生产厂名称、厂址、净质量、批号或生产日期及本标准编号等。

6.2 八甲基环四硅氧烷应包装于干燥、清洁的衬塑铁桶或塑料桶中，桶应密封，严禁水渗入。

6.3 八甲基环四硅氧烷在运输时要防火、防雨、防潮、防晒、防止酸碱等杂质混入。

6.4 八甲基环四硅氧烷贮存场所温度宜在 20℃～40℃，气温低于 17℃时做好保温防冻工作。在符合本标准包装、运输和贮存条件下，本产品自生产之日起，保质期为 6 个月。逾期可重新检验，检验结果符合本标准要求时，仍可继续使用。

ICS 71.080.99;83.040
G 17

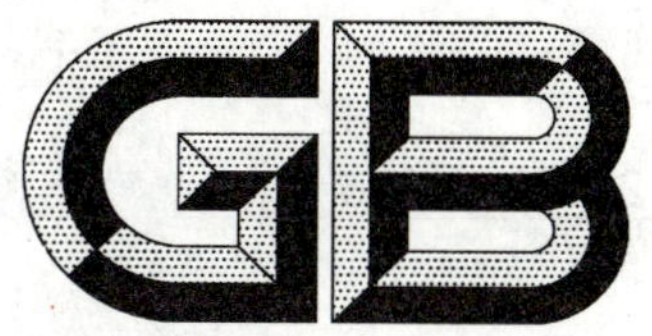

中华人民共和国国家标准

GB/T 20436—2006

二甲基硅氧烷混合环体

Dimethylsiloxane cyclics mixture

2006-01-23 发布　　2006-11-01 实施

中华人民共和国国家质量监督检验检疫总局
中国国家标准化管理委员会　发布

前 言

本标准由中国石油和化学工业协会提出。

本标准由全国化学标准化技术委员会有机分会(SAC/TC63/SC2)归口。

本标准起草单位:蓝星化工新材料股份有限公司江西星火有机硅厂。

本标准主要起草人:郑重、何靖、聂长虹、刘雪梅。

本标准为首次制定。

二甲基硅氧烷混合环体

1 范围

本标准规定了二甲基硅氧烷混合环体的要求、试验方法、检验规则以及标志、包装、运输及贮存。

本标准适用于以二甲基二氯硅烷为原料经盐酸水解、裂解所制得的二甲基硅氧烷混合环体，二甲基硅氧烷混合环体由六甲基环三硅氧烷、八甲基环四硅氧烷、十甲基环五硅氧烷及十二甲基环六硅氧烷等组分(本标准简称为总环体)构成。

分子式：$[(CH_3)_2SiO]_n$　$n=3\sim6$

2 规范性引用文件

下列文件中的条款通过本标准的引用而成为本标准的条款。凡是注日期的引用文件，其随后所有的修改单(不包括勘误的内容)或修订版均不适用于本标准，然而，鼓励根据本标准达成协议的各方研究是否可使用这些文件的最新版本。凡是不注日期的引用文件，其最新版本适用于本标准。

GB/T 1250　极限数值的表示方法和判定方法

GB/T 3143　液体化学产品颜色测定法(Hazen单位—铂-钴色号)

GB/T 6488　化工产品折光率测定法

GB/T 6678　化工产品采样总则

GB/T 6680　液体化工产品采样通则

GB/T 6682　分析实验室用水规格和试验方法(GB/T 6682—1992,eqv ISO 3696:1987)

GB/T 14827　有机化工产品酸度、碱度的测定方法 容量法

3 要求

3.1 外观：无色透明油状液体。

3.2 二甲基硅氧烷混合环体的质量应符合表1所示的技术要求。

表1 技术要求

项　　目		指　　标
色度/Hazen单位(铂-钴色号)	≤	10
折光率 n_D^{20}		1.396 0～1.397 0
总环体质量分数/%	≥	99.50
六甲基二硅氧烷质量分数/%	≤	0.01
酸(以HCl计)的质量分数/%	≤	0.001

4 试验方法

4.1 一般规定

除非另有说明，在分析中仅使用确认为分析纯的试剂和GB/T 6682规定的三级水。

4.2 外观

于50 mL具塞比色管中，加入液态实验室样品，在日光灯光或日光下轴向目测。

4.3 色度的测定

按 GB/T 3143 的规定进行测定。

4.4 折光率的测定

按 GB/T 6488 的规定进行测定。试验温度为 20℃±0.1℃。

4.5 总环体含量和六甲基二硅氧烷含量的测定

4.5.1 方法提要

用气相色谱法，在选定的工作条件下，使样品汽化后经色谱柱得到分离，用火焰离子化检测器检测，采用面积归一化法定量。

4.5.2 试剂

4.5.2.1 氢气：体积分数大于 99.99%；

4.5.2.2 压缩空气：经硅胶及 5A 分子筛干燥净化；

4.5.2.3 高纯氮气：体积分数大于 99.99% 。

4.5.3 仪器

4.5.3.1 气相色谱仪：配有分流装置及火焰离子化检测器，检测限小于等于 3×10^{-12} g/s（样品：联苯）；

4.5.3.2 色谱工作站或数据处理机；

4.5.3.3 微量注射器：1 μL。

4.5.4 色谱柱及典型操作条件

本标准推荐的色谱柱及典型操作条件见表 2，典型色谱图见图 1。能达到同等分离程度的其他非极性、弱极性和中等极性的二甲基硅氧烷类毛细管色谱柱及操作条件均可使用。各组分的相对保留值见表 3。

表 2 色谱柱及典型操作条件

色　谱　柱	100%二甲基聚硅氧烷，30 m×0.25 mm×0.25 μm
载气	氮气
载气线速/(cm/s)	41
分流比	50∶1
柱温/℃	初始温度 120℃，保持 2 min，升温速率 10℃/min，终温 190℃
汽化温度/℃	260
检测温度/℃	280
进样量/μL	0.2

表 3 组分的相对保留值

峰　序	组　分	相对保留值
1	未知物	0.65
2	六甲基二硅氧烷	0.67
3	六甲基环三硅氧烷	0.75
4	八甲基环四硅氧烷	1.00
5	十甲基环五硅氧烷	1.42
6	十二甲基环六硅氧烷	2.03

4.5.5　分析步骤

色谱仪启动后进行必要的调节，以达到表 2 的色谱操作条件或其他适宜条件。当色谱仪达到设定的操作条件并稳定后，进行试样的测定。用色谱数据处理机或色谱工作站记录各组分的峰面积。

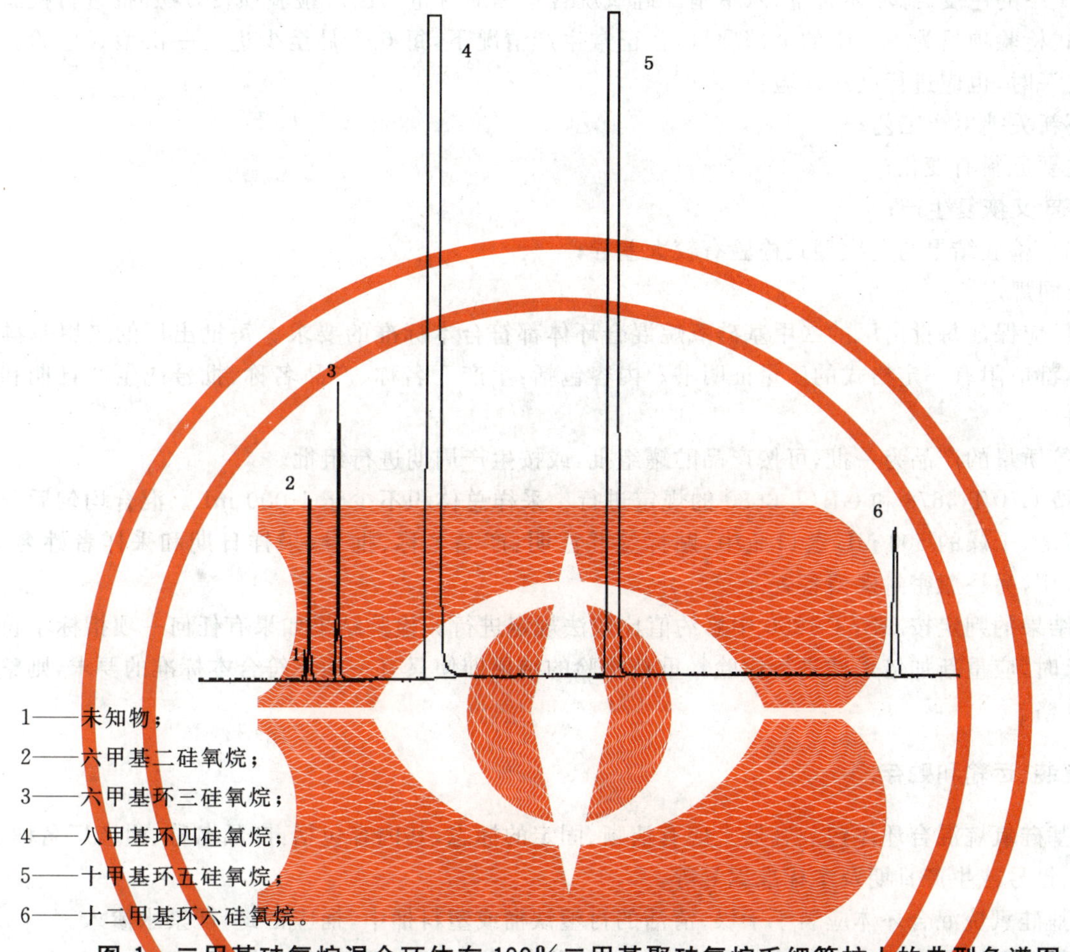

1——未知物；
2——六甲基二硅氧烷；
3——六甲基环三硅氧烷；
4——八甲基环四硅氧烷；
5——十甲基环五硅氧烷；
6——十二甲基环六硅氧烷。

图 1　二甲基硅氧烷混合环体在 100%二甲基聚硅氧烷毛细管柱上的典型色谱图

4.5.6　结果计算

总环体或六甲基二硅氧烷的质量分数 w_i，数值以%表示，按式(1)计算：

$$w_i = \frac{A_i}{\Sigma A_i} \times 100 \quad \cdots\cdots(1)$$

式中：

A_i——总环体各组分峰面积之和或六甲基二硅氧烷的峰面积；

ΣA_i——各组分峰面积的总和。

取两次平行测定结果的算术平均值做为测定结果，两次平行测定结果的绝对差值应符合：总环体的质量分数不大于 0.10%；六甲基二硅氧烷的质量分数不大于 0.003%。

4.6　酸含量的测定

按 GB/T 14827 中标准滴定溶液和萃取溶剂均为水介质的方法进行测定。测定时，称取 29.5 g～30.5 g 实验室样品，精确至 0.01 g，置于磨口锥形瓶中，加入 60 mL 无二氧化碳的水，套上冷凝管，于磁力搅拌器上搅拌、加热至沸，回流 30 min。停止加热，冷却 10 min，用少量无二氧化碳的水冲洗冷凝管内壁，取下锥形瓶，继续冷却至室温。将回流后的试液全部转移至分液漏斗，静置分层，分出水层于原锥形瓶中，加 3 滴酚酞(10 g/L)指示液，用 0.01 mol/L 氢氧化钠标准滴定溶液滴定。

5 检验规则

5.1 检验分为出厂检验和型式检验。

5.1.1 表1中的色度、总环体含量、六甲基二硅氧烷含量和酸含量为出厂检验项目,应逐批进行检验。

5.1.2 型式检验项目为表1中的全部项目,在正常生产情况下,每6个月至少进行一次型式检验。有下列情况之一时,也应进行型式检验:

a) 更新关键生产工艺;

b) 主要原料有变化;

c) 停产又恢复生产;

d) 出厂检验结果与上次型式检验有较大差异;

e) 合同规定。

5.2 生产厂应保证每批出厂的二甲基硅氧烷混合环体都符合本标准的要求。每批出厂的二甲基硅氧烷混合环体都应附有一定格式的质量证明书。内容包括:生产厂名称、产品名称、批号或生产日期和本标准编号等。

5.3 以同等质量的产品为一批,可按产品贮罐组批,或按生产周期进行组批。

5.4 采样按GB/T 6678和GB/T 6680的规定进行。采样总体积不少于1 000 mL。混合均匀后分别装于两个清洁、干燥的500 mL磨口瓶中,贴标签并注明:产品名称、批号、采样日期和采样者姓名等。一瓶供检验用,另一瓶密封保留备查。

5.5 检验结果的判定按GB/T 1250中修约值比较法规定进行。检验结果如果有任何一项指标不符合本标准要求时,应重新加倍采样进行检验。重新检验的结果即使只有一项不符合本标准的要求,则整批产品为不合格。

6 标志、包装、运输和贮存

6.1 二甲基硅氧烷混合环体包装容器上应有清晰、固定的标志,其内容包括:产品名称、生产厂名称、厂址、净质量、批号或生产日期及本标准编号等。

6.2 二甲基硅氧烷混合环体应装于干燥、清洁的衬塑铁桶或塑料桶中,桶应密封,严禁水渗入。

6.3 二甲基硅氧烷混合环体在运输时要防火、防雨、防潮、防晒、防止酸碱等杂质混入。

6.4 二甲基硅氧烷混合环体贮存场所温度宜在20℃~40℃,气温低于17℃时做好保温防冻工作。在符合本标准包装、运输和贮存条件下,本产品自生产之日起,保质期为6个月。逾期可重新检验,检验结果符合本标准要求时,仍可继续使用。

ICS 71.080.99
G 17

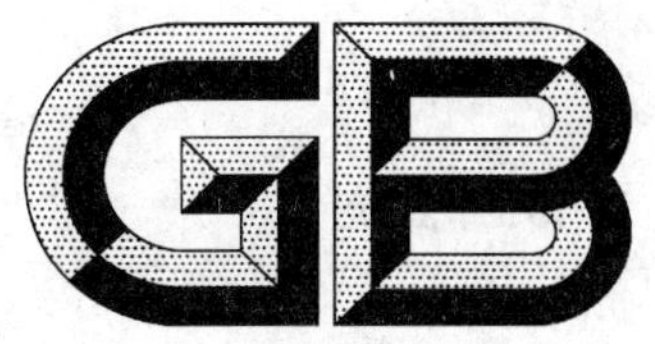

中华人民共和国国家标准

GB/T 21395—2008

二 甲 基 亚 砜

Dimethyl sulfoxide

2008-02-03 发布　　2008-08-01 实施

中华人民共和国国家质量监督检验检疫总局
中国国家标准化管理委员会　发布

前 言

本标准由中国石油和化学工业协会和辽宁省质量技术监督局共同提出。

本标准由全国化学标准化技术委员会有机分会(SAC/TC 63/SC 2)归口。

本标准起草单位:盘锦远东锦星化工有限公司、盘锦市标准化协会。

本标准主要起草人:陈秀仁、姜勇、李影、刘桂娟、王玲。

二甲基亚砜

1 范围

本标准规定了二甲基亚砜的符号和缩略语、要求、试验方法、检验规则及标志、标签、包装、运输和贮存等。

本标准适用于由甲醇与二硫化碳(或甲醇与硫化氢)合成二甲基硫醚,再经纯氧氧化精制而得的二甲基亚砜。

2 规范性引用文件

下列文件中的条款通过本标准的引用而成为本标准的条款。凡是注日期的引用文件,其随后所有的修改(不包括勘误的内容)或修订版均不适用于本标准,然而,鼓励根据本标准达成协议的各方研究是否可使用这些文件的最新版本。凡是不注日期的引用文件,其最新版本适用于本标准。

GB/T 191　包装储运图示标志(eqv ISO 780:1997)

GB/T 601　化学试剂　标准滴定溶液的制备

GB/T 603　化学试剂　试验方法中所用制剂及制品的制备(ISO 6353-1:1982,NEQ)

GB/T 1250　极限数值的表示方法和判定方法

GB/T 3723　工业用化学产品采样安全通则(idt ISO 3165:1976)

GB/T 6283　化工产品中水分含量的测定　卡尔·费休法(通用方法)(eqv ISO 760:1978)

GB/T 6488　化工产品折光率测定法

GB/T 6678　化工产品采样总则

GB/T 6680　液体化工产品采样通则

GB/T 6682　分析试验室用水规格和试验方法(eqv ISO 3696:1987)

GB/T 7533　有机化工产品结晶点的测定方法(neq ISO 1392:1977)

GB/T 9721　分子吸收分光光度法通则(紫外和可见光部分)

GB/T 9722　化学试剂　气相色谱法通则

GB/T 9736　化学试剂　酸度和碱度测定通用方法(neq ISO 6353-1:1982,GM 13)

3 符号和缩略语

3.1　产品英文拼写:dimethyl sulfoxide

3.2　分子式:$(CH_3)_2SO$

3.3　缩略语:DMSO

3.4　化学分子结构式:

$$CH_3—\overset{\overset{\large O}{\|}}{S}—CH_3$$

3.5　相对分子质量(按2005年国际相对原子质量):78.13

4 要求

4.1　外观为无色透明液体或晶体,无味或微有气味。

4.2　二甲基亚砜应符合表1的技术要求。

表 1 技术要求

项目		指标	
		优等品	一等品
结晶点/℃	≥	18.10	18.00
酸值(以 KOH 计)/(mg/g)	≤	0.03	0.04
透光度(400 nm)/%	≥	96.0	
折光率(20℃)		1.477 5～1.479 0	
杂质的质量分数/%	≤	0.10	0.15
水的质量分数/%	≤	0.10	

5 试验方法

5.1 警示

试验方法规定的一些试验过程可能导致危险情况，操作者应采取适当的安全和健康措施。

5.2 一般规定

除非另有说明，在分析中仅使用确认为分析纯的试剂和 GB/T 6682 规定的三级水。

分析中所用标准滴定溶液、制剂及制品，在没有注明其他要求时，均按 GB/T 601、GB/T 603 的规定制备。

5.3 气味和外观的测定

5.3.1 气味用嗅觉检测。

5.3.2 于 50 mL 具塞比色管中，加入适量液体样品，在白色背景下目视，以蒸馏水为参照，不得更深(样品若为晶体，则将样品放置至溶化同法比较)。

5.4 结晶点的测定

按 GB/T 7533 中规定的方法进行测定。

取两次平行测定结果的算术平均值为测定结果，两次平行测定结果的绝对差值不大于 0.1℃。

5.5 酸值的测定

按 GB/T 9736 中规定的方法进行测定。

5.5.1 原理

样品中的游离酸与氢氧化钾发生中和反应，根据氢氧化钾标准滴定溶液消耗量可计算出游离酸值。

$$RCOOH + KOH = RCOOK + H_2O$$

5.5.2 仪器

5.5.2.1 微量滴定管：2 mL，分刻度为 0.01 mL；

5.5.2.2 三角烧瓶：250 mL。

5.5.3 试剂

5.5.3.1 氢氧化钾标准滴定溶液：c(KOH)＝0.05 mol/L；

5.5.3.2 酚酞指示液：0.1 g/L。

5.5.4 分析步骤

5.5.4.1 称取约 50 g 样品，精确至 0.01 g，置于预先备有 100 mL 水的三角烧瓶中，加 2～3 滴酚酞指示液，用氢氧化钾标准滴定溶液滴定，滴定到出现粉红色保持 1 min 不褪色为终点。

5.5.4.2 在测定的同时，按与测定相同的步骤，对不加试料而使用相同数量的试剂溶液做空白试验。

5.5.5 结果计算

酸值以中和 1 g 试样所需氢氧化钾的质量(毫克数)w_1 计，数值以毫克每克(mg/g)表示，按式(1)计算：

$$w_1 = (V - V_1) \times c \times M/m \quad \cdots\cdots(1)$$

式中：

V——试料消耗氢氧化钾标准滴定溶液(5.5.3.1)的体积的数值，单位为毫升(mL)；

V_1——空白试验消耗氢氧化钾标准滴定溶液的体积的数值，单位为毫升(mL)；

c——氢氧化钾标准滴定溶液浓度的准确数值，单位为摩尔每升(mol/L)；

M——氢氧化钾的摩尔质量的数值，单位为克每摩尔(g/mol)(M=56.1)；

m——试样的质量的数值，单位为克(g)。

取两次平行测定结果的算术平均值为测定结果，两次平行测定结果的绝对差值不大于0.001。

5.6 透光度的测定

按GB/T 9721中规定的方法测定。采用5 cm光程的比色皿，以蒸馏水作参比，波长选定400 nm。

取两次平行测定结果的算术平均值为测定结果，两次平行测定结果的绝对差值不大于0.2%。

5.7 折光率的测定

按GB/T 6488中规定的方法进行测定。

取两次平行测定结果的算术平均值为测定结果，两次平行测定结果的绝对差值不大于0.000 3。

5.8 杂质含量的测定

5.8.1 方法提要

用气相色谱法，在选定的工作条件下，样品经汽化通过色谱柱，使其中各组分得到分离，用氢火焰离子化检测器检测。根据面积归一化法测定杂质的含量。

5.8.2 试剂

5.8.2.1 聚乙二醇20M(固定液)；

5.8.2.2 白色硅烷化载体：0.18 mm～0.15 mm(80目～100目)；

5.8.2.3 氢气：体积分数不低于99.9%，经硅胶与分子筛干燥、净化；

5.8.2.4 氮气：体积分数不低于99.9%，经硅胶与分子筛干燥、净化；

5.8.2.5 空气：经硅胶与分子筛干燥、净化。

5.8.3 仪器

5.8.3.1 气相色谱仪：配有火焰离子化检测器，整机灵敏度和稳定性符合GB/T 9722中的有关规定；

5.8.3.2 记录仪：色谱数据处理机或色谱工作站；

5.8.3.3 进样器：微量进样器，1 μL或5 μL。

5.8.4 色谱柱及典型色谱操作条件

推荐的色谱柱和典型色谱操作条件见表2。典型色谱图见图1。其他能达到同等分离程度的色谱柱和色谱操作条件也可使用。

色谱柱在首次使用前应进行老化处理。

表2 推荐的填充色谱柱及典型色谱操作条件

色谱柱材质	不锈钢
柱长/m	1.5
柱内径/mm	3
载体：固定液	100：10(质量比)
载气	氮气
载气流量/(mL/min)	30
空气流量/(mL/min)	300
柱温/℃	160

表 2(续)

汽化室温度/℃	230
检测器温度/℃	230
进样量/μL	1

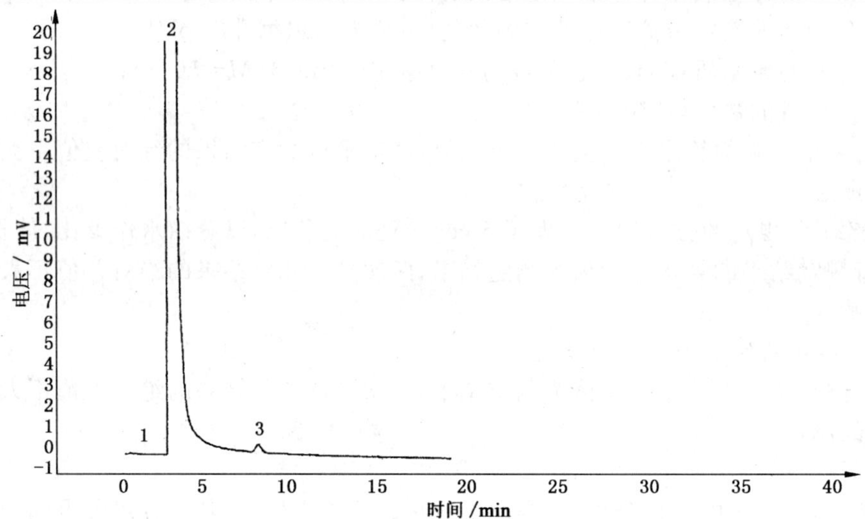

1——未知物;

2——二甲基亚砜;

3——二甲基砜。

图 1 典型色谱图

5.8.5 分析步骤

启动气相色谱仪,参照表 2 所列色谱操作条件调试仪器,稳定后准备进样分析。

用进样器进样分析,用色谱数据处理机或积分仪处理计算结果。

5.8.6 定量方法

面积归一化法。

5.8.7 结果计算

杂质的质量分数 w_2,数值以%表示,按式(2)计算:

$$w_2 = \frac{\sum A_i}{\sum A} \times 100 \qquad \cdots\cdots(2)$$

式中:

$\sum A_i$ ——各杂质组分峰面积之和;

$\sum A$ ——所有组分峰面积之和。

取两次平行测定结果的算术平均值为测定结果,两次平行测定结果的绝对差值不大于 0.01%。

5.9 水分的测定

按 GB/T 6283 规定的方法进行测定。

取两次平行测定结果的算术平均值为测定结果,两次平行测定结果的绝对差值不大于 0.01%。

6 检验规则

6.1 本标准第 4 章的所有项目均为出厂检验项目。应逐批进行检验。

6.2 二甲基亚砜产品由生产厂的质量检验部门进行检验。生产厂应保证每批出厂产品都符合本标准的要求,并附有一定格式的质量证明书,内容包括:生产厂名称和厂址、产品名称、生产日期或批号、质量等级、净含量和本标准编号等。

6.3 以每一贮罐或连续生产的实际批为一组批。

6.4 采样按 GB/T 3723、GB/T 6678 和 GB/T 6680 的规定进行。本品在 18℃以下贮存时形成晶体，此时取样检测，需将产品在适宜的温度环境中放置至溶化，再进行取样检测。所采试样总量不得少于 1 L。将样品充分混匀后，分装于两个清洁、干燥、带磨口塞的玻璃瓶中，贴上标签，注明生产厂名称、产品名称、批号、规格、采样日期和采样者，一瓶供分析检验用，另一瓶保存备查。

6.5 检验结果的判定应按 GB/T 1250 中规定的修约值比较法进行。检验结果中如有一项指标不符合本标准的要求时，桶装产品应重新自两倍量的包装单元中采样进行检验，罐装产品应重新多点采样进行检验。重新检验的结果即使只有一项指标不符合本标准要求，则整批产品为不合格。

7 标志、包装、运输和贮存

7.1 标志

产品包装容器上应涂有牢固的标志，其内容包括：生产厂名称、产品名称和本标准编号，包装容器上还应有符合 GB/T 191 规定包装运输图示标志。

7.2 包装

产品应用清洁的塑料桶或不锈钢罐密封包装，不得接触铁、胶等材料，每桶净含量为 200 kg±0.5 kg或 225 kg±0.5 kg 或按用户要求包装。

7.3 运输

运输中，必须保证密封、防水。

7.4 贮存

可在露天贮存，但要保证密封、防水。

ICS 71.080.99;83.040
G 17

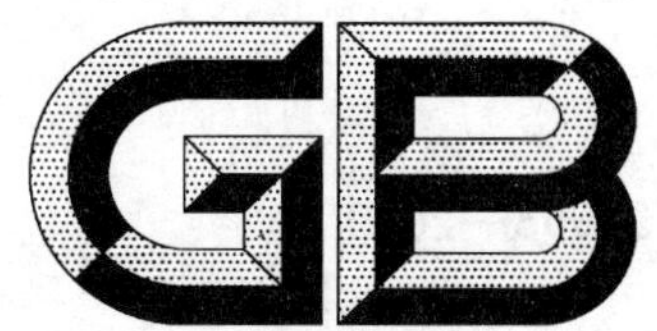

中华人民共和国国家标准

GB/T 23953—2009

工业用二甲基二氯硅烷

Dimethyldichlorosilane for industrial use

2009-06-02 发布　　　　2010-02-01 实施

中华人民共和国国家质量监督检验检疫总局
中国国家标准化管理委员会　发布

前 言

本标准由中国石油和化学工业协会提出。

本标准由全国化学标准化技术委员会有机分会(SAC/TC 63/SC 2)归口。

本标准负责起草单位:浙江新安化工集团股份有限公司。

本标准参加起草单位:江苏宏达新材料有限公司、山东东岳有机硅材料有限公司。

本标准主要起草人:叶世胜、陈浩、李建祥、魏晓红、程建华、冯延平、张立军。

工业用二甲基二氯硅烷

1 范围

本标准规定了工业用二甲基二氯硅烷的要求、试验方法、检验规则以及标志、包装、运输、贮存及安全。

本标准适用于硅粉和一氯甲烷以直接合成法生产的甲基氯硅烷混合单体经过分馏制得的工业用二甲基二氯硅烷。

分子式：$C_2H_6SiCl_2$

结构式：

$$CH_3-\underset{\underset{Cl}{|}}{\overset{\overset{CH_3}{|}}{Si}}-Cl$$

相对分子质量：126.06（按2007年国际相对原子质量）

2 规范性引用文件

下列文件中的条款通过本标准的引用而成为本标准的条款。凡是注日期的引用文件，其随后所有的修改单（不包括勘误的内容）或修订版均不适用于本标准，然而，鼓励根据本标准达成协议的各方研究是否可使用这些文件的最新版本。凡是不注日期的引用文件，其最新版本适用于本标准。

GB 190 危险货物包装标志

GB/T 6678—2003 化工产品采样总则

GB/T 6680—2003 液体化工产品采样通则

GB/T 8170 数值修约规则与极限数值的表示和判定

GB/T 9722—2006 化学试剂 气相色谱法通则

3 性状

工业用二甲基二氯硅烷为无色透明、有强烈刺激性气味的液体。

4 要求

工业用二甲基二氯硅烷应符合表1所示的技术要求。

表1 技术要求

项目		指标	
		一等品	合格品
二甲基二氯硅烷，w/%	≥	99.8	99.5
一甲基三氯硅烷，w/%	≤	0.05	0.10

5 试验方法

5.1 警示

试验方法规定的一些试验过程可能导致危险情况，操作者应采取适当的安全和防护措施。

5.2 二甲基二氯硅烷和一甲基三氯硅烷含量的测定

5.2.1 方法提要

用气相色谱法，在选定的工作条件下，使试样气化后，通过毛细管色谱柱，使组分得到分离，用热导检测器检测，采用面积归一化法定量。

5.2.2 试剂

氢气：体积分数不小于99.99%，经硅胶和分子筛干燥、净化。

5.2.3 仪器

5.2.3.1 气相色谱仪：配有分流装置及热导检测器的任何型号的气相色谱仪，整机灵敏度和稳定性符合GB/T 9722—2006中的有关规定。

5.2.3.2 色谱工作站或数据处理机。

5.2.3.3 微量注射器：1 μL或10 μL。

5.2.4 色谱柱及典型操作条件

本标准推荐的色谱柱及典型操作条件见表2，典型色谱图见图1。能达到同等分离效果的其他色谱柱及操作条件均可使用。组分的相对保留值见表3。

表2 色谱柱及典型操作条件

色谱柱	14%腈丙苯基86%二甲基聚硅氧烷
色谱柱规格(柱长/柱内径/液膜厚度)	30 m×0.32 mm×0.25 μm
柱温/℃	初始温度50 ℃，保持4 min，升温速率为50 ℃/min，终温250 ℃，保持2 min
汽化室温度/℃	260
检测器温度/℃	300
载气	氢气
载气流速/(mL/min)	1.5
恒定柱流量+尾吹/(mL/min)	7.0
分流比	50∶1
进样量/μL	1.0

表3 相对保留值

峰 序 号	组 分 名 称	相对保留值
1	氯化氢	0.67
2	二甲基氢一氯硅烷	0.70
3	一甲基氢二氯硅烷	0.76
4	四氯化硅	0.79
5	三甲基一氯硅烷	0.84
6	一甲基三氯硅烷	0.93
7	二甲基二氯硅烷	1.00

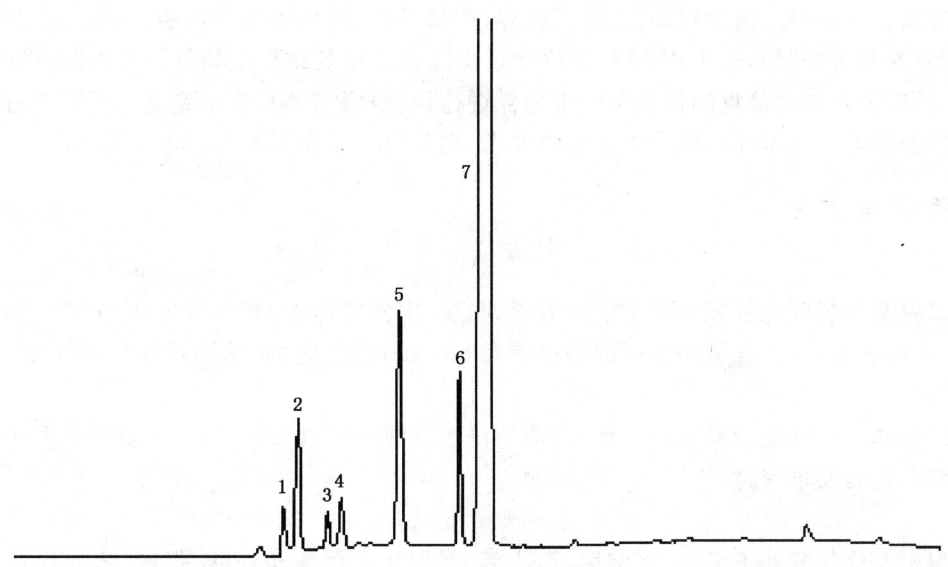

1——氯化氢；

2——二甲基氢一氯硅烷；

3——一甲基氢二氯硅烷；

4——四氯化硅；

5——三甲基一氯硅烷；

6——一甲基三氯硅烷；

7——二甲基二氯硅烷。

图 1　二甲基二氯硅烷的典型色谱图

5.2.5　分析步骤

色谱仪开启后，按表 2 色谱操作条件或其他合适的条件进行调节，待仪器稳定后，进行样品的测定，用色谱数据处理机或工作站记录各组分的峰面积。其中，空气和氯化氢组分峰在工作站或数据处理机上进行锁定处理，不列入结果计算。

5.2.6　结果计算

工业用二甲基二氯硅烷中各组分的质量分数 w_i，数值以%表示，按式(1)计算：

$$w_i = \frac{A_i}{\sum A_i} \times 100 \qquad (1)$$

式中：

A_i——组分 i 的峰面积；

$\sum A_i$——各组分峰面积的总和。

取两次平行测定结果的算术平均值为报告结果，两次平行测定结果的绝对差值：二甲基二氯硅烷应不大于 0.10%；一甲基三氯硅烷应不大于 0.02%。

6　检验规则

6.1　表 1 中规定的所有项目均为出厂检验项目。

6.2　以同等质量的产品为一批，可按产品贮罐组批，或按生产周期进行组批。

6.3　生产厂可从贮罐中采取有代表性的样品，用户可以从每次收到的产品中进行采样。按 GB/T 6678—2003 和 GB/T 6680—2003 中的规定确定采样单元数和采样方法。采样量不应少于 20 mL。由于工业用二甲基二氯硅烷遇空气极易水解，因而采样过程中注意避免或尽量少接触空气，采样后应立即密封。

6.4　生产厂应保证每批出厂的工业用二甲基二氯硅烷都符合本标准的要求。每批出厂的产品都应附有一定格式的质量证明书。内容包括:生产厂名称、产品名称、批号或生产日期、等级和本标准编号。

6.5 检验结果的判定采用GB/T 8170修约值比较法进行。检验结果中如有一项指标不符合本标准要求时,桶装产品应重新自两倍量的包装单元中采样进行检验,罐装产品应重新多点采样进行检验。重新检验的结果即使只有一项指标不符合本标准的要求,则该批产品为不合格。

7 标志、包装、运输、贮存

7.1 标志

工业用二甲基二氯硅烷包装容器上应有清晰、明显、牢固的标志,其内容包括:生产厂名称、厂址、产品名称、生产日期或批号、净含量和本标准编号等及GB 190中规定的"易燃液体"、"腐蚀品"标志。

7.2 包装

工业用二甲基二氯硅烷产品采用干燥、清洁的衬塑铁桶或塑料桶包装,或根据用户要求并符合安全规定进行包装。包装要求密封,不可与空气接触。

7.3 运输

运输过程中要确保容器不泄漏、不倒塌、不坠落、不损坏。严禁与强酸、强碱、强氧化剂、水、食用化工物品等混装运输。运输途中应严防日晒雨淋。应远离火种、热源、高温区。搬运时要轻装轻卸,防止包装及容器损坏。

7.4 贮存

工业用二甲基二氯硅烷产品贮存地点应阴凉、干燥、通风、远离火源及其他危险品。

8 安全

8.1 危险警告

工业用二甲基二氯硅烷是易燃液体,对呼吸道和眼结膜有强烈刺激作用,吸入后可引起咽喉、支气管的痉挛、水肿,化学性肺炎、肺水肿而致死。遇明火、高热或与氧化剂接触,有引起燃烧爆炸的危险。受热或遇水分解放热,放出有毒的腐蚀性烟气。若遇高热,容器内压增大,有开裂和爆炸的危险。有腐蚀性。

8.2 安全措施

工业用二甲基二氯硅烷应密闭操作,局部排风,使用防爆型的通风系统和设备。操作人员应经过专门培训,严格遵守操作规程。防止蒸汽泄漏到工作场所空气中,可能接触其蒸气时,建议操作人员佩戴防毒面具、防护眼镜和橡胶手套,配备相应品种和数量的消防器材及泄漏应急处理设备。如皮肤接触,立即用流动清水彻底冲洗,若有灼伤,就医治疗;如眼睛接触,立即提起眼睑,用流动的清水或生理食盐水冲洗至少15 min并就医。如吸入,迅速脱离现场至空气新鲜处,保持呼吸通畅,呼吸有困难时给输氧并就医。如食入,患者清醒时立即漱口,给饮牛奶或蛋清并就医。

ICS 71.080.30
G 17

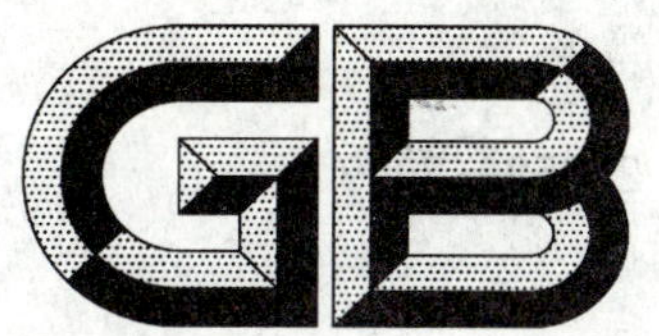

中华人民共和国国家标准

GB/T 23958—2009

工业用亚氨基二乙腈

Iminodiacetonitrile for industrial use

2009-06-02 发布　　2010-02-01 实施

中华人民共和国国家质量监督检验检疫总局
中国国家标准化管理委员会　发布

前 言

本标准由中国石油和化学工业协会提出。

本标准由全国化学标准化技术委员会有机分会(SAC/TC 63/SC 2)归口。

本标准起草单位:重庆紫光化工股份有限公司、四川天然气化工研究院。

本标准主要起草人:罗延谷、王典池、罗克俊。

工业用亚氨基二乙腈

1 范围

本标准规定了工业用亚氨基二乙腈的要求、试验方法、检验规则及包装、标志、运输和贮存。

本标准适用于工业用亚氨基二乙腈的生产、检验和销售。

分子式：$C_4H_5N_3$

结构式：

$$HN\begin{matrix} \diagup CH_2—CN \\ \diagdown CH_2—CN \end{matrix}$$

相对分子质量：95.10(按 2007 年国际相对原子质量)

2 规范性引用文件

下列文件中的条款通过本标准的引用而成为本标准的条款。凡是注日期的引用文件，其随后所有的修改单(不包括勘误的内容)或修订版均不适用于本标准，然而，鼓励根据本标准达成协议的各方研究是否可使用这些文件的最新版本。凡是不注日期的引用文件，其最新版本适用于本标准。

GB/T 601—2002　化学试剂　标准滴定溶液的制备

GB/T 602—2002　化学试剂　杂质测定用标准溶液的制备(ISO 6353-1:1982,NEQ)

GB/T 603—2002　化学试剂　试验方法中所用制剂及制品的制备(ISO 6353-1:1982,NEQ)

GB/T 1250　极限数值的表示方法和判定方法

GB/T 6283—2008　化工产品中水分含量测定　卡尔·费休法(通用方法)(ISO 760:1978,NEQ)

GB/T 6678—2003　化工产品采样总则

GB/T 6679—2003　固体化工产品采样通则

GB/T 6682—2008　分析实验室用水规格和试验方法(ISO 3696:1987,MOD)

GB/T 9738—2008　化学试剂　水不溶物测定通用方法(ISO 6353-1:1982,NEQ)

3 性状

浅黄色至褐色结晶。

4 要求

工业用亚氨基二乙腈应符合表 1 所示的技术要求。

表 1　技术要求

项　目		指　标	
		一等品	合格品
亚氨基二乙腈，w/%	≥	95.0	92.0
水，w/%	≤	3.0	6.0
硫酸盐(以 SO_4 计)，w/%	≤	0.5	1.0
水不溶物，w/%	≤	0.2	0.6

5 试验方法

5.1 警示

试验方法规定的一些试验过程可能导致危险情况，操作者应采取适当的安全和防护措施。

5.2 一般规定

除非另有说明，在分析中仅使用确认为分析纯的试剂和GB/T 6682—2008规定的三级水。

分析中所用标准滴定溶液、杂质标准溶液、制剂及制品，在没有注明其他要求时，均按GB/T 601—2002、GB/T 602—2002和GB/T 603—2002之规定制备。

5.3 亚氨基二乙腈含量的测定

5.3.1 方法提要

在低温酸性条件下，亚氨基二乙腈与亚硝酸钠发生亚硝基化反应，以永停滴定仪指示终点。反应式如下：

$$HN(CH_2—CN)_2 + HCl + NaNO_2 \longrightarrow ON—N(CH_2—CN)_2 + H_2O + NaCl$$

5.3.2 试剂

5.3.2.1 盐酸溶液：1+1。

5.3.2.2 溴化钾溶液：100 g/L。

5.3.2.3 亚硝酸钠标准滴定溶液：$c(NaNO_2)=0.25$ mol/L。

5.3.3 仪器

永停滴定仪：灵敏度为10^{-8}(A)；容量控制精度为0.02 mL。

5.3.4 分析步骤

称取约0.6 g试样，精确至0.2 mg，置于250 mL烧杯中，加水30 mL～50 mL，微温使溶解，冷却至室温，加水至100 mL，加盐酸溶液10 mL，加溴化钾溶液10 mL，控制温度在5 ℃～10 ℃，将烧杯置磁力搅拌器上，将滴定管尖端插入液面下2/3处，插入电极，用亚硝酸钠标准滴定溶液迅速滴定，同时搅拌，至近终点时，将滴定管尖端提出液面，用少量水淋洗滴定管尖端，洗液并入溶液中，继续滴定，用永停滴定仪指示终点(以电流计指针突然偏转，30 s以上不再复位为终点)。

5.3.5 在测定的同时，按与测定相同的步骤，对不加试料而使用相同数量的试剂溶液做空白试验。

5.3.6 结果计算

亚氨基二乙腈的质量分数w_1，数值以%表示，按式(1)计算

$$w_1=\frac{(V_1-V_2)cM}{1\,000m}\times 100 \qquad \cdots\cdots(1)$$

式中：

V_1——试料消耗的亚硝酸钠标准滴定溶液(5.3.2.3)的体积的数值，单位为毫升(mL)；

V_2——空白消耗的亚硝酸钠标准滴定溶液的体积的数值，单位为毫升(mL)；

c——亚硝酸钠标准滴定溶液浓度的准确数值，单位为摩尔每升(mol/L)；

m——试料的质量数值，单位为克(g)；

M——亚氨基二乙腈的摩尔质量的数值，单位为克每摩尔(g/mol)(M=95.10)；

取平行测定结果的算术平均值为报告结果，两次平行测定结果的绝对差值不大于0.3%。

5.4 水不溶物含量的测定

称取约20 g预先粉碎至2 mm以下的试样，精确至1 mg，加水200 mL。其余按GB/T 9738—2008的规定进行。

取平行测定结果的算术平均值为报告结果。两次平行测定结果的绝对差值不大于0.02%。

5.5 硫酸盐含量的测定

5.5.1 方法提要

在盐酸介质中，加入氯化钡与试验溶液中的硫酸根离子生成白色沉淀，与同法处理的硫酸盐标准比浊溶液比较。

5.5.2 试剂

5.5.2.1 盐酸溶液：1+1。

5.5.2.2 氯化钡溶液：250 g/L。

5.5.2.3 无水乙醇。

5.5.2.4 硫酸盐标准溶液：1.0 mg/mL。

5.5.3 仪器

比色管：50 mL。

5.5.4 分析步骤

称取约 2 g 实验室样品，精确至 1 mg，置于 250 mL 烧杯中，加水 50 mL，微温加热使完全溶解，冷至室温，转移至 100 mL 容量瓶中，加水至刻度，摇匀，过滤、弃去初滤液，取续滤液 2 mL 为试液，置于比色管中，加盐酸溶液 5 mL，氯化钡溶液 5 mL，无水乙醇 5 mL，所呈浊度与标准比浊溶液比较，不得大于与产品各等级规定相符的标准比浊溶液。即一等品：所显浊度不大于 1 号比色管浊度；合格品：所显浊度不大于 2 号比色管浊度。

标准比浊溶液制备：分别吸取硫酸盐标准溶液 0.2 mL±0.02 mL、0.4 mL±0.02 mL，分别置于 1 号、2 号比色管中，加水稀释至 2 mL，与同体积试液同时同样处理。

5.6 水分含量的测定

称取约 0.2 g 实验室样品，精确至 1 mg，按 GB/T 6283—2008 的规定进行测定。

取平行测定结果的算术平均值为报告结果。两次平行测定结果的绝对差值不大于 0.1%。

6 检验规则

6.1 检验分为出厂检验和型式检验。

6.1.1 出厂检验项目为表 1 中亚氨基二乙腈含量、水分、硫酸盐，应逐批进行检验。

6.1.2 型式检验项目为表 1 中的所有项目，在正常生产的情况下，每月应至少进行一次型式检验。有下列情况之一时，也应进行型式检验。

a) 更新关键生产工艺；

b) 主要原料有变化；

c) 停产后重新恢复生产；

d) 出厂检验结果与上次型式检验结果有较大差异；

e) 合同规定。

6.2 工业用亚氨基二乙腈由生产厂的质量检验部门进行检验。生产厂应保证每批出厂产品都符合本标准的要求，并附有一定格式的质量证明书，内容包括：生产厂名称和厂址、产品名称、生产日期或批号、质量等级、净含量和本标准编号等。

6.3 在原材料、工艺不变的条件下，产品连续生产的实际批为一组批，每批产品不超过 20 t。

6.4 工业用亚氨基二乙腈按 GB/T 6678—2003 和 GB/T 6679—2003 的规定进行采样。将采得的样品装入塑料袋混匀后，并缩分至不少于 400 g。将所采样品分装于两个清洁、干燥的塑料袋中，密封。贴上标签，注明生产厂名、产品名称、批号、采样日期和采样者姓名。一份供检验用，一份保存备查，保存时间根据实际需要确定。

6.5 检验结果的判定应按 GB/T 1250 中规定的修约值比较法进行。检验结果如有一项指标不符合本标准要求时，应重新自两倍量的包装单元中采样进行复验，复验结果即使只有一项指标不符合本标准要求,则整批产品为不合格。

7 标志、包装、运输和贮存

7.1 标志

包装袋上应有牢固、清晰的标志,内容包括:生产厂名称、厂址、产品名称、等级、净含量、批号或生产日期、商标和本标准编号。

7.2 包装

工业用亚氨基二乙腈的内包装采用塑料薄膜袋,外包装采用塑料编织袋。每袋净含量 25 kg,或根据用户的要求并符合有关安全规定进行包装。

7.3 运输

工业用亚氨基二乙腈在运输过程中应有遮盖物,防止雨林和日晒。

7.4 贮存

工业用亚氨基二乙腈应贮存于通风、干燥的仓库内。贮存过程中防止受潮。

ICS 71.080.90
G 17

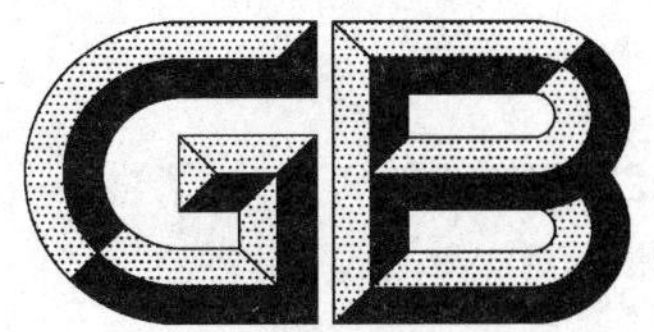

中华人民共和国国家标准

GB/T 23959—2009

工业用对苯二酚

Hydroquinone for industrial use

2009-06-02 发布　　　　2010-02-01 实施

中华人民共和国国家质量监督检验检疫总局
中国国家标准化管理委员会　发布

前 言

本标准的附录A为规范性附录。

本标准由中国石油和化学工业协会提出。

本标准由全国化学标准化技术委员会有机分会(SAC/TC 63/SC 2)归口。

本标准起草单位:连云港三吉利化学工业有限公司。

本标准参加起草单位:盐城凤阳化工有限公司、罗地亚镇江化学品有限公司。

本标准主要起草人:刘德标、陈素青、徐娟、王恒启。

工业用对苯二酚

1 范围

本标准规定了工业用对苯二酚的技术要求、试验方法、检验规则及标志、包装、运输、贮存和安全。

本标准适用于苯酚羟基化法或苯胺法制得的工业用对苯二酚的生产、检验和销售。

分子式：$C_6H_6O_2$

结构式：

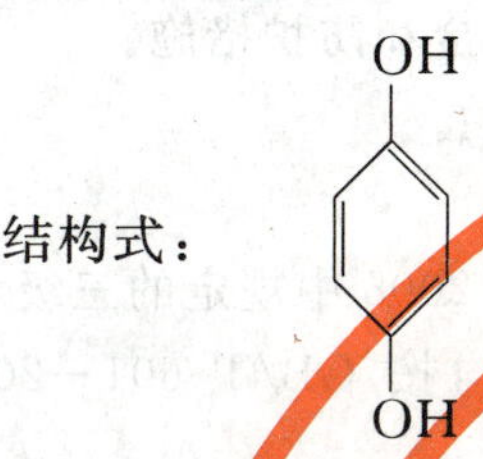

相对分子质量：110.11（按2007年国际相对原子质量）

2 规范性引用文件

下列文件中的条款通过本标准的引用而成为本标准的条款。凡是注日期的引用文件，其随后所有的修改单（不包括勘误的内容）或修订版均不适用于本标准，然而，鼓励根据本标准达成协议的各方研究是否可使用这些文件的最新版本。凡是不注日期的引用文件，其最新版本适用于本标准。

GB 190 危险货物包装标志

GB/T 601—2002 化学试剂 标准滴定溶液的制备

GB/T 602—2002 化学试剂 杂质测定用标准溶液的制备(ISO 6353-1:1982,NEQ)

GB/T 603—2002 化学试剂 试验方法中所用制剂及制品的制备(ISO 6353-1:1982,NEQ)

GB/T 617—2006 化学试剂 熔点范围测定通用方法

GB/T 1250 极限数值的表示方法和判定方法

GB/T 6678—2003 化工产品采样总则

GB/T 6679—2003 固体化工产品采样通则

GB/T 6682—2008 分析实验室用水规格和试验方法(ISO 3696:1987,MOD)

3 要求

3.1 外观：优等品为白色或近白色固体，合格品为白色或浅色固体。

3.2 工业用对苯二酚应符合表1所示的技术要求。

表1 技术要求

项目		指标	
		优等品	合格品
对苯二酚，w/%		99.0～100.5	
邻苯二酚，w/%	≤	0.05	
终熔点/℃		171～175	
灼烧残渣，w/%	≤	0.10	0.30
重金属（以Pb计），w/%	≤	0.002	—

表 1（续）

项　　目		指　　标	
		优等品	合格品
铁(以 Fe 计)，w/%	≤	0.002	—
溶解性试验		通过试验	—

4 试验方法

4.1 警示

试验方法规定的一些试验过程可能导致危险情况，操作者应采取适当的安全和防护措施。

标准所用盐酸、硫酸、氨水等化学品具有腐蚀性，应小心操作，避免皮肤接触。

4.2 一般规定

除非另有说明，在分析中仅使用确认为分析纯的试剂和符合 GB/T 6682—2008 中规定的三级水。

分析中所用标准滴定溶液、制剂及制品，在没有注明其他要求时，均按 GB/T 601—2002、GB/T 602—2002、GB/T 603—2002 之规定制备。

4.3 外观的测定

取适量实验室样品摊平在干净的白纸上，在充足光线下目测。

4.4 对苯二酚含量的测定

4.4.1 方法提要

氧化还原滴定法。对苯二酚与硫酸铈或硫酸铈铵发生氧化还原反应，四价铈被还原成三价铈，以二苯胺做指示剂，计算得到对苯二酚含量。

4.4.2 试剂

4.4.2.1 硫酸溶液：0.5%。

4.4.2.2 硫酸铈或硫酸铈铵标准滴定溶液：$c[Ce(SO_4)_2]=0.1$ mol/L 或 $c[2(NH_4)_2(SO_4)_4 \cdot Ce(SO_4)_2]=0.1$ mol/L。

4.4.2.3 二苯胺指示液：10 g/L。

称取 1.0 g 二苯胺，溶于 100 mL 浓硫酸中。

4.4.3 试验步骤

称取 0.15 g 实验室样品，精确至 0.000 1 g，置于 250 mL 锥形瓶中，加入 100 mL 水、10 mL 硫酸溶液(4.4.2.1)，加 1～2 滴二苯胺指示液，用硫酸铈或硫酸铈铵标准滴定溶液滴定，至溶液由浅黄色变为紫色。

在测定的同时，按与测定相同的步骤，对不加试料而使用相同数量的试剂溶液做空白试验。

4.4.4 结果计算

对苯二酚的质量分数 w_1，数值以%表示，按式(1)计算：

$$w_1=\frac{(V_1-V_2)cM}{1\,000m}\times 100 \qquad \cdots\cdots(1)$$

式中：

V_1——试料消耗硫酸铈或硫酸铈铵标准滴定溶液(4.4.2.2)的体积的数值，单位为毫升(mL)；

V_2——空白试验消耗硫酸铈或硫酸铈铵标准滴定溶液的体积的数值，单位为毫升(mL)；

c——硫酸铈或硫酸铈铵标准滴定溶液的浓度的准确数值，单位为摩尔每升(mol/L)；

m——试料的质量的数值，单位为克(g)；

M——对苯二酚($1/2C_6H_6O_2$)的摩尔质量的数值，单位为克每摩尔(g/mol)(M=55.055)。

取两次平行测定结果的算术平均值为报告结果。两次平行测定结果的绝对差值不大于 0.3%。

4.5 邻苯二酚含量的测定

4.5.1 方法提要

高效液相色谱法。样品用流动相(甲醇-乙酸水溶液)溶解,使用定量进样阀将样品溶液注入色谱系统,通过色谱柱使样品溶液中各组分分离,用紫外吸收检测器检测,外标法定量,计算样品中邻苯二酚含量。

4.5.2 试剂

4.5.2.1 邻苯二酚标准品:质量分数不小于98.0%;

4.5.2.2 甲醇-乙酸水溶液:称取1.0 g冰乙酸,加500 mL水(GB/T 6682—2008中规定的一级水)混匀,为乙酸水溶液。分别取等体积的甲醇(HPLC级试剂)和乙酸水溶液混匀,pH在3～3.5。

4.5.3 仪器

4.5.3.1 高效液相色谱仪:配有可变波长的紫外吸收检测器。

4.5.3.2 色谱工作站。

4.5.3.3 定量进样阀:20 μL。

4.5.3.4 微量注射器:1 mL。

4.5.4 色谱分析条件

推荐的色谱柱及典型操作条件见表2,邻苯二酚含量测定的典型高效液相色谱图见图A.1,各组分的保留时间见表A.1。其他能达到同等分离程度的色谱柱和色谱操作条件均可使用。

表2 推荐的色谱柱和色谱操作条件

色谱柱	250 mm×4.6 mm(柱长×柱内径)不锈钢柱。填充以多孔球型硅胶为基质,表面键合18烷基官能团的非极性填料,填料粒径5 μm
柱温	室温
流动相	甲醇-乙酸水溶液
流动速度/(mL/min)	0.8
检测器检测波长/nm	277
进样量/μL	20μL

4.5.5 分析步骤

4.5.5.1 标准样品溶液的制备

称取0.05 g邻苯二酚标准品,精确至0.000 1 g,置于100 mL容量瓶中,用甲醇-乙酸水溶液溶解并稀释至刻度,摇匀。用移液管准确吸取该溶液2 mL于100 mL容量瓶中,用甲醇-乙酸水溶液稀释至刻度,摇匀(该溶液含邻苯二酚标准品10 μg/mL)。

4.5.5.2 样品溶液的制备

称取0.2 g实验室样品,精确至0.000 1 g,置于100 mL容量瓶中,用甲醇-乙酸水溶液溶解并稀释至刻度,摇匀。

4.5.5.3 测定

在选定色谱条件下,仪器基线稳定后,重复注入标准样品溶液,待相邻两针的相对响应值变化小于1.5%,进行高效液相色谱分析,按下列顺序进样:标准样品溶液,样品溶液,样品溶液,标准样品溶液。将得到的两次样品溶液及前后两次标准样品溶液的峰面积进行平均,外标法定量,计算邻苯二酚含量。

4.5.6 结果计算

邻苯二酚的质量分数 w_2,数值以%表示,按式(2)计算:

$$w_2 = \frac{A_1 m_2 P}{50 A_2 m_1} \qquad \cdots\cdots(2)$$

式中：

A_1——相邻两针样品溶液中邻苯二酚峰面积的平均值；

A_2——样品溶液前后两针标准样品溶液中邻苯二酚峰面积的平均值；

m_1——样品溶液中试料的质量的数值，单位为克(g)；

m_2——标准样品溶液中邻苯二酚标准品的质量的数值，单位为克(g)；

P——邻苯二酚标准品含量的质量分数，%；

50——标准溶液的稀释倍数。

取两次平行测定结果的算术平均值为报告结果。两次平行测定结果的绝对差值不大于0.02%。

4.6 熔点的测定

按GB/T 617—2006规定的方法进行测定。以仪器法作为仲裁法。

4.7 灼烧残渣的测定

4.7.1 仪器

4.7.1.1 坩埚：容积100 mL。

4.7.1.2 高温炉：可控制温度(600±50)℃。

4.7.1.3 干燥器：内装变色硅胶或无水氯化钙。

4.7.2 分析步骤

称取约5.0 g试样，精确至0.01 g，置于预先已在600 ℃恒量的坩埚中。将盛有试样的坩埚，放在电炉上缓慢加热，直到试样全部碳化，转入高温炉中，在600 ℃下灼烧4 h。取出于干燥器中冷却至室温，称量，精确至0.000 1 g。保留该残余物为A，用于重金属和铁含量的测定。

4.7.3 结果计算

灼烧残渣的质量分数 w_3，数值以%表示，按式(3)计算：

$$w_3 = \frac{m_2 - m_1}{m} \times 100 \qquad \cdots\cdots(3)$$

式中：

m_2——坩埚和灼烧后残余物的质量的数值，单位为克(g)；

m_1——坩埚的质量的数值，单位为克(g)；

m——试料的质量的数值，单位为克(g)。

取两次平行测定结果的算术平均值为报告结果。两次平行测定结果的绝对差值不大于0.02%。

4.8 重金属(铅)含量的测定

4.8.1 方法提要

在弱酸性条件下，样品中的重金属(铅)离子与硫化钠作用，生成硫化铅，与同法处理的铅标准溶液比较，做限量试验。

4.8.2 试剂

4.8.2.1 盐酸溶液：1+3。

4.8.2.2 盐酸溶液：1+99。

4.8.2.3 氨水溶液：1+9。

4.8.2.4 硫化钠溶液：用水冲洗几粒硫化钠($Na_2S \cdot 9H_2O$)结晶体，用纸巾吸干水，用100 mL水溶解5.0 g此结晶体。

4.8.2.5 乙酸-乙酸钠缓冲溶液：pH4～5。

4.8.2.6 对硝基酚指示液：2.5 g/L。

4.8.2.7 铅(Pb)标准溶液：0.01 mg/mL。临用前用水将0.1 mg/mL的铅(Pb)标准溶液稀释而成。

4.8.3 仪器

比色管：50 mL。

4.8.4 分析步骤

4.8.4.1 试样溶液的制备

将4.7.2中保留的灼烧后残余物A加2 mL盐酸溶液(4.8.2.1)溶解,用水定量转移至25 mL容量瓶中,稀释至刻度,摇匀。

4.8.4.2 测定

量取(5.0±0.05)mL试样溶液和(2.0±0.05)mL铅(Pb)标准溶液于两个50 mL烧杯中。各加2滴对硝基酚指示液,如果溶液无色,加氨水溶液至溶液变为黄色,再加盐酸溶液(4.8.2.2)至溶液变为无色,并过量1 mL,分别定量转移至两个50 mL容量瓶中,用水稀释至刻度,充分混匀。量取上述两个溶液(20.0±0.05)mL于两个比色管中。在两个比色管中各加10 mL硫化钠溶液,用水稀释至50 mL,混匀。试样溶液产生的颜色不应深于铅(Pb)标准溶液产生的颜色。

4.9 铁(Fe)含量的测定

4.9.1 方法提要

在弱酸性条件下,样品中的铁(Ⅱ)离子与1,10-菲啰啉作用,生成橙红色络合物,与同法处理的铁(Ⅱ)标准溶液比较,做限量试验。

4.9.2 试剂

4.9.2.1 1,10-菲啰啉溶液:分别取等量的1,10-菲啰啉水溶液(1.0 g/L)和盐酸羟胺水溶液(100 g/L)和乙酸-乙酸钠缓冲溶液混合均匀。

4.9.2.2 铁[Fe(Ⅱ)]标准溶液:0.01 mg/mL。

4.9.3 仪器

同4.8.3。

4.9.4 分析步骤

量取(5.0±0.05)mL试样溶液和(2.0±0.05)mL铁[Fe(Ⅱ)]标准溶液于两个50 mL烧杯中。以下步骤同4.8.4.2。在两个比色管中各加入5 mL1,10-菲啰啉溶液,用水稀释至50 mL,混匀。试样溶液产生的颜色不应深于铁[Fe(Ⅱ)]标准溶液产生的颜色。

4.10 溶解性试验

4.10.1 试剂

乙酸溶液:1+9,用冰乙酸制备。

4.10.2 分析步骤

称取2.5 g实验室样品,精确至0.01 g,置于50 mL具塞比色管中,加乙酸溶液至刻度,混匀。目视观察,试验溶液应透明无不溶物。

5 检验规则

5.1 检验分为出厂检验和型式检验。

5.1.1 出厂检验项目为外观和表1中的对苯二酚的质量分数、终熔点、溶解性试验,应逐批进行检验。

5.1.2 型式检验项目为3.1外观和表1中规定的所有项目,在正常生产情况下每六个月至少进行一次型式检验。当遇到下列情况之一时,应进行型式检验:

a) 更新关键生产工艺;

b) 主要原料有变化;

c) 停产后重新恢复生产;

d) 出厂检验结果与上次型式检验结果有较大差异;

e) 合同规定。

5.2 在原材料、工艺不变的条件下,产品连续生产的实际批为一组批,但若干个生产批构成一个检验批的时间通常不超过1天。

5.3 工业用对苯二酚的采样按 GB/T 6678—2003 和 GB/T 6679—2003 的规定进行。所采试样总量不得少于 100 g。将样品混合均匀后分别装于两个清洁、干燥的避光样品袋中，贴上标签并注明：产品名称、批号、采样日期、采样人姓名。一袋送检，一袋留样，留样时间六个月。

5.4 工业用对苯二酚应由生产厂的质量检验部门进行检验。生产厂应保证每批出厂产品都符合本标准的要求，并附有一定格式的质量证明书，内容包括：生产厂名称和厂址、产品名称、产品等级、生产日期或批号、质量等级、净含量和本标准编号等。

5.5 检验结果的判定按 GB/T 1250 中修约值比较法进行。检验结果中如有一项指标不符合本标准要求时，应重新自两倍量的包装单元中采样进行检验。重新检验的结果即使只有一项指标不符合本标准要求，则整批产品为不合格。

6 标志、包装、运输和贮存

6.1 标志

工业用对苯二酚产品包装容器上应有牢固清晰的标志，标明产品名称、生产厂名称、厂址、商标、批号或生产日期、产品等级、净含量、本标准编号以及 GB 190 中规定的“有毒品”标志。

6.2 包装

工业用对苯二酚的包装采用塑料袋和复合袋双层包装。每包净含量为 25 kg。或按照用户要求并符合安全规定的包装。

6.3 运输

工业用对苯二酚运输过程中应轻装、轻卸、防热、防雨、防潮、防止破损，避免阳光照射。

6.4 贮存

工业用对苯二酚应贮存于干燥、避免阳光照射的阴凉处。

7 安全

对苯二酚在与眼睛和皮肤接触时，能引起眼睛损伤和皮肤炎。避免皮肤接触，不要吸入其细尘或蒸气。处理产品时戴好眼睛防护装置和手套。

附 录 A
（规范性附录）
对苯二酚中邻苯二酚含量测定典型高效液相色谱图和参考保留时间

A.1 对苯二酚中邻苯二酚含量测定典型高效液相色谱图

典型色谱图见图A.1。

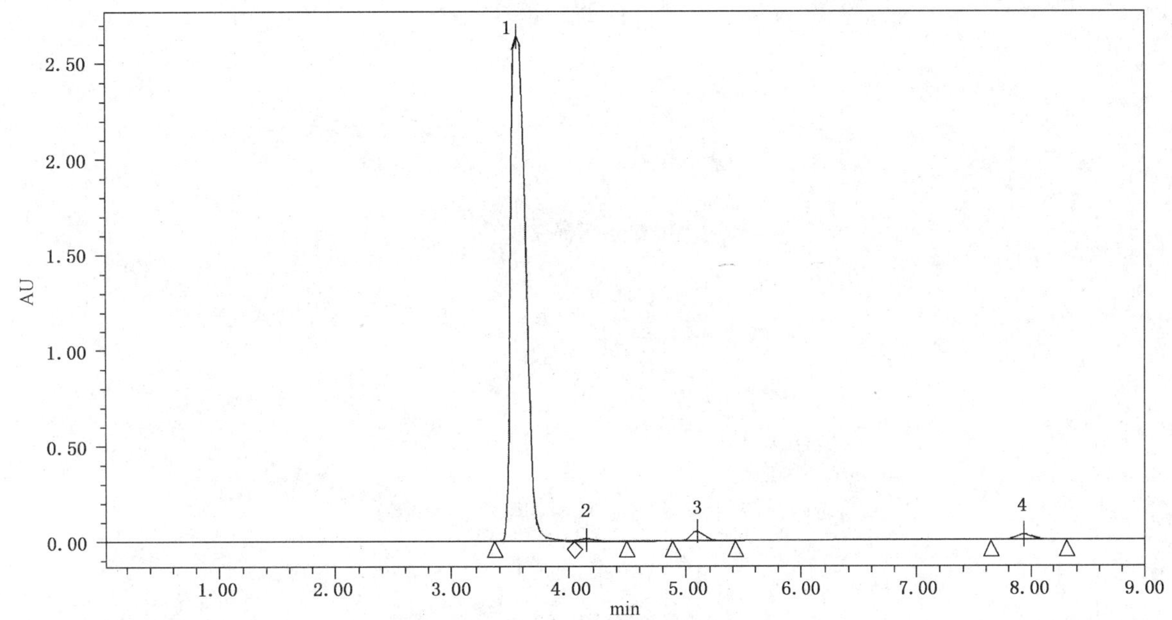

1——对苯二酚；
2——未知峰；
3——邻苯二酚；
4——苯酚。

图A.1 对苯二酚中邻苯二酚含量测定典型高效液相色谱图

A.2 各组分的参考保留时间

各组分的参考保留时间见表A.1。

表A.1 各组分的参考保留时间

峰序	组分名称	保留时间/min
1	对苯二酚	3.577
2	未知峰	4.151
3	邻苯二酚	5.098
4	苯酚	7.937

ICS 71.080.90
G 17

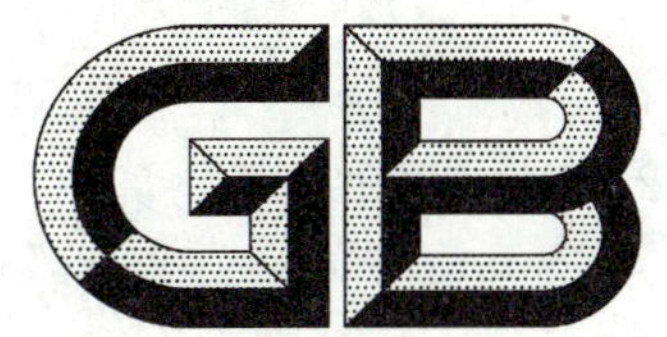

中华人民共和国国家标准

GB/T 23960—2009

工业用邻苯二酚

Catechol for industrial use

2009-06-02 发布　　2010-02-01 实施

中华人民共和国国家质量监督检验检疫总局
中国国家标准化管理委员会　发布

前 言

本标准的附录A为规范性附录。

本标准由中国石油和化学工业协会提出。

本标准由全国化学标准化技术委员会有机分会(SAC/TC 63/SC 2)归口。

本标准起草单位:连云港三吉利化学工业有限公司。

本标准参加起草单位:罗地亚镇江化学品有限公司。

本标准主要起草人:刘德标、陈素青、徐娟、王恒启。

工业用邻苯二酚

1 范围

本标准规定了工业用邻苯二酚的要求、试验方法、检验规则、标志、包装、运输、贮存和安全。

本标准适用于以苯酚羟基化法制得的工业用邻苯二酚的生产、检验和销售。

分子式：$C_6H_6O_2$

结构式：

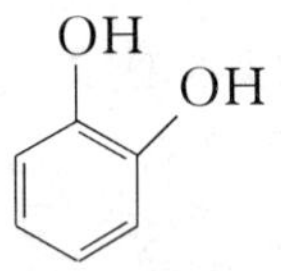

相对分子质量：110.11（按2007年国际相对原子质量）

2 规范性引用文件

下列文件中的条款通过本标准的引用而成为本标准的条款。凡是注日期的引用文件，其随后所有的修改单（不包括勘误的内容）或修订版均不适用于本标准，然而，鼓励根据本标准达成协议的各方研究是否可使用这些文件的最新版本。凡是不注日期的引用文件，其最新版本适用于本标准。

GB 190 危险货物包装标志

GB/T 617—2006 化学试剂 熔点范围测定通用方法

GB/T 1250 极限数值的表示方法和判定方法

GB/T 6678—2003 化工产品采样总则

GB/T 6679—2003 固体化工产品采样通则

GB/T 6682—2008 分析实验室用水规格和试验方法(ISO 3696:1987,MOD)

GB/T 7531—2008 有机化工产品灼烧残渣的测定(ISO 6353-1:1982,NEQ)

3 要求

3.1 外观：浅灰色至浅棕色晶体。

3.2 工业用邻苯二酚应符合表1所示的技术要求。

表1 技术要求

项目		指标	
		优等品	合格品
邻苯二酚，w/%	≥	99.0	98.0
终熔点/℃		103～106	
灼烧残渣，w/%	≤	0.04	

4 试验方法

4.1 警示

试验方法规定的一些试验过程可能导致危险情况，操作者应采取适当的安全和防护措施。

标准所用硝酸、盐酸等化学品具有腐蚀性，应小心操作，避免皮肤接触。

4.2 一般规定

除非另有说明，在分析中仅使用确认为分析纯的试剂和符合GB/T 6682—2008中规定的一级水。

4.3 外观

取适量实验室样品摊平在干净的白纸上，在充足光线下目视观察。

4.4 邻苯二酚含量的测定

4.4.1 方法提要

高效液相色谱法。样品用流动相（甲醇-乙酸水溶液）溶解，使用定量进样阀将样品溶液注入色谱系统，通过色谱柱使样品溶液中各组分分离，用紫外吸收检测器检测，外标法定量，计算样品中邻苯二酚含量。

4.4.2 试剂

4.4.2.1 邻苯二酚标准品：质量分数不小于98.0%。

4.4.2.2 甲醇-乙酸水溶液：称取1.0 g冰乙酸，加500 mL水混匀，为乙酸水溶液。分别取等体积的甲醇（HPLC级试剂）和乙酸水溶液混匀，pH在3～3.5。

4.4.3 仪器

4.4.3.1 高效液相色谱仪：配有可变波长的紫外吸收检测器。

4.4.3.2 色谱工作站。

4.4.3.3 定量进样阀：20 μL。

4.4.3.4 微量注射器：1 mL。

4.4.4 色谱分析条件

推荐的色谱柱及典型操作条件见表2，邻苯二酚含量测定的典型高效液相色谱图见图A.1，各组分的参考保留时间见表A.1。其他能达到同等分离程度的色谱柱和色谱操作条件均可使用。

表2 推荐的色谱柱和色谱操作条件

色谱柱	250 mm×4.6 mm（柱长×柱内径）不锈钢柱。填充以多孔球型硅胶为基质，表面键合18烷基官能团的非极性填料，填料粒径5 μm
柱温	室温
流动相	甲醇-乙酸水溶液
流动速度/(mL/min)	0.8
检测器检测波长/nm	277
进样量/μL	20 μL

4.4.5 分析步骤

4.4.5.1 标准样品溶液的制备

称取0.1 g邻苯二酚标准品，精确至0.000 1 g，置于100 mL容量瓶中，用甲醇-乙酸水溶液溶解并稀释至刻度，摇匀。用移液管准确吸取该溶液2 mL于50 mL容量瓶中，用甲醇-乙酸水溶液稀释至刻度，摇匀（该溶液含邻苯二酚标准品40 μg/mL）。

4.4.5.2 样品溶液的制备

称取0.1 g实验室样品，精确至0.000 1 g，置于100 mL容量瓶中，用甲醇-乙酸水溶液溶解并稀释至刻度，摇匀。用移液管准确吸取2 mL溶液于50 mL容量瓶中，用甲醇-乙酸水溶液稀释至刻度，摇匀。

4.4.5.3 测定

在选定色谱条件下，仪器基线稳定后，重复注入标准样品溶液，待相邻两针的相对响应值变化小于1.5%，进行高效液相色谱分析，按下列顺序进样：标准样品溶液，样品溶液，样品溶液，标准样品溶液。将得到的两次样品溶液及前后两次标准样品溶液的峰面积进行平均，外标法定量，计算得到邻苯二酚含量。

4.4.6 **结果计算**

邻苯二酚的质量分数 w_1，数值以%表示，按式(1)计算：

$$w_1 = \frac{A_1 m_2 P}{A_2 m_1} \quad \cdots\cdots\cdots\cdots (1)$$

式中：

A_1——相邻两针样品溶液中邻苯二酚峰面积的平均值；

A_2——样品溶液前后两针标准样品溶液中邻苯二酚峰面积的平均值；

m_1——样品溶液中试料的质量的数值，单位为克(g)；

m_2——标准样品溶液中邻苯二酚标准品的质量的数值，单位为克(g)；

P——邻苯二酚标准品含量的质量分数，单位为%。

取两次平行测定结果的算术平均值为报告结果，两次平行测定结果的绝对差值不大于0.7%。

4.5 熔点的测定

按GB/T 617—2006规定的方法进行测定。以仪器法作为仲裁法。

4.6 灼烧残渣的测定

按GB/T 7531—2008的规定进行。灼烧温度650 ℃。

取两次平行测定结果的算术平均值为报告结果，两次平行测定结果的绝对差值不大于0.01%。

5 检验规则

5.1 检验分类分为出厂检验和型式检验。

5.1.1 出厂检验项目为外观(见3.1)和表1中的邻苯二酚的质量分数、终熔点，应逐批进行检验。

5.1.2 型式检验项目为外观(见3.1)和表1中规定的所有项目，在正常生产情况下每六个月至少进行一次型式检验。当遇到下列情况之一时，应进行型式检验：

a) 更新关键生产工艺；

b) 主要原料有变化；

c) 停产后重新恢复生产；

d) 出厂检验结果与上次型式检验结果有较大差异；

e) 合同规定。

5.2 在原材料、工艺不变的条件下，产品连续生产的实际批为一组批，但若干个生产批构成一个检验批的时间通常不超过1天。

5.3 工业用邻苯二酚的采样按GB/T 6678—2003和GB/T 6679—2003的规定进行。所采试样总量不得少于100 g。将样品混合均匀后分别装于两个清洁、干燥的避光样品袋中，贴上标签并注明：产品名称、批号、采样日期、采样人姓名。一袋送检，一袋留样，留样时间六个月。

5.4 工业用邻苯二酚应由生产厂的质量检验部门进行检验。生产厂应保证每批出厂产品都符合本标准的要求，并附有一定格式的质量证明书，内容包括：生产厂名称和厂址、产品名称、产品等级、生产日期或批号、质量等级、净含量和本标准编号等。

5.5 检验结果的判定按GB/T 1250中修约值比较法进行。检验结果中如有一项指标不符合本标准要求时，应重新自两倍量的包装单元中采样进行检验。重新检验的结果即使只有一项指标不符合本标准要求，则整批产品为不合格。

6 标志、包装、运输、贮存

6.1 标志

工业用邻苯二酚产品包装容器上应有牢固清晰的标志，内容包括：产品名称、生产厂名称、厂址、商标、批号或生产日期、产品等级、净含量、本标准编号以及符合GB 190中规定的“有毒品”标志。

6.2 包装

工业用邻苯二酚的包装采用塑料袋和复合袋双层包装。每包净含量为25 kg。或按照用户要求并符合安全规定的包装。

6.3 运输

工业用邻苯二酚运输过程中应轻装、轻卸、防热、防雨、防潮、防止破损，避免阳光照射。

6.4 贮存

工业用邻苯二酚应贮存于干燥、避免阳光照射的阴凉处。

7 安全

邻苯二酚可燃，有毒。受高热分解放出有毒的气体。与强氧化剂接触可发生化学反应。空气中粉尘浓度超标时，佩戴自吸过滤式防尘口罩。紧急事态抢救或撤离时，应该佩戴空气呼吸器。

附　录　A
（规范性附录）
邻苯二酚含量测定典型高效液相色谱图和参考保留时间

A.1　邻苯二酚含量测定典型高效液相色谱图

典型色谱图见图 A.1。

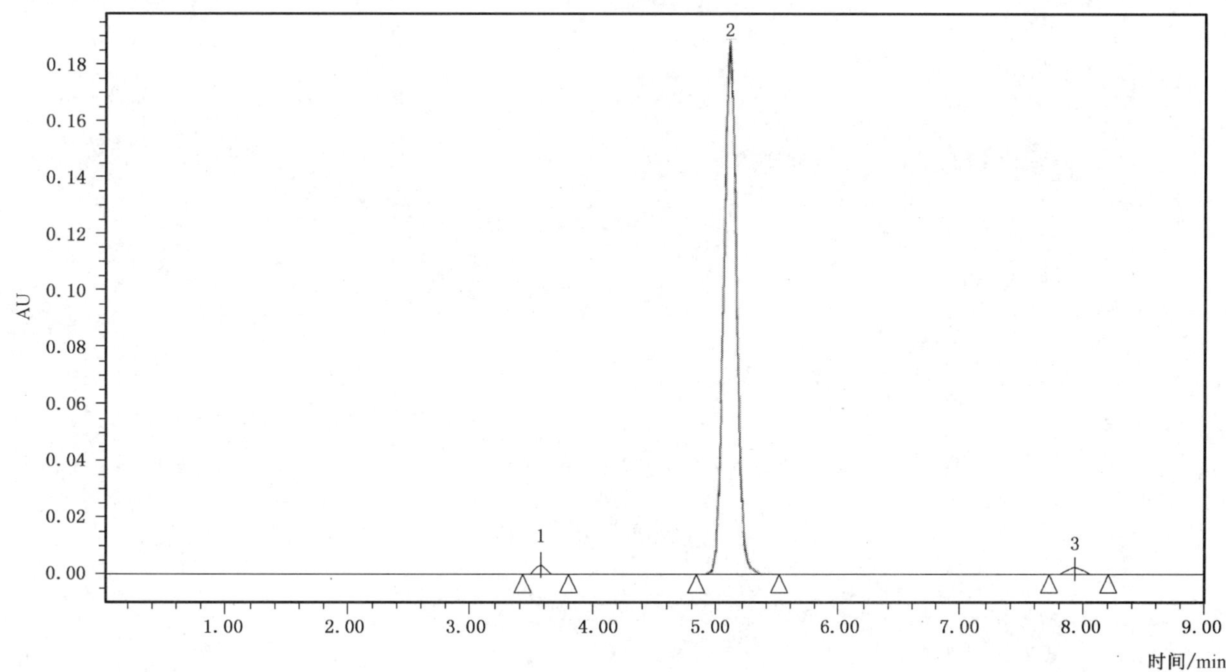

1——对苯二酚；
2——邻苯二酚；
3——苯酚。

图 A.1　邻苯二酚含量测定典型高效液相色谱图

A.2　各组分的参考保留时间

各组分的参考保留时间见表 A.1。

表 A.1　各组分的参考保留时间

峰序	组分名称	保留时间/min
1	对苯二酚	3.574
2	邻苯二酚	5.094
3	苯酚	7.930

ICS 71.080.30
G 17

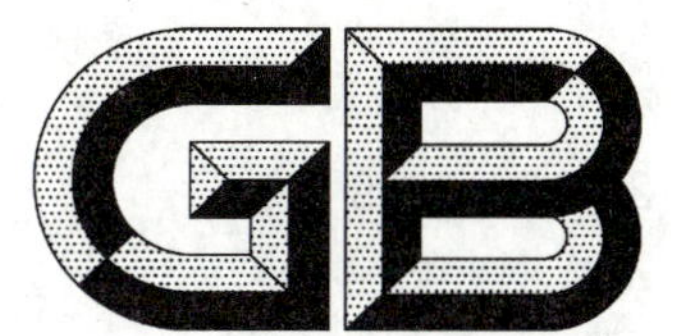

中华人民共和国国家标准

GB/T 23962—2009

工业用一乙胺

Ethylamine for industrial use

2009-06-02 发布　　　　2010-02-01 实施

中华人民共和国国家质量监督检验检疫总局
中国国家标准化管理委员会　发布

前　言

本标准的附录 A 为规范性附录。

本标准由中国石油和化学工业协会提出。

本标准由全国化学标准化技术委员会有机分会(SAC/TC 63/SC 2)归口。

本标准起草单位:浙江建德建业有机化工有限公司。

本标准参加起草单位:德州市德化化工有限公司、浙江新化化工股份有限公司。

本标准主要起草人:郑丰平、周红英、张有忠、方祖祥、胡孙清。

工业用一乙胺

1 范围

本标准规定了工业用一乙胺的要求、试验方法、检验规则以及标志、包装、运输、贮存和安全等。

本标准适用于在氢气存在下，以乙醇为原料通过触媒氨化法制得的工业用一乙胺的生产、检验和销售。

分子式：C_2H_7N

结构式：$CH_3—CH_2—NH_2$

相对分子质量：45.08(按 2007 年国际相对原子质量)

2 规范性引用文件

下列文件中的条款通过本标准的引用而成为本标准的条款。凡是注日期的引用文件，其随后所有的修改单(不包括勘误的内容)或修订版均不适用于本标准，然而，鼓励根据本标准达成协议的各方研究是否可使用这些文件的最新版本。凡是不注日期的引用文件，其最新版本适用于本标准。

GB 190 危险货物包装标志

GB/T 601—2002 化学试剂 标准滴定溶液的制备

GB/T 603—2002 化学试剂 试验方法中所用制剂及制品的制备(ISO 6353-1:1982,NEQ)

GB/T 1250 极限数值的表示方法和判定方法

GB/T 3143—1982 液体化学产品颜色测定法(Hazen单位—铂-钴色号)

GB/T 6283—2008 化工产品中水分含量的测定 卡尔·费休法(通用方法)(ISO 760:1978,NEQ)

GB/T 6678—2003 化工产品采样总则

GB/T 6680—2003 液体化工产品采样通则

GB/T 6682—2008 分析实验室用水规格和试验方法(ISO 3696:1987,MOD)

GB/T 9722—2006 化学试剂 气相色谱法通则

GB/T 23961—2009 低碳脂肪胺含量的测定 气相色谱法

3 分类和命名

工业用一乙胺按产品纯度分型，命名为一乙胺(无水)和一乙胺(70%水溶液)。

4 要求

4.1 工业用一乙胺的外观为透明液体，无机械杂质。

4.2 工业用一乙胺应符合表1所示的技术要求。

表1 技术要求

项目	指标			
	一乙胺(无水)		一乙胺(70%水溶液)	
	优等品	合格品	优等品	合格品
一乙胺，w/% ≥	99.5	99.2	70.0	

表 1（续）

项　　目		指　　标			
		一乙胺（无水）		一乙胺（70%水溶液）	
		优等品	合格品	优等品	合格品
二乙胺，w/%	≤	0.15	0.20	0.10	0.15
三乙胺，w/%	≤	0.10	0.15	0.05	0.10
乙醇，w/%	≤	0.1	0.2	0.07	0.15
氨，w/%	≤	0.1	0.2	0.07	0.15
水，w/%	≤	0.1		—	—
色度/Hazen 单位（铂-钴色号）	≤	15	30	15	30

5　试验方法

5.1　警示

试验方法规定的一些试验过程可能导致危险情况，操作者应采取适当的安全和防护措施。

5.2　一般规定

本标准所用的试剂和水，在没有注明其他要求时均指分析纯试剂和 GB/T 6682—2008 中规定的三级水。

分析中所用标准滴定溶液、制剂及制品，在没有注明其他要求时，均按 GB/T 601—2002 和 GB/T 603—2002 之规定制备。

5.3　外观的测定

取适量实验室样品，加入具塞比色管，在足够的光线下目视观察。

5.4　一乙胺（无水）样品的制备

5.4.1　试剂

正丙醇：已知水的质量分数 w_A，%。

5.4.2　仪器

5.4.2.1　双阀型钢瓶：体积约 500 mL，工作压力大于 3.0 MPa，双阀型钢瓶示意图见图 1。

5.4.2.2　不锈钢管：内径 6 mm。

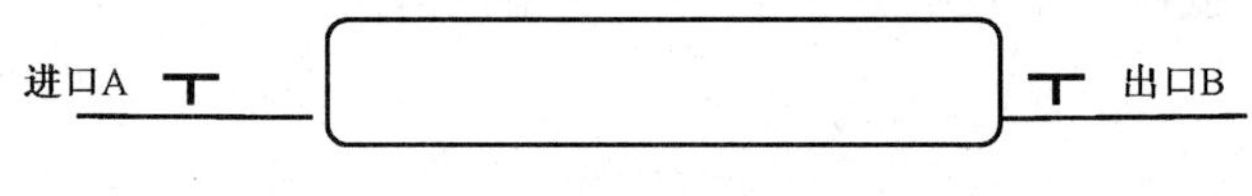

图 1　双阀型钢瓶示意图

5.4.3　操作步骤

5.4.3.1　将双阀型钢瓶进口 A 用不锈钢管与一乙胺钢瓶出口连接，出口 B 连接聚乙烯软管并通入收集桶内，抬高出口 B，打开一乙胺钢瓶出口阀门、双阀型钢瓶进口 A 阀门、出口 B 阀门，一乙胺采样量约为双阀型钢瓶容积的 2/3 时，关闭一乙胺钢瓶出口阀门、双阀型钢瓶进口 A 和出口 B 阀门。卸下双阀型钢瓶，冷却至 10 ℃以下。

5.4.3.2　开启双阀型钢瓶，将一乙胺缓慢通入盛有冷水（已知质量，精确至 0.5 g）的玻璃样品瓶中，通入过程中称量一乙胺，精确至 0.5 g，直至制备成一乙胺质量分数约为 70%的一乙胺水溶液。

5.4.3.3　重复上述步骤对 6.4 所确定的各一乙胺钢瓶进行采样，按等体积混合得到样品溶液 A，并取各质量分数的平均值为样品溶液 A 的一乙胺质量分数 w_B，样品溶液 A 供 5.5、5.8 和 5.10 分析用。

5.4.3.4　开启双阀型钢瓶，将一乙胺缓慢通入盛有约 100 g 正丙醇（精确至 0.5 g）的玻璃样品瓶中，通入过程中称量一乙胺，精确至 0.5 g，直至制备成一乙胺质量分数约为 50% 的一乙胺正丙醇溶液。

5.4.3.5 重复上述步骤对 6.4 所确定的各一乙胺钢瓶进行采样，按等体积混合得到样品溶液 B，并取各质量分数的平均值为样品溶液 B 的一乙胺质量分数 w_C，样品溶液 B 供 5.9 分析用。

5.5 一乙胺(无水)中一乙胺含量、二乙胺含量、三乙胺含量和乙醇含量的测定

试料为 5.4.3.3 样品溶液 A。其他按 GB/T 23961—2009 的规定进行。

5.6 一乙胺(70%水溶液)中一乙胺含量的测定

5.6.1 方法提要

用盐酸标准滴定溶液滴定样品中的总碱度(以一乙胺计)，用气相色谱法分别测定样品中二乙胺、三乙胺和氨并换算为以一乙胺计的含量，用总碱度减去这些杂质含量为样品一乙胺含量。

5.6.2 总碱度的测定

5.6.2.1 试剂

5.6.2.1.1 盐酸标准滴定溶液：$c(HCl)=0.2$ mol/L。

5.6.2.1.2 甲基红指示液：2 g/L。

5.6.2.2 分析步骤

用配有 5 号封闭针头的 1 mL 注射器，吸取约 0.5 g 实验室样品，擦干针头，立即用硅橡胶垫堵住，称量，精确至 0.000 2 g，取下硅橡胶垫，立即插入盛有约 25 mL 水的锥形瓶中，缓慢注入样品，注入后立即用硅橡胶垫堵住针头，称量，精确至 0.000 2 g，两次称量之差为样品质量。在锥形瓶中加入甲基红指示液(2～3)滴，用盐酸标准滴定溶液滴定至微红色即为终点。

5.6.2.3 结果计算

总碱度的质量分数 w_1，数值以%表示，按式(1)计算：

$$w_1=\frac{(V/1\,000)cM}{m}\times 100 \qquad \cdots\cdots(1)$$

式中：

V——试料消耗盐酸标准滴定溶液(5.6.2.1.1)体积的数值，单位为毫升(mL)；

c——盐酸标准滴定溶液浓度的准确数值，单位为摩尔每升(mol/L)；

m——试料质量的数值，单位为克(g)；

M——一乙胺的摩尔质量的数值，单位为克每摩尔(g/mol)(M=45.08)。

取两次平行测定结果的算术平均值为测定结果。两次平行测定结果的绝对差值不大于 0.2%。

5.6.3 一乙胺(70%水溶液)中一乙胺含量的计算

一乙胺的质量分数 w_2，数值以%表示，按式(2)计算：

$$w_2=w_1-w_3\frac{M_a}{M_b}-w_4\frac{M_a}{M_c}-w_5\frac{M_a}{M_d} \qquad \cdots\cdots(2)$$

式中：

w_1——5.6.2 测得的总碱度的质量分数，%；

w_3——5.8 测得的氨的质量分数，%；

w_4——5.7 测得的二乙胺的质量分数，%；

w_5——5.7 测得的三乙胺的质量分数，%；

M_a——一乙胺的摩尔质量的数值，单位为克每摩尔(g/mol)(M=45.08)；

M_b——氨的摩尔质量的数值，单位为克每摩尔(g/mol)(M=17.0)；

M_c——二乙胺的摩尔质量的数值，单位为克每摩尔(g/mol)(M=73.14)；

M_d——三乙胺的摩尔质量的数值，单位为克每摩尔(g/mol)(M=101.19)。

取两次平行测定结果的算术平均值为测定结果。两次平行测定结果的绝对差值不大于 0.2%。

5.7 一乙胺(70%水溶液)中二乙胺含量、三乙胺含量和乙醇含量的测定

按 GB/T 23961—2009 的规定进行。

5.8 氨含量的测定

5.8.1 方法提要

在选定的工作条件下，使样品气化后经色谱柱分离，用热导检测器检测，采用外标法定量。

5.8.2 试剂

5.8.2.1 氨水：已知质量分数。

5.8.2.2 载气：体积分数不低于99.99%，使用前经脱水、脱氧、除有机物等净化处理。

5.8.3 仪器

5.8.3.1 气相色谱仪：配有热导检测器，整机灵敏度和稳定性应符合GB/T 9722—2006中的有关规定。

5.8.3.2 色谱数据处理机或色谱工作站。

5.8.3.3 进样器：自动进样器或微量注射器，5 μL或10 μL。

5.8.4 色谱分析条件

本标准推荐的色谱柱和典型色谱操作条件见表2。典型色谱图见附录A图A.1，相对保留值见附录A表A.1。其他能达到同等分离程度的色谱柱和色谱操作条件均可使用。

表2 氨含量测定色谱柱及典型色谱操作条件

色谱柱	∮3 mm×1.5 m不锈钢填充柱
载体	Porapak QS 0.18 mm～0.25 mm
固定液	四乙烯五胺＋氢氧化钾
固定液质量比	Porapak QS：四乙烯五胺：氢氧化钾＝90：9：1
桥流/mA	150
汽化室温度/℃	200
柱箱温度/℃	90
检测器温度/℃	180
载气（氢气）流量/（mL/min）	24
进样量/μL	1

5.8.5 分析步骤

5.8.5.1 氨标准样品溶液的配制

在各标样瓶中分别称取100 g水，称取适量氨水加入其中，以上称量均精确至0.000 2 g，配制成与样品氨质量分数相近的氨标准样品溶液。氨标准样品溶液保存在冰箱中备用。

5.8.5.2 测定

启动气相色谱仪，按表2所列色谱操作条件或其他合适的条件调试仪器，基线稳定后在同样条件下对样品和氨标准样品溶液进行色谱分析。一乙胺（无水）试样为样品溶液A（5.4.3.3）。一乙胺（70%水溶液）直接进样。用色谱数据处理机或色谱工作站计算结果。

5.8.6 结果计算

5.8.6.1 一乙胺（无水）中氨的质量分数 w_3，数值以%表示，按式（3）计算：

$$w_3 = \frac{c_s A}{A_s w_B} \times 100 \qquad (3)$$

式中：

A_s——氨标准样品溶液中的氨峰面积；

A——试料中的氨峰面积；

c_s——氨标准样品溶液氨质量分数的准确数值，%；

w_B——样品溶液 A(5.4.3.3)的一乙胺质量分数。

取两次平行测定结果的算术平均值为测定结果。两次平行测定结果的绝对差值不大于 0.02%。

5.8.6.2 一乙胺(70%水溶液)中氨的质量分数 w_3，数值以%表示，按式(4)计算：

$$w_3 = \frac{c_s A}{A_s} \times 100 \quad \cdots\cdots(4)$$

式中：

A_s——氨标准样品溶液中的氨峰面积；

A——试料中的氨峰面积；

c_s——氨标准样品溶液氨质量分数的准确数值，%。

取两次平行测定结果的算术平均值为测定结果。两次平行测定结果的绝对差值不大于 0.02%。

5.9 一乙胺(无水)水含量的测定

5.9.1 方法提要

用卡尔·费休库仑法或卡尔·费休直接电量法测定一乙胺(无水)样品的正丙醇溶液中水的质量分数，减去正丙醇试剂中水的质量分数，计算得到一乙胺(无水)样品中水的质量分数。

5.9.2 一乙胺正丙醇溶液中水含量的测定

5.9.2.1 卡尔·费休库仑法(仲裁法)

5.9.2.1.1 方法提要

一乙胺正丙醇溶液中的水分与电解液中的碘和二氧化硫发生定量反应，反应式为：

$$I_2 + SO_2 + H_2O \longrightarrow 2HI + SO_3$$

$$2I^- - 2e \longrightarrow I_2$$

参加反应的碘分子数等于水的分子数，而电解生成的碘与所消耗的电量成正比，依据法拉第定律，用测量消耗的电量得出一乙胺正丙醇溶液水的量。

5.9.2.1.2 试剂

电解液：卡尔·费休试剂或与卡尔·费休库仑法水分测定仪配套使用的电解液(市售试剂)。

5.9.2.1.3 仪器

5.9.2.1.3.1 卡尔·费休库仑法微量水分测定仪：配有电解电极和检测电极等。示值误差：10 μg～1 000 μg 水，不大于±3 μg；大于 1 000 μg 水，不大于±0.3%。其他能满足分析要求的库仑法微量水分测定仪也可使用。

5.9.2.1.3.2 微量进样器：适宜容量的进样器。

5.9.2.1.4 操作步骤

加入电解液，按仪器说明书调节水分测定仪至工作状态后，按仪器说明书要求进行标定。

用注射器称取 50 μL 5.4.3.5 样品溶液 B，精确至 0.000 2 g，注入水分测定仪，待反应完毕后在显示屏上读取水的质量数值。

5.9.2.1.5 结果计算

一乙胺正丙醇溶液水的质量分数 w_6，数值以%表示，按式(5)计算：

$$w_6 = \frac{m_2}{m_1 \times 10^6} \times 100 \quad \cdots\cdots(5)$$

式中：

m_2——读取的水的质量的数值，单位为微克(μg)；

m_1——一乙胺正丙醇溶液试料质量的数值，单位为克(g)。

取两次平行测定结果的算术平均值为测定结果。两次平行测定结果的绝对差值不大于 0.02%。

5.9.2.2 卡尔·费休直接电量法

按 GB/T 6283—2008 规定的直接电量法进行。

用注射器称取 1.5 g～3 g 样品溶液 B(5.4.3.5)为一乙胺正丙醇溶液试料 m_1，精确至 0.001 g，进行分析得到一乙胺正丙醇溶液水的质量分数为 w_6。

取两次平行测定结果的算术平均值为测定结果。两次平行测定结果的绝对差值不大于 0.02%。

5.9.3 一乙胺(无水)水含量的计算

一乙胺(无水)水的质量分数 w_7，数值以%表示，按式(6)计算：

$$w_7 = \frac{m_1 w_6 - m_1(1 - w_C)w_A}{m_1 w_C} \times 100 \qquad \cdots\cdots(6)$$

式中：

m_1——一乙胺正丙醇溶液试料质量的数值，单位为克(g)；

w_6——5.9.2 或 5.9.3 中测得的一乙胺正丙醇溶液水的质量分数，%；

w_A——正丙醇(5.4.1)中水的质量分数，%；

w_C——样品溶液 B(5.4.3.5)的一乙胺质量分数，%。

5.10 色度的测定

按 GB/T 3143—1982 的规定进行。一乙胺(无水)试料为样品溶液 A(5.4.3.3)。

6 检验规则

6.1 本标准采用出厂检验。第 4 章要求中规定的所有项目均为出厂检验项目。

6.2 工业用一乙胺应由生产厂的质量检验部门进行检验。生产厂应保证每批出厂产品都符合本标准的要求，并附有一定格式的质量证明书，内容包括：生产厂名称和厂址、产品名称、产品等级、生产日期或批号、净含量和本标准编号等。

6.3 工业用一乙胺产品以同等质量的均匀产品为一批。一乙胺桶装或钢瓶包装产品以不大于 100 t 为一批，或以一贮槽、一槽罐的产品量为一批。

6.4 工业用一乙胺(70%水溶液)按 GB/T 6678—2003 的规定确定采样单元数，按 GB/T 6680—2003 的规定进行采样。一乙胺(无水)采样单元数 100 瓶以上按总数的 2%取样；(30～100)瓶不少于 2 瓶取样；30 瓶以下不少于 1 瓶取样。所采一乙胺(无水)钢瓶供 5.4 制备样品。采样的总量应保证检验的需要。

6.5 将所采样品分装于两个清洁、干燥的带内塞的试剂瓶中。瓶上粘贴标签，注明产品名称、生产日期、批号、等级、采样日期和采样人姓名。一瓶供质量检验用，另一瓶密封保存三个月，以备查验。一乙胺(无水)以 5.4 制得的样品水溶液保存。

6.6 检验结果的判定按 GB/T 1250 中规定的修约值比较法进行。检验结果如有任何一项指标不符合本标准要求时，则应重新自两倍数量的采样单元中采样进行检验。重新检验的结果即使只有一项指标不符合本标准的要求，则整批产品为不合格。

7 标志、包装、运输和贮存

7.1 标志

工业用一乙胺包装容器应有牢固、清晰的标志，其内容包括：生产厂名称、厂址、产品名称、型号、商标、本标准编号、工业产品生产许可证编号、生产日期、批号和净含量。一乙胺(70%水溶液)还应有符合 GB 190 规定的“易燃液体”标志。

7.2 包装

工业用一乙胺(70%水溶液)用闭口钢桶、槽车、罐车包装；工业用一乙胺(无水)用液化气钢瓶包装；或采用按供需双方协商并符合安全规定的包装。

7.3 运输

工业用一乙胺在装卸、运输时应避免静电火花产生，搬运时不可与皮肤接触。

7.4 贮存

工业用一乙胺应贮存在清洁、阴凉、干燥、远离火源的库房内，防止日晒、雨淋。

8 安全

工业用一乙胺遇明火、高温可燃烧或发生爆炸，与强酸、强氧化剂激烈反应有着火和爆炸的危险，产生有毒的氮氧化物气体。接触或使用工业用一乙胺时，应配戴必要的防护用品。当皮肤接触时用肥皂水和清水彻底冲洗皮肤 15 min 以上；眼睛接触时，用流动清水或生理盐水冲洗，就医。

附 录 A
（规范性附录）
氨含量的测定典型色谱图及相对保留值

A.1 图 A.1 给出了氨含量测定典型色谱图。

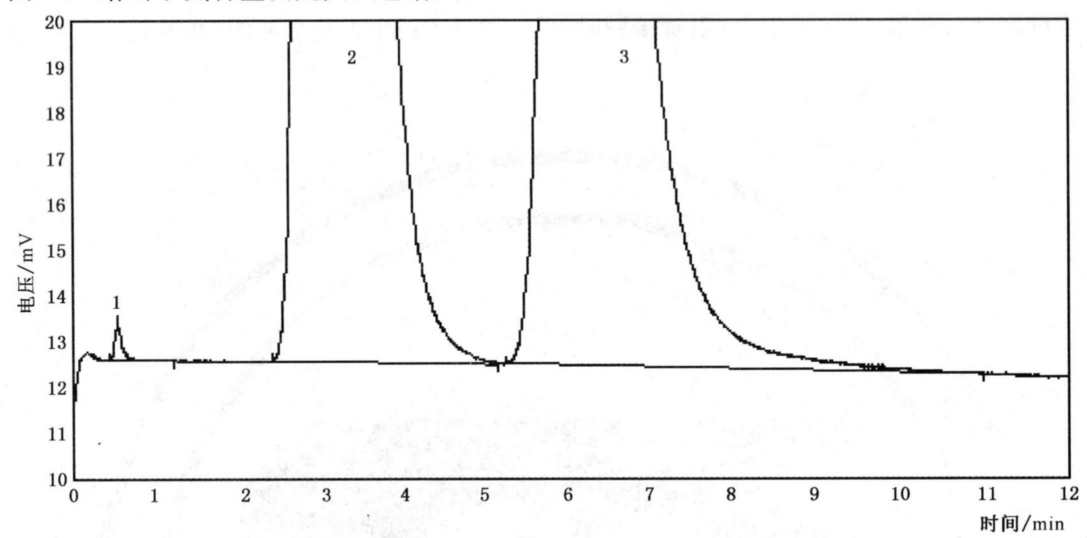

1——氨；
2——水；
3——一乙胺。

图 A.1 氨含量测定典型色谱图

A.2 表 A.1 给出了相对保留值。

表 A.1 相对保留值

峰名	保留时间/min	相对保留值
氨	0.53	1
水	3.0	5.7
一乙胺	6.2	11.7

ICS 71.080.30
G 17

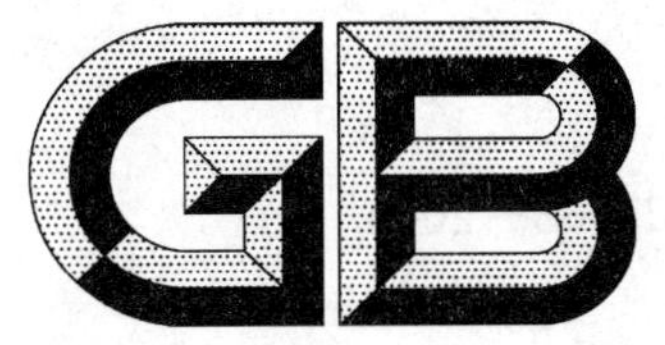

中华人民共和国国家标准

GB/T 23963—2009

工业用二乙胺

Diethylamine for industrial use

2009-06-02 发布　　　　2010-02-01 实施

中华人民共和国国家质量监督检验检疫总局
中国国家标准化管理委员会　发布

前　言

本标准由中国石油和化学工业协会提出。

本标准由全国化学标准化技术委员会有机分会(SAC/TC 63/SC 2)归口。

本标准起草单位:浙江建德建业有机化工有限公司。

本标准参加起草单位:德州市德化化工有限公司、浙江新化化工股份有限公司。

本标准主要起草人:郑丰平、张有忠、钱剑、王烈锋、孙祺。

工业用二乙胺

1 范围

本标准规定了工业用二乙胺的要求、试验方法、检验规则以及标志、包装、运输、贮存和安全等。

本标准适用于在氢气存在下，以乙醇为原料通过触媒氨化法制得的工业用二乙胺的生产、检验和销售。

分子式：$C_4H_{11}N$

结构式：$CH_3—CH_2—NH—CH_2—CH_3$

相对分子质量：73.14（按2007年国际相对原子质量）

2 规范性引用文件

下列文件中的条款通过本标准的引用而成为本标准的条款。凡是注日期的引用文件，其随后所有的修改单（不包括勘误的内容）或修订版均不适用于本标准，然而，鼓励根据本标准达成协议的各方研究是否可使用这些文件的最新版本。凡是不注日期的引用文件，其最新版本适用于本标准。

GB 190　危险货物包装标志

GB/T 1250　极限数值的表示方法和判定方法

GB/T 3143—1982　液体化学产品颜色测定法（Hazen单位—铂-钴色号）

GB/T 6283—2008　化工产品中水分含量的测定　卡尔·费休法（通用方法）（ISO 760:1978，NEQ）

GB/T 6678—2003　化工产品采样总则

GB/T 6680—2003　液体化工产品采样通则

GB/T 6682—2008　分析实验室用水规格和试验方法（ISO 3696:1987，MOD）

GB/T 23961—2009　低碳脂肪胺含量的测定　气相色谱法

3 要求

3.1　工业用二乙胺外观为透明液体，无机械杂质。

3.2　工业用二乙胺质量应符合表1所示的技术要求。

表1　技术要求

项　目		指　标	
		优等品	合格品
二乙胺，w/%	≥	99.5	99.2
一乙胺，w/%	≤	0.05	0.10
三乙胺，w/%	≤	0.1	
乙醇，w/%	≤	0.1	
水，w/%	≤	0.1	0.2
色度/Hazen单位（铂-钴色号）	≤	15	30

4 试验方法

4.1 警示

试验方法规定的一些试验过程可能导致危险情况，操作者应采取适当的安全和防护措施。

4.2 一般规定

本标准所用的试剂和水，在没有注明其他要求时均指分析纯试剂和 GB/T 6682—2008 中规定的三级水。

4.3 外观的测定

取适量实验室样品，加入具塞比色管，在足够的光线下目视观察。

4.4 二乙胺含量、一乙胺含量、三乙胺含量和乙醇含量的测定

按 GB/T 23961—2009 的规定进行。

4.5 水含量的测定

4.5.1 卡尔·费休库仑法(仲裁法)

4.5.1.1 方法提要

样品中的水分与电解液中的碘和二氧化硫发生定量反应，反应式为：

$$I_2 + SO_2 + H_2O \longrightarrow 2HI + SO_3$$

$$2I^- - 2e \longrightarrow I_2$$

参加反应的碘分子数等于水的分子数，而电解生成的碘与所消耗的电量成正比，依据法拉第定律，用测量消耗的电量得出水的量。

4.5.1.2 试剂

电解液：卡尔·费休试剂或与卡尔·费休库仑法水分测定仪配套使用的电解液(市售试剂)。

4.5.1.3 仪器

4.5.1.3.1 卡尔·费休库仑法水分测定仪：配有电解电极和检测电极等。示值误差：10 μg～1 000 μg 水，不大于±3 μg；大于 1 000 μg 水，不大于±0.3%。其他能满足分析要求的库仑法微量水分测定仪也可使用。

4.5.1.3.2 微量进样器：适宜容量的进样器。

4.5.1.4 分析步骤

加入电解液，按仪器说明书调节水分测定仪至工作状态后，按仪器说明书要求进行标定。

用注射器称取 50 μL 实验室样品，精确至 0.000 2 g，注入水分测定仪，待反应完毕后在显示屏上读取水的质量数值。

4.5.1.5 结果计算

水的质量分数 w，数值以%表示，按式(1)计算：

$$w = \frac{m_1}{m \times 10^6} \times 100 \qquad \cdots\cdots(1)$$

式中：

m_1——读取的水的质量的数值，单位为微克(μg)；

m——试料质量的数值，单位为克(g)。

取两次平行测定结果的算术平均值为测定结果。两次平行测定结果的绝对差值不大于 0.02%。

4.5.2 卡尔·费休直接电量法

按 GB/T 6283—2008 规定的直接电量法进行。

用注射器称取 1.5 g～3 g 实验室样品，精确至 0.001 g。

取两次平行测定结果的算术平均值为测定结果。两次平行测定结果的绝对差值不大于0.02%。

4.6 色度的测定

按GB/T 3143—1982的规定进行。

5 检验规则

5.1 本标准采用出厂检验。第3章要求中规定的所有项目均为出厂检验项目。

5.2 工业用二乙胺应由生产厂的质量检验部门进行检验。生产厂应保证每批出厂产品都符合本标准的要求,并附有一定格式的质量证明书,内容包括:生产厂名称和厂址、产品名称、产品等级、生产日期或批号、净含量和本标准编号等。

5.3 工业用二乙胺以同等质量的均匀产品为一批。桶装产品以不大于100 t为一批,或以一贮槽、一槽罐的产品量为一批。

5.4 工业用二乙胺的采样按GB/T 6680—2003规定进行。桶装产品采样单元数按GB/T 6678—2003规定进行。采样的总量应保证检验的需要。

5.5 将所采样品分装于两个清洁、干燥的带内塞的试剂瓶中。瓶上粘贴标签,注明产品名称、生产日期、批号、等级、采样日期和采样人姓名。一瓶供质量检验用,另一瓶密封保存三个月,以备查验。

5.6 检验结果的判定按GB/T 1250中规定的修约值比较法进行。检验结果如有任何一项指标不符合本标准要求时,则应重新自两倍数量的采样单元中采样进行检验。重新检验的结果即使只有一项指标不符合本标准的要求,则整批产品为不合格。

6 标志、包装、运输和贮存

6.1 标志

工业用二乙胺包装容器应有牢固、清晰的标志,其内容包括:生产厂名称、厂址、产品名称、商标、本标准编号、工业产品生产许可证编号、生产日期、批号、净含量以及符合GB 190规定的“易燃液体”标志。

6.2 包装

工业用二乙胺的包装采用闭口钢桶、槽车或罐车,或采用按供需双方协商并符合安全规定的包装。

6.3 运输

工业用二乙胺在装卸、运输时应避免静电火花产生,搬运时不可与皮肤直接接触。

6.4 贮存

工业用二乙胺应贮存在清洁、阴凉、干燥、远离火源的库房内,防止日晒、雨淋。

7 安全

工业用二乙胺遇明火、高温可燃烧或发生爆炸,与强酸、强氧化剂激烈反应有着火和爆炸的危险,产生有毒的氮氧化物气体。接触或使用工业用二乙胺时,应配戴必要的防护用品。当皮肤接触时用肥皂水和清水彻底冲洗皮肤15 min以上;眼睛接触时,用流动清水或生理盐水冲洗,就医。

ICS 71.080.30
G 17

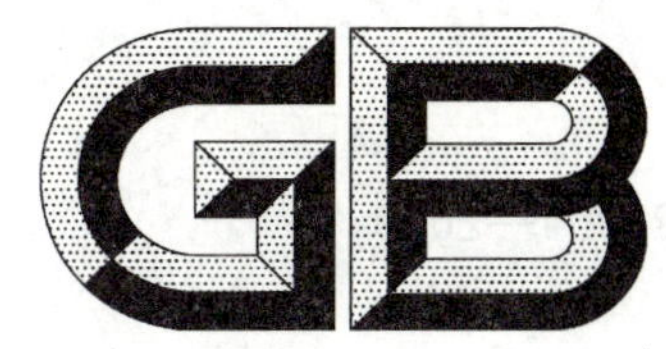

中华人民共和国国家标准

GB/T 23964—2009

工业用三乙胺

Triethylamine for industrial use

2009-06-02 发布 2010-02-01 实施

中华人民共和国国家质量监督检验检疫总局
中国国家标准化管理委员会 发布

前　言

本标准由中国石油和化学工业协会提出。

本标准由全国化学标准化技术委员会有机分会(SAC/TC 63/SC 2)归口。

本标准起草单位:浙江建德建业有机化工有限公司。

本标准参加起草单位:德州市德化化工有限公司、浙江新化化工股份有限公司。

本标准主要起草人:郑丰平、张有忠、钟九生、罗翔、何帆。

工 业 用 三 乙 胺

1 范围

本标准规定了工业用三乙胺的要求、试验方法、检验规则以及标志、包装、运输、贮存和安全等要求。

本标准适用于在氢气存在下，以乙醇为原料通过触媒氨化法制得的工业用三乙胺的生产、检验和销售。

分子式：$C_6H_{15}N$

结构式：$CH_3—CH_2—N—CH_2—CH_3$

$$\begin{array}{c} CH_3—CH_2—N—CH_2—CH_3 \\ | \\ CH_2 \\ | \\ CH_3 \end{array}$$

相对分子质量：101.19（按 2007 年国际相对原子质量）

2 规范性引用文件

下列文件中的条款通过本标准的引用而成为本标准的条款。凡是注日期的引用文件，其随后所有的修改单（不包括勘误的内容）或修订版均不适用于本标准，然而，鼓励根据本标准达成协议的各方研究是否可使用这些文件的最新版本。凡是不注日期的引用文件，其最新版本适用于本标准。

GB 190　危险货物包装标志

GB/T 1250　极限数值的表示方法和判定方法

GB/T 3143—1982　液体化学产品颜色测定法（Hazen 单位—铂-钴色号）

GB/T 6283—2008　化工产品中水分含量的测定　卡尔·费休法（通用方法）（ISO 760:1978，NEQ）

GB/T 6678—2003　化工产品采样总则

GB/T 6680—2003　液体化工产品采样通则

GB/T 6682—2008　分析实验室用水规格和试验方法（ISO 3696:1987，MOD）

GB/T 23961—2009　低碳脂肪胺含量的测定　气相色谱法

3 要求

3.1　工业用三乙胺的外观为透明液体，无机械杂质。

3.2　工业用三乙胺应符合表 1 所示的技术要求。

表 1　技术要求

项　　目		指　　标	
		优等品	合格品
三乙胺，w/%	≥	99.5	99.2
一乙胺，w/%	≤	0.1	0.1
二乙胺，w/%	≤	0.1	0.2
乙醇，w/%	≤	0.1	0.2
水，w/%	≤	0.1	0.2
色度/Hazen 单位（铂-钴号）	≤	15	30

4 试验方法

4.1 警示

试验方法规定的一些试验过程可能导致危险情况，操作者应采取适当的安全和防护措施。

4.2 一般规定

本标准所用的试剂和水，在没有注明其他要求时均指分析纯试剂和 GB/T 6682—2008 中规定的三级水。

4.3 外观的测定

取适量实验室样品，加入具塞比色管，在足够的光线下目视观察。

4.4 三乙胺含量、一乙胺含量、二乙胺含量和乙醇含量的测定

按 GB/T 23961—2009 的规定进行。

4.5 水含量的测定

4.5.1 卡尔·费休库仑法(仲裁法)

4.5.1.1 方法提要

样品中的水分与电解液中的碘和二氧化硫发生定量反应，反应式为：

$$I_2 + SO_2 + H_2O \longrightarrow 2HI + SO_3$$

$$2I^- - 2e \longrightarrow I_2$$

参加反应的碘分子数等于水的分子数，而电解生成的碘与所消耗的电量成正比，依据法拉第定律，用测量消耗的电量得出水的量。

4.5.1.2 试剂

电解液：卡尔·费休试剂或与卡尔·费休库仑法水分测定仪配套使用的电解液(市售试剂)。

4.5.1.3 仪器

4.5.1.3.1 卡尔·费休库仑法水分测定仪：配有电解电极和检测电极等。示值误差：10 μg～1 000 μg 水，不大于±3 μg；大于 1 000 μg 水，不大于±0.3%。其他能满足分析要求的库仑法微量水分测定仪也可使用。

4.5.1.3.2 微量进样器：适宜容量的进样器。

4.5.1.4 分析步骤

加入电解液，按仪器说明书调节水分测定仪至工作状态后，按仪器说明书要求进行标定。

用注射器移取并称量 50 μL 实验室样品，精确至 0.000 2 g，注入水分测定仪，待反应完毕后在显示屏上读取水的质量数值。

4.5.1.5 结果计算

水的质量分数 w，数值以%表示，按式(1)计算：

$$w = \frac{m_1}{m \times 10^6} \times 100 \qquad \cdots\cdots (1)$$

式中：

m_1——读取的水的质量的数值，单位为微克(μg)；

m——试料质量的数值，单位为克(g)。

取两次平行测定结果的算术平均值为测定结果。两次平行测定结果的绝对差值不大于 0.02%。

4.5.2 卡尔·费休直接电量法

按 GB/T 6283—2008 规定的直接电量法进行。

用注射器称取 1.5 g～3 g 实验室样品，精确至 0.001 g。

取两次平行测定结果的算术平均值为测定结果。两次平行测定结果的绝对差值不大于 0.02%。

4.6 色度的测定

按 GB/T 3143—1982 的规定进行。

5 检验规则

5.1 本标准采用出厂检验。第3章要求中规定的所有项目均为出厂检验项目。

5.2 工业用三乙胺应由生产厂的质量检验部门进行检验。生产厂应保证每批出厂产品都符合本标准的要求,并附有一定格式的质量证明书,内容包括:生产厂名称和厂址、产品名称、产品等级、生产日期或批号、净含量和本标准编号等。

5.3 工业用三乙胺以同等质量的均匀产品为一批。桶装产品以不大于100 t为一批,或以一贮槽、一槽罐的产品量为一批。

5.4 工业用三乙胺的采样按GB/T 6680—2003规定进行。桶装产品采样单元数按GB/T 6678—2003规定进行。采样的总量应保证检验的需要。

5.5 将所采样品分装于两个清洁、干燥的带内塞的试剂瓶中。瓶上粘贴标签,注明产品名称、生产日期、批号、等级、采样日期和采样人姓名。一瓶供质量检验用,另一瓶密封保存三个月,以备查验。

5.6 检验结果的判定按GB/T 1250中规定的修约值比较法进行。检验结果如有任何一项指标不符合本标准要求时,则应重新自两倍数量的采样单元中采样进行检验。重新检验的结果即使只有一项指标不符合本标准的要求,则整批产品为不合格。

6 标志、包装、运输和贮存

6.1 标志

工业用三乙胺包装容器应有牢固、清晰的标志,其内容包括:生产厂名称、厂址、产品名称、商标、本标准编号、工业产品生产许可证编号、生产日期、批号、净含量以及符合GB 190规定的“易燃液体”标志。

6.2 包装

工业用三乙胺的包装采用闭口钢桶、槽车或罐车,或采用按供需双方协商并符合安全规定的包装。

6.3 运输

工业用三乙胺在装卸、运输时应避免静电火花产生,搬运时不可与皮肤直接接触。

6.4 贮存

工业用三乙胺应贮存在清洁、阴凉、干燥、远离火源的库房内,防止日晒、雨淋。

7 安全

工业用三乙胺遇明火、高温可燃烧或发生爆炸,与强酸、强氧化剂激烈反应有着火和爆炸的危险,产生有毒的氮氧化物气体。接触或使用三乙胺时,应配戴必要的防护用品。当皮肤接触时用肥皂水和清水彻底冲洗皮肤15 min以上;眼睛接触时,用流动清水或生理盐水冲洗,就医。

ICS 71.080.30
G 17

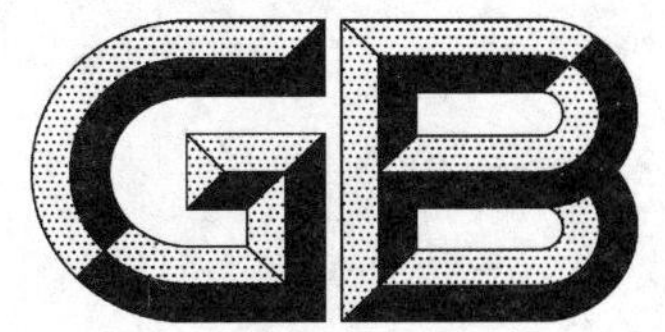

中华人民共和国国家标准

GB/T 23965—2009

工业用一异丙胺

Monoisopropylamine for industrial use

2009-06-02 发布　　2010-02-01 实施

中华人民共和国国家质量监督检验检疫总局
中国国家标准化管理委员会　发布

前　言

本标准的附录A为规范性附录。

本标准由中国石油和化学工业协会提出。

本标准由全国化学标准化技术委员会有机分会(SAC/TC 63/SC 2)归口。

本标准负责起草单位:浙江建德建业有机化工有限公司、德州德田化工有限公司 、浙江新化化工股份有限公司。

本标准参加起草单位:浙江建德市新安质量技术服务中心。

本标准主要起草人:郑丰平、钱剑、辛志国、黎晓华、张琴、蒋宏。

工业用一异丙胺

1 范围

本标准规定了工业用一异丙胺的要求、试验方法、检验规则以及标志、包装、运输、贮存和安全等。

本标准适用于在氢气存在下，以异丙醇为原料通过触媒氨化法或丙酮氨化法制得的工业用一异丙胺的生产、检验和销售。

分子式：C_3H_9N

结构式：

$$CH_3—\underset{\displaystyle NH_2}{\underset{|}{CH}}—CH_3$$

相对分子质量：59.11（按2007年国际相对原子质量）

2 规范性引用文件

下列文件中的条款通过本标准的引用而成为本标准的条款。凡是注日期的引用文件，其随后所有的修改单（不包括勘误的内容）或修订版均不适用于本标准，然而，鼓励根据本标准达成协议的各方研究是否可使用这些文件的最新版本。凡是不注日期的引用文件，其最新版本适用于本标准。

GB 190 危险货物包装标志

GB/T 601—2002 化学试剂 标准滴定溶液的制备

GB/T 603—2002 化学试剂 试验方法中所用制剂及制品的制备（ISO 6353-1：1982，NEQ）

GB/T 3143—1982 液体化学产品颜色测定法（Hazen单位-铂-钴色号）

GB/T 6283—2008 化工产品中水分含量的测定 卡尔·费休法（通用方法）（ISO 760：1978，NEQ）

GB/T 6678—2003 化工产品采样总则

GB/T 6680—2003 液体化工产品采样通则

GB/T 6682—2008 分析实验室用水规格和试验方法（ISO 3696：1987，MOD）

GB/T 8170 数值修约规则与极限数值的表示和判定

GB/T 9722—2006 化学试剂 气相色谱法通则

GB/T 23961—2009 低碳脂肪胺含量的测定 气相色谱法

3 分类和命名

工业用一异丙胺按产品纯度分型，命名为一异丙胺（无水）和一异丙胺（70%水溶液）。

4 要求

4.1 工业用一异丙胺的外观为透明液体，无机械杂质。

4.2 工业用一异丙胺质量应符合表1所示的技术要求。

表1 技术要求

项目		指标			
		一异丙胺(无水)		一异丙胺(70%水溶液)	
		优等品	合格品	优等品	合格品
一异丙胺,w/%	≥	99.5	99.2	70.0	
二异丙胺,w/%	≤	0.1	0.2	0.1	0.2
异丙醇,w/%	≤	0.1	0.2	0.1	0.2
丙酮+异丙基叉异丙胺,w/%	≤	0.2	0.3	0.1	0.2
氨,w/%	≤	0.1	0.2	0.07	0.15
水,w/%	≤	0.1	0.2	—	
色度/Hazen单位(铂-钴色号)	≤	15	30	15	30

5 试验方法

5.1 警示

试验方法规定的一些试验过程可能导致危险情况,操作者应采取适当的安全和防护措施。

5.2 一般规定

本标准所用的试剂和水,在没有注明其他要求时均指分析纯试剂和GB/T 6682—2008中规定的三级水。

分析中所用标准滴定溶液、制剂及制品,在没有注明其他要求时,均按GB/T 601—2002和GB/T 603—2002之规定制备。

5.3 外观的测定

取适量实验室样品,加入具塞比色管,在足够的光线下目视观察。

5.4 一异丙胺(无水)中一异丙胺含量、二异丙胺含量、异丙醇含量和丙酮+异丙基叉异丙胺含量的测定

按GB/T 23961—2009的规定进行。

5.5 一异丙胺(70%水溶液)中一异丙胺含量的测定

5.5.1 方法提要

用盐酸标准滴定溶液滴定样品中的总碱度(以一异丙胺计),用气相色谱法分别测定样品中二异丙胺、异丙基叉异丙胺和氨并换算为以一异丙胺计的含量,用总碱度减去这些杂质含量为样品一异丙胺含量。

5.5.2 总碱度的测定

5.5.2.1 试剂

5.5.2.1.1 盐酸标准滴定溶液:$c(HCl)=0.2$ mol/L。

5.5.2.1.2 甲基红指示液:2 g/L。

5.5.2.2 分析步骤

用配有5号封闭针头的1 mL注射器,吸取约0.65 g实验室样品,擦干针头,立即用硅橡胶垫堵住,称量,精确至0.000 2 g,取下硅橡胶垫,立即插入盛有约25 mL水的锥形瓶中,缓慢注入样品,注入后立即用硅橡胶垫堵住针头,称量,精确至0.000 2 g,两次称量之差为样品质量。在锥形瓶中加入甲基红指示液(2~3)滴,用盐酸标准滴定溶液滴定至微红色即为终点。

5.5.2.3 结果计算

总碱度的质量分数w_1,数值以%表示,按式(1)计算:

$$w_1=\frac{(V/1\ 000)cM}{m}\times 100 \qquad \cdots\cdots(1)$$

式中：

V——试料消耗盐酸标准滴定溶液(5.5.2.1.1)体积的数值，单位为毫升(mL)；

c——盐酸标准滴定溶液浓度的准确数值，单位为摩尔每升(mol/L)；

m——试料质量的数值，单位为克(g)；

M——一异丙胺的摩尔质量的数值，单位为克每摩尔(g/mol)(M=59.11)。

取两次平行测定结果的算术平均值为测定结果。两次平行测定结果的绝对差值不大于0.2%。

5.5.3 一异丙胺(70%水溶液)中一异丙胺含量的计算

一异丙胺的质量分数 w_4，数值以%表示，按式(2)计算：

$$w_4=w_1-w_2\frac{M_a}{M_b}-w_3\frac{M_a}{M_c}-w_5\frac{M_a}{M_d} \qquad \cdots\cdots(2)$$

式中：

w_1——5.5.2测得的总碱度的质量分数，%；

w_2——5.7测得的氨的质量分数，%；

w_3——5.6测得的二异丙胺的质量分数，%；

w_5——5.6测得的异丙基叉异丙胺的质量分数，%；

M_a——一异丙胺的摩尔质量的数值，单位为克每摩尔(g/mol)(M=59.11)；

M_b——氨的摩尔质量的数值，单位为克每摩尔(g/mol)(M=17.0)；

M_c——二异丙胺的摩尔质量的数值，单位为克每摩尔(g/mol)(M=101.19)；

M_d——异丙基叉异丙胺二异丙胺的摩尔质量数值，单位为克每摩尔(g/mol)(M=99.17)。

取两次平行测定结果的算术平均值为测定结果。两次平行测定结果的绝对差值不大于0.2%。

5.6 一异丙胺(70%水溶液)中二异丙胺含量、异丙醇含量和丙酮+异丙基叉异丙胺含量的测定

按GB/T 23961—2009的规定进行。

5.7 氨含量的测定

5.7.1 方法提要

在选定的工作条件下，使样品汽化后经色谱柱分离，用热导检测器检测，采用外标法定量。

5.7.2 试剂

5.7.2.1 氨水：已知质量分数。

5.7.2.2 载气：体积分数不低于99.99%，使用前经脱水、脱氧、除有机物等净化处理。

5.7.3 仪器

5.7.3.1 气相色谱仪：配有热导检测器，整机灵敏度和稳定性应符合GB/T 9722—2006中的有关规定。

5.7.3.2 色谱数据处理机或色谱工作站。

5.7.3.3 进样器：自动进样器或微量注射器，5 μL或10 μL。

5.7.4 色谱分析条件

本标准推荐的色谱柱和典型色谱操作条件见表2。典型色谱图见图A.1，相对保留值见表A.1。其他能达到同等分离程度的色谱柱和色谱操作条件均可使用。

表2 氨含量测定色谱柱及典型色谱操作条件

色谱柱	ϕ3 mm×1.5 m不锈钢填充柱
载体	Porapak QS 0.18 mm～0.25 mm
固定液	四乙烯五胺+氢氧化钾

表 2（续）

固定液质量比	Porapak QS：四乙烯五胺：氢氧化钾＝90：9：1
桥流/mA	150
汽化室温度/℃	200
柱箱温度/℃	90
检测器温度/℃	180
载气(氢气)流量/(mL/min)	24
进样量/μL	1

5.7.5 **分析步骤**

5.7.5.1 **氨标准样品溶液的配制**

在各标样瓶中分别称取 100 g 水，称取适量氨水加入其中，以上称量均精确至 0.000 2 g，配制成与样品氨质量分数相近的氨标准样品溶液。氨标准样品溶液保存在冰箱中备用。

5.7.5.2 **测定**

启动气相色谱仪，按表 2 所列色谱操作条件或其他合适的条件调试仪器，基线稳定后在同样条件下对样品和氨标准样品溶液进行色谱分析。用色谱数据处理机或色谱工作站计算结果。

5.7.6 **结果计算**

氨的质量分数 w_5，数值以％表示，按式(3)计算：

$$w_5 = \frac{c_s A}{A_s} \times 100 \qquad (3)$$

式中：

A_s——氨标准样品溶液中的氨峰面积；

A——试料中的氨峰面积；

c_s——氨标准样品溶液氨质量分数的准确数值，％。

取两次平行测定结果的算术平均值为测定结果。两次平行测定结果的绝对差值不大于 0.02％。

5.8 **一异丙胺(无水)中水含量的测定**

5.8.1 **卡尔·费休库仑法(仲裁法)**

5.8.1.1 **方法提要**

样品中的水分与电解液中的碘和二氧化硫发生定量反应，反应式为：

$$I_2 + SO_2 + H_2O \longrightarrow 2HI + SO_3$$

$$2I^- - 2e \longrightarrow I_2$$

参加反应的碘分子数等于水的分子数，而电解生成的碘与所消耗的电量成正比，依据法拉第定律，用测量消耗的电量得出水的量。

5.8.1.2 **试剂**

电解液：卡尔·费休试剂或与卡尔·费休库仑法水分测定仪配套使用的电解液(市售试剂)。

5.8.1.3 **仪器**

5.8.1.3.1 卡尔·费休库仑法水分测定仪：配有电解电极和检测电极等。示值误差：10 μg～1 000 μg 水，不大于±3 μg；大于 1 000 μg 水，不大于±0.3％。其他能满足分析要求的库仑法微量水分测定仪也可使用。

5.8.1.3.2 微量进样器：适宜容量的进样器。

5.8.1.4 **分析步骤**

加入电解液，按仪器说明书调节水分测定仪至工作状态后，按仪器说明书要求进行标定。

用注射器称取 50 μL 实验室样品，精确至 0.000 2 g，注入水分测定仪，待反应完毕后在显示屏上读取水的质量数值。

5.8.1.5 **结果计算**

水的质量分数 w，数值以%表示，按式(4)计算：

$$w = \frac{m_1}{m \times 10^6} \times 100 \qquad \cdots\cdots(4)$$

式中：

m_1——读取的水的质量的数值，单位为微克(μg)；

m——试料质量的数值，单位为克(g)。

取两次平行测定结果的算术平均值为测定结果。两次平行测定结果的绝对差值不大于0.02%。

5.8.2 **卡尔·费休直接电量法**

按GB/T 6283—2008规定的直接电量法进行。用注射器称取(1.5～3)g实验室样品，精确至0.001 g。

取两次平行测定结果的算术平均值为测定结果。两次平行测定结果的绝对差值不大于0.02%。

5.9 **色度的测定**

按GB/T 3143—1982的规定进行。

6 检验规则

6.1 本标准采用出厂检验。第4章要求中规定的所有项目均为出厂检验项目。

6.2 工业用一异丙胺应由生产厂的质量检验部门进行检验。生产厂应保证每批出厂产品都符合本标准的要求，并附有一定格式的质量证明书，内容包括：生产厂名称和厂址、产品名称、产品等级、生产日期或批号、净含量和本标准编号等。

6.3 工业用一异丙胺产品以同等质量的均匀产品为一批。一异丙胺桶装产品以不大于100 t为一批，或以一贮槽、一槽罐的产品量为一批。

6.4 工业用一异丙胺产品的采样按GB/T 6680—2003规定进行。桶装产品采样单元数按GB/T 6678—2003的规定进行。采样的总量应保证检验的需要。

6.5 将所采样品分装于两个清洁、干燥的带内塞的试剂瓶中。瓶上粘贴标签，注明产品名称、生产日期、批号、等级、采样日期和采样人姓名。一瓶供质量检验用，另一瓶密封保存三个月，以备查验。

6.6 检验结果的判定按GB/T 8170中规定的修约值比较法进行。检验结果如有任何一项指标不符合本标准要求时，则应重新自两倍数量的采样单元中采样进行检验。重新检验的结果即使只有一项指标不符合本标准的要求，则整批产品为不合格。

7 标志、包装、运输和贮存

7.1 标志

工业用一异丙胺包装容器应有牢固、清晰的标志，其内容包括：生产厂名称、厂址、产品名称、型号、商标、本标准编号、生产日期、批号、净含量以及符合GB 190规定的“易燃液体”标志。

7.2 包装

工业用一异丙胺(70%水溶液)用闭口钢桶、槽车、罐车包装；工业用一异丙胺(无水)用液化气钢瓶包装；或采用按供需双方协商并符合安全规定的包装。

7.3 运输

工业用一异丙胺在装卸、运输时应避免静电火花产生，搬运时不可与皮肤直接接触。

7.4 贮存

工业用一异丙胺应贮存在清洁、阴凉、干燥、远离火源的库房内，防止日晒、雨淋。

8 安全

工业用一异丙胺遇明火、高温可燃烧或发生爆炸，与强酸、强氧化剂激烈反应有着火和爆炸的危险，产生有毒的氮氧化物气体。接触或使用一异丙胺时，应配戴必要的防护用品。当皮肤接触时用肥皂水和清水彻底冲洗皮肤 15 min 以上；眼睛接触时，用流动清水或生理盐水冲洗，就医。

附 录 A
（规范性附录）
氨含量的测定典型色谱图及相对保留值

A.1 图 A.1 给出了氨含量的测定填充柱典型色谱图。

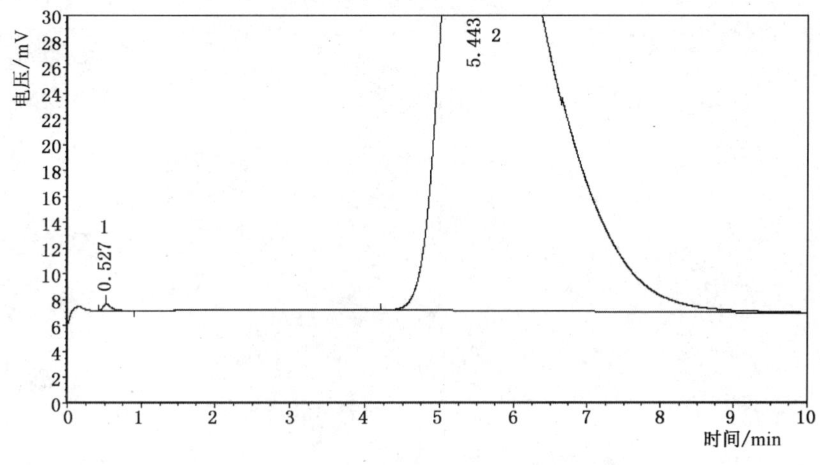

1——氨；

2——一异丙胺。

图 A.1 氨含量的测定填充柱典型色谱图

A.2 表 A.1 给出了相对保留值。

表 A.1 相对保留值

峰 名	保留时间/min	相对保留值
氨	0.53	1
一异丙胺	5.4	10.2

ICS 71.080.30
G 17

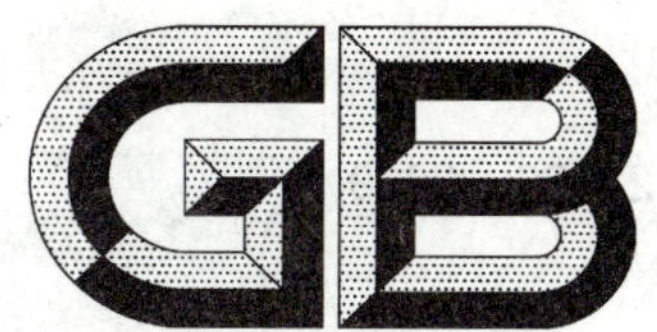

中华人民共和国国家标准

GB/T 23966—2009

工业用二异丙胺

Diisopropylamine for industrial use

2009-06-02 发布 2010-02-01 实施

中华人民共和国国家质量监督检验检疫总局
中国国家标准化管理委员会 发布

前　言

本标准由中国石油和化学工业协会提出。

本标准由全国化学标准化技术委员会有机分会(SAC/TC 63/SC 2)归口。

本标准起草单位:浙江建德建业有机化工有限公司。

本标准参加起草单位:德州德田化工有限公司、浙江新化化工股份有限公司、浙江建德市新安质量技术服务中心。

本标准主要起草人:郑丰平、周红英、刘忠发、钱剑、毛磊。

工业用二异丙胺

1 范围

本标准规定了工业用二异丙胺的要求、试验方法、检验规则以及标志、包装、运输、贮存和安全等。

本标准适用于在氢气存在下，以异丙醇或丙酮为原料通过触媒氨化法制得的工业用二异丙胺的生产、检验和销售。

分子式：$C_6H_{15}N$

结构式：

$$
\begin{array}{c}
CH_3—CH—CH_3 \\
| \\
NH \\
| \\
CH_3—CH—CH_3
\end{array}
$$

相对分子量：101.19（按 2007 年国际相对原子质量计）

2 规范性引用文件

下列文件中的条款通过本标准的引用而成为本标准的条款。凡是注日期的引用文件，其随后所有的修改单（不包括勘误的内容）或修订版均不适用于本标准，然而，鼓励根据本标准达成协议的各方研究是否可使用这些文件的最新版本。凡是不注日期的引用文件，其最新版本适用于本标准。

GB 190 危险货物包装标志

GB/T 1250 极限数值的表示方法和判定方法

GB/T 3143—1982 液体化学产品颜色测定法（Hazen 单位—铂-钴色号）

GB/T 6283—2008 化工产品中水分含量的测定 卡尔·费休法（通用方法）（ISO 760:1978，NEQ）

GB/T 6678—2003 化工产品采样总则

GB/T 6680—2003 液体化工产品采样通则

GB/T 6682—2008 分析实验室用水规格和试验方法（ISO 3696:1987，MOD）

GB/T 23961—2009 低碳脂肪胺含量的测定 气相色谱法

3 要求

3.1 工业用二异丙胺的外观为透明液体，无机械杂质。

3.2 工业用二异丙胺质量应符合表 1 所示的技术要求。

表 1 技术要求

项目		指标	
		优等品	合格品
二异丙胺，w/%	≥	99.5	99.2
有机杂质，w/%	≤	0.3	0.5
水，w/%	≤	0.2	0.3
色度/Hazen 单位（铂-钴色号）	≤	15	30

4 试验方法

4.1 警示

试验方法规定的一些试验过程可能导致危险情况,操作者应采取适当的安全和防护措施。

4.2 一般规定

本标准所用的试剂和水,在没有注明其他要求时均指分析纯试剂和 GB/T 6682—2008 中规定的三级水。

4.3 外观的测定

取适量实验室样品,加入具塞比色管,在足够的光线下目视观察。

4.4 二异丙胺含量和其他有机物含量的测定

按 GB/T 23961—2009 的规定进行。

4.5 水含量的测定

4.5.1 卡尔·费休库仑法(仲裁法)

4.5.1.1 方法提要

样品中的水分与电解液中的碘和二氧化硫发生定量反应,反应式为:

$$I_2 + SO_2 + H_2O \longrightarrow 2HI + SO_3$$

$$2I^- - 2e \longrightarrow I_2$$

参加反应的碘分子数等于水的分子数,而电解生成的碘与所消耗的电量成正比,依据法拉第定律,用测量消耗的电量得出水的量。

4.5.1.2 试剂

电解液:卡尔·费休试剂或与卡尔·费休库仑法水分测定仪配套使用的电解液(市售试剂)。

4.5.1.3 仪器

4.5.1.3.1 卡尔·费休库仑法水分测定仪:配有电解电极和检测电极等。示值误差:10 μg~1 000 μg 水,不大于±3 μg;大于 1 000 μg 水,不大于±0.3%。其他能满足分析要求的库仑法微量水分测定仪也可使用。

4.5.1.3.2 微量进样器:适宜容量的进样器。

4.5.1.4 分析步骤

加入电解液,按仪器说明书调节水分测定仪至工作状态后,按仪器说明书要求进行标定。

用注射器称取 50 μL 实验室样品,精确至 0.000 2 g,注入水分测定仪,待反应完毕后在显示屏上读取水的质量数值。

4.5.1.5 结果计算

水的质量分数 w,数值以%表示,按式(1)计算:

$$w = \frac{m_1}{m \times 10^6} \times 100 \qquad \cdots\cdots (1)$$

式中:

m_1——读取的水的质量的数值,单位为微克(μg);

m——试料质量的数值,单位为克(g)。

取两次平行测定结果的算术平均值为测定结果。两次平行测定结果的绝对差值不大于 0.02%。

4.5.2 卡尔·费休直接电量法

按 GB/T 6283—2008 规定的直接电量法进行。

用注射器称取 1.5 g~3 g 实验室样品,精确至 0.001 g。

取两次平行测定结果的算术平均值为测定结果。两次平行测定结果的绝对差值不大于 0.02%。

4.6 色度的测定

按 GB/T 3143—1982 的规定进行。

5 检验规则

5.1 本标准采用出厂检验。第3章要求中规定的所有项目均为出厂检验项目。

5.2 工业用二异丙胺应由生产厂的质量检验部门进行检验。生产厂应保证每批出厂产品都符合本标准的要求,并附有一定格式的质量证明书,内容包括:生产厂名称和厂址、产品名称、产品等级、生产日期或批号、净含量和本标准编号等。

5.3 工业用二异丙胺以同等质量的均匀产品为一批。桶装产品以不大于100 t为一批,或以一贮槽、一槽罐的产品量为一批。

5.4 工业用二异丙胺的采样按GB/T 6680—2003规定进行。桶装产品采样单元数按GB/T 6678—2003规定进行。采样的总量应保证检验的需要。

5.5 将所采样品分装于两个清洁、干燥的带内塞的试剂瓶中。瓶上粘贴标签,注明产品名称、生产日期、批号、等级、采样日期和采样人姓名。一瓶供质量检验用,另一瓶密封保存三个月,以备查验。

5.6 检验结果的判定按GB/T 1250中规定的修约值比较法进行。检验结果如有任何一项指标不符合本标准要求时,则应重新自两倍数量的采样单元中采样进行检验。重新检验的结果即使只有一项指标不符合本标准的要求,则整批产品为不合格。

6 标志、包装、运输和贮存

6.1 标志

工业用二异丙胺包装容器应有牢固、清晰的标志,其内容包括:生产厂名称、厂址、产品名称、商标、本标准编号、生产日期、批号、净含量以及符合GB 190规定的"易燃液体"标志。

6.2 包装

工业用二异丙胺的包装采用闭口钢桶、槽车或罐车,或采用按供需双方协商并符合安全规定的包装。

6.3 运输

工业用二异丙胺在装卸、运输时应避免静电火花产生,搬运时不可与皮肤直接接触。

6.4 贮存

工业用二异丙胺应贮存在清洁、阴凉、干燥、远离火源的库房内,防止日晒、雨淋。

7 安全

工业用二异丙胺遇明火、高温可燃烧或发生爆炸,与强酸、强氧化剂激烈反应有着火和爆炸的危险,产生有毒的氮氧化物气体。接触或使用二异丙胺时,应配戴必要的防护用品。当皮肤接触时用肥皂水和清水彻底冲洗皮肤15 min以上;眼睛接触时,用流动清水或生理盐水冲洗,就医。

ICS 71.080.50
G 17

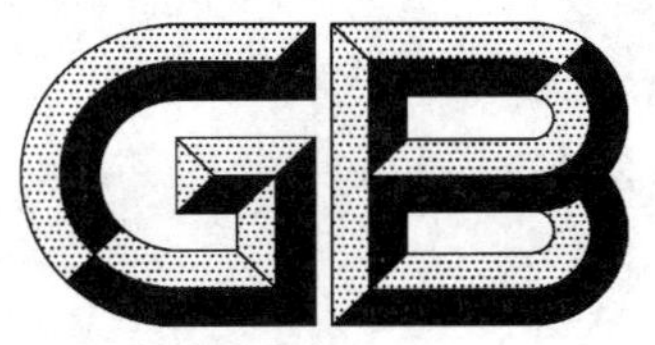

中华人民共和国国家标准

GB/T 23967—2009

工业用偏苯三酸酐

Trimellitic anhydride for industrial use

2009-06-02 发布　　　　2010-02-01 实施

中华人民共和国国家质量监督检验检疫总局
中国国家标准化管理委员会　发布

前　言

本标准的附录A为资料性附录,附录B为规范性附录。

本标准由中国石油和化学工业协会提出。

本标准由全国化学标准化技术委员会有机分会(SAC/TC 63/SC 2)归口。

本标准负责起草单位:无锡百川化工股份有限公司。

本标准参加起草单位:波林化工(常州)有限公司。

本标准主要起草人:郑铁江、蒋国强、薛建军、郑立新、吕坚。

工业用偏苯三酸酐

1 范围

本标准规定了工业用偏苯三酸酐的要求、试验方法、检验规则及标志、包装、运输、贮存。

本标准适用于工业用偏苯三酸酐的生产、检验和销售。

化学名称：1,2,4-苯三羧酸-1,2-酐

分子式：$C_9H_4O_5$

结构式：

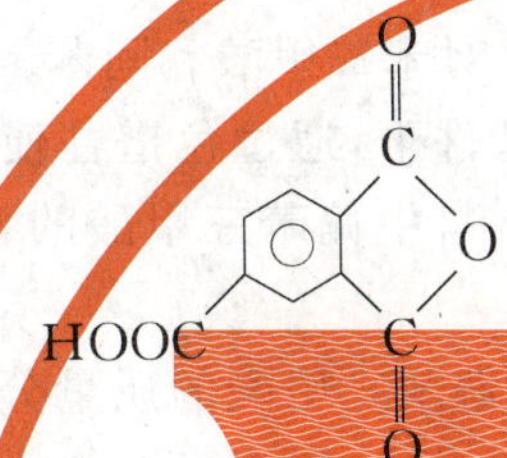

相对分子质量：192.13(按2007年国际相对原子质量)

2 规范性引用文件

下列文件中的条款通过本标准的引用而成为本标准的条款。凡是注日期的引用文件，其随后所有的修改单(不包括勘误的内容)或修订版均不适用于本标准，然而，鼓励根据本标准达成协议的各方研究是否可使用这些文件的最新版本。凡是不注日期的引用文件，其最新版本适用于本标准。

GB/T 191 包装储运图示标志(GB/T 191—2008,ISO 780:1997,MOD)

GB/T 601—2002 化学试剂 标准滴定溶液的制备

GB/T 603—2002 化学试剂 试验方法中所用制剂及制品的制备(ISO 6353-1:1982,NEQ)

GB/T 1250 极限数值的表示方法和判定方法

GB/T 3143—1982 液体化学产品颜色测定法(Hazen单位—铂-钴色号)

GB/T 3723 工业用化学产品采样安全通则(GB/T 3723—1999,idt ISO 3165:1976)

GB/T 6678—2003 化工产品采样总则

GB/T 6679—2003 固体化工产品采样通则

GB/T 6682—2008 分析实验室用水规格和试验方法(ISO 3696:1987,MOD)

GB/T 7533—1993 有机化工产品结晶点的测定方法(neq ISO 1392:1977)

3 要求

工业用偏苯三酸酐应符合表1所示的技术要求。

表1 技术要求

项　　目		指　　标
外观		白色或微带色片状固体
偏苯三酸酐，w/%	≥	95.0
酸值/(mgKOH/g)	≥	865
熔融色度/Hazen单位(铂-钴色号)	≤	150
结晶点/℃	≥	164.0

4 试验方法

4.1 警示

试验方法规定的一些试验过程可能导致危险情况，操作者应采取适当的安全和防护措施。

4.2 一般规定

除非另有说明，在分析中仅使用确认为分析纯的试剂和符合 GB/T 6682—2008 规定的三级水。

分析中所用标准滴定溶液、制剂及制品，在没有注明其他要求时，均按 GB/T 601—2002、GB/T 603—2002之规定制备。

4.3 外观的测定

于具塞比色管中，加入实验室样品，在日光灯或日光下目测。

4.4 偏苯三酸酐含量的测定

4.4.1 方法提要

实验室样品中的偏苯三酸酐及均苯四甲酸二酐、偏苯三甲酸、对苯二甲酸和间苯二甲酸等杂质组分溶于水后，转化为相应的酸。用高效液相色谱法，在选定的工作条件下，通过色谱柱使试料中的各组分分离，用紫外/可见检测器检测，用校正面积归一化法定量，得到试料中偏苯三甲酸的含量，通过换算求得实验室样品中偏苯三酸酐的含量。

在偏苯三甲酸的质量分数大于等于 95%的情况下，用试料中偏苯三甲酸的质量分数近似表示实验室样品中偏苯三酸酐的质量分数，其相对偏差不超过 0.1%。

4.4.2 试剂

4.4.2.1 甲醇：液相色谱级。

4.4.2.2 水：符合 GB/T 6682—2008 规定的一级水。

4.4.3 仪器

4.4.3.1 液相色谱仪：配有紫外/可见检测器的高效液相色谱仪。

4.4.3.2 记录仪：色谱数据工作站或色谱数据处理机。

4.4.3.3 微量进样器：5 μL 或合适容量。

4.4.4 色谱柱及典型的色谱操作条件

推荐的色谱柱及典型操作条件见表 2，典型高效液相色谱图参见附录 A 图 A.1，各组分的保留时间参见附录 A 表 A.1。其他能达到同等分离程度的色谱柱和色谱操作条件均可使用。

表 2 色谱柱和典型色谱操作条件

色谱柱	不锈钢材质，长 250 mm，内径 4.6 mm
固定相	十八烷基化学键合相型硅胶，粒度 5 μm
流动相	甲醇：水＝1：1(体积比)
流动相流量	0.6 mL/min
柱温	35 ℃
检测波长	240 nm
进样量	5 μL

4.4.5 分析步骤

称取实验室样品 0.1 g，精确至 0.000 1 g，置于 250 mL 锥形瓶或烧杯中，加 20mL 水，移入(70±5)℃的水浴中加热约 20 min，摇晃，使试样溶解，加入流动相将溶液稀释到合适的浓度，使测得的组分色谱峰有合适的高度。用微量进样器抽取试料，注入液相色谱仪进行测定。

4.4.6 定量方法

校正面积归一化法。相对质量校正因子的测定见附录 B。

4.4.7 结果计算

试料中偏苯三甲酸以及其他各组分的质量分数 w_i，数值以%表示，分别按式(1)计算：

$$w_i = \frac{f_iA_i}{\sum f_iA_i} \times 100 \quad \cdots\cdots(1)$$

式中：

f_i——被测组分 i 的相对质量校正因子；

A_i——被测组分 i 的峰面积；

$\sum f_iA_i$——各组分的校正峰面积之和。

将试料中各组分的质量分数除以相应组分的分子量，即得相应组分的摩尔分数。根据试样在水解前后各组分摩尔分数的变化情况可得出实验室样品中各组分的摩尔分数，然后再根据实验室样品中各组分的分子量换算出相应组分的质量分数。

对于试料中一些质量分数很小的未知杂质，可将它们的质量分数近似为它们在实验室样品中的质量分数。

对于偏苯三酸酐的含量，在重复性条件下获得的两次独立测试结果的绝对差值不大于0.02%，以大于0.02%的情况不超过5%为前提。

4.5 酸值的测定

4.5.1 方法提要

试样溶于水后，酸、酐组分转化为相应的酸，用碱标准滴定溶液滴定试料的总酸量。以每克试料消耗氢氧化钾的质量(mg)表示酸值。

4.5.2 试剂

4.5.2.1 氢氧化钠标准滴定溶液：$c(NaOH)$=0.5mol/L。

4.5.2.2 酚酞指示液：10 g/L。

4.5.3 分析步骤

4.5.3.1 称取实验室样品0.8 g，精确至0.000 1 g，置于250 mL锥形瓶中，加入80 mL无二氧化碳的水，移入(70±5)℃的水浴中加热约20 min，摇晃，使试料完全溶解。冷却，加2滴酚酞指示液，用氢氧化钠标准滴定溶液滴定至刚出现浅红色并在15 s内不褪色为终点。记录下滴定消耗的氢氧化钠标准滴定溶液的体积 V_1。

4.5.3.2 在测定的同时，按相同的步骤，不加试料而使用相同数量的试剂溶液做空白试验。

4.5.4 结果计算

以滴定每克试料消耗氢氧化钾的质量(mg)表示的酸值 A，数值以mgKOH/g表示，按式(2)计算：

$$A = \frac{cM(V_1 - V_1')}{m} \quad \cdots\cdots(2)$$

式中：

c——氢氧化钠标准滴定溶液(4.5.2.1)的浓度的准确数值，单位为摩尔每升(mol/L)；

M——氢氧化钾的摩尔质量的数值，单位为克每摩尔(g/mol)(M=56.11)；

V_1——滴定试料消耗的氢氧化钠标准滴定溶液的体积的数值，单位为毫升(mL)；

V_1'——空白试验消耗的氢氧化钠标准滴定溶液的体积的数值，单位为毫升(mL)；

m——试料的质量的数值，单位为克(g)。

在重复性条件下获得的两次独立测试结果的绝对差值不大于1.9 mgKOH/g，以大于1.9 mgKOH/g的情况不超过5%为前提。

4.6 熔融色度的测定

称取(50～55)g实验室样品(其熔融后的体积相当于50 mL)，置于比色管中。将此比色管放入预先加热到约200 ℃的油浴中，保持约20 min，使试料完全熔融。取出比色管，尽快按GB/T 3143—1982

的规定进行测定。

4.7 结晶点的测定

按 GB/T 7533—1993 中规定的方法进行。冷却浴的温度为(159±1)℃。

在重复性条件下获得的两次独立测试结果的绝对差值不大于 0.21 ℃,以大于 0.21 ℃的情况不超过 5%为前提。

5 检验规则

5.1 表 1 所列的项目均为出厂检验项目,应逐批进行检验。

5.2 工业用偏苯三酸酐由生产厂的质量检验部门进行检验。生产厂应保证每批出厂产品都符合本标准的要求,并附有一定格式的质量证明书,内容包括:生产厂名称和联系方式、产品名称、生产日期或批号、净含量和本标准编号等。

5.3 在原材料、工艺不变的条件下,产品连续生产的实际批为一个组批,但若干个生产批构成一个检验批的时间通常不超过 1 d。

5.4 采样按 GB/T 3723、GB/T 6678—2003 和 GB/T 6679—2003 的规定进行。所采样品总量不得少于 500 g。将样品充分混合后,分装于两个清洁、干燥、带封口的塑料瓶或磨口玻璃瓶中,贴上标签,注明生产厂名称、产品名称、批号、采样日期和采样者,一瓶供分析检验用,另一瓶保存备查。

5.5 检验结果的判定按 GB/T 1250 中规定的修约值比较法进行。检验结果中如有一项指标不符合本标准的要求时,应重新自双倍数量的包装单元中采样进行检验。重新检验的结果即使只有一项指标不符合本标准要求,整批产品应作不合格处理。

6 标志、包装、运输、贮存

6.1 标志

工业用偏苯三酸酐的包装袋上应有明显的标志,其内容包括:生产厂名称和联系方式、产品名称、批号或生产日期、净含量、本标准编号、GB/T 191 中规定的“怕雨”标志等。也可以根据顾客的合理要求,采用有其他特殊内容的标志。

6.2 包装

工业用偏苯三酸酐可采用下列三种方式包装:

a) 用内衬塑料袋的复合纸袋包装,每袋 25 kg;

b) 用内衬塑料袋的复合编织袋包装,每袋 500 kg 或 1 000 kg;

c) 经供需双方协商,可根据顾客的合理要求,采用其他符合安全规定的形式包装。

6.3 运输

运输、装卸工作中应防止雨淋、日光曝晒,避免包装破损。

6.4 贮存

工业用偏苯三酸酐应贮存在阴凉、通风、干燥的仓库内,与碱性物质、强氧化剂分开存放。防止日光直射、受潮,并远离热源。

7 安全

偏苯三酸酐可燃,其微细分散的颗粒物在空气中可形成爆炸性混合物,在干燥状态,由于搅拌、空气输送、注入等能够产生静电。发生火灾时应采用雾状水、干粉灭火。

吸入该物质粉尘后,可能会引起咳嗽、头痛、恶心、呼吸短促、喘息。某些症状可能会推迟出现。皮肤接触该物质,会引起发红。眼睛接触该物质,会引起发红、疼痛。食入该物质会出现恶心、腹部疼痛、有灼烧感,甚至会出现呕吐、腹泻。防护采用适用于有毒颗粒物的过滤呼吸器。

附　录　A
（资料性附录）
偏苯三酸酐含量测定的典型高效液相色谱图和保留时间

A.1　偏苯三酸酐含量测定的典型高效液相色谱图

偏苯三酸酐含量测定的典型高效液相色谱图如图 A.1。

图 A.1　典型的高效液相色谱图

A.2　各组分的保留时间

各组分的保留时间如表 A.1。

表 A.1　各组分的保留时间

峰序号	组分名称	保留时间/min
1	均苯四甲酸	4.53
2	偏苯三甲酸	5.48
3	对苯二甲酸	8.33
4	间苯二甲酸	9.56

附　录　B
（规范性附录）
相对质量校正因子的测定

B.1　测定步骤

以试料中偏苯三甲酸的相对质量校正因子为1.00，选取可以获得的某杂质的高纯度标准样品，用称量法在试料中该杂质的质量分数附近配成一系列已知质量比的标样-试样混合物，按规定的条件制成试样，在相同的色谱条件下测定该系列混合物水解后该杂质的质量分数。

以液相色谱法测得的某杂质质量分数为横坐标，以称量法配制的该杂质的质量分数为纵坐标作图，形成某杂质相对质量校正因子的工作曲线，用最小二乘法求得各试验点的相关系数和曲线斜率。在相关系数大于等于0.99的前提下，该工作曲线的斜率就是该杂质的相对质量校正因子。如果相关系数小于0.99，则要排除引起实验误差的主要原因，重新测定。

试料中的均苯四甲酸是由实验室样品中的均苯四甲酸二酐水解得来的，液相色谱法测得的试料中均苯四甲酸的质量分数应按照4.4.7规定的方法换算成实验室样品中均苯四甲酸二酐的质量分数。

对苯二甲酸的标样应先溶于甲醇，再按一定的质量比和实验室样品的水溶液配成对苯二甲酸标样-试样的系列混合物。

B.2　相对质量校正因子的定期测定

相对质量校正因子应实际测定，并应定期进行校验。

ICS 71.080.60
G 17

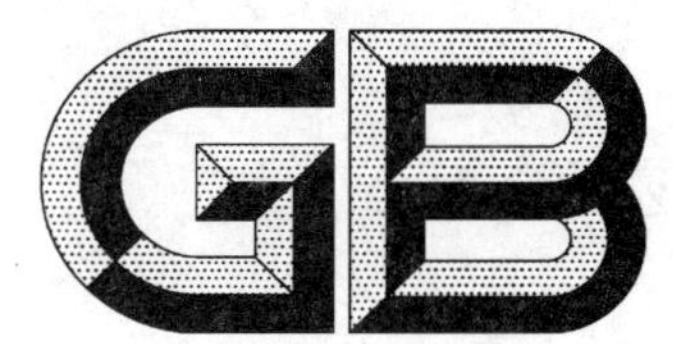

中华人民共和国国家标准

GB/T 24768—2009

工业用 1,4-丁二醇

1,4-Butanediol for industrial use

2009-12-15 发布 2010-07-01 实施

中华人民共和国国家质量监督检验检疫总局
中国国家标准化管理委员会 发布

前　言

本标准的附录A为规范性附录。

本标准由中国石油和化学工业协会提出。

本标准由全国化学标准化技术委员会有机分会(SAC/TC 63/SC 2)归口。

本标准负责起草单位:山西三维集团股份有限公司。

本标准参加起草单位:四川天华富邦化工有限责任公司、东营胜利中亚化工有限公司、新疆美克化工有限责任公司、南京蓝星化工新材料有限公司。

本标准主要起草人:孙自瑾、张建平、梁小元、杨玉梅、马秀东、贾亚丽、徐良辉、杜海燕。

工业用 1,4-丁二醇

1 范围

本标准规定了工业用 1,4-丁二醇的要求、试验方法、检验规则以及标志、包装、运输和贮存等。

本标准适用于工业用 1,4-丁二醇的生产、检验和销售。

化学式：$C_4H_{10}O_2$

相对分子质量：90.15（按 2007 年国际相对原子质量）

2 规范性引用文件

下列文件中的条款通过本标准的引用而成为本标准的条款。凡是注日期的引用文件，其随后所有的修改单（不包括勘误的内容）或修订版均不适用于本标准，然而，鼓励根据本标准达成协议的各方研究是否可使用这些文件的最新版本。凡是不注日期的引用文件，其最新版本适用于本标准。

GB/T 325.1 包装容器 钢桶 第 1 部分：通用技术要求

GB/T 3143 液体化学产品颜色测定法（Hazen 单位——铂-钴色号）

GB/T 6283 化工产品中水分含量的测定 卡尔·费休法（通用方法）（ISO 760—1978，NEQ）

GB/T 6678 化工产品采样总则

GB/T 6680 液体化工产品采样通则

GB/T 6682—2008 分析实验室用水规格和试验方法（ISO 3696:1987，MOD）

GB/T 8170 数值修约规则与极限数值的表示和判定

GB/T 9722—2006 化学试剂 气相色谱法通则

3 要求

3.1 外观：无色透明液体，无可见杂质。

3.2 工业用 1,4-丁二醇应符合表 1 所示的技术要求。

表 1 技术要求

项目		指标	
		优等品	合格品
1,4-丁二醇，w/%	≥	99.70	99.50
色度/Hazen 单位（铂-钴色号）	≤	10	10
水，w/%	≤	0.03	0.05

4 试验方法

4.1 警示

试验方法规定的一些试验过程可能导致危险情况，操作者应采取适当的安全和防护措施。

4.2 一般规定

除非另有说明，在分析中仅使用确认为分析纯的试剂和符合 GB/T 6682—2008 中规定的三级水。

4.3 外观

取适量实验室样品于比色管中，在自然光下目视观察。

4.4 1,4-丁二醇含量的测定

4.4.1 方法提要

在选定的色谱操作条件下,使样品汽化后经色谱柱分离,用火焰离子化检测器(FID)检测,校正面积归一化法定量。

4.4.2 试剂

4.4.2.1 氮气:体积分数大于 99.999%。

4.4.2.2 氢气:体积分数大于 99.999%。

4.4.2.3 空气:经活性炭、蓝色硅胶和 5A 分子筛净化、干燥。

4.4.2.4 甲醇:色谱纯。

4.4.2.5 四氢呋喃:色谱纯。

4.4.2.6 γ-丁内酯:色谱纯。

4.4.2.7 琥珀酸二甲酯:色谱纯。

4.4.2.8 1,4-戊二醇:色谱纯。

4.2.2.9 2-甲基-1,4-丁二醇:色谱纯。

4.4.2.10 1,6-己二醇:色谱纯。

4.4.2.11 正丁醇:色谱纯。

4.4.2.12 2-甲基-四氢呋喃:色谱纯。

4.4.2.13 3-羟基-四氢呋喃:色谱纯。

4.4.2.14 二甲苯:色谱纯。

4.4.2.15 1,4-丁二醇:质量分数不小于 99.8%。

4.4.3 仪器

4.4.3.1 气相色谱仪:配有火焰离子化检测器(FID),整机灵敏度和稳定性应符合 GB/T 9722—2006 中有关规定。

4.4.3.2 数据处理系统:色谱数据处理机或色谱工作站。

4.4.3.3 进样器:10 μL 微量注射器或自动进样器。

4.4.4 色谱分析条件

本标准推荐的色谱柱和色谱操作条件见表 2。典型色谱图及各组分保留时间见附录 A。其他能达到同等分离程度的色谱柱及色谱操作条件也可使用。

表 2 推荐的色谱柱和色谱操作条件

毛细管色谱柱	50 m×0.32 mm×1.0 μm,(柱长×柱内径×液膜厚度)
固定相	5%二苯基,95%二甲基聚硅氧烷
柱温	初始 100 ℃,保持 5 min;升温速度 10 ℃/min,升温至 160 ℃,保持 1 min;升温速度 10 ℃/min,升温到 280 ℃,保持 3 min。
气化室温度/℃	250
检测器温度/℃	300
载气(N_2 或 He)流量/(mL/min)	1.4(N_2)
氢气流量/(mL/min)	30
空气流量/(mL/min)	300
尾吹气(N_2)流量/(mL/min)	28
进样量/μL	0.2
分流比	30∶1

4.4.5 分析步骤

4.4.5.1 校正因子的测定

4.4.5.1.1 标准溶液的配制

用称量法配制1,4-丁二醇加欲测杂质的标准溶液，各组分的称量精确至0.000 1 g，组分含量的质量分数计算精确至0.001%。所配制的标准溶液中杂质含量应与待测试样相近。

4.4.5.1.2 相对校正因子的测定

根据仪器说明书，调节仪器至表2所示的操作条件，将未加欲测杂质的1,4-丁二醇和配制的标准溶液依次注入气相色谱仪，各平行测定3次，取3次测定的峰面积的算术平均值为测定结果。依据所得的峰面积及杂质组分含量，计算各组分的相对校正因子 f_i。

试样中未知组分或得不到标准物质的组分的相对校正因子取值为1。

4.4.5.1.3 相对校正因子的计算

组分 i 相对1,4-丁二醇的相对校正因子 f_i，按式(1)计算：

$$f_i = \frac{A_B w_i}{(A'_i - A_i) w_B} \qquad \cdots\cdots(1)$$

式中：

A_B——标准溶液中1,4-丁二醇的峰面积；

A_i——1,4-丁二醇未加入欲测杂质时组分 i 的峰面积；

A'_i——标准溶液中组分 i 的峰面积；

w_B——标准溶液中1,4-丁二醇的质量分数的数值；

w_i——标准溶液中组分 i 的质量分数的数值。

4.4.5.2 试样的测定

根据表2所示的仪器操作条件测定样品，采用校正面积归一化法定量。

4.4.5.3 结果计算

1,4-丁二醇的质量分数 w_1，数值以%表示，按式(2)计算：

$$w_1 = (100 - w_{水}) \times \frac{A_B}{\sum f_i A_i} \qquad \cdots\cdots(2)$$

式中：

$w_{水}$——根据4.5测得1,4-丁二醇中的水的质量分数的数值；

A_B——试样中1,4-丁二醇的色谱峰面积；

f_i——组分 i 的相对校正因子；

A_i——组分 i 的色谱峰面积。

取两次平行测定结果的算术平均值为报告结果。两次平行测定结果的绝对差值不大于0.03%。

4.5 水分的测定

按GB/T 6283的规定进行测定。

取两次平行测定结果的算术平均值为报告结果。两次平行测定结果的绝对差值不大于0.003%。

4.6 色度的测定

按GB/T 3143的规定进行测定。

5 检验规则

5.1 第3章要求中外观和表1规定的所有项目均为出厂检验项目。出厂检验应逐批进行。

5.2 工业用1,4-丁二醇以一贮槽或槽车(船)的量为一批，或以同等质量的产品为一批。

5.3 工业用1,4-丁二醇的采样按GB/T 6678、GB/T 6680中的规定进行。采取具有代表性的样品，采样量不少于400 mL，分装在两个清洁、干燥的玻璃瓶中，密封。贴上标签，注明产品名称、生产企业名称、批号或生产日期、取样日期、取样地点、取样人姓名等，一瓶供检验用，一瓶备查。

5.4 工业用1,4-丁二醇应由生产企业的质量监督检验部门进行检验。生产厂应保证每批出厂产品都符合本标准的要求，并附有一定格式的质量证明书，内容包括：生产厂名称和厂址、产品名称、产品等级、生产日期或批号、净含量和本标准编号等。

5.5 检验结果的判定按GB/T 8170中修约值比较法进行。检验结果中如有一项指标不符合本标准要求时，应重新自两倍量的包装单元中采样进行检验。重新检验的结果即使只有一项指标不符合本标准要求，则整批产品应作不合格处理。

6 标志、包装、运输和贮存

6.1 标志

工业用1,4-丁二醇的包装容器上应有明显牢固的标志，内容包括：产品名称、生产厂名称和地址、生产批号或日期、净含量、合格证明、产品标准号等，并随运输工具携带安全技术说明书。

6.2 包装

工业用1,4-丁二醇应采用符合GB/T 325.1要求的钢桶或专用槽车(船)包装。钢桶包装的每桶净含量200 kg，或在符合安全要求的条件下，根据用户要求包装。工业用1,4-丁二醇遇空气易吸潮，应充入干燥氮气密封。

6.3 运输

工业用1,4-丁二醇运输过程中应确保容器不泄漏、不倒塌、不坠落、不损坏。槽车(船)装产品应保持温度不低于20 ℃，利于装卸。搬运时应轻装轻卸，防止包装容器损坏。禁止与有毒、腐蚀性物品混运。运输过程中应防止日晒雨淋，远离火种、热源、高温区域。

6.4 贮存

工业用1,4-丁二醇贮存温度不低于20 ℃，以免结晶，应充入干燥氮气密封贮存。钢桶包装的产品应在干燥、通风的环境中贮存。

6.5 保质期

在符合本标准包装、运输和贮存的条件下，自出厂之日起，工业用1,4-丁二醇保质期至少6个月。

附 录 A
（规范性附录）
1,4-丁二醇含量测定的典型色谱图、相对保留值、相对校正因子

A.1 1,4-丁二醇含量测定的典型色谱图。

典型色谱图见图 A.1。

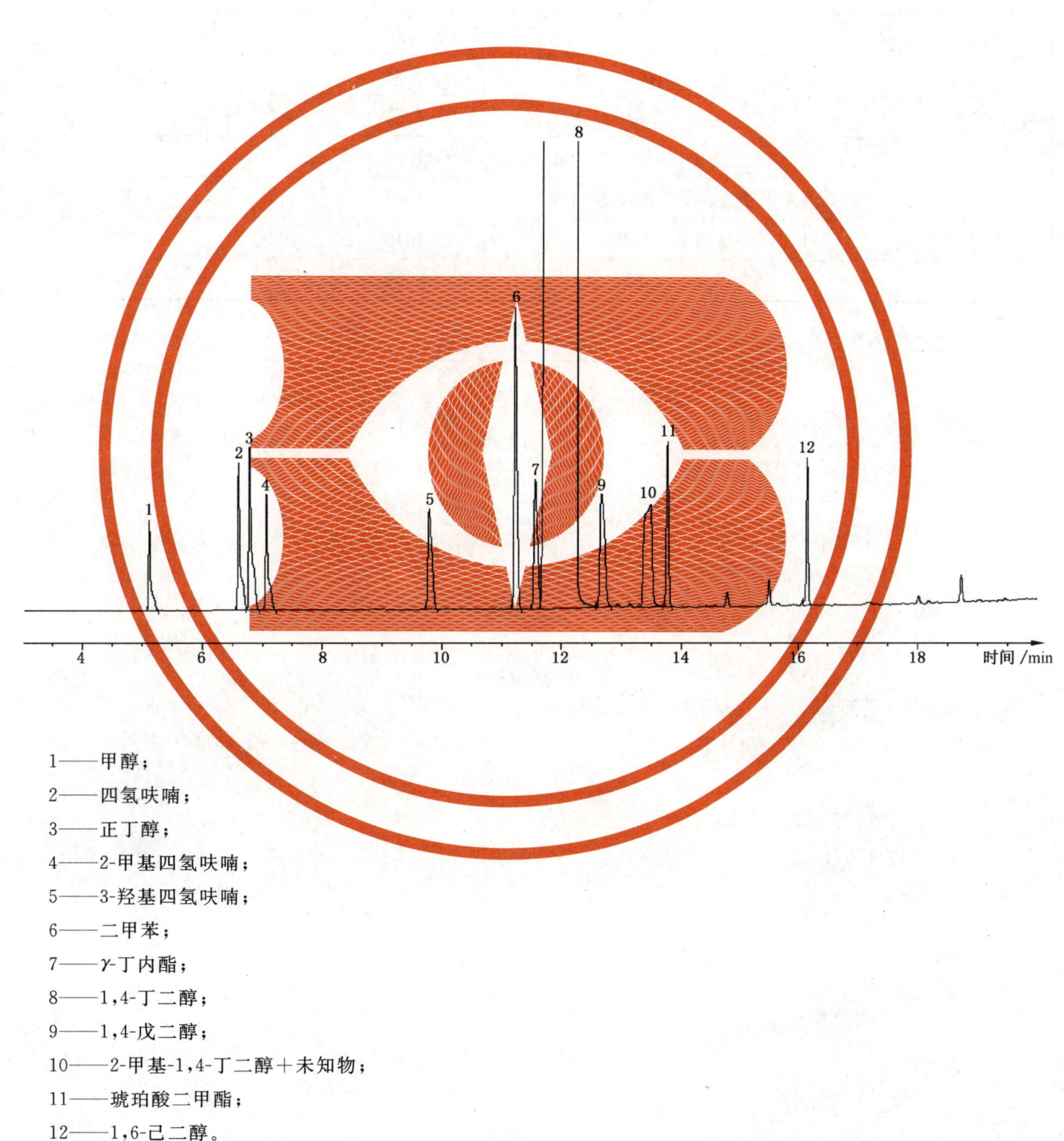

1——甲醇；

2——四氢呋喃；

3——正丁醇；

4——2-甲基四氢呋喃；

5——3-羟基四氢呋喃；

6——二甲苯；

7——γ-丁内酯；

8——1,4-丁二醇；

9——1,4-戊二醇；

10——2-甲基-1,4-丁二醇+未知物；

11——琥珀酸二甲酯；

12——1,6-己二醇。

图 A.1 1,4-丁二醇毛细管柱典型色谱图

A.2 各组分相对保留值和相对校正因子

各组分相对保留值和相对校正因子见表 A.1。

表 A.1 各组分相对保留值和相对校正因子

序　　号	组分名称	相对保留值	相对校正因子
1	甲醇	1.00	—
2	四氢呋喃	1.55	—
3	正丁醇	1.61	—
4	2-甲基四氢呋喃	1.72	—
5	3-羟基四氢呋喃	2.72	—
6	二甲苯	3.25	—
7	γ-丁内酯	3.38	1.12
8	1,4-丁二醇	3.63	1.00
9	1,4-戊二醇	3.78	1.05
10	2-甲基-1,4-丁二醇＋未知物	4.08	0.88
11	琥珀酸二甲酯	4.19	1.52
12	1,6-己二醇	5.07	0.85

ICS 71.080.30
G 17

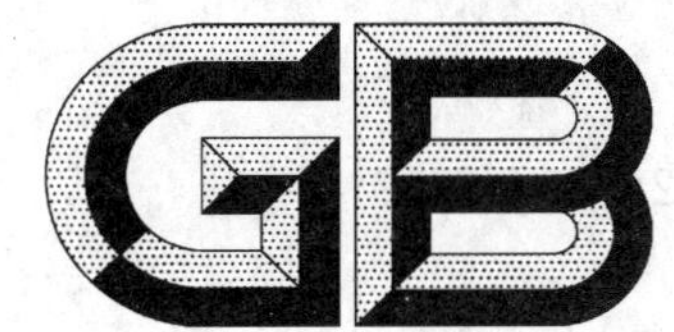

中华人民共和国国家标准

GB/T 24769—2009

工业用丙烯酰胺

Acrylamide for industrial use

2009-12-15 发布　　2010-07-01 实施

中华人民共和国国家质量监督检验检疫总局
中国国家标准化管理委员会　发布

前　言

本标准的附录A为规范性附录。

本标准由中国石油和化学工业协会提出。

本标准由全国化学标准化技术委员会有机分会(SAC/TC 63/SC 2)归口。

本标准由江西昌九农科化工有限公司负责起草。

本标准主要起草人:黎常宏、赵开珍、陈雪梅。

工业用丙烯酰胺

1 范围

本标准规定了工业用丙烯酰胺的要求、试验方法、检验规则、标志、包装、运输、贮存和安全等。

本标准适用于以丙烯腈为原料制得的工业用丙烯酰胺的生产、检验和销售。

化学名称：3-酰胺丙烯

分子式：C_3H_5ON

结构式：$CH_2=CH\text{-}\underset{\underset{O}{\|}}{C}\text{-}NH_2$

相对分子质量：71.08（按2007年国际相对原子质量）

2 规范性引用文件

下列文件中的条款通过本标准的引用而成为本标准的条款。凡是注日期的引用文件，其随后所有的修改单（不包括勘误的内容）或修订版均不适用于本标准，然而，鼓励根据本标准达成协议的各方研究是否可使用这些文件的最新版本。凡是不注日期的引用文件，其最新版本适用于本标准。

GB 190　危险货物包装标志

GB/T 601—2002　化学试剂　标准滴定溶液的制备

GB/T 603—2002　化学试剂　试验方法中所用制剂及制品的制备（ISO 6353-1:1982，NEQ）

GB/T 3049—2006　工业用化工产品　铁含量测定的通用方法　1,10-菲啰啉分光光度法（ISO 6685:1982，IDT）

GB/T 3143　液体化学产品颜色测定法（Hazen单位——铂-钴色号）

GB/T 3723　工业用化学品采样安全通则（GB/T 3723—1999，idt ISO 3165:1976）

GB/T 6283—2008　化工产品中水分含量的测定　卡尔·费休法（通用方法）（ISO 760:1978，NEQ）

GB/T 6678　化工产品采样总则

GB/T 6679　固体化工产品采样通则

GB/T 6682—2008　分析实验室用水规格和试验方法（ISO 3696:1987，MOD）

GB/T 7717.11—2008　工业用丙烯腈　第11部分：铁、铜含量的测定　分光光度法

GB/T 8170　数值修约规则与极限数值的表示和判定

GB/T 9722—2006　化学试剂　气相色谱法通则

3 外观

白色结晶体。

4 要求

工业用丙烯酰胺应符合表1所示的技术要求。

表 1　技术要求

项　目		指　标	
		一等品	合格品
丙烯酰胺，w/%	≥	98.5	97.8
水，w/%	≤	0.4	0.8
色度(200 g/L 水溶液)/Hazen单位(铂-钴色号)	≤	10	20
阻聚剂，w/%		0.000 3～0.000 7	0.000 3～0.001
电导率(400 g/L 水溶液)/(μS/cm)	≤	10	30
铁，w/%	≤	0.000 1	0.000 1
铜，w/%	≤	0.000 1	0.000 2

5　试验方法

5.1　警示

试验方法规定的一些试验过程可能导致危险情况。操作者应采取适当的安全和防护措施。

5.2　一般规定

除非另有说明，在分析中仅使用确认为分析纯的试剂和 GB/T 6682—2008 规定的三级水。

分析中所用标准滴定溶液、制剂及制品，在没有注明其他要求时，均按 GB/T 601—2002、GB/T 603—2002的规定制备。

5.3　丙烯酰胺含量的测定

5.3.1　方法提要

用气相色谱法，在选定的工作条件下，样品经气化通过毛细管色谱柱，使其中各组分分离，用氢火焰离子化检测器检测，用内标法定量。

5.3.2　试剂

5.3.2.1　丙烯酰胺(标准样品)：质量分数不低于 98.5%。

5.3.2.2　乙酰胺(内标物)：质量分数不低于 98.0%。

5.3.2.3　氢气：体积分数不低于 99.9%，经硅胶与分子筛干燥、净化。

5.3.2.4　氮气：体积分数不低于 99.99%，经硅胶与分子筛干燥、净化。

5.3.2.5　空气：经硅胶与分子筛干燥、净化。

5.3.3　仪器

5.3.3.1　气相色谱仪：配有火焰离子化检测器，整机灵敏度和稳定性符合 GB/T 9722—2006 中的有关规定。

5.3.3.2　记录仪：色谱数据处理机或色谱工作站。

5.3.3.3　微量进样器：0.5 μL 或 1 μL。

5.3.4　色谱柱及典型色谱操作条件

推荐的毛细管色谱柱和典型色谱操作条件见表 1。典型的毛细管柱色谱图见附录 A 图 A.1，相对保留值见附录 A 表 A.1。其他能达到同等分离程度的色谱柱和色谱操作条件也可使用。

表 2　推荐的毛细管色谱柱和典型色谱操作条件

色谱柱	固定相为(50%氰丙基)甲基聚硅氧烷的熔融石英毛细管柱
柱长/柱内径/液膜厚度固定相	15 m×0.53 mm×3.0 μm
载气(N_2)流量/(mL/min)	5.0
氢气(H_2)流量/(mL/min)	30
空气流量/(mL/min)	300
汽化室温度/℃	240
检测室温度/℃	240
柱温温度/℃	215
进样量/μL	0.1

5.3.5　分析步骤

5.3.5.1　内标溶液的制备

称取乙酰胺 10 g,精确至 0.000 2 g,置于 200 mL 容量瓶中,用水稀释至刻度,摇匀。

5.3.5.2　标样溶液的制备

称取相当于纯品 0.1 g 的丙烯酰胺标准样品,精确至 0.000 2 g,置于小瓶中,加入(1±0.02)mL 内标溶液,摇匀。

5.3.5.3　试样溶液的制备

称取 0.1 g 实验室样品,精确至 0.000 2 g,置于小瓶中,加入(1±0.02)mL 内标溶液,摇匀。

5.3.5.4　测定

启动气相色谱仪,参照表 1 所列色谱操作条件调试仪器,待仪器基线稳定后,连续注入数针标样溶液,计算各针相对响应的重复性,待相邻两针的相对响应值变化小于 1.5%后,按标样溶液、试样溶液、试样溶液、标样溶液顺序进行测定。

5.3.6　结果计算

丙烯酰胺的质量分数 w_1,数值以%表示,按式(1)、式(2)计算:

$$w_1 = \frac{A f_i m_s}{A_s m} \times 100 \qquad (1)$$

$$f_i = \frac{A_s m_i}{A_i m_s} \qquad (2)$$

式中:

A——试样溶液中丙烯酰胺的峰面积;

f_i——被测组分的相对质量校正因子;

m_s——内标物的质量的数值,单位为克(g);

A_s——内标物的峰面积;

m——试样的质量的数值,单位为克(g);

A_s——内标物的峰面积;

m_i——相当于纯品的丙烯酰胺标准样品的质量的数值,单位为克(g);

A_i——标样溶液中丙烯酰胺的峰面积。

取两次平行测定结果的算术平均值为报告结果,两次平行测定结果的绝对差值不大于 0.5%。

5.4　水分的测定

按 GB/T 6283—2008 的规定进行。

取两次平行测定结果的算术平均值为测定结果,两次平行测定结果的绝对差值不大于这两个测定值的算术平均值的 25%。

5.5 色度(200 g/L 水溶液)的测定

按 GB/T 3143 的规定进行。测定时,称取 10 g 实验室样品,精确至 0.01 g,加水溶解并稀释至 50 mL。

5.6 阻聚剂含量的测定

5.6.1 方法提要

阻聚剂(对羟基苯甲醚)与硝酸显色,在分光光度计最大吸收波长 400 nm 处测定其吸光度。

5.6.2 试剂

5.6.2.1 硝酸。

5.6.2.2 对羟基苯甲醚标准样品,质量分数≥98.5%。

5.6.3 仪器

可见分光光度计,带有光程为 3 cm 的比色皿。

5.6.4 分析步骤

5.6.4.1 标样溶液的制备

称取相当于纯品 0.1 g 的对羟基苯甲醚标准样品,精确至 0.000 2 g,置于烧杯中,加适量水溶解,移入 100 mL 容量瓶中,稀释至刻度,摇匀。取此溶液(10±0.05)mL 移入 100 mL 容量瓶中,稀释至刻度,摇匀。即得 100 μg/mL 对羟基苯甲醚标准溶液。

5.6.4.2 标准曲线的制定

向 100 mL 具塞三角瓶中分别移入 10.0 mL、7.5 mL、5.0 mL、2.5 mL、1.0 mL 标样溶液,并对应加入 30.0 mL、32.5 mL、35.0 mL、37.5 mL、39.0 mL 水,同时向另一 100 mL 具塞三角瓶中加入40 mL 水做参比,100 mL 具塞三角瓶中各加入 20.0 mL 硝酸,塞紧瓶塞,摇匀 1 min 后,用 3 cm 比色皿,在波长 400 nm 处比色。以每个标准溶液净吸光度(扣除空白溶液的吸光度)和对羟基苯甲醚的质量浓度(mg/L)绘制标准曲线。

5.6.4.3 测定

称取 40.0 g 实验室样品,精确至 0.01 g,置于烧杯中,加适量水溶解,移入 100 mL 容量瓶中,稀释至刻度,摇匀。取 40.0 mL 上述溶液移入 100 mL 具塞三角瓶中,塞紧瓶塞,摇匀 1 min 后,用 3 cm 比色皿,在波长 400 nm 处比色,测出试样的吸光度 A。

5.6.4.4 在测定的同时,按与测定相同的步骤,对不加试料而使用相同数量的试剂做空白试验。

5.6.5 结果表示

由试样的吸光度减去空白试验的吸光度,得到试样试验的净吸光度。从标准曲线中查得对羟基苯甲醚的含量,以毫克每升(mg/L)表示,乘以试样的稀释倍数,得到试样中对羟基苯甲醚的含量。

取两次平行测定结果的算术平均值为测定结果,两次平行测定结果的绝对差值不大于这两个测定值的算术平均值的 20 %。

5.7 电导率(400 g/L 水溶液)的测定

5.7.1 仪器

5.7.1.1 电导率仪:(0～2)μS/cm,分辨率为 0.001 μS/cm;(2～20)μS/cm,分辨率为 0.01 μS/cm;(20～200)μS/cm,分辨率为 0.1 μS/cm。

5.7.1.2 恒温水浴。

5.7.2 测定分析步骤

称取 20 g 实验室样品,精确至 0.01 g,加适量水溶解,移入 50 mL 容量瓶中,稀释至刻度,摇匀。移入 100 mL 烧杯中,置于恒温水浴中,恒温至 25 ℃,用电导率仪测定电导率。

5.8 铁含量的测定

按 GB/T 3049—2006 的规定进行。测定时称取约 5 g 实验室样品。

取两次平行测定结果的算术平均值为报告结果。两次平行测定结果的绝对差值不大于 0.000 5%。

5.9 铜含量的测定

称取约 5.0 g 实验室样品,精确至 0.01 g,加适量水溶解,移入 250 mL 烧杯中,用玻璃表面目皿盖住,置于加热板上,加热蒸干。其余按 GB/T 7717.11—2008 第 7 章的规定进行。

取两次平行测定结果的算术平均值为报告结果,两次平行测定结果的绝对差值不大于这两个测定值的算术平均值的 30%。

6 检验规则

6.1 检验分为出厂检验和型式检验。

6.1.1 出厂检验项目为表 1 中的丙烯酰胺含量、水分含量、阻聚剂含量、电导率,应逐批进行检验。

6.1.2 型式检验项目为表 1 中的全部项目,在正常生产情况下,每月至少进行一次型式检验。有下列情况之一时,也应进行型式检验。

a) 更新关键生产工艺;

b) 主要原料有变化;

c) 停产又恢复生产;

d) 出厂检验结果与上次型式检验有较大差异;

e) 合同规定。

6.2 以连续生产的产品为一批,每批产品不超过 3 000 kg。

6.3 采样按 GB/T 3723、GB/T 6678 和 GB/T 6679 的规定进行。所采样品总量不得少于 250 g。将样品分装于两个清洁、干燥的磨口瓶中,贴好标签,注明产品名称、批号、采取日期。一瓶供检验用,一瓶留样,保存三个月备查。

6.4 工业用丙烯酰胺由生产厂的质量检验部门进行检验。每批出厂的产品都应附有一定格式的质量书,其内容包括:生产日期、生产厂名称、产品名称、各项指标的检验数据,产品等级、批号。

6.5 检验结果的判定按 GB/T 8170 中规定的修约值比较法进行。检验结果如有任何一项指标不符合本标准的要求时,则应重新自两倍数量的包装单元中采样进行检验。重新检验的结果即使只有一项指标不符合本标准的要求,则整批产品为不合格。

7 包装、标志、运输和贮存

7.1 标志

产品包装上应有牢固清晰的标志,内容包括:产品名称、生产厂厂名、厂址、产品规格、净含量、批号或生产日期、商标及本标准编号,并符合 GB 190 中规定的“有毒品”标志。

7.2 包装

产品内包装用聚乙烯塑料袋,外包装为三合一复合袋(布/膜/纸),每袋净含量 25 kg。可在满足包装安全的条件下根据用户的要求包装。

7.3 运输和贮存

产品应贮存在干燥、阴凉、通风处,不得靠近热源和受阳光直接照射,不能与其他化学物品混放。产品贮运时温度控制在 35 ℃以下,严禁暴晒或与有热源的物体接触。

7.4 保质期

在符合本标准包装、运输和贮存的条件下,自生产之日起,本产品保质期至少为 6 个月。

8 安全

8.1 安全特性

丙烯酰胺属于中等有毒化学物质。在遇高热、明火或与氧化剂接触有引起燃烧的危险,若遇高热,可能发生聚合反应。该物质刺激眼睛、皮肤和呼吸道。该物质可能对神经系统有影响,导致末梢神经损害。

8.2 安全措施

应避免丙烯酰胺与皮肤接触,如果接触,应脱去污染的衣服,用肥皂水及流动清水彻底冲洗皮肤或淋浴;如果溅到眼睛里,应立即提起眼睑,用流动清水冲洗。如食入,应大量饮水,催吐,立即就医;生产过程密闭操作,局部排分。如果泄漏,污染区周围设警告标志,不要直接接触泄漏物,收集于干燥洁净有盖的容器中,进行控制焚烧。如大量泄漏,收集回收或无害化处理。工作场所人员均应戴防毒面具、安全防护眼镜,穿相应工作服,戴防护手套。

附 录 A
（规范性附录）
丙烯酰胺含量测定的典型色谱图及相对保留值

A.1 典型色谱图

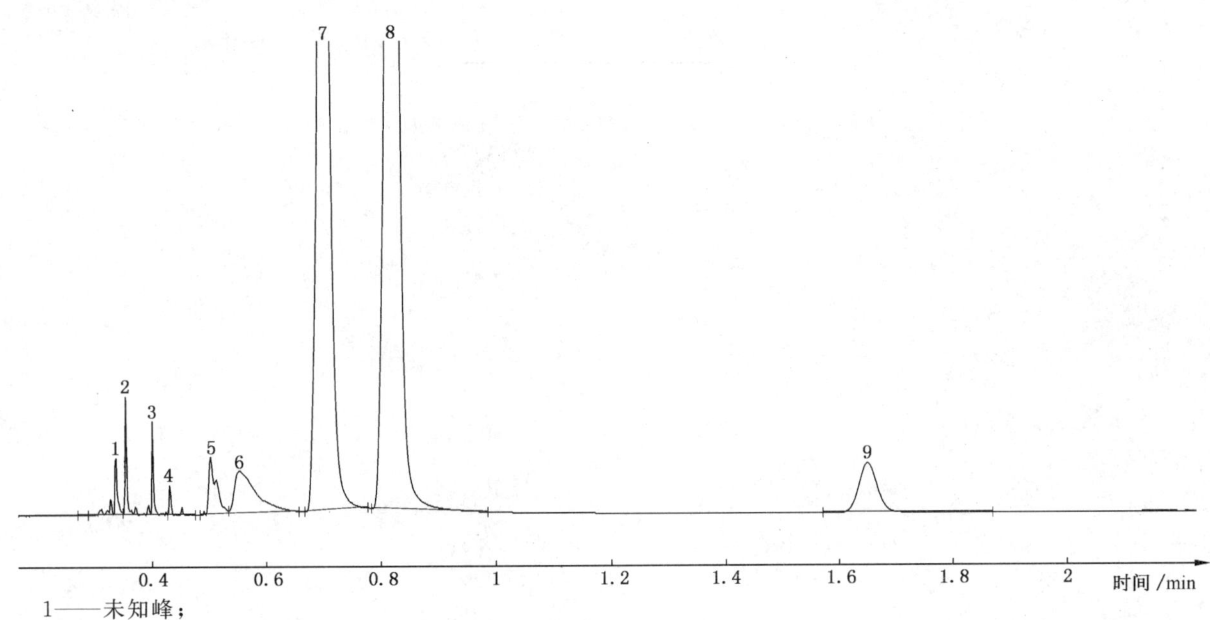

1——未知峰；

2——水；

3——未知峰；

4——未知峰；

5——丙烯腈；

6——丙烯酸；

7——乙酰胺；

8——丙烯酰胺；

9——对羟基苯甲醚。

图 A.1 典型色谱图

A.2 相对保留值

丙烯酰胺含量测定各组分的保留值见表 A.1。

表 A.1 丙烯酰胺含量测定各组分的相对保留值

峰号	峰名	相对保留值
1	未知峰	0.476
2	水	0.508
3	未知峰	0.569
4	未知峰	0.607
5	丙烯腈	0.718

表 A.1（续）

峰号	峰名	相对保留值
6	丙烯酸	0.801
7	乙酰胺	1.000
8	丙烯酰胺	1.177
9	对羟基苯甲醚	2.322

ICS 71.080.30
G 17

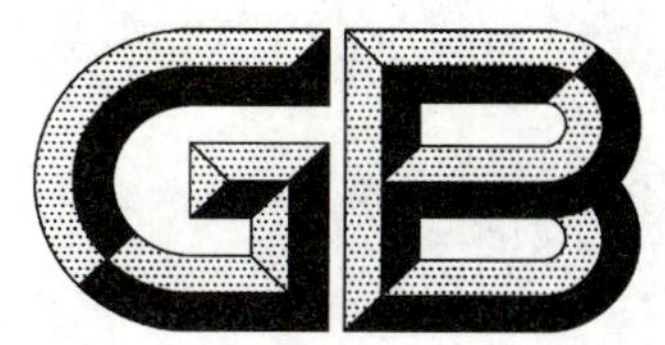

中华人民共和国国家标准

GB/T 24770—2009

工业用三甲胺

Trimethyl amine for industrial use

2009-12-15 发布　　2010-07-01 实施

中华人民共和国国家质量监督检验检疫总局
中国国家标准化管理委员会　发布

前　言

本标准的附录A为规范性附录。

本标准由中国石油和化学工业协会提出。

本标准由全国化学标准化技术委员会有机分会(SAC/TC 63/SC 2)归口。

本标准负责起草单位:山东华鲁恒升化工股份有限公司。

本标准参加起草单位:浙江江山化工股份有限公司。

本标准主要起草人:刘忠发、李发林、赵秀英、张艳丽、何天余、胡延风。

工 业 用 三 甲 胺

1 范围

本标准规定了工业用三甲胺的技术要求、试验方法、检验规则、标志、包装、运输、贮存和安全等。

本标准适用于由甲醇连续气相催化氨化法生产的工业三甲胺的生产、检验和销售。

分子式：C_3H_9N

结构式：
$$\begin{array}{c} CH_3—N—CH_3 \\ | \\ CH_3 \end{array}$$

相对分子质量：59.11（按2007年国际相对原子质量）

2 规范性引用文件

下列文件中的条款通过本标准的引用而成为本标准的条款。凡是注日期的引用文件，其随后所有的修改单(不包括勘误的内容)或修订版均不适用于本标准，然而，鼓励根据本标准达成协议的各方研究是否可使用这些文件的最新版本。凡是不注日期的引用文件，其最新版本适用于本标准。

GB 190 危险货物包装标志

GB/T 601—2002 化学试剂 标准溶液的制备

GB/T 603—2002 化学试剂 试验方法中所用制剂及制品的制备(ISO 6353-1:1982,NEQ)

GB/T 3723 工业用化学产品采样安全通则

GB/T 6283—2008 化工产品中水分含量的测定 卡尔·费休法(通用方法)(GB/T 6283—1986,eqv ISO 760:1978)

GB/T 6678 化工产品采样总则

GB/T 6681 气体化工产品采样通则

GB/T 6682—2008 分析实验室用水规格和试验方法(ISO 3696:1987,NEQ)

GB/T 8170 数值修约规则与极限数值的表示和判定

GB/T 9722—2006 化学试剂 气相色谱法通则

JB/T 6897—2000 低温液体槽车

JB/T 6898—1997 低温液体贮运设备使用安全规则

气瓶安全监察规程

压力容器安全监察规程

3 性状

常温下为无色有鱼腥味的气体。

4 要求

工业用三甲胺质量应符合表1所示的技术要求。

表 1 技术要求

项目		指标		
		优等品	一等品	合格品
三甲胺，w/%	≥	99.5	99.0	98.0
一甲胺，w/%	≤	0.02	0.10	0.20
二甲胺，w/%	≤	0.05	0.15	0.25
氨，w/%	≤	0.01	0.03	0.10
水，w/%	≤	0.5	1.0	1.5
N,*N*-二甲基乙胺（以二乙胺计），w/%		供需双方协商		

5 试验方法

5.1 警示

试验方法规定的一些试验过程可能导致危险情况，操作者应采取适当的安全和防护措施。

5.2 一般规定

除非另有说明，在分析中仅使用确认为分析纯的试剂和符合 GB/T 6682—2008 中规定的三级水。

分析中所用标准滴定溶液、制剂和制品，在没有注明其他要求时，均按 GB/T 601—2002、GB/T 603—2002的规定制备。

5.3 试样的制备

量取约 200 mL 优级纯异丙醇，称量，精确至 0.01 g，质量为 m_1。吸收适量三甲胺样品后再次称量，精确至 0.01 g，质量为 m_2。两次称量之差为三甲胺试样的质量。吸收液含三甲胺的质量分数约为 30%。

5.4 三甲胺含量和氨、一甲胺、二甲胺、*N*,*N*-二甲基乙胺含量的测定

5.4.1 方法提要

采用气相色谱法。三甲胺样品经异丙醇吸收，在选定的色谱工作条件下，注入试样，组分通过色谱柱分离后，用热导检测器（TCD）或火焰离子化检测器（FID）检测，采用校正面积归一化法定量，得到各组分含量，根据卡尔·费休容量法测得的水分，对校正面积归一化法定量得出的各组分含量进行校正。

5.4.2 试剂

5.4.2.1 氮气：体积分数大于 99.99%。

5.4.2.2 氢气：体积分数大于 99.99%。

5.4.2.3 空气：经 5A 分子筛干燥和净化。

5.4.3 仪器

5.4.3.1 气相色谱仪：配有火焰离子化检测器或热导检测器，灵敏度及稳定性应符合 GB/T 9722—2006 的规定的任何型号的气相色谱仪；

5.4.3.2 色谱数据处理机或积分仪；

5.4.3.3 微量注射器：1 μL 或 10 μL。

5.4.4 色谱操作条件

本标准推荐的色谱柱和色谱操作条件见表 2。典型色谱图和各组分保留时间见附录 A。其他能达到同等分离程度的色谱柱及色谱操作条件也可使用。

表 2　推荐的色谱柱和色谱操作条件

	热导检测器	火焰离子化检测器
毛细管色谱柱	改性的高惰性甲基苯基硅氧烷毛细管柱，30 m×0.32 mm×0.45 μm	
柱箱温度/℃	50	60
汽化室温度/℃	180	180
检测器温度/℃	150	200
桥流/mA	75	—
载气平均线速/(cm/s)	25(H_2)	30(N_2)
补充气/(mL/min)	10(H_2)	40(N_2)
燃气流量/(mL/min)	—	40(H_2)
助燃气流量/(mL/min)	—	400(Air)
分流比	1∶10	1∶10
进样量/μL(异丙醇吸收)	2.0	0.6

5.4.5　分析步骤

根据仪器说明书，调节仪器至表 2 所示的操作条件，待仪器稳定后即可开始测定。根据组分出峰情况，注入适量试样。用校正面积归一化法定量。

相对校正因子的测定参见附录 A 中的 A.3。

5.4.6　结果计算

5.4.6.1　当采用火焰离子化检测器时，各组分的质量分数 w_1，数值以%表示，按式(1)计算：

$$w_1 = (100 - w_3 - w_4)\frac{f_iA_i}{\sum(f_iA_i)} \quad \cdots\cdots(1)$$

式中：

f_i——某组分的相对质量校正因子(未知组分的相对质量校正因子 f_i 采用各杂质组分中最大的相对质量校正因子)；

A_i——某组分的色谱峰面积；

w_3——5.5 测定的试样中氨的质量分数的数值；

w_4——5.6 测定的试样中水的质量分数的数值。

5.4.6.2　当采用热导检测器时，各组分的质量分数 w_2，数值以%表示，按式(2)计算：

$$w_2 = (100 - w_4)\frac{f_iA_i}{\sum(f_iA_i)} \quad \cdots\cdots(2)$$

式中：

i——除水以外的其他各组分；

f_i——某组分的相对质量校正因子(未知组分的相对质量校正因子 f_i 采用各杂质组分中最大的相对质量校正因子)；

A_i——某组分的色谱峰面积；

w_4——5.6 测得的试样中水的质量分数的数值。

5.4.7　允许差

取两次平行测定结果的算术平均值为测定结果。两次平行测定结果的绝对差值见表 3。

表 3 色谱测定结果允许差

项　　目		火焰离子化检测器 绝对差值/%	热导池检测器 绝对差值/%
氨	≤	—	0.005
一甲胺	≤	0.002	0.008
二甲胺	≤	0.003	0.008
三甲胺	≤	0.02	0.02
N,*N*-二甲基乙胺	≤	0.004	0.008

5.4.8 以火焰离子化检测器的测定方法为仲裁法。

5.5 氨含量的测定

5.5.1 方法提要

采用气相色谱法。样品经异丙醇吸收，在选定的色谱工作条件下，注入试样，通过色谱柱使氨和各组分分离，用热导检测器(TCD)检测，采用外标法定量，得到氨的含量。

5.5.2 试剂

5.5.2.1 氨水。

5.5.2.2 其他试剂同5.4.2。

5.5.3 分析步骤

5.5.3.1 校准用氨标准溶液的配制见附录A的A.3。

5.5.3.2 根据仪器使用说明书开启仪器，并试漏，调节仪器至表2中热导检测器所示的操作条件，待仪器稳定后即可开始测定。用微量注射器注入2 μL校准用氨标准溶液(5.5.3.1)，进行色谱分析。在同样的色谱操作条件下，用微量注射器注入2 μL试样进行分析。

5.5.4 结果计算

氨的含量以质量分数 w_3 计，数值以%表示，按式(3)计算：

$$w_3=\frac{w_s A}{A_s}\times\frac{m_2}{m_2-m_1} \qquad (3)$$

式中：

A_s——校准用氨标准溶液中氨的峰面积；

A——试样中氨组分的峰面积；

w_s——校准用氨标准溶液浓度的准确数值，以质量分数表示(%)；

m_1——异丙醇的质量数值，单位为克(g)；

m_2——三甲胺试料和异丙醇的质量数值，单位为克(g)。

取两次平行测定结果的算术平均值为测定结果。两次平行测定结果的绝对差值不大于0.005%。

5.6 水分的测定

5.6.1 试剂

异丙醇：优级纯。

5.6.2 分析步骤

用5.3制备的试样按GB/T 6283—2008的规定进行。分别测定异丙醇和用异丙醇吸收的三甲胺试样的水分含量。

5.6.3 结果计算

水的质量分数 w_4，数值以%表示，按式(4)计算：

$$w_4=\frac{w_{y2}m_2-w_{y1}m_1}{m_2-m_1} \qquad (4)$$

式中：

w_{y1}——异丙醇中水含量的质量分数的数值(%)；

w_{y2}——吸收三甲胺试样后异丙醇试样溶液中水含量的质量分数的数值(%)；

m_1——异丙醇的质量的数值，单位为克(g)；

m_2——三甲胺试料和异丙醇的质量数值，单位为克(g)。

取两次平行测定结果的算术平均值为测定结果。两次平行测定结果的绝对差值不大于0.04%。

6 检验规则

6.1 第4章要求中表1规定的所有项目中一甲胺、二甲胺、三甲胺、氨、水分为出厂检验项目，*N*,*N*-二甲基乙胺供需双方要求时进行检验。出厂检验项目每批进行一次。

6.2 工业用三甲胺产品按批实施出厂检验，以工艺条件不变的、产品连续生产的实际批为一组批；但若干个生产批构成一个检验批的时间不超过3 d。

6.3 工业用三甲胺采样中的安全事项应符合GB/T 3723的规定。采样原则及采样一般规定应符合GB/T 6678和GB/T 6681规定。

6.4 异丙醇吸收样品时，应开启阀门(1～2)min放空后再吸收样品。采样时将取样嘴连接取样管，取样管插入吸收液异丙醇底部，阀门开启不宜过大，防止样品溅出。用约200 mL优级纯异丙醇吸收至三甲胺浓度约30%左右。

6.5 采样总量应保证检验的需要。所采样品等量分装入两个清洁、干燥、密封良好的细口瓶中，贴上标签，注明产品名称、批号、取样日期、取样地点、取样者姓名。一瓶供检验用，另一瓶保留一个月备查。

6.6 工业用三甲胺应由生产厂质量监督检验部门进行检验。生产厂应保证出厂产品符合本标准的要求。每批出厂的产品都应附有一定格式的质量证明书，内容包括：生产厂名称、产品名称、生产日期或者批号、产品等级和本标准编号等。

6.7 使用单位自出厂日起一个月内对未破坏包装密封的产品，按照本标准的规定进行验收。

6.8 检验结果的判定按GB/T 8170修约值比较法进行。检验结果中如有一项不符合本标准要求时，应重新自两倍量的包装单元中采样进行复验，重新检验的结果既使只有一项指标不符合本标准要求时，则整批产品应做不合格处理。

7 标志、包装、运输和贮存

7.1 标志

工业用三甲胺的包装容器上应有牢固、明显的标志，内容包括：生产厂名称、厂址、产品名称、批号或生产日期、净含量、本标准编号及GB 190中规定的“易燃液化气体”和“有毒品”标志。

7.2 包装

工业用三甲胺应用符合JB/T 6897—2000、《气瓶安全监察规程》的钢瓶或槽车包装，使用中符合JB/T 6898—1997、《压力容器安全监察规程》等相关规定。

7.3 运输

7.3.1 工业用三甲胺的运输应按相关危险货物运输管理规则执行。

7.3.2 工业用三甲胺运输时应远离火种、热源；应与氧化剂、酸类物质等分开运输；起运时包装要完整，装载应稳妥。

7.4 贮存

工业用三甲胺应贮存于阴凉、干燥、通风良好的地方；远离火种、热源；储存于密闭容器中；应与氧化剂、酸类物质等分开存放；采用防爆型照明、通风设施；禁止使用易产生火花的机械设备和工具；储区应有泄漏应急处理设备。

8 安全

8.1 工业用三甲胺的安全使用应符合 JB/T 6898—1997、《压力容器安全监察规程》及危险货物运输规则等相关规定。

8.2 工业用三甲胺与空气混合能形成爆炸性混合物；遇明火高热能引起燃烧爆炸；避免高温曝晒和与明火接触。

8.3 当工业用三甲胺发生泄漏时，迅速撤离污染区人员至上风处，隔离泄漏污染区。应急处理人员建议戴正压式呼吸器，穿消防防护服，尽可能切断泄漏源，用喷雾状水稀释、溶解。漏气容器不能再用，且要经过技术处理以清除可能剩下的气体。

8.4 工业用三甲胺有毒，有腐蚀性，对眼、黏膜、皮肤有刺激性，有烧伤危险，使用时防止接触眼睛和皮肤，应佩戴安全护具。皮肤接触时立即脱去污染衣着，用流动清水冲洗；若有灼伤，就医治疗。眼睛接触时立即提起眼睑，用流动清水或生理盐水冲洗至少 15 min，就医。

附　录　A
（规范性附录）
三甲胺含量测定的典型色谱图、各组分相对保留值和相对校正因子的测定方法

A.1　三甲胺含量测定的典型色谱图

A.1.1　采用火焰离子化检测器测定三甲胺的典型色谱图见图 A.1。

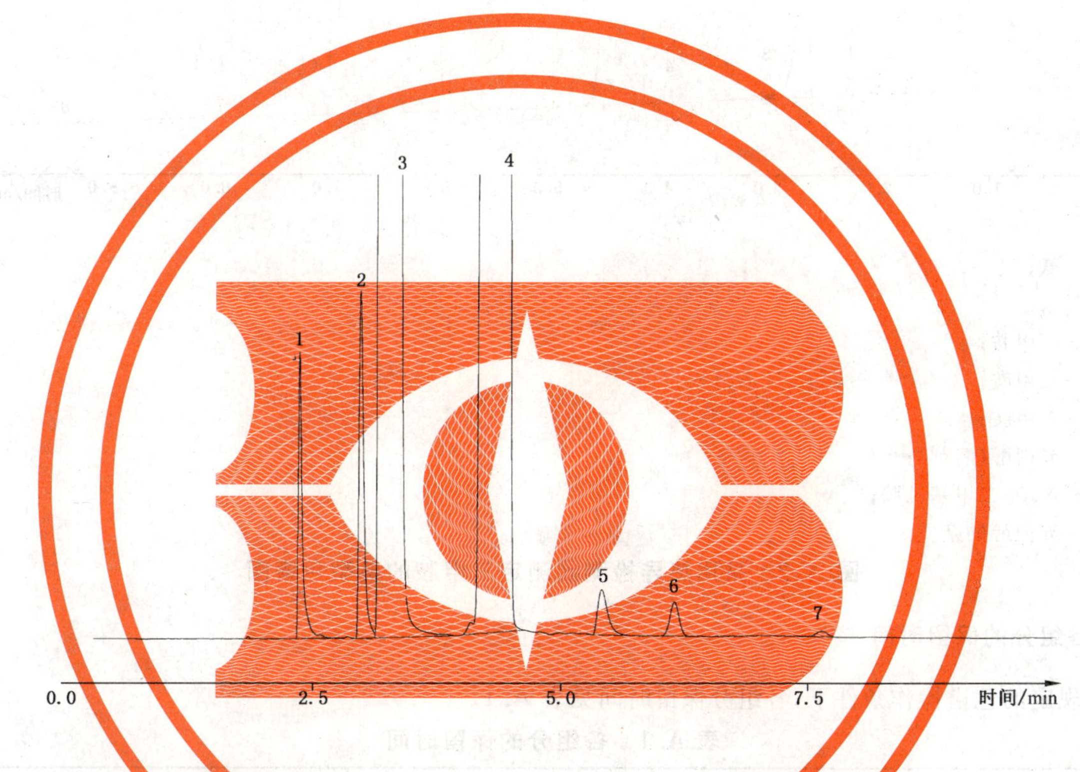

1——一甲胺；
2——二甲胺；
3——三甲胺；
4——异丙醇(溶剂)；
5——*N*,*N*-二甲基乙胺；
6——异丙醇的杂质；
7——异丙醇的杂质。

图 A.1　采用火焰离子化检测器测定三甲胺的典型色谱图

A.1.2　采用热导检测器测定三甲胺的典型色谱图见图 A.2。

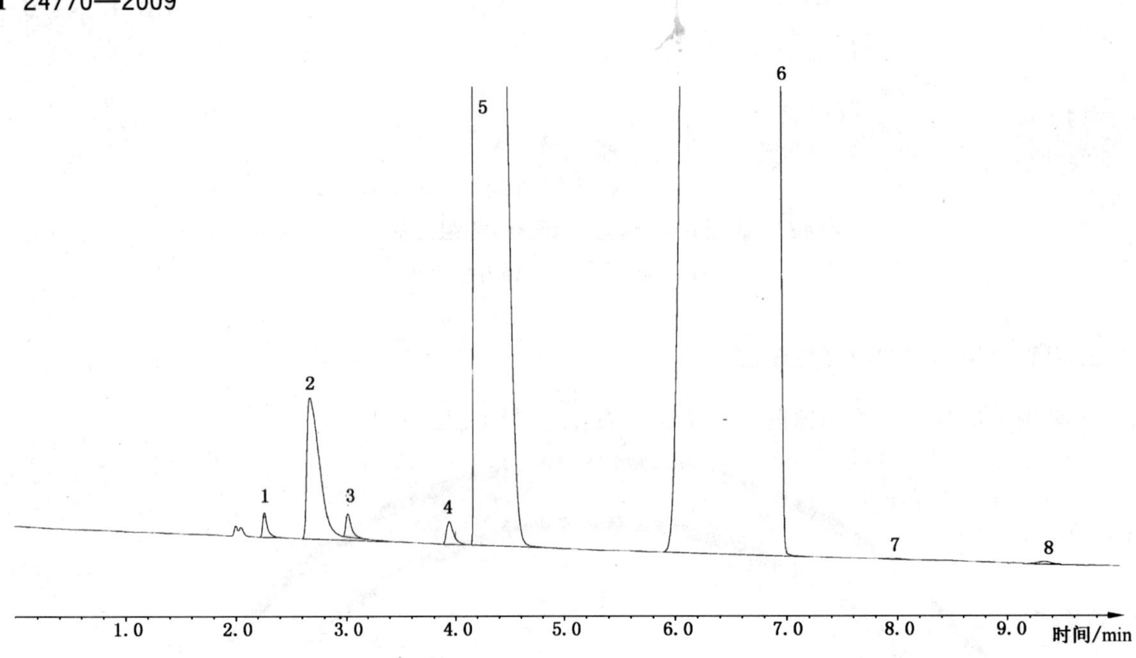

1——氨；
2——水；
3——一甲胺；
4——二甲胺；
5——三甲胺；
6——异丙醇(溶剂)；
7——*N*,*N*-二甲基乙胺；
8——异丙醇的杂质。

图 A.2 采用热导检测器测定三甲胺的典型色谱图

A.2 各组分的保留时间

在规定的色谱操作条件下，各组分保留时间见表 A.1。

表 A.1 各组分的保留时间

组　　分	氢火焰离子化检测器的保留时间/min	热导检测器的保留时间/min
氨	—	2.2
水	—	2.6
一甲胺	2.4	3.0
二甲胺	3.0	3.9
三甲胺	3.2	4.1
异丙醇(溶剂)	4.4	6.8
N,*N*-二甲基乙胺	5.4	7.8
异丙醇中杂质	6.2	9.2

A.3 相对校正因子的测定

A.3.1 试剂

A.3.1.1 三甲胺：质量分数大于 99.8%。

A.3.1.2 异丙醇：优级纯。

A.3.1.3 一甲胺：已知质量分数。

A.3.1.4 二甲胺：已知质量分数。

A.3.1.5 氨水：已知质量分数。

A.3.1.6 *N*,*N*-二甲基乙胺。

A.3.2 分析步骤

量取 200 mL 异丙醇，称量，精确至 0.01 g，吸收三甲胺至其含量的质量分数约 30%。用称量法配制校准用标准溶液，加入一甲胺、二甲胺、氨、*N*,*N*-二甲基乙胺等欲测杂质于三甲胺异丙醇吸收液中，各组分的称量精确至 0.000 1 g，各组分含量的质量分数计算精确至 0.001%。所配制的校准用标准溶液杂质含量应与待测试样相近。

用于配制校准用标准溶液的三甲胺中被测杂质组分含量大于 0.001%时，校准用标准溶液中的被测杂质组分含量应予以修正。

在与测定样品相同的色谱操作条件下，将配制的校准用标准溶液注入色谱仪，采用热导检测器进样量 2 μL，采用火焰离子化检测器进样量 0.6 μL。平行测定 3 次，取 3 次测定的峰面积的算术平均值为测定结果。依据所得的峰面积及杂质组分含量，计算各组分的相对校正因子 f_i。

A.3.3 相对校正因子的计算

各组分相对异丙醇的校正因子 f_i 按式(A.1)计算：

$$f_i = \frac{A_1 w_i}{A_i w_1} \qquad \cdots\cdots(\text{A.1})$$

式中：

A_1——三甲胺的峰面积；

A_i——组分 i 的峰面积；

w_1——校准用标准溶液中三甲胺的质量分数的数值(%)；

w_i——校准用标准溶液中组分 i 的质量分数的数值(%)。

ICS 71.080.30
G 17

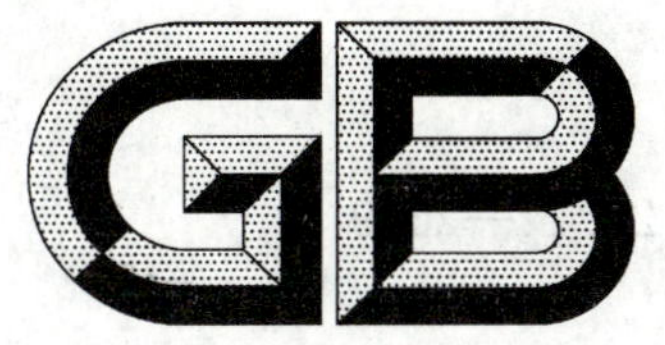

中华人民共和国国家标准

GB/T 24771—2009

工业用叔丁胺

Tert-Butylamine for industrial use

2009-12-15 发布　　2010-07-01 实施

中华人民共和国国家质量监督检验检疫总局
中国国家标准化管理委员会　发布

前　言

本标准的附录A为规范性附录。

本标准由中国石油和化学工业协会提出。

本标准由全国化学标准化技术委员会有机分会(SAC/TC 63/SC 2)归口。

本标准负责起草单位:山东富丰化工股份有限公司、山东省化工研究院。

本标准主要起草人:卢国强、崔爱红、邹本莲、浦为民、李世慧、陈菊、郑福国。

工业用叔丁胺

1 范围

本标准规定了工业用叔丁胺的要求、试验方法、检验规则、标志、包装、运输、贮存及安全。

本标准适用于叔丁胺的生产、检验和销售。

分子式：$C_4H_{11}N$

结构式：
$$H_3C-\overset{\displaystyle CH_3}{\underset{\displaystyle CH_3}{\overset{|}{\underset{|}{C}}}}-NH_2$$

相对分子质量：70.14（按2007年国际相对原子质量）

2 规范性引用文件

下列文件中的条款通过本标准的引用而成为本标准的条款。凡是注日期的引用文件，其随后所有的修改单（不包括勘误的内容）或修订版均不适用于本标准，然而，鼓励根据本标准达成协议的各方研究是否可使用这些文件的最新版本。凡是不注日期的引用文件，其最新版本适用于本标准。

GB 190 危险货物包装标志

GB/T 191—2008 包装储运图示标志（ISO 780:1997，MOD）

GB/T 3143 液体化学产品颜色测定法（Hazen单位——铂-钴色号）

GB/T 6678 化工产品采样总则

GB/T 6680—2003 液体化工产品采样通则

GB/T 6682—2008 分析实验室用水规格和试验方法（ISO 3696:1987，MOD）

GB/T 8170 数值修约规则与极限数值的表示和判定

GB/T 9722 化学试剂 气相色谱法通则

3 要求

3.1 外观：透明液体，无悬浮物、无机械杂质。

3.2 工业用叔丁胺应符合表1所示的技术要求。

表1 技术要求

项目		指标	
		优等品	合格品
叔丁胺，w/%	≥	99.5	98.5
色度/Hazen单位（铂-钴色号）	≤	15	25
水分，w/%	≤	0.10	0.50

4 试验方法

4.1 警示

试验方法规定的试验过程可能导致危险情况，操作者应采取适当的安全和防护措施。

4.2 一般规定

除非另有说明，在分析中使用确认为分析纯的试剂和GB/T 6682—2008中规定的三级水。

4.3 外观

取25 mL实验室样品于比色管中，在自然光线下目视观察。

4.4 叔丁胺含量的测定

4.4.1 方法提要

在选定的色谱操作条件下，样品汽化后通过色谱柱，使试样中各组分分离，用火焰离子化检测器(FID)检测，以面积归一化法定量，扣除试样中水分，得到叔丁胺的含量。

4.4.2 试剂

4.4.2.1 氮气：体积分数大于99.9%，使用前需用脱水装置、硅胶、分子筛或活性碳等进行净化处理。

4.4.2.2 氢气：体积分数大于99.9%，使用前需用脱水装置、硅胶、分子筛或活性碳等进行净化处理。

4.4.2.3 空气：经硅胶或5A分子筛干燥和净化。

4.4.3 仪器

4.4.3.1 气相色谱仪：带有火焰离子化检测器(FID)灵敏度和稳定性符合GB/T 9722中有关规定的任何气相色谱仪，可进行毛细管色谱分析；

4.4.3.2 记录仪：色谱数据处理机或积分仪；

4.4.3.3 进样器：1 μL微量注射器，或自动进样器。

4.4.4 色谱柱及典型操作条件

本标准推荐的色谱柱和色谱操作条件见表2。典型色谱图和相对保留值见附录A。其他能达到同等分离程度的色谱柱和色谱操作条件均可以使用。

表2 推荐的色谱柱和色谱操作条件

毛细管色谱柱	30 m×0.32 mm×1.0 μm(柱长×柱内径×液膜厚度)
固定相	100%甲基聚硅氧烷
柱箱温度/℃	初始温度35 ℃，保持4 min。以升温速度20 ℃/min升温至180 ℃，保持2 min
汽化室温度/℃	200
检测器温度/℃	200
载气(N_2)平均线速度/(cm/s)	41
空气流量/(mL/min)	350
氢气流量/(mL/min)	35
分流比	30∶1
进样量/μL	0.2

4.4.5 分析步骤

根据仪器说明书，调节仪器至表2所示的操作条件，待仪器稳定后即可开始测定。用1 μL微量注射器注入0.2 μL试样，以面积归一化法定量。

4.4.6 结果计算

叔丁胺的质量分数 w_1，数值以%表示，按式(1)计算：

$$w_1 = \frac{A}{\sum A_i} \times (100 - w_2) \qquad \cdots\cdots(1)$$

式中：

A——叔丁胺的色谱峰面积；

A_i——组分 i 的色谱峰面积；

w_2——4.6 测得的试样中水的质量分数的数值。

取两次平行测定结果的算术平均值为报告结果。两次平行测定结果的绝对差值不大于 0.1%。

4.5 色度的测定

按 GB/T 3143 规定的方法进行。

4.6 水分的测定

4.6.1 方法提要

试样中的水分与电解液中的碘进行定量反应,反应式为:

$$H_2O+I_2+SO_2 \rightarrow 2HI+SO_3$$

$$2I^- - 2e \rightarrow I_2$$

参加反应的碘的分子数等于水的分子数,而电解生成的碘与所消耗的电量成正比,依据法拉第定律,在仪器上直接读出被测试样中的水含量。

4.6.2 仪器

4.6.2.1 库仑电量水分测定仪:检测灵敏度 0.1 μg 水。或其他能满足分析要求的微量水分测定仪也可使用;

4.6.2.2 天平:分度值为 0.000 1 g;

4.6.2.3 注射器:2 mL。

4.6.3 试剂

与库仑电量水分测定仪配套的电解液(市售试剂)。

4.6.4 分析步骤

向库仑电量水分测定仪电解池中加入电解液,按仪器说明书调节仪器,使滴定池内达到平衡状态。当仪器进入工作状态后,按仪器说明书要求进行标定。

用注射器吸取约 0.1 mL 实验室样品(或根据实验室样品中的水含量调整),称量,精确至 0.000 1 g,加入到库仑电量水分测定仪中,再次称量注射器,精确至 0.000 1 g,并立即进行电量滴定。在库仑电量水分测定仪显示屏上直接读取水的质量,根据试料的质量,计算水含量。

4.6.5 结果计算

水的质量分数 w_2,数值以%表示,按式(2)计算:

$$w_2 = \frac{m_1}{m} \times 100 \qquad \cdots\cdots (2)$$

式中:

m_1——由水分测定仪读取的水的质量的数值,单位为克(g);

m——试料的质量的数值,单位为克(g)。

取两次平行测定结果的算术平均值为报告结果。两次平行测定结果的绝对差值不大于 0.03%。

5 检验规则

5.1 第 3 章要求中外观和表 1 规定的所有项目均为出厂检验项目。出厂检验应逐批检验。

5.2 工业用叔丁胺以同等质量的均匀产品为一批。桶装产品以不大于 100 t 为一批,或以一贮槽(罐)的产品质量为一批。

5.3 工业用叔丁胺的采样按 GB/T 6680—2003 中的 7.1 的规定进行。桶装产品采样单元数按 GB/T 6678 中的规定进行。采样总量应保证检验的需要。样品分装于两个清洁干燥的玻璃瓶中,粘贴标签,注明产品名称、批号、采样日期、采样地点、采样者姓名。密封避光保存。一瓶供检验用,一瓶备查。

5.4 工业用叔丁胺应由生产厂的质量检验部门进行检验。每批出厂的产品都应附有质量证明书,内容包括:产品名称、产品等级、生产厂厂名、厂址、批号或生产日期及本标准编号。

5.5 检验结果的判定按 GB/T 8170 中的修约值比较法进行。检验结果如果有一项指标不符合本标准要求时，桶装产品应重新自两倍数量的包装单元中采样进行检验，贮槽(罐)装产品应重新采样进行检验。重新检验的结果即使只有一项指标不符合本标准要求，则整批产品为不合格。

6 标志、包装、运输和贮存

6.1 工业用叔丁胺包装容器上应有牢固清晰的标志，内容包括：产品名称、生产厂厂名、厂址、净含量、批号、产品等级、本标准编号、GB 190 规定的“易燃液体”、“有毒品”标志、GB/T 191—2008 规定的“怕晒”、“怕雨”标志。

6.2 工业用叔丁胺应使用专用铁桶或槽车密闭包装。铁桶包装每桶净含量 140 kg，或在满足包装安全的条件下根据用户要求包装。包装应达到Ⅱ类包装要求。

6.3 铁桶或槽车的装入量应根据铁桶或槽车的容积和叔丁胺在运输路途上允许的温度及其他因素变化，而引起的体积膨胀加以考虑。

6.4 工业用叔丁胺应贮存在阴凉、干燥、通风的地方，远离火源、热源，避免曝晒雨淋。

6.5 工业用叔丁胺的贮存和运输应符合中华人民共和国铁路、公路和水路对危险货物贮存和运输的有关规定。

6.6 工业用叔丁胺在运输和装卸时不得撞击，应轻装轻卸，以免损伤包装容器致使产品泄漏。

6.7 在符合本标准规定的贮存和运输条件下，工业用叔丁胺的保质期为自出厂之日起至少 3 个月。

7 安全

7.1 叔丁胺为易燃液体，闪点−8.8 ℃，具有燃烧、爆炸性质。其蒸气与空气形成爆炸性混合物，爆炸极限 1.7%～8.9%(体积分数)，遇明火、高热能引起燃烧爆炸，其蒸气比空气重，能在较低处扩散到相当远的地方，遇火源引着回燃。

7.2 叔丁胺有毒，具腐蚀性。侵入途径为皮肤接触、鼻口吸入。接触或使用叔丁胺时，应佩戴防毒面具或空气呼吸器并穿戴胶皮手套和防护服。如不慎皮肤接触，应立即脱去污染的衣着，用大量流动的水冲洗，就医；如不慎吸入，应迅速脱离现场至空气新鲜处，保持呼吸道畅通，如呼吸困难，给输氧，迅速就医；如误服，应立即漱口，就医。

7.3 叔丁胺遇强酸、氧化剂发生激烈反应。溢出的叔丁胺可用沙土、干燥石灰或苏打灰混合，然后使用无火花工具收集运至废物处理场处置；也可用大量水冲洗，并排入废水处理系统；所有处理和清除步骤应在通风条件下戴上防毒面具进行。消防器材应用泡沫、二氧化碳、干粉灭火器、沙土等。

附　录　A
（规范性附录）
叔丁胺含量测定的典型色谱图和各组分相对保留值

A.1　叔丁胺含量测定的典型色谱图

典型色谱图见图A.1。

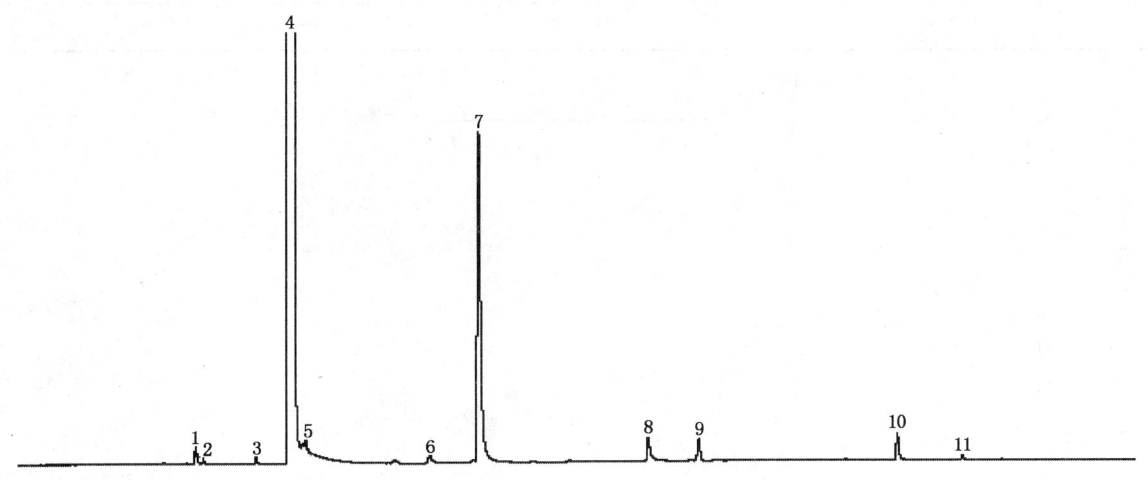

1——甲醇；
2——丁烯；
3——甲酸甲酯；
4——叔丁胺；
5——叔丁醇；
6——甲基叔丁基醚；
7——甲基叔丁胺；
8——二甲基叔丁胺；
9——未知峰；
10——未知峰；
11——未知峰。

图A.1　叔丁胺的典型色谱图

A.2　各组分相对保留值

各组分相对保留值见表A.1。

表A.1　各组分相对保留值

序　号	组　分	相对保留值
1	甲醇	0.66
2	丁烯	0.69
3	甲酸甲酯	0.88
4	叔丁胺	1.00
5	叔丁醇	1.05

表 A.1(续)

序　号	组　分	相对保留值
6	甲基叔丁基醚	1.48
7	甲基叔丁胺	1.66
8	二甲基叔丁胺	2.25
9	未知峰	2.43
10	未知峰	3.13
11	未知峰	3.36

ICS 71.100.99
G 17

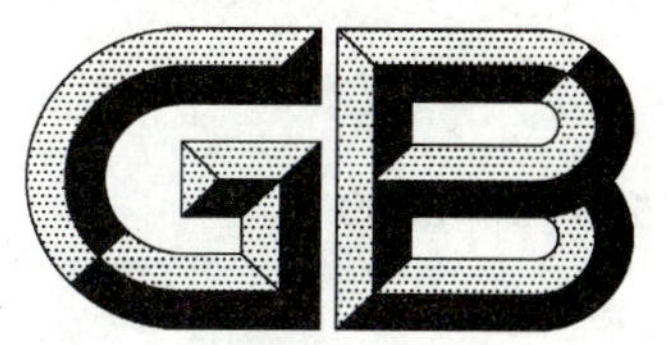

中华人民共和国国家标准

GB/T 24772—2009

工业用四氢呋喃

Tetrahydrofuran for industrial use

2009-12-15 发布　　2010-07-01 实施

中华人民共和国国家质量监督检验检疫总局
中国国家标准化管理委员会　发布

前　言

本标准的附录A为规范性附录，附录B为资料性附录。

本标准由中国石油和化学工业协会提出。

本标准由全国化学标准化技术委员会有机分会(SAC/TC 63/SC 2)归口。

本标准负责起草单位：山西三维集团股份有限公司。

本标准参加起草单位：东营胜利中亚化工有限公司。

本标准主要起草人：张建平、孙自瑾、马秀东、梁小元、杨玉梅、贾亚丽、陈荣欣、许红萍。

工业用四氢呋喃

1 范围

本标准规定了工业用四氢呋喃的要求、试验方法、检验规则以及标志、包装、运输和贮存等。

本标准适用于工业用四氢呋喃的生产、检验和销售。

化学式：C_4H_8O

结构式：

相对分子质量：72.13（按2007年国际相对原子质量）

2 规范性引用文件

下列文件中的条款通过本标准的引用而成为本标准的条款。凡是注日期的引用文件，其随后所有的修改单（不包括勘误的内容）或修订版均不适用于本标准，然而，鼓励根据本标准达成协议的各方研究是否可使用这些文件的最新版本。凡是不注日期的引用文件，其最新版本适用于本标准。

GB 190 危险货物包装标志

GB/T 325.1 包装容器 钢桶 第1部分：通用技术要求

GB/T 3143 液体化学产品颜色测定法（Hazen单位——铂-钴色号）

GB/T 6283—2008 化工产品中水分含量的测定 卡尔·费休法（通用方法）（ISO 760:1978，NEQ）

GB/T 6678 化工产品采样总则

GB/T 6680 液体化工产品采样通则

GB/T 6682—2008 分析实验室用水规格和试验方法（ISO 3696:1987，MOD）

GB/T 8170 数值修约规则与极限数值的表示和判定

GB/T 9722—2006 化学试剂 气相色谱法通则

3 要求

3.1 外观：无色透明液体，无可见杂质。

3.2 工业用四氢呋喃应符合表1所示的技术要求。

表1 技术要求

项目		指标	
		优等品	合格品
四氢呋喃，w/%	≥	99.95	99.80
色度/Hazen单位（铂-钴色号）	≤	5	10
水，w/%	≤	0.02	0.05

4 试验方法

4.1 警示

试验方法规定的一些试验过程可能导致危险情况，操作者应采取适当的安全和防护措施。

4.2 一般规定

除非另有说明，在分析中仅使用确认为分析纯的试剂和符合 GB/T 6682—2008 中规定的三级水。

4.3 外观

取适量实验室样品于比色管中，在自然光或荧光灯光照下，目视观察。

4.4 四氢呋喃含量的测定

4.4.1 方法提要

在选定的色谱工作条件下，样品经汽化通过色谱柱，使其中的各组分分离，用火焰离子化检测器(FID)检测，校正面积归一化法定量。产品中加入的稳定剂 2,6-二叔丁基-4-甲基苯酚(BHT)不参与计算。

4.4.2 试剂

4.4.2.1 氮气：体积分数大于 99.999%。

4.4.2.2 氢气：体积分数大于 99.999%。

4.4.2.3 空气：经活性炭、蓝色硅胶和(5A)分子筛净化、干燥。

4.4.2.4 四氢呋喃：质量分数不小于 99.95%。

4.4.2.5 γ-丁内酯：色谱纯。

4.4.2.6 甲醇：色谱纯。

4.4.2.7 2-甲基四氢呋喃：色谱纯。

4.4.2.8 3-甲基四氢呋喃：色谱纯。

4.4.2.9 2,3-二氢呋喃：色谱纯。

4.4.2.10 2,5-二氢呋喃：色谱纯。

4.4.3 仪器

4.4.3.1 气相色谱仪：配有火焰离子化检测器(FID)，整机灵敏度和稳定性应符合 GB/T 9722—2006 中有关规定。

4.4.3.2 数据处理系统：色谱数据处理机或色谱工作站。

4.4.3.3 进样器：10 μL 微量注射器或自动进样器。

4.4.4 色谱柱及典型操作条件

本标准推荐的色谱柱和色谱操作条件见表 2。典型色谱图及各组分相对保留值见附录 A。其他能达到同等分离程度的色谱柱及色谱操作条件也可使用。

表 2 推荐的色谱柱和色谱操作条件

毛细管色谱柱	30 m×0.32 mm×0.25 μm,(柱长×柱内径×液膜厚度)
固定相	14%腈丙基苯基,86%二甲基聚硅氧烷
柱温	初始 60 ℃,保持 5 min;升温速度 8.0 ℃/min,升温至 250 ℃,保持 10 min
气化室温度/℃	250
检测器温度/℃	250
载气(N_2)流量/(mL/min)	1.8
氢气流量/(mL/min)	30
空气流量/(mL/min)	300
尾吹气(N_2)流量/(mL/min)	28
进样量/μL	0.2
分流比	60∶1

4.4.5 分析步骤

4.4.5.1 校正因子的测定

4.4.5.1.1 标准溶液的配制

用称量法配制四氢呋喃加欲测杂质的标准溶液，各组分的称量精确至 0.000 1 g，组分含量的质量分数计算精确至 0.001%。所配制的标准溶液中杂质含量应与待测试样相近。

4.4.5.1.2 相对校正因子的测定

根据仪器说明书，调节仪器至表 2 所示的操作条件，将未加欲测杂质的四氢呋喃和配制的标准溶液依次注入气相色谱仪，各平行测定 3 次，取 3 次测定的峰面积的算术平均值为测定结果。依据所得的峰面积及杂质组分含量，计算各组分的相对校正因子 f_i。

试样中未知组分或得不到标准物质的组分的相对校正因子，可使用保留时间最为接近的组分的相对校正因子进行计算。

4.4.5.1.3 校正因子的测定

各组分相对四氢呋喃的相对校正因子 f_i，按式(1)计算：

$$f_i = \frac{A_T w_i}{(A'_i - A_i) w_T} \qquad \cdots\cdots(1)$$

式中：

A_T——标准溶液中四氢呋喃的峰面积；

A_i——四氢呋喃未加入欲测杂质时组分 i 的峰面积；

A'_i——标准溶液中组分 i 的峰面积；

w_T——标准溶液中四氢呋喃的质量分数的数值；

w_i——标准溶液中组分 i 的质量分数的数值。

4.4.5.2 试样的测定

根据表 2 所示的仪器操作条件测定样品，采用校正面积归一化法定量。

4.4.5.3 结果计算

四氢呋喃的质量分数 w_1，数值以%表示，按式(2)计算：

$$w_1 = (100 - w_{水}) \times \frac{A_T}{\sum f_i A_i} \qquad \cdots\cdots(2)$$

式中：

$w_{水}$——根据 4.5 测得四氢呋喃中水的质量分数的数值；

A_T——四氢呋喃的色谱峰面积；

f_i——组分 i 的定量校正因子；

A_i——组分 i 的色谱峰面积。

取两次平行测定结果的算术平均值为报告结果。两次平行测定结果的绝对差值不大于 0.01%。

4.5 水分的测定

按 GB/T 6283—2008 的规定进行测定。

取两次平行测定结果的算术平均值为报告结果。两次平行测定结果的绝对差值不大于 0.002%。

4.6 色度的测定

4.6.1 目视比色法

按 GB/T 3143 的规定进行。

4.6.2 色度计法(仲裁法)

4.6.2.1 方法提要

将样品置于预先校准好的色度计中，进行自动测定，从仪器上直接读出样品色号，以 Hazen 单位(铂-钴色号)表示。

4.6.2.2 **仪器**

4.6.2.2.1 色度计:满足 Lovibond 色标,可进行 Pt-Co 色系的测定;配有接近样品色度的一套标准比色片。

4.6.2.2.2 比色皿:5 cm。

4.6.2.3 **分析步骤**

按照仪器使用说明书用标准比色片校正仪器。

用实验室样品充分置换比色皿后,盛入适量实验室样品(液面低于比色皿上沿 3 mm),比色皿中不应有气泡。将比色皿置于色度计的比色架上测定,直接从仪器上读数,三次测定结果的算术平均值取整数为样品色号。

5 检验规则

5.1 第 3 章要求中外观和表 1 规定的所有项目均为出厂检验项目。出厂检验应逐批进行。

5.2 工业用四氢呋喃以一贮槽或槽车的量为一批,或以同等质量的产品为一批。

5.3 工业用四氢呋喃的采样按 GB/T 6678、GB/T 6680 中的规定进行。采取具有代表性的样品,采样量不少于 500 mL,分装在两个清洁、干燥的玻璃瓶中,密封。贴上标签,注明产品名称、生产企业名称、批号或生产日期、取样日期、取样地点、取样人姓名等,一瓶供检验用,一瓶备查。

5.4 工业用四氢呋喃应由生产企业的质量监督检验部门进行检验。生产厂应保证每批出厂产品都符合本标准的要求,并附有一定格式的质量证明书,内容包括:生产厂名称和厂址、产品名称、产品等级、生产日期或批号、净含量和本标准编号等。

5.5 检验结果的判定按 GB/T 8170 中修约值比较法进行。检验结果中如有一项指标不符合本标准要求时,应重新自两倍量的包装单元中采样进行检验。重新检验的结果即使只有一项指标不符合本标准要求,则整批产品应作不合格处理。

6 标志、包装、运输和贮存

6.1 标志

工业用四氢呋喃的包装容器上应有明显牢固的标志,内容包括:产品名称、生产厂名称和地址、生产批号或日期、净含量、合格证明、产品标准号及 GB 190 规定的“易燃液体”标志等,并随运输工具携带安全技术说明书。

6.2 包装

工业用四氢呋喃应采用符合 GB/T 325.1 要求的钢桶或专用槽车包装。应充入干燥氮气密封,保持正压,避免泄漏。每桶净含量 170 kg,或在符合安全要求的条件下,根据用户要求包装。

6.3 运输

工业用四氢呋喃运输过程中应确保容器不泄露、不倒塌、不坠落、不损坏。运输过程中应防止日晒雨淋,远离火种、热源、高温区域。搬运时应轻装轻卸,防止包装容器损坏。为防止静电,运输容器应接地。

6.4 贮存

6.4.1 工业用四氢呋喃用钢桶包装时,应贮存在干燥、通风的环境中。

6.4.2 工业用四氢呋喃包装容器中应充入干燥氮气保持正压,防止太阳暴晒或高温烧烤。禁止与强氧化剂、有毒化学品一起贮存。

6.4.3 在贮存和运输过程中,可根据用户要求添加适量的稳定剂 2,6-二叔丁基-4-甲基苯酚(BHT)。2,6-二叔丁基-4-甲基苯酚(BHT)的测定参见附录 B。

6.5 保质期

在符合本标准包装、运输和贮存的条件下,自出厂之日起,工业用四氢呋喃保质期至少 6 个月。

7 安全

7.1 工业用四氢呋喃遇氧气易生成爆炸性过氧化物,禁止将产品暴露于空气中。

7.2 工业用四氢呋喃属易挥发、易燃液体,接触人员应配带防护眼镜、胶皮手套,穿着防静电服装等劳动保护用具。

7.3 为保证安全,返程槽车应氮封。

附　录　A
（规范性附录）
四氢呋喃含量测定的典型色谱图、各组分相对保留值、相对校正因子

A.1　四氢呋喃含量测定的典型色谱图

典型色谱图见图 A.1。

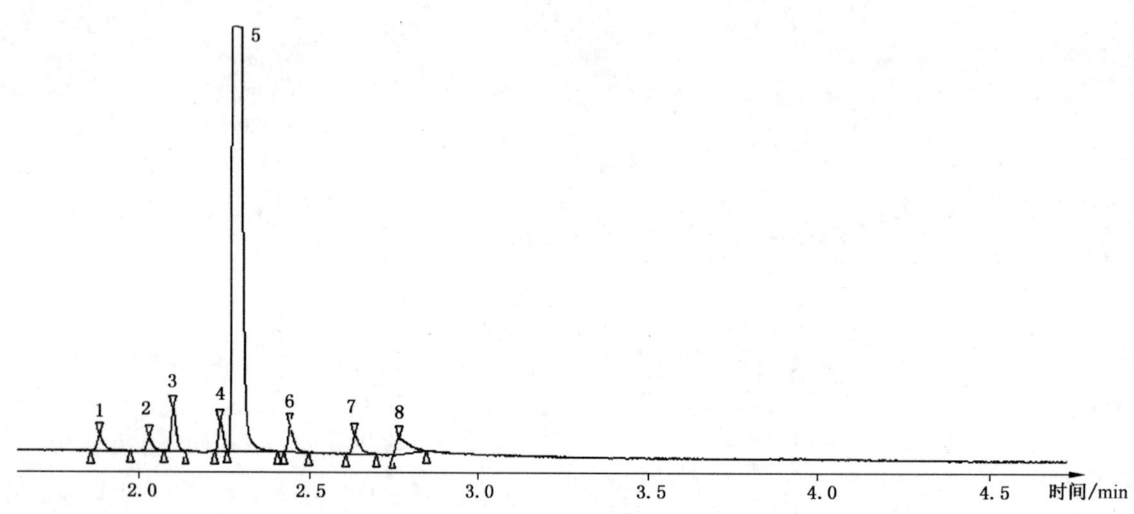

1——甲醇；
2——乙酸甲酯；
3——2,3-二氢呋喃；
4——2,5-二氢呋喃；
5——四氢呋喃；
6——2-甲基四氢呋喃；
7——3-甲基四氢呋喃；
8——未知。

图 A.1　四氢呋喃典型色谱图

A.2　各组分相对保留值和相对校正因子

各组分相对保留值和相对校正因子见表 A.1。

表 A.1　各组分相对保留值和相对校正因子

序　　号	组分名称	相对保留值	相对校正因子
1	甲醇	1.00	0.547 0
2	乙酸甲酯	1.38	0.465 6
3	2,3-二氢呋喃	1.57	1.276 9
4	2,5-二氢呋喃	1.95	0.795 7
5	四氢呋喃	2.06	1.000 0

表 A.1（续）

序　　号	组分名称	相对保留值	相对校正因子
6	2-甲基四氢呋喃	2.50	0.978 4
7	3-甲基四氢呋喃	3.02	0.702 8
8	未知	3.39	—

附　录　B
（资料性附录）
2,6-二叔丁基-4-甲基苯酚(BHT)含量的测定

B.1　方法提要

在选定的色谱工作条件下，样品经汽化通过色谱柱，使其中的各组分与稳定剂2,6-二叔丁基-4-甲基苯酚(BHT)分离，用火焰离子化检测器(FID)检测，外标法定量。

B.2　试剂

B.2.1　氮气：体积分数大于99.99%；

B.2.2　氢气：体积分数大于99.99%；

B.2.3　空气：经活性炭、蓝色硅胶和5A分子筛净化、干燥；

B.2.4　四氢呋喃：质量分数不小于99.95%；

B.2.5　2,6-二叔丁基-4-甲基苯酚(BHT)：质量分数不小于99.9%。

B.3　仪器

B.3.1　气相色谱仪：配有火焰离子化检测器(FID)，整机灵敏度和稳定性应符合GB/T 9722—2006中有关规定；

B.3.2　数据处理系统：色谱数据处理机或色谱工作站；

B.3.3　进样器：10 μL微量注射器或自动进样器。

B.4　色谱柱及典型操作条件

测定2,6-二叔丁基-4-甲基苯酚(BHT)的色谱柱和色谱操作条件见表2。

B.5　分析步骤

B.5.1　校正因子的测定

B.5.1.1　标准溶液的配制

用称量法配制四氢呋喃加2,6-二叔丁基-4-甲基苯酚的标准溶液，校准混合物杂质含量应与待测试样相近。

B.5.1.2　校正因子的测定

根据仪器说明书，调节仪器至表2所示的操作条件，将配制的标准溶液注入气相色谱仪，平行测定3次，取3次测定的峰面积的算术平均值为测定结果，得到标准溶液中2,6-二叔丁基-4-甲基苯酚的峰面积。

B.5.2　试样的测定

根据表2所示的仪器操作条件测定样品，采用外标法定量。

B.5.3　结果计算

2,6-二叔丁基-4-甲基苯酚的质量分数 w，数值以%表示，按式(B.1)计算：

$$w = \frac{w_B A_2}{A_1} \qquad \cdots\cdots\cdots\cdots\cdots\cdots\cdots\cdots\cdots\text{(B.1)}$$

式中：

A_1——标准溶液中2,6-二叔丁基-4-甲基苯酚的峰面积平均值；

A_2——试样中2,6-二叔丁基-4-甲基苯酚的色谱峰面积；

w_B——标准溶液中2,6-二叔丁基-4-甲基苯酚的质量分数的数值。

B.6 2,6-二叔丁基-4-甲基苯酚(BHT)的典型色谱图

典型色谱图见图B.1。

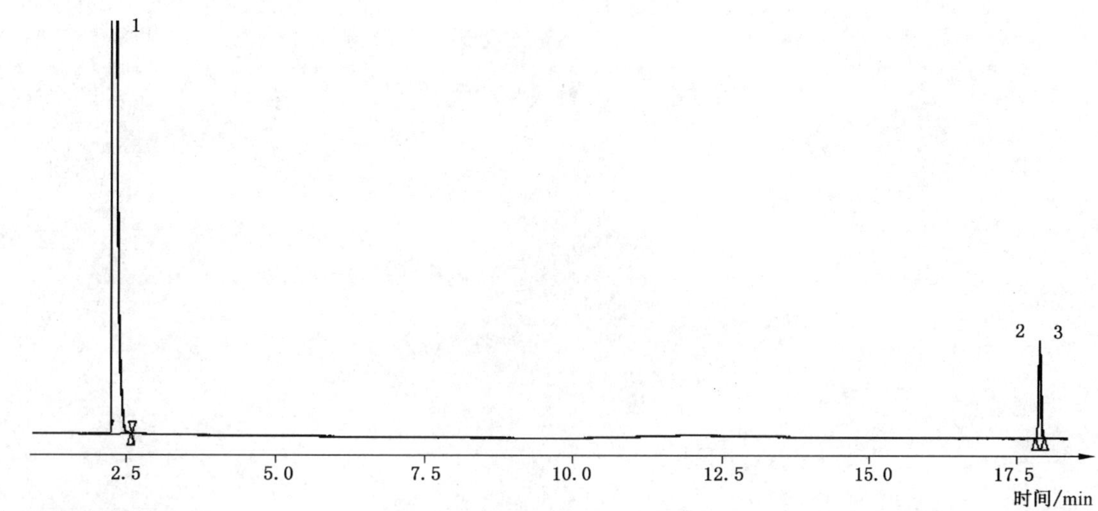

1——四氢呋喃；

2——未知；

3——2,6-二叔丁基-4-甲基苯酚(BHT)。

图B.1 2,6-二叔丁基-4-甲基苯酚(BHT)典型色谱图

ICS 71.080.40
G 17

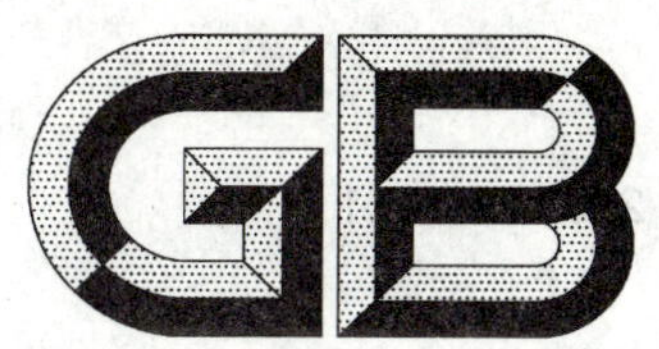

中华人民共和国国家标准

GB/T 26602—2011

工业用2-吡咯烷酮

2-Pyrrolidone for industrial use

2011-06-16 发布 2011-12-01 实施

中华人民共和国国家质量监督检验检疫总局
中国国家标准化管理委员会 发布

前　言

本标准按照 GB/T 1.1—2009 给出的规则起草。

本标准由中国石油和化学工业联合会提出。

本标准由全国化学标准化技术委员会有机化工分会(SAC/TC 63/SC 2)归口。

本标准负责起草单位:中盐安徽红四方股份有限公司、南京金龙化工有限公司。

本标准参加起草单位:濮阳迈奇科技有限公司、泰州延龄精细化工有限公司。

本标准主要起草人:徐苏皖、朱阳光、谢中平、施康、罗斌、闫广学、曹宗元。

工业用2-吡咯烷酮

1 范围

本标准规定了工业用2-吡咯烷酮的要求、试验方法、检验规则以及标志、包装、运输和贮存等。

本标准适用于γ-丁内酯和氨合成制得的2-吡咯烷酮。

分子式：C_4H_7ON

结构式：

```
     H₂C—CH₂
     |    |
   H₂C    C=O
      \  /
       N
       |
       H
```

相对分子质量：85.11（按2007年国际相对原子质量）

2 规范性引用文件

下列文件对于本文件的应用是必不可少的。凡是注日期的引用文件，仅注日期的版本适用于本文件。凡是不注日期的引用文件，其最新版本（包括所有的修改单）适用于本文件。

GB/T 325.1 包装容器 钢桶 第一部分：通用技术要求

GB/T 3143 液体化学产品颜色测定法（Hazen单位——铂-钴色号）

GB/T 6283—2008 化工产品中水分含量的测定 卡尔·费休法（通用方法）（ISO 760：1978，NEQ）

GB/T 6488 液体化工产品 折光率的测定（20 ℃）

GB/T 6678 化工产品采样总则

GB/T 6680 液体化工产品采样通则

GB/T 6682 分析实验室用水规格和试验方法（GB/T 6682—2008，ISO 3696：1987，MOD）

GB/T 8170 数值修约规则与极限数值的表示和判定

GB/T 9722 化学试剂 气相色谱法通则

3 要求

3.1 外观

温度不低于25 ℃时，为无色或微黄色透明液体，无可见杂质。

3.2 要求

工业用2-吡咯烷酮应符合表1所示的技术要求。

表 1 技术指标

项　　目		优等品	一等品	合格品
2-吡咯烷酮,w/%	≥	99.50	99.00	98.50
水,w/%	≤	0.10	0.20	
色度/Hazen 单位(铂-钴色号)	≤	20	30	
折光率 n_D^{25}		1.482 0～1.486 0		

4 试验方法

4.1 警示

试验方法规定的一些试验过程可能导致危险情况。操作者应采取适当的安全和防护措施。

4.2 一般规定

除非另有说明,在分析中仅使用确认为分析纯的试剂和符合 GB/T 6682 中规定的三级水。

4.3 外观

取适量实验室样品于比色管中,在自然光下目视观察。

4.4 2-吡咯烷酮含量的测定

4.4.1 方法提要

采用毛细管柱气相色谱法。在选定的色谱操作条件下,使样品汽化后经色谱柱分离,用火焰离子化检测器(FID)检测,采用校正面积归一化法定量,减去水分,计算得到 2-吡咯烷酮的含量。

4.4.2 试剂

4.4.2.1 氮气:体积分数≥99.995%。
4.4.2.2 氢气:体积分数≥99.99%。
4.4.2.3 空气:经活性炭、蓝色硅胶净化、干燥。
4.4.2.4 2-吡咯烷酮:色谱纯。
4.4.2.5 γ-丁内酯:色谱纯。
4.4.2.6 1,4-丁二醇:色谱纯。

4.4.3 仪器

4.4.3.1 气相色谱仪:配有火焰离子化检测器(FID),整机灵敏度、稳定性符合 GB/T 9722 的规定,线性范围满足分析要求。
4.4.3.2 数据处理系统:色谱数据处理机或色谱工作站。
4.4.3.3 进样器:1.0 μL 微量注射器或自动进样器。

4.4.4 色谱分析条件

本标准推荐的色谱柱和色谱操作条件见表 2。典型色谱图及各组分相对保留值见附录 A 中图 A.1

和表 A.1。其他能达到同等分离程度的色谱柱及色谱操作条件也可使用。

表 2　推荐的色谱柱和色谱操作条件

毛细管色谱柱	30 m×0.32 mm×0.5 μm(柱长×柱内径×液膜厚度)
固定相	5%二苯基 95%二甲基聚硅氧烷
柱温	初始温度 100 ℃,保持 1 min;升温速度 10 ℃/min,升温到 160 ℃,保持 10 min
气化室温度/℃	250
检测器温度/℃	250
载气(N_2 或 He)流量/(mL/min)	1.0
氢气流量/(mL/min)	30
空气流量/(mL/min)	300
分流比	25∶1
进样量/μL	0.2

4.4.5　分析步骤

4.4.5.1　校正因子的测定

4.4.5.1.1　校准用标准溶液的配制

用称量法配制 2-吡咯烷酮加欲测杂质的标准溶液,各组分的称量精确至 0.000 1 g,组分含量的质量分数计算精确至 0.001%。所配制的标准溶液中杂质含量应与待测试样相近。

4.4.5.1.2　相对校正因子的测定

根据仪器说明书,调节仪器至表 2 所示的操作条件。将 2-吡咯烷酮(色谱纯)和配制的标准溶液依次注入气相色谱仪,各平行测定 4 次,取 4 次测定的峰面积的算术平均值为测定结果。依据所得的峰面积及标准溶液中杂质组分含量,计算各组分的相对校正因子。

4.4.5.1.3　相对校正因子的计算

组分 i 相对 2-吡咯烷酮的校正因子 f_i,按式(1)计算:

$$f_i = \frac{A_B c_i}{(A_i' - A_i) c_B} \quad \cdots\cdots (1)$$

式中:

A_B——标准溶液中 2-吡咯烷酮的峰面积;

A_i——2-吡咯烷酮(色谱纯)中杂质组分 i 的峰面积;

A_i'——标准溶液中组分 i 的峰面积;

c_B——标准溶液中 2-吡咯烷酮的质量分数的数值;

c_i——标准溶液中组分 i 的质量分数的数值。

试样中未知组分或得不到标准物质的组分的相对校正因子取值为 1。

4.4.5.2　试样的测定

按表 2 所示的色谱操作条件调节仪器,待仪器稳定后,注入实验室样品进行测定。采用校正面积归一化法定量。

4.4.5.3 结果计算

2-吡咯烷酮的质量分数 w_1，数值以%表示，按式(2)计算：

$$w_1 = \frac{A_B}{\sum f_i A_i} \times (100 - w_{水}) \qquad \cdots\cdots (2)$$

式中：

A_B ——试样中 2-吡咯烷酮的色谱峰面积；

f_i ——组分 i 的相对校正因子；

A_i ——组分 i 的色谱峰面积；

$w_{水}$——按 4.5 测得的以质量分数表示的水分的数值。

取两次平行测定结果的算术平均值为报告结果。两次平行测定结果的绝对差值不大于 0.03%。

4.5 水分的测定

按 GB/T 6283—2008 中第 8 章的规定进行测定。

取两次平行测定结果的算术平均值为报告结果。两次平行测定结果的绝对差值不大于 0.002%。

4.6 色度的测定

按 GB/T 3143 的规定进行测定。

4.7 折光率的测定

按照 GB/T 6488 规定的方法进行测定。试验温度为 25 ℃。

5 检验规则

5.1 第 3 章要求中 3.1 外观和 3.2 表 1 规定的所有项目均为出厂检验项目。出厂检验应逐批进行。

5.2 工业用 2-吡咯烷酮以一贮罐或一槽车的量为一批，或以同等质量的产品为一批。

5.3 工业用 2-吡咯烷酮的采样单元数和采样方法按 GB/T 6678、GB/T 6680 中的规定进行。采取具有代表性的样品，采样量不少于 400 mL，分装在两个清洁、干燥的玻璃瓶中，密封。贴上标签，注明产品名称、生产企业名称、批号或生产日期、取样日期、取样地点、取样人姓名等，一瓶供检验用，一瓶备查。

5.4 工业用 2-吡咯烷酮应由生产企业的质量监督检验部门进行检验。生产厂应保证每批出厂产品都符合本标准的要求。每批出厂的产品都应附有一定格式的质量证明书，内容包括：生产厂名称、产品名称、产品等级、生产日期或批号和本标准编号等。

5.5 检验结果的判定按 GB/T 8170 中规定的修约值比较法进行。检验结果中如有一项指标不符合本标准要求时，应重新自两倍量的包装单元中采样进行检验。重新检验的结果即使只有一项指标不符合本标准要求，则整批产品作不合格处理。

6 标志、包装、运输和贮存

6.1 工业用 2-吡咯烷酮的包装容器上应有明显牢固的标志，内容包括：产品名称、生产厂名称、厂址、生产日期或批号、产品等级、净含量和本标准编号等。

6.2 工业用 2-吡咯烷酮应采用符合 GB/T 325.1 要求的钢桶或专用槽车包装，钢桶包装的每桶净含量 200 kg。或在符合安全要求的条件下，根据用户要求包装。工业用 2-吡咯烷酮遇空气易吸潮，包装时应充入干燥氮气密封。

6.3　工业用2-吡咯烷酮运输过程中应确保容器不泄漏、不倒塌、不坠落、不损坏。槽车装产品应保持温度不低于25 ℃，利于装卸。搬运时应轻装轻卸，防止包装容器损坏。禁止与有毒、腐蚀性物品混运。运输过程中应防止日晒雨淋，远离火种、热源、高温区域。

6.4　工业用2-吡咯烷酮贮存地点应干燥、通风、远离火源及其他危险品，避免阳光直射，应具备消防器材和救护设施。

附　录　A
（规范性附录）
2-吡咯烷酮含量测定的典型色谱图、相对保留值和相对校正因子

A.1　2-吡咯烷酮含量测定的典型色谱图

典型色谱图见图 A.1。

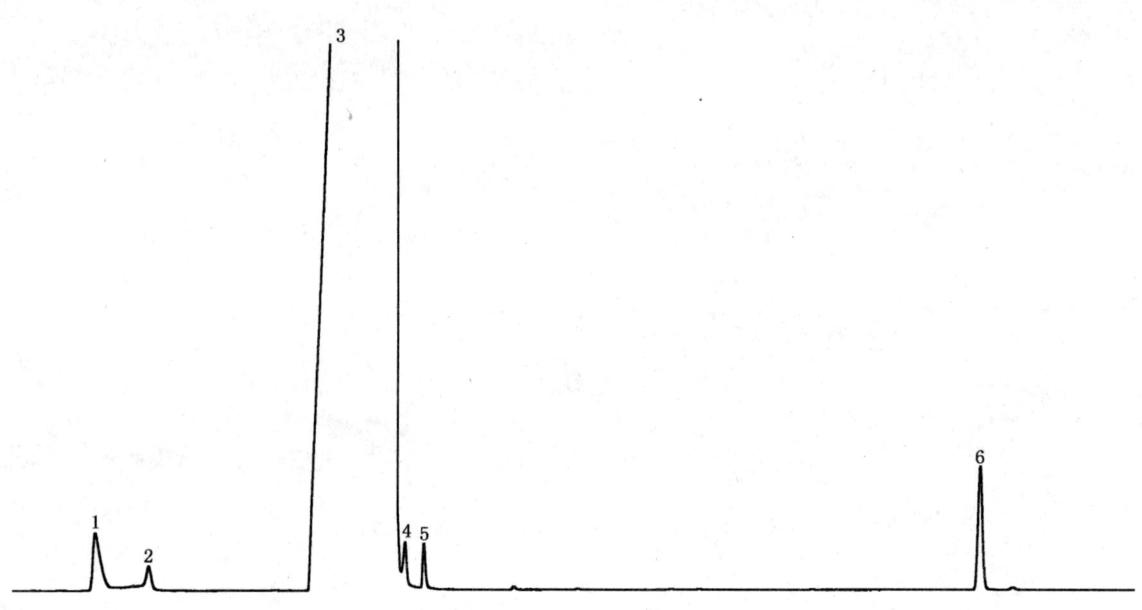

1——γ-丁内酯；
2——1,4-丁二醇；
3——2-吡咯烷酮；
4——3-甲基吡咯烷酮；
5——4-甲基吡咯烷酮；
6——低聚物。

图 A.1　2-吡咯烷酮毛细管柱典型色谱图

A.2 各组分相对保留值和相对校正因子

各组分相对保留值和相对校正因子见表 A.1。

表 A.1 各组分相对保留值和相对校正因子

序号	组分名称	相对保留值	相对校正因子
1	γ-丁内酯	0.76	1.01
2	1,4-丁二醇	0.88	0.89
3	2-吡咯烷酮	1.00	1.00
4	3-甲基吡咯烷酮	1.04	—
5	4-甲基吡咯烷酮	1.09	—
6	低聚物	1.92	1.20

ICS 71.080.70
G 17

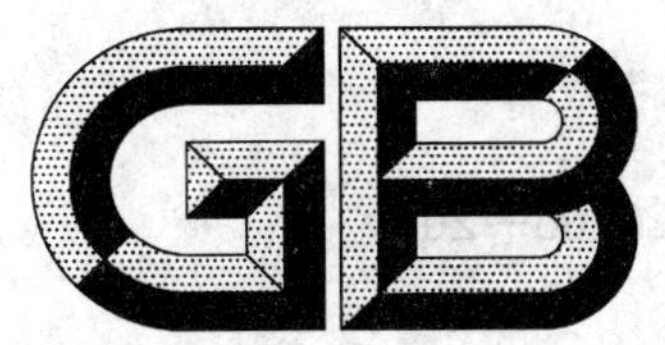

中华人民共和国国家标准

GB/T 26606—2011

工业用氰乙酸甲酯

Methyl cyanoacetate for industrial use

2011-06-16 发布 2011-11-01 实施

中华人民共和国国家质量监督检验检疫总局
中国国家标准化管理委员会 发布

前　言

本标准按照 GB/T 1.1—2009 给出的规则起草。

本标准由中国石油和化学工业联合会提出。

本标准由全国化学标准化技术委员会有机化工分技术委员会(SAC/TC 63/SC 2)归口。

本标准起草单位:常州市康瑞化工有限公司。

本标准参加起草单位:常州市新北区质量协会。

本标准主要起草人:李大忠、朱卫明、张瑞宽、张红梅、刘炎英。

工业用氰乙酸甲酯

1 范围

本标准规定了工业用氰乙酸甲酯的要求、试验方法、检验规则、标志、包装、运输、贮存和安全。

本标准适用于以氯乙酸、氰化钠、甲醇等为原料制得的工业用氰乙酸甲酯。

化学式：$NCCH_2COOCH_3$

相对分子质量：99.09(按 2007 年国际相对原子质量)

2 规范性引用文件

下列文件对于本文件的应用是必不可少的。凡是注日期的引用文件，仅注日期的版本适用于本文件。凡是不注日期的引用文件，其最新版本(包括所有的修改单)适用于本文件。

GB/T 601 化学试剂 标准滴定溶液的制备

GB/T 603 化学试剂 试验方法中所用制剂及制品的制备

GB/T 6283 化工产品中水分含量的测定 卡尔·费休法(通用方法)

GB/T 6678 化工产品采样总则

GB/T 6680 液体化工产品采样通则

GB/T 6682 分析实验室用水规格和试验方法

GB/T 8170 数值修约规则与极限数值的表示和判定

GB/T 9722 化学试剂 气相色谱法通则

3 要求

3.1 外观：无色至微黄色透明液体。

3.2 工业用氰乙酸甲酯指标应符合表 1 的规定。

表 1 技术指标

项目	指标	
	一等品	合格品
氰乙酸甲酯，w/%	≥99.0	≥96.0
丙二酸二甲酯，w/%	≤0.05	≤0.20
酸度(以乙酸计)，w/%	≤0.10	≤0.20
水分，w/%	≤0.10	≤0.20
氰基丁二酸二甲酯，w/%	供需双方协商	—
三甘氨酸三甲酯，w/%	供需双方协商	—

4 试验方法

除非另有说明，在分析中仅使用确认为分析纯的试剂和符合 GB/T 6682 中规定的三级水。

分析中所用标准滴定溶液、制剂和制品，在没有注明其他要求时，均按 GB/T 601、GB/T 603 的规定制备。

4.1 外观的测定

取适量实验室样品于试管中，目视观察。

4.2 氰乙酸甲酯、丙二酸二甲酯、氰基丁二酸二甲酯、三甘氨酸三甲酯含量的测定

4.2.1 方法提要

采用气相色谱法。在规定的色谱条件下，试样经汽化通过毛细管色谱柱，使其中各组分分离，用火焰离子化检测器检测，用乙二醇为参照物测定各组分的相对校正因子，用校正面积归一化法定量，减去水分，计算各组分的含量。

4.2.2 试剂

4.2.2.1 氢气，体积分数≥99.8%。

4.2.2.2 氮气，体积分数≥99.8%。

4.2.2.3 空气，经活性炭和分子筛净化。

4.2.3 仪器

4.2.3.1 气相色谱仪：配有火焰离子化检测器(FID)，整机灵敏度、稳定性符合 GB/T 9722 的规定，线性范围满足分析要求。

4.2.3.2 记录仪：色谱工作站或色谱数据处理机。

4.2.3.3 微量注射器：1.0 μL。

4.2.4 色谱柱及典型操作条件

本标准推荐的色谱柱和色谱操作条件见表 2。典型色谱图及各组分的相对保留值见附录 A 中图 A.1 和表 A.2。其他能达到同等分离程度的色谱柱及色谱操作条件也可使用。

表 2 推荐的色谱柱和色谱操作条件

项　目	参　数
色谱柱固定相	聚乙二醇-20 M
毛细管色谱柱	30 m×0.32 mm×0.5 μm(柱长×柱内径×液膜厚度)
柱箱温度	初始温度 140 ℃保持 10 min，以 20 ℃/min 的速度升温到 240 ℃，保持 20 min
汽化室温度/℃	260
检测器温度/℃	260
载气流量/(mL/min)	37
氢气流量/(mL/min)	37
空气流量/(mL/min)	300
进样量/μL	0.2
分流比	100∶1

4.2.5 分析步骤

按仪器说明书开启仪器，按表2所示的操作条件调节仪器，待仪器稳定后，注入实验室样品进行测定。采用校正面积归一化法定量。

相对质量校正因子的测定见附录A的A.3。未知物的相对质量校正因子以1.00计。

4.2.6 结果计算

氰乙酸甲酯及杂质的质量分数 w_i，数值以%表示，按式(1)计算：

$$w_i = \frac{f_i A_i}{\sum(f_i A_i)} \times (100 - w_3) \qquad \cdots\cdots (1)$$

式中：

f_i ——组分 i 的相对校正因子；

A_i ——组分 i 的色谱峰面积；

w_3 ——4.4测得的水的质量分数的数值。

4.2.7 允许差

取两次平行测定结果的算术平均值为报告结果。两次平行测定结果的绝对差值见表3。

表3 色谱测定结果允许差

项　　目	氰乙酸甲酯	丙二酸二甲酯	氰基丁二酸二甲酯	三甘氨酸三甲酯
绝对差值/%　　≤	0.05	0.02	0.03	0.03

4.3 酸度的测定

4.3.1 试剂

4.3.1.1 甲醇。

4.3.1.2 氢氧化钠标准滴定溶液：$c(NaOH)=0.02$ mol/L。

4.3.1.3 甲基红-亚甲基兰混合指示液。

4.3.2 仪器

碱式滴定管：10 mL，分度值0.05 mL。

4.3.3 分析步骤

在250 mL三角瓶中，加入50 mL甲醇，用移液管量取实验室样品5 mL，加3滴甲基红-亚甲基兰混合指示液，用氢氧化钠标准滴定溶液滴至翠绿色，稳定15 s不褪色为终点。

在测定的同时，按与测定相同的步骤，对不加试料而使用相同数量的试剂溶液做空白试验。

4.3.4 结果计算

酸度以乙酸(CH_3COOH)计的质量分数 w_2，数值以%表示，按式(2)计算：

$$w_2 = \frac{[(V_1 - V_2)/1\,000]cM}{V \times \rho_t} \qquad \cdots\cdots (2)$$

式中：

V_1——试料消耗氢氧化钠标准滴定溶液(4.3.1.2)的体积的数值，单位为毫升(mL)；

V_2——空白试验时消耗氢氧化钠标准滴定溶液(4.3.1.2)的体积的数值，单位为毫升(mL)；

c ——氢氧化钠标准滴定溶液浓度的准确数值，单位为摩尔每升(mol/L)；

V ——试料的体积的数值，单位为毫升(mL)(V=5.0)；

ρ_t ——试验温度下试样的密度的数值，单位为克每毫升(g/mL)；

M——乙酸(CH_3COOH)的摩尔质量的数值，单位为克每摩尔(g/mol)(M=60.05)。

取两次平行测定结果的算术平均值为报告结果。两次平行测定结果的绝对差值不大于0.01%。

4.4 水分的测定

称取实验室样品10 g，精确至0.01 g，按GB/T 6283的规定进行。水的质量分数w_3，数值以%表示。

取两次平行测定结果的算术平均值为报告结果。两次平行测定结果的绝对差值不大于0.005%。

5 检验规则

5.1 第3章要求中3.1外观和3.2表1规定的所有项目均为出厂检验项目。出厂检验每批进行一次。

5.2 工业用氰乙酸甲酯应由生产厂的质量监督检验部门进行检验。生产厂应保证每批出厂的产品符合本标准要求。每批出厂的产品都应附有一定格式的质量证明书，内容包括：

a) 生产厂名称；

b) 产品名称；

c) 生产日期或者批号；

d) 产品等级；

e) 本标准编号。

5.3 在原材料、工艺不变的条件下，产品连续生产的实际批为一个组批，但若干个生产批构成一个检验批的时间通常不超过一天。

5.4 工业用氰乙酸甲酯的采样单元数按GB/T 6678的规定确定。

5.5 工业用氰乙酸甲酯采样方法按GB/T 6680的规定进行。所取实验室样品总量不得少于200 mL，实验室样品混合均匀后分成两份，分装于清洁、干燥的试样瓶中，贴上标签，注明产品名称、批号、取样日期、取样地点、取样者姓名。一瓶供检验用，一瓶留样备查。

5.6 检验结果的判定按GB/T 8170中规定的修约值比较法进行。检验结果如果有一项指标不符合本标准要求时，则应重新自两倍数量的包装单元中采样进行检验，重新检验的结果即使只有一项指标不符合本标准要求，则整批产品应为不合格。

5.7 当用户要求对工业用氰乙酸甲酯作鉴别试验时，鉴别试验方法参见附录B。

6 标志、包装、运输和贮存

6.1 工业用氰乙酸甲酯包装容器上应有牢固的标志，其内容包括：

a) 产品名称；

b) 生产厂名称、厂址；

c) 批号或生产日期；

d) 产品等级；

e) 净含量；

f) 保质期；

g) 本标准编号。

6.2 工业用氰乙酸甲酯应用经清洁、干燥、涂有耐腐涂层的钢桶或耐腐防静电塑料桶包装，或用专用不锈钢制槽罐(车)包装。桶盖及密封件应符合密封和清洁要求。

6.3 工业用氰乙酸甲酯装卸及运输时，应防止猛烈撞击，避免日晒雨淋。应保证包装件的完整。

6.4 工业用氰乙酸甲酯应贮存在干燥、通风、避免阳光直晒的防火仓库内。工业用氰乙酸甲酯在符合本标准规定的包装、贮存、运输要求下，自生产之日起，一等品保质期至少为6个月，合格品保质期至少为3个月。

7 安全

氰乙酸甲酯可燃，直接接触对人体有害。生产厂应提供该产品完整的《化学品安全技术说明书》，用户使用时要注意远离火源，进行必要的防护。

附 录 A
（规范性附录）
氰乙酸甲酯及杂质含量测定的典型色谱图、各组分相对保留值、相对质量校正因子的测定方法

A.1 氰乙酸甲酯及杂质含量测定的典型色谱图

典型色谱图见图 A.1。

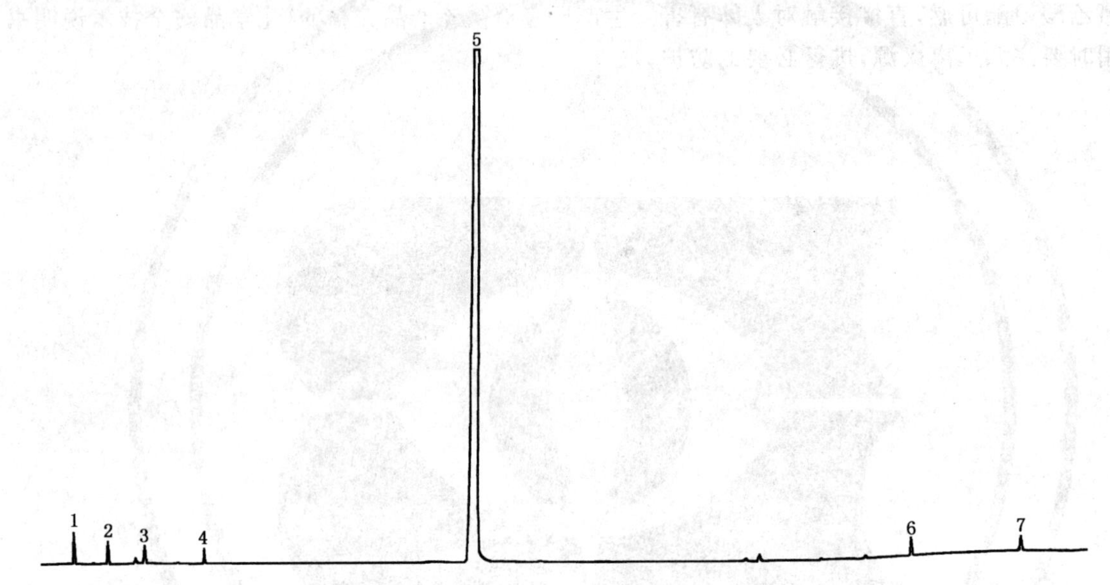

1——甲醇；
2——氯乙酸甲酯；
3——羟基乙酸甲酯；
4——丙二酸二甲酯；
5——氰乙酸甲酯；
6——氰基丁二酸二甲酯；
7——三甘氨酸三甲酯。

图 A.1 氰乙酸甲酯及杂质典型色谱图

A.2 各组分的相对保留值

各组分相对保留值见表 A.1。

表 A.1 各组分的相对保留值

物质名称	甲醇	氯乙酸甲酯	羟基乙酸甲酯	丙二酸二甲酯	氰乙酸甲酯	氰基丁二酸二甲酯	三甘氨酸三甲酯
相对保留值	0.189	0.268	0.340	0.453	1.00	2.05	2.29

A.3 相对质量校正因子的测定

A.3.1 试剂

A.3.1.1 氰乙酸甲酯:质量分数大于99.8%。

A.3.1.2 甲醇:色谱纯。

A.3.1.3 氯乙酸甲酯:质量分数大于99%。

A.3.1.4 羟基乙酸甲酯:质量分数大于98%。

A.3.1.5 丙二酸二甲酯:质量分数大于99%。

A.3.1.6 氰基丁二酸二甲酯:质量分数大于95%。

A.3.1.7 三甘氨酸三甲酯:质量分数大于95%。

A.3.1.8 乙二醇:色谱纯。

A.3.2 分析步骤

用小口配胶塞的安培瓶,依次称入羟基乙酸甲酯、氯乙酸甲酯、丙二酸二甲酯、氰基丁二酸二甲酯、三甘氨酸三甲酯和甲醇等标准物质,摇匀,该混合溶液总量约(5～6) g。称取该溶液约0.2 g,加入已称入20 g氰乙酸甲酯的安培瓶中,再加入0.2 g乙二醇作参照物,摇匀至澄清透明,得校准用标准溶液。校准用标准溶液中杂质的含量应与待测试样中杂质含量相近,参照物乙二醇含量的质量分数约为1%。

以上各组分称量精确至0.000 1 g,各组分的质量分数计算精确至0.001%。当配制校准用标准溶液的标准物质中含其他被测组分大于0.01%时,标准溶液的组分含量应予以修正。

在与测定样品相同的色谱操作条件下,将配制的校准用标准溶液注入色谱仪。平行测定3次以上,峰面积相对误差应小于2%,取3次测定的峰面积的算术平均值为测定结果。根据所得的峰面积及杂质组分含量,计算各组分的相对质量校正因子 f_i。

A.3.3 相对质量校正因子的计算

组分 i 相对乙二醇的相对质量校正因子 f_i,按式(A.1)计算:

$$f_i = \frac{A_{EG} \times w_i}{A_i \times w_{EG}} \qquad \text{(A.1)}$$

式中:

A_{EG}——参照物乙二醇的峰面积;

A_i ——组分 i 的峰面积;

w_{EG}——校准用标准溶液中参照物乙二醇的质量分数的数值;

w_i ——校准用标准溶液中组分 i 的质量分数的数值。

附 录 B
（资料性附录）
氰乙酸甲酯的鉴别试验方法

B.1 化学分析法——显色法

B.1.1 试剂

B.1.1.1 对苯二酚。
B.1.1.2 甲醇。
B.1.1.3 氨水溶液：10%。

B.1.2 分析步骤

取 10 mg 实验室样品，加 5 mL 甲醇和 20 mg 对苯二酚，溶解后，加入 1 mL 氨水溶液，应立即显深蓝色。

B.2 仪器分析法——红外光谱法

实验室样品的红外吸收谱图应与氰乙酸甲酯标样的红外吸收谱图无明显差异。氰乙酸甲酯标样的红外吸收谱图见图 B.1。

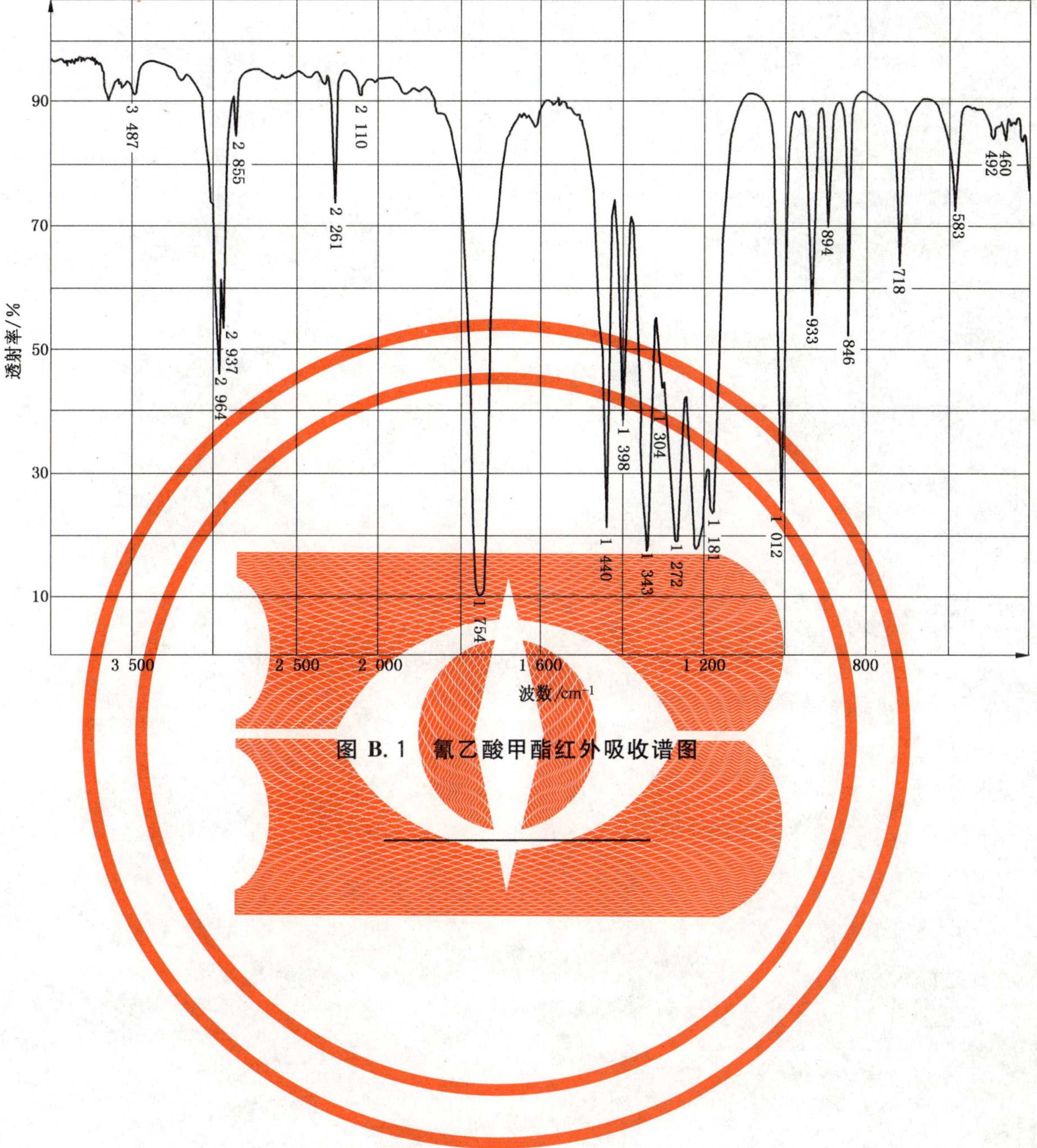

图 B.1 氰乙酸甲酯红外吸收谱图

ICS 71.080.90
G 17

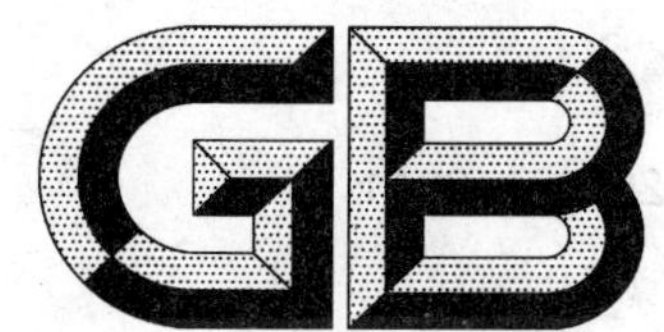

中华人民共和国国家标准

GB/T 26607—2011

工业用邻苯基苯酚

o-phenyphenol for industrial use

2011-06-16 发布　　2011-11-01 实施

中华人民共和国国家质量监督检验检疫总局
中国国家标准化管理委员会　发布

前　言

本标准按照 GB/T 1.1—2009 给出的规则起草。

本标准由中国石油和化学工业联合会提出。

本标准由全国化学标准化技术委员会有机化工分技术委员会(SAC/TC 63/SC 2)归口。

本标准起草单位:盐城市华业医药化工有限公司、东营远大化工有限公司。

本标准主要起草人:张银华、游本刚、肖启华、姚勇、王东平。

工业用邻苯基苯酚

1 范围

本标准规定了工业用邻苯基苯酚的要求、试验方法、检验规则、标志、包装、运输和贮存。

本标准适用于以环己酮为主要原料，经聚合、脱氢制得的工业用邻苯基苯酚。

分子式：$C_{12}H_{10}O$

结构式：

相对分子质量：170.21（按2007年国际相对原子质量）

2 规范性引用文件

下列文件对于本文件的应用是必不可少的。凡是注日期的引用文件，仅注日期的版本适用于本文件。凡是不注日期的引用文件，其最新版本（包括所有的修改单）适用于本文件。

GB/T 601 化学试剂 滴定分析（容量分析）用标准溶液的制备

GB/T 602 化学试剂 杂质测定用标准溶液的制备

GB/T 603 化学试剂 试验方法中所用制剂及制品的制备

GB/T 617 化学试剂 熔点范围测定通用方法

GB/T 6283 化工产品中水分含量的测定 卡尔·费休法（通用方法）

GB/T 6678 化工产品采样总则

GB/T 6679 固体化工产品采样通则

GB/T 6682 分析实验室用水规格和试验方法

GB/T 7532 有机化工产品中重金属的测定 目视比色法

GB/T 8170 数值修约规则与极限数值的表示和判定

GB/T 9722 化学试剂 气相色谱法通则

GB/T 9728 化学试剂 硫酸盐测定通用方法

GB/T 9729 化学试剂 氯化物测定通用方法

3 要求

3.1 外观

白色薄片或白色晶体。

3.2 要求

工业用邻苯基苯酚指标应符合表1的规定。

表 1 技术指标

项目	指标		
	优等品	一等品	合格品
邻苯基苯酚,w/%	≥99.7	≥99.5	≥99.0
熔点范围/℃	56.0～58.0		
水分,w/%	≤0.10	≤0.20	≤0.30
氯化物(以 Cl 计),w/(mg/kg)	≤30		—
硫酸盐(以 SO_4 计),w/(mg/kg)	≤50		—
重金属(以 Pb 计),w/(mg/kg)	≤10		—
氢氧化钠溶解试验	澄清透明	—	
色谱杂质,w/%	由供需双方协商确定		

4 试验方法

4.1 警示

试验方法规定的一些试验过程可能导致危险情况,操作者应采取适当的安全和防护措施。

4.2 一般规定

除非另有说明,在分析中仅使用确认为分析纯的试剂和 GB/T 6682 中规定的三级水。

分析中所用标准滴定溶液、杂质测定用标准溶液,在没有注明其他要求时,均按 GB/T 601、GB/T 602、GB/T 603 的规定制备。

4.3 外观的测定

取适量实验室样品,平摊在培养皿上,目测观察。

4.4 邻苯基苯酚含量和色谱杂质的测定

4.4.1 方法提要

实验室样品用乙酸乙酯溶解。在选定的色谱条件下,进样分析,用火焰离子化检测器(FID)检测,面积归一化法定量,计算出样品中邻苯基苯酚和色谱杂质的含量。

4.4.2 试剂

4.4.2.1 氮气:体积分数≥99.95%。

4.4.2.2 氢气:体积分数≥99.9%。

4.4.2.3 空气:经硅胶或 5 A 分子筛干燥和净化。

4.4.2.4 乙酸乙酯。

4.4.3 仪器

4.4.3.1 气相色谱仪:带有火焰离子化检测器(FID),整机灵敏度和稳定性符合 GB/T 9722 的规定,线性范围满足分析要求。

4.4.3.2 记录仪：色谱数据处理机或积分仪。

4.4.3.3 进样器：10 μL 微量注射器或自动进样器。

4.4.4 色谱分析条件

本标准推荐的色谱柱和色谱操作条件见表 2。典型色谱图和相对保留值见附录 A 中图 A.1 和表 A.1。其他能达到同等分离程度的色谱柱和色谱操作条件均可以使用。

表 2 推荐的色谱柱和色谱操作条件

项　目	参　数
固定相	25%氰乙基-75%二甲基聚硅氧烷毛细管色谱柱(XE-60)
毛细管色谱柱	30 m×0.32 mm×0.30 μm(柱长×柱内径×液膜厚度)
柱箱温度/℃	175
汽化室温度/℃	270
检测器温度/℃	270
载气(N_2)流量/(mL/min)	2.4
氢气流量/(mL/min)	30
空气流量/(mL/min)	300
分流比	80∶1
进样量/μL	1

4.4.5 分析步骤

称取实验室样品(1～2)g，加约 3 mL 乙酸乙酯溶解，使溶液均匀，作为试样溶液。

根据仪器说明书，调节气相色谱仪至表 2 所示的操作条件，待仪器稳定后，注入试样溶液测定。以面积归一化法定量。

4.4.6 结果计算

邻苯基苯酚及色谱杂质的质量分数 w_i，数值以%表示，按式(1)计算：

$$w_i = \frac{A_i}{\sum A_i} \times (100 - w_2) \qquad \cdots\cdots(1)$$

式中：

A_i ——组分 i 的色谱峰面积；

w_2 ——按 4.6 测得的试样中水的质量分数的数值。

4.4.7 允许差

取两次平行测定结果的算术平均值为报告结果。两次平行测定结果的允许差值见表 3。

表 3 色谱测定结果允许差

项　目		邻苯基苯酚	色谱杂质
绝对差值，w/%	≤	0.1	—
相对偏差，w/%	≤	—	30

4.5 熔点范围的测定

按 GB/T 617 的规定进行。

4.6 水分的测定

按 GB/T 6283 的规定进行。

称取实验室样品 0.5 g，精确至 0.000 1 g。实验室样品如是片状，应先研碎再称量。

取两次平行测定结果的算术平均值为报告结果。两次平行测定结果的绝对差值不大于 0.003%。

4.7 氯化物含量的测定

4.7.1 试剂

4.7.1.1 苯。

4.7.1.2 硝酸溶液：25%。

4.7.1.3 氯化物标准溶液：0.1 mg/mL。

4.7.2 分析步骤

称取实验室样品 10 g，精确至 0.01 g，置于分液漏斗中，加 15 mL 苯振摇溶解，再加 27 mL 水和 3 mL 硝酸溶液，振摇 1 min，静置分层，取水相 3 mL 作为试样溶液。取 0.30 mL 氯化物标准溶液配制标准比浊溶液。以下步骤按 GB/T 9729 规定进行。试样溶液所呈浊度不得大于标准比浊溶液。

4.8 硫酸盐含量的测定

4.8.1 试剂

4.8.1.1 苯。

4.8.1.2 盐酸溶液：20%。

4.8.1.3 硫酸盐标准溶液：0.1 mg/mL。

4.8.2 分析步骤

称取实验室样品 10 g，精确至 0.01 g，置于分液漏斗中，加 15 mL 苯振摇溶解，再加 19 mL 水和 1 mL 盐酸溶液，振摇 1 min，静置分层，取水相 2 mL 作为试样溶液。取 0.50 mL 硫酸盐标准溶液配制标准比浊溶液。以下步骤按 GB/T 9728 规定进行。试样溶液所呈浊度不得大于标准比浊溶液。

4.9 重金属含量的测定

4.9.1 试剂

4.9.1.1 硫酸。

4.9.1.2 硝酸。

4.9.1.3 盐酸溶液：质量分数为 20%。

4.9.1.4 氨水溶液：质量分数为 10%。

4.9.1.5 铅标准溶液：0.01 mg/mL；准确吸取铅杂质测定用标准溶液(0.1 mg/mL)10 mL 于 100 mL 容量瓶中，用水稀释至刻度，摇匀。使用前新鲜配制。

4.9.1.6 酚酞指示液：10 g/L。

4.9.2 分析步骤

称取实验室样品 1 g,精确至 0.001 g,研成粉末,放入石英或瓷坩埚中,加 1 mL 硫酸润湿,尽量以低温缓慢灼热至样品接近炭化后,冷却,加 1 mL 硫酸,缓慢加热至不产生硫酸蒸汽后,在(450～550)℃下灼烧至残渣灰化,冷却后加 1 mL 盐酸溶液和 0.2 mL 硝酸,在水浴上蒸干,加 1 mL 盐酸溶液和 15 mL 水,加热溶解,冷却后加酚酞指示液 1 滴,滴加氨水溶液至溶液呈微红色,摇匀转入 50 mL 比色管中,加水稀释至 20 mL,作为试样溶液。取 1.00 mL 铅标准溶液配制标准比色溶液。以下步骤按 GB/T 7532 的规定进行,试样溶液所呈颜色不得大于标准比色溶液。

4.10 氢氧化钠溶解试验

4.10.1 试剂

氢氧化钠标准滴定溶液:$c(NaOH)=1.0$ mol/L。

4.10.2 分析步骤

称取实验室样品 5 g,精确至 0.001 g,置于锥形瓶中,准确加入一定体积的氢氧化钠标准滴定溶液,振摇至样品完全溶解,溶液应澄清。

加入的氢氧化钠标准滴定溶液的体积数 V,数值以 mL 表示,按式(2)计算:

$$V=\frac{m\times 1\,000}{cM} \qquad \cdots\cdots(2)$$

式中:

m——试料的质量的数值,单位为克(g);

c——氢氧化钠标准滴定溶液浓度的准确数值,单位为摩尔每升(mol/L);

M——邻苯基苯酚的摩尔质量的数值,单位为克每摩尔(g/mol)(M=170.2)。

5 检验规则

5.1 第 3 章要求中 3.1 外观和 3.2 表 1 规定的所有项目均为出厂检验项目。出厂检验应逐批进行。

5.2 工业用邻苯基苯酚应由生产企业的质量监督检验部门进行检验。生产厂应保证每批出厂产品都符合本标准的要求。每批出厂的产品都应附有一定格式的质量证明书,内容包括:

a) 生产厂名称;

b) 产品名称;

c) 生产日期或批号;

d) 产品等级;

e) 本标准编号。

5.3 工业用邻苯基苯酚以同等质量的均匀产品为一批,但若干个生产批构成一个检验批的时间不应超过三天。

5.4 工业用邻苯基苯酚的采样单元数和采样方法按 GB/T 6678、GB/T 6679 中的规定进行。采取具有代表性的样品,采样量不少于 100 g,分装在两个清洁、干燥的玻璃瓶中,密封。贴上标签,注明产品名称、批号、取样生产日期、取样地点、取样人姓名等。一瓶供检验用,一瓶备查。

5.5 检验结果的判定按 GB/T 8170 中规定的修约值比较法进行。检验结果中如有一项指标不符合本标准要求时,应重新自两倍量的包装单元中采样进行检验。重新检验的结果即使只有一项指标不符合本标准要求,则整批产品作不合格处理。

6 标志、包装、运输和贮存

6.1 工业用邻苯基苯酚的包装容器上应有牢固明显的标志，内容包括：

a) 产品名称；

b) 生产厂名称、厂址；

c) 批号或生产日期；

d) 产品等级；

e) 净含量；

f) 本标准编号。

6.2 工业用邻苯基苯酚应采用清洁、干燥的树脂材料的复合袋或用聚乙烯袋包装。或在符合安全要求的条件下，根据用户要求包装。

6.3 工业用邻苯基苯酚运输过程中应确保包装袋不损坏，注意防潮，避免雨淋。

6.4 工业用邻苯基苯酚应贮存于阴凉、干燥的库房内。

附 录 A
（规范性附录）
邻苯基苯酚含量测定的典型色谱图和各组分相对保留值

A.1 邻苯基苯酚含量测定的典型色谱图

邻苯基苯酚典型色谱图见图A.1。

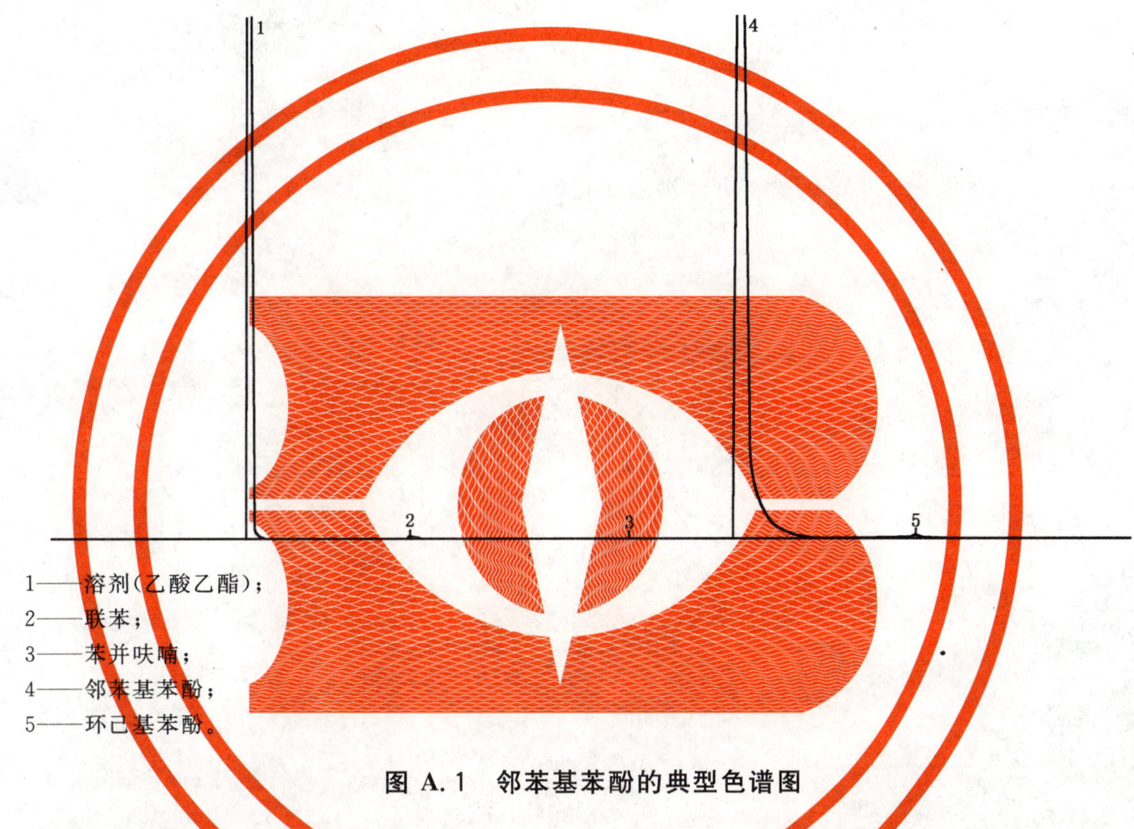

图 A.1 邻苯基苯酚的典型色谱图

A.2 邻苯基苯酚各组分相对保留值

邻苯基苯酚各组分相对保留值见表A.1。

表 A.1 各组分相对保留值

序 号	组 分	相对保留值
1	溶剂(乙酸乙酯)	0.27
2	联苯	0.46
3	苯并呋喃	0.75
4	邻苯基苯酚	1.00
5	环己基苯酚	1.25

ICS 71.080.20
G 17

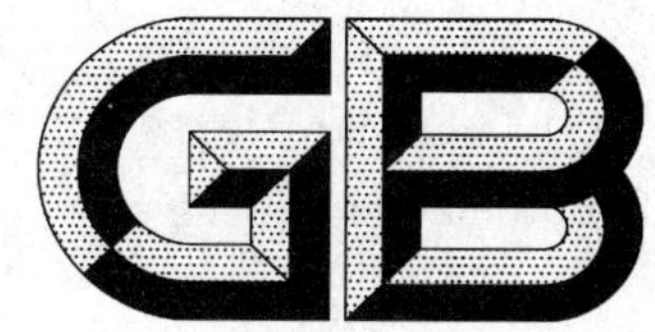

中华人民共和国国家标准

GB/T 26608—2011

工业用回收一氯甲烷

Recovered methyl chloride for industrial use

2011-06-16 发布　　　　2011-11-01 实施

中华人民共和国国家质量监督检验检疫总局
中国国家标准化管理委员会　发布

前言

本标准按照 GB/T 1.1—2009 给出的规则起草。

本标准由中国石油和化学工业联合会提出。

本标准由全国化学标准化技术委员会有机化工分技术委员会(SAC/TC 63/SC 2)归口。

本标准起草单位:浙江新安化工集团股份有限公司。

本标准参加起草单位:南通江山农药化工股份有限公司、福建三农集团股份有限公司、浙江菱化实业股份有限公司、江苏省双阳化工有限公司。

本标准主要起草人:叶世胜、陈浩、徐欣娟、黄瑛。

工业用回收一氯甲烷

1 范围

本标准规定了工业用回收一氯甲烷的要求、试验方法、检验规则及标志、包装、运输、贮存及安全。

本标准适用于副产回收生产的工业用一氯甲烷。

分子式：CH_3Cl

相对分子质量:50.49(按2007年国际相对原子质量)

2 规范性引用文件

下列文件对于本文件的应用是必不可少的。凡是注日期的引用文件,仅注日期的版本适用于本文件。凡是不注日期的引用文件,其最新版本(包括所有的修改单)适用于本文件。

GB 190　危险货物包装标志

GB/T 191　包装储运图示标志

GB/T 601　化学试剂　滴定分析(容量分析)用标准溶液的制备

GB/T 603　化学试剂　试验方法中所用制剂及制品的制备

GB 5100　钢质焊接气瓶

GB/T 6678　化工产品采样总则

GB/T 6680　液体化工产品采样通则

GB/T 6682　分析实验室用水规格和试验方法

GB/T 7373—2006　工业用二氟一氯甲烷(HCFC-22)

GB/T 7376—2008　工业氟代甲烷类中微量水分的测定

GB/T 8170　数值修约规则与极限数值的表示和判定

GB/T 9722　化学试剂　气相色谱法通则

GB 14193　液化气体气瓶充装规定

3 要求

3.1 感官

无色透明和无悬浮物、有挥发性醚味的气体或压缩液体。

3.2 要求

工业用回收一氯甲烷指标应符合表1的规定。

表 1 技术指标

项目		指标		
		优等品	一等品	合格品
一氯甲烷,w/%	≥	99.9		99.5
水分,w/%	≤	0.005	0.020	0.050
酸度(以 HCl 计),w/%	≤	0.000 5	0.001 0	0.005 0
蒸发残渣,w/%	≤	0.003		0.005

4 试验方法

4.1 警示

试验方法规定的一些试验过程可能导致危险情况。操作者应采取适当的安全和防护措施。

4.2 一般规定

除非另有说明,在分析中仅使用确认为分析纯的试剂和 GB/T 6682 中规定的三级水。

试验中所需标准滴定溶液、制剂及制品,在没有注明其他要求时,均按 GB/T 601、GB/T 603 的规定制备。

4.3 感官的判断

取液化后的样品约 30 mL,置于 50 mL 烧杯中。附在烧杯外壁的冰或潮湿用干燥的布揩去,由侧面观察应无色透明和无悬浮物。嗅其气味,应有挥发性醚味。

4.4 一氯甲烷含量的测定

4.4.1 方法提要

采用气相色谱法。在选定的工作条件下,使试样汽化后,通过毛细管色谱柱,使各组分得到分离,用火焰离子化检测器(FID)检测,采用面积归一化法定量。

4.4.2 试剂

4.4.2.1 氢气,体积分数≥99.95%。

4.4.2.2 氮气,体积分数≥99.99%。

4.4.2.3 空气,经活性炭和分子筛净化。

4.4.3 仪器

4.4.3.1 气相色谱仪:配有分流装置及氢火焰离子化检测器(FID)的任何型号的气相色谱仪。整机灵敏度和稳定性符合 GB/T 9722 的规定,线性范围满足分析要求。

4.4.3.2 记录仪:色谱工作站或数据处理机。

4.4.3.3 采样器:(250～1 000)mL 不锈钢钢瓶,内壁抛光。采样器结构尺寸示意图见图 1。

单位为毫米

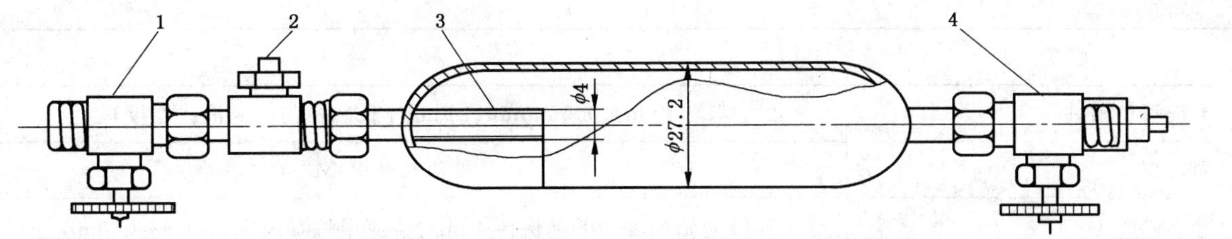

1——入口阀；

2——安全阀；

3——调节管；

4——出口阀。

图 1　采样器结构尺寸示意图

4.4.3.4　液体进样阀，或合适的其他液体进样装置。进样装置流程示意图见图 2。

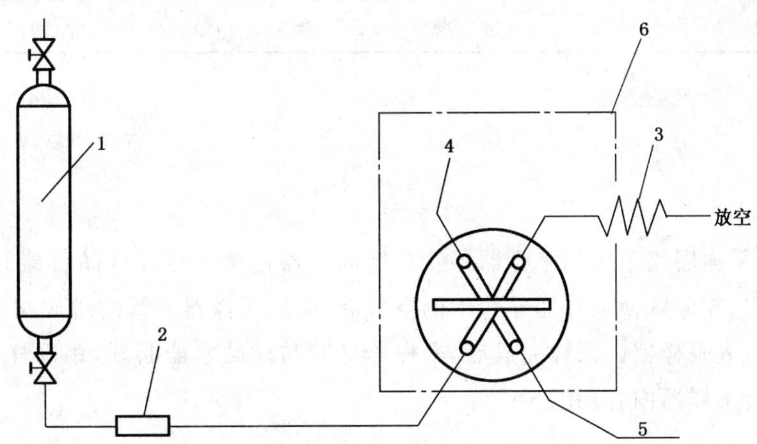

1——采样器；

2——金属过滤器；

3——毛细管；

4——接载气；

5——接色谱柱；

6——液体进样阀。

图 2　进样装置流程示意图

金属过滤器中的不锈钢烧结砂芯的孔径为(2～4)μm，以滤除样品中可能存在的机械杂质，保护进样阀。进样器出口安装适当长度的不锈钢毛细管或减压阀，以避免样品气化，造成失真，影响试验重复性。

4.4.4　色谱分析条件

本标准推荐的色谱柱及色谱操作条件见表 2。典型色谱图及各组分相对保留值见附录 A 中图 A.1 和表 A.1。其他能达到同等分离效果的色谱柱及色谱操作条件均可使用。

表 2 色谱柱及典型操作条件

项 目	参 数
毛细管色谱柱	30 m×0.53 mm×1 μm(柱长×柱内径×液膜厚度)
固定相	聚乙二醇-20M
柱温	初始温度 40 ℃,保持 4 min(待氯甲烷峰出完);以 32 ℃/min 速率升温到 220 ℃,保持 2 min
汽化室温度/℃	260
检测器温度/℃	260
载气(N_2)流量/(mL/min)	3
氢气流量/(mL/min)	40
空气流量/(mL/min)	400
液体进样量/μL	3

4.4.5 分析步骤

4.4.5.1 采样

将经真空干燥的采样器用干燥的采样器导管与样品容器连接。打开样品容器阀,再打开采样器导管的排放阀,排出试样,充分置换采样器导管中的空气后,关闭采样器导管的排放阀;再打开采样器的入口阀,使试样以液相进入采样器。采样完成后,采样器导管与样品容器断开,用采样器导管的排放阀调节试样量,使之不超过采样器内容积的 80%。

4.4.5.2 测定

调节仪器达到表 2 推荐的色谱分析条件,或由使用者选择适宜的色谱条件,以达到合适的分离度。待仪器稳定后准备进样。

将已充满液体样品的采样器倒悬于色谱仪上方,采样器出口阀向下,按图 2 与液体进样阀连接,密封接口,连接管体积尽可能小,以减少空气影响。缓缓打开采样器出口阀,控制样品流量,用液态样品冲洗定量管数秒,排除系统中空气后,进样测定。若采样器内压力不足,可充入氮气加压。用面积归一化法计算。

4.4.6 结果计算

一氯甲烷的质量分数 w_1,数值以%表示,按式(1)计算:

$$w_1 = \frac{A}{\sum A_i} \times 100 \qquad \cdots\cdots\cdots\cdots (1)$$

式中:

A ——一氯甲烷的峰面积;

$\sum A_i$——各组分峰面积的总和。

取两次平行测定结果的算术平均值为报告结果。两次平行测定结果的绝对差值不大于 0.10%。

4.5 酸度的测定

4.5.1 方法提要

使试样气化，鼓泡进入吸收液中，以吸收试样中所含的酸性物质。以酚酞为指示剂，用氢氧化钠标准滴定溶液滴定，计算酸度(以 HCl 计)。

4.5.2 试剂

4.5.2.1 氢氧化钠标准滴定溶液：$c(NaOH)=0.01$ mol/L。

4.5.2.2 酚酞指示液：10 g/L。

4.5.2.3 吸收液：取 400 mL 水于锥形瓶中，加入酚酞指示液 2～3 滴，用氢氧化钠标准滴定溶液(4.5.2.1)滴定至溶液呈微红色。

4.5.3 仪器

4.5.3.1 采样器：同 4.4.3.3。

4.5.3.2 锥形瓶。

4.5.3.3 吸收瓶：结构示意图见图 3，或其他可达到同等要求的装置。

4.5.3.4 电子天平：最大称量不小于 5 000 g，分度值 1 g。

单位为毫米

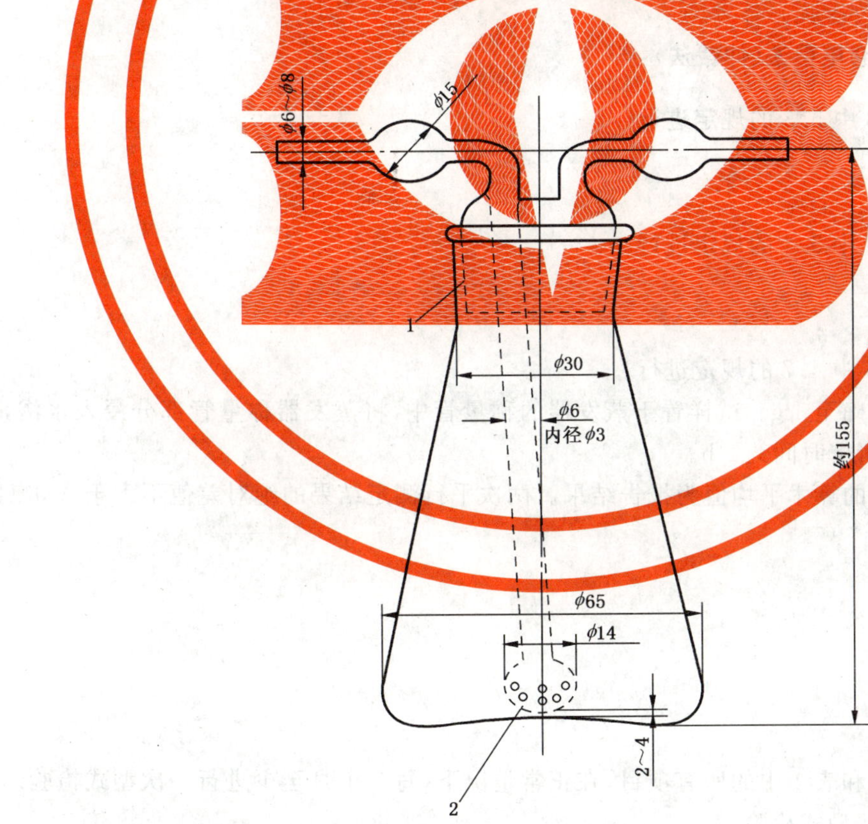

1——可互换磨口接头；

2——玻璃烧结砂芯 1# 或 2#。

图 3 吸收瓶结构示意图

4.5.4 分析步骤

在三只吸收瓶中分别加入100 mL吸收液，用导管串联连接各吸收瓶。将采样器出口阀与第一只吸收瓶连接，开启出口阀，使试样逐个通过吸收瓶。约通入100 g试样后，关闭采样器出口阀，取下钢瓶，擦干称量，精确至1 g。合并吸收瓶的溶液，移入锥形瓶中。用氢氧化钠标准滴定溶液滴定至溶液呈微红色，30 s不退色为终点。记录消耗氢氧化钠标准滴定溶液的体积。

4.5.5 结果计算

酸度以盐酸(HCl)计的质量分数 w_2，数值以%表示，按式(2)计算：

$$w_2=\frac{VcM}{m\times 1\,000}\times 100 \qquad (2)$$

式中：

V——试料消耗氢氧化钠标准滴定溶液(4.5.2.1)的体积的准确数值，单位为毫升(mL)；

c——氢氧化钠标准滴定溶液的实际浓度的数值，单位为摩尔每升(mol/L)；

m——试料的质量的数值，单位为克(g)；

M——氯化氢的摩尔质量的数值，单位为克每摩尔(g/mol)(M=36.5)。

取两次平行测定结果的算术平均值为报告结果。两次平行测定结果的绝对差值不大于0.000 2%。

4.6 水分的测定

4.6.1 卡尔·费休法-库仑电量法(仲裁法)

按GB/T 7376—2008中5.3的规定进行。

4.6.2 电解法

按GB/T 7376—2008中5.4的规定进行。

4.7 蒸发残渣的测定

按GB/T 7373—2006中4.7的规定进行。

其中称样量500 g，精确至1 g。试样置于蒸发器的称量管中，将蒸发器称量管部分浸入水浴，调水浴温度至试样蒸发完全，所需时间约2 h。

取两次平行测定结果的算术平均值为报告结果。两次平行测定结果的绝对差值不大于0.001%。

5 检验规则

5.1 检验分类

5.1.1 型式检验

型式检验项目为感官和表1中的所有项目，在正常情况下，每三个月至少进行一次型式检验。当遇到下列情况之一时，应进行型式检验：

a) 主要原料有变化；

b) 工艺等有较大改变，可能影响产品性能时；

c) 产品长期停产后，恢复生产时；

d) 出厂检验结果与上次型式检验有较大差异时；

e) 合同规定。

5.1.2 出厂检验

出厂检验项目为外观及表1中的一氯甲烷含量、水分,应逐批进行检验。

5.2 检验

工业用回收一氯甲烷应由生产厂的质量监督检验部门进行检验。生产厂应保证每批出厂的产品符合本标准要求。每批出厂的产品都应附有一定格式的质量证明书,内容包括:

a) 生产厂名称;
b) 产品名称;
c) 生产日期或者批号;
d) 产品等级;
e) 本标准编号。

5.3 组批

以同等质量的产品为一批,可按产品贮罐组批,或按生产周期进行组批。

5.4 采样

生产厂可从贮罐中或生产线上采取有代表性的样品。采样单元数按GB/T 6678的规定确定,采样方法按GB/T 6680的规定进行。采样量应保证足够分析检验用。采样容器上应粘贴标签,注明产品名称、批号、取样日期、取样地点、取样者姓名。

5.5 判定规则与复验

检验结果的判定按GB/T 8170规定的修约值比较法进行。分析结果的最终表示应和技术要求的量值的位数一致。

检验结果如果有一项指标不符合本标准要求时,钢瓶装产品应重新自两倍量的包装单元中采样进行检验,罐装产品应重新采样进行检验。重新检验的结果即使只有一项指标不符合本标准要求,则该批产品应作不合格处理。

6 标志、包装、运输和贮存

6.1 标志

工业用回收一氯甲烷包装容器上应涂印牢固清晰的标志,其内容包括:

a) 产品名称;
b) 生产厂名称、厂址;
c) 批号或生产日期;
d) 产品等级;
e) 净含量;
f) 本标准编号;
g) 按GB 190规定的“易燃气体”标志、按GB/T 191规定的“怕晒”标志。

6.2 包装

6.2.1 工业用回收一氯甲烷应用干燥、清洁的液化气体气瓶密封包装。

6.2.2 工业用回收一氯甲烷小批量产品用钢瓶包装运输,钢瓶质量应符合GB 5100的规定,钢瓶充装应符合 GB 14193 的规定，充装系数不得大于 0.81 kg/L。

6.2.3 工业用回收一氯甲烷大批量产品可采用铁路罐车、汽车罐车、轮船船舱包装运输。

6.3 运输

工业用回收一氯甲烷在运输和装卸时不得撞击，应小心轻放，以免损伤包装容器致使产品泄漏。

6.4 贮存

6.4.1 工业用回收一氯甲烷应贮放在干燥通风的库房内，应与氧气、压缩空气、氧化剂等分开存放；不应靠近热源，严禁日晒雨淋。

6.4.2 工业用回收一氯甲烷贮存的库房照明、通风等设施应采用防爆型，开关设在库房外；库房必须有严禁烟、火的警示牌；有防火防爆技术措施，禁止使用易产生火花的机械设备和工具，配备相应品种和数量的消防器材。

7 安全

7.1 危险警告

一氯甲烷是易燃、有害气体，吸入会引起眩晕、恶心。与空气混合或遇高热容器内压力增大，有燃烧、爆炸的危险。禁止与铝及铝合金材料接触。

7.2 安全措施

7.2.1 工作场所中一氯甲烷的时间加权平均容许浓度为 60 mg/m^3。

7.2.2 操作人员应佩戴好防护用具，避免人体接触。如皮肤接触，立即用大量水冲洗；如吸入，立即脱离现场至空气清新处并及时就医。

附 录 A
（规范性附录）
一氯甲烷含量测定的典型色谱图及各组分相对保留值

A.1 一氯甲烷含量测定的典型色谱图

典型色谱图见图 A.1。

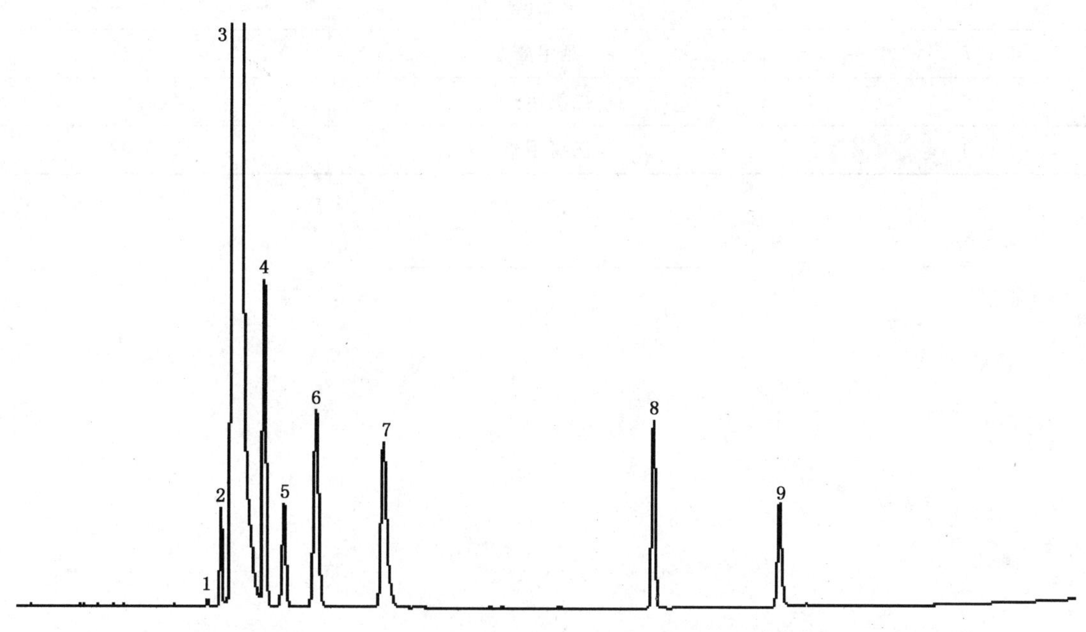

1——空气；
2——二甲醚；
3——一氯甲烷；
4——一氯乙烷；
5——溴甲烷；
6——甲缩醛；
7——氯甲醚；
8——二氯甲烷；
9——三氯甲烷。

图 A.1 一氯甲烷(回收)典型色谱图

A.2 各组分相对保留值

各组分相对保留值见表 A.1。

表 A.1　各组分相对保留值

序　　号	组 分 名 称	相对保留值
1	空气	0.80
2	二甲醚	0.92
3	一氯甲烷	1
4	一氯乙烷	1.11
5	溴甲烷	1.19
6	甲缩醛	1.34
7	氯甲醚	1.64
8	二氯甲烷	2.50
9	三氯甲烷	3.02

ICS 71.080.70
G 17

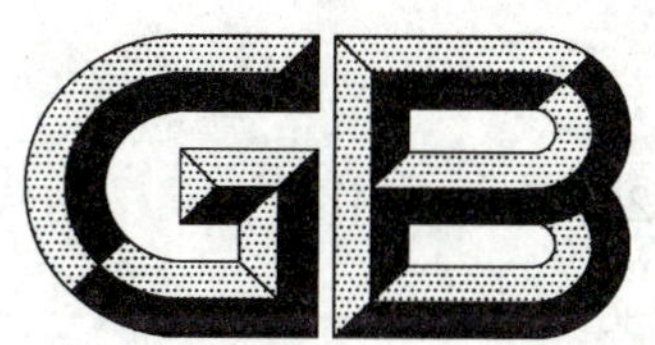

中华人民共和国国家标准

GB/T 26609—2011

工业用乙酸异丁酯

Isobutyl acetate for industrial use

2011-06-16 发布　　2011-11-01 实施

中华人民共和国国家质量监督检验检疫总局
中国国家标准化管理委员会　发布

前言

本标准按 GB/T 1.1—2009 给出的规则起草。

本标准使用重新起草法修改采用美国试验与材料协会标准 ASTM D 1718:2003《(95%等级)乙酸异丁酯》。本标准与 ASTM D 1718:2003 相比在结构上有较多调整,附录 A 中列出了本标准与 ASTM D 1718:2003 章条编号的对照一览表。本标准与 ASTM D 1718:2003 的技术性差异及其原因如下:

——关于规范性引用文件,本标准做了具有技术性差异的调整,以适应我国的技术条件,调整的情况集中反映在第 2 章"规范性引用文件"中,具体调整如下:
- 增加引用了 GB 190(见 6.1);
- 增加引用了 GB/T 3723(见 5.4);
- 用 GB/T 6678 和 GB/T 6680 代替 ASTM D 1718:2003 引用的 ASTM D 268 和 ASTM E 300(见 5.4);
- 用 GB/T 8170 代替 ASTM D 1718:2003 引用的 ASTM E 29(见 5.5);
- 用 GB/T 12717—2007 代替 ASTM D 1718:2003 引用的 ASTM D 1209、ASTM D 1353、ASTM D 1364、ASTM D 1613、ASTM D 3545 和 ASTM D 4052(见 4.2、4.3、4.4、4.5、4.6、4.7 和 4.8);
- 删除了 ASTM D 1718:2003 引用的 ASTM D 1078 和 ASTM E 1;

——增加了外观的要求和试验方法(见 3.1 和 4.1);

——设置了优等品和一等品两个等级(见 3.2),以适应我国对工业产品分等的惯例;

——乙酸异丁酯含量的指标由≥95%修改为优等品≥99.5%,一等品≥99.0%(见 3.2),这是根据国内实际的生产水平和国内外贸易的要求确定的;

——优等品增加了异丁醇含量的项目(见 3.2),以满足高要求用户的要求;

——未设置沸程项目,以避免沸程与乙酸异丁酯含量的设项重复;

——用"密度"代替"表观比重"(见 3.2),以采用国内统一术语;

——对于酸度的试验方法,增加了玫红酸法作为仲裁方法(见 4.5.2)。

本标准由中国石油和化学工业联合会提出。

本标准由全国化学标准化技术委员会有机化工分技术委员会(SAC/TC 63/SC 2)归口。

本标准负责起草单位:无锡百川化工股份有限公司。

本标准参加起草单位:浙江建德建业有机化工有限公司、江门谦信化工发展有限公司。

本标准主要起草人:薛建军、郑渊博、吕坚、郑丰平、李向红。

工业用乙酸异丁酯

1 范围

本标准规定了工业用乙酸异丁酯的要求、试验方法、检验规则及包装、标志、运输、贮存和安全。

本标准适用于由乙酸和异丁醇在催化剂存在下酯化而制得的工业用乙酸异丁酯。

分子式：$C_6H_{12}O_2$

相对分子质量：116.16（按2007年国际相对原子质量）

2 规范性引用文件

下列文件对于本文件的应用是必不可少的。凡是注日期的引用文件，仅注日期的版本适用于本文件。凡是不注日期的引用文件，其最新版本（包括所有的修改单）适用于本标准。

GB 190 危险货物包装标志

GB/T 3723 工业用化学产品采样安全通则

GB/T 6678 化工产品采样总则

GB/T 6680 液体化工产品采样通则

GB/T 8170 数值修约规则与极限数值的表示和判定

GB/T 12717—2007 工业用乙酸酯类试验方法

3 要求

3.1 外观：透明液体，无悬浮杂质。

3.2 工业用乙酸异丁酯的指标应符合表1的规定。

表1 技术指标

项目	指标	
	优等品	一等品
乙酸异丁酯，w/%	≥99.5	≥99.0
异丁醇，w/%	≤0.5	—
水分，w/%	≤0.05	≤0.10
酸度（以 CH_3COOH 计），w/%	≤0.005	≤0.010
色度/Hazen单位（铂-钴色号）	≤10	
密度（ρ_{20}）/（g/cm^3）	0.870～0.875	
蒸发残渣，w/%	≤0.005	

4 试验方法

4.1 外观的测定

按GB/T 12717—2007中3.3规定的方法进行。

4.2 乙酸异丁酯含量的测定

按 GB/T 12717—2007 中 3.10 规定的方法进行。以毛细管柱气相色谱法为仲裁方法。

在异丁酯含量为 99.75%～98.79%的范围内，重复性试验的标准差的估计值 s_r 为 0.007 0%，重复性限 r 为 0.020%。

4.3 异丁醇含量的测定

按 GB/T 12717—2007 中 3.10 规定的方法进行。以毛细管柱气相色谱法为仲裁方法。

在异丁醇含量为 0.13%～1.11%的范围内，重复性试验的标准差的估计值 s_r 为 0.006 4%，重复性限 r 为 0.018%。

4.4 水分的测定

按 GB/T 12717—2007 中 3.11 规定的方法进行。以卡尔·费休库仑法为仲裁方法。

水分在 0.030%～0.15%之间时，重复性试验的标准差的估计值 s_r 为 0.001 5%，重复性限 r 为 0.004 2%。

4.5 酸度的测定

4.5.1 酚酞法

按 GB/T 12717—2007 中 3.9 规定的方法进行。

酸度在 0.002 8%～0.014%之间时，重复性试验的标准差的估计值 s_r 为 0.001 3%，重复性限 r 为 0.003 6%。

4.5.2 玫红酸法(仲裁法)

4.5.2.1 方法提要

以乙醇作为促进指示液溶解于试料的溶液，以玫红酸为指示液，用氢氧化钠标准滴定溶液滴定，根据试料消耗氢氧化钠标准滴定溶液的体积计算出实验室样品的酸度。

4.5.2.2 试剂

4.5.2.2.1 乙醇：ρ=95%。

4.5.2.2.2 氢氧化钠标准滴定溶液：$c(NaOH)=0.02$ mol/L。

4.5.2.2.3 玫红酸指示液：1 g/L。

4.5.2.3 仪器

滴定管：10 mL，分刻度为 0.05 mL。

4.5.2.4 试验步骤

量取 20 mL 乙醇于锥形瓶中，加 2 滴玫红酸指示液，摇匀，用氢氧化钠标准滴定溶液滴定至溶液恰变为粉红色。用移液管移取 20 mL 实验室样品，摇匀，再用氢氧化钠标准滴定溶液滴定至溶液恰变为粉红色。记录试料消耗的氢氧化钠标准滴定溶液的体积。

4.5.2.5 结果计算

酸度以乙酸(CH_3COOH)的质量分数 w_1 计，数值以%表示，按式(1)计算：

$$w_1 = \frac{(V/1\,000)cM}{V_1\rho_t} \times 100 \quad \cdots\cdots\cdots(1)$$

式中：

V——试料消耗氢氧化钠标准滴定溶液(4.5.2.2.2)的体积的数值，单位为毫升(mL)；

c——氢氧化钠标准滴定溶液浓度的准确数值，单位为摩尔每升(mol/L)；

M——乙酸的摩尔质量的数值，单位为克每摩尔(g/mol)(M=60.1)；

V_1——试料的体积的数值，单位为毫升(mL)；

ρ_t——测定温度 t 时实验室样品的密度的数值，单位为克每毫升(g/mL)。

酸度在0.002 7%～0.013%之间时，重复性试验的标准差的估计值 s_r 为0.001 2%，重复性限 r 为0.003 3%。

4.6 色度的测定

按GB/T 12717—2007中3.4规定的方法进行。

4.7 密度的测定

按GB/T 12717—2007中3.6规定的方法进行。在0 ℃～40 ℃的范围内，试样密度的温度校正系数为0.001 0 g/(cm^3·℃)。

重复性试验的标准差的估计值 s_r 为0.000 72 g/cm^3，重复性限 r 为0.002 0 g/cm^3。

4.8 蒸发残渣的测定

按GB/T 12717—2007中3.7规定的方法进行。

重复性试验的标准差的估计值 s_r 为0.000 59%，重复性限 r 为0.001 7%。

5 检验规则

5.1 检验分为出厂检验和型式检验。

出厂检验项目为外观和表1中的乙酸异丁酯含量、异丁醇含量、水分、酸度和色度，应逐批进行检验。

型式检验项目为外观和表1中的所有项目，在正常生产的情况下，每月应至少进行一次型式检验。有下列情况之一时，也应进行型式检验：

a) 更新关键生产工艺；

b) 主要原料有变化；

c) 停产又恢复生产；

d) 出厂检验结果与上次型式检验结果有较大差异；

e) 合同规定。

5.2 工业用乙酸异丁酯由生产厂的质量检验部门进行检验。生产厂应保证每批出厂产品都符合本标准的要求，并附有一定格式的质量证明书，内容包括：

a) 生产厂名称和联系方式；

b) 产品名称；

c) 生产日期或批号；

d) 质量等级；

e) 净含量；

f) 本标准编号。

5.3 在原材料、工艺不变的条件下，产品连续生产的实际批为一个组批，但若干个生产批构成一个检验批的时间通常不超过 1 d。

5.4 采样按 GB/T 3723、GB/T 6678 和 GB/T 6680 的规定进行。所采样品总量不得少于 1 L。将样品充分混匀后，分装于两个清洁、干燥、带磨口塞的玻璃瓶中，贴上标签，注明生产厂名称、产品名称、批号、规格、采样日期和采样者，一瓶供分析检验用，另一瓶保存备查。

5.5 检验结果的判定按 GB/T 8170 中规定的修约值比较法进行。检验结果中如有一项指标不符合本标准的要求时，桶装产品应重新自两倍量的包装单元中采样进行检验，罐装产品应重新多点采样进行检验。重新检验的结果即使只有一项指标不符合本标准要求，整批产品应作降等或不合格处理。

6 标志、包装、运输和贮存

6.1 标志

工业用乙酸异丁酯产品包装容器应有牢固的标志，其内容包括：

a) 生产厂名称和厂址；

b) 产品名称和商标；

c) 批号或生产日期；

d) 质量等级；

e) 净含量；

f) 本标准编号；

g) 符合 GB 190 中规定的“易燃液体”标志。

6.2 包装

6.2.1 工业用乙酸异丁酯应用清洁的、罐体材料为不锈钢或碳钢的槽罐车或清洁、干燥、牢固的钢桶包装，桶口应加密封圈。

6.2.2 工业用乙酸异丁酯也可用经国家有关部门认可的，能确保安全的其他容器包装、灌装，并按该容器的有关安全监察、管理规定执行。

6.3 运输

运输、装卸工作中，应按照危险货物运输规定进行。

6.4 贮存

6.4.1 工业用乙酸异丁酯应贮存在耐火设备中，存放于阴凉、通风、干燥的场所，也可存放在贮罐中。

6.4.2 贮存过程中应注意防潮，与强氧化剂、强碱、强酸分开存放。

7 安全

7.1 危险警告

乙酸异丁酯属于中闪点的易燃液体，其闪点(闭杯)为 18 ℃，熔点为 −98.9 ℃，沸点为 118.0 ℃，20 ℃ 时在水中的溶解度为 0.67 g/100 mL，微溶于水，可混溶于乙醇、乙醚。其蒸气相对于空气的密度为 4.0，可能沿地面流动造成远处着火，可形成爆炸性蒸气/空气混合物，在空气中的爆炸极限为 1.3%～10.5%(体积分数)。与强氧化剂、强酸和强碱发生反应，有着火和爆炸危险。

该物质可通过吸入其蒸气吸收到体内，该物质刺激眼睛和呼吸道。吸入乙酸异丁酯可引起咳嗽、咽喉痛、头晕、头痛等，皮肤接触乙酸异丁酯可引起皮肤脱脂、干燥，眼睛接触会引起发红，食入会引起恶心。该物质可能对中枢神经系统有影响。

7.2 安全措施

a) 乙酸异丁酯的贮罐周围应设置围堤，防止其泄漏。一旦泄漏，应通风、转移全部引燃源，尽可能将泄漏液收集在可密闭的容器中。用砂土或惰性吸收剂吸收残液，并转移至安全场所。不要冲入下水道。

b) 乙酸异丁酯着火时，应用泡沫、抗溶性泡沫、二氧化碳、干粉灭火。个人防护用具：适用于有机气体和蒸气的过滤呼吸器。

c) 应避免乙酸异丁酯与皮肤接触，如果接触，应脱去污染的衣服，用大量水冲洗皮肤或淋浴。

d) 如果溅到眼睛里，应先用大量清水冲洗几分钟(如可能易行，摘除隐形眼镜)，然后就医。

e) 如误吸入，应到新鲜空气处休息，必要时就医。

f) 如误食入，应漱口，但不要催吐，必要时就医。

附 录 A
（资料性附录）
本标准与 ASTM D 1718:2003 章条编号对照

表 A.1 给出了本标准与 ASTM D 1718:2003 章条编号对照的一览表。

表 A.1 本标准与 ASTM D 1718:2003 章条编号对照

本标准章条编号	对应 ASTM D 1718:2003 的章条编号
1	1.1
2	2
3	3
4.1	—
4.2	5.1.7
4.3	—
4.4	5.1.5
4.5.1	5.1.6
4.6	5.1.2
4.7	5.1.1
4.8	5.1.4
5	4
6	6
7	1.3

附录　全书目录

上册目录

1　基本有机化工原料

2　一般有机化工原料

下册目录

3 有机化工包装